W0193930

Stefan Selke

WUNSCHLAND

STEFAN SELKE

WUNSCH LAND

Von irdischen Utopien
zu Weltraumkolonien.
Eine Reise in die Zukunft
unserer Gesellschaft

Ullstein

Um die Lesbarkeit des Textes zu erleichtern wurde darauf verzichtet, bei Personenbezeichnungen sowohl die feminine als auch die maskuline Form zu verwenden. Sämtliche Ausführungen gelten selbstverständlich für alle Geschlechter.

ISBN 978-3-550-05067-1

© Ullstein Buchverlage GmbH, Berlin 2022
Alle Rechte vorbehalten
Gesetzt aus der Scala OT
Satz: LVD GmbH, Berlin
Druck und Bindearbeiten: GGP Media GmbH, Pößneck
Printed in Germany

»So fassten sie den Plan, sich auf eine unberührte Welt
zurückzuziehen, abseits von allem, um dort noch einmal
von vorne zu beginnen. Sie wollten eine neue Welt
erschließen und darauf eine neue Gesellschaft errichten,
die von dem Wissen der Vergangenheit profitieren,
aber zugleich so beschaffen sein sollte, dass die Fehler
der alten vermieden würden.«

ANDREAS ESCHBACH:
EINES MENSCHEN FLÜGEL

DIESES BUCH IST ALLEN GEWIDMET, DEREN
ODYSSEE NOCH BEVORSTEHT. MÖGEN SIE AN
IHREM SEHNSUCHTSORT ANKOMMEN.

INHALT

PROLOG:
MIT DEM ASTRONAUTEN IM AUFZUG

W ie groß ist die Wahrscheinlichkeit, einen Astronauten im Aufzug zu treffen? Immerhin lieferte mir folgende Begegnung die zündende Idee für dieses Buch: Im Fahrstuhl zur Abflugebene des internationalen Flugplatzes von Houston in Texas stand mir ein Mann gegenüber, dessen Poloshirt das Logo der amerikanischen Weltraumbehörde NASA zierte. Ich selbst trug ein T-Shirt, das ich ein paar Tage zuvor in der Ausstellung *The Future Starts Here*[1] in London gekauft hatte. Darauf war in Sperrschrift zu lesen: IF MARS IS THE ANSWER, WHAT IS THE QUESTION? Etwas am Poloshirt des Mannes mit Schnurrbart und mexikanischem Aussehen irritierte mich, während er still in der gegenüberliegenden Ecke stand. Mein Blick fiel auf den Schriftzug »STS 128« unterhalb des NASA-Logos. STS steht für »Space Transport System«, besser bekannt als »Space Shuttle«, die ehemalige US-amerikanische Weltraumfähre. Auf das Logo deutend, fragte ich den Mann scherzhaft, ob er denn im Shuttle mitgeflogen sei. »Ja«, antwortete er trocken, »in der Discovery.« Ich staunte. Dieser unscheinbare Mann war tatsächlich Astronaut! Die »Discovery« war eines der Raumschiffe der NASA, benannt nach dem Segelschiff, mit dem James Cook 1778 Hawaii entdeckte. Auch wenn sich seither die Grenzen immer weiter ausgedehnt haben, sind Menschen noch immer auf der Suche nach der letzten, der ultimativen Grenze.

Belustigt las mir der Astronaut den Spruch auf meinem T-Shirt vor. Was folgte, klang wie eine Art Predigt im Schnellduchlauf: »Wir werden das Weltall besiedeln. Ein neues Zeitalter wird beginnen.« Sicher, im All wurden bislang unzählige wissenschaftliche Experimente durchgeführt. Doch eignet sich das All tatsächlich auch als neuer Lebensraum? Als könne er meine Gedanken lesen, wischte der Astronaut jeden Zweifel fort. »Auf Mond und Mars werden wir unter kontrollierten Bedingungen beobachten, wie Gesellschaft entsteht.« Auf der Stelle neugierig geworden, hörte ich gebannt zu. Fast hätte ich ihm geglaubt. Gleichwohl regte sich Widerstand. Menschen lassen sich nicht unter »kontrollierten Bedingungen« beobachten, dachte der Soziologe in mir. Menschen lassen sich nicht herumschubsen wie Moleküle, sie sind kein formbares Material. Soziale Systeme funktionieren anders als technische. »Waren Sie wirklich im Weltall?«, fragte ich, nur um sicherzugehen. »Haben Sie die Frage zur Antwort?«, kam es selbstbewusst zurück.

Eine passende Frage fiel mir in diesem Moment nicht ein. Dafür erinnerte ich mich grob an eine Aussage von Kurt Tucholsky (die ich später wortgetreu nachschlug): »Da leben die Leute in ihren Vierzimmerwohnungen«, sinnierte der Schriftsteller bereits 1928, »aber ›eigentlich‹ sind sie ganz etwas anderes, (...) eigentlich sind wir überhaupt ganz anders, als man glauben könnte, wenn man uns so leben sieht. (...) Es ist ein schöner und gefährlicher (...) Traum, die Realität zu ignorieren, und im Wunschland zu leben, wo es nichts kostet und wo alles glatt und hemmungsfrei zugeht. So fliehen sie – und bleiben auf derselben Stelle.«[2]

Die Suche nach dem Wunschland – ich fing an zu grübeln! Vielleicht lag *darin* eine Antwort auf die Frage des Astronauten? Vielleicht ist die Menschheit – sind wir alle – ständig auf der Suche nach einem imaginären Wunschland? Diese Frage ließ sich noch weiterdenken: Wie wäre es, in einer perfekten Welt zu leben? Egal, ob in fernen Siedlungen auf dem Mars, in extravaganten Unterwasserstädten, hocheffizienten Smart Cities oder anarchistischen Reformkommunen. Und überhaupt: Gelang es Menschen auf ihrer Reise durch Raum und Zeit nur ein einziges Mal, eine ideale Welt zu erschaffen und dort gemeinsam zufrieden zu leben?

Abflugebene. Die Aufzugtür öffnete sich, der Astronaut trat hinaus ins Freie. Für einen kurzen Moment drehte er sich noch einmal um. »Denken Sie über die Frage nach!«, rief er mir zu. Worte, die wie ein Auftrag klangen. Dieses Buch ist das Ergebnis meiner Odyssee als wissenschaftlicher Grenzgänger.

Spätestens im Sommer 2021 wurde uns deutlich vor Augen geführt, wie vielschichtig die Sehnsucht nach einer zeitgenössischen Version von Utopia sein kann. Zwei Weltraummilliardäre – Richard Branson und Jeff Bezos – lieferten sich ein Kopf-an-Kopf-Rennen um den ersten privaten Weltraumflug. Einem weiteren Weltraummilliardär, Elon Musk, gelang es, vier Zivilisten in einer automatisch gesteuerten Kapsel in eine fast 600 Kilometer hohe Umlaufbahn und sicher zurück zur Erde zu bringen. Inzwischen erforschten chinesische Sonden die Rückseite des Mondes, und die chinesische Raumfahrtagentur begann mit dem Bau einer eigenen Raumstation. Vordergründig mag das alles nach aufgeblasenen Ego-Projekten und groß angelegten nationalen Technikoffensiven aussehen. Doch auf der Hinterbühne wird tatsächlich gerade unsere Zukunft neu verhandelt. Diese Projekte markieren als weitere Meilensteine die Odyssee der Menschheit, an deren Ende die Kultur einer neuen Zivilisation stehen wird. Hierbei gilt folgende Grundregel: Nicht moderne Technologien sind die Mangelware des 21. Jahrhunderts, sondern Antworten auf Sinnfragen. Wer möchten wir sein? Was ist uns wichtig? Und wann werden wir endlich lernen, mit einer Stimme zu sprechen, wenn es um die Zukunft der Menschheit zwischen erzwungenem Überlebenskampf und freiwilliger zivilisatorischer Transformation geht?

So stehen wir also am Beginn einer aufregenden kollektiven Reise. Erst wenn immer mehr Menschen utopische Lebensformen ausprobieren, wenn immer mehr Lebensräume auf und unter

Wasser erschlossen und Weltraumflüge nach und nach demokratisiert werden, wird die Chance steigen, gerade noch rechtzeitig einen distanzierten Blick auf uns einzunehmen. Dieser neue archimedische Punkt ist aber dringend notwendig, um richtungweisende und verantwortungsvolle Entscheidungen treffen zu können. Pioniere real-utopischer Projekte verwandelten die Welt durch mehrere Jahrhunderte hindurch in ein Labor, in dem Zukunft immer wieder getestet wurde. Astronauten und Kosmonauten überschritten die vorläufig letzte Grenze. Zusammen könnten sie uns helfen, den Blick für neues Terrain zu schärfen – für ein Wunschland, das Vertrautes infrage stellt und den hochwillkommenen Neustart einer planetarischen Gesellschaft möglich macht.

Genau darum geht es in diesem Buch.

WENN MARS DIE ANTWORT IST,
WIE LAUTET DIE FRAGE?

Jede neue Welt beginnt mit riskanten Gedanken. Bislang brachte keine Branche mehr Utopielust hervor als die Raumfahrt, nirgends ist die Suche nach dem Wunschland aufregender: Sehnsuchtsvolles Streben, unermüdliche Experimente, gelegentliches Scheitern, aber auch kollektives Lernen – das ist der Spannungsbogen, der bisher den Aufbruch ins All prägte. Vor allem *eine* Mission verkörpert diese Eigenschaften in Reinform.

Apollo 13 ist die aufregendste Beinahe-Katastrophe der Raumfahrt. Auf dem Weg zur dritten Mondlandung bestanden die Astronauten Jim Lovell, Fred Haise und Jack Swigert das ultimative Abenteuer. Am dritten Tag ihrer Mission im Frühjahr 1970 explodierte 328.000 Kilometer von der Erde entfernt ein Tank mit Flüssigsauerstoff im hinteren Versorgungsteil des Raumschiffs. Die Kommandokapsel verfügte lediglich über Strom und Sauerstoff für eine weitere Viertelstunde. Der Ausfall der lebenserhaltenden Systeme war unmittelbar existenzbedrohend. Jack Swigerts coole Durchsage an Mission Control – »Houston, we have a problem« – wurde zum ikonischen Funkspruch. Mit viel Improvisation überlebten die Astronauten. Sie umrundeten den Mond in dem Teil des Raumschiffes, das eigentlich für die Mondlandung vorgesehen war, sie streckten die vorhandenen Vorräte an Sauerstoff, bastelten einen Adapter und hielten sich so weitere 90 Stunden am Leben. Die ganze Welt verfolgte das Drama. Der amerikanische Präsident Richard Nixon telefonierte vorsorglich mit den Partnerinnen der Astronauten. Millionen sahen live dabei zu, wie die Kapsel schließlich am Fallschirm im Pazifik landete. Nur 45 Minuten später betraten die drei Astronauten erleichtert den roten Teppich auf einem Flugzeugträger. Der Name ihres Raumschiffs: »Odyssey«.

ODYSSEE ZUM WUNSCHLAND

Mit Apollo 13 hatte die NASA bewiesen, dass sie komplexe Probleme in den Griff bekommt. »Die Mission war nicht im eigentlichen Sinne erfolgreich«, erinnert sich der ehemalige Kommandant Jim Lovell 2020 anlässlich des 50. Jahrestags dieses besonderen Weltraumfluges, »aber sie zeigte, wie Menschen, die gemeinsam an einer Sache arbeiten, ein komplettes Desaster in etwas Positives umdrehen können.«[1] Genau diese Denkart veranlasste Menschen immer wieder dazu, utopische Experimente zu starten und auf das Beste zu hoffen. Wer auch immer sich in Zukunft für eine bessere Welt engagieren wird, in dieser Mentalität findet sich eine der Grundlagen für Erfolg. Raumfahrt kann als Paradebeispiel für Utopielust dienen, denn dahinter verbirgt sich weit mehr als bloß ein technologisches Megaprojekt. Vielmehr ist Raumfahrt eine kulturelle Aufgabe, weil der Aufbruch ins All dazu zwingt, die richtigen Fragen über unsere Zukunft zu stellen.

Bislang hielten sich knapp 600 Menschen im All auf. Einer von ihnen ist José Moreno Hernández, der Astronaut, den ich in Houston im Aufzug traf. Seine Geschichte steht exemplarisch für die Sehnsucht nach einer besseren Welt. Als Kind von Wanderarbeitern pendelte Hernández jahrelang zwischen Mexiko und den USA, erst spät lernte er Englisch. Als er mit zehn Jahren den beiden Apollo-17-Astronauten beim bislang letzten Mondspaziergang zusah – zwei Jahre nach der Explosion auf der »Odyssey« –, beschloss er, später selbst Astronaut zu werden. Hernández verfolgte sein Ziel mit Ausdauer, erst mit seiner zwölften Bewerbung berief ihn die NASA 2003 als Missionsspezialist für den 37. Flug der Weltraumfähre »Discovery«. Sechs Jahre später war es endlich so weit: Hernández flog ins All.

Bemannte Raumfahrt war zu dieser Zeit schon recht hemds-ärmelig geworden, etwas zwischen Paketdienst im Orbit und Wissenschaft mit Aussicht. Für Hernández blieb die Mission »STS-128« der einzige Raumflug. Genau 13 Tage, 20 Stunden und 54 Minuten durfte er im All verbringen. Damit rangiert er irgendwo zwischen den mutigen Pionieren, die kurze Abstecher in die Erdumlaufbahn machten, damit aber in die Geschichtsbücher eingingen, und den Langzeit-WG-Bewohnern der internationalen Raumstation ISS. Inzwischen ist Hernández Präsident und CEO von zwei Beratungsunternehmen, spezialisiert auf kosteneffiziente Weltraumtechnologien, PT Strategies[2] und Tierra Luna Engineering.[3] Damit ist er Teil einer Bewegung, die sich »New Space« nennt und die Privatisierung der Weltraumfahrt vorantreibt.[4] New Space wird von privaten Investoren und Weltraummilliardären wie Richard Branson, Jeff Bezos und Elon Musk angeführt, die entweder von Weltraumhotels im Orbit, Massentourismus im All oder gar von Marssiedlungen träumen. Die neuen Weltraum-Gurus wollen nicht weniger als eine Zivilisationswende. Seit Branson und Bezos 2021 sogar persönlich in den Weltraum flogen, kennt die Begeisterung kaum noch Grenzen. Symbolik und Timing passen. Endlich gibt es wieder authentische Vorbilder und große Pläne. Millionen junger Menschen begeistern sich für eine Zukunft im All. Weltweit verfolgen Space-Enthusiasten die Vorbereitungen weiterer Missionen. Freiwillige treten an, um in Isolationsexperimenten Fernreisen zum Mars zu simulieren. Start-ups konkurrieren um Erfindungen, Zuwendungen und Investoren.

Alle zusammen sind sie Teil einer kollektiven Heldenreise, bei der es weniger darum geht, dass Einzelne ihr Ziel erreichen, sondern im Idealfall die ganze Menschheit. Auch wenn Raumfahrt von privilegierten Nationen und Personen betrieben wird, geht es am Ende doch immer darum, das Leben auf dem »Raumschiff Erde« zu verbessern. Letztlich sind wir daher alle – direkt oder indirekt – Teil eines groß angelegten Zivilisationsexperiments, dessen Ausgang noch ungewiss ist. Denn Missionen, die sich auf die Suche nach besseren Welten begeben, zeichnen sich durch ein wiederkehrendes Muster aus. Was als planvolle Suche nach dem Wunschland beginnt, endet allzu oft in einer »Quest« (von altfranzösisch: »queste«), einer »Irrfahrt«.[5] Genau in diesem Sinne lässt sich die Menschheit als Gemeinschaft von Sinn-suchenden verstehen, die sich auf einer ständigen Pilgerfahrt zur Vollkommenheit befindet.

Auf der Suche nach dem neuen Leben wird die Reiseroute durch Wünsche und Erwartungen, Erfolge und Enttäuschungen sowie immer wieder durch die Hoffnung auf Neubeginn bestimmt. Denn so einfach ist es ja nicht, eine bessere Welt zu schaffen. »Auswandern und irgendwo einen Klub oder einen Minimalstaat auftun, der nach dem utopischen Rezept lebt«, so der wegen seiner Nähe zum Nationalsozialismus umstrittene Philosoph Hans Freyer hellsichtig, mache allein noch keinen Zivilisationswandel. Selbst utopisch grundierte Idealvorstellungen lösen sich nur selten vom Bekannten. Fast immer bestimmt die Herkunft der Utopisten auch die Vorstellung vom Wunschland. Wer also zukünftig von Weltraumkolonien, Marsstädten oder Unterwassersiedlungen träumt, muss nicht nur geografische oder technologische Grenzen überwinden, sondern zunächst einmal kulturelle und biografische Barrieren.

Leider gelingt das nur äußerst selten. Es ist auffallend, dass bislang so gut wie alle historischen Realexperimente mit gelebten Utopien »kläglich gescheitert« sind, so Freyer.[6] Aus dem permanenten Zerfall utopischer Experimente leitet der Philosoph eine fundamentale Kritik an Utopien ab. Etwas mehr Entspannung wäre allerdings angebracht. Denn selbst in jämmerlichen Komödien und furchtbaren konzeptionellen Missgebilden real-utopischer Experimente lässt sich noch ein produktiver Beitrag zur Zukunft der Menschheit erkennen, wenn ihnen das Gift der Schwärmerei entzogen wird.

Bislang besteht die Odyssee der Menschheit aus vielen Etappen. Wer historische, konzeptionelle und geografische Perspektiven miteinander verbindet, erkennt nach und nach das faszinierende Bild zentraler Menschheitsexperimente und deren Langzeitfolgen. In diesem Buch geht es darum, diese Traditionslinie anhand ausgewählter Projekte nachzuzeichnen, bei denen sich Träume und innere Bilder in konkrete Orte und greifbare Lebensmodelle verwandelten. Zum Glück gibt es reichlich Anschauungsmaterial zu derartigen utopischen Versuchsanordnungen. Utopische Orte wurden und werden zu Lande, zu Wasser, unter Wasser sowie im Weltall geplant. Da ist die Lebensreformkolonie »Monte Verità« bei Ascona, um 1900 gegründet von Henri Oedenkoven und Ida Hofmann; Henry Fords Stadtstaat »Fordlândia« mitten im Amazonasbecken, eine ideale Company-Town, die in den 1930er-Jahren nach US-amerikanischem Vorbild errichtet wurde; »Levittown«, nach dem Zweiten Weltkrieg gegründet von Abraham, Alfred und Bill Levitt – märchenhafter Prototyp amerikanischer Vorstädte; die spirituelle Weltuniversität und kosmopolitische Experimentalanordnung »Auroville« in Indien, die zeitgleich zum Space Age in den 1960er-Jahren entstand; oder »Celebration«, eine von Walt Disney ersonnene und schließlich in den 1990er-Jahren verwirklichte Zukunftsstadt.

Wer verstehen möchte, wie Utopien praktisch werden und was dabei alles passieren kann, kommt an diesen Fallbeispielen nicht vorbei. Aber wie genau hat sich die Erkenntnismelodie seit den ersten Versuchen geändert? Was könnten wir inzwischen alles besser machen? Diese Frage ist deshalb so zentral, weil selbst futuristische Utopien auf frühe Entwürfe zurückgreifen – allerdings ohne deren Schattenseiten anzuerkennen. Gegenwärtig entstehen Bunkerstädte als Rückzugsorte für die post-apokalyptische Gemeinschaft der Superreichen. Libertäre Vordenker wie Peter Thiel planen in Form von »Seasteads« schwimmende Mikronationen in internationalen Gewässern. Techno-Utopien wie »Neom« (Saudi-Arabien) oder das »Venus Project« (USA) verdeutlichen, wie die Suche nach besseren Welten zunehmend auch die Verschmelzung menschlicher und künstlicher Intelligenz erforderlich macht. Unterwasserstädte wie »Ocean Spiral City« (Japan), erst recht aber die von Elon Musk projektierte Weltraumkolonie »Mars City« verschieben möglicherweise die Selbstverständlichkeiten unserer Zivilisation.

Auf der Suche nach dem neuen Wunschland rüstet sich die Menschheit dafür, ihr angestammtes Terrain auszuweiten, neue Habitate zu erschließen und teils wilde soziale Experimente zuzulassen. Hierbei gilt die goldene Regel, dass Zivilisationsmüden – meist priviligierten Menschen aus westlichen Kulturen – keine Mühe zu groß ist. Die Besiedlung des Mars wird kein Wochenendausflug sein. Unterwasserstädte sind keine Bastler- und Baumarktprojekte. Schwimmende Staaten benötigen komplexe Lösungen für rechtliche, ökologische und ökonomische Herausforderungen. Sind wir alle bereit für diese Zukunft? Oder werden es am Ende doch wieder nur Eliten und Auserwählte sein, die profitieren?

Immer wieder fühlten sich Menschen von ihrer zeitgenössischen Mehrheitsgesellschaft, von kapitalistischen Unterdrückern, politisch Unfähigen oder kulturell Unterbelichteten entfremdet. Utopische Projekte sind daher wiederkehrende und greifbare Versuche, die damit verbundenen Störungen zu beheben. Es sind explorative Versuchsanordnungen, zeit- und ortsgebundene Reservate des Möglichkeitssinns. Soziale Experimente mit dem Potenzial, die Welt zu verändern. Die Magie des Wunschlands besteht darin, dabei immer wieder an den eigenen Ansprüchen zu scheitern und dennoch weiterzumachen. Warum wollen Menschen immer nur das Beste, erschaffen dann aber Chaos und Leid? Genau diesem Kreislauf spüren die im Buch versammelten Fallgeschichten nach – von der Sehnsucht nach dem Besseren über die Planung und Ankunft im Wunschland, die vielfältigen Experimente im Labor des Alltags bis hin zu Zweifeln oder gar Konflikten, dem finalen Scheitern sowie neu aufkeimender Hoffnung auf Neubeginn.

SEHNSUCHT NACH DER RESET-TASTE

In utopischen Projekten verstecken sich Dramen. Zusammengenommen stehen sie für die Suche nach einer verborgenen Reset-Taste, für die Idee des Neubeginns. Und so bilden die Geschichten dieses Buches das ganze Spektrum zwischen »Optimismus der Vorstellungskraft« und »Pessismus des Intellekts« ab.[1]

Utopisten sind Menschen, die die Realität als ungemütlich empfinden und sich an der Möglichkeit berauschen, die Probleme der Zeit abzustreifen und fortan im Wunschland zu leben. Diese Sehnsucht nach idealen Welten ist uralt. Einige dieser Utopien gehören zum literarischen Fundament westlicher Gesellschaftskonzepte, wie etwa »Civitas Veri« (Stadt der Wahrheit) von Bartolomeu del Bene (1515–1595), »Civitas Solis« (Der Sonnenstaat) von Tommaso Campanella (1568–1639) oder »Nova Atlantis« von Francis Bacon (1561–1626). Sie alle bezeugen die Idee des Neustarts. In der philosophischen Komödie »Die beste aller Welten« von Steven Lukes reist Professor Caritat gar durch die Geschichte der Utopien, weil er ergründen möchte, für welche es sich zu kämpfen lohnt.[2] Auch der zeitgenössische Science-Fiction-Roman »Weißer Mars« von Brian W. Aldiss und Roger Penrose (Letzterer seit 2020 Nobelpreisträger für Physik) erzählt eine utopische Explorationsgeschichte: Eine Katastrophe schneidet 6000 Siedler und Wissenschaftler von der Erde ab, sie stranden auf dem Mars. Rettung ist unmöglich. Ihre einzige Chance besteht darin, eine neue Gesellschaft auf dem roten Planeten aufzubauen. Und so beschäftigen sich die Überlebenden ganz praktisch mit den Idealen einer gerechten Gesellschaft.[3] Unterm Strich gleichen sich die meisten dieser Fiktionen. Jede Utopie »will eine geschlossene, in sich stimmige, überzeugende und (...) lebensfähige Welt sein«, so der Philosoph Hans Freyer.[4] Allerdings geht es in diesem Buch nicht um Literatur, sondern um gelebte Utopien. Im Mittelpunkt stehen projekthafte Experimente oder »reale Utopien«, wie der Soziologe Erik Olin Wright sie nennt.[5]

Vielleicht ist gerade die Raumfahrt die realste aller Utopien? Satelliten bestimmen schon jetzt unsere Datenströme und damit unser Leben. In Zukunft werden Weltraumexplorationen zudem neue Kulturtechniken hervorbringen. Vor allem aber halten sie den Wunsch nach Neubeginn lebendig. Erinnern wir uns an den Astronauten im Aufzug. Wenn »Mars« die Antwort ist, dann passt dazu eigentlich nur eine Ausgangsfrage: Wie wäre es, wenn wir noch mal ganz von vorne anfangen könnten? Utopisten sehen auch in der lebensfeindlichen Umwelt auf dem roten Planeten die einzigartige Chance, Gesellschaft neu zu erfinden. Doch selbst auf der Erde – im Hier und Jetzt – stellt sich immer wieder die Frage, ob es Alternativen zum ewigen Durchwursteln gibt. Können wir es nicht besser? Wie wäre es eigentlich, in einer idealen Welt zu leben? Einer ohne verwirrende Komplexität, dafür mit klaren Regeln, die das allgegenwärtige Durcheinander bändigen? Gegenentwürfe zu einer als Enttäuschung erlebten Gegenwart ziehen sich wie ein roter Faden durch die Geschichte. »Die Welt neu und besser erfinden. Nichts Geringeres«: Im europäischen Schmelztiegel der 1920er-Jahre repräsentierte dieser revolutionär angehauchte Leitspruch (aufgeschnappt in der in dieser Zeit spielenden TV-Serie »Babylon Berlin«) das fundamentale Bedürfnis nach Neuanfang. Doch während die einen bloß vom Schlaraffenland träumen, brechen andere tatsächlich auf. Um ihr Wunschland zu erreichen, nutzten sie, was die jeweilige Epoche hergab, also Pferde, Segelschiffe oder Flugzeuge. Und nun eben auch Raumschiffe. Tatsächlich sind jedoch die technischen Transportmittel viel weniger interessant als die Motivgeschichten, die hinter jedem einzelnen Aufbruch stehen. Allesamt angetrieben von etwas, das die Philosophin Hannah Arendt »Natalität« nannte: die Fähigkeit, Neues oder sogar Unvorhergesehenes zu erschaffen.

Trotz aller Bemühungen blieb das wirklich perfekte Wunschland bislang unentdeckt. Und so wird sich unsere Odyssee immer weiter fortsetzen. Auf der Suche nach der idealen Welt oder zumindest nach neuen Lebensräumen dringen Menschen bis heute immer wieder ins Unbekannte vor, besetzen Territorien, gründen Kolonien. Es sind Neuanfänge, die das Potenzial haben, alte Fehler gleich mit zu überwinden. Wohl deshalb sind die Geschichten der utopischen Experimente in diesem Buch voller Träume, Visionen, Experimente und Neuanfänge. Aber eben auch immer neu aufkeimender Hoffnung. Genau diese Fortsetzungsgeschichte steht im Mittelpunkt des Buches.

ULTIMATIVE GRENZÜBERTRITTE

Der Schritt vom Vertrauten ins Unbekannte ist der Treibstoff aller Utopien. Wer dabei an den Grenzposten zur Utopie patrouilliert, lernt, demütig zu staunen. Kurz nach dem Ausstieg zum ersten Außenbordeinsatz aus seiner Voskhod-Kapsel 1965 funkte der humorbegabte Kosmonaut Alexej Leonow die Meldung zur Bodenstation, dass die Erde tatsächlich absolut rund sei. Nur durch ein dünnes Kabel mit dem Mutterschiff verbunden, schwebte er für zwölf Minuten schwerelos im All. »Du kannst es kaum fassen«, jubilierte Leonow 500 Kilometer über dem Erdboden, »nur hier draußen können wir die Erhabenheit spüren von allem, was uns umgibt.«[1] Kurze Zeit später kämpfte er wegen einer Panne ums Überleben und gelangte nur durch Nervenstärke wieder zurück ins Raumschiff. Genau ein Jahrzehnt nach diesem Erlebnis war Leonow an Bord der sowjetischen Sojus-19-Kapsel, die an ein amerikanisches Apollo-Raumschiff ankoppelte: Es war das allererste Mal in der Geschichte der bemannten Raumfahrt, dass Menschen aus der damaligen Sowjetunion und den USA im All jenseits aller irdischen Differenzen erfolgreich zusammenarbeiteten. Noch dazu mitten im Kalten Krieg. »Zwischen Astronauten haben niemals Grenzen existiert«, erinnert sich Leonow. »Der Tag, an dem auch Politiker dies begreifen, wird unseren Planeten für immer verändern.«[2]

Wer aus einem Raumschiff blickt, sieht keine Grenzen. Auch deshalb entwickeln viele Astronauten eine Vorliebe für »Earthgazing«, das schauende Bestaunen der Erde aus dem All. Gleichzeitig macht die Abwesenheit von Grenzen sprachlos. Leider gab es bislang keinen Dichter im All, der dazu fähig gewesen wäre, das Erlebte in angemessene Worte zu kleiden. Der Apollo-11-Astronaut Michael Collins merkte einmal an, dass die beste Mannschaft für eine Raumfahrtmission aus »einem Philosophen, einem Priester und einem Poeten« bestehen würde. »Unglücklicherweise«, so fügte er hinzu, »hätten sie sich beim Versuch, das Raumschiff zu fliegen, selbst umgebracht.«[3] Dennoch wirkt es fast so, als würde gerade diese wertvolle Sprachlosigkeit die Astronauten und Kosmonauten zu inoffiziellen Botschaftern der Vereinten Nationen machen, denn ihre Plädoyers sind eindeutig: »Wir beten, dass die gesamte Menschheit sich eine grenzenlose Welt vorstellen kann«, so etwa William McCool, Pilot der Space-Shuttle-Mission »STS-107«, nachdem er und seine Crew am 29. Januar 2003 mit John Lennons Song »Imagine« geweckt worden waren.[4] Am ersten Tag im All, erklärte der saudi-arabische Astronaut Prinz Sultan Bin Salman al-Saud, habe das Team noch auf die einzelnen Länder gezeigt, dann auf die Kontinente später nur noch auf den Planeten Erde. »Von hier oben sehen alle Schwierigkeiten, nicht nur die im Nahen Osten, seltsam aus, weil die Grenzlinien einfach verschwinden.«[5] Und auch Politiker, die mit dem Space Shuttle ins All flogen, staunten über die Grenzenlosigkeit. »Man kommt mit großer Sicherheit zu der Einsicht, dass es dort unten nicht wirklich politische Grenzen gibt«, erklärte der republikanische Senator Edwin Garn. »Man sieht den Planeten plötzlich als ›eine Welt‹ an.«[6] Und der demokratische Kongressabgeordnete Bill Nelson schlug nach seinem Ausflug ein ›Gipfeltreffen‹ internationaler Spitzenpolitiker im Weltall vor: »Es hätte einen positiven Effekt auf ihre Entscheidungsfindung.«[7]

Seit wir die Erde aus der Weltraumperspektive kennen, werden Grenzen immer absurder. Ländergrenzen zu überwinden und mit ihnen die Machsysteme, die sie symbolisieren, kann also eine starke Motivation für Utopien darstellen. »Länder und Grenzen sind nicht nur Blödsinn, sie sind eine Sauerei«, so der argentinische Essayist Martín Capparós, der sich mit seinem Werk für mehr globale Gerechtigkeit einsetzt. Sie sind ein Mechanismus, der dafür sorgt, dass es Ungleichheit gibt und dass diese Ungleichheit immer wieder gerechtfertigt wird. ›Wir‹ und die ›Anderen‹ heißt dieses Spiel seit Beginn der Menschheit. »Es gibt nichts Traurigeres, Resignierteres, als sich die Welt als eine Ansammlung von Ländern vorzustellen«, findet daher Capparós. »Es gibt keinerlei Grund anzunehmen, dass sie wirklich die Form sind, in der die Welt organisiert sein *muss*.«[8] Auch Joel Friedman, mein Guide im Cradle of Aviation Museum in Long Island bei New York, erklärt mir eine ähnliche Vision einer besseren Welt. »Ich hoffe sehr, dass bald wieder Menschen zum Mond fliegen. Diesmal sollten es aber nicht nur Angehörige einer einzigen Nation sein«, so Friedman. »Es sollte keinen Kampf der Systeme mehr geben, sondern eine Kooperation auf globaler Ebene. Wir brauchen nicht unbedingt eine ›Weltgesellschaft‹. Was wir brauchen, ist eine weltweite Gemeinschaft von Enthusiasten. Nichts verbindet mehr als eine Idee, die alle verstehen, und etwas, nach dem sich alle sehnen.«[9]

In der Tat kann die Aussicht auf eine grenzenlose Zukunft euphorisieren. »Die uralten Träume von Fortschritt, Wandel, größerer menschlicher Freiheit sind für mich die ergreifendsten überhaupt«, schreibt der amerikanische Raumfahrtpionier Gerard O'Neill in seinem Klassiker »The High Frontier« über Kolonien im Weltraum. »Und die deprimierendste Aussicht für eine auf einen Planeten beschränkte Menschheit ist die, dass viele dieser Träume für immer unerfüllt bleiben werden.«[10] O'Neill veröffentlichte bereits 1974 den Beitrag »The Colonization of Space« und gründete wenig später das »Space Studies Institute«, das bis heute daran arbeitet, dauerhafte Kolonien im Weltall zu ermöglichen. Auch wenn Träume dieser Größenordnung noch unerfüllt blieben, nehmen die Optionen für menschliches Dasein stetig zu. Einerseits werden neue geografische Lebensräume – über und unter Wasser, unter der Erde und vor allem im All – erschlossen. Andererseits versprechen diese Projekte längst überfällige Gegenentwürfe zur Standardwelt und eine sinnvolle Alternative zur ewigen »transzendentalen Obdachlosigkeit«[11] des Menschen, die der Philosoph Georg Lukács kritisierte. Kurz: Die Arbeit an Utopien verschafft endlich Sinn.

Weltraum-Utopien repräsentieren ultimatives Grenzland und werden zugleich mit Argumenten beworben, die gegenwärtig auch in der »Fridays for Future«-Bewegung zirkulieren. »Das All wird als Eigentum der Menschheit betrachtet«, so der australische Umweltethiker Nikki Coleman. »Es gehört uns allen auf diesem Planeten, also auch den folgenden Generationen. Alles, was dort passiert, ähnelt dem, was auf der Erde passiert.«[12] Die neuen Utopien mögen zeitlich und geografisch weit entfernt sein, dennoch faszinieren sie immer mehr Menschen. Darunter gerade solche, die im Sommer 1969 noch zu jung waren, um die erste Mondlandung live mitzuerleben. Er fühle sich um diese Erfahrung regelrecht »betrogen«, erklärt der ESA-Weltraumexperte Markus Landgraf, der auch Vorsitzender der deutschen Mars Society war.[13] Der Wunsch, »neue Welten zu erkunden, erzeugt immer wieder Gänsehautgefühl«, stellt der ESA-Astronaut Thomas Reiter fest.[14] Und der Internet-Milliardär Elon Musk erlaubte sich nur vordergründig einen Scherz, als er mit seiner Falcon-9-Rakete ein rotes Tesla-Cabriolet in den Weltraum schoss. Im Auto, das seitdem durch das Weltall schwebt, sitzt die Attrappe eines Astronauten mit dem Namen »Starman«. Solange die Batterie Strom lieferte, hallte der Bowie-Klassiker »Space Oddity« in Endlosschleife durch das All (wenngleich dort nichts zu hören ist). Im Navigationsdisplay des Wagens erschien der Spruch ›Don't panic!‹. Inzwischen ist wegen der hohen Strahlung im All wohl nur noch ein Gerippe des Autos übrig. Schräger Humor oder plumpe PR? Vielleicht eher grenzenlose Neugier. Gerade so wie bei Homers Odysseus, dem es darum ging, »zu streben, zu suchen, zu finden und nicht zu ruhen«, wie der Schriftsteller Alberto Manguel in seiner »Geschichte der Neugier« schreibt.[15] Ein unabschließbarer Prozess, denn an jedem Ziel beginnt eine neue Sinnsuche, und »so leben wir in einem Zustand des ewigen Fragens und mitreißenden Unbehagens«.

Fest steht, dass sich im 21. Jahrhundert keine neuen Kontinente mehr entdecken lassen. Doch die Begeisterung für das Unbekannte kennt viele Metamorphosen. Im Kennedy Space Center in Florida hat sich die NASA darauf spezialisiert, das Utopische zum Event zu machen. »Wie immer werden es wenige Mutige sein, die aufbrechen«, erzählt ein Film über zukünftige Marskolonien. Doch liegt es wirklich in der DNA der Menschheit, wieder und wieder zu neuen Welten aufzubrechen? »Die Entwicklungsmöglichkeiten sind dabei so grenzenlos wie das Universum selbst«, behauptet die NASA. »It's not enough!« – anhand dieser Formel werden die Zuschauer dramaturgisch durch die Menschheitsgeschichte getrieben: Wer sind wir? Woher kommen wir?

Sind wir allein? Aber wo genau beginnt das neue Leben? Wo endet unsere kosmische Wanderschaft?

Jedenfalls nicht in der Tristesse der Gegenwart, sondern stets in einer noch unerschlossenen Welt. Deshalb erzähle ich von Pionieren, Sinnsuchenden, Träumern, Eigenbrötlern und Kolonisten. Deren Ideen wirken auf den ersten Blick sehr verschieden. Doch sie alle überwanden ihre Panik vor dem Neuen und machten sich auf den Weg ins Unbekannte, um geografische, technologische, soziale und kulturelle Grenzen zu überwinden. Jede reale Form des Wunschlandes – Lebensreformkolonie, Modell- und Idealstadt, spirituelle und intentionale Gemeinschaft, post-apokalyptisches Reservat für Eliten oder gar post-nationaler Ersatzstaat – begann als Fantasie eines Utopisten. Um uns als Mensch in der Welt zu behaupten, sind also nicht nur Heldentum und Neugier zentrale Überlebenstechniken. Sondern zuallererst: unsere Einbildungskraft.

BLAUPAUSEN FÜR EINE NEUE ZIVILISATION

Vor einem Neuanfang steht immer eine Suche: Wer mehr zu gewinnen als zu verlieren hat, macht sich auf. In seinem Roman »Drop City« beschreibt T. C. Boyle, wie eine Hippie-Kommune von Kalifornien nach Alaska aufbricht, um ihr eigenes Wunschland zu finden. »Die Leute versuchten, sich diesen neuen Traum anzueignen, diesen Traum des neuen Anfangs, etwas ganz von vorn und aus dem Nichts aufzubauen«, lässt Boyle einen der Hippies erklären.[1] So gut wie alle utopischen Planer gingen bei ihrem Traum davon aus, dass sich Äußeres und Inneres zwangsläufig gegenseitig bedingen: Umwelt, Architektur, Habitat außen – soziales Verhalten, Rituale und Gemeinschaftskultur innen. In gelebten Utopien geht es daher um die materielle Verbindung zur Umwelt sowie die Entwicklung der eigenen Persönlichkeit: Hardware und Software einer Utopie beeinflussen sich gegenseitig. Leider wird diese Wechselwirkung bei der Planung »smarter« Welten allzu häufig übersehen. Gleichwohl lässt sich Zukunft nur unzureichend mit Computerprogrammen simulieren. Gesellschaft lässt sich nur praktisch realisieren – als ständige Reproduktion sozialer Beziehungen. Gerade deshalb gibt es immer wieder neue Optionen. »Es gehört zur Kultur des Menschen, sich zu fragen, wo er noch leben kann – außer an dem Ort, an dem er schon ist«, erklärt die ESA-Astronautin Insa Thiele-Eich. »Es ist die Neugier, unser Entdeckergeist, der uns ins All treibt.«[2]

In der Tat macht die Idee von Weltraumkolonien auf besonders anschauliche Weise den menschlichen Willen deutlich, wirklich überall leben zu können. »Es gibt keinen Zweifel, der Weltraum ist eine fabelhafte Grenze«, so der Astronaut Scott Carpenter. »Wir werden ein paar der Geheimnisse lüften.«[3] Pläne – ob für Unterwasserstädte, Inselhabitate oder Marskolonien – sind zunächst emotional stark aufgeladene Metaphern. Ihr Sinn besteht darin, Raum für essenzielle Fragen zu eröffnen: Wo ist unser Ort im Kosmos? Wie sieht dort gutes Leben aus? Wie können Menschen dauerhaft in Frieden zusammenleben? Wer diese und weitere Fragen zur Zukunft unserer Zivilisation zulässt, macht sich zum demütigen Lernenden. Der Wert utopischer Projekte liegt also gerade nicht darin, abschließende oder eindeutige Antworten zu liefern, sondern an Fragen zu erinnern, die wir gern verdrängen. Es ist erstaunlich, wie deutlich vielen Pionieren diese Fragen vor Augen standen. Warum lassen sich Menschen auf ein Experiment ein, wo es doch so viele Orte auf diesem Planeten gibt, an denen das Leben bequemer wäre? Ohne Ausnahme waren die realen Utopisten Menschen, die sich nicht länger mit dem Offensichtlichen abspeisen lassen wollten. »Wir alle waren Besucher mit Fragen«, erinnert sich einer der Pioniere des utopischen Lebenslabors »Auroville« in Indien. »Und viele der Fragen sind noch immer unbeantwortet.«[4] Das könnte sich nun langsam, aber sicher ändern. Denn die Zeit drängt, die nächste Generation erwartet nicht nur Sinnstiftung, sondern auch konkretes Handeln im Sinne des Planeten.

GESELLSCHAFT ALS LABOR OHNE WÄNDE

Utopische Projekte zeichnen sich durch ihren experimentellen Charakter aus. Die Kolonie »Monte Verità«, von Lebensreformern um die Jahrhundertwende in Ascona gegründet, gilt als das erste »kosmopolitische Reformlabor« der westlichen Welt. Henry Ford erkor in den 1930er-Jahren seine Arbeiterstadt »Fordlândia« im Amazonasgebiet sogar zum »Meta-Labor der Zivilisation«. Die spirituelle Utopie »Auroville«, die in den 1960er-Jahren in Südindien entstand, wurde von Anfang an als subtropische »Weltuniversität« geplant. »Es ist ein unglaubliches Privileg«, so einer der Pioniere »Aurovilles«, »Teil dieses herzzerreißenden sublimen Experiments für die Menschheit zu sein.«[1] Walt Disneys Modellstadt »Celebration« aus den 1990er-Jahren sollte hingegen ein modernes »Living Lab« werden, um das aufziehende Digitalzeitalter zu erproben. Sobald Menschen in der schnelllebigen Zeit eine Atempause einlegen, die ein wenig von den Zumutungen des Alltags befreit, fangen sie innerhalb kürzester Zeit an, über Utopien nachzudenken. Oder sie gleich umzusetzen. Nicht jedes Projekt, das dabei herauskommt, ist ein verallgemeinerungswürdiges Modell für besseres Zusammenleben. Aber aus allen Experimenten lässt sich etwas lernen – und dieses Buch will zeigen, welche dieser Facetten taugen, um zeitgemäße Utopien zu entwickeln, ohne immer wieder die gleichen Fehler zu begehen.

Experimentelle Utopien waren und sind sogenannte Reallabore. Während der Corona-Pandemie waren wir plötzlich alle Probanden eines ungeplanten Experiments. Noch dazu eines, dessen Ausgang (bislang) unerträglich offen ist. In dieser Hinsicht unterscheiden sich gesellschaftliche Reallabore radikal von der naturwissenschaftlichen Vorstellung eines Labors. Während Experimente in Laboren kontrolliert oder keimfrei ablaufen – es also keinerlei äußere Störfaktoren geben darf –, ist Gesellschaft nur als ein »Labor ohne Wände« denkbar, weder keimfrei noch kontrollierbar. Störendes, Spannungen, Konflikte und Unglücke gehören zwingend mit zur Versuchsanordnung. Mehr noch: Erst Scheitern sorgt für Lernprozesse. Deshalb sind die realen Utopien, die dieses Buch vorstellt, temporäre Versuchsanordnungen, die gesellschaftliches Leben unter direkter Beobachtung zeigen. Die Vielfalt dieser Experimente ist beeindruckend – sie fanden und finden an verschiedenen Orten auf der Erde statt, in schwimmenden Habitaten, in Unterwassserstädten und sogar im All.

Offene Labore funktionieren nach dem immer gleichen Prinzip: Menschen erkennen ein gemeinsames Problem. Also verhandeln sie Zielvorstellungen und Standpunkte, sie erleben Interessenkonflikte und ringen um tragfähige Lösungen. Der Kern dieses groß angelegten Experiments liegt jedoch stets im Tun: Es gilt, abstrakte wissenschaftliche, politische, zivilgesellschaftliche oder auch private Idealvorstellungen so lange in praktisches Handeln zu übersetzen, bis sich ein möglicher Lösungsweg für das identitätsstiftende Problem herauskristallisiert. In offenen Laboren laufen Zukunftstests so ab, als »würde eine Bühne lebendig«, schreibt der französische Philosoph Bruno Latour, »und versuchte, am dramatischen Geschehen mitzuwirken«.[2] Auf diese Weise erlauben die »Labore ohne Wände« konkrete Rückschlüsse auf den Zustand unserer Zivilisation.

Wer größer denkt, sieht die Menschheit insgesamt als eine einzigartige Versuchsanordnung an. Doch zunächst: Was soll das sein, die Menschheit? Menschheit ist ein historisch relativ junges Konzept. Wer Menschheit sagt, stellt sich die Welt meist als Einheit vor. Vor nicht allzu langer Zeit blickten Menschen nicht auf die Welt, sondern lediglich bis zum nächsten Dorf und nannten das alles Heimat. Trotz Horizonterweiterung und Hochtechnologien blieb »die Menschheit« eine unbekannte Größe. Gerade wenn es aber um zukünftige Utopien geht, braucht es einen Standpunkt. Entwickeln hier westliche Eliten und Privilegierte ihre technologischen Spielzeuge, oder entstehen soziale Innovationen, die allen – oder zumindest möglichst vielen – Menschen zu einem besseren Leben verhelfen? Und was könnte die erste (kleine) Gruppe für den (großen) Rest tun? Viel wird davon abhängen, wie wir uns selbst sehen. Der britische Autor David Goodhart hat eine einfache, aber hilfreiche Unterscheidung vorgeschlagen: Auf der einen Seite die Gruppe der »somewhere-people«, die nach wie vor ihr festes Zuhause für sich in Anspruch nehmen, auf der anderen die der »anywhere-people«, die prinzipiell überall zu Hause sein können. Ein menschheitsübergreifendes »Wir-Gefühl« wird erst dann entstehen, wenn mehr Menschen eine planetarische »anywhere«-Haltung einnehmen, ohne gleichzeitig ihren biografischen »somewhere«-Anteil zu verleugnen.

Das Zeitalter der Aufklärung mit seiner »Erklärung der Menschen- und Bürgerrechte« im Paris des Revolutionsjahrs 1789 war eine zentrale Etappe auf dem Weg zum Selbst-Bewusstsein von Menschheit als einer großen Familie. Fast ließe sich sagen: die Idee der Verschmelzung von »somewhere« und »anywhere«. Allerdings macht allein der Blick auf die weltweit unterschiedlich interpretierten Menschenrechte deutlich, wie schwierig es ist, sich eine soziale Einheit und Gleichheit wirklich *aller* auf diesem Planeten vorzustellen. Noch dazu als Gruppe, die auch nur annähernd Interessen, Werte oder Zukunftsvorstellungen teilt.

Gleichwohl ist die Idee einer »Menschheit« zu Recht die Grundierung von Utopien, weil daran automatisch Fragen nach einer kollektiven Zukunft geknüpft sind. Erst die möglichen Extreme möglicher Zukünfte (im Plural!) zeigen, worauf es bei einer Menschheit ankommt. »Entweder wir verlassen die Erde, oder wir verschwinden«, prognostiziert in diesem Zusammenhang der theoretische Physiker Michio Kaku. »Es gibt keinen anderen Weg. Das ist die Geschichte des Lebens.«[3] Ein Untergangsszenario ist für ihn ein Naturgesetz, egal ob ein alles vernichtender Meteoriteneinschlag, eine Pandemie oder eine Naturkatastrophe schuld sein werden. Die Menschheit hat inzwischen allemal bewiesen, dass sie das atomare Potenzial besitzt, die vorherrschende Weltordnung und damit auch gleich sich selbst zu zerstören. Also Flucht ins All? »Die Dinosaurier sind ausgestorben«, so jedenfalls der Science-Fiction-Autor Larry Niven augenzwinkernd, »weil sie kein Raumfahrtprogramm hatten.«[4] Wie viele andere Apologeten von Fluchtutopien folgert er daraus, dass es nun an der Zeit sei, unser Schicksal selbst in die Hand zu nehmen und zur abenteuerlichen nächsten Etappe unserer Odyssee aufzubrechen: bloß weg hier. »In gewisser Weise ist die Sehnsucht nach Exploration in unseren Genen«, behauptet auch der Physiker Kaku, »sie ist fest mit unserer Seele verdrahtet.«[5]

In Sachen Exploration gibt es derzeit nur eine Richtung. »Eine Marssiedlung, wie klein auch immer«, führt der Raumfahrtjournalist Florian Nebel aus, »stellt einen Überlebensraum für die Menschheit außerhalb der Erde dar.«[6] Aber ob mit einem winzigen Habitat auf dem Mars »die Menschheit« zu retten ist? Richtig ist, dass der Mars der Planet sein wird, der in rund sieben Millarden Jahren die Explosion unserer Sonne überdauern wird, der erste Ort also, »an dem Menschen dem Ende der Erde entkommen können«, argumentiert Nebel. Immer geht es um die Frage, ob Weltraumfahrt auf ein eskapistisches »Hilfsprogramm zum Aufbau einer neuen Welt«[7] reduziert wird oder ob der damit verbundene Perspektivwechsel dazu anregt, unseren Heimatplaneten in seiner Einzigartigkeit wertzuschätzen. Für Kritiker wie den Wissenschaftler James Lovelock ist die Vorstellung eines Ersatzplaneten hingegen eine »perverse« Vorstellung, solange die Menschheit den wirklichen Zustand der Erde ignoriert. »Die Hoffnung, irgendeine Oase auf dem Mars zu finden, rechtfertigt die enormen

Ausgaben nicht«,[8] kritisiert Lovelock, der mit seiner »Gaia-Hypothese« dafür plädiert, die Erde als eigenständige Manifestation von Leben zu verstehen. Und daher auch so zu behandeln.

Welche Utopie auch immer in den Mars projiziert wird: Niemals wird er ein Ersatz für den irdischen Lebensraum sein. Schon gar nicht für alle Bewohner unseres Planeten. Der ESA-Astronaut Thomas Reiter bringt es auf den Punkt: »Es gibt keinen Planeten B.«[9] Die beliebte Chiffre »Planet B« ist daher doppeldeutig. Sie wird gleichermaßen als Titel eines Podcasts über den möglichen Neuanfang unserer Zivilisation[10] verwendet als auch als Protestaufdruck auf T-Shirts. Während die einen auf möglichen Ersatz für die Erde hoffen, plädieren die anderen dafür, genau diese Erde zu schützen. In welchem Zusammenhang auch vom »Planeten B« die Rede ist, immer wird damit die Notwendigkeit unterstrichen, sich *jenseits* aller definitorischen Schwierigkeiten *eine* Menschheit als Kollektivakteurin vorzustellen, die *gemeinsam* die Zukunft ändern kann – oder vielmehr muss, weil es nur einen einzigen Planeten gibt. Vielleicht liegt darin der eigentliche Sinn der Idee vom Ersatzplaneten. Denn wir werden erst dann beginnen, uns als Teil einer planetarischen Gemeinschaft zu verstehen, wenn wir aufhören, unseren ersten und einzigen Planeten aufzufressen. Erst dann müsste niemand mehr fliehen. »Menschheit« ist damit für mich letztlich nur ein anderer Begriff für das Bekenntnis, möglichst kooperativ für eine bessere Welt einzutreten. Oder es zumindest zu versuchen. Wenn das so ist, stellt sich die Frage: Wo könnte das utopische Wunschland für diese Menschheit liegen?

Für den Soziologen Karl Mannheim taucht das Utopische genau dort auf, wo sich das eigene Bewusstsein nicht mehr mit dem Sein in Deckung bringen lässt, wo also die bestehenden Ordnungen gesprengt, umgewälzt oder transzendiert werden.[11] Meist passiert dies nur in Gedanken, doch hin und wieder werden konkrete Projekte realisiert. Welche Gemeinsamkeiten und Unterschiede dabei zu erkennen sind, zeichnen die Fallbeispiele in diesem Buch nach. Für Mannheim liegt hier auch die Unterscheidung zwischen Ideologie und Utopie. Die reale Utopie entsteht im konkreten Handeln, sie ist mehr Prozess als endgültige Zielvorstellung. »Dass aus Zuständen neue Gedanken, aus den Gedanken neue Zustände werden«, so Mannheim, »ist die Arbeit der Menschen.« Reale Utopien bringen also harte Arbeit zwischen Traum und Trivialität mit sich. Dazwischen könnte das Wunschland entstehen. Die im Buch vorgestellten Projekte umfassen Utopien der Vergangenheit, der Gegenwart und der Zukunft. Hightech-Habitate wie Siedlungen unter Wasser oder in der lebensfeindlichen Umwelt auf dem Mars sollten erst dann ernsthaft in Angriff genommen werden, wenn wir verstanden haben, welche Arbeit *jenseits* des Technologischen für den Erfolg derartiger Missionen notwendig ist.

Bislang steckten hinter utopischen Welten meist planende Patriarchen. Männer schwangen sich zum allmächtigen Entscheider auf, zum Taktgeber im Alltag. Greifen Mächtige durch eigensinnige Regelwerke in das Leben von Mitmenschen ein, werden allerdings nicht Utopien, sondern Sozialtechniken real, die selten Spaß machen. Oft benennen die Patriarchen ihre Realutopien auch gleich nach sich selbst. So wie die Modellstadt »Saltaire« – 1851 vom Baumwollfabrikanten Titus Salt in Yorkshire gegründet. Bis heute gilt »Saltaire« als Prototyp sogenannter Company-Towns, paternalistischer Arbeiterstädte. Auf dem Höhepunkt der Industrialisierung sorgte sich der Großindustrielle Salt um das Wohl seiner Leute. Zahlreiche Sozialreformer setzten sich für bessere Bildung und gesündere Lebensverhältnisse ein, um die Folgen der Industrialisierung abzumildern. Während sich Karl Marx um das Immaterielle kümmerte, war Salt der Mann der Stunde für das Materielle. Also drückte der selbst ernannte Utopist die Reset-Taste und entschloss sich, gleich eine ganze Stadt mit Schule, Bibliothek, Waschküche und Kirche zu errichten. »Saltaire« sollte mitten im viktorianischen Zeitalter eine soziale Utopie sein und

zeigen, wie besseres Leben für alle aussehen könnte: ein Reform-
gedanke übersetzt in belebte Architektur. »Die Modellstadt sollte
das Alte und das Neue verbinden«, so der Lokalhistoriker Jack
Reynolds. »Es ging darum, den Paternalismus vergangener Zeiten
in das Umfeld der Industriegesellschaft zu übersetzen.«[12] Doch
wie unter einer Lupe zeigt das Beispiel »Saltaire« auch, wie schnell
Utopien in Dystopien kippen können. »Auch in ihrer Freizeit
wurden die Arbeiter sozial kontrolliert und diszipliniert«, so ein
weiterer Historiker, Gary Firth. »Das öffentliche Verhalten unterlag einer Reihe strenger Regeln, die überwacht wurden. Wer ab-
wich, wurde bestraft.«[13]

Die Rolle von Titus Salt übernahmen im Laufe der Zeit
immer wieder andere. Die Reformgedanken und Reformarchi-
tekturen wandelten sich. Von anarchistischen Aussteigerkolo-
nien über Modell- und Planstädte bis hin zu Hightech-Habitaten
über oder unter Wasser findet sich so gut wie jede Experimentalanordnung. Wenngleich die Projekte äußerlich unterschiedlich
wirken mögen, lassen sie sich doch auf einer gemeinsamen Traditionslinie anordnen. Mit allen Projekten war und ist die Idee
der Modellhaftigkeit verbunden. Dabei ist es eher nebensächlich,
dass sich die äußere Form des Wunschlandes wandelt: Statt von
sauberen Arbeiterstädten wird im 21. Jahrhundert eben von
sicheren Marskolonien geträumt.

Weil jedoch erneut meist männliche Träumer, Visionäre und
Utopisten stellvertretend für alle anderen festlegen, was richtig
und falsch ist, schleicht sich in jedes einzelne dieser utopischen
Projekte zugleich eine dystopische Komponente ein. Erleuchtete
Besserwisser nehmen für sich in Anspruch, den Weg in die Zukunft zu ebnen. »Es ist erstaunlich, wie gut diese Projekte funktionieren, wenn ein Guru da ist, der vorgibt, was richtig und falsch
ist und was zu tun ist«, erzählt ein Bewohner von »Auroville«.
»Bis man erwacht und merkt, dass der Guru doch nicht allmächtig ist.«[14] Damit repräsentieren utopische Projekte dialektische

Versuchsanordnungen zwischen Entlastung und Entmündigung. Wird dabei die Ideologie der Effizienz zu stark in den Mittelpunkt gerückt, wie bei den Techno-Utopien »Neom« in Saudi-Arabien oder beim »Venus Project« in Florida, mündet selbst utopischer Alltag in Entfremdung – genauso wie im Zeitalter der Industrialisierung, nur hübscher verpackt. »Wenn wir aber wirklich eine neue Welt bauen wollen«, warnt der Journalist Bob Holmes in einem Beitrag über den »Reboot« unserer Zivilisation im 21. Jahrhundert, »dann sollten wir aufpassen, diese Welt nicht zu effizient zu machen.«[15]

FORTSCHRITT OHNE TRÄUME

Ist die Suche nach dem Wunschland deshalb sogar gefährlich? Das hängt davon ab, mit welcher Haltung die Reise ins Unbekannte angetreten wird. Der Glaube an ein perfektes Leben, so der Wissenschaftshistoriker Ernst Peter Fischer, ist »höchst destruktiv und langfristig zum Scheitern verurteilt«.[1] Denn erst wenn Utopien gelebt und nicht nur geträumt werden, kommt es zum Perspektivwechsel. Aus diesem Grund stehen real-utopische Projekte und Experimentalanordnungen im Mittelpunkt dieses Buches. Immer dann, wenn Menschen die Zukunft selbst in die Hand nehmen, entstehen spannende Geschichten von Aufstieg und Fall der Menschheit – und der Odyssee dazwischen.

Trotz aller Gefahren funktioniert der Traum von der Utopie noch immer. In einer Art Tauschakt bieten perfekt anmutende Idealwelten vermeintlich jene Orientierung, die in einer als chaotisch empfundenen Welt vermisst wird. Fallen gewohnte Konventionen und Ordnungsbezüge weg – wie zum Beispiel während der Corona-Pandemie –, wirft das viele aus der Bahn. Doch die Eintrittskarte in den trügerischen Garten der Sicherheit hat ihren Preis: die Aufgabe der eigenen Persönlichkeit. So kann es passieren, dass sich große utopische Ideen ungeplant in Schreckensgespenster verwandeln und Visionen zu Gefängnissen werden. Wo Regeln allmächtig sind, entstehen Apparaturen der Kontrolle, Mechanismen der Ausbeutung und Werkzeuge der Entfremdung.

Um sinnvolle Aussagen über unsere Zukunft treffen zu können, sollten wir daher nicht nur über die Machbarkeit smarter Technologien nachdenken, sondern auch über die versteckten kulturellen Kosten idealer Welten. Utopien, die lediglich auf aufsehenserregende Bauwerke oder digitale Infrastrukturen reduziert werden, stehen am Ende ärmlich da. Der Mensch ist dort im Weg und nicht im Mittelpunkt. Vielen zeitgenössischen Utopien liegt zudem ein Menschenbild zugrunde, das noch nicht einmal im Ansatz realistisch ist. Menschen funktionieren nicht wie Maschinen, rational und effizient. Was Menschen einzigartig macht, ist vor allem ihre Irrationalität, wie der Wiener Philosoph Franz Wuketits in seiner kurzen Geschichte der Unvernunft betont.[2] Leben ist mehr als Zellteilung und pünktliches Erscheinen am Arbeitsplatz. »Im Laufe meines Lebens habe ich gemerkt, dass viele dieser Projekte auf den ersten Blick schön aussehen«, erinnert sich auch ein Bewohner »Aurovilles«, »aber dann wird es in der Realität wieder von den üblichen Egoismen bestimmt. Trotz großspuriger Visionen kommt schließlich das Kleingeistige an die Oberfläche.«[3] Utopien wie »Neom«, »Venus Project«, »Seastads« oder »Ocean Spiral City« setzen fast ausschließlich auf hochtechnologische Lösungen. Paradoxerweise verhindert die Flucht ins Technische gerade diejenigen kulturellen Innovationen, die das Leben wirklich verbessern könnten.

Diese Diagnose ist nicht neu. Bereits in den 1970er-Jahren bestand der verhängnisvollste Effekt des digitalen Wandels darin, den Menschen »alle Überlegungen in Richtung auf eine wesentliche Veränderung aus dem Kopf zu schlagen«, so der hellsichtige Computerpionier Joseph Weizenbaum.[4] Mit Computern ließ sich zwar die Effizienz ist vielen Lebensbereichen steigern. Was dabei verloren ging, war allerdings die Fähigkeit, zu definieren, was überhaupt ein gutes und sinnhaftes Leben jenseits der Effizienzillusion ist – eine Frage, die gegenwärtig im Kontext Künstlicher Intelligenz erneut an Relevanz gewinnt. Der Konsens über eine sinnhafte Welt sollte die Voraussetzung für Technologieentwicklung sein, nicht umgekehrt.[5] Auch wenn viele Apologeten des Digitalen das Gegenteil behaupten: Mehr Technik und mehr Daten führen nicht automatisch zu einem besseren Leben. Wer so denkt, braucht letztendlich keine Utopien. Die Art von Utopielust, für die dieses Buch wirbt, resultiert auch aus der Demaskierung zeitgenössischer Komforttechnologien, denn mit ihnen sind die Illusionen eines effizienten und kontrollierbaren Lebens verbunden. Was auch immer uns als Zukunft verkauft wird – von Politikern, Wissenschaftlern oder esoterisch angehauchten Trendforschern –, ist meist wenig mehr als die oberflächliche Variation bereits bekannter Trivialitäten. Zukunft wird zur substanzlosen Show, Gesellschaft zum Spektakel.

Das war nicht immer so. Das Space-Age der 1960er-Jahre gilt als vorläufiger Höhepunkt unserer Odyssee. Neil Armstrong, der Apollo-11-Astronaut und »First Man« auf dem Mond, wusste nur zu gut, dass sich die Grenzen der Zivilisation zukünftig noch weiter ausdehnen würden. Der erste Funkspruch vom Mond zur Erde – »The Eagle has landed« – markierte nicht nur die Magie der Ankunft auf dem Erdtrabanten, zugleich wurde damit eine neue Version der Zukunft erfunden. Die Astronauten der 1960er-Jahre waren nur deshalb bereit, beim Ritt auf umgebauten Massenvernichtungswaffen das eigene Leben zu riskieren, weil sie leidenschaftlich an diese Vision glaubten. Konkret daran, dass ihre Reise zum Mond lediglich der erste Schritt auf einer langen Reise der Menschheit in Richtung eines neuen Wunschlandes sein würde. Leider verschwand der Traum im Dickicht der überbordenen Bürokratie von Raumfahrtbehörden und zwischen den Zielkonflikten pragmatischer Politik. Spätestens nach den beiden

Katastrophen mit den Space Shuttles »Challenger« und »Columbia«, bei denen jeweils alle sieben Menschen an Bord ums Leben kamen, versteckten sich Weltraumutopien verschämt hinter Trauer und Vorsicht.

Inzwischen ist Weltraum allerdings wieder in. Auch in der Werbung: Der Autohersteller BMW ist mit seinem Modell X3 »On a Mission. Exploring Mars«.[6] Ford probt den »Neuanfang« und setzt eines seiner Modelle mit einem Astronauten in Szene. Und die Gattung des Weltraumsongs reicht von »Space Oddity« (David Bowie) und »Walking on the Moon« (Police) bis hin zu »O Astronauta« (Vinícius de Moraes) oder dem Quatschlied »Ich liebte ein Mädchen auf dem Mars« (Ingo Insterburg).

Trotzdem hinterließ die Traditionslinie utopischer Weltraumprojekte überraschenderweise weniger Spuren in unserem kollektiven Bewusstsein als die ersten eigenen Erfahrungen mit einem Commodore 64 oder dem Textverarbeitungsprogramm WORD. Inmitten einer Komfortzivilisation wurde aus Utopielust letztlich Utopiemüdigkeit. Anstatt wirklich Neues zu wagen, werden mit großem Aufwand permanent Standardwelten reproduziert. Allerdings ist die Verlängerung der Gegenwart noch lange kein Zukunftsversprechen. Utopien werden auf kleinräumige Verbesserungen wie Einparkhilfen, Gesundheits-Apps oder Smart Housing reduziert. Statt technologischer Gadgets braucht es zukünftig jedoch eher Innovationen, die dabei helfen, die soziale, kulturelle und ethische »Software« unserer Zivilisation neu zu »programmieren«. Voraussetzung dafür wäre ein Verständnis, dass es Zusammenhänge gibt, die größer sind als wir selbst. Es geht »um den Zweifel an der eigenen Weltsicht und den andauernden Versuch, sich innerhalb des Nicht-Wissens zu verorten«, appelliert der Journalist Georg Diez.[7]

Um den Weg ins Wunschland zu finden, braucht es eine kollektive Lernkurve der Menschheit. Ohne Rückblick auf die großen Etappen der bisherigen Odyssee bleibt jede zukünftige Planung reines Blendwerk. Wer hingegen die Lektionen real-utopischer Experimente verinnerlicht, erhält kognitives Rüstzeug für zukünftige Neuanfänge. Erst auf den Denkmälern des Scheiterns lässt sich das Neue errichten. Untergegangene Wunschwelten verdeutlichen, wie der menschliche Faktor zum Tragen kommt, der immer wieder gern vergessen wird. Doch wo sollen eigentlich die neuen Träume herkommen? Träumer haben zu Unrecht einen schlechten Ruf. Die Suche nach einem radikalen Neuanfang, einem Reboot oder Reset, wird vor diesem Hintergrund zu schnell in die Nähe von Geistesgestörtheit gerückt. Dennoch ist gerade der utopische Traum der Schlüssel zum Neuen, eine Möglichkeit der Neujustierung und eine wichtige Etappe auf dem Weg zur Wahrheit. Als zentrale Kulturtechnik der Vorausschau sind Träume in Gefahr. Gleichzeitig werden Träumer dringender denn je gebraucht. Jedenfalls ist es eine Illusion, dass Gesellschaft eine umbaufähige Einheit darstellt, wie sich das Technokraten in ihrem mechanistischen Denken wünschen. Es reicht nicht aus, nur an ein paar Rädchen zu drehen. Um die Zukunft grundlegend zu ändern, braucht es stattdessen den Eingriff in die Tiefenstruktur unserer kulturellen Matrix – genau deshalb sind neue Utopien so sinnvoll, denn sie verändern Zielvorstellungen, Werte und Handlungsoptionen gleichermaßen.

Die utopische Komponente sollte kein Privileg von wenigen Träumern bleiben, sondern Allgemeingut werden, an Schulen gelehrt, in der Politik hoch verehrt. Im Dezember 2005 gründete der Astronaut José Hernández – der Astronaut, den ich im Aufzug traf – die »José Hernández Reaching for the Stars Foundation«, eine Stiftung, die Stipendien an begabte Nachwuchswissenschaftler vergibt – das ist eine vorbildliche Art, utopisches Denken zu fördern. Der Amazon-Gründer und Weltraum-Guru Jeff Bezos zog mit »Kids for Futures« nach. Immerhin zwei ältere Männer, die erkannt haben, wem die Zukunft gehört.

Unter Utopisten hat die Technik der Rückschau eine lange

Tradition, z. B. in der Novelle »Looking Backward« von Edward Bellamy. »Wir werden vom All aus die Erde hüten«, brachte auch der NASA-Raumfahrtexperte Jesco von Puttkamer diese Haltung auf den Punkt.[8] Spätestens die Corona-Pandemie machte deutlich, dass es tatsächlich keinerlei EXIT-Möglichkeiten gibt. »Wir haben keine Ausweichmöglichkeit«, glaubt auch die ESA-Astronautin Insa Thiele-Eich. »Selbst wenn ein paar Menschen irgendwann auf den Mond ziehen können, ist das noch lange keine Lösung für die ganze Menschheit.«[9]

Mit dem Ziel, das zukünftige Wunschland besser zu verstehen, plädiere ich in diesem Buch daher für den Blick zurück. Im Rückspiegel erscheint jedoch nicht die Vergangenheit, sondern vielmehr die immer schon vorhandene imaginäre Rückseite unserer gemeinsam geteilten Wirklichkeit. Im Rückspiegel wartet die Utopie als potenzielle Wirklichkeit. Wir sind dabei, die Welt umzukleiden. Wenn dabei ein paar althergebrachte Grenzen eingerissen werden, wäre es nicht wirklich schade darum. Riecht es dabei ein wenig brenzlig, dann ist das bloß das Parfüm der Utopie.

SEHNSUCHT BRENNT VON INNEN HER –
NEUGIER AUF UTOPIEN

I n der »Space Expo« der Europäischen Raumfahrtagentur ESA
im niederländischen Städtchen Noordwijk beobachtete ich einen
kleinen Jungen, der auf dem Fußboden kniete und fasziniert in
einen Fernseher im Retrolook starrte. Dort flimmerten Bilder aus
den 1960er-Jahren: riesige Raketen auf einer Rampe, donnernde
Startszenen, Filmsequenzen aus dem All, die geglückte Rückkehr
zur Erde, winkende Astronauten inmitten von Konfetti-Paraden.
Völlig in diese Welt versunken, vergaß der Junge alles um sich
herum. Sehnsucht brennt immer von innen her. Solange es Kinder
gibt, die sich von solchen Bildern derart berühren lassen, besteht
Hoffnung, dass das Neue in die Welt kommt, auch wenn es nicht
einfach ist, es zu finden. Das Wunderland »ist auf keiner Karte
verzeichnet«, wie Herman Melville in »Moby Dick« schreibt, »die
wahren Orte sind das nie«.[1] Wunderland ist vielmehr ein »Ort, den
wir durchwandern müssen, wenn wir durchs Leben wandern«.[2]

Der steinige Weg in eine bessere Welt beginnt mit Sehnsucht.
Aber nur der Zweifel an bestehenden Ordnungen resultiert in
zukunftsgerichteten Fragen: Wie könnte es stattdessen sein? Deshalb braucht es Menschen, die zumindest versuchen herauszufinden, wo sich das Wunschland befinden könnte, die dabei einer
inneren Stimme folgen und nicht warten, bis irgendein Gott, Guru
oder Vorgesetzter sie zu sich ruft. Menschen, die losziehen und
sich auf den Weg zu ihrem erträumten Sehnsuchtsort machen.
Das Dilemma der Pioniere besteht darin, dass es keine verlässlichen Karten gibt, die ihnen den Weg weisen.

Das »Collegium Maius« in Krakau ist eine der ersten Universitäten Europas, eine Trutzburg des Wissens. Der berühmteste ortsansässige Gelehrte war Nikolaus Kopernikus (1473–1543), dem wir eine radikal neue Perspektive auf unsere Welt verdanken. Kopernikus war von zutiefst philosophischen Fragen getrieben: Wo sind wir? Wer sind wir? Fragen, die auch nach 500 Jahren nichts an Relevanz verloren haben. Fragen, die auch Google Maps nicht abschließend beantworten wird. Kopernikus fand heraus, dass sich der Mensch nicht im Zentrum des Universums befindet und die Erde um die Sonne kreist. Auf das geozentrische folgte das heliozentrische Weltbild. Zwischen den vielen Exponaten im »Collegium« – heute ein Museum – findet sich ein Foto des Planeten Erde, aufgenommen aus dem Weltall. Es ist signiert von Neil Armstrong, der 1969 als erster Mensch den Mond betrat. Kurz nach diesem historischen Moment reiste Armstrong nach Krakau, auch um Kopernikus die Ehre zu erweisen. Mit dieser Geste verband er nicht nur Krakau mit Houston, sondern zugleich Vergangenheit, Gegenwart und Zukunft. Er zog eine symbolische Verbindungslinie zwischen allen Pionieren, Träumern und Visionären. Es dauerte lange, bis nicht nur Einzelgänger den Weg zur Wahrheit beschritten. Noch im Jahr 1600, am frühen Morgen des 17. Februar, wurde der abtrünnige Dominikanermönch Giordano Bruno nach acht Jahren Verhör und Einzelhaft lebendig auf dem Scheiterhaufen verbrannt. Trotzig hatte er die Theorie vertreten, dass die Erde sich um die Sonne bewegt. 1616 erklärten die Theologen der Inquisition die Schriften von Galileo Galilei als töricht. Mit seiner Neugier hatte der Universalgelehrte Vertrautes infrage gestellt, doch die Zweifel seiner Umwelt waren stärker. »Bald wird die Menschheit Bescheid wissen über ihre Wohnstätte, den Himmelskörper, auf dem sie haust. Was in den alten Büchern steht, das genügt ihr nicht mehr«, lässt Bertolt Brecht den Gelehrten Galilei sagen. »Denn wo der Glaube tausend Jahre gesessen hat, eben da sitzt jetzt der Zweifel. (...) Dadurch ist eine Zugluft entstanden, welche sogar den Fürsten und Prälaten die goldbestickten Röcke lüftet.«[3]

Es ist diese Fähigkeit zum Zweifel, sich das Neue überhaupt erst vorstellen zu können, die Forscher mit Utopisten verbindet. Aus Tagträumen können so großartige wissenschaftliche Konzepte, aber auch neue Zivilisationsentwürfe entstehen. Als Robert Goddard, ein genialer Raketenpionier, unter einem Kirschbaum in Worcester (Massachusetts) saß, hatte er bereits Anfang des 20. Jahrhunderts eine Vision vom Leben auf dem Planeten Mars. Unmittelbar danach dachte er sich ein Vehikel aus, das Menschen dorthin bringen würde, und nutzte den Rest seines Lebens, um die technischen Grundlagen dieser Utopie zu erarbeiten.[4] Goddard war jedoch nicht der Einzige, der vom Mars träumte. Der Erfinder Konstantin Ziolkowski entwickelte sogar einen Masterplan für die Besiedlung des Weltraums und der Kolonialisierung des Mars. »Die Erde ist unsere Wiege«, so der Grundgedanke seiner kosmischen Philosophie, »aber wir können nicht ewig in dieser Wiege bleiben.«[5] Detailliert stellte er sich daraufhin vor, wie es wäre, den Mond oder einen Asteroiden zu betreten, Raumstationen oder Raumstädte zu bauen oder sogar in Richtung Mars aufzubrechen.

Seine Inspirationen bezog Ziolkowski vom Raumfahrtphilosophen Nikolai Fyodorov, der Mitte des 19. Jahrhunderts als leitender Katalogverwalter der Moskauer Bibliothek kurze Wege zu inspirierenden Quellen hatte. Schon Fyodorov rückte den Horizont der Menschheit neu zurecht, indem er die Vision einer kollektiven Anstrengung sowie eines großen Ziels der Menschheit erdachte. »Die natürliche Heimat menschlicher Wesen ist nicht die Erde«, so der Utopist Fyodorov, »vielmehr sind sie Organismen, deren Ökosystem der gesamte Kosmos ist.«[6] Weil sich an dieser Ur-Sehnsucht bis heute wenig geändert hat, müssen wir uns endlich der Herausforderung stellen, dieses »große Ziel« gemeinsam zu definieren und praktisch umzusetzen. Raketenformeln helfen hierbei nur bedingt. Vielmehr wird es darauf ankommen, die Sehnsucht nach dem Unbekannten zu fördern.

NEUGIER ALS TRIEBKRAFT

Am 26. November 2011 startete eine Rakete von Cape Canaveral in Florida zu einer Marsmission. Mit an Bord war ein kleines autonomes Fahrzeug, der Mars-Rover, der auf dem roten Planeten nach Leben suchen sollte. In einem landesweiten Wettbewerb wurde der Name dieses Rovers von einem Gremium der NASA unter 9000 Einsendungen ausgewählt. Gewonnen hat der Vorschlag einer Schülerin, schließlich wurde der Rover »Curiosity« (Neugier) getauft. »Neugier ist eine ewige Flamme, die in den Köpfen aller brennt«, schrieb sie in ihrem Essay. »Sie lässt mich morgens aus dem Bett steigen und mich fragen, welche Überraschungen das Leben an diesem Tag für mich bereithält. Ohne Neugier, diese mächtige Kraft, wären wir nicht das, was wir heute sind. Neugier ist Leidenschaft, die uns durch unseren Alltag treibt.«[7] Am 6. August 2012 landete »Curiosity« schließlich auf dem roten Planeten. Die für das Landemanöver ausgesuchte Ebene trägt den Namen »Aiolos«, benannt nach dem König der Winde, dessen Reich auch schon Odysseus durchquerte.

Neugier »wirkt wie eine umgekehrte Gravitationskraft«,[8] so der Schriftsteller Alberto Manguel. Sie ließ Pioniere schon immer abheben und den Sprung ins Neue wagen. Allerdings kommt Neugier in zwei verschiedenen Ausprägungen vor: Als *vanitas*, also Größenwahn. Und als *umiltà*, Bescheidenheit. Utopische Projekte befinden sich meist in einem Schwebezustand zwischen beiden Extremen. Seit Jahrhunderten inspirieren sich theoretische Utopie-Entwürfe und jene Menschen gegenseitig, die letztendlich zur Tat schreiten, um Utopien zumindest eine Zeit lang praktisch zu erproben. Bereits um 1600 riet etwa der englische Naturphilosoph Nicholas Hill dazu, auf der Insel Lundy eine utopische Kolonie zu errichten – auch wenn er nicht wirklich gehört wurde. Als Ur-Modell utopischer Gemeinschaften gelten daher die frühen Siedlungen der Puritaner in der »Neuen Welt« Nordamerikas. Im 17. Jahrhundert schufen sie sich eine Art Freistaat für alle, die vor der katholischen Abgötterei geflohen waren, und flücheten sich in eine neue Ideologie: Ab 1663 stand in Massachusetts aufgrund puritanischer Lebensregeln Zeitvergeudung sogar per Gesetz unter Strafe. Neuengland galt fortan vielen als Wunschland, in dem »der Herr einen neuen Himmel und eine neue Erde, neue Kirchen und ein neues Reich schaffen« werde, so der zeitgenössische Chronist Edward Johnson.[9] Im 18. Jahrhundert bildeten die Shaker (oder Shaking Quakers) in Neuengland eine weitere utopische spirituelle Gemeinschaft, in der sie Kommunismus und Gleichberechtigung *avant la lettre* praktizierten.

Weil das 18. Jahrhundert in Europa eine Epoche der Krise war, quoll es zunächst über vor literarischen Utopien. Jährlich erschienen allein in Frankreich zehn bis dreißig neue utopische Schriften, insgesamt rund 1000 allein während der Aufklärung.[10] Das Zeitalter der Propheten war vorbei, die Utopie lebte! Aus Verbitterung, nicht Optimismus, produzierten zeitgenössische Intellektuelle literarische Utopien wie am Fließband. Um von der utopischen Idee zum Handeln zu gelangen, sollte es noch dauern. Radikale Kleriker, vom Drang zum Absoluten befreit, waren Vorläufer einer Theologie der Befreiung. Einer davon war der französische Philosoph Abbé Morelly – für ihn gehörten soziale Reformen und Utopie untrennbar zusammen. Sein Werk beeinflusste etwa den Gesellschaftstheoretiker und sozialistischen Utopisten Charles Fourier, der sich ab 1830 der Entwicklung einer idealen Produktions- und Wohngemeinschaft widmete. Seine Visionen über die »Die neue Welt der Liebe« (»Le nouveau monde amoureux«), seine Ausführungen zur Kategorisierung der Leidenschaften sowie insbesondere seine Kritik an der Monogamie machten ihn zum Pionier des frühen Sozialismus und der sexuellen Revolution. Das »Phalansterium« sollte eine ideale Sozialeinheit zur experimentellen Erprobung neuer Formen des Zusammenlebens sein. »Alles, was sich auf Zwang gründet«, so Fourier, »ist hinfällig und verrät Mangel an Geist.«[11] Bemerkenswerterweise wurde sein Werk erst 1967, eineinhalb Jahrhunderte nach der Fertigstellung des Manuskripts, veröffentlicht.

Um 1800 thematisieren erste Utopien zudem die Vorboten der industriellen Revolution: Fabriken, Umweltzerstörung, Landflucht und Proteletariat regten zum tief greifenden Umdenken an, nicht nur bei Titus Salt. Im 19. Jahrhundert wurden die utopischen Visionen schließlich säkularer und konkreter. Endlich rückte das Handeln näher. Vor diesem Hintergrund entstand die »Brook Farm« in der Nähe von Boston als religiös motiviertes und zugleich anarchisches Projekt. Die treibende Kraft dahinter war der ehemals unitarische Geistliche George Ripley, der sich von seiner Kirche losgesagt hatte, um neue Ideen praktisch umzusetzen. Die Mitglieder der Farm lebten nach dem frühsozialistischen Gesellschaftsentwurf von Charles Fourier, der in alternativen Kreisen mündlich weitergegeben wurde. Sie versuchten, Hierarchien und Konkurrenzdenken zu vermeiden und sich selbst aus der Natur zu versorgen, ohne diese dabei auszubeuten. »New Harmony«, »Fruitlands«, »Skanateales«, »Nashoba«, »Oneida« oder »Phalanxes« – hinter jedem dieser Siedlungsnamen verbirgt sich ein weiteres, meist eigensinniges utopisches Projekt. Vor dem Amerikanischen Bürgerkrieg, dem 1861 beginnenden Sezessionskrieg, wurden allein in den USA mehr als hundert utopische Gemeinschaften gegründet.[12] Im 20. Jahrhundert, zwischen 1960 und den frühen 1970er-Jahren, verstanden sich schließlich Tausende von Hippie-Kommunen als zeitgemäße Umsetzung utopischer Ideale. Gemeinsam suchte man nach Freiheit und Lebensformen jenseits materialistischer Zwänge.

AUF DEM WEG ZU REALEN UTOPIEN

All diese utopischen Experimente standen im Schatten großer Weltereignisse und der offiziellen Geschichtsschreibung. Dennoch waren sie nicht weniger real. Was die Pioniere Utopie nannten, mag im streng wissenschaftlichen Sinne keine gewesen sein, weil sie aus imaginären Traumwelten schließlich konkrete Orte der Transformation schufen. Und doch waren es utopische Orte, an denen sich Traum und Albtraum stets neu mischten. Während die Lehrbücher voll mit Hinweisen darauf sind, dass eine Utopie niemals realisiert werden kann, scherten sich die Utopisten weniger um schlaue Definitionen als vielmehr um echte Herausforderungen. Genau in diesem Sinn spricht der amerikanische Soziologe Erik Wright von *realen* Utopien. »Utopien sind Fantasien, moralisch inspirierte Entwürfe einer humanen Welt des Friedens und der Harmonie, unbeschwert von realistischen Erwägungen über menschliche Psychologie und gesellschaftliche Umsetzbarkeit«, so Wright. »Realisten meiden solche Fantasien.«[13]

Was wir über Utopien wissen, lässt sich auch gut mit der Idee des Regulativs zusammenfassen: Jede Utopie verfügt über das Potenzial, latent vorhandene Kräfte zu wecken, die zum gesellschaftlichen Wandel beitragen. Schon Alexis de Tocqueville sah sehr klar, dass sich über jede wirkliche Gesellschaft eine imaginäre Gesellschaft legt, in der sich utopische und revolutionäre Projekte planen lassen.[14]

Zudem wirkt jede Utopie wie ein Spiegel: Wer hineinblickt, sieht die Herrschafts- und Machtverhältnisse der jeweiligen Gegenwartsgesellschaft. Auffallend an real-utopischen Experimenten sind in diesem Sinne vor allem die »unerhörten Machtpositionen«[15] ihrer Gründer, die meist radikale Spielregeln für die Teilhabe an der Utopie vorgeben. Deshalb leiden reale Utopien allzu oft an der »Parodie der Ebenbildlichkeit«, so der Soziologe Theodor W. Adorno in seinen »Reflexionen aus dem beschädigten

Leben«.[16] Die mächtigen Gründer einer Utopie nehmen ihre Gefolgschaft nur als ihr eigenes Spiegelbild wahr, »anstatt das Menschliche gerade als das Verschiedene« anzuerkennen. Die Folge: Was dem eigenen Weltbild widerspricht, wird ausgefiltert oder verboten. Wie die Geschichten über »Fordlândia«, »Celebration« und einige weitere Idealstädte in diesem Buch zeigen werden, verwandeln sich utopische Modelle recht schnell und meist unintendiert in repressive Siedlungen. Der Anthropologe Helmuth Plessner kritisierte derlei Extremformen deutlich: »Radikalismus heißt Vernichtung der gegebenen Wirklichkeit zuliebe der Idee«,[17] schreibt er. Warum sind Utopien trotz dieser Kritik dennoch sinnvoll? Ihr Mehrwert besteht letztendlich darin, die Grenzen von Gemeinschaft sichtbar zu machen und uns bei notwendigen Korrekturen zu unterstützen. Die Fallgeschichten dieses Buchs lassen sich daher auch als Anleitung zur Selbstbeobachtung lesen.

ZIVILISATIONSMÜDE UND UTOPIEEIFRIG
MONTE VERITÀ, 1899

Vor sich hin schimpfend walzte sich der »Koloss von Heidelberg«, wie der Jahrhundert-Intellektuelle Max Weber auch genannt wurde, steile Treppenstufen hinauf. Ausgehend von seiner Pension führten sie zu einem einzigartigen Ort oberhalb des Sees. Von Ascona, einem kleinen Ort am Lago Maggiore im Tessin, schlängelte sich ein enger Fußweg einen Hügel hinauf, der unter dem Namen »Monte Verità«, Berg der Wahrheit, berühmt geworden war. Wer einigermaßen sportlich ist, benötigt für den Aufstieg zehn Minuten. Ganz anders Weber. Der übergewichtige und ungelenke Intellektuelle schob sich langsam, schnaufend und schwitzend den Berg hinauf. Zweimal, 1913 und 1914, verbrachte Weber die Ostertage in Ascona. Die Erholung hatte er bitter nötig, weil er sich den Winter 1912/13 über in Heidelberg am »Grundriss der Sozialökonomik« verausgabt hatte. Weber war »psychisch überreizt«.[1] Schlafen konnte er nur mittels einer Medikamentenmixtur, die Opiate enthielt. »Der Frühling bedeutete für ihn das Ende seiner harten winterlichen Mühen und, endlich, den Beginn seiner Kur«: Entgiftung, Entschlackung und Entwöhnung. Weber sollte lernen, ohne seinen Cocktail zu schlafen. Hinzu kam strenge Diät, eine Qual für den Soziologen, der gern viel aß und noch viel mehr trank. In einem Brief vom 26. März 1913 beschwerte er sich bei seiner Frau Marianne über sein Quartier. »Liebes Schnäuzele! (...) Es ist ein richtiges dreckiges Italienernestchen, nur ist die Kneipe durch die hier wohnenden Gäste kultiviert.«

Auf dem Hügel oberhalb von Ascona lebten Aussteiger, die längst eine Sensation waren. Zahlreiche Schauermärchen wurden fantasievoll ausgeschmückt und machten die Runde. Viele der Besucher Asconas wollten die oft beschriebene »Nacktheit und insbesondere die wilden Ehen gar zu gerne persönlich besichtigen«, so der Chronist Curt Riess.[2] Obwohl er sich vom Berg der Wahrheit und der dort ansässigen Kolonie der Lebensreformer inspirieren ließ, nahm Weber zunächst keinen Kontakt zu den Vegetariern auf dem Hügel auf. Verdächtig waren dem eher biederen Wissenschaftler die vermeintliche »Sektenwirtschaft«[3] sowie die »Welt voller Zauberweiber und Glücksbegier«, die er dort vermutete. Aber das »dreckige Nestchen« wurde ihm wohl schnell zu langweilig. Um sich selbst ein Bild zu machen, stampfte er los, den Hut gegen die Sonne, die Jacke offen wegen der Hitze. Oben angelangt, suchte er rasch Schatten und fiel erschöpft in sich zusammen. Auf dem Berg der Wahrheit betrat er »eine Sphäre eigenen Rechts, die mit der gewöhnlichen Welt da unten kaum etwas gemein hatte«.[4] Weber lieferte Nachfolgenden ein ganz eigenes Bild des »Monte Verità«. Mit Röntgenblick nahm er das Netz der Abhängigkeiten unter den Sinnsuchenden sowie deren fadenscheinige Glücksmoral der Selbstverwirklichung in den Blick. Wo andere den Prototyp utopischen Denkens erahnten, sah Weber lediglich »seelische Kraftverschwendung«. Doch was machte diesen Ort aus, der von sich selbst behauptete, Stammplatz der Wahrheit zu sein?

DIE ZEICHEN DER ZEIT:
WOHLSTANDSASKESE UND ZUKUNFTSANGST

Idealvorstellungen einer heilen Welt waren ein typisches Phänomen des ausklingenden 19. Jahrhunderts. Es war eine Zeit, in der viele Leben aus der Balance gerieten, weil die Menschen zwischen Zukunftsangst und euphorischer Zukunftsbejahung schwankten. Wie andere Epochen hatte auch das Fin de Siècle seine eigene Krankheit: die Jahrhundertwende-Depression. Vor allem gut betuchte Bürger litten unter Burn-out, damals vornehm Neurasthenie genannt. Das Experiment »Monte Verità« ist damit ein Vorläufer unserer Epoche, denn die damaligen Optimierungsideale unterscheiden sich kaum von jenen des 21. Jahrhunderts. »Hat der heutige Individualismus ein Anfangsdatum«, so der Autor Peter Michalzik in seinem Epochenpanorama, das die Suche nach dem neuen Paradies nachzeichnet, »dann ist es das Jahr 1900«.[5] An zahlreichen Orten fern der städtischen Gesellschaft experimentierten rund um die Jahrhundertwende immer mehr Zivilisationsmüde mit alternativen Lebensentwürfen. Wer es ernsthaft versuchte, fand seinen Sehnsuchtsort – oder zumindest eine Gegenwelt.[6]

Wollte man seine bürgerliche Komfortzone nicht gleich für immer verlassen, bot sich zunächst der Weg ins Sanatorium an. Im kleinen Maßstab wurden im amerikanischen Sanatorium »Battle Creek« – gegründet vom Cornflake-Produzenten John Harvey Kellogg und beworben als »größte Heilanstalt der Welt« – alternative Lebensmodelle ausprobiert. Auch der Schweizer Arzt und Wissenschaftler Max Bircher-Benner kämpfte an vorderster Front gegen eine Lebensweise an, mit der sich Menschen angeblich selbst vergifteten. Das nach ihm benannte Müsli ist sein zeitloser Beitrag zu einem gesünderen Lebensstil. Seine Ideen setzte er im Sanatorium »Lebendige Kraft« um, das 1904 als klinische Heilstätte für innere Krankheiten sowie für körperliche und seelische Störungen gegründet wurde, als eine »Komponente gegen die zunehmende Konstitutionsverschlechterung der Kulturmenschheit«.[7] Als Rückzugs- und Ruheort lag es für die gutbetuchte Klientel strategisch günstig am Stadtrand von Zürich. Äußerst erfolgreich wurden Sanatorien als Wallfahrtsorte für asketische Reinigungsübungen vermarktet. Immer schwang dabei der Traum vom besseren Leben mit. Es dauerte nicht lange, bis erste Angebote auf die Bedürfnisse hypersensibler Bürger reagierten. Als einer der Ersten griff der Schweizer Arnold Rikli den neuen Trend auf. Rikli propagierte, dass stillstehende, also »eingesperrte« Luft bloß Verderbnis über Menschen bringe. Der Mensch, so der »Sonnendoktor«, der von seinen Kritikern gern auch als »Narrenkönig« verspottet wurde,[8] verunreinige sich selbst durch seine Körperausscheidungen. »Autointoxikanation« wurde zum Modewort. Die Therapie bestand darin, die erschöpften Kunden abseits vom nervigen Weltgetriebe zunächst wieder an die frische Luft zu bringen.

In einer dieser Therapierunden lernten sich im Spätsommer 1899 zwei Zivilisationsmüde kennen, die kurze Zeit später zusammen eine der wichtigsten Lebensreformkolonien gründen sollten: Henri Oedenkoven und Ida Hofmann. Ihre gemeinsame Erfahrung in Lichtlufthütten weiteten sie zu einer Utopie aus, »um die Ausnahmesituation zur Regel, die Lebensreform zur Lebensgrundlage zu machen«. Ida, »ein bisschen gemütskrank«,[9] war eine polyglotte Pianistin und Musikpädagogin, die sieben Sprachen beherrschte und sich als Vorreiterin im »Kampf um die Frauenbefreiung« engagierte.[10] Sie bekannte, dass sie ihr Leben hasste, »weil es sich auf Egoismus, Luxus, Schein, Heimlichkeit, Lüge und Heuchelei aufbaut«.[11] Henri hingegen war ein kränklicher Industriellensohn aus Belgien, der neben der Fabrik seines Vaters aufgewachsen war und dabei gesundheitlichen Schaden genommen hatte. Henri hatte schon viel Leid mit unsinnigen Kuren und Anwendungen hinter sich, sein Magen vertrug nur noch »leichteste Krankenkost«.[12] Sein größter Wunsch war es, sich aus seinem konventionellen und langweiligen Milieu zu befreien und der »Welt des Scheins« endgültig den Rücken zu kehren.[13]

Gemeinsam waren Ida und Henri damit die Idealbesetzung für eine reale Utopie. Beide empfanden, dass gesellschaftliche Konventionen und die Gesetze der Natur immer weiter auseinanderdrifteten. Schließlich beschlossen sie, ihre Reformgedanken gemeinsam in die Praxis umzusetzen. Auf neuem Boden wollten sie nach einer neuen Gesellschaftsordnung suchen. Das Ziel: die Lebensbedingungen der Menschen so grundlegend zu ändern, dass ein Leben wieder möglich wurde. Hellsichtig hatten sie erkannt, dass gesellschaftliche Zwänge und Belastungen zu immer neuen Krankheiten führten. Sie wollten dazu anstiften, konventionellen Lebenslügen zu entkommen – mit einer »Lebensschule für Hinaustretende«, einem Ort für Menschen, die gemeinsam den Weg ins Freie suchten. Diese Vision unterschied sich radikal von der Konvention der zeitgenössischen, meist elitär angehauchten Sommerfrische.

FLUCHT VOR DEM ZIVILISATORISCHEN UNBEHAGEN

Auf der Suche waren sie alle. Die vorletzte Jahrhundertwende war eine Zeit des Aufbruchs, wie geschaffen für Utopisten. Jenseits von Kapitalismus und Sozialismus galt die Lebensreform als der dritte Weg, bei dem es vor allem um Harmonie gehen sollte.

Während sich im abgelegenen und stillen Ascona zunächst niemand für utopisches Gedankengut interessierte, fanden sich im Oktober 1900 in München neben Ida und Henri weitere vier Willige zusammen. Das existenzielle Anliegen, das die Gruppe einte, bildete den Grundstock für eines der nachhaltigsten Lebensreformexperimente. Ida Hofmann beschrieb die neuartigen Ideen stets in ihrer selbst erfundenen, eigenwilliger Reform-Rechtschreibung: In »Henri's Kopf entsprang als resultat erfahrungsreicher leidensjahre« schließlich die Idee einer »auf regenerazion in körperlicher u. sittlicher hinsicht zilenden einrichtung«, formulierte sie derart. In der Tat, Oedenkoven strebte »eine Art kommunistisches Gemeinwesen« an, wenngleich er dazu Kapital seines »stinkreichen« Vaters benötigte. Sein Plan sah vor, weit über das übliche Angebot von Naturheilanstalten hinauszugehen und eine alternative Wirtschafts- und Lebensgemeinschaft in Form einer Selbstversorger-Kolonie zu gründen.

Zur Gründungsgruppe gehörte auch Idas Schwester Jenny Hofmann, ebenfalls Musikerin, eher praktisch und nüchtern und weniger leicht ideologisch entflammbar als Ida, eine »nützliche Ergänzung zu den vielen Theoretikern«. Hinzu gesellten sich die Brüder Karl und Gustav Gräser, der eine ehemaliger Soldat, der andere »Maler und Lebenskünstler mit Sendungsbewusstsein und einem ausgeprägten Hang zur Nichtsesshaftigkeit«.[14] Die Brüder brachten Erfahrungen aus dem Leben in der Landkommune »Himmelhof« in Wien mit. Dort hatte der Maler Karl Wilhelm Diefenbach mitsamt Genossen und Anhängerinnen eine »seinerzeit aufsehenerregende Kolonie« etabliert.[15] Ausgerüstet mit diesen Erfahrungen und Motiven ließ sich bereits um 1900 vieles vorwegnehmen, was erst Jahrzehnte später massentauglich werden sollte. Die beiden Gräser-Brüder wollten aufs Ganze gehen und strebten nach dem »Paradies auf Erden«, um die »unmenschlichen Rohheiten« und die »Entartungen der heutigen Gesellschaft« auf alle Zeiten zu verbannen.[16] Die Letzte im Bunde war schließlich Lotte Hattemer, eine junge Ausreißerin »mit einer Vorliebe für Esoterisches«. Für sie alle war die Welt nicht mehr stimmig. Sie sehnten sich nach einem Neuentwurf, wenngleich sich ihre Ansichten im Detail unterschieden.

Zumindest über die grobe Richtung waren sie sich einig – so auch über den Ort, an dem sie ihre Pläne verwirklichen wollten: Am Ufer eines der oberitalienischen Seen sollte es sein.[17] Und so brachen sie von München aus zu einer mehrwöchigen Wander-Odyssee auf. Vor allem Gustav fasste auf der Reise seine Idee vom Kommunismus so auf, »dass er bei anderen mitessen durfte«: Er bediente sich in Gärten oder bat um milde Gaben.[18] Für die zivilisationsmüden Wanderer ging es schlicht darum, zurück in die freie Natur zu finden – als Weg aus der »Schlachthaus-Zivilisation«, wie es der zeitgenössische Naturphilosoph Johannes Guttzeit pointiert kritisiert hatte.[19] Die Radikalität der Reformer rührte auch aus deren Biografien. So hatte Karl Gräser erleben müssen, wie Menschen durch Drill zu militärischen Zwecken diszipliniert wurden. Deshalb strebten die Lebensreformer nach hierarchiefreien, vielleicht sogar anarchistischen Gemeinschaftsformen.

Um 1900 ging es zunächst darum, die Traglast dieser Ideen in einer angemessenen Laborsituation zu testen. Die Sinn- und Sonnensucher aus München eiferten dabei Charles Fourier nach. Auch sie suchten nach einer progressiven Lebensform, die zugleich als Grundlage einer neuen Gesellschaftsordnung dienen sollte. Das existenzielle Anliegen der Pioniere war weit gefasst. Was sie wollten, war nicht weniger als eine neue Welt. In diese hochgesteckten Ziele mischte sich zwangsläufig eine Portion Größenwahn. Immerhin: Die Idee einer experimentellen Lebensgemeinschaft »mit der Fähigkeit zur Selbstversorgung in den wesentlichen materiellen und geistigen Belangen«[20] passte perfekt zum Zeitgefühl. Die Wandertruppe fühlte sich jedenfalls dazu berufen, die Welt umzuorganisieren. Sie wollten ein autonomes Leben versuchen, anstatt inhumane Verhältnisse fortzusetzen. Damit strebten die Zivilisationsmüden und Utopieeifrigen auch danach, sich selbst zu befreien. Jahre später wird die Gräfin Franziska von Reventlow, eine der markantesten Gestalten auf dem »Monte Verità«, diese Haltung wie folgt zusammenfassen: »Ich will und muss einmal frei sein«, schrieb sie, »es liegt nun mal tief in meiner Natur, dieses maßlose Sehnen und Streben.«[21]

TRANSPLANTIERTE ZIVILISATION
FORDLÂNDIA, 1925

Gut zwei Jahrzehnte nachdem sich die Lebensreformer oberhalb von Ascona eingerichtet hatten, überlegte der Großindustrielle Henry Ford, wie er wohl seine eigene Utopie verwirklichen könnte. Mit seinem »maschinellen Denken« war er ein typischer Amerikaner, für den Arbeit und Fließband Ausdruck von Zivilisation waren.[1] Im Juli 1925 fiel bei einer Verabredung zum Lunch der Startschuss. Beim Essen klagte ihm der Reifenhersteller Harvey Firestone sein Leid. Die beiden hatten ein gemeinsames Problem: Sie brauchten Kautschuk, waren aber abhängig von den Europäern und deren Kautschukbaum-Plantagen in ihren Kolonien in Asien. Die Automobilindustrie in den USA boomte, die Nachfrage nach Latex als Grundstoff für Reifen, Scheibenwischer und Dichtungen war immens. »Wir müssen sofort handeln«,[2] forderte Firestone beim Lunch. Ford hatte schon seinen engen Freund Thomas Edison gebeten, zu erforschen, ob sich auch synthetischer Gummi herstellen ließe. Aber erfolglos. »Grow your own rubber!«, schlug Firestone kurzerhand vor.[3] Was er nicht ahnte: Sein Rat sollte weitreichende historische Folgen haben. Nach dem Treffen flüsterte Ford seinem Privatsekretär Ernest Liebhold einen präzisen Auftrag zu: »Finden Sie heraus, wo sich am besten Kautschuk pflanzen lässt.«[4]

Fords Ehrgeiz mutierte zu einem groß angelegten Plan. Während sich die Öffentlichkeit den neuen Automodellen der Ford Motor Company zuwandte, bemerkte kaum jemand, dass Ford zwischenzeitlich Landgebiete mitten im Amazonasbecken erworben hatte, um im Regenwald eine riesige Plantage zu errichten. »Die Arbeit beginnt sofort«, verkündete sein Sohn Edsel 1928 am Rande einer Automobilmesse. »Und außerdem«, schob er nach, »gehört zur Plantage auch eine Stadt.«[5] Fords Größenwahn durchzog das Projekt von Anfang an. Er verstand sich als Heilsbringer, der die beste aller Lebensweisen – also die amerikanische – in den

Regenwald bringen wollte. Die Geburtsstätte der neuen Zivilisation sollte selbstverständlich nach ihm benannt werden und erhielt daher den Namen »Fordlândia« (in der brasilianischen Schreibweise). Mit der ihm eigenen Ignoranz überging Ford von Anfang an zahlreiche gut gemeinte Warnungen. Im Amazonas sah er vor allem eine riesige Chance für sich und sein Imperium. Sowie die Möglichkeit zum Testlauf einer neuen Welt. Ford, zum Zeitpunkt des Projektstarts bereits älter als 60 Jahre, wurde offenbar langsam nostalgisch. Weil er selbst auf einer kleinen Farm aufgewachsen war, sehnte er sich danach, genau jene Version eines gesunden Amerikas und der bestmöglichen amerikanischen Lebensform mitten im Regenwald zu konservieren.

Mit seiner kulturell geprägten Hybris war Ford indes nicht allein. Anfang des 20. Jahrhunderts expandierten weltweit amerikanische Unternehmen. Sie eröffneten Minen und Plantagen – und ergänzten diese gleich durch ganze Städte, sogenannte »Company-Towns«. Auf dem Höhepunkt des Bananenbooms konnten etwa Angestellte der United Fruit Company in Zügen, Schiffen und Flugzeugen rund um die Welt reisen, in Hotels oder Gästehäusern der Firma übernachten, Golf spielen, Hollywood-Filme anschauen oder sich bei Bedarf in firmeneigenen Krankenhäusern behandeln lassen. Alles, ohne jemals mit einer außeramerikanischen Kultur in Berührung kommen zu müssen. Mit Company-Towns sollte ein Hauch Zivilisation transplantiert werden. Zivilisation wurde dabei wie ein Organ betrachtet, das sich scheinbar mühelos in eine unterentwickelte fremde Kultur implantieren ließ. Allerdings bedeutete Zivilisation ausschließlich den »American Way of Life«, also Kapitalismus, Konsum und Konventionen.

DIE IDEE DER ARBEITERSTÄDTE UND FORDS BEITRAG ZUR FABRIKATION BESSERER MENSCHEN

Bereits viktorianische Kapitalisten hatten sich gegenseitig darin überboten, ideale Arbeiterstädte zu errichten. »Braintree Iron

Works«, die erste Company-Town, entstand bereits 1645. Neben »Saltaire« in Yorkshire gelangten dann vor allem im 19. Jahrhundert in Großbritannien Arbeiterstädte wie »Port Sunlight« des Seifenfabrikanten Lever oder »Bournville« des Süßwarenherstellers Cadbury zu Berühmtheit, das schottische »New Lanark«, das der Philanthrop Robert Owen als Textilstädtchen hochzog, steht heute sogar auf der UNESCO-Weltkulturerbe-Liste. Und auch in den USA entstanden Hunderte dieser idealtypisch angelegten Company-Towns als Statussymbole von Unternehmerfamilien. 1917 stellten mehr als 1000 amerikanische Firmen Unterkünfte für ihre Arbeiter zur Verfügung. Aufgeklärte Industrielle erkannten, dass viele Arbeiter unter entsetzlichen Bedingungen leben und arbeiten mussten, und wollten diesen Missständen etwas Positives entgegensetzen. Gleichwohl waren die fortschreitende Industrialisierung und ein humanistisches Idealbild letztlich unvereinbar.[6] Zwar enthielten die Entwürfe für Company-Towns Vorstellungen idealer Gesellschaftsordnungen. Gleichwohl war das treibende Motiv weniger Nächstenliebe, sondern vielmehr die Erwartung, dass sich damit die Produktivität der Arbeitenden erhöhen lasse. Darüber hinaus wurde in Arbeiterstädten selbst die private Lebensführung streng geregelt.[7] Damit setzten die Patriarchen eine eigene Gesellschaftsordnung mitsamt bürgerlicher Moralvorstellung im Kontext kapitalistischer Ausbeutung durch.

Henry Ford brachte es in dieser Disziplin gar zum Großmeister. Wie kein anderer versuchte er, die Idee der perfekten Fabrik mit der Produktion eines besseren Menschen zu kombinieren. Dank zahlreicher Optimierungsideen des Begründers der Arbeitswissenschaften, Frederick Taylor, war auch Fords Produktionsanlage im US-Stammwerk »River Rouge« die bestsynchronisierte Automobilfabrik der Welt. Nahezu alles dort war auf maximale Effizienz abgestimmt. Die Fabrik galt zeitgenössischen Beobachtern als »Kathedrale der Industrialisierung« mit Ford in der Rolle eines Hohepriesters des Kapitalismus. Ihm selbst war das noch nicht genug. Den Schlüssel zu loyalen und engagierten Arbeitern sah Ford in Lebensbedingungen, die ebenso perfekt organisiert und effizient sein sollten wie Fabrikationsprozesse für Autos. Dabei übersah er, dass Effizienz keine Dauer-Lebensform für Menschen sein kann. Auch im All wird sich der Glaube an Effizienz als Irrweg herausstellen. Effizienz mag gut für Maschinen sein. Allerdings brauchen Menschen sinnhaftere Ziele.

Fords Projekt im Amazonastiefland stand eindeutig in der Tradition paternalistischer Arbeiterstädte. Mehr noch: »Fordlândia« sollte gerade dort den Weg zu einer neuen Zivilisation ebnen, wo bislang der Regenwald als ultimative Grenze angesehen worden war. Ford ging es um *tabula rasa,* um Neubeginn ohne jede Einschränkung. Und anders als andere war Ford ein Utopist, der zugleich die wirtschaftliche Macht besaß, eigene Ideen auch praktisch umzusetzen. »Mr. Ford hält seine Arbeit für einen Beitrag zur Zivilisation«, notierte auch ein amerikanischer Diplomat, der damals in Brasilien Dienst tat. »So lassen sich viele Dinge verstehen, die ansonsten unerklärlich geblieben wären.«[8] Das klang nicht, als sei Ford Chef des größten Automobilkonzerns im ersten Drittel des 20. Jahrhunderts, sondern vielmehr der wichtigste Metaphysiker der Welt.

In Brasilien wollte Ford von Anfang an mehr als nur Kautschuk ernten und Latex produzieren. Also kombinierte er seine Idee der Industrialisierung des Dschungels mit einem paternalistischen Sozialprogramm. Fast sah es so aus, als seien die vielen Autos, die jeden Tag seine Fabrik verließen, nicht das Wesentliche. »Sie sind nur das Nebenprodukt seines eigentlichen Unternehmens«, schrieb ein zeitgenössischer Beobachter Ende der 1920er-Jahre, »der Produktion des neuen Menschen.«[9]

Während sich Ford die Idee für die Fließbandproduktion von Autos in den Schlachthäusern Chicagos und Cincinnatis abgeschaut hatte, verließ er sich für sein Hauptinteresse, die Verbesserung des Menschen, auf soziologisches Wissen. Seine soziale

Revolution begann mit der Notwendigkeit, Arbeiter verlässlicher ans Fließband zu binden. 1914 zahlte er deshalb mehr als doppelt so viel wie Konkurrenten, fünf US-Dollar pro Tag. Höhere Löhne steigerten zwar die Loyalität der Arbeiter, gleichzeitig aber auch deren Neigung zu Alkoholkonsum, Glücksspiel oder gar zu Prostitution. Ford verband daher seinen »5-Dollar-pro-Tag-Plan« mit zahlreichen Verpflichtungen. Um die Einhaltung seiner Vorgaben zu prüfen, gründete er das »Sociological Department«. Seine Unternehmenssoziologen warben für eine gesunde Lebensweise, Hygiene und Ordnung. In bester Absicht verteilten sie eine Broschüre mit dem Titel »Lebensregeln«. Darin verdammten sie alles, was Ford als ungesund erachtete.[10] Fords System paternalistischer Überwachung setzte auf Hunderte von Agenten, die Mitarbeitern regelmäßig Fragen stellten, sich Notizen machten und personalisierte Berichte anlegten. »Good manhood« und »Good citizenship« sollten so langfristig verbessert werden.[11] Ford erwartete, dass seine Arbeiter auf Tabak, Alkohol und sonstige Ausschweifungen verzichteten und sich stattdessen der Pflege ihres Wohnraumes verschrieben – eine Weltsicht, die moralische Standards der damaligen amerikanischen Mittelschicht repräsentierte. »Richtige« Amerikaner waren sparsam, was idealerweise mit dem Kauf eines Autos der Ford-Company unter Beweis gestellt wurde.[12] An der Idee einer perfekten Gesellschaft arbeitete Ford gleichermaßen zu Hause als auch in Brasilien. »Fordlândia« sollte einer glücklichen Oase gleichen, der »Midwestern Dream« würde auch mitten in Amazonien Wirklichkeit werden. Er plante eine Traumstadt mit elektrischem Licht, Telefon, Waschmaschinen und Kühlschränken. Über einen Zeitraum von zwei Jahrzehnten verausgabte sich Ford an seinem zivilisatorischen Masterplan. Von der transplantierten Zivilisation sollte am Ende nicht viel übrig bleiben.

LANDLUSTTRÄUME IM AUSVERKAUF
LEVITTOWN, 1927

Ähnlich erging es auch den Utopisten, die die ersten US-amerikanischen Suburbs schufen – als sichtbares Beispiel des modernen amerikanischen Wunschlandes. Der Architekt Alfred Levitt hatte sich zu Hause eine Art »Kreativitäts-Bunker« eingerichtet, er nannte es »The Hole«, das Loch. Viele Nächte saß er dort und dachte darüber nach, wie ideale Siedlungen geplant sein müssten, damit sich dort auch perfekte Gemeinschaften entwickeln. Die Frage, wie Menschen wohnen wollen, begleitete ihn schon sein ganzes Leben: Sein Vater hatte das Immobilienimperium »Levitt & Sons« im Staat New York aufgebaut – und während sein Bruder William die Rolle des Geschäftsmanns übernahm, kümmerte sich Alfred um neue Business-Ideen. Er war ein überzeugter Science-Fiction-Fan und las regelmäßig im damals neuen Szene-Magazin »Amazing Stories«. Deswegen träumte er nicht nur von Häusern und Wohnvierteln, sondern von einem Experiment, das ganz Amerika verändern würde. Nacht für Nacht konkretisierte er seinen Plan eines perfekten Gemeinwesens. Kurz: Er wollte die Zukunft mitgestalten.

AUF DER SUCHE NACH DEM SUBURBANEN WUNSCHLAND

Mit der Idee, das Wunschland jenseits der Städte zu etablieren, trafen die Levitts exakt den Zeitgeist. Für Henry Ford waren die amerikanischen Städte dem Untergang geweiht. Seine apokalyptische Prophezeiung fußte auf dem latenten kulturellen Erbe einer Alltagsutopie, deren Anfänge bis ins England des 17. Jahrhunderts zurückreichten. Auswanderer importierten den Traum schließlich in die »Neue Welt« Amerikas. Die »Suburbs«, wie diese Vororte bald hießen, »repräsentierten die ultimative Gemeinschaft und den perfekten Plan in einer zunehmend planlosen Welt«,[1] so der

Autor David Kushner. Wahrlich, es gab genug Gründe, den verhassten Metropolregionen zu entkommen. »In großen Städten erkenne ich eine pestartige Krankheit für die Moral«, behauptete etwa einer der Gründerväter der USA, Thomas Jefferson, Anfang des 19. Jahrhunderts, »eine Gefahr für die Gesundheit und die Freiheiten der Menschen.«[2] Neue Transportmittel wie die Eisenbahn ermöglichten die bequeme Flucht aufs Land. Ein eigenes Haus fern draußen zu besitzen geriet gar zum Mythos. »Ein Mann ist kein vollständiger Mann«, erklärte Walt Whitman, einer der prägendsten Dichter, »solange er nicht das Haus und den Grund, auf dem es steht, besitzt.« Ende des 19. Jahrhunderts erschienen dann immer mehr Bücher rund um das Thema »Hauskauf auf dem Land«. Diese Publikationen legten die Grundlage für ein ästhetisches Empfinden, das bis heute nachwirkt. »Ein weicher, kurz geschnittener Rasen ist bei Weitem das wichtigste Schönheitselement eines Hauses auf dem Land«, schrieben etwa Autoren der zeitgenössischen Landlust-Bewegung über das rurale Glücksstreben.[3] 1871 wurde der Rasen-Sprinkler patentiert. Damit konnte sich Suburbia bis in Wüstenregionen hinein ausdehnen.

Immer mehr Menschen sehnten sich danach, auf dem Land zu leben. Und als langjähriger Immobilienanwalt wusste Abraham Levitt, was gerade gefragt war. 1927 kaufte er einem Schuldner ein Stück Land auf Long Island ab. Darauf bauten die Levitts die ersten 40 Häuser und verkauften sie. Es war der erste Schritt in eine neue Zukunft. Suburbs rund um Detroit und Chicago wiesen bald Wachstumsraten von 700 Prozent innerhalb eines Jahrzehnts auf.[4] Und die Levitts waren mittendrin in diesem Sog. Gemeinsam überwanden sie mit ihrem Geschäftsmodell die Grenze zwischen Stadt und Suburbia. Im Sommer 1929 gründeten sie die Firma »Levitt & Sons«. Doch nur drei Monate später, am 29. Oktober, kollabierte die Börse, die große Depression nahm ihren Lauf.

Genau ein Jahrzehnt später sollte die Firma erneut eine Chance bekommen. Auf der New Yorker Weltausstellung 1939 wurden

gut ein Dutzend Häuser der Idealstadt »Town of Tomorrow« vorgestellt. Die Häuser sollten die sinnvollste Verwendung national
vorrätiger Baumaterialien sowie ein modernes Wohn- und Lebens-
gefühl demonstrieren. Im Zusammenspiel mit Popsongs und
Werbung wurde die Lust auf Eigenheime jenseits großer Städte
angeheizt. »Das Haus ist der Sound und die konstruktive Kraft,
der Erbauer eines nationalen Charakters«, textete die Zeitschrift
»Better Homes and Gardens«.[5] Noch während der Zweite Weltkrieg in vollem Umfang tobte, wuchs sich die Sehnsucht nach
einem sicheren Ort auf dem Land geradezu zur nationalen Obsession aus. »Hausbesitz ist die beste Absicherung gegen Kommunismus und Sozialismus«, verkündete in vollem Ernst ein zeitgenössischer Sozialwissenschaftler.[6] Und Präsident Franklin
D. Roosevelt erklärte, eine Nation der Hausbesitzer sei »unbesieg-
bar«.[7] Auf dieser ideologischen Grundlage wandelten die Levitts
die Sehnsüchte der Massen nach einem Leben außerhalb der
Städte zielstrebig in ein immer präziseres Geschäftsmodell um.

Während Suburbs eine typische amerikanische Erfindung
waren, fahndeten Sinnsucher am entgegengesetzten Ende der
Welt nach ganz anderen Gemeinschaftsformen.

YOGA ALS ERSATZREVOLUTION
AUROVILLE, 1914

Eine junge Französin verlässt ihr Hotel in der Küstenstadt Pondicherry, einer Enklave im südöstlichen Bundesstaat Tamil Nadu
in Südindien. Es ist der 29. März 1914. An diesem Tag beginnt
die erstaunliche Geschichte des spirituellen Realexperiments »Auroville«. Mirra Alfassa ist unterwegs zu einem Haus im Zentrum,
nur drei Querstraßen vom Meer entfernt. Sie genießt es, wieder
festen Boden unter den Füßen zu spüren, drei Wochen war sie
zusammen mit ihrem Mann auf See. Doch nun will sie *ihn* allein

treffen. *Sie,* Mirra Alfassa, Kind türkischer und ägyptischer Eltern, geboren in Paris, Bewohnerin vieler Welten. *Er,* Aurobindo Ghose, besser bekannt als Sri Aurobindo, ein Mann von friedlicher Schönheit. Er lebt einfach, sogar frugal. »Ich brauche eine Zuflucht,« hatte er an Mirra und ihren Mann geschrieben, »wo ich meinen Weg des Yoga zu Ende gehen kann.«[1] Für Mirra hatte dies den Klang eines Lockrufs. Als sie schließlich am verabredeten Ort angekommen war und die Treppe hinaufging, kam Sri Aurobindo aus seinem Zimmer und wartete oben. Was in den folgenden Sekunden passierte, sollte Mirra später als ein »augenblickliches Erkennen« beschreiben. Sie habe Dunkelheit in Licht verwandelt gesehen. Für den Guru hingegen begann die »die Matrix einer neuen Zeit«.

Wie auch immer, dieses Treffen war der Auftakt eines Prozesses, aus dem das Lebenslabor »Auroville« hervorgehen sollte. In Indien ließ Mirra ihr etabliertes und privilegiertes Leben für eine unbekannte Zukunft zurück. Damit war sie die Erste in einem endlosen Strom weiterer Aussteiger, die der Psychologe Wade Clark Ross später die »Generation der Suchenden« nennen würde.[2] Unzählige Menschen schlossen mit ihren gesicherten bürgerlichen Existenzen ab und fügten sich freiwillig in eine utopische Experimentalanordnung. Allerdings suchte Mirra eine vollkommen andere Version des Wunschlandes als Ford oder die Levitts. Statt um ideale Stadtplanung ging es ihr um friedliche Koexistenz – sie nannte es die Suche nach kosmischer Einheit.

Die Lebenswege von Mirra Alfassa und Sri Aurobindo kreuzten sich rein zufällig. Aurobindo war der jüngste Sohn von Dr. Krisnadhan Ghose, einem Arzt aus Ranpur, dem damaligen Bangladesh. Die Familie schickte ihn und seine Brüder nach England. Dort sollten sie perfekte »Sahibs« werden, alles Indische musste verschwinden. Als Sri Aurobindo nach 14 Jahren wieder indischen Boden betrat, hatte er dennoch sein erstes spirituelles Erlebnis. »Lastwagenweise«, heißt es, habe er Bücher bestellt, um sich wieder mit Indien vertraut zu machen. Er nahm Unterricht in Sanskrit, Bengali und Gujarati. Neben westlicher Philosophie studierte er östliche spirituelle Texte.[3] Statt wie viele andere Gurus eine eigene Religion zu gründen, entwickelte er die Idee vom »integralen« Yoga, das weit mehr war als eine Lockerungsübung für Rückenleidende. Um in Ruhe schreiben zu können, zog er sich nach Pondicherry zurück. Dort verband sich seine Suche nach einer ganzheitlichen Lebensform mit Mirras Masterplan für eine neue Zivilisation. Mirra machte es möglich, das Gedankengebäude von Sri Aurobindo in eine materielle Form zu überführen. Ein Tagebucheintrag aus dem Jahr 1914 wird sich als prophetisch erweisen. »Auf der Erde wird ein neues Licht anbrechen«, schrieb Mirra, »eine neue Welt wird geboren werden.«

Wie auf dem »Monte Verità« begrub auch in Indien der Erste Weltkrieg das leise erwachte Grundrauschen der Menschlichkeit im Bombenhagel. Ausländer mussten Pondicherry 1915 verlassen. Für Mirra begann eine Reise vom Licht in die Dunkelheit. Erst nach dem Krieg kehrte sie zurück. Mirra war für Sri Aurobindo das, was Katharina von Bora für Martin Luther bedeutete: die starke Kraft im Hintergrund. Als immer mehr Jünger in den zwischenzeitlich gegründeten Ashram kamen, richtete sie Speiseraum, Bibliothek sowie eine Schule ein. Sie kümmerte sich um Sport, Gesundheit und sogar die Wäsche. Geschlechtertypische Arbeitsteilung funktionierte damals selbst unter Erleuchteten. Vielleicht nannte Sri Aurobindo Mirra deshalb »Mutter« (»The Mother«)? Diese Anrede wurde zu ihrem Markenzeichen. Noch immer ist die »Mutter« die Schutzheilige »Aurovilles«. Eines Tages war es dann so weit: Am 24. November 1926 wurden Jünger und Schüler zur Meditation zusammengerufen. Sri Aurobindo erklärte den Anwesenden das »Overmind«, einen besonderen Bewusstseinszustand. Jetzt musste die Utopie der Ganzheit bloß noch praktisch in die Welt gelangen.

MANIFEST TRIUMPHIERENDER WELTBÜRGER

Die Idee kosmischer Einheit war die Kraftquelle, aus der sich Mirra Alfassa und Sri Aurobindo jahrelang nährten. Um den Plan zu verstetigen, schrieb Mirra 1954 ein Manifest mit dem Titel »The Dream«.[4] Ihr Traum handelt von der Suche nach einem einzigartigen Ort, an dem Menschen in völliger Freiheit »als Weltbürger leben können und nur einer einzigen Autorität gehorchen: der höchsten Wahrheit«. In dieser noch immer atemberaubend klaren Idee steckt das Grundprinzip »Aurovilles«. Jedem Bewohner dieses Ortes solle es möglich sein, »triumphierend über seine Begrenzungen und Unfähigkeiten hinauszuwachsen«. Sie wünschte sich einen Ort, an dem innere Entwicklungen wichtiger als materielle Errungenschaften sein würden. Einen Ort, an dem sich intellektuelle, moralische und spirituelle Tugenden entfalten dürften, an dem Pflichten und Verantwortung über banalen Vergnügungen stünden. Es war ein prophetischer Traum, der zugleich an das Grundprinzip aller Utopien erinnert: Eigentlich sind Menschen dazu fähig, eigenverantwortlich und kooperativ eine bessere Zukunft zu erschaffen.

An vielen real-utopischen Projekten mag zunächst der außergewöhnliche Ort auffallen – mitten im Dschungel oder unter Wasser. Aber im Kern geht es immer darum, wie sich äußere Lebensumstände und innere Bewusstseinsprozesse konstruktiv beeinflussen. Deshalb suchten zivilisationsmüde Utopisten immer wieder die perfekte Balance zwischen innen und außen:[5] erst Charles Fourier, später dann Henry Oedenkoven und Ida Hofmann auf dem »Monte Verità«, schließlich die Aurovillians in Indien. »Ist diese Verbindung erst einmal gemacht«, so Mirra optimistisch, »dann muss das einen Effekt auf die Umwelt haben. Es beginnt mit einer Modellstadt und endet bei einer perfekten Welt.« Tatsächlich entstand ein modellhaftes Projekt, das für sich beanspruchte, Nukleus einer neuen Welt zu sein. Ein utopischer Ort, der Strahlkraft entfaltete und immer mehr Menschen zu existenziellen Entschlüssen an Weggabelungen ihres Lebens verleitete. So wie 1971 in einem schäbigen Hotel im afghanischen Kabul: Der Franzose Claude Arpi hörte, wie Hippies über einen coolen Ort redeten. »An diesem Tag fasste ich den Entschluss, so bald als möglich nach Indien zu reisen«, erinnerte er sich.[6] Was er schließlich fand, war der Ashram in Pondicherry, wo ihm ein Foto von der »Mutter« in die Hände fiel. Handgeschrieben stand darauf die Botschaft: »Diese Welt bereitet sich auf einen grundlegenden Wandel vor. Wirst du helfen?«

ZUKUNFT AUS DER ZEICHENTRICKFABRIK
CELEBRATION, 1960

Wer immer das Wunschland sucht, tut gut daran, seine mögliche Gefolgschaft direkt anzusprechen. »Sind das nicht ausreichend Gründe für Celebration?« Eine Frage in weißer Großschrift auf einer beleuchteten Werbetafel am Rande einer Straße in Florida, in der Nähe der Stadt Orlando. Ein Bild zeigt zwei Kinder, die glücklich schaukeln. »Celebration«, Sehnsuchtsort des unbeschwerten Lebens. Genau dort, im Epizentrum der Gier, ausgelöst durch fortwährende Land- und Immobilienspekulation, wollte Walt Disney schon früh ein Abbild der Zukunft entstehen lassen. Doch bis zum ersten Spatenstich für seine Modellstadt sollte es eine Weile dauern.

Bereits in den frühen 1950er-Jahren konnte Disney die suburbanen Wucherungen rund um Los Angeles kaum noch ertragen. Der Modellgedanke von »Levittown« hatte sich inzwischen überall durchgesetzt – allerdings höchst selten mit hübschen Resultaten. Rund um L. A. war die Zersiedlung, der »urban sprawl«, besonders schlimm. In diesen Vororten herrschte – in den Worten des Dichters Rilke – »Geistlosigkeit«.

Ende der 1930er-Jahre begann die Ära Disneys dank seines

kommerziell erfolgreichen Zeichentrickimperiums. Doch persönlich war Walt Disney schon einen Schritt weiter. Es hatte erkannt, dass Menschen nicht nur in Filmwelten abtauchen möchten, sondern reale Idealwelten zum Anfassen brauchten. Disney ekelte sich vor dem Schmutz der Großstädte. Insbesonders Autos, die Kulturkritikern als »fließender Übergang von den Haustieren zur technischen Welt«[1] galten, waren Disney ein Dorn im Auge. Als Reaktion darauf baute er sich einen eigenen Themenpark. Das »Magic Kingdom«, heute als »Disney World« bekannt, war der erste Schritt in die Welt eines fröhlich bunten Eskapismus vor alltäglichen Sorgen und zugleich Symbol einer idealen Welt.[2] Doch das war nur eine Art Testlauf. Disney wollte weit mehr als perfekte Freizeitresorts und blitzsaubere Urlaubsutopias. Vielmehr skizzierte er ein Abbild der idealen Zukunft. Bereits in den 1960er-Jahren plante er daher eine Kunststadt als Gegenmodell zur ungebremsten Ausbreitung der Vorstädte. Doch erst nach seinem Tod wurde seine Vision unter dem Namen »Celebration« realisiert.

DISNEYS BÜHNE DER ZUKUNFT
Wie schon die Lebensreformer um die Jahrhundertwende, war Disney zivilisationsmüde, begrüßte aber gleichzeitig den technologischen Fortschritt. 1957 warb er deshalb im Film »Unser Freund, das Atom« für eine segensreiche Zukunft auf der Basis von Atomkraft. 1967 bekam er sogar die Erlaubnis, ein unterirdisches Atomkraftwerk auf seinem Firmengelände zu bauen.[3] Etwa zur gleichen Zeit konkretisierte Disney seine Vision einer zukunftsfähigen Stadt. Erklärtes Ziel war es, das Beste der Vergangenheit mit trendigen Technologien zu verbinden. Auf diese Weise sollte die progressivste Stadt aller Zeiten entstehen: »EPCOT«, die »Experimental Prototype Community of Tomorrow«, sollte in jeder Hinsicht perfekt sein und die Welt ins Staunen versetzen.

In einem Videoclip mit dem Titel »Disney's Wonderful World of Color« skizzierte der Vordenker 1966 höchstpersönlich seinen zivilisatorischen Masterplan.[4] Etwas onkelhaft führte Disney durch die einzelnen Szenen. Alles schien möglich: ein innovatives elektrisches Transportsystem, unterirdische Straßen, ein hochmoderner Flughafen. »The pedestrian is king« lautete schon damals der Slogan Disneys, der von autofreien Städten träumte. Für Mobilität sollten Monorails und »People Mover« sorgen, eine Art Frühform des Segways. »EPCOT« würde seine Besucher und Bewohner spielerisch glücklich machen und dieses neue Glück der ganzen Welt als »living showcase« vorführen. »Unsere Hoffnung ist, dass in ›EPCOT‹ neue Lösungen im Rahmen einer experimentellen Gemeinschaft entstehen«, so Disney.[5] Doch schon bei diesem Ur-Konzept vergaß er nicht, ein eigenwilliges Regelwerk zur Lenkung der Menschen zu erlassen. Diese Frühform eines utopischen Gemeinwesens unterstand damit strikt der Führung seines Unternehmens. Letztlich waren die vielen Herausforderungen selbst für den Giganten Disney eine Nummer zu groß. »EPCOT« wurde niemals in den geplanten Dimensionen realisiert. Allerdings sollten erst in den 1980er-Jahren wesentliche Kernideen in die Planung von »Celebration« münden.[6] Mit dieser Modellstadt wollte die Disney Company endlich eine neue Zukunft »from scratch« aufbauen, eine utopische Stadt für eine ganz spezielle Gemeinschaft, die Walt Disneys Utopie berücksichtigte, am Reißbrett entstand und auf keinerlei Altlasten Rücksicht nehmen musste.

Schlussendlich realisierte die Disney Company doch noch die leicht größenwahnsinnigen Zukunftsentwürfe ihres Gründervaters Walt Disney. »Celebration« wurde zum Versprechen auf die erste »Wired Community« der USA – das Internet war gerade erst als neues Lieblingsspielzeug entdeckt worden. Tatsächlich sprachen viele Celebrationists später mit Blick auf »ihre« Stadt von einer gelebten Utopie. Für die meisten bestand der utopische

Charakter der Stadt allerdings schlichtweg darin, das eigene Leben noch einmal von vorne zu beginnen. Und es dabei ein wenig beschaulicher angehen zu lassen. Nach vielen Jahren Vollgas im Beruf bot »Celebration« vor allem das ideale Umfeld, um einen Gang zurückzuschalten. »Celebration« gewährte eine Art konzeptionelle Erleichterung von den knallharten Routinen des amerikanischen Kapitalismus. Zudem spürten viele der Bewohner, wie wieder emotionale Brücken in die eigene Kindheit gebaut wurden, »wie die Mickey Maus in ihnen« aktiviert wurde.[7] Selbst wenn sich auch in einer Modellstadt Probleme nicht ganz vermeiden ließen, war die einhellige Meinung, dass »Celebration« einfach ein schönerer Ort sei, um Probleme zu haben.

DER WEG ZUM MOND ALS KOSMISCHES VERSPRECHEN
SPACE AGE, 1969

Bereits 1901 erschien »First Men in the Moon« von H. G. Wells, dem Pionier der Science-Fiction-Literatur: eine Allegorie auf das Streben mutiger Forscher, 1964 folgte die Verfilmung. Die futuristische Fantasie eilte der Wirklichkeit des technisch Machbaren einmal mehr voraus. Die fünf Jahre später stattfindende erste Mondlandung fand ihren Platz für die meisten Menschen irgendwo zwischen auswendig gelernter Weltgeschichte und unvergesslicher biografischer Prägung. Für die beiden Söhne Neil Armstrongs, des ersten »Moon-Walkers«, war sie schlicht ein Teil der Familienerinnerung. Zum Zeitpunkt der ersten Mondlandung im Sommer 1969 war Rick zwölf Jahre alt und stocksauer. Aus nationalem Interesse musste er zusammen mit seiner Mutter beim Start der Saturn V Mondrakete in Florida anwesend sein. Währenddessen verpasste er einen Einsatz als Baseballspieler in der »Little League« in Houston, Texas.

Viele Jahre später katalogisierte Rick zusammen mit seinem Bruder Mark rund 3000 Objekte aus dem Nachlass des 2012 verstorbenen weltberühmten Vaters für eine Auktion: Medaillen, Flaggen, Briefumschläge und andere Dinge, die zum Mond (und zurück) gereist waren. Anders als andere Astronauten, die schon zu Lebzeiten Erinnerungsstücke in Geld umgesetzt haben, war der »First Man« zurückhaltender. »Neil Armstrong hat das niemals getan«, so Michael Riley, Direktor eines auf Weltraummemorabilia spezialisierten Auktionshauses. »Niemand realisierte, was er da alles für sich bewahrte.«[1] Für 370.000 US-Dollar wurde schließlich der Steuerknüppel, mit dem Armstrong die Mondfähre »Eagle« steuerte, versteigert.[2] Das außergewöhnlichste Objekt, das Armstrong mit zum Mond und zurück nahm, war jedoch ein eher unauffälliges Stück von der Bespannung des ersten Doppeldeckers der Gebrüder Wright aus dem Jahr 1903.

Bei so viel historischer Besoffenheit verwundert es kaum, dass die Beschäftigung mit dem Erbe des Vaters für Rick und Mark zugleich eine Zeitreise in die eigene Kindheit wurde. »Intellektuell verstehe ich, was damals passiert ist«, so Rick, »aber innerlich kann ich es nicht fassen. Er ist einfach immer noch mein Vater.« Obwohl Astronauten im Space Age als nationale Helden mit gigantischen Konfettiparaden gefeiert wurden, erinnern sich die beiden Brüder an eine völlig normale Kindheit. Abendessen gab es immer zur gleichen Zeit. Der Vater legte Wert darauf, dass die Söhne gut in der Schule waren. In den Sommerferien flog man mit dem Privatflugzeug nach Acapulco, der Vater am Steuer, die Mutter auf dem Kopilotensitz, die Kinder hinten auf der Sitzbank. Wer pinkeln musste, benutzte eine leere Coca-Cola-Flasche.

SCHWERSTARBEIT ZWISCHEN KONFETTIPARADEN UND WELTRAUMHABITATEN

Alles, was Pioniere jemals brauchten, war der Glaube an die Existenz eines geheimnisvollen Landes, eines reicheren Ortes oder eines besseren Lebens. »Ob wir die Möglichkeit haben, ihn tatsächlich zu erreichen«, sinniert der Schriftsteller Alberto Manguel über diesen Ort des Neuanfangs, »zählt dabei weniger als unsere Überzeugung, dass es ihn gibt.«[3] Erfolgreiche Expeditionen zogen Ruhm nach sich, darauf folgte Schwerstarbeit. Die Raumfahrt macht keine Ausnahme von dieser Regel. Im Space Age stiefelten Helden wie Neil Armstrong und weitere Astronauten knietief durch Lametta, das von Wolkenkratzern herabregnete. In dieser Epoche war Zukunft greifbar und Technologie noch unschuldig.

»Failure is not an option« – Misserfolg wird gar nicht erst in Betracht gezogen. Mit diesem markigen Zitat machte sich Gene Kranz, langjähriger NASA-Direktor von Mission Control, dem Flugleitzentrum in Houston, unsterblich.[4] Exakt so klang Fortschrittsoptimismus in den 1960er-Jahren, als es noch keine Sozialen Medien und Likes gab. Nur so konnte der erste Mann auf dem Mond zu einer globalen Sensation werden. Im Space Age spielte sich das Leben von Astronauten (USA) und Kosmonauten (UdSSR) im schmalen Korridor zwischen Risiko und Ruhm ab, zwischen Zitterpartie auf der Startrampe und öffentlicher Huldigung.

Aus heutiger Sicht wirkt diese Epoche fast entrückt, weil sich die Menschen bereits in der Zukunft wähnten. Die erste Mondlandung galt als Beweis für die Übertretung der ultimativen Grenze und löste daher schier grenzenlose Begeisterung aus. Der damalige amerikanische Präsident Richard Nixon ging in das Guinnessbuch der Rekorde ein, weil er das streckenmäßig weiteste Ferngespräch führte. Nach der Mondlandung rief er Neil Armstrong und Buzz Aldrin auf dem Mond an und erklärte ihnen stolz, dass der Himmel nun ein Teil der irdischen Welt geworden sei. »Einen unschätzbaren Moment lang in der gesamten Geschichte der Menschheit sind alle Völker dieser Erde wahrhaftig eins«, so der Präsident. Und selbst die verfeindeten Sowjets zeigten Begeisterung für das Weltereignis. Liebevoll nannten sie Armstrong den

»Zar der Astronauten«.[5] In Deutschland titelte die BILD-Zeitung zunächst »DER MOND IST JETZT EIN AMI«, darauf den frommen Wunsch »JUNGS, KOMMT GUT ZURÜCK«. Genau das taten sie.

Auf Neil Armstrong wartete kurz nach der Mondlandung sogar eine besondere Belohnung. Gleich gegenüber der Flugschule Wasserkuppe in der hessischen Rhön befindet sich das Hotel »Peterchens Mondfahrt«. Neben dem Eingang hängt ein großes Bild, das Armstrong in seiner Raumfahrtmontur zeigt, mit dem Helm in der Hand und dem Mond im Hintergrund: der Astronaut in der offiziellen NASA-Autogrammkarten-Perspektive. Auf dem Bild ist ein leidenschaftlicher Gruß zu lesen: »To the Peterchens Mondfahrt – With the best wishes of a fellow soaring enthusiast«. Nur wenige wissen, dass der berühmteste Astronaut aller Zeiten im Herzen begeisterter Segelflieger war. Weil die Wasserkuppe als Geburtsort des Segelflugs gilt, stattete Armstrong am 9. August 1970 dem »Mekka der Segelflieger« anlässlich des »50. Rhönjubiläums« zur Feier des ersten Gleitflugs einen Besuch ab. »Grinsend von Ohr zu Ohr«, so die FAZ, stieg er die Flugzeugtreppe bei der Ankunft in Frankfurt hinunter, »ließ sich Hände und Blumensträuße reichen und zeigte den herumstehenden Mädchen, dass ein gut abgerichteter Astronaut auch Küsschen geben kann.«[6] In der Tat hatte Armstrong eine fast endlose Verbeugungsweltreise hinter sich. Der spätere Langzeitastronaut Scott Kelly erinnert sich, welche Euphorie die erste Mondlandung in ihm auslöste. »Zu dieser Zeit wurde uns versprochen, dass um 1975 die ersten Amerikaner auf dem Mars landen würden. Alles schien möglich, jetzt, da wir den Mond betreten hatten.«[7] Tatsächlich kam es anders, die NASA verlor fast ihr gesamtes Budget, und alle Träume, so Kelly, »wurden degradiert«.

DIE MENSCHHEIT WURDE KOSMISCH

Erst glich das Space Age einem Rausch, danach kam die Ernüchterung. Dennoch blieb etwas Grandioses übrig, denn die Menschheit veränderte die Perspektive auf sich selbst. Bereits mit dem allerersten Raumflug durch den sowjetischen Kosmonauten Juri Gagarin wurden wir alle kosmisch. So beschreibt es die Schriftstellerin und Malerin Etel Adnan in einem Gedicht an den Kosmonauten: Das Ereignis »berührte unsere Vorstellungskraft«, ein großer Schritt für die Menschheit, »der Eintritt in eine neue Dimension«.[8] Die neu gewonnene Vorstellungskraft wurde jedoch nicht durch Techniker, sondern durch Künstler vorweggenommen. Arthur Woods, selbst Weltraumkünstler, behauptet sogar, dass sie das Weltraumprogramm erst erfanden.[9] Künstler entwarfen Illustrationen zu Mondlandschaften in den Büchern von Jules Verne, Bilder einer Flucht aus der Gravisphäre der Erde. Später zeigten Filme und Serien wie »Star Trek« oder »Star Wars« immer neue imaginierte Welten. 2021 schaffte es William Shatner (Captain Kirk aus »Star Trek«) tatsächlich als Gast der Weltraumfirma Blue Origin von Jeff Bezos an Bord des Raketensystems »New Shephard« für zehn Minuten ins All. Ein kurzer Flug, der gleichwohl vieles veränderte. »Es war unbeschreiblich. Jeder Mensch auf der Welt muss das machen, jeder muss es sehen«, so Shatner nach der Landung. »Ich bin überwältigt, ich hatte ja keine Ahnung.«[10]

Eine ganze Generation von Visionären fand in Fiktionen aus Romanen und Filmen Treibstoff für das eigene Denken. Freimütig gibt auch der ESA-Astronaut Thomas Reiter zu, in seiner Kindheit heimlich Perry-Rhodan-Hefte unter der Bettdecke gelesen zu haben. »Es hat mir gezeigt, wie viel es da draußen zu entdecken gibt.«[11] Es ist kein Zufall, dass Perry Rhodan inzwischen die umfangreichste und am längsten laufende Science-Fiction-Fortsetzungsgeschichte der Welt ist. Immerhin wird in den Erzählungen die fiktive Zukunft der Menschheit bis ins 5. Jahrtausend beschrieben. »Im Science-Fiction-Universum von Perry Rhodan geht es nicht um Abgrenzung untereinander«, so Stefanie Janke, eine der Autorinnen, »sondern um die gemeinsame Suche nach Neuland.« Sozialutopische Motive paaren sich im »Perriversum« mit der Lust, herrschende Missstände zu kritisieren.[12] Daraus entstehen Geschichten, die verdeutlichen, wie wirksam die regulative Idee einer Utopie werden kann.

Genau diese Botschaften sickerten schleichend in die Köpfe vieler Weltraumbegeisterter ein. Überhaupt mangelt es nicht gerade an Science-Fiction zum Thema. Angefangen von »Lost in Space« oder »Silver Surfer« bis hin zum absoluten Klassiker »2001: A Space Odyssey«. Neil Youngs Lied »After the Goldrush« erzählt davon, wie die Menschheit in Raumschiffen entkommt – »flying Mother Nature's silver seed to a new home in the sun«.[13] Vielleicht ist die Weltraumfahrt eines der wenigen Gebiete, in denen Imagination, Erwartungen und technologische Entwicklungen nach und nach zusammenwachsen. Doch dazu ist es notwendig, sich nach dem Unbekannten zu sehnen.

TROST DES NACHTHIMMELS

Schon immer provozierte der sehnsuchtsvolle Blick in den Himmel weitreichende Fragen. Fast übergangslos verwandelten sich der Traum vom Fliegen und der Blick in den Sternenhimmel in das Verlangen, ins All aufzusteigen. Dieser Blick ins fundamental Unbekannte inspirierte die Vorstellungskraft, wie der Wissenschaftsautor Carl Sagan festhält. »Auf dem Rücken liegend, schauen wir in den Nachthimmel. Dort, unter der Vielzahl der Sterne, nahm das Geschichtenerzählen seinen Anfang.«[14] Damit löste das All den Horizont, die letzte Grenze des Seefahrt-Zeitalters, als Sehnsuchtsort ab. Genau diese Sehnsucht verbreitete sich immer weiter und wird heute bereits real gelebt. »Etwas am Nachthimmel bringt uns alle dazu, über die ganz grundlegenden Fragen nachzudenken«, so die in Indien geborene Astronautin Kalpana

Chwala, die 2003 an Bord der Raumfähre »Columbia« ums Leben kam.[15]

Als Teil dieses Himmels stand der Mond von Anfang an unter besonderer Beobachtung. Während Friedrich Dürrenmatt in seinem Gedicht »Der Mond ist aufgegangen« im Erdtrabanten bloß eine »sinnlos tote Welt aus Stein«[16] sah, erblickte Johann Wolfgang von Goethe in seiner Ode »An den Mond« einen fernen Freund, der ihm half, die eigene Seele zu lösen.[17] Zwischen der Verachtung des Unbekannten und der Sehnsucht nach dem Fernen bewegen sich letztlich alle Aussagen über das Wunschland im All. Bereits das Gilgamesch-Epos von ca. 3200 v. Chr. beschreibt den Himmelsflug von Etana – die älteste überlieferte Erzählung einer Weltraumfahrt, urteilt der Astrophysiker und Kosmologe Hans-Joachim Blome.[18] Auch das Alte Testament (Genesis 28, 10–15) erwähnt die Himmelfahrt als Anfang des Seins. Den Traum vom Aufstieg in den Himmel schreibt zuerst Lukian von Samosata (160 n. Chr.) auf: Seine »Vera Historia« (»Wahre Geschichte«) ist eine höchst amüsante Erzählung über eine Mondreise. Als Transportmittel stellte sich Lukian ein Segelschiff vor, das von einem Wirbelsturm emporgehoben wird. Sehr viel später dann spekulierte der Renaissance-Dichter Ariost 1532 in »Orlando Furioso« (»Der rasende Roland«) über eine Mondreise per Pferdekutsche. Beide Geschichten zeigen, wie stark Vorstellungen von Technologien in die Kultur einer bestimmten Epoche eingebettet sind.

Auch der Astronom Johannes Kepler sehnte sich naheliegenderweise nach dem Weltall. Sein utopisches Werk »Somnium« (»Traum«) ist eine Mondflugfantasie mit autobiografischen Zügen. Der anglikanische Bischof Francis Godwin schrieb 1638 eine Version mit dem Titel »Der Mensch im Mond, oder: Diskurs über eine Reise dorthin«. John Wilkins, ebenfalls Bischof, verfasste zeitgleich das Sachbuch »Die Entdeckung einer Neuen Welt«, in dem er den Mond als bewohnbaren Planeten beschrieb. Neben Geistern, Engeln und fliegenden Tieren kannte Wilkins immerhin schon künstliche Flügel und fliegende Maschinen als Fortbewegungsmittel. Im 17. und 18. Jahrhundert kamen nicht nur viele soziale Utopien auf, auch die Zahl der Raumflug-Träumereien stieg rasant.

Im 19. Jahrhundert dann, dem Jahrhundert der Verwissenschaftlichung, gesellten sich zu den märchenhaften Träumen endlich mehr technologische Details. Diese ließen eine Reise ins All plausibler erscheinen. Jules Verne gilt als »Vater des technologischen Romans« und Erfinder von Science-Fiction-Reiseerzählungen. Viele Raumfahrtbegeisterte wurden zudem von Kurd Laßwitz inspiriert. In seinem Hauptwerk »Auf zwei Planeten« beschreibt er eine Expedition zum Mars, die dort eine außerirdische und hoch entwickelte Zivilisation entdeckt. Weltraumpioniere wie Wernher von Braun zogen die Kraft zur Bewältigung bislang unbekannter Herausforderungen nach eigenen Angaben aus diesen literarischen Bildern.

Und schließlich folgten auf all die Fiktionen konkrete Erfindungen, die Weltraumutopien Schritt für Schritt realistischer werden ließen – weit mehr als die Versuche vor 1000 Jahren: Damals schafften die Chinesen mit Pulverraketen Reichweiten von über 300 Metern. Als erster Testpilot der Welt gilt der Mandarin Wan Hu, der im 16. Jahrhundert versuchte, mit einer Batterie von 47 Feuerwerksraketen abzuheben. Auf Details seines Ablebens wird an dieser Stelle verzichtet.

Der eigentliche Sprung zur zeitgenössischen Raumfahrt ist indes dem bereits erwähnten Russen Konstantin Ziolkowski, dem Amerikaner Robert Goddard sowie dem Deutschen Hermann Oberth zu verdanken, die die mathematischen und technologischen Grundlagen der Weltraumfahrt schufen. Vor allem Oberths Buch »Die Rakete zu den Planetenräumen« von 1923 gilt als maßgeblicher Impulsgeber für Reisen ins All, als »Bibel« der Raketenleute. Wernher von Braun, der im amerikanischen Exil als Vater des Apollo-Programms und Konstrukteur der Saturn V Rakete

berühmt werden sollte, ehrte Oberth im Vorwort zu einer Neu-
ausgabe: »Oberth war der erste, der in Verbindung mit dem Gedanken einer wirklichen Weltraumfahrt zum Rechenschieber griff
und zahlenmäßig durchgearbeitete Konzepte und Konstruktions-
entwürfe vorlegte.«[19] Der Schritt von der religiös motivierten
Himmelfahrt zur technisch fundierten und zivilisatorisch motivierten Raumfahrt macht deutlich, dass auf unserer Odyssee ständig Wissen gesammelt und systematisiert wird. Naturerforschung,
Physik, Kosmologie, Philosophie und Gesellschaftstheorie sind
daran gleichermaßen beteiligt. »Diese Kulturleistung gilt es zu
verteidigen«, so Blome. »Wenn man schon die Frage nach dem
Sinn stellt, dann geht das nicht an den Sternen vorbei.«[20]

Dabei darf nicht vergessen werden, dass der menschliche Blick
zum Himmel zwischenzeitlich Unterstützung bekam: Technik
weitete die menschlichen Sinnesorgane und Kompetenzen radikal
aus – und damit unseren Wissenshorizont. Teleskope, Antennen
und Algorithmen sind die neuen Augen, Ohren und Gehirne der
Menschheit. Internet und Datenbanken lassen sich als »Hirnre-
gion eines ganzen Planeten« verstehen.[21] Satelliten, Sonden und
Roboter versorgen uns mit Bildern aus dem Universum und lassen uns unsere Odyssee mit neuen Mitteln fortsetzen. Dass die
Sonde, die 1990 zur Erforschung der Sonne aufbrach, ausgerechnet »Ulysses«, Englisch für Odysseus, hieß, war kein Zufall: In
Dantes »Göttlicher Komödie« mahnt Odysseus seine Mannschaft,
die Chance nicht zu verpassen, »die menschenlose Welt auf der
Rückseite der Sonne zu erfahren«.[22] Die »Odyssee« ist nichts anderes als eine Fortsetzungsgeschichte über Horizonterweiterun-
gen. In der aktuellen Staffel dient das Weltall als neue Bühne. Die
mögliche Besiedlung des Alls weckt zu Beginn des 21. Jahrhunderts wieder altbekannte Sehnsüchte. Bestes Beispiel dafür ist der
NASA-Ingenieur Jesco von Puttkamer. Obwohl er durch und
durch Ingenieur war, stand ihm deutlich vor Augen, dass es bei
der Weltraumfahrt um weit mehr als nur um Technik ging. Der

Weg ins Kosmische war für ihn Teil einer kulturellen Mission und damit Vorbote eines grundlegenden Zivilisationswandels.

RAUMFAHRT ALS WERKZEUG FÜR EINE NEUE DASEINSFORM

Bislang flogen 24 Menschen zum Mond, 12 »Moonwalker« betraten ihn. Auf dem Weg zum Mond konnten die Apollo-Astronauten beobachten, wie die Erde immer kleiner und der Mond immer mehr zum alleinigen Fixpunkt wurde. Und auf einmal erfassten sie die Größe des Universums. »Man kann die Erde mit dem eigenen Daumen unsichtbar machen«, so der US-Astronaut Russell Schweickart. »Man merkt, dass dieses kleine blau-weiße Ding alles ist, was jemals etwas für einen bedeutete.« Diese Perspektive verändere einen, stellte er fest – »und damit auch die Beziehung zur Erde selbst«.[23]

Was aus heutiger Sicht fast schon trivial erscheint, war das Ergebnis einer einzigartigen kollektiven Heldenreise. Die Mondlandungen selbst waren Ausdruck einer Utopie der globalen Koexistenz. Prominenter Befürworter dieser Haltung war der damalige amerikanische Präsident John F. Kennedy. »Bisher gibt es im Weltraum keinen Streit, kein Vorurteil, keinen nationalen Konflikt«, so Kennedy in seiner berühmten Rede an der Rice-University 1962. »Seine Gefahren sind feindlich für uns alle.«[24] Notgedrungener Zusammenhalt angesichts einer Gefahr, der nicht mehr im nationalen Maßstab zu begegnen ist – also »future by disaster« –, ist noch immer der bekannteste Modus der Weltpolitik. Doch die Menschen, die zum Mond flogen, zurückkamen und ihre Sehnsucht teilten, brachten auch die Utopie eines bedingungslosen Zusammenhalts mit, dessen Ziel eine bessere Zivilisation – also »future by design« – sein sollte. Wann immer er konnte, unterstrich Kennedy die Chance zur planetarischen Kooperation. Die Eroberung des Weltalls, so der Präsident, der den Erfolg seines Programms nicht mehr erlebte, »verdient das Beste der gesamten Menschheit«, und er fügte hinzu, dass sich diese Gelegenheit für eine friedliche Zusammenarbeit womöglich nie wieder bieten würde.

Doch gerade jetzt, zu Beginn des 21. Jahrhunderts, ist diese Möglichkeit wieder greifbar. Jahrhundertelang konnte das Wunschland nur in fiktiven literarischen Welten oder als klar umgrenztes real-utopisches Projekt auf der Erde geplant werden. Nun kann sich unsere Odyssee weiter als jemals zuvor fortsetzen: Mond und Mars sind die neuen Ziele. »Der Kosmos gehört zur Zukunft der Menschheit«, so Jesco von Puttkamer, der jahrzehntelang das Explorationsprogramm der NASA leitete. »Für mich und viele andere steht es außer Zweifel, dass die Menschheit im dritten Jahrtausend den Weltraum kolonialisieren wird.«[25]

Die vergangenen Jahrzehnte waren keine verlorene Zeit. Erst wurden Tiere (Fliegen, Frösche, Hunde, Affen, Schildkröten) ins All befördert, gefolgt von ausgewählten Exemplaren der Spezies Mensch. Mit den ersten Erdumkreisungen wurde es nicht nur technologisch, sondern auch politisch komplizierter. Die Menschheit sprach vom Wettrennen ins All, wohl auch, weil es sonst kein passenderes Bild gab. Nach Vorgabe des später ermordeten Präsidenten John F. Kennedy wurde die Reise zum Mond erst als nationaler Kraftakt, dann als Meilenstein der Menschheit definiert. Das politisch-symbolische Ziel der Vorherrschaft auf der Bühne der Weltpolitik war mittels der Raketentechnologie der 1960er-Jahre erreicht worden. Allerdings versickerte bald darauf das utopische Moment des Apollo-Programms, denn eine Weiterentwicklung »dieser in einem beispiellosen Kraftakt entwickelten Technologie war kaum möglich«, so der Wissenschaftsjournalist Hans-Arthur Marsiske.[26]

Das Apollo-Programm gilt als die bedeutendste kollektive Anstrengung, die jemals unternommen worden war. Das Mondprogramm bündelte Menschen, Materialien und Ressourcen und schuf die notwendigen sozialen Strukturen, um das ambitionierte

Ziel erreichen zu können. Inzwischen ist der Mond kein ehrgeiziges Ziel mehr, sondern eher eine Managementaufgabe, die routiniert abgearbeitet wird. Politiker, Weltraumtechniker und Astronauten sind sich einig: Wir müssen nicht noch einmal beweisen, dass wir es können. Die Rückkehr zum Mond hätte eher pragmatische und ökonomische Gründe, denn auch im All sind Rohstoffe der erste Schritt zu Unabhängigkeit. »Die Fähigkeit, solche Ressourcen zu identifizieren, zu charakterisieren, zu extrahieren und zu nutzen, ist unabdingbar, wenn die Menschheit eine Zukunft im Weltall haben soll«, so etwa Paul Spudis von der Johns Hopkins University.[27]

Die Rückkehr zum Mond wäre also weit mehr als ein nostalgischer Betriebsausflug. Vielmehr erinnern zukünftige Mondlandungen an das umfassende gesellschaftliche Potenzial der Raumfahrt. Im Grunde ging es beim Apollo-Programm weniger um das Versprechen auf Heldentum als um eine soziale Utopie. Das Apollo-Programm war vielleicht die ungewöhnlichste Form kollektiver Psychotherapie für eine erschöpfte Gesellschaft. Kennedys Auftrag in den 1960er-Jahren sorgte dafür, dass eine aus dem Gleichgewicht geratene Nation wieder zu sich fand – und dabei einen Großteil der Welt mitnahm. Der österreichische Philosoph Ivan Illich entwickelte in den 1970er-Jahren einen stark verallgemeinerten Werkzeugbegriff.[28] Weltraumprogramme lassen sich in diesem Sinn als hochwirksame und kollektive psychosoziale Werkzeuge des gesellschaftlichen Wandels verstehen. Auch im Kontext zeitgenössischer Raumfahrt steht weniger die Technik, dafür vielmehr eine neue Kultur im Vordergrund. Selbst Elon Musk vermarktet seine Weltraumvision für das 21. Jahrhundert als moderne Variante einer kollektiven Therapie. Und zwar »unabhängig davon, was in ferner Zukunft erreichbar sein wird«,[29] wie die Weltraumforscherin Klara Anna Capova kritisch anmerkt. Raumfahrt ist das außergewöhnlichste kulturelle Metawerkzeug, über das wir bislang verfügen. Wir sollten lernen, es als eine zeitgenössische und passende Reaktion auf den grundlegenden Hunger nach neuen grenzüberschreitenden Utopien zu nutzen.

In der Tat entstand die Idee des Globalen oder Planetarischen – von »One World« oder »One Planet« – mitten im Space Age, also nach der ersten Mondlandung 1969. »We now live in this one world«, stellte spätestens 1996 der »Human Development Report« der United Nations fest. Auch die globale Corona-Pandemie führte uns genau diese Grenzenlosigkeit vor Augen. Weil es beim Denken im planetarischen Maßstab um mehr als nur um Technologie geht, ist es wichtig, Raumfahrt nicht vorschnell auf banale Nützlichkeitsaspekte zu reduzieren. Damit würde ein zentrales Menschheitsprojekt kleingeschrumpft. Als Bezugsrahmen für die Zukunft ist Pragmatismus ungeeignet. Die Zukunft des Planeten hängt vielmehr davon ab, dass verantwortungsvolle Bürger die zentralen Fragen kennen und in der Lage sind, Probleme vor Ort selbst in die Hand zu nehmen – also das Globale und das Lokale zu verbinden. Genau damit versuchten sich bereits die Utopisten auf dem »Monte Verità« oder in »Auroville«. Vielleicht, so der Philosoph Frank White, geht es letztlich um die Frage, was Weltraumexploration dem Universum insgesamt bringt. Was also hat die Menschheit dem Universum anzubieten? Und lässt sich unsere Rolle überhaupt erfassen? Dabei wird es weniger darum gehen, immer verbissenere Antworten auf Detailfragen zu finden, wie es die moderne Wissenschaft suggeriert. Vielmehr wird unsere Existenz als Menschheit von der Fähigkeit abhängen, die richtigen Fragen zu stellen. Klimawandel, Pandemien und das Potenzial zur nuklearen Selbstauslöschung verlangen neue Lösungsansätze, für die ein radikaler Perspektivwechsel nötig ist. Derart erschließt sich der tiefere Sinn des Spruchs auf meinem T-Shirt: Wenn Mars die Antwort ist, was ist dann die Frage? Statt aufsehenerregender Technologien benötigen wir mehr Inspirationen für ein kollektives Bewusstsein. Genau darin besteht der Wert der Weltraumfahrt. Sie stellt uns einen neuen Denkrahmen, ein neues »mind set« zur Verfügung. Es liegt einzig und allein an uns, diesen Rahmen auszufüllen. Ich bin zutiefst davon überzeugt, dass dies gelingen wird.

MOND, MARS UND DAS WELTALL ALS NEUE ZUFLUCHTSSTÄTTE
NEW SPACE, 2020

Rund 400 Kilometer über der Erde dockten die Astronauten Doug Hurley und Bob Behnken mit ihrer auf den Namen »Endeavour« getauften Dragon-Raumkapsel – konstruiert von Elon Musks Weltraumfirma SpaceX – an die ISS an. Am 31. Mai 2020 wurde wieder einmal Weltraumgeschichte geschrieben: Der erste bemannte Flug eines privaten Weltraumunternehmens war gelungen. Lange sah sich die einstige Weltraummacht USA nicht in der Lage, Astronauten ohne fremde Hilfe in den Orbit zu befördern. Die Russen, die zwischenzeitlich faktisch über das Monopol für den Transport von Menschen ins All verfügten, verlangten pro Sitzplatz in der veralteten Sojus-Kapsel umgerechnet rund 60 Millionen Euro. Elon Musk stieg nach und nach zum »Hoflieferanten« der NASA auf. Sein Unternehmen SpaceX versorgte die Raumstation zunächst mit Nachschub, schließlich beförderte er auch Astronauten zur ISS. 18 Jahre hatte der Weltraum-Milliardär auf diesen Moment hingearbeitet.

Damit löste sich die Raumfahrt endlich aus einer nostalgischen Haltung, die bestenfalls noch zu Museen, den Rumpelkammern der Weltraumtechnik, passte. Was fast auf der Strecke blieb, war die Möglichkeit, Menschheitsgeschichte zu schreiben. Ein solches Ziel wird zunächst die Rückkehr zum Mond sein. Elon Musk erhielt zwischenzeitlich von der NASA den Zuschlag zum Bau einer Mondlandefähre, die unter anderem die erste Frau zum Erdtrabanten bringen soll. Kurz danach wird der Mars folgen.

Spätestens mit der Besiedlung des roten Planeten wird die Utopie einer neuen Zivilisation im All ankommen. Für die kommenden Etappen unserer Odyssee wird es jedoch nicht genügen, von Technokraten geplante und von Bürokraten auf Nachkommastellen durchkalkulierte Projekte als »Sehnsuchts-Momente« zu inszenieren. Wie kein Zweiter hat der US-Multimilliardär und PayPal-Gründer Elon Musk das verstanden. Er macht vor, wie zeitgemäße Weltraumexplorationen in der New-Space-Ära aussehen könnten. An Pathos mangelt es nicht. »Ich bemühe mich, zukünftige existenzielle Bedrohungen zu minimieren«, so Musk, »um eine bessere Zukunft sicherzustellen.«[1]

RÜCKBLICK: DIE ANFÄNGE DER MARSFANTASIEN

Der technologische Vater des Apollo-Programms, der deutsche Physiker und Raketenwissenschaftler Wernher von Braun, gilt zugleich als Pionier der Marsmissionen. Noch als Kriegsgefangener der Amerikaner 1947 bis 1948 schrieb er den Roman »Das Marsprojekt«. Literarisch eher stümperhaft, weist das Buch den Autor immerhin als Utopisten aus. Wernher von Braun ging später sogar eine einträgliche Allianz mit Walt Disney ein und produzierte fantasiereiche Filme, um für Weltraumutopien zu begeistern. »Gnädigerweise wurde nur der wissenschaftliche Anhang der Geschichte veröffentlicht, in dem von Braun das Design der Raumschiffe und den zeitlichen Ablauf der Mission mathematisch fundiert beschreibt«, kommentiert der Wissenschaftsjournalist Hans-Arthur Marsiske.[2] Von Brauns Vorstellungen waren abenteuerlich, sein Plan nicht in allen Details realistisch: Er stellte sich eine Mannschaft aus 70 Menschen vor, die nach 400 Tagen Forschungsreise zur Erde zurückkehrt. Viel wichtiger ist jedoch, dass eine ganze Generation von Marsplanern inspiriert wurde, so Marsiske, deren eigene »Entwürfe in den folgenden Jahren wie eine Sturzflut nach einem Dammbruch hervorsprudelten«.

Mangels technologischer Möglichkeiten blieb es allerdings zunächst bei Konzepten. Erst mit Juri Gagarins erstem Raumflug 1961 konnten die Auswirkungen der Schwerelosigkeit auf den menschlichen Körper unter Weltraumbedingungen erforscht werden. Der Erfolg des Apollo-Programms befeuerte in den 1960er-Jahren dann den Mut, größer und weiter zu denken. Bereits 1963 beschäftigte sich eine Konferenz mit den Möglichkeiten für Marsexplorationen als logische Fortsetzung des Mondprogramms. Aber der Mut wandelte sich in Resignation, die Ideen wanderten ins Archiv, die Utopie wurde auf später verschoben. »Apollo hatte zwar das Tor zum Weltraum weit aufgestoßen. Zugleich war aber nicht mehr die Kraft da, um hindurchzugehen«, so der NASA-Experte Jesco von Puttkamer.[3] 1972 schloss die NASA offiziell die Akte Mars. Stattdessen wurde geplant, mithilfe des Raumtransporters Space Shuttle eine Weltrauminfrastruktur im erdnahen Orbit aufzubauen. Immerhin als langfristig gedachte Investition. Denn eine permanent bemannte Raumstation, so die Überlegung, könnte Langzeitaufenthalte im All ermöglichen und interplanetare Flüge vorbereiten. Parallel plante der Boeing-Konzern die erste Marsmission für 1971. Auch aus den Mars-Plänen von North American Aviation, die einen Missionsstart für 1977 anvisierten, wurde nichts. Zunächst bereitete die NASA ihre Marsmissionen aus rein nationaler Perspektive vor. Fast schien es so, als hätte die Weltraumorganisation den Appell von John F. Kennedy vergessen: Raumfahrt, so sein Wunsch, sollte ein zentrales Projekt der ganzen Weltgemeinschaft werden.

NEUSTART:
MOND- UND MARSFANTASIEN VON HEUTE

New Space, die neue Weltraumfahrt, ist mittlerweile ein Selbstläufer. Dabei verbinden sich technologische Innovationen mit dem Ziel, ein fernes Wunschland im All zu erreichen und dauerhaft zu kolonisieren – auf diese Weise würde die Menschheit tatsächlich eine ultimative Grenze überschreiten. Doch was wird dann aus dem Mond?

Seen it, done it. Lange Zeit galt der Mond als Ziel von Weltraumplanern als erledigt. Doch inzwischen erlebt er eine Art Renaissance. Mit einem Wettbewerb und dazugehörigem Preisgeld sorgte der US-Luftfahrtingenieur Peter Diamandis für Aufbruchstimmung. »Wir fliegen nicht zum Mond, weil es einfach, sondern weil es profitabel ist«, so Bob Richards vom Weltraumunternehmen »Moon Express« in Anspielung auf das berühmte Zitat von John F. Kennedy.[4] Seit der Jahrtausendwende existieren vielfältige Pläne für die Rückkehr zum Mond. Eine internationale Mischung aus Raumfahrtagenturen, privaten Firmen und visionären Einzelpersonen soll gemeinsam neue Weltraumexplorationen vorantreiben. »Wir brauchen den Mond aus vielen Gründen«, heißt es etwa in der »Hawaii Moon Declaration« von 2003: »um seine Rohstoff- und Energieressourcen zu nutzen; um eine zweite Basis menschlicher Kultur für den Fall einer irdischen Katastrophe zu etablieren; und um das Universum zu erforschen und zu verstehen.«[5]

Während der Präsidentschaft von George W. Bush veröffentlichte die NASA 2004 das »Constellation Program«. Es sah vor, bis 2020 zum Mond zurückzukehren, um schließlich von dort zum Mars zu gelangen. 2009 stellte die US-Regierung unter Barack Obama die finanzielle Unterstützung dieses Programms allerdings ein.[6] Donald Trump, der bei einer Wiederwahl gern als »Mond-Präsident« in die Geschichte eingehen wollte, ist zumindest in diesem Fall an seinem Größenwahn gescheitert.

Es ist kaum zu übersehen, dass die Renaissance der Mondpläne aus der Raumfahrt wieder eine politische Mission macht:[7] Mondpolitik ist immer noch Geopolitik. Inzwischen planen China und Russland eine gemeinsame Mondmission. Auch die Europäer wollen bei künftigen Mondplänen kräftig mitmischen. Die ESA entwickelte einen Fahrplan zum Mond und nannte ihn programmatisch »Moon: the 8th continent«. Geplant war die Rückkehr anlässlich des 50. Jahrestages der Apollo-11-Mondlandung – das wäre dann 2019 gewesen.

Weil niemand über neue Fußabdrücke auf dem Mond jubeln wird, wird es in Zukunft nicht ohne die breite Zustimmung der Steuerzahlenden gehen. Denn so buchstabiert sich das kleine ABC von New Space: Akzeptanz, Budget und Commitment. Erst dauerhafte Präsenz von Menschen auf dem Mond sowie ein verlässlicher und erschwinglicher Shuttlebetrieb zwischen Erde und Mond werden die Menschen von der Sinnhaftigkeit neuer Mondpläne überzeugen. Neben zivilgesellschaftlicher Akzeptanz wird globale Kooperation das zentrale Erfolgskriterium sein. 2006 gründeten deshalb 14 Staaten die »International Space Exploration Coordination Group« (ISECG) mit dem Ziel, Menschen wieder zum Mond zu bringen und dort einen dauerhaften Außenposten der Menschheit zu etablieren. Sie erarbeiteten eine »Global Exploration Strategy«. Darin heißt es etwa, »dass die Expansion der menschlichen Präsenz im Sonnensystem eine einzigartige Inspiration für die Bürgerinnen und Bürger weltweit« wäre, »um gemeinsam an einer besseren Zukunft zu arbeiten«. Regelmäßig aktualisiert die ISECG ihre Ziele. Im dritten Update von 2018 geht die Organisation davon aus, dass es im nächsten Jahrzehnt einen permanenten Stützpunkt auf dem Mond geben wird.[8] Aber in allen Updates, egal ob 2011, 2013 oder 2018, gibt es eigentlich immer nur ein Fernziel: Mars. Immerhin beweist das, dass die Raumfahrtmanager das Träumen noch nicht verlernt haben.

WIE MARS-UTOPIEN DIE MENSCHHEIT NACHHALTIG INSPIRIEREN

Eine Marsmission wirft existenzielle Fragen auf, darin liegt ihr eigentlicher Wert. Können Menschen in einer fremdartigen Umgebung eine neue Heimat finden? Gerade deshalb, so der NASA-Experte Jesco von Puttkamer, ist die Planung einer Reise zum

Mars von »arterhaltender Bedeutung für die Zukunft des Menschengeschlechts«.[9] New-Space-Unternehmer, allen voran Elon Musk, knüpfen an derartige Behauptungen an. Seine erste Weltraumvision nannte Musk »Mars Oasis Mission«. Er träumte davon, ein kleines Treibhaus auf den Mars zu senden, voll mit gelartigem Nährboden. »Ich stellte mir wunderbare Fotos vor: grüne Pflanzen im Vordergrund, im Hintergrund der rote Planet«, so Musk 2012: »Es wäre das erste Leben auf dem Mars gewesen. Noch nie wäre Leben so weit gereist.«[10] Die »Mars Oasis Mission« wäre eine Wette auf die Zukunft gewesen. Noch immer besteht das kurzfristige Ziel darin, Raumfahrt technologisch zu revolutionieren. Das langfristige Ziel erkennt Musk allerdings darin, »auf dem Mars eine autarke Zivilisation zu begründen«.[11]

Wenn schon das Apollo-Programm eine nationale Kraftanstrengung voraussetzte, dann wird die Kolonisierung des Mars, dieses rötlichen »Scarface im All«,[12] wohl nur als koordiniertes Megaprojekt gelingen. Und es wird extremen Einsatz aller Beteiligten erfordern. »Den Mars zu kolonisieren ist keine Aufgabe, die sich in einer 40-Stunden-Woche erledigen ließe«, so Musk.[13] Schenkt man ehemaligen SpaceX-Mitarbeitern Glauben, so arbeitet der Workaholic immerhin selbst 100 Stunden pro Woche.[14] Wer so denkt und handelt, könnte maßgeblich dazu beitragen, die Odyssee voranzubringen. Denn nach unzähligen Entdeckungsreisen gibt es keine unbekannten Gebiete mehr auf unserem Planeten. Entweder erschließen sich Menschen den Lebensraum auf oder unter Wasser. Oder sie kolonisieren Himmelkörper im All. In jedem Fall wird es neben den technologischen Voraussetzungen immer um die Frage der Gemeinschaftsform gehen – jedes Projekt ist daher immer auch eine soziale Utopie.

Der Flug zum roten Planeten galt lange als die wohl »populärste und am weitesten durchdachte Weltraum-Mission der Zukunft«, so Hans-Arthur Marsiske.[15] Gleichzeitig mangelte es bei den nationalen Raumfahrtagenturen immer wieder am Willen.

Technisch ist eine Mission zum Mars im Prinzip machbar. Musk und die anderen Visionäre wissen das. Anders als Raumfahrt-agenturen sind private Weltraum-Gurus weder vom politischen Willen noch von der Zustimmung der Steuerzahlenden abhängig. Utopisten sind keine Bittsteller. Es ist daher keine Frage des »Ob«, sondern nur des »Wann«. »Früher oder später werden auch Mond und Mars kolonisiert werden«, ist sich der Missionsexperte des Deutschen Zentrums für Luft- und Raumfahrt Oliver Angerer sicher.[16] Es wäre fatal, wenn wir es gar nicht erst versuchten.

SEHNSUCHT NACH DEM ROTEN PLANETEN: UNSERE BILDER VOM MARS

Ein Gemälde mit dem Titel »The red planet« als eine »planetarische Meditation« – über einem kleinen runden Cafétisch schwebt eine Orange in der Luft. Es sieht aus, als werfe sie einen kuriosen Schat-ten: einen kleinen roten Punkt. Die Post-Surrealistin Helen Lundeberg malte das Bild 1934 und holte damit die Planetenkon-stellation mitten in eine Alltagsszene. Mit diesem Bild wollte Lundeberg die großen Fragen der Menschheit in den Mittelpunkt rücken und eine elementare Sehnsucht nach Zukunft ausdrücken.[17]

Über den roten Planeten war damals nur wenig bekannt. Weil inzwischen zahlreiche Raumsonden auf dem Mars gelandet sind, ist unser Bild inzwischen schärfer geworden. Ab 1996 sandte der »Mars Pathfinder« Bilder vom roten Planeten direkt ins Internet. Die Mars-Rover »Curiosity« und »Spirit« überdauerten ihre er-rechneten Lebensspannen jeweils um Jahre. Mitten in der welt-weiten Corona-Pandemie landete schließlich am 18. Februar 2021 exakt um 21 Uhr 55 mitteleuropäischer Zeit die NASA-Marssonde »Perseverance« – nach theatralisch inszenierten »sieben Minuten des Schreckens« ohne Funkkontakt. Aufgeregte Techniker mit Mund-Nase-Masken warteten im Kontrollraum der »Jet Propul-sion Laboratories« (JPL) in Pasadena – für TV-Serienfreunde: Schauplatz der Sitcom »The Big Bang Theory« – darauf, das erlösende Signal »Touchdown confirmed« zu empfangen. Schlussendlich brachen sie gemeinsam in Jubel aus.

Weil »Perseverance« Teil einer größeren Mission ist, bei der es sowohl um die Rückkehr zum Mond als auch um die menschliche Exploration des roten Planeten geht, wird sich der Erfolg der Mission spürbar auf die nächsten Generationen auswirken. Zunächst geht es schlicht darum, kleinste Lebensspuren auf dem Mars nachzuweisen. »Wenn wir ein Wildschwein sehen, das in die Kamera starrt, dann wäre der Nachweis von Leben einfach«, so Gentry Lee, Chefingenieur des Planetary Science Directorate am JPL, »doch gemessen an unseren bisherigen Erfahrungen ist eine solche Begegnung extrem unwahrscheinlich. Extraordinäre Ziele benötigen daher extraordinäre Evidenz.«[18] Immerhin sandte »Perseverance« bislang hochaufgelöste Bilder und Windgeräusche vom Mars, die die NASA geschickt für professionelles Marketing nutzt. Mittlerweile erfolgte auch der erste autonome Flug einer mit Kameras bestückten Drohne auf dem roten Planeten. Zumindest der Name der Mission scheint perfekt gewählt: »Perseverance«, Beharrlichkeit, war wieder einmal die Idee einer Schülerin. Wenn Mars eines Tages die Antwort sein soll, dann nur dank enormer Beharrlichkeit: Die große Utopie, daran erinnert auch der Philosoph Hans Freyer, »ist kein Spiel der Laune, sondern ein Wurf des Willens«.[19]

Die Bilder, die »Perseverance« seit der Landung zur Erde schickt, zeigen beeindruckende Panoramen einer roten Wüstenlandschaft. Gleichwohl wirkt der Mars abweisend, wie das »Werk eines diabolischen Künstlers«, so Brian Aldiss und Roger Penrose in ihrem Wissenschaftsroman »Weißer Mars« schreiben.[20] Viel Stein und Staub, erstarrte Einsamkeit. Auf den ersten Blick erscheint das wenig attraktiv. »Selbst in einer postapokalyptischen Variante der Erde, in der sich die Menschheit selbst an den Rand der Ausrottung gebracht hat, die Atemluft radioaktiv ist, die Böden verseucht und die Gewässer toxisch«, mutmaßt der Raumfahrtjournalist Florian Nebel, »selbst in solch einer Welt ist es noch angenehm im Vergleich zur Umwelt auf dem Mars.«[21] Die Suche nach Leben im Weltall, der Ruhm für die erste Marslandung eines Menschen, die ewige Verlockung des Neuen und die Suche nach wissenschaftlichen Erkenntnissen sind dennoch ausreichende Motive, weiterhin an Marsmissionen festzuhalten.

Um zu beweisen, was bislang bloß Theorie ist, werden eines Tages mutige Menschen den Mars betreten. Menschliche Marsianer müssten sich dann in vielen Belangen umstellen: Während ein Jahr auf der Erde 365 Tage hat, dauert es auf dem Mars 687 Tage. Die Gravitation beträgt nur gut ein Drittel der gewohnten Erdanziehung. Risiken wie Muskelschwund, Knochenschwund und Herz-Kreislauf-Probleme sind bereits aus Langzeitexperimenten auf der Raumstation ISS bekannt. Die Atmosphäre des Mars besteht zu 96 Prozent aus lebensfeindlichem Kohlendioxid, zudem ist sie einhundert Mal dünner als jene der Erde. Dazu gesellt sich weitere Unbill: Die rote Farbe der Mars-Oberfläche stammt von Eisenoxid-Staub, der Lungenkrankheiten auslösen und Elektronik unbrauchbar machen kann.[22] Sandstürme dunkeln die Marsoberfläche monatelang ab, was die Versorgung mit Solarenergie erheblich erschweren wird.[23] Studien zu einem planetenweiten Staubsturm auf dem Mars waren übrigens 1970 die Grundlage für die These eines »nuklearen Winters« – die Vernichtung der Menschheit durch radioaktiven Niederschlag (»Fallout«). Ziemlich viel auf dem Mars ist für Menschen toxisch: Perchlorat in nicht unerheblichen Mengen im Marsboden, galaktische kosmische Strahlung sowie solarenergetische Partikel erhöhen das Krebsrisiko für Marsreisende.[24] Dauerhaftes Leben auf dem Mars muss daher gut von der Umwelt abgeschirmt werden.[25] Vielleicht wäre der Mars eher ein geeigneter Lebensraum für Cyborgs und weniger für kohlenstoffbasierte Lebensformen wie Menschen, die von Wasser und Sauerstoff abhängig sind?

Alles in allem ist der Mars ein ungemütlicher Ort. Trotzdem

kursieren teils recht naive Annahmen zu dessen Kolonisierung. »Man scheint anzunehmen, dass sich die Oberfläche des Mars nicht allzu sehr von jener der Sahara oder der australischen Wüsten unterscheidet. Man müsste nur noch bis zu einer Wasserschicht herunter bohren, wie man das in Städten wie Phoenix oder Las Vegas (...) tut«, so der Begründer der Gaia-Hypothese, James Lovelock. »Dann könnten wir ein bequemes, zivilisiertes Leben als Marsianer führen, umgeben von Casinos, Golfplätzen und Swimmingpools.«[26]

Auch die Gefahren einer Reise zum Mars sind nicht zu unterschätzen. »Es ist gefährlich, ungemütlich, und vielleicht stirbt man«, so Elon Musk. »Am Ende muss ich sagen: Wenn Sicherheit der zentrale Punkt ist, würde ich nicht zum Mars reisen.«[27] Doch eigentlich, so der Physiker Michio Kaku, wird das größte Problem bei einer Marsreise wohl eher Langeweile sein.[28] Erst bei der Ankunft auf dem roten Planeten wird es aufregend, denn Forscher vermuten Wasser in Form von Eis an den Polarkappen – das macht Hoffnung auf Leben.[29] Damit wäre dann immerhin eine der notwendigen Grundlagen für eine autarke Zivilisation im All gegeben.

Es ist gut möglich, dass im Prozess vieler Marsexplorationen auch ein ganz neuer Typus Mensch entsteht. Extraterrestrische Umgebungen werden eine Entwicklung beschleunigen, die sich bereits jetzt auf der Erde abzeichnet: Mensch und Maschine wachsen dichter zusammen. Der Weltraum fordert nicht nur zu einer volltechnischen Lebensweise heraus, sondern auch dazu, Menschen perfekter als bisher an ein äußerst lebensfeindliches Umfeld anzupassen. Auf diese Weise wird das All zum Experimentierfeld für neue Wesen.

Doch wie lassen sich menschliche Körper weltraumtauglicher machen? Ähnlich wie der Meeresforscher Jacques-Yves Cousteau vom »aquanautischen« Menschen träumte, konzipierten die australischen Mediziner Manfred Clynes und Nathan Kline das Leitbild des »astronautischen« Menschen, dessen Körper nach ihren Vorstellungen künstlich an die Bedingungen des Weltraums angepasst werden sollte. In der Zeitschrift »Astronautics« beschrieben sie 1960 detailliert, welche Rolle neue Sinne und neue Organe dabei spielen. Lange Reisephasen sollten die angepassten Weltallmenschen am besten verschlafen, in den neuen Kolonien dann aber durch ein neues »organisch-technisches Gesamtsystem« perfekt an die Umweltbedingungen ohne schützende Biosphäre angepasst sein.[30] Für diesen neuen Menschen prägten die Forscher den Neologismus »Cyborg«, eine Abkürzung für kybernetischer Organismus.

Im Kontext von Weltraumexplorationen ist Transhumanismus, die Idee der technologischen Verbesserung des biologisch begrenzten Menschen, keine versponnene Philosophie mehr, sondern pure Notwendigkeit, um die bisherigen Begrenzungen des menschlichen Körpers zu überwinden. Wer Raumfahrt will, meint damit letztlich auch eine neue Mutation, die aus einer Symbiose zwischen Mensch und Maschine resultieren wird. Exohände und Exoskelette werden fragile Körper dort unterstützen, wo die Gravitation sehr viel größer als auf der Erde ist. Cochlea-Implantate verbessern das Gehör, Retina-Implantate den Sehsinn in dunklen, dunstigen oder staubigen Atmosphären. »BrainGates«, also Schnittstellen zwischen Gehirn und Computer, steigern die Intelligenz und das Reaktionsvermögen. »Mensch sein«, so spekulierte bereits der Philosoph Helmuth Plessner, ist »an keine bestimmte Gestalt gebunden und könnte daher auch (...) unter mancherlei Gestalt stattfinden, die mit der uns bekannten nicht übereinstimmt.«[31] Prothesen-Lebewesen sind die Voraussetzung einer Kosmonautik, bei der menschliches Leben die komfortable Zone der Vertrautheit verlässt. Für zukünftige Weltraumexplorationen scheint daher der Transhumanismus zum entscheidenden Erfolgsfaktor zu werden, damit sich die Pioniere und Kolonisten schneller und umfassender an fremde Umgebungen anpassen können.[32] Ganz zu schweigen vom Tuning des menschlichen Gehirns oder gentechnischen Veränderungen der Kolonisten über mehrere Generationen hinweg. Selbst die uralte Sehnsucht nach Unsterblichkeit erhält im All eine neue Bedeutung.

Was hilfreich und nützlich ist, kann jedoch wie bei allen Utopien leicht ins Dystopische kippen. Eugenik, Rassenwahn oder die Züchtung von Supermenschen – all das kann unter den Bedingungen von Weltraumexplorationen, fernab von den mühsam ausgehandelten ethischen Normen der Weltgesellschaft, eine gruselige Neuauflage erhalten. Intellektuelle wie Francis Fukuyama fürchten sich deshalb vor dem Transhumanismus als der »gefährlichsten Idee aller Zeiten«.[33] Andere halten die enge Koevolution zwischen Mensch und Technik schlicht für unausweichlich, wenn die Zukunft von Menschen eines Tages tatsächlich im Weltall liegen soll.

MULTIPLANETARISCHE ZIVILISATION ALS GRENZ-UTOPIE DER MENSCHHEIT

Mars-Visionäre sind keine Irren. Vielmehr glauben sie fest daran, dass wir noch eine Aufgabe im Universum zu erfüllen haben. »Die Menschheit wird in den Weltraum hinauswachsen«, so der Astronaut Alan Bean, »ob das Kritiker oder Nationen mögen oder nicht.«[34] Diese These findet immer wieder prominente Befürworter. Die Idee zentraler Menschheitsprojekte, die auf den russischen Utopisten und Raumfahrtphilosophen Nikolai Fyodorov zurückgeht, ist zugleich größenwahnsinnig und tröstend. Trotz oder gerade wegen ihrer Ambivalenz waren Projekte dieser Größenordnung schon immer Katalysatoren des gesellschaftlichen Wandels. Mittleralterliche Kathedralen stellten zwar vor allem Macht zur Schau, gleichzeitig dienten sie aber auch dazu, ein neues Bewusstsein vom Kosmos zu erlangen.[35] Der portugiesische Literatur-Nobelpreisträger José Saramago setzte mit seinem Roman »Das Memorial« dem Kathedralenbau ein opulentes literarisches

Denkmal und zeigte, dass sich zentrale Projekte zwangsläufig über viele Generationen hinziehen.[36] Trotz möglicher Kritik sollte die Denkfigur des zentralen Menschheitsprojekts nicht vorschnell über Bord geworfen werden. Damit sich Menschen mit zentralen Projekten identifizieren und untereinander kooperieren, braucht es allerdings starke Symbole, nachvollziehbare Leiterzählungen sowie kollektive Lernanstrengungen. Voraussetzung dafür ist ein Perspektivwechsel: weg vom technischen oder ökonomischen Nutzen des Projekts hin zu dessen zivilisatorischem Wert. Zuverlässige und finanzierbare Technik wird nicht ausreichen, um eine multiplanetarische Zivilisation zu begründen. Soll der Weltraum »Teil unseres Schicksals«[37] werden, so der Philosoph Frank White, muss sich zur Technik auch eine neue Kultur gesellen.

Das Wunschland ist ein positiv besetzter Sehnsuchtsort. Gleichwohl schwingt bei der Suche immer eine Prise Eskapismus mit. Manche Visionäre behandeln den roten Planeten schlichtweg als Ersatz für die mittlerweile angedellte Erde. »Wir brauchen eine Lebensversicherung«, befand etwa der US-Astronom Carl Sagan. »Deshalb müssen wir eine Zwei-Planeten-Spezies werden.«[38] Im Werkzeugkasten zeitgenössischer Utopisten finden sich daher zahlreiche planetarische EXIT-Strategien, selbst wenn seriöse Wissenschaftler immer wieder betonen, dass die Erde keinen Notausgang hat.[39] Trotzdem wird genau diese Option gedanklich immer wieder durchgespielt, so zum Beispiel von Steven Wolfe in »The Obligation« – einer Novelle über »eine Entdeckungsreise zum Zweck unserer Existenz im Kosmos«.[40] Eine techno-utopische EXIT-Strategie ist jedoch im Kern elitär und ungerecht, weil im Fall einer Katastrophe apokalyptischen Ausmaßes nur wenige privilegierte Vertreter der Menschheit im All überleben könnten. Schnell stellt sich dann die Frage, was mit dem ganzen Rest geschieht. »Viele Weltraum-Utopien gehen von der problematischen Grundannahme aus, dass es einen Planeten B gibt, den wir kolonisieren könnten«, kritisiert auch Weltraumforscherin Klara Anna

Capova. »Aber letztlich ist das gerade kein egalitärer Ansatz der Zukunftssicherung. Wer könnte es sich schon leisten, zum Mars auszuwandern? Eine absolute Minderheit!«[41]

Als der Nobelpreis für Physik 2019 an die Forscher Michel Mayor und Didier Queloz ging, wurde die Sehnsucht nach Neuentdeckungen wieder einmal konkreter, denn die beiden hatten den ersten um einen sonnenähnlichen Stern kreisenden Exoplaneten entdeckt. »Wenn wir erst einmal erkennen, dass es in unserer Galaxie noch andere habitable Planeten gibt«, so der Physiker Michio Kaku, »werden wir den Nachthimmel mit ganz anderen Augen sehen.«[42] Warum sollte die Odyssee der Menschheit eigentlich keine extraterrestrische Dimension enthalten? »Die Lebensspanne der menschlichen Zivilisation ist dann größer, wenn wir uns in eine multiplanetarische Spezies verwandeln, anstatt nur auf einen Planeten angewiesen zu sein«, so auch der Visionär Elon Musk. »Einzelplanetarisches Leben kann von negativen Ereignissen komplett ausgelöscht werden. Zum ersten Mal in der Geschichte der Menschheit hat sich das Fenster der Möglichkeiten so weit geöffnet, dass es eine realistische Möglichkeit gibt, menschliches Leben auf andere Planeten auszudehnen. Daher denke ich, dass es ein weiser Schritt wäre, Leben multiplanetarisch zu machen.«[43]

Immerhin erinnert die Suche nach einem Planeten B daran, dass es bei Explorationsvorhaben immer um sehr langfristige Zeithorizonte geht. Um die kulturelle Dimension der Weltraumfahrt zu erfassen, sollten die technologischen Aspekte dabei eher in den Hintergrund rücken. Vielmehr stellt sich die Frage, wie sich Leben in Kolonien »Off-Earth« anfühlen wird. Zumindest Elon Musk glaubt felsenfest daran, dass es eines Tages funktionieren könnte. »Multiplanetarisches Leben ist eines der größten Abenteuer, auf das sich die Menschheit einlassen könnte. Leben muss mehr bedeuten, als nur Probleme zu lösen. Es muss dahinter etwas geben, das uns inspiriert, das uns stolz macht, Teil der

Menschheit zu sein.«[44] Sein wichtigster Kontrahent Jeff Bezos verspricht, dass »die Enkelkinder unserer Enkelkinder« keinen endlichen Planeten Erde mehr erleben werden, sondern kosmisch denken und leben werden.

Die Utopie multiplanetarischer Zivilisationen sollte daher vor allem als Quelle der Inspiration verstanden werden. Zweifel daran, ob uns Einigkeit gelingt, sind dennoch angebracht. »Wir sind zu divers, zu sehr an unterschiedliche Religionen und ideologische Dogmen gebunden, viel zu ungeduldig, als dass es wahrscheinlich wäre, dass wir uns auf ein einziges langfristiges Ziel für die Menschheit einigen könnten«, kritiserte bereits der Raumfahrtpionier Gerard O'Neill in den 1970er-Jahren. »Aber die Möglichkeit, sich von der Erde zu lösen, könnte in kurzer Zeit ein Ausmaß an Unabhängigkeit befördern, das bislang auf der Erde unvorstellbar ist.«[45]

Eine Möglichkeit allein verpflichtet nicht, sie zu ergreifen. Dennoch lohnt es sich, ernsthaft darüber nachzudenken und dann den nächsten Schritt in Richtung einer neuen Utopie zu planen.

NEUE HABITATE ZWISCHEN REISSBRETT UND PRAXIS – PLANUNG DER UTOPIE

Lassen sich Utopien tatsächlich nur auf dem Papier verwirklichen, wie Bernhard Shaw ketzerisch bemerkte? Wer ein neues Habitat für Menschen plant, muss zweierlei besitzen: Mut zu Prognosen und den Willen, abstrakte Ideen in konkrete Formen zu bringen. Erst mit einem Plan nimmt das Neue auch Gestalt an – und gewinnt damit an Realität. Manchmal enstehen dann erstaunliche Entwürfe. Die Skizzen zu Unterwassersiedlungen von Jacques-Yves Cousteau, das Architekturmodell der Zukunftsstadt »Auroville« von Roger Anger oder die Skizzen rotierender Weltraumsiedlungen des Raumfahrtpioniers Gerard O'Neill sind Meilensteine der Zukunftsplanung. So unterschiedlich die Motive für utopische Experimente sind, so eigensinnig wurde auch geplant.

UTOPISCHER ORT MIT POSTLEITZAHL
MONTE VERITÀ, 1900

Die utopieeifrigen Lebensreformer, die von München aus an den Lago Maggiore gewandert waren, hatten auch einen Plan für ein umfassendes Gesellschaftslabor im Reisegepäck. Sie waren auf der Flucht vor der damaligen Zivilisation und planten ein Experiment zu neuen Lebensformen. Ihre Gemeinschaft sollte nach drei Grundprinzipien funktionieren: Leben an der frischen Luft, Einfachheit und vegetarische Kost. Dieses revolutionäre Programm wollten sie im Süden umsetzen. Auf diese Weise geriet Ascona ins Visier, eine Stadt am nordwestlichen Schweizer Ufer des Lago Maggiore. Praktischerweise war das ein Ort mit Eisenbahnanschluss, was es nachfolgenden Utopisten erheblich leichter machen sollte. Hier also sollte der Plan Gestalt annehmen, im »Paradies mit Postleitzahl: 6612 Ascona«.[1]

Vor 1893 tauchte der kleine Ort nicht einmal im Reiseführer Baedeker auf. Kamen Gäste, wussten die Asconesen nicht wirklich, »ob sie für Essen und Trinken Geld nehmen sollten«, und wenn ja, wie viel.[2] Weder gab es Behörden noch Polizei. Ein kleines, armes Fischerdorf. Wer damals nach Ascona kam, war meist ein »Beladener«, schreibt Curt Riess in seiner Chronik des Ortes, der seine »Endstation« erreicht hatte.[3] Schon andere hatten im Tessin versucht, Reformprojekte umzusetzen, waren allerdings gescheitert. Der Philosoph Alfredo Pioda wollte 1889 ein theosophisches Laienkloster zur Seelenreform auf dem Hügel über Ascona errichten. Theosophie war gerade in Mode, Dichter schwärmten von der »Flutwelle geistigen Lichts«, die sich angeblich über den Planeten ergoss, die Aktiengesellschaft »Fraternitas« sollte das notwendige Kapital einsammeln.[4] Piodas Plan ging jedoch schief. Und so wartete das Hügelgrundstück mit freiem Blick auf den See noch immer auf Interessenten.

Die aus Amerika eingeschleppte Reblaus hatte das ehemalige Weinbaugebiet oberhalb des Sees kahlgefressen und Existenzgrundlagen vernichtet. Der Kahlfraß führte zu Armut und zur Migration vieler Asconesen in die USA – auf der Suche nach einem besseren Leben.[5] Damit verhalf die Reblaus den Utopisten indirekt zu einem Startvorteil, denn der Hügel war nun »für einen Pappenstiel«[6] zu erwerben. Somit beginnt die offizielle Geschichtsschreibung des Wahrheitsberges im Herbst 1900, als Henri Oedenkoven und Ida Hofmann die Hügelfläche über dem Fischerdorf kaufen. Zusammen mit ihren Weggefährten beginnen sie augenblicklich, die wohl einflussreichste Lebensgemeinschaft des beginnenden 20. Jahrhunderts zu errichten.

VERGANGENHEIT ALS UTOPIE-SURROGAT
FORDLÂNDIA, 1928

Auch für Henry Ford war letztlich das Preis-Leistungs-Verhältnis ausschlaggebend, um sein Menschheitsexperiment im Amazonasbecken zu wagen. Bereits der ehemalige amerikanische Präsident Theodore Roosevelt hatte 1914 eine Expedition dorthin unternommen und seine Erfahrungen im Buch »Through the Brazilian Wilderness« niedergeschrieben. Dabei befuhr er auch den Tapajós, einen Fluss, an dessen Ufer Henry Ford später seine Plantage und Planstadt gründete. Auf dieser Reise hatte Roosevelt eine grundlegende Erkenntnis. Um Zivilisation zu erschaffen, befand er, müssten die »richtigen Siedler« angelockt werden. Diese aber benötigten zunächst eine verlässliche Infrastruktur, also Telegrafenleitungen für die Kommunikation, Transportmittel, Versorgung mit dem Lebensnotwendigen. Diesen aufrichtigen und fleißigen Pionieren würden dann weitsichtige Geschäftsleute folgen, prognostizierte Roosevelt, und mit ihnen käme schließlich die Zivilisation.

Die Herausforderungen im Amazonasbecken waren in den 1920er-Jahren im Prinzip damit nicht unähnlich denen, die heute im All vorgefunden werden. Auch die New-Space-Gurus betonen gebetsmühlenartig die Notwendigkeit, zunächst verlässliche Infrastrukturen aufzubauen. Anfang des 20. Jahrhunderts konnte das nur einer: Henry Ford, dessen ökonomischer Einfluss vergleichbar mit dem heutiger Weltraum-Barone wie Elon Musk oder Jeff Bezos war. Ford hatte große Pläne. Nicht weniger als »eine neue Welt, einen neuen Himmel und eine neue Erde« ersehnte er sich.[1]

Zusammen mit seinem Sohn Edsel und seinem langjährigen Freund Thomas Edison stellte Henry Ford 1928 sein neues »Model A« auf einer Messe vor. Und gleichzeitig führte er den Reportern vor, wie dieses Auto der Zukunft gebaut werden sollte.

Die »ideale Produktionskette der Ford-Company«, beschrieb es sein Sohn Edsel später, reiche »vom Rohmaterial bis zum Endprodukt«.[2] Der wirtschaftliche Masterplan wurde der staunenden Öffentlichkeit anhand von Dioramen präsentiert. Gezeigt wurden Eisen- und Kohleminen, Sägemühlen, Schiffsflotten und Fabriken, die allesamt Ford gehörten – und als Weltpremiere der Plan einer groß angelegten Plantage mitsamt Arbeiterstadt. Um sein Wunschland in Brasilien zu realisieren, setzte Ford auf handfeste Planung. Sein gigantisches Projekt war zugleich ein Reißbrett-Entwurf für eine rational durchkalkulierte Plantage und ein umfassendes technokratisches Sozialexperiment.

Der Zeitpunkt war äußerst günstig, denn die brasilianische Regierung suchte gerade Anschluss an die wirtschaftliche Elite der Welt. Deshalb hatte die Regierung des Bundesstaates Pará 1925 beschlossen, Dschungelgebiete kostenlos abzugeben, wenn dafür vor Ort Kautschuk kultiviert würde. 1926 schickte Ford zur Erkundung des botanischen Terrains einen Experten los. Der Botaniker Carl D. LaRue fand den idealen Platz für Plantage und Stadt. Daraufhin sicherte sich Ford ein riesiges Gebiet am unteren Tapajós, einem der großen Nebenflüsse des Amazonas. Was Ford ausblendete, war die soziale Komponente im Bericht LaRues über die Lebensbedingungen am Amazonas. »Überall finden sich arme und einsame Menschen«, schrieb der resignierte LaRue, »und niemand hat noch Hoffnungen auf eine Zukunft.«[3] Gleichwohl sollte Fords Großprojekt den Übergang vom Zeitalter des Abenteuers im Amazonasbecken zum Zeitalter des Kommerzes markieren.

Kurz nach dem Neujahrstag 1928 telegrafierte Henry Ford dem brasilianischen Gouverneur Dionysio Bentes, um ihm für seinen Beitrag bei der Vertragsabwicklung zu danken. Immerhin handelte es sich bei Fords Neuland um eine Fläche von rund 10.000 Quadratkilometern mit 196 Kilometern Ufer entlang des Flusses. »Gegenwärtig arbeiten wir unseren Plan aus«, schrieb

Ford, »wir sind dabei, ein Schiff für die Reise auszustatten, um mit den ersten Arbeiten vor Ort zu beginnen«.[4] Noch glaubten alle daran, dass dieser Plan aufgehen und zum Wohlstand Brasiliens beitragen würde.

VORBILDER FÜR EIN NEUES EDEN

Ford wusste schon lange, wie seine Utopie aussehen sollte. Seine tief sitzende Abneigung gegen Städte war legendär. »Ich möchte atmen. Ich muss rauskommen«, klagte er immer wieder.[5] Mit kleineren Idealsiedlungen wie »Pequaming« und Showcase-Towns wie »Alberta« hatte Ford in den frühen 1920er-Jahren bereits erste Erfahrungen gesammelt. Obwohl sich in der Praxis zeigte, dass sich ideale Gemeinschaften nicht unter kontrollierten Bedingungen erzwingen lassen, ließ sich Ford nicht von seinen exzentrischen Plänen abbringen. In den USA gab es mittlerweile eine Reihe von Orten, die von »Business-Tycoons« errichtet worden waren, um gerade diejenige Art des Lebens wiederzuerwecken, die von ihren eigenen Industrien zerstört worden war. So tröstete sich etwa John Rockefeller mit der Idealstadt »Williamsburg« über sein schlechtes Gewissen hinweg.

Während seine technologisch hochgerüsteten Fabriken immer mehr Seelen am Fließband zerstörten, hoffte auch Henry Ford mit der 1929 künstlich angelegten Modellstadt »Greenfield Village« die Seele Amerikas zu retten. »Jetzt, auf seine alten Tage, darf er, aus einer Art Verdrängung oder Nostalgie heraus«, so der zeitgenössische Journalist John Gunther kritisch, »gerne in einer Schmiede ein wenig Liebhaberei betreiben und alte Lokomotiven suchen, die ›puff-puff‹ machen.« Henry Ford, der dafür verantwortlich war, dass das idyllische Kleinstadt-Amerika langsam verschwand, ernannte sich selbst zum Chef-Antiquar einer untergehenden Welt. Genau diese zwiespältige Haltung wurde ihm vorgeworfen. »Mr. Ford wäre nicht so sehr daran interessiert, einen Auszug der Zivilisation ins Museum zu stellen, wenn er nicht daran beteiligt gewesen wäre, genau das zum Verschwinden zu bringen.«[6]

Insgeheim dachte Ford jedoch noch größer. Am Tennessee River im Nordwesten Alabamas plante er, eine komplette Modellregion rund um »Muscle Shoals« entstehen zu lassen. 1922 erschien ein erster Entwurf in der Zeitschrift »Scientific American« und wurde sogleich vom Architekten Frank Lloyd Wright enthusiastisch kommentiert. Wright verstand sich selbst als Utopist, der den Lebensstil von Millionen Menschen grundlegend ändern wollte. Ähnlich wie Ford ersann er mit seiner urbanen Utopie »Broadacre City« den Ideal-Amerikaner als eine Mischung aus Bürger, Farmer und Künstler.

Ford selbst sparte nicht mit Pathos über »Muscle Shoals«. »Wir können aus der Gegend ein neues Eden machen«, warb er für sein Projekt, »und sie in das Kraftwerk und den Garten des Landes verwandeln.«[7] Dabei dachte er an viele Details, die noch heute modern anmuten. So wollte er einen »Energy Dollar« als Regionalwährung einführen, die nicht an den Goldstandard der Banken, sondern an das Energievolumen des lokalen Staudamms gekoppelt sein sollte. Sein Engagement für die Region sprach sich herum, woraufhin rund um das neue »Dreamland« die Spekulation mit Grundstücken boomte. Allerdings entschied sich der amerikanische Kongress nach langer Bedenkzeit gegen Fords Angebot. Also suchte der Automogul weiter nach einem passenden Ort, um seine Reformpläne umzusetzen. Das Amazonasbecken bot ihm dazu eine einmalige Gelegenheit.

GEBURT DES SUBURBANEN MASTERPLANS
LEVITTOWN, 1947

Viele Utopisten zeichnet aus, Chancen ohne Zögern zu nutzen. Ein Masterplan für die ideale Gemeinschaft – an nichts Geringerem arbeiteten auch die Levitts. Leben auf dem Land sollte endlich für die Mittelschicht erschwinglich werden. Als Namen für ihre erste Modellsiedlung wählten die Levitts »Strathmore-at-Manhassat«, weil das so wunderbar nach englischem Herrensitz klang. Mit dieser Strategie verkauften »Levitt & Sons« nicht nur Häuser, sondern komplette Fantasiegebilde.[1] Die Häuser dieser Bilderbuchstadt sollten bezahlbar und doch mit zeitgenössischen Annehmlichkeiten ausgestattet sein. Für die voll elektrische Küche steuerte General Electric neueste Küchengeräte bei. Das perfekte Zuhause sollte Luxus ebenso beinhalten wie Privatsphäre – gemessen an den damaligen Standards und Erwartungen. Alle Häuser lagen daher etwas zurückgesetzt an kurvigen Straßen. Keines glich dem anderen. Es »waren nicht nur schrullige Häuser, sondern Modelle der Zukunft«.[2] Und weil Vater Abraham Levitt sich zwischenzeitlich für Landschaftsgärtnerei begeisterte, pflanzte er eigenhändig die ersten Bäume. Zeitgenössische Luftaufnahmen zeigen Baumalleen – noch bevor alle Straßen geteert waren.[3]

»BAUT, BAUT, BAUT ...«

Die »Helden der Nation«, die aus dem Zweiten Weltkrieg in die USA zurückkehrten, brauchten dringend Wohnraum. Genau das sollte die neue Modellstadt bieten, denn die Lage war dramatisch. Bereits während des Kriegs hatte sich eine veritable Wohnkrise entwickelt. »Wie können wir glauben, Demokratie in Europa zu verkaufen, wenn wir nicht einmal unter Beweis stellen, dass wir unsere eigenen Leute angemessen unterbringen können?«, klagte der damalige US-Präsident Harry Truman.[4] Die steigende Nachfrage nach Wohnraum zeichnete sich deutlich ab, denn das Land erwartete 16 Millionen Kriegsheimkehrer. Und die meisten von ihnen wollten nun endlich eine Familie gründen und ein normales Leben beginnen. Sie mussten zunächst mit allem vorliebnehmen, was vier Wände hatte, berichtete die »New York Times«

damals: Getreidespeicher, Wellblechhütten und andere behelfs-
mäßige Unterkünfte.[5] Bilder, die Veteranen in Hühnerställen
zeigten, wurden zur nationalen Tragödie. Selbst die Flugzeug-
firma Spartan sattelte um. Statt einen Luxus-Fünfsitzer mit Stern-
motor für reiche Ölbarone aus Texas zu bauen, produzierte sie
blitzblanke Aluminium-Wohnwagen. Es sollte der Grundstein für
die vielen Trailerparks in den USA sein.[6] »Kritzeln sie noch oder
planen sie schon für den Bauboom?«, fragte damals eine freche
Anzeige in einem Architekturmagazin.[7] Eine Lösung musste dringend her.

Tatsächlich waren die Weichen für das Geschäft der Levitts
längst gestellt. 1944 war das »GI Bill of Rights« in Kraft getreten,
ein Gesetz, das den Traum vom eigenen Haus durch niedrig ver-
zinste Kredite greifbar machte. Erschwingliche Finanzierungs-
modelle einerseits, ein ausgetüftelter Plan andererseits. Während
Bill Levitt als Soldat in Pearl Harbor festsaß, machte er sich Gedanken über notwendigen Wohnraum für die Rückkehrer. Seinen
Kameraden versprach er, Häuser für sie zu bauen. Und dann
sandte er ein Telegramm an Vater und Bruder zu Hause: »Kauft
so viel Land, wie ihr könnt. Bettelt um Geld, borgt oder stehlt es.
Und dann baut, baut, baut ...«[8]

Wie schon den Lebensreformern am »Monte Verità« kam
auch den Levitts ein Parasit zur Hilfe. Der goldene Fadenwurm
hatte die Kartoffelpflanzen auf Island Trees, einer Farmgemeinde
auf Long Island, verwüstet. Exakt dort machten die Levitts das
Geschäft ihres Lebens. Sie wollten nicht bloß ein paar Häuser auf
den ehemaligen Kartoffelacker stellen, sondern gleich eine ganze
Stadt errichten. »Die intelligente Planung einer Gemeinde ist
kein utopischer Traum«, erläuterte Alfred, »man braucht dazu
lediglich gesunden Menschenverstand.«[9] Mit dieser Haltung
skizzierte er schließlich seine Vision: Eine Gemeinde als Suburb,
mehrere Tausend Häuser, Sackgassen als sicherer Spielraum für
Kinder, ein eigenes Einkaufszentrum, Kirchen, Schwimmbäder,

Parks und Freizeiteinrichtungen. Fertig war die suburbane Utopie. Für die Nachbarschaften, je 300 bis 500 Häuser, wählte er idyllisch klingende Namen wie Stonybrook, Lakeside oder Birch Valley, um diese mit Identität auszustatten. Nicht ohne Gründerstolz vermarkteten die Levitts ihre Stadt als die bestgeplante Gemeinde ganz Amerikas. Sie wussten um die Wirkung ihres Plans. »Um ganz ehrlich zu sein«, so Bill, »suche ich darüber hinaus ein wenig Ruhm. Ich möchte eine Stadt bauen, auf die ich wirklich stolz bin.« Vielleicht ist es gerade diese Art von Ruhm, nach der sich auch Elon Musk sehnt, wenn er eine Stadt auf dem Mars plant?

Die neuen Häuser der Levitts wurden mit viel Pathos beworben. »Uncle Sam und das größte Wohnungsbauunternehmen der Welt bieten Ihnen die Möglichkeit, in einem wunderbaren Haus zu wohnen, in einer wunderbaren Umgebung, ohne dass es Sie ein Vermögen kostet«, so die damalige Werbung, die sich explizit an rückkehrende Soldaten richtete: »All yours for $ 58. You are a lucky fellow, Mr. Veteran.«[10] Der Erfolg gab den Levitts recht. Die Verkaufszahlen rissen nicht ab. »Wer hier ein Haus kauft«, so Bill, »kauft einen Lebensstil.« Dieser Lebensstil kreiste um die Idee einfacher, aber dennoch zweckmäßiger Häuser. Als Grundlage musste, wie bereits in »Fordlândia«, das soganannte Cape-Cod-Haus herhalten. Das Hausmodell wurde auf das Wesentliche reduziert: zwei Schlafzimmer, ein Wohnzimmer, Küche und Bad. Raumwände dienten zugleich als Schränke, unter der Treppe fand sich Platz für ein Bücherregal. Das musste reichen. Gleichwohl sahen die Levitts in den von ihnen entworfenen Häusern keine Schuhschachteln mit 70 Quadratmetern Grundfläche, sondern »bezahlbare Häuser für einfache Leute«.[11] Es waren Rohlinge, die dazu bestimmt waren, eines Tages von den Bewohnern nach eigenen Wünschen ausgebaut zu werden.

FORDISMUS AM BAU

Die Levitts waren bekannt als Bauherren im großen Maßstabsbereich. Für die Umsetzung ihrer Pläne konnten sie auf umfangreiche Erfahrungen zurückgreifen. An der Goldküste von Long Island hatten sie bereits mehr als 2000 Häuser nach dem bewährten Prinzip familieninterner Arbeitsteilung gebaut: Alfred kümmerte sich um die Produktion, Bill um die Vermarktung. Nun aber entstand ein Projekt in einer ganz anderen Größenordnung, über 10.000 Häuser sollten in kürzester Zeit gebaut werden. Weil Bill nicht bloß Träume, sondern vielmehr preisgünstige Träume verkaufen wollte, nutzte er die Prinzipien des Taylorismus und Fordismus erstmals auch für den Hausbau. Dazu teilte er den Entstehungsprozess eines Hauses in 26 standardisierte Schritte ein. So wurde etwa eine ganze Hauswand auf dem Boden liegend gebaut und erst dann aufgerichtet. Spezialisierte Fachkräfte mussten sich jeweils nur mit einem Zwischenschritt des Bauprozesses auskennen. Fordismus am Bau war schnell und billig. Die Beschäftigten erhielten keinen Stundenlohn, sondern wurden für Akkordarbeit bezahlt. Die Levitts entwickelten sogar eigene Betonmixturen, die es ermöglichten, 20 Fundamente pro Tag zu gießen. Vollständig vorgefertigte Schornsteine wurden ruckzuck aufgerichtet. Heraus kam der »Ford T« unter den Häusern, eine Art Volkshaus.

Die Levitts entpuppten sich als Perfektionisten. Gefiel Alfred ein fertiges Haus nicht, ließ er es auf der Stelle abreißen und begann von vorne. Erst nach 30 Testaufbauten hatten sie es geschafft und endlich das perfekte Haus für ihre perfekte Stadt entwickelt. Am 7. Mai 1947 gingen die Levitts mit ihrem Plan an die Öffentlichkeit. Sie waren bereit, die Kriegsheimkehrer aus den Hühnerställen herausholen. Nun sollte gebaut werden. Aber eine Sache fehlte noch. Bill wollte das ehemalige Kartoffelland nach seiner Familie benennen. »Good-bye, Island Trees; hello Levittown!«[12]

ORGANISCHES WACHSTUM EINER NEUEN WELT
AUROVILLE, 1964

Mirra Alfassa und Sri Aurobindo ging es in Indien ähnlich wie anderen Utopisten. Zwar wussten sie genau, wie sie sich ihre ideale »Stadt der Zukunftmenschen«[1] vorstellten – aber auch ihnen fehlte zunächst der passende Ort. In den 1960er-Jahren rebellierte das »Anti-Establishment« gegen vorherrschende Wert- und Normvorstellungen der Älteren. Rock'n'Roll hatte sich als Form der Auflehnung gegen die protestantische weiße Oberschicht etabliert.[2] Wie die Lebensreformer auf dem »Monte Verità« einst im Tessin rebellierten die Sinnsuchenden in »Auroville« gegen ungehemmten Konsum und andere Formen der Zerstörung menschlicher Lebensgrundlagen. Zeitgleich wurde der Gedanke einer »Common Humanity« zum ersten Mal ernst genommen. Der Masterplan sah daher vor, einer primitiven, rein materialistischen Gesellschaftsordnung entgegenzutreten. Um zu verhindern, dass soziale Ordnungen immer weiter zerfallen, waren Umdenken und ein Neustart notwendig.[3] Die Frage war nur: wie?

ARCHITEKTUR ALS KATALYSATOR FÜR SPIRITUELLEN URBANISMUS

Mirra Alfassa ahnte, dass sich Architektur intensiv auf das Zusammenleben von Menschen auswirkt. Gemeinsam mit Architekten entwarf sie daher 1937 das erste Gebäude aus Stahlbeton in ganz Indien: »Golconde«, ein Wohnhaus für die Jünger des Ashrams.[4] Es war eine Art Testlauf, bei dem es nicht ums Tempo ging. Vielmehr wollte Mirra verallgemeinerbare Grundprinzipien erlernen. Das materielle Äußere des Hauses sollte Erkenntnisprozesse seiner Bewohner inspirieren und biografische Entwicklungen stimulieren. Erneut unterbrach ein Krieg die Pläne. Auch die dunkle Seite der Macht schuf sich eine neue Welt. Allerdings war es eine totalitäre Welt, die auf Repression und Ausbeutung beruhte. Genau das Gegenteil dessen, wofür »Auroville« stehen sollte, Freiheit und Autonomie.

Dennoch war Mirra optimistisch und definierte ein Minimal- und ein Maximalziel für ihren Beitrag zum Zivilisationswandel. Das Minimalziel bestand in der Einheit der Menschheit. Der Plan für »Auroville« war daher von Anfang an sozial inklusiv. Das Maximalziel mutet hingegen geradezu größenwahnsinnig an. Als Sri Aurobindo 1950 starb, hinterließ er die Idee für eine neue Form der Evolution und Erneuerung der Menschheit. »Auroville« sollte Zentrum einer planetarischen Transformation werden, eine Stadt, die Menschen radikal verändert. Aus der Veränderung des individuellen Bewusstseins sollte sich schließlich ein kollektiver Lernprozess für die Menschheit ableiten. »Wir würden Auroville gern zur Wiege des Supermenschen machen«, schrieb Mirra.[5] Vielleicht war es klug, dieses große Ziel auf ein zitierfähiges Manifest herunterzubrechen, die Charta.[6] Sie bricht die großen Ziele in handhabbare Handlungsmaximen herunter: Die Aurovillians sollten bereit sein, ständig weiterzulernen. Und sie sollten in der Lage sein, äußere Veränderungen der kollektiven Lebensweise in innere Entwicklungen, also neue persönliche Werte und Haltungen, zu verwandeln. Die Charta betonte insbesondere den Laborcharakter des Ortes. »Auroville wird ein Platz spiritueller und materieller Forschung sein, damit eine wirkliche menschliche Einheit lebendige Gestalt annehmen kann.« Die UNESCO zeigte sich beeindruckt von diesen Worten und erkannte schließlich 2008 die Charta als gültiges Gründungsdokument des real-utopischen Experiments an.

Als »Auroville« eingeweiht wurde, war Mirra Alfassa bereits 90 Jahre alt. »Ich selbst habe den Plan in allen seinen Einzelheiten vor meinem geistigen Auge gehabt«, erinnert sie sich später. »Es war der Plan einer Idealstadt, der Nukleus eines kleinen Ideallandes.«[7] 1964 fiel endlich der Entschluss, den großen Plan auch umzusetzen. Nun stand dem kollektiven Experiment nichts mehr entgegen, eine maßvolle und kontinuierliche Evolution konnte beginnen. Dieses organische Wachstum unterscheidet sich radikal von zeitgenössischen Smart Cities. Hightech-Utopien sind eigentlich schon tot, bevor sie überhaupt geboren werden. Sie lullen die Menschen in komfortablen, vordefinierten Komfortzonen ein, anstatt ergebnisoffene Experimente zu ermöglichen. Ganz anders »Auroville«, das schnell als »Zentrum beschleunigter menschlicher Evolution«[8] wahrgenommen wurde, aber nie als Statussymbol. »Auroville« war von Anfang an eine zutiefst anthropologische Versuchsanordnung über grundlegende Fragen der Menschheit. Ein evolutionäres Labor, in dem immer wieder Wunsch und Wirklichkeit miteinander abgeglichen werden mussten.

JEDE UTOPIE BRAUCHT IHREN ORT

»Auroville« wuchs zu einer »komplexen und sehr realen Gemeinschaft«, in der heute rund 3000 Menschen leben.[9] Von Anfang an war damit ein hoher Anspruch verbunden. »Eine neue Welt wird geboren«, schrieb Mirra bereits 1956. »Es ist nicht die alte Welt, die sich transformiert, es ist eine neue Welt.«[10] Für diese Bewusstseinsveränderung wollte sie sich nicht auf den berauschten »Feel-Good-Spirit« der Hippies verlassen. Aber allein mit »supramentalem Bewusstsein«, wie Sri Aurobindo die verändernde Kraft in seinem Werk »The Human Cycle«[11] genannt hatte, war es in der Praxis auch nicht getan. Zum Glück war Mirra durchaus praktisch veranlagt. Daher suchte sie nicht nur Erleuchtung, sondern auch ein passendes Grundstück. Das war alles andere als einfach, denn »dieses Konzept einer Idealstadt benötigt einen hohen Grad an Perfektion, eine Einheit, außergewöhnliche Schönheit und umfassende Harmonie«, schrieb sie.[12] Für diese Kriterien gibt es keine Immobilienmakler.

Unbeirrt suchte Mirra dennoch einen Flecken Erde als Fundament für ihre Vision. Einen Platz, groß genug, um darauf ein evolutionäres Experiment zu starten. In der Nähe von Pondicherry wurde sie 1965 schließlich fündig. Ein hochgelegenes Plateau, über das der Wind rote Erde fegte, sollte der passende Ort für das zukünftige Menschheitslabor werden. Mirra hatte um eine Landkarte gebeten und auf einen Punkt gezeigt. Genau dort stand ein vereinzelter junger Feigenbaum inmitten roter Wüste. »Ich möchte eine Stadt bauen«, schrieb sie dem französischen Architekten Roger Anger, den sie während seiner Aufenthalte im Ashram kennengelernt hatte. »Sind Sie interessiert?«[13] Begeistert akzeptierte Anger die Einladung, einen Stadtplan für diese Utopie zu entwerfen. Fortan jettete er so oft wie möglich zwischen Frankreich und Indien hin und her. Bei der Wahl des Architekten hatte Mirra ein gutes Händchen bewiesen. Anger identifizierte sich wie kein Zweiter mit den Zielen »Aurovilles«. Das Team um Anger schuftete Tag und Nacht. Drei Jahre lang arbeiteten sie am Plan für eine Idealstadt, in der eines Tages 50.000 Menschen leben sollten. Sie konzipierten vier sich überlagernde Zonen, verbunden durch einen inneren Ring. Erst 1968, nach mehreren Überarbeitungsrunden, war Mirra endlich zufrieden. Zeitgleich zur Einweihung des Projekts war der umfassende Stadtplan für den zukünftigen Ausbau fertig.

Was fehlte, war ein Name. Der stand erst ein paar Monate später fest: »Galaxy«. Zwischenzeitlich hatte Mirra das Bild einer fernen Galaxie gesehen, aufgenommen von einem Teleskop der NASA. Ein Spiralnebel im Weltall. Sie muss darin den evolutionären Aspekt »Aurovilles« erkannt haben. Der Galaxy-Plan ist eines von zahlreichen Beispielen, wie die Raumfahrtfaszination irdische architektonische Effekte hervorbrachte.[14] Mitten im Space Age fand die Utopie somit Bodenberührung. Später sollten viele »Aurovillians« berichten, dass es gerade das Galaxy-Modell war, das sie anzog. »Es gab dieses einzigartige Bild einer Stadt, die aussah wie etwas aus dem äußersten Weltraum.«[15] Es war ein

»futuristischer Stadtplan mit ein wenig eingestreuter Spiritualität«.[16] Eine der ersten Bewohnerinnen »Aurovilles«, Jocelyn Janaka, erinnert sich daran, wie sie das Modell das erste Mal in
einem Architekturbüro in Pondicherry anschaute. Es sah aus wie
eine intergalaktische Raumstation.

RADIKALES REDESIGN VON GESELLSCHAFT
VENUS PROJECT, 1975

Eine vollkommen andere Form technischer Zukunftsgestaltung
verspricht das »Venus Project«. Auf einem 15 Hektar großen For-
schungsareal in Venus, Florida wuchsen seit 1975 zehn experimentelle Kuppelbauten in den Himmel. 20 Jahre später wurde
das eigentliche Projekt gegründet, das kein Traumgebilde praxis-
ferner Idealisten sein möchte, sondern der Versuch, »erreichbare
Ziele mit intelligenten Mitteln« zu realisieren, so die Selbstdarstellung im Netz. Ähnlich wie »Auroville« verspricht auch das
»Venus Project« maximalen Nutzen für Mensch und Planet und
als Gratisbeigabe noch eine höhere Art des Bewusstseins.[1]

Hinter dem nach der römischen Liebesgöttin benannten utopischen Experiment stecken der autodidaktische Sozial-Architekt
Jacque Fresco und die ehemalige Porträtmalerin Roxanne Meadows. Vor allem Fresco inszenierte sich immer wieder als Guru,
der über allumfassende Antworten auf dringende Menschheits-
fragen verfügt. Seine Utopie versteht sich als umfassender Aktionsplan »für eine soziale Sanierung« der Welt.[2] Dieser Plan umfasst
sowohl die radikale Neuorganisation von Gesellschaft als auch die
Entstehung einer neuartigen Zivilisation auf der Basis von High-
tech. Der 2017 im Alter von 101 Jahren verstorbene Fresco verstand
sich als Vertreter des »Technology Movements«. Techno-Utopisten
stellten bereits nach dem Ersten Weltkrieg technologischen Sach-
verstand über alles. Prägend für diese Ur-Bewegung war die »po-

sitive Utopie technischer Herrschaft«, wie sie von dem Soziologen Thorstein Veblen entwickelt worden war.[3] Gesellschaftsgestaltung wird ausschließlich als Ingenieursaufgabe verstanden, an der Bürgerinnen und Bürger nur selten beteiligt werden. Im »Venus Project« wirkt die Planungsillusion früher Technokraten nach, die Technik in naiver Weise für neutral hält,[4] die in Menschen lediglich konditionierbare Tiere sieht und die Gesellschaft als große Maschine versteht. Im Rahmen seines »Project America« und seiner Firma Sociocyberneering Inc. reifte bei Fresco eine solitäre Form der Fortschrittsgläubigkeit heran. Unter anderem veröffentlichte er die Aufklärungsschriften »Looking Forward« (1969) und »Designing the Future« (2007) sowie zahlreiche appellative Filme wie »The Choice is Ours« (2012). In allen Werken werden Zukunftsmodelle für utopische Habitate präsentiert, die meist aus kreisförmigen Städten mit futuristischen Gebäuden bestehen und in denen es von modernen Transportmitteln wie Magnetschwebebahnen, fliegenden Objekten und Robotern nur so wimmelt.

Als allmächtiger Problemlöser empfiehlt Fresco immer wieder Technik, die einfach nur »positiv« angewendet werden müsse. Damit gibt er das Vorbild für jene ab, die unbegrenztes Vertrauen in technologische Innovationen stecken und soziale Innovationen missachten. Fresco ist der Prototyp des Menschen, über den die Philosophin Hannah Arendt einst feststellte, dass er in die Idee rationaler Weltbeherrschung verliebt sei.[5] »Es braucht ein radikales Redesign unserer Gesellschaft und unserer Werte«, erklärt Fresco dann auch im Film »Addendum«. »Noch sind wir nicht zivilisiert.«[6] Das »Venus Project« repräsentiert den Höhepunkt im Lebenswerk Frescos, der sich immer wieder weigerte, Grenzen anzuerkennen. »Wer denkt, die Welt nicht ändern zu können«, bringt er sein ausgeprägtes Sendungsbewusstsein pointiert zum Ausdruck, »sagt damit nur, dass er nicht zu jenen gehört, die die Welt ändern werden.«

Unter dem Motto »Jenseits von Politik, Armut und Krieg«

bietet das »Venus Project« vermeintliche Lösungen für zentrale Menschheitsprobleme und stellt grundlegende Fragen. Kann es eine Gesellschaft geben, in der Menschenrechte nicht nur auf dem Papier stehen, sondern aktiv durch eine Lebensweise repräsentiert werden? Mit diesem Habitus erinnert das »Venus Project« stark an »Auroville«. Fresco steht damit ebenfalls in der Tradition der Lebensreformer, die bereits um 1900 erkannt hatten, dass eine kranke Gesellschaft kranke Menschen erzeugt, sich also Krisen und Neurosen gegenseitig bedingen. Das »Venus Project« gibt sich im Kern ebenfalls kapitalismuskritisch. Die profitorientierte Geldwirtschaft soll durch eine planwirtschaftliche Logik der Produktion und eine gerechte Verteilung von Waren ersetzt werden: mehr Tausch als Kauf. In seiner idealen Welt erhalten Menschen bedingungslos alles, was sie brauchen. Erst dann, so Fresco, verschwinden Gier, Neid, Geiz und viele weitere Untugenden für immer. Theoretisch.

Mit diesem Ansatz steht das »Venus Project« ganz in der Tradition der literarischen Utopie bei Thomas Morus, auf dessen fiktiver Insel »Utopia« eine Art libertärer Kommunismus herrscht. Bürgerinnen und Bürger werden nach ihrem moralischen Potenzial und nicht nach ökonomischen Ressourcen in soziale Klassen eingeteilt. Morus erschuf damit den Ur-Entwurf einer Welt ohne Eigentum und ohne Privatbesitz. Diesen Ansatz spinnt Fresco weiter. Durch Rückgriff auf die Potenziale der Digitaltechnik kann er jedoch auf einen gütigen Herrscher verzichten. Stattdessen übernimmt der Supercomputer »Corcen« (Kurzform für »Correlation Center«) das Management. Pränatal eingepflanzte Mini-Computer, so Frescos Vision, könnten die Menschen steuern – bis hin zu intelligenten eugenischen Optimierungen des Volkskörpers. Die gesamte soziale Organisation würde im Kontext dieser technokratischen Utopie zur Aufgabe künstlicher Intelligenz. Eine soziale Utopie wird hier konsequent durch einen radikalen soziokybernetischen Steuerungsansatz ersetzt.

Gleichwohl erfreut sich das »Venus Project« auch nach dem Tod Frescos steigender Beliebtheit. Jeden Samstag organisiert Roxanne Meadows Führungen, bei denen sich Besucher für 130 US-Dollar pro Person vom Fortschritt des utopischen Updates überzeugen können.[7] Im »Zentrum für Ressourcenmanagement« wird modellhaft demonstriert, wie die Welt von morgen aussehen könnte – ein wenig so wie in der Showcase-Town »EPCOT« von Walt Disney. Auf Basis dieser Erfahrungen könnte dann eines Tages eine ganze Forschungsstadt entstehen, wünscht sich Meadows. Diese experimentelle Stadt hätte das Ziel, die »Declaration of the Worlds Resources« als gemeinsames Erbe der Menschheit praktisch zu verwirklichen.

Das »Venus Project« soll dazu beitragen, die Menschheit auf bahnbrechende Umwälzungen vorzubereiten, wiederholt dabei aber einen Ansatz, der schon viel zu oft scheiterte. Wie »Auroville« versteht sich das Projekt als Labor der Menschheit, als experimentelle Stadt mit Vorbildcharakter. Doch als Techno-Utopie krankt es daran, komplexe gesellschaftliche Herausforderungen auf rein technische Fragen zu reduzieren. In dieser ideologischen Einseitigkeit gleichen sich die meisten real-utopischen Projekte. Da Utopisten ihr Leiden an der bisherigen Welt auf eine einzige Fehlerquelle zurückführen, versuchen sie, durch »Verstopfung« dieser Fehlerquelle eine ideale Welt zu schaffen.[8] Deshalb war Privateigentum auf dem »Monte Verità« verpönt, deshalb verbot Henry Ford in seiner Dschungelstadt »Fordlândia« Fleisch als Grundnahrungsmittel, und genau deshalb glaubte auch Jacque Fresco durch eine bedarfsorientierte Planwirtschaft den Kapitalismus überwinden zu können. Die Liste ließe sich mühelos fortsetzen. Ob Lebensreform- oder Marskolonie: Immer waren die zentralen Übel der Menschheit – Geld, Privateigentum, Konkurrenz – Angriffspunkte für ideologische Radikalkuren.

Frescos Visionen überdauern in Videos, CDs, Postern sowie der Webseite des Projekts. Aber das Versprechen immer besserer

Technik wird nicht ausreichen, um das neue Wunschland zu erschaffen. Zur Technik sollte sich immer auch Politik als konsensorientierter Interessenausgleich gesellen. Die Hauptgefahr anarchistischer Techno-Utopien liegt deshalb in der Auflösung staatlicher Ordnungen. Ziel des »Venus Projects« ist es, einen weltweiten Funkenflug von Ideen auszulösen. Gleichzeitig wirkt das Konzept aber so, als hätte es »Monte Verità« oder »Celebration« nie gegeben. Es verstrickt sich im Dickicht von Show-Rooms, Show-Cases und der Idee einer Show-Town. Am Ende bleibt: mehr Show als Substanz.

ENTWURF EINER BILDERBUCHSTADT
CELEBRATION, 1982

Während ein galaktischer Spiralnebel Pate für »Auroville« stand, war die Vorlage für die Modellstadt »Celebration« in Florida eher terrestrisch: Der Vergnügungspark direkt nebenan diente als Inspiration. Kein Wunder, denn mit der Planstadt wurden die Ideen Walt Disneys aus den 1960er-Jahren nun endlich verwirklicht. »Celebration« sollte das Modell für eine perfekte Welt sein, die letzte autofreie Bastion des öffentlichen Raums. Weil bei Disney nichts ohne Entertainment ging, war »Celebrations« Stadtplan zudem ein direktes Erbe des Showcase-Designs von Bilderbuchstädten, das sich aus Vorbildern wie »White City of Chicago« (1893) oder »City of Tomorrow« (1939) speiste. Während der Weltausstellung 1964 präsentierte General Electric einen Pavillon mit dem Titel »Progress City«. Hieran knüpfte Disney an und ließ unter dem Projektnamen »X« eine Utopie planen. Nur selten erhalten Architekten die Möglichkeit, eine komplette Stadt auf dem Reißbrett zu entwerfen. Allein Walt Disney konnte sich einen Masterplan dieser Größenordnung leisten. Allerdings sah der Architekt Ray Watson voraus, dass sich die Bewohner eines derart umfassend durchstrukturierten Habitats wie »Goldfische im Aquarium« fühlen würden, und stellte sich gegen die Idee, öffentliches und privates Leben in der Modellstadt zu regulieren.[1] Leider erfolglos. Die Disney-typische Überkontrolle sollte später viele Celebrationists in den Wahnsinn treiben. 1966 begann Disney, Land zu erwerben. Das Großprojekt verwandelte die Kuhweiden Zentralfloridas in den Tourismusmagneten »Disney World« und schuf später noch Platz für die Modellstadt »Celebration«.

Walt Disney starb 1966, und »EPCOT«, wie das Projekt »X« schließlich genannt wurde, schrumpfte wieder auf Skizzen zusammen. Als die Modellstadt 1982 schließlich doch noch eröffnete, war sie halb Schaufenster für die Produktion der US-Industrie, halb eine Ansammlung von Imbissen. Und noch dazu eine Company-Town für 20.000 Angestellte des Disney-Konzerns.[2] Zukunft gab es lediglich in Form von Dioramen, die Städte im Meer oder Weltraumkolonien zeigten und damit immerhin schon die nächsten Etappen der Odyssee vorwegnahmen, wenngleich als Kitsch. Trotzdem wurde mit fast religiöser Andacht von »Walt's Dream« gesprochen.[3] In der Tat enthält die ebenfalls für 20.000 Einwohner konzipierte Stadt »Celebration« die konzeptionelle DNA von »EPCOT«. In der Folge wurde »Celebration« zur bekanntesten Modellstadt der USA. Aber auch die Namen anderer Bilderbuchstädte zeugen davon, dass eine ganze Generation auf der Suche nach dem Wunschland war. Sie heißen »Harmony«, »Eden«, »Experiment« oder »Amityville«. Für die überragende Berühmtheit von »Celebration« gibt es vor allem einen Grund. Schließlich war die Disney Company schon lange bekannt dafür, mit »unakzeptablem Optimismus«[4] semi-reale Welten im ganz großen Stil architektonisch umzusetzen. Sie führte damit eigentlich nur eine weit zurückreichende Traditionslinie fort.

IDEALE WELTEN ZWISCHEN ORDNUNG UND WANDEL

Bereits im 5. Jahrhundert v. Chr. entwarf der Stadtplaner und Staatstheoretiker Hippodamos aus Milet Pläne für eine perfekte Stadt. Geometrische Proportionen dienten dazu, ideale soziale Verhältnisse zu repräsentieren und für Stabilität zu sorgen.[5] Chaos und Ungewissheit wurden durch politische Ordnung ersetzt. Milet war eine gebaute Oase der Vernunft. Wegen seines Quadratrastersystems wird die Stadt gern auch als »Manhattan der Antike« bezeichnet. Allerdings fand diese Version einer Superzivilisation nicht nur Zuspruch. Das Gegenprojekt Nephelokokkiougas (meist mit »Wolkenkuckucksheim« übersetzt) stammte von Aristophanes. Statt Tyrannei der Gleichmacherei und Kollektivzwang betonte dessen Wunschland Fantasie und Individualität. Seitdem mäandern utopische Vorstellungen von Idealstädten zwischen eingehegter Ordnung und befreiter Selbstentfaltung.

Für beide Ideale lassen sich zahlreiche Belege finden. Einerseits gibt es »die überorganisierte, reglementierte, überwachte Welt«, wofür »Saltaire«, »Fordlândia«, »Levittown«, »Celebration«, »Sun City« und neuerdings auch »Neom« stehen. Andererseits »die Welt ohne Zwang, wo der einzige Herr die Natur ist, im Dienst des freien Individuums«. Diesen Typ repräsentieren »Monte Verità«, »Auroville« oder später auch »Tamera« sowie viele weitere zeitgenössische sozial-ökologische Kommunen und Projekte.

Ralf Dahrendorf weist in »Pfade aus Utopia« darauf hin, dass allen klassischen literarischen Utopien die Idee des Wandels fehlte. Utopia »ist plötzlich da, und es wird dableiben«.[6] Viele der real-utopischen Experimente gleichen sich in der Tat in ihrer absichtsvollen Geschlossenheit auf verblüffende Weise – auch wenn sie sich in ihrer konzeptionellen Ausrichtung stark unterscheiden. In der experimentellen Einsamkeit inselartiger Lebenslabore wird einmal die Idee eines Lebens ohne Geld betont, dann wieder die Gemütlichkeit des Zusammenlebens Gleichgesinnter. Doch jedes Ideal wirkt wie mechanisch berechnet oder gar erzwungen. Utopisten lieben es, runde, einfache, ordentliche Welten abzuzirkeln, in denen sich ideale Gesetzmäßigkeiten verwirklichen sollen. Störende Einflüsse der Außenwelt müssen dazu möglichst ausgeschaltet werden.[7] Selbst auf dem Mars wird es eines Tages um die Balance zwischen Kollektivität auf der einen Seite und Individualität auf der anderen Seite gehen, Leitmotive also, die bereits Hippodamos und Aristophanes vorgaben und die sich wie ein roter Faden durch alle utopischen Versuchsanordnungen ziehen. Was auch immer diese bezwecken.

DER NEUE URBANISMUS ALS WEGWEISER IN DIE ZUKUNFT

Aufbauend auf den Prämissen des Neuen Urbanismus sollte »Celebration« eigentlich eine Korrekturmöglichkeit für gesellschaftliche Fehlentwicklungen wie Verstädterung und Vereinzelung sein und vor allem den solidarischen Bürgersinn revitalisieren: mehr miteinander und weniger nebeneinander.[8] Ziel der Stadtplaner war es, die Amerikaner wieder an die Tugenden eines aktiven Gemeinwesens zu erinnern. Disneys Modellstadt wollte genau das sein, ein »Neustart inmitten einer Welt, in der alles falsch lief«.[9] Die »Celebration«-Architekten Robert Stern und Jacquelin Robertson planten eine überschaubare Stadt, in der sich die Pfade der Einwohner früher oder später kreuzen würden. Eine Stadt aus ähnlichen Häusern, allesamt mit Veranda, um die »porch culture« wiederzubeleben, also die Angewohnheit, abends vor dem Haus zu sitzen und ein wenig mit Passanten zu plaudern. In den Worten des deutschen Soziologen Ferdinand Tönnies sollte die Stadt wieder mehr Gemeinschaft bieten und dafür die Gesellschaft so weit wie möglich draußen lassen.

Für alle, die die sozial beschleunigten Jahrzehnte im Nachkriegsamerika am eigenen Leib erlebt hatten, ermöglichte diese Modellstadt zudem »einen Blick zurück«,[10] eine nostalgische Wiederentdeckung von Traditionen und Tugenden. Dafür verglich das Disney-Team viele ähnliche Modellstädte und borgte sich darüber hinaus Ideen bei weiteren Stadtkonzepten aus. Heraus kam eine Stadt, die äußerlich zwar authentisch wirkte, gleichwohl durch und durch künstlich war. Im Kern ging es darum, eine Kleinstadt mit dem Charme der 1920er-Jahre zu bauen und die Häuser gleichzeitig mit der Technologie der Gegenwart auszustatten. »Old houses and new toys«, nannten die Einwohner diesen Ansatz: viktorianische Fenster und Windows 98. Wer auch immer nach »Celebration« kam, betrat Architektur gewordene Geschichte, von Experten erfunden und von professionellen Designern bis ins kleinste Detail perfektioniert.

Neo-Traditionalismus ist deshalb auch kein Stilbegriff aus der Architekturgeschichte, sondern Produkt der Marktforschung. Zeitgenössische Studien belegten, dass Menschen bereit sind, für die Wiedererschaffung einer imaginären Vergangenheit viel Geld zu bezahlen, wenn sie dabei nicht auf Zukunft verzichten müssen. In frühen Planungsphasen gab es sogar die Idee, »Celebration« mit einem erfundenen Gründungsmythos samt Denkmal im Stadtzentrum auszustatten: Die Stadt sei einst, so die Fiktion, von spanischen Schiffbrüchigen im 16. Jahrhundert errichtet worden.

Das Konzept von »Celebration« war stark mit Erwartungen aufgeladen. Einer der Vordenker des »New Urbanism«, Andrés Duany, berichtete von einer Präsentation bei der Disney Company. »Es ging darum, ein vollkommen neues soziales Klima zu entwickeln«, erinnert er sich. »Einen neuen Ansatz dem Leben gegenüber.« Das Ziel war die Synthese zwischen Tradition und Moderne. Auf diese Weise kombinierte der Neo-Traditionalismus »die soziale Sicherheit und Verantwortung der 1950er-Jahre mit der individuellen Freiheit der Me-Generation«.[11] Damit war die Werbestrategie vorgezeichnet: »Trotz des ganzen modernen Zeugs«, so eine Verkaufsbroschüre, »ist es doch wie die Stadt, in der Ihre Großeltern aufgewachsen sind«.[12] In gewisser Weise stand »Celebration« damit in der Tradition Norman Rockwells, der insgesamt 322 Titelbilder für die »Saturday Evening Post« schuf, die die USA Woche für Woche als kleinstädtisches Utopia darstellten, das »nur von freundlichen Spaziergängern, netten Nachbarn, rechtschaffenen Ladenbesitzern und einer harmlos schelmischen Jugend bewohnt war, eine Welt, in der sich nie etwas veränderte«.[13]

Es dauerte nicht lange, bis Kritiker gegen diese oberflächliche Auffassung eines nostalgisch verklärten Gemeinwesens Sturm liefen. Dennoch sollte Nostalgie nicht vorschnell mit Eskapismus verwechselt werden. Psychologische Forschungen zeigen, dass eine nostalgische Haltung bei der Bewältigung von Krisen durchaus hilfreich sein kann. »Wenn Menschen nostalgisch werden, tauchen sie in die Vergangenheit ab, zu Erinnerungen, die ihnen bedeutsam und sinnhaft erscheinen. Die integrieren sie dann in ihr Leben«, so der Psychologe Constantine Sedikides.[14] Der Soziologe Fred Davis bezeichnet Nostalgie sogar als eine Art Bankkonto, auf das wertvolle Erinnerungen eingezahlt werden und von dem man etwas abhebt, wenn man in die eigene Zukunft investieren möchte.[15] Leben in »Celebration« bedeutete also in diesem Sinn, mit hoher Verzinsung in die Krisenfestigkeit der eigenen Psyche zu investieren.

»Celebration« wurde vor allem nach der Maßgabe entworfen, Menschen glücklich zu machen.[16] Als 50 Jahre zuvor die ersten Veteranen in das ebenfalls am Reißbrett entworfene »Levittown« eingezogen waren, erhielt die Modellstadt reaktionsschnell den Stempel als Unort und seelenloser Hafen für eine konformistische Masse aufgedrückt. Ende der 1990er-Jahre schossen sich die Kritiker ebenso erwartungsgemäß auf neo-traditionelle Paradiese wie »Celebration« ein, wo sie das Unauthentische hinter jedem Zaun erschnüffelten. In der Tat: Selbst der weiße Zaun, der »Celebration« vom Umland abgrenzt und aussieht wie ein weiß gestrichener Zaun um eine Pferdekoppel, besteht aus Kunststoff, weil der pflegeleichter als Holz ist. Das Weiß »Celebrations« sollte niemals verwittert wirken. Die Tatsache, dass das traditonelle Äußere künstlich war und vom Reißbrett stammte, brachte auch Vorteile mit sich. Lise und Ron Junemann, die sich in der Honeysuckle Avenue ein Haus kauften, freuten sich über ihr »altes Haus, das keine Renovierung benötigte«.

Großzügig bedienten sich die Stadtplaner im Supermarkt der Architekturgeschichte. Das Ergebnis war ein eklektizistischer Stilmix aus kolonialer Architektur, Tudor, romanischen Elementen, ein wenig exotischem Pueblo-Stil, barocken Facetten und dazu noch Einflüssen aus dem Kongo, Polynesien und Babylon. Die Stadt erhielt sogar einen falschen (weil technisch nicht funktionsfähigen) Wasserturm sowie einen künstlich angelegten See mit Promenade. Jede Straßenecke sollte schick genug für idyllische Kodak-Momente sein. Später würden sich viele Besucher an eine Filmkulisse erinnert fühlen, an eine Stadt, die hauptsächlich aus Fassaden besteht. Für die Disney Company war die ästhetische Wirkung der Gebäude schlicht Teil einer Serviceleistung, die dankende Abnehmer fand. Neo-traditionalistische Architektur funktionierte wie eine Art Zeitmaschine mit Geldschlitz. Wer es sich leisten konnte, erfand an einem Ort wie »Celebration« sein eigenes Wunschland. Nichts sollte stören. Sogar die Müllabfuhr blieb in dieser Idealstadt unsichtbar – dank eigener Servicestraßen für nicht ganz so märchenhafte Dienstleistungen.

SONDERWELTEN FÜR TECHNO-UTOPISTEN
SMART CITIES, 2021

Der Soziologe Thorstein Veblen entwickelte bereits in den 1920er-Jahren eine Theorie darüber, wie sich Eliten anhand ihrer Lebensführung gegenseitig wahrnehmen. Wer es sich leisten kann, so seine These, grenzt sich durch demonstratives Nichtstun ab. 1929, im Jahr des großen Börsencrashs, starb Veblen in Menlo Park in Kalifornien. Exakt dort entsteht gegenwärtig eine soziale Insel, die ohne die Erfindung des Internets nicht möglich wäre. »Ihr habt mir Marskolonien versprochen«, prangerte der Moonwalker Buzz Aldrin 2012 im »MIT Technology Review« das digitale Zeitalter an, »stattdessen habe ich Facebook bekommen.«[1] Inzwischen designen sich immer mehr Digitalunternehmen, darunter auch Facebook, private Enklaven für Eliten. Der demonstrative Müßiggang der oberen Klassen im 19. und Anfang des 20. Jahrhunderts wurde inzwischen von der demonstrativen Betriebsamkeit der »digital natives« abgelöst.

Wie kaum eine andere Weltgegend ist das Silicon Valley von der Suche nach dem längst verlorenen utopischen Garten Eden geprägt. Mark Zuckerberg plante mit dem preisgekrönten Architekten Frank Gehry einen neuen Campus in Menlo Park, der ebenso unauffällig daherkommt wie das zum Markenzeichen gewordene graue T-Shirt des Facebook-Gründers. Alphabet, zu dem Google gehört, ließ sich von den auf prestigeträchtige Großprojekte spezialisierten Architekten Bjarke Ingels und Thomas Heatherwick ein neues Hauptquartier entwerfen. Schließlich baute Apple den vom Architekturbüro Foster + Partner entworfenen, ringförmigen Firmensitz »Apple Park«. Dieser architektonische Auftritt ahmt einerseits das typische Produktdesign des Unternehmens nach, steht andererseits aber auch deutlich in der Tradition von Weltraumutopien. Es verwundert daher kaum, dass das neue Apple-Hauptgebäude informell »Raumschiff« heißt.

Rückblende: In den 1970er-Jahren ersannen der Physiker und Utopist Gerard O'Neill, NASA-Ingenieure und Studierende während einer Sommerakademie eine »heroische Version künstlicher Landschaften, in denen die Menschheit in der Leere des Weltalls ihrer Zukunft entgegenrotiert«, so der Architekturhistoriker Volker Welter.[2] Den »Stanford-Torus«, ein ringförmiges Raumschiff, hat man nun auf die eher pragmatischen Belange des Digitalunternehmens ins irdische Umfeld rückübersetzt, »sicher verankert im erdbebenreichen Baugrund«, so Welter, »und ohne Hoffnung, je einmal abheben zu können«.

Auch wenn sich die genannten Projekte nach außen hin allesamt futuristisch geben, empfinden Architekten und Stadtplaner sie eher als enttäuschend. Denn trotz zukunftsorientierter Rhetorik ist der neue Firmensitz noch immer dem Geist des typisch amerikanischen Individualverkehrs verpflichtet: Für 12.000 Apple-Mitarbeiter stehen 9000 Parkplätze zur Verfügung. Selbst im 21. Jahrhundert erweist sich die autofreie Stadt in den USA als uneinlösbare Utopie. Zudem signalisieren die neuen Gebäude Unsichtbarkeit und Unnahbarkeit – eine inklusive soziale Utopie, die auch das Zusammenleben heterogener Gruppen beeinhaltet, ist damit offensichtlich nicht verbunden. Dazu trägt auch die »militärisch-mittelalterlich anmutende Abschottung des Bauwerks« im Fall von »Apple Park« bei, kritisiert Welter.

Diese nur scheinbar utopische Architektur enttäuscht auch deshalb, weil sie das Wesen digitaler Religionen entlarvt: Apps oder Computerprogramme dienen zunehmend als Ersatz für demokratische Gesellschaftsgestaltung. Damit aktualisieren die Projekte die bereits in den 1970er-Jahren entworfene Kritik an rein technischen Lösungen, die soziale Innovationen eher verhindern. Insbesonders der Computerpionier Joseph Weizenbaum schilderte 1977 in seinem bahnbrechenden Buch »Die Macht der Computer und die Ohnmacht der Vernunft«, wie die neu aufkommenden Rechenmaschinen mit Hoffnungen geradezu überfrachtet wurden. Im gleichen Atemzug verschwand der Wille zu gesellschaftlichen Transformationen immer mehr von der Bildfläche.[3] Stetig verwandelte die Digitalisierung unsere Welt in einen Zahlenraum. Damit setzte sich ein mechanistisches Bild vom Menschen durch, ein funktionales Bild von Gesellschaft und ein größenwahnsinniges Bild von Naturbeherrschung. Das neue Ideal war datengetriebene Effizienz: Henry Ford 2.0. Im Delirium der Rationalität ging jedoch die Fähigkeit zum Denken in utopischen Alternativen verloren. Die Philosophin Hannah Arendt beobachtete kritisch, dass Rationalität selbst zum Fetisch wurde, weil vermeintlich alles berechnet werden konnte und daher nichts mehr beurteilt werden musste.[4]

Trotz massiver Kritik von Verbraucher- und Datenschützern willigen weltweit immer mehr Menschen in einen digitalen Gesellschaftsvertrag ein. Digitale Chancen sind ihnen wichtiger als persönliche Freiheiten. Das bedeutet auch, dass Menschen sich nicht länger vor dem schützen lassen, wonach sie sich sehnen. Was im Silicon Valley im Auftrag von Facebook, Alphabet und Apple entsteht, sind lediglich techno-utopische Welten, Orte für ein bequemes, unkompliziertes und vor allen Dingen vorhersehbares Leben. Die digitale Industrie übersetzt Sehnsüchte in standardisierte Zahlenreihen und schafft eine metrische Kultur auf der Basis von Messbarkeit und Vergleichbarkeit. Warum soll ein Mensch in dieser Welt noch selbst denken, wenn er einfach nur konsumieren kann? Es ist wichtig, vor diesen oberflächlichen Utopien zu warnen. Komfort und Konsum verhindern Konflikte, aber gerade diese wären notwendig, um Wandel voranzutreiben. Mit »Meta«, dem Nachfolger von »Facebook«, verspricht Mark Zuckerberg, einen grundlegenden Beitrag zur Zukunftsgestaltung zu leisten. »Willkommen im nächsten Kapitel des sozialen Zusammenhalts«, verkündete er dazu 2021 auf Twitter. Zwar stellen Digitalunternehmen fast magisch anmutende digitale Infrastrukturen zur Verfügung – ebenso wie SpaceX oder Blue Origin dies im Weltall versuchen. Doch welchem Zweck diese auf lange Sicht wirklich dienen, wird sich erst noch erweisen müssen.

Trotz zahlreicher Skandale hat Zuckerberg sein Ziel zumindest in der Online-Welt so gut wie erreicht. Eben darum träumt er nun von weit mehr als einem neuen Firmengebäude. Mit der Planstadt »Willow Village« in Venlo Park versucht er, einen Ort für Gleichgesinnte aufzubauen, eine intentionale Gemeinschaft. Seitdem sich Facebook 2011 dort niederließ, wird am Projekt gearbeitet. 2015 kaufte Facebook ein 60 Hektar großes Gewerbegebiet für knapp 400 Millionen Dollar.[5] »Willow Village« soll sich perfekt in die bereits bestehende Gemeinschaft vor Ort integrieren. Doch sowie es bislang aussieht, wird auch dieses Projekt am Ende als rein private Utopie enden. Seit 2016 ist es offiziell: Geplant sind nicht weniger als 1000 Büros für Programmierer, dazu Wohngebiete, Lebensmittelgeschäfte, ein Besucherzentrum sowie Hotels. Außerdem sollen auf acht Hektar Parks, Einkaufszentren und Fahrrad- sowie Fußgängerwege gebaut werden. Facebook spendete sieben Millionen Dollar für Schulen und 20 Millionen Dollar für günstigen Wohnraum, um Gentrifizierung sozial abzufedern.[6] 2021 wurde der Masterplan dann nochmals aktualisiert.[7] Die meisten der Wohnungen sind allerdings exklusiv Facebook-Mitarbeitern vorbehalten. Zuckerberg geht es darum, dass seine Mitarbeiter »nicht nur für Facebook arbeiten, sondern auch Facebook leben«.[8] Damit repräentiert das Digitalunternehmen genau das, was der Soziologe Lewis Coser unter einer »gierigen Institution« verstand, die das Leben ihrer Mitglieder komplett vereinnahmt.[9] Doch trotz aller Bemühungen scheint der Plan nicht aufzugehen. So wie 1922 die Preise in der Modellregion rund um »Muscle Shoals« in Alabama anzogen, als sich herumgesprochen hatte, dass der Großindustrielle Henry Ford dort ein utopisches Großprojekt plante, erhöhen nun die Vermieter der umliegenden Stadtteile ihre Mietpreise: Vor ihren Augen flirren Facebook-Dollars. Eine hispanische Community, schon lange Teil von Menlo Park, wird durch diesen Preiskampf gnadenlos verdrängt. Wenn Facebook kommt, muss die soziale Utopie des friedlichen Lebens Gleichgesinnter weichen.

STADTUTOPIEN ALS RADIKAL-UTOPISCHE VERSPRECHEN

Die Gestaltung von »Smart Cities« gehört eigentlich zum kleinen Einmaleins utopischen Denkens. Bereits 1922 träumte der legendäre Architekt Le Corbusier von einer modernen Idealstadt. Mit seiner »Ville Contemporaine« wollte er ein Stadt-in-Stadt-Konzept umsetzen, riesige Wohnblöcke aus Beton und Glas, die alles Notwendige für Leben und Arbeiten enthalten sollten. Um sein Wunschland zu bauen, schlug er 1925 vor, einen Teil von Paris abzureißen. Seine Pläne wurden, wenig verwunderlich, nicht realisiert. Stattdessen entstehen heute »Smart Cities«, die ein besseres Leben auf der Basis vernetzter Digitaltechnologien versprechen. Der Autohersteller Toyota plant im eher bescheidenen Maßstab »Woven City« für 2000 Bewohner.[10] »Forest City« in Malaysia, geplant vom Laboratory for Visionary Architecture (LAVA), will als Vorbild für zukünftige Städte dienen und soll bis 2035 fertig sein. Und die Google-Tochter Sidewalk Labs begann damit, in Toronto am Ufer des Lake Ontario ein Stadtviertel in ein intelligentes Quartier umzuwandeln. »Quayside« sollte Heimat für mehrere Zehntausend Menschen werden und zugleich als Innovationslabor dienen.[11] Weil Eric Schmidt, Leiter des Verwaltungsrats von Alphabet, involviert war, wurde das Projekt auch als »Google Town« bekannt.[12] Die Zeitung »Die Welt« beschrieb den Ort als »Versuchsanlage für das digitale Leben«, aber auch als »eine moderne Justizvollzugsanstalt«. Wie bei Titus Salt oder Henry Ford sollten Daten über Bewohner gesammelt und ausgewertet werden, diesmal digital.[13] Das Projekt wurde beendet, weil sich die Finanzierung als schwierig erwies.[14] Toronto versuchte mit einem internationalen Wettbewerb, neue Partner für neue Konzepte zu finden.[15]

Selbst Sibirien bekommt mit »Eco-City 2020« seine erste smarte Stadt für bis zu 100.000 Bewohner. Passend zum Klima soll die Stadt bis zu 500 Meter tief im Krater einer ehemaligen

Diamantenmine liegen, um einen Schandfleck menschlicher Ressourcengier zu überdecken.[16] Damit Tageslicht in die Stadt gelangen kann, wird eine riesige Glaskuppel über die Minenöffnung gestülpt werden. Neben einer kuscheligen Wohntemperatur erhoffen sich die Planer auch einen wirtschaftlichen Aufschwung durch Tourismus. Anders als der Name suggeriert, wurde die Stadt 2020 längst noch nicht fertiggestellt. Das ist typisch, denn viele der Konzepte für »Smart Cities« wirken austauschbar und wenig innovativ. Meist bleibt das radikal-utopische Wunschland der unrealisierte Wunschtraum ambitionierter Architekturbüros.

Lässt sich vielleicht mehr erwarten, wenn sich Bill Gates der Sache annimmt? In der Tat plant der Microsoft-Gründer und spendable Milliardär mit eigener Großstiftung eine »Smart City« im US-Bundesstaat Arizona. »Belmont Partners«, eine von Gates' Investmentfirmen, kaufte 100 Quadratkilometer Land rund 45 Minuten von Phoenix entfernt im Wert von 80 Millionen Dollar.[17] Hier soll einmal mehr eine zukunftsorientierte Community mit moderner Kommunikation und Infrastruktur entstehen. Der Plan hört sich ein wenig an wie bei Walt Disneys Modellstadt »Celebration«, allerdings übersetzt ins 21. Jahrhundert: Hochgeschwindigkeitsnetze, Rechenzentren, modernste Fertigungsanlagen sowie, wie zu erwarten, autonome Fahrzeuge für die Alltagsmobilität. Ein Sechstel der Stadtfläche geht für Büros, Läden und Fabriken drauf, dazu 80.000 Wohnungen für 150.000 Einwohner. »Belmont«, so Larry Yount, Manager der verantwortlichen Immobilien-Investmentfirma, »macht deutlich, dass Arizona noch immer den Trend bei urbanen Planungen vorgibt.« Die Macher geben sich optimistisch. »Bill Gates ist bekannt für Neuerungen, er hat sich den richtigen Ort ausgesucht«, so auch Ron Schott, ehemalige Führungskraft im Arizona Technology Council.[18] Fest steht nur, dass auch diese Stadt am Reißbrett entsteht. Herauskommen wird ein Ort ohne Geschichte, ohne gewachsene Kultur. Sie dient einzig dazu, einer ökonomischen Elite das Überleben zu sichern, denn »Belmont« ist als Rückzugort für Superreiche gedacht. Dieser eskapistische Typ einer smarten Stadt wird daher zu Recht bereits vor dem Bau misstrauisch beobachtet.[19] Doch bislang gibt es so gut wie keine Informationen darüber, ab wann die Stadt bewohnbar sein soll. Entweder hat Gates das Interesse verloren, oder, was wahrscheinlicher ist, alle Maßnahmen sollen »unterm Radar« bleiben.[20]

LAND DER LÄCHELNDEN ROBOTER
NEOM, 2017

Technologische Utopien können auf den ersten Blick wie ein PR-Gag wirken: Saudi-Arabien machte es der Weltgemeinschaft vor und verlieh dem humanoiden Roboter Sophia die Staatsbürgerschaft. Der in Hongkong entwickelte Roboter redet und lächelt fast wie ein Mensch. 2017 erhielt Sophia einen eigenen Pass. Auf einer Pressekonferenz bedankte sie sich artig: »Es ist historisch, der erste Roboter der Welt zu sein, der eine Staatsbürgerschaft verliehen bekommt.«[1]

Sophia ist die Vorbotin des neuen Wunschlandes »Neom«, das auf einer Fläche von 26.500 Quadratkilometern – etwa so groß wie Mecklenburg-Vorpommern – im Nordwesten Saudi-Arabiens entstehen soll und das sich zudem auf Teile Jordaniens und Ägyptens erstreckt.[2] Allerdings zeigen Satellitenaufnahmen, dass sich bislang nur ein Privatpalast und eine künstliche Insel für die Königsfamilie im Bau befinden.[3] Gleichwohl existieren weitreichende Pläne. »Dies ist kein Ort für konventionelle Menschen und Firmen«, so Prinz Mohammed bin Salman bin Abdulaziz Al Saud, der Gründer dieser Wüstenutopie, »sondern ein Ort für die Träumer dieser Welt.«[4] Zumindest die Botschaften im offiziellen Werbevideo wirken wie elegante Traumsequenzen überdrehter Futuristen. Alles wirkt einfach wunderbar: Faisa, Bridget, Josh,

Elisaveta, Mohammed und Eduardo brechen euphorisch ins saudische Niemandsland auf, um »Neom«-Pioniere zu werden. »Wir wollen der Welt zeigen, dass man eine futuristische Stadt in Harmonie mit der Natur erbauen kann«, so einer der fiktiven Kolonisten. »Neom« wird als das »ambitionierteste Projekt« angepriesen, das es jemals gab, als Land der Zukunft für die junge saudi-arabische Generation. Gemeinsam freuen sich die jungen Pioniere auf ein »majestätisches Erlebnis inmitten einer unberührten Landschaft«. Atemberaubende Bilder von rotglühenden Wüstenlandschaften wechseln mit architektonisch exaltierten Gebäuden. Von einer Bevölkerung ist nichts zu sehen, nur karge Wüstentäler, dazu ein einsamer Strand und türkisblaues Wasser. Die Kolonisten geben sich selbstbewusst. »In zehn Jahren werden wir zurückblicken und erkennen, dass wir die Ersten waren, die in dieses Neuland kamen und es auf diese Weise mit erschufen.«[5]

»Neom« will kluge Köpfe anlocken, die mit Flugtaxis zu ihren Start-ups pendeln. Dazu zahlungskräftige Luxustouristen, die die 450 Kilometer lange Küstenlinie am Roten Meer in vollen Zügen genießen.[6] Mit dieser Mischung aus Business und Lifestyle will die Planstadt »Neom« nicht weniger sein als das »Modell für eine neue Zukunft«, zudem der »Versuch, etwas zu tun, was noch nie zuvor erreicht wurde, zu einer Zeit, in der die Welt neues Denken und neue Lösungen benötigt«, so die Selbstdarstellung des Projekts.[7] Wieder einmal soll die Zukunft in Form eines einzigartigen Experiments entstehen. Damit ist »Neom« nicht nur der Name eines Ortes, sondern vielmehr Chiffre einer Geisteshaltung.

Doch zunächst einmal ist »Neom« schlicht eine Sonderzone, in der sich kultureller Größenwahn mit fast religiös anmutenden Heilsversprechungen vermischt. Der Masterplan übertrifft alle bisherigen Planungen für ähnliche Projekte – »Neom« spielt eindeutig in einer eigenen Liga. Wo sonst gibt es 100 Prozent erneuerbare Energien, robotische Haushaltshilfen, holografische

Lehrer und sogar künstliche Dinosaurier?[8] Dazu ein gentechnisches Programm, um Bürger zu optimieren, nachts leuchtende Strände, künstlichen Regen und sogar einen künstlichen Mond?[9] Das futuristische Großprojekt ist ein herausragendes Beispiel für eine zeitgenössische Hightech-Utopie, deren Ideen allesamt aus dem Zukunftsplan »Saudi Arabia's Vision 2030« stammen. Saudi-Arabien möchte eine führende Rolle in der globalen Weltgemeinschaft spielen.[10] Dazu braucht es zunächst eine pulsierende internationale Gemeinschaft fortschrittsgläubiger und risikobereiter Kolonisten, die in »Neom« eine blühende Wirtschaft und Arbeitsplätze für mehr als eine Million Menschen aus der ganzen Welt schaffen. Dazu effiziente Hochtechnologie. So in etwa kündigte der saudische Kronprinz in einer Pressemitteilung im Herbst 2017 den Bau seines Idealrefugiums im Rahmen einer Wirtschaftskonferenz an. »Neom zielt darauf ab, der sicherste, effizienteste und zukunftszugewandteste Platz auf der Welt zu werden«, so der Kronprinz. »Wir werden die Chance nutzen, eine neue Lebensform zu erschließen.«[11] Bei dieser Gelegenheit erläuterte er seine Vorstellung eines breit angelegten Modernisierungskonzepts, das garantieren soll, unabhängig von schwindenden Ölressourcen zu werden.[12] Finanziert wird der rund 500 Milliarden Dollar teure futuristische Plan mithilfe des saudi-arabischen Staatsfonds PIF sowie durch private Investoren aus dem In- und Ausland. So viel Geld lässt auf vieles hoffen: Leben und Arbeiten sollen Weltklasse sein.

Saudi-Arabien möchte Vorzeigeort werden und sich damit vom mittelalterlichen Image befreien: »White Washing«, um die prekäre Menschenrechtssituation zu übertünchen, die viele ausländische Unternehmen bislang davon abhält, sich dort anzusiedeln. Gründe gibt es bislang genug, laut Amnesty International nahm die Missachtung von Grundrechten 2020 weiter zu: von der Unterdrückung von Frauen über ein undurchsichtiges, Sharia-basiertes Rechtssystem, Korruption, Alkoholverbot, die

Verfolgung von Mitgliedern der LGBTQ-Community bis zur Unterstützung radikaler Islamisten.[13] Progressive Investitionsmöglichkeiten für In- und Ausländer sollen es nun richten, eine Art kapitalitische Propaganda.[14] In »Neom« sollen sich Unternehmen aus der Energie- und Wasserbranche ansiedeln, daneben Wirtschaftszweige wie Mobilität, Biotechnologie, Tourismus, Sport, Unterhaltung sowie Forschung. Das klingt allerdings eher nach Wirtschaftswachstum als nach Zivilisationswandel. Der Ex-Siemens-Chef Klaus Kleinfeld, erfahren als Scout für Megatrends, ist seit 2017 persönlicher Berater des Monarchen und seit 2018 Chef des »Neom«-Verwaltungsrats.[15] Doch die Aufgabe, Saudi-Arabien vom Ölexporteur zur Technologie-Hochburg umzubauen, brachte Kleinfeld nicht nur Bewunderung ein. Nachdem 2018 der Journalist und Regimekritiker Jamal Khashoggi ermordet wurde, hagelte es Kritik, und Kleinfeld wurde als »Berater des Blutprinzen« beschimpft.[16]

»Neom« gleicht einem Freilandlabor, in dem sich politische und wirtschaftliche Interessen verweben. Die Hightech-Oase erhält eine eigene Gesetzgebung und ist damit unabhängig von bestehenden staatlichen Strukturen. Der Ort mitten in der Wüste wurde mit Kalkül gewählt: Rund 40 Prozent der Weltbevölkerung können die Enklave in weniger als vier Stunden erreichen. Von London oder Zürich aus sind es gerade mal fünf Flugstunden.[17] Das Territorium umfasst Bergregionen, Wüstenflächen, Küstenlinien sowie spektakuläre Inseln. Eine Brücke wird Asien mit Afrika verbinden, um die bedeutendsten Wirtschaftsachsen der Welt bedienen zu können. Ob »Neom« eines Tages tatsächlich attraktiv für globale Eliten werden wird, hängt auch davon ab, ob das Versprechen einer liberalen und offenen Gesellschaft in die Praxis umgesetzt werden kann. Mohammed bin Salman gilt immerhin als ehrgeiziger Reformer.[18] Allerdings glauben nicht alle seinen großspurigen Versprechungen. Kritiker wie Sebastian Sons von der Deutschen Gesellschaft für Auswärtige Politik sehen in

»Neom« eher ein PR-Projekt für reiche Ausländer. Innerhalb »Neoms« werden sie leben können, wie sie es im Westen gewohnt sind – »Stadtluft macht frei«. Jenseits der Stadtgrenzen werde es hingegen zugehen wie sonst auch, denn das konservative Islam-Verständnis und die Machtkonstellationen der Monarchie lassen sich nicht einfach wegretuschieren.

Nicht nur die Rechtsordnung ist ein gewagtes Experiment, auch die Bewohner »Neoms« verdienen Aufmerksamkeit. In besonders öden Arbeitsbereichen sollen Roboter menschliches Personal ersetzen. Möglicherweise, so der Prinz, wird die Anzahl an Robotern am Ende die in der Planstadt lebenden Menschen weit übersteigen. Auch deshalb verleiht Saudi-Arabien Robotern einen eigenen Rechtsstatus, während in der EU seit 2017 ergebnislos über die Möglichkeit einer »elektronischen Person« diskutiert wird.[19] Hinter der Skepsis der Europäer steckt allerdings ein ernsthaftes Anliegen: Wenn in einem Technoland immer mehr Roboter Arbeit übernehmen, werden neue Regelungen für Schadens- und Haftungsfälle notwendig. Würden intelligente Maschinen natürlichen Personen gleichgestellt und ihnen Persönlichkeitsrechte zugestanden, dann könnte im Umkehrschluss das Konzept der Menschenrechte weiter aufgeweicht werden.[20] Um für die Problematik zu sensibilisieren, spielten Juristen in einem Gedankenexperiment durch, was passieren würde, wenn ein Roboter mit starker KI eine Verfassungsklage wegen Beschränkung seiner Meinungsfreiheit vor dem Supreme Court der Vereinigten Staaten einreicht.[21] Die lächelnden Roboter von »Neom« sind daher Sinnbild eines ethischen Dilemmas, mit dem sich die Menschheit früher oder später ohnehin beschäftigen muss. Wenn Roboter in immer mehr Lebens- und Arbeitsbereiche vordringen, braucht es eines Tages vielleicht sogar eine Art Charta transhumanistischer Grundrechte.[22]

Kein Wunder also, dass ein Projekt in der Größenordnung von »Neom« argwöhnisch von der globalen Presse belauert und zunächst als Kombination aus Silicon Valley und Disneyland eingeordnet wurde.[23] Einerseits erkannte der Kronprinz, dass er einen moderaten Islam fördern muss und mit »Neom« Zeichen setzen kann.[24] Andererseits gibt es Vorwürfe wie Sklavenarbeit am Bau oder Zwangsumsiedlungen des Huwaitat-Stammes. Denn »Neom« entsteht nicht einfach im sandigen Nirgendwo, sondern inmitten einer Region, in der seit Jahrhunderten 20.000 Beduinen leben. Für sie gibt es im Wunschland des Kronprinzen keinen Platz mehr. Widerstand lässt er aus dem Weg räumen. Die Menschenrechtsorganisation »Alqst« berichtet, wie sich Stammesangehörige zur Wehr setzten, verhaftet und getötet wurden. »Neom« ist daher auf »Sand und Blut gebaut«.[25] Harscher Gegenwind führte dazu, dass der dänische Sportveranstalter BLAST Verträge für bereits geplante Events kündigte.[26]

Erst das nächste Jahrzehnt wird zeigen, ob »Neom« bloß die überhitzte Fantasie eines Prinzen ist oder ob die Transformation der Region in eine post-fossile Ära gelingen kann. Nur eines ist sicher: Auf jeden Fall entsteht ein Experimentierfeld, in dem die Menschheit lernen kann, wie sich menschliche und künstliche Intelligenz in Zukunft vertragen. Oder auch nicht.

SCHWIMMENDE RESERVATE DER AUTONOMIE
SEASTEADING, 2008

»Die wenigen, die überlebt haben, schufen sich eine neue Welt« – mit diesen Worten beginnt der Endzeit-Film »Waterworld« mit Kevin Costner in der Hauptrolle aus dem Jahr 1995. Er gehört zum Popkulturkanon für alle, die Mikronationen auf dem Meer planen. Das Setting ist eine dystopische Zukunft: Alle Kontinente sind versunken, nur wenige Menschen leben auf Schiffen oder Atollen. Weil es sonst langweilig wäre, bekriegen sie sich gegenseitig. Nur der Held weiß, wo die versunkenen Städte zu finden sind. Vom Meeresboden holt er Erde herauf, ein äußerst kostbares Tauschgut, denn die Überlebenden sehnen sich nach dem Geruch ihrer alten Welt.

Künstliche Inseln sind für Utopisten eine attraktive Variante des Wunschlandes. Der italienische Ingenieur Giorgio Rosa begann in den 1960er-Jahren, genau 11,5 Kilometer vor der Küste Riminis eine 400 Quadratmeter große künstliche Insel auf Stahlpfeilern zu bauen. »Alles musste zunächst am Reißbrett geplant werden«, erinnert sich Rosa in seinen Memoiren, »aber am 21. Mai 1966 konnte ich dann als ›first man‹, als erster Mensch des Planeten, auf meiner selbst geschaffenen Insel übernachten.«[1] Weil Rosa in jeder Hinsicht frei und unabhängig sein wollte, ernannte er sich selbst zum Präsidenten der unabhängigen Roseninsel. Esperanto wurde als Amtssprache eingeführt, daher hieß Rosas Mikronation offiziell »Esperanta Respubliko de la Insulo de la Rozoj«. Neben der Kunstsprache sollte auch die Eröffnung eines Nachtklubs der Völkerverständigung dienen, woraufhin das italienische Militär die Plattform evakuierte und mithilfe großer Mengen Dynamit zerstörte. Eine fremde Nation auf Stützpfeilern vor der italienischen Küste wurde nicht geduldet. Inzwischen ist das utopische Drama von Netflix verfilmt und Rosa rehabilitiert.

Auch der Versuch des Heidelberger Luft- und Raumfahrtingenieurs Rüdiger Koch scheiterte. In Thailand verwirklichte sich Koch als Privatier einen Traum. Der 2018 gebaute Prototyp, die »Station XLII«, war nicht viel mehr als eine schwimmende Hütte, die auf einem einzigen senkrechten Stahlrohr mitten im Meer ruhte. Koch stellte sie dem Bitcoin-Millionär Chad Elwartowski und dessen thailändischer Freundin zur Verfügung. Diese posteten munter YouTube-Videos von ihrem schwimmenden Lebensmittelpunkt. Unglücklicherweise riefen sie dabei euphorisch das »Ende aller Nationalstaaten« aus. Thailand reagierte brüskiert und drohte mit der Todesstrafe.[2] Die Station wurde zur Beweissicherung von der Marine abgeschleppt. Immerhin: Noch existiert eine Facebook-Seite.[3]

Wie viele andere fühlte sich Koch nach eigenen Angaben durch die Seasteading-Bewegung inspiriert. Nachdem der Internetmilliardär und PayPal-Mitgründer Peter Thiel mit Risikokapital beim »Seasteading Institute« einstieg, das der ehemalige Google-Ingenieur Patri Friedman 2008 gegründet hatte, wurden Seasteads, schwimmende Habitate, immer beliebter. Im Rahmen des »Floating City Project« soll gar die Utopie einer vollkommen autarken und autonomen Stadt auf dem Meer verwirklicht werden. Weil sich Seasteading aus dem Reichtum der Digitalbranche finanziert, sind die schwimmenden Kolonien vor allem Rückzugsorte gleichgesinnter Eliten, denen das soziale Korsett der Normalo-Gesellschaft zu eng geworden ist. Im Grundsatz unterscheiden sich diese libertären Zivilisationsmüden kaum von den ersten Anarchisten auf dem »Monte Verità« um 1900.

Was allerdings im 21. Jahrhundert zum Narrativ der Abspaltung hinzukommt, ist die pure Macht von Hochtechnologie in Verbindung mit digitalem Kapitalismus. »Seasteading« leitet sich von »Homesteading« ab. Gemeint ist die Verwandlung eines unbewohnten Ortes in ein bewohnbares Zuhause auf der Meeresoberfläche. Hinzu kommen das Prinzip Selbstversorgung sowie der Anspruch auf politische Autonomie. Ein Seastead wird also von einer intentionalen Gemeinschaft gebildet, die sich außerhalb nationaler Hoheitsgewässer eigene Regeln und eine alternative Kultur schafft.

Seasteads verstehen sich explizit als Menschheitslabore. Weit draußen auf dem Meer und unabhängig von den üblichen Zwängen können die Kolonisten neue Formen des Zusammenlebens testen – immer in der Hoffnung, am Ende auch die überzeugendste aller Welten zu erschaffen. Der experimentelle Ansatz beinhaltet dabei auch ökonomische, politische und kulturelle Extremmodelle.

Während auf dem »Monte Verità« noch mit einer neuen Grammatik und veganer Ernährung experimentiert wurde, könnten Seasteads Labore für eine neue Gesellschaftsordnung werden, etwa in Form eines bedingungslosen Grundeinkommens oder eines vollkommen unregulierten Marktes. Auf Seasteads besteht die Möglichkeit, ganz verschiedene Regierungsformen auszuprobieren – von direkter Demokratie bis zur gut gemeinten Diktatur. Das klingt einerseits vielversprechend, denn für Menschheitsexperimente dieser Art braucht es Freiräume. Andererseits vermischen sich bei Seasteads wissenschaftliche Neugier, libertäres Gedankengut und ein Schuss Anarchie zu einer ethischen Freihandelszone. Damit reprästentieren Seasteads die Idee einer »absoluten Insel«,[4] so der Philosoph Peter Sloterdijk, in Reinform. Innerhalb des Einflussbereichs der schwimmenden Enklave gelten allein die Regeln desjenigen, der die Rechnungen bezahlt. So wie bereits Titus Salt im 19. Jahrhundert die Regeln für seine Arbeiterstadt »Saltaire« vorgab oder Walt Disney die ideale Lebensweise in »Celebration« definierte, werden eigensinnige und eigennützige Geldgeber bestimmen, welche Kultur auf Seasteads zu herrschen hat. Gerade Peter Thiel ist bekannt für einen gewissen Vorrat provokanter Ideen. Weil er das Silicon Valley für einen »Einparteienstaat« hält, verspricht er sich von Seasteads das »Ende der Politik in all ihren Formen«.[5]

Der Raumfahrtphilosoph Nikolai Fyodorov nannte den Aufbruch ins Weltall eine »kollektive Anstrengung« der Menschheit.[6] Diese Idee zentraler Menschheitsprojekte zieht sich wie ein roter Faden durch real-utopische Experimentalanordnungen. Auch das »Seasteading Institute« definiert schwimmende Städte als grundlegend für die Zukunft der Menschheit. In der Tat ist es ähnlich komplex, eine Stadt auf dem Meer zu gründen, wie eine Mond- oder Marskolonie zu planen. Dabei gleichen sich die Motivgeschichten auffallend. »Der Effekt, den ich von Seasteading erwarte«, so Peter Thiel, »besteht in neuen wissenschaftlichen und technologischen Fortschritten, die in den zu stark reglementierten existierenden Staaten verunmöglicht werden.«[7]

Zur Seasteading-Philosophie gehört daher, jenseits von strikten staatlichen Regularien die freie Entfaltung von Menschen anzustreben. Auf einem Seastead sollen sie kreativer arbeiten, innovativer forschen und eine integrativere Gemeinschaft ausbilden. Gleichzeitig müssen schwimmende Mikronationen zur Sicherung ihrer Autarkie zunächst zahlreiche ökologische und ökonomische Probleme lösen. Thiels Vision einer neuen schwimmenden Welt umfasst Innovationen von Aquakultur und Tiefseefischzucht bis zur regenerativen Energieerzeugung und grenzenlosen internationalen Unternehmenskooperation. Der Bau einer künstlichen Insel unter den Bedingungen von Wellengang und Witterungsbedingungen auf offenem Meer ist kompliziert und teuer. Das vorläufige Zwischenergebnis sind daher küstennahe Partnerschaften mit Gastländern. Das Start-up-Unternehmen »Blue Frontier« plant deshalb eine künstliche Inselgruppe für bis zu 300 Häuser in einer geschützten Lagune vor Französisch-Polynesien.[8] Das Szenario des »Seasteading Institute« sieht vor, dass die ersten Seasteads Dörfern oder Kleinstädten gleichen und eine Mischung aus Wohn-, Arbeits- und Versorgungsarchitektur aufweisen – ganz ähnlich wie in Disneys »Experimental Prototype Community of Tomorrow«. Alle Visionäre der Seasteading-Bewegung sind sich dessen bewusst, dass es noch Jahrzehnte dauern kann, bis ihr Plan aufgeht und das erste Seastead auf Seekarten erscheint.

Was der Entwicklung enormen Vorschub leisten wird, ist die Steuerfreiheit der Meere, deren Vorgeschichte bis ins 16. Jahrhundert zurückreicht. Intellektueller Gründungsvater des Souveränitätsgedankens war der Rechtsgelehrte Hugo Grotius. Von ihm stammt die Idee, auf die sich Seasteader gern berufen. Zu Grotius' Lebzeiten stritten sich Portugiesen und Spanier um die Hoheit auf den Weltmeeren. Mit seiner 1609 veröffentlichten Streitschrift »Mare librum« untergrub Grotius die päpstliche Weltordnung, indem er den revolutionären Gedanken formulierte, dass das Meer von keiner Nation als Eigentum beansprucht werden könne. Dieser Grundgedanke lebt noch immer im Weltraumvertrag von 1967 (und folgenden Verträgen) fort. Die Menschheit verdankt Grotius die Idee der »internationalen Gewässer«. Zwar widersprach der Universalgelehrte John Selden 1635 in »Mare clausum« vor dem Hintergrund englischer Nationalinteressen dieser Idee, doch der »vulgäre Grotianismus«[9] setzte sich durch. »Es gibt keinen Zweifel daran, dass das vielgelobte Konzept von Grotius von der Freiheit der Meere nicht länger zutreffend ist«, so der Jurist Francis Ngantcha kritisch. »Aber die launenhafte Hoffnung der Seasteader lässt dies nicht gelten.«[10] Erst dieses Verständnis von Seerecht schuf den Nährboden für die Anti-Gemeinschaften der reichen maritimen Sinnsucher.

SCHIFFSGEMEINSCHAFTEN UND SCHWIMMENDE GATED COMMUNITIES ALS ULTIMATIVE RÜCKZUGS-FORM

Wahre Freiheit aber ist mobil. Zusätzlich zu den Seasteads bevölkern deshalb exklusive Schiffsgemeinschaften die Weltmeere. Bei den schwimmenden Gated Communities vemischen sich gleich mehrere Motive. Das utopische Projekt »Celestopea«[11] versteht sich als Brücke in eine nachhaltige Zukunft und gibt sich optimistisch. »Eine wunderschöne, sich selbst versorgende, nachhaltige Öko-Gemeinschaft, die auf dem Meer treibt«, so die Selbstdarstellung auf der Webseite über die schwimmende Plattform »Seament«. Die schwimmende Stadt »Nexus«, eine von Propellern angetriebene künstliche Insel, bietet nicht nur die üblichen Öko-Utopien, sondern sogar »ein experimentelles Bildungsprogramm«.[12] Im Rahmen des »Atlantis Project« wurde 1993 die schwimmende Stadt »Oceania« angekündigt und gleich darauf wieder verworfen. Dieses Projekt steht prototypisch für den Aufstieg und Fall postnationaler Utopien auf dem Meer.[13] Es ist die

Versinnbildlichung der Tagträume einer verängstigten Mittelschicht, »deren mürrische Reaktion auf wahrgenommene soziale Probleme im Weglaufen (oder besser: Wegschwimmen) besteht, einfach die Segel setzen und einem steuerfreien Sonnenuntergang entgegendriften«, so der Autor China Miéville.[14]

Seasteads oder schwimmende Zweckgemeinschaften werden von vielen Visionären als rettende Arche betrachtet. Vor dem Hintergrund des Klimawandels interessieren sich jedoch auch humanitäre Organisationen für Seasteading. Denn schon bald werden Millionen Menschen dazu gezwungen sein, ihren angestammten Lebensraum zu verlassen, künstliche Inseln böten dann vielleicht Hoffnung auf einen Neuanfang.[15] Allerdings zeigen sich hier die Grenzen techno-utopischer Konzepte: Seasteds sind Rückzugsräume für Eliten, keine Ersatzwelten für die Menschheit. Sie werden wohl auf lange Sicht gerade keine Arche für diejenigen sein, die wirklich in existenzielle Not geraten, die Armen aus Bangladesch oder Inselbewohner auf den Malediven. Damit wird die Zukunft von Seasteads weniger von Fragen der technischen Machbarkeit abhängen, sondern davon, ob sie ihre Gesellschaftsfähigkeit unter Beweis stellen, indem sie sich von einem elitären Rückzugsraum zu einer verallgemeinerbaren Gesellschaftsform entwickeln.

Vermutlich werden die ersten Seegemeinschaften auf dem Meer Pioniere und Entwickler anziehen, die dort unbehelligt von Festlandsregeln Start-ups gründen. Um auch Anreize für weniger Mutige zu schaffen, sollten die Lebenshaltungskosten möglichst niedrig und die Geschäftsmöglichkeiten auf den Inseln vielversprechend sein. Eine künstliche Insel macht noch keine gerechte Gesellschaft. Bei der Planung von Seasteads stellen sich daher zahlreiche Fragen: Was ist besser, Isolation oder Kontakt zur Umwelt? Wie wird staatliches Handeln organisiert und finanziert? Fragen, die bei der Gründung von Inselstaaten zu beachten sind, aber auch im Kontext von Weltraumexplorationen früher oder später virulent werden. Insellösungen bieten Autarkie. Ob sie auch zu Zufriedenheit führen, ist noch offen. Es ist fraglich, ob Menschen, die das Leben in modernen Konsumgesellschaften gewohnt sind, bereit und fähig sind, sich auf die Herausforderungen echter Subsistenzwirtschaft auf ihrem räumlich begrenzten inselartigen Refugium einzulassen.[16]

Ob auf dem Land, dem Wasser oder im Weltall – letztlich macht die Art des Habitats keinen großen Unterschied. Jenseits aller technologischen Anforderungen stellt sich die Frage, ob das Gemeinwohl in den Mittelpunkt rückt oder doch eher die Interessen der Gründer. Wie lassen sich Ordnung und Konsens sicherstellen? Wie lassen sich Meinungsfreiheit und Mitbestimmung erhalten? Schwimmende Kolonien werden trotz vieler Freiheiten am Ende wohl wieder auf bereits etablierte demokratische Staatsformen zurückgreifen. Denn erst ein geregeltes Zusammenleben, verbunden mit gemeinsamen Ziel- und Wertvorstellungen, kann gewährleisten, dass schwimmende Mikronationen fortbestehen.

Da die intentionalen Gemeinschaften auf Seasteads zugleich isolierte Gemeinschaften sind, werden Probleme ganz eigener Art entstehen. Auf Dauer kann die Isolation von der Außenwelt zu Abspaltungstendenzen führen. Wie also wird es den Seasteadern ergehen? Werden sie sich wie im Film »Waterworld« nach dem Geruch von Erde sehnen? Früher oder später wird auch bei Seasteads oder schwimmenden Gated Communities ein zentraler Webfehler vieler Utopien hervortreten. Ab einer bestimmten Größenordnung künstlicher Inseln oder Schiffe braucht es Matrosen, Mechaniker, Köche und Dienstboten. Wer hat schon Lust, sich seine eigene Utopie durch Arbeit oder gar Stress kaputt machen zu lassen? Diese Nicht-Passagiere oder Nicht-Mitglieder, also die für einen komfortablen Lebensstil Notwendigen, lassen sich nicht vollständig ausblenden. Ganz zu schweigen von den vielen Billigarbeitern, die Schiffe oder Inseln dieser Größenordnung erst bauen werden.

Die Seasteading-Bewegung vermarktet ein Argument, das stark an Henry Fords Utopie »Fordlândia« erinnert: Kulturexport oder die Transplantation von Zivilisation. Tatsächlich jedoch werden Wohlstandsgewinne durch Ausbeutung erzielt. Es ist daher wenig verwunderlich, dass für das »Freedom Ship«, eine schwimmende Stadt für 100.000 Bewohner, auch eine 2000 Mann starke private Polizeitruppe sowie ein Gefängnis an Bord mit eingeplant wurden. Das also sind die Schattenseiten libertärer Utopien. Um die Freiheit des Marktes zu genießen, wird die Tyrannei autoritärer Herrschaft stillschweigend akzeptiert. »Libertäre Seasteader fliehen vor der Unterdrückung bourgeoiser Demokratie in die Diktatur.«[17] Das Fazit des Autors China Miéville fällt vernichtend und zugleich voller Schadenfreude aus. »Die libertären Seasteader sind ein Witz. Abklatsch einer verwöhnten und kindischen Version von Autarkie. Faschismus als maritime Farce.« Für die Gesellschaftsfähigkeit von Seasteads, wie auch für jede andere Form neuer Kolonien, gibt es keine Garantie. Einen Versuch ist die Neuerfindung des Sozialen auf dem Meer dennoch wert. Denn prinzipiell lässt sich Seasteads der Charakter eines utopischen Experiments nicht absprechen.

UTOPISCHE LEBENSRÄUME UNTER WASSER
OCEAN SPIRAL CITY, 1998

Während die NASA versuchte, in die Tiefen des Alls vorzudringen, eroberte der französische Unterwasserforscher Jacques-Yves Cousteau die Tiefen des Meeres. Eine Zeitungsüberschrift aus den 1960er-Jahren bringt seine Vision auf den Punkt: »Der Kommandant wird beweisen, dass die Menschheit auch unter Wasser leben kann.« Tatsächlich war der Taucher und Filmemacher Cousteau einer der Ersten, der die Welt unter Wasser systematisch erforschte, konsequent über die mögliche Besiedlung des Meeres durch Menschen nachdachte und dazu konkrete Experimente anstellte. Der Regisseur Jérôme Salle widmete ihm deshalb die Filmbiografie »Jacques – Entdecker der Meere«.[1] »Ich tauchte meinen Kopf unter Wasser«, erinnert sich Cousteau an seinen ersten Tauchgang, »und die ganze Zivilisation schwand mit dieser einen Bewegung dahin. Befreit von Schwerkraft und Auftrieb flog ich durch das All.«[2] Cousteau träumte, experimentierte und stellte bislang unbekannte Fragen. »Dort wartet eine neue Welt, die es zu entdecken gilt!«, sinniert er im Film. »Die Welt ohne Sonnenlicht verspricht uns noch viele Abenteuer.«[3] Cousteau wollte jedoch nicht nur Fische filmen, sondern die Geschichte einer Menschheitsreise erzählen. In dieser Erzählung machen sich Pioniere – allen voran er selbst – auf den Weg, um eine neue Welt zu kolonisieren. Die Welt unter Wasser wurde Cousteaus lebenslanger Sehnsuchtsort. Dort wollte er »auf Du und Du mit Haien und Oktopussen« sein und tauchte dafür in immer größere Tiefen hinab.[4] Bedeutsam war jedoch, dass er die neue Welt jenseits der Schnorcheltiefe filmte und so in die Wohnzimmer der Fernsehzuschauer brachte. Nach seinen Entwürfen entstanden die »Aqualunge«, Unterwasserkameras und Forschungs-U-Boote.

Cousteaus Explorationen in die neue Welt waren nicht weniger spektakulär als die Eroberung des Alls. Ihm selbst war das durchaus bewusst. »Die Amerikaner machen sich auf, den Weltraum zu erobern, aber wir erobern das Meer.«[5] Während Astronauten zum Mond aufbrachen, sondierten Ozeanauten die stille Unterwasserwelt. Mit seinem Team schipperte Cousteau um die ganze Welt, um Material für rund 60 Bücher und 100 Filme zu sammeln. Dazu nutzte er ein ehemaliges Minenräumschiff, das er nach der Nymphe im »Odyssee«-Epos Homers »Calypso« getauft hatte. Für seine Dokumentarfilme »Die schweigende Welt« (1956) oder »Die Welt ohne Sonne« (1964) gewann er viele Preise, darunter Oscars und eine Goldene Palme.[6] Doch die Leidenschaft für die Erforschung der neuen Welt war beinahe unbezahlbar.

Obwohl er seine Filme für Rekordsummen vermarktete, reichte das Geld kaum für die sündhaft teuren Expeditionen. Daraus zog Cousteau eine zeitlose Lehre. »Die Zukunft kann niemals die Sache von Buchhaltern sein. Unsere einzige Chance ist die Rückkehr zu einer Utopie.«[7]

Seine persönliche Utopie trug den Namen »Conshelf«, eine Abkürzung für »continental shelf« oder Festlandsockel. Das Experiment sollte eine Reise in die Zukunft werden und die Machbarkeit bewohnbarer Strukturen unter Wasser demonstrieren. »Wir betreten eine neue Zone des Lebens, in der noch alles auf seine Entdeckung wartet«, fasste Cousteau das Missionsziel in einem seiner spektakulären Filme zusammen.[8] Der erste Anlauf fand 1962 statt. Dabei wurde ein tonnenförmiges Unterwasser-Habitat vor der Küste Marseilles in elf Metern Tiefe verankert. Drinnen ein Bett, eine Bibliothek, Radio und Fernseher. Im Roten Meer, in der Nähe von Sha'ab Rumi, versenkte Cousteau dann mehrere dieser bewohnbaren Module inklusive einer Unterwassergarage für eine Art Tauch-Ufo, das ähnlich wie ein Marsroboter über Greifarme verfügte. In der seesternförmigen »Conshelf-II-Station«, die auf Teleskopbeinen ruhte, lebten bis zu acht Ozeanauten mehrere Wochen auf dem Meeresgrund. Die Unterwasserstation erinnerte äußerlich an ein Raumschiff. Gleichwohl ging es drinnen etwas gemütlicher zu. Es gab Wohn- und Essräume, sanitäre Anlagen sowie einen Raum für die Tauchvorbereitung. Die Station war voll klimatisiert, die Mannschaft rauchte und trank ab und an ein Gläschen Champagner. Nachts war die Station wie ein Flughafen beleuchtet, damit Expeditionstaucher den Rückweg finden konnten. Ausschwärmen lohnte sich, denn im Unterschied zum Weltall gibt es unter Wasser sehr viele unbekannte Lebensformen. Ab und an gingen auch die Ozeanauten trivialen Alltagspflichten nach: Staubsaugen, Haareschneiden, Briefelesen. »Leben unter Wasser wird beinahe alltäglich«, schwärmte Cousteau.

Später kam eine weitere Station hinzu. »Deep Cabin« lag in rund 50 Metern Tiefe. Dort atmeten die Crew-Mitglieder ein Gasgemisch, das Helium enthielt und die Stimmen verzerrte. Mit an Bord war ein Papagei, der bei Veränderungen des Gasgemisches als lebendiges Frühwarmsystem Alarm schlagen sollte. Noch musste die Station von Tauchern der »Calypso« mit Nachschub versorgt werden. Doch Cousteau war davon überzeugt, dass Unterwasserstationen eines Tages vollkommen autark existieren würden. »Wir haben nun die ersten Schritte in dieser neuen Welt unternommen«, fasste er die »Conshelf«-Expermimente zusammen. »Mehr Abenteuer warten auf die zukünftigen Ozeanauten.«

In dieser fremdartigen Umgebung muss auch der Traum entstanden sein, den Meeresboden eines Tages mit gentechnisch veränderten »Fischmenschen« zu besiedeln, dem »Homo Aquaticus«.[9] Einige Befürworter multiplanetarischer Weltraumexplorationen lassen sich zu ähnlich weitreichenden Gedankenspielen verleiten und sprechen schon vom »Homo Spaciens«, der eines Tages perfekt an die Lebensbedingungen im All angepasst sein wird. Der Philosoph Frank White fantasiert sich sogar die »ultimative Spezies« zurecht, ein Wesen, das ohne Raumanzug im freien Weltall überleben kann, »wie ein Fisch im Wasser«.[10]

Hier schließt sich der Kreis. Das »Conshelf«-Programm erlebte ein vergleichbares Schicksal wie das Apollo-Programm. Die Mission »Conshelf III« litt unter schlechten Wetterbedingungen, technischen Problemen und Lecks. Die Missionen IV und V wurden zwar noch geplant, jedoch nicht mehr umgesetzt. Fantasie hin oder her, der Ausflug in die Zukunft war vorbei. Zudem legte sich ein Schatten des Zweifels über den berühmten Ozeanauten: Cousteau war ein Held mit Fehlern. Um seine Zuschauer in den Rausch der Tiefe zu versetzen und spektakuläre Bildeffekte zu erzielen, soll er Tiere gequält haben. Nicht nur die Inszenierungstricks nach dem Disney-Prinzip erregten Aufsehen. Cousteau war zunächst leidenschaftlicher Befürworter von Atomtests, was die

Öffentlichkeit erzürnte.[11] Weil er zudem Verträge mit der Ölindustrie abschloss, die ihn verpflichteten, den Meeresboden nach möglichen Bohrorten abzusuchen, musste er heftige Kritik aushalten.

Erst spät im Leben wandelte Cousteau sich vom Saulus zum Paulus. Der geläuterte Unterwasserpionier gründete eine eigene Stiftung und setzte sich für Arten- und Umweltschutz ein. Sein zentrales Erbe bestand in dem Appell, Leben unter Wasser zu schützen, anstatt es auszubeuten. Cousteau sprach mehrmals vor der UNO und setzte sich für den Schutz des Ökosystems ein, wobei das Meer im Mittelpunkt stand. »Schützen wir es, schützt es uns, missbrauchen wir es, zahlt es uns den Missbrauch heim«, lautete das Fazit seines letzten Buches »Der Mensch, die Orchidee und der Oktopus«. Sein größter politischer Sieg war 1991 ein Moratorium von 50 Jahren zum Schutz der Antarktis, das selbst George Bush Senior unterschrieb.[12] Wer auch immer in Zukunft Unterwassersiedlungen plant, kommt an diesem Erbe nicht vorbei. »Es liegt auf der Hand, dass der Mensch sich das Meer zu eigen machen muss«, schrieb Cousteau bereits 1952 in »Die schweigende Welt«. »Eine Alternative dazu gibt es nicht.«[13] Aber wie wird diese Alternative im 21. Jahrhundert nun tatsächlich aussehen? Immerhin gibt es bereits erste Szenarien.

»OCEAN SPIRAL CITY« UND WEITERE FUTURISTISCHE UNTERWASSERSTÄDTE

Im 54. Stockwerk eines Hochhauses in der japanischen Großstadt Yokohama blickt Daisuke Watanabe aus dem Fenster. Im Dunst reiht sich Hochhaus an Hochhaus. Die Welt scheint nur aus grauem Beton zu bestehen. Gleich wird er einen Vertrag unterschreiben, der es ihm ermöglicht, die nächsten fünf Jahre als Ozeanforscher in der neuen »Ocean Spiral City« zu leben. Eine gute Entscheidung, wie er findet, denn sein Vorname bedeutet »Große Hilfe«, sein Nachname »Neue Grenze«. Daisuke Watanabe fühlt sich wie ein richtiger Pionier. Das Angebot der mächtigen Shimizu Corporation,[14] eines der fünf führenden Bauunternehmen in Japan, kommt ihm gerade recht, um der Enge seines bisherigen Daseins zu entkommen. »Es ist an der Zeit, eine neue Verbindung zur Unterwasserwelt herzustellen«, las er auf der Webseite des Unternehmens, »denn die Tiefsee ist die ultimative Grenze der Menschheit.« Frau und Tochter darf er mitnehmen. Ein elegantes Kreuzfahrtschiff bringt sie hin, während der Fahrt flanieren sie an Deck. Sobald sie die neue Stadt betreten, die mitten im Ozean liegt, wird sich die Aussicht radikal verändern. Vielleicht werden sie unter Wasser Wale oder Delfine sehen, die elegant vorbeigleiten? Werden sie das Sonnenlicht vermissen? Wie wird man zum Pionier einer neuen Lebensweise?

So oder so ähnlich stelle ich mir den Übergang in die neue Unterwasserwelt vor, einer weiteren Etappe in der Odyssee der Menschheit. Bislang liegen für Unterwasserstädte nur Entwürfe vor. Dennoch ist das Konzept mindestens so faszinierend wie die Vision einer Marskolonie, denn auch die Welt unter Wasser ist uns fremd. Tatsächlich ist die Idee eines Unterwasserhabitats nicht das einzige ambitionierte Projekt des japanischen Bauunternehmens: Shimizu plant zudem eine Mondbasis, riesige Solaranlagen am Äquator des Mondes sowie ein Hotel im Weltall.[15]

Kaum ein Land der Welt ist so dicht besiedelt wie Japan. Die ständige Gefahr starker Erdbeben sowie der demografische Wandel zwingen immer wieder zur Suche nach neuen Lebensräumen. Weil Japan eine Insel ist, liegt das neue Wunschland aus Sicht der Shimizu Corporation unter Wasser. Gleichzeitig steht das Megaprojekt »Ocean Spiral City« konzeptionell in der Tradition des italienischen Architekten Paolo Soleri, der bereits in den 1960er-Jahren utopische »Arcologien« entwarf, kompakte Mega-Städte, die aus einem einzigen Gebäudekomplex gestaltet sind, ökologischen Prämissen folgen und in denen sich die Bewohner autark und unabhängig vom Umland selbst versorgen. Soleris Projekt

»Mesa City« (1958), ein sogenanntes »Hyperbuilding« für bis zu zwei Millionen Bewohner, inspirierte die Ingenieure von Shimizu zu einem ebenfalls pharaonischen Entwurf.[16] Die »Ocean Spiral City« orientiert sich auch an der »Sub-Biosphere 2« (SBS2), der Idee eines sich selbst versorgenden Unterwasserhabitats, das 1998 konzipiert wurde. Nach den Plänen des britischen Konzeptdesigners Phil Pauley soll diese Unterwasser-Biosphäre Lebensraum für Aquanauten, Touristen und Ozeanforscher bieten.[17]

Ein Masterplan dieser Größenordnung ist genau die richtige Herausforderung für das 1804 gegründete Unternehmen Shimizu. »Wir wollen ein Unternehmen sein, das Nachhaltigkeitsziele erreicht und gleichzeitig Umgebungen schafft, in denen Menschen komfortabel und sicher leben können«,[18] so Präsident Kazuyuki Inoue, der umgerechnet 26 Milliarden Dollar in die Idee der Unterwasserstadt investiert. Ab 2035 soll unterhalb des Meeresspiegels eine radikal neue Lebensumgebung entstehen. Um den Katastrophen zu entkommen, die immer größere Bereiche unserer Welt verwüsten, könnten also Habitate unter Wasser verlegt werden – genau so, wie Cousteau es sich bereits vor Jahrzehnten erträumt hatte. Dadurch könnte vor allem Zeit gewonnen werden, um die Narben der Erde zu heilen. Angesichts ökologischer Krisen demonstriert Leben unter Wasser die Kontinuität der Idee, dass die lebensfeindliche Umwelt nur darauf wartet, von der Menschheit erobert zu werden. »Ocean Spiral City« versteht sich dennoch primär als konzeptionelle Utopie. Wer so weitreichende Versprechungen macht, muss auch lernen, mit der Last der Verantwortung umzugehen. Christian Dimmer, Professor für urbane Studien an der Universität Tokyo, verdeutlicht, dass die japanische Unterwasserstadt eine typische Techno-Utopie ist, mit der auf klimatische und gesellschaftliche Krisen reagiert wird. »Es ist gut, dass kreative Geister sich bemühen, auf diese Weise resiliente Gesellschaften zu erschaffen«, so Dimmer. »Aber wir sollten nicht vergessen, dass dabei Bürger eine aktive Rolle einnehmen müssen. Sie sind mehr als nur die Passagiere in einer von Unternehmen erdachten Utopie.«[19]

Dabei ist die Idee denkbar einfach. Shimizu möchte Ressourcen nutzen, die im Meer fast grenzenlos vorhanden sind, und damit eine Art Unterwasser-Metropolis betreiben. Das Unternehmen träumt davon, die unendlichen Möglichkeiten der Tiefsee zu kapitalisieren und zugleich neue Lebensräume zu schaffen. »Vergessen Sie schwimmende Städte«, so ein Blogbeitrag in Anspielung auf Seasteads. »Bald kommt die Unterwasserstadt, die ihre eigene Energie erzeugt.«[20] Trotz zunehmender Verschmutzung bietet das Meer noch reichlich Nahrung und Energie. Zudem sind rund 70 Prozent der Oberfläche des Planeten von Wasser bedeckt – ein bislang kaum genutztes Potenzial. Shimizu möchte die natürlichen CO_2-Vorkommen in der Tiefsee zur Energiegewinnung nutzen. Durch den Ausbau von Offshore-Anlagen zur Fischzucht vor der Küste Japans ließen sich Nahrungsmittelengpässe vermeiden. Wind-, Gezeiten- und Strömungsanlagen sind mögliche Energiequellen. Und selbstverständlich ließe sich Meerwasser entsalzen und so in wertvolles Trinkwasser verwandeln.

Im Zentrum steht jedoch die außergewöhnliche Architektur der Unterwasserstadt. Das Baukonzept gliedert sich in drei Komponenten. »Blue Garden« ist das eigentliche kugelförmige Unterwasserhabitat mit Wohnraum für rund 5000 Menschen, davon 1000 Besucher in einem integrierten Hotel. Bei 500 Meter Durchmesser der Kugel wird es im Habitat jedoch recht kuschelig zugehen – fast wie in einer Weltraumstation. Das lädt nicht gerade zum Flanieren ein, das Leben wird sich daher stark auf Arbeit konzentrieren. Die Wohneinheit schwimmt halbversenkt in der oberen, lichtdurchfluteten Schicht des Ozeans, der euphotischen Zone, in der noch Fotosynthese stattfindet. Shimizu möchte, dass sich die Bewohner wohlfühlen und angstfrei leben. Je tiefer die Wohneinheiten liegen, desto dunkler wird es allerdings werden.

Das Unternehmen wirbt damit, dass sein zukünftiges Habitat sichererer und komfortabler als Wohnraum an Land ist. »Die Idee von Unterwassersiedlungen findet in Japan großen Anklang«, so der »Guardian«-Korrespondent Justin McCurry, »einem Land, in dem Städte immer wieder durch Erdbeben und Tsunamis bedroht werden.«[21]

Die »Ocean Spiral City« wird nicht nur exotische Ausblicke unter Wasser bieten, sondern auch einen neuen Lebensstil ermöglichen – inklusive Freizeitausflügen in die Tiefsee. Das zweite Bauelement ist die »Infra Spiral«, dem die Techno-Utopie ihren Namen verdankt. Dabei handelt es sich um eine 15 Kilometer lange und vier Kilometer hohe Spirale, die die Wohneinheiten an der Oberfläche mit der am Meeresboden verankerten »Earth Factory«, dem dritten Bauelement, verbindet. In der Fabrik am Meeresboden sollen lebensnotwendige Ressourcen gewonnen werden. Heb- und senkbare Kugeln in der Mittelachse der Spirale versorgen das Habitat mit Energie, Frischwasser und Lebensmitteln.

Insgesamt ein atemberaubend kreativer Entwurf. Doch ist er überhaupt umsetzbar? »Wenn japanische Ingenieurskunst diese Herausforderungen angeht«, so der »Guardian«, »dann wird Ocean Spiral innerhalb weniger Jahrzehnte Realität.« Ein Shimizu-Sprecher hat das Ziel fest im Blick und erläutert die Kraft der Unternehmensvision am Beispiel des Mangas »Astro Boy«, einer Art japanischer Superman-Figur. »Astro Boy nutzte ein Mobiltelefon, lange bevor es tatsächlich erfunden wurde«, so Hideo Imamura. »So kann die von uns benötigte Technologie entstehen und eines Tages verfügbar sein.« Damit die »Ocean Spiral City« nicht wie Atlantis als Mythos endet, hat sich Shimizu zusammen mit Experten drei Jahre lang einiges überlegt, um aus dem Reißbrettentwurf einen praktikablen Masterplan zu machen. Immerhin hat Takeuchi Masaki, der Projektleiter, in Sachen Technologie an so gut wie alles gedacht. Die Kugelform des »Blue Garden« reduziert den Wasserdruck. Drei Zentimeter dicke Acryl-Platten mit wasserdichten Fugen schützen die Bewohner im Inneren vor den Wassermassen. Selbst der zum Bau verwendete Harzbeton muss nicht nur robust, sondern sogar wasserundurchlässig sein. »Wasserdicht« hört sich im Kontext einer Unterwasserstadt wahrhaft beruhigend an. Gleichwohl wird die kugelförmige Fassade des Habitats ähnlich schwierig zu pflegen sein wie eine Weltraumstation. Ein 360-Grad-Panoramablick in die Unterwasserwelt des Pazifiks ist zwar attraktiv, Rost und Biofäule an den Fensterelementen trüben die freie Sicht jedoch schnell ein, Moose und Schnecken reduzieren den Lichteinfall. In der Praxis könnte es mit dem vom Shimizu versprochenen »unvergleichlichen Unterwassererlebnis« schnell vorbei sein. Gefährliche Fensterputzdienste im Außenbordeinsatz wären die unvermeidbare Folge.

Im Inneren der Kugel soll eine trockene und klimatisierte Atmosphäre für eine Wohlfühltemperatur von 20 Grad Celsius sorgen. Um Seekrankheit zu vermeiden, sind Vibrationsdämpfer und schwimmende Wellenbrecher vorgesehen – immerhin ist der Nordwestpazifik eines der taifunreichsten Meeresgebiete weltweit. Ein »Super-Ballast-Ball«, mit Luft oder Sand gefüllt, dient ebenfalls der Schwingungsdämpfung. Wenn es ganz hart kommt, lässt sich das Habitatelement zum Schutz der Bewohner auch komplett unter die Wasseroberfläche versenken.

Mit technologischen Mitteln lassen sich externe Witterungseinflüsse weitgehend kontrollieren. Dennoch gibt es Restrisiken. Gegen Terror- oder Cyberangriffe kann auch eine Unterwasserstadt wenig ausrichten. Was Shimizu tatsächlich plant, ist mehr als nur ein neuer Lebensraum. Gerade die kulturellen und sozialen Herausforderungen machen die Utopie interessant. Die Unterwasserstadt wäre einerseits ein Forschungszentrum, um ozeanische Ressourcen nutzbar zu machen, und andererseits ein Labor für menschliche Lebensformen. Doch kann ein utopisches Basislager unter Wasser zu einem Zuhause werden? Oder taugt die

»Ocean Spiral City« lediglich als eskapistischer Rückzugsort für Japans Superreiche, als Luxusdomizil in Form einer teilversenkten Gated Community? Lässt sich aus einem Prototyp vielleicht ein Standardmodell für die Mehrheitsbevölkerung entwickeln? Um die gesamte Bevölkerung Japans in Unterwasserstädten unterzubringen, wären allerdings rund 25.000 »Ocean Spiral Cities« notwendig – das ist mehr als utopisch. Wie werden sich also die Unterwassergemeinschaften entwickeln? Nach welchen Regeln werden Menschen dort leben? Die größte soziale Gefahr besteht sicherlich in freiwilliger Selbstsegregation. Sozialer Rückzug lässt sich nicht mit technischen Werkzeugen beheben. In der Folge könnte es zu neuen Formen gesellschaftlicher Destabilisierung kommen, etwa wenn Japans Oberschicht oder privilegierte Wissenschaftler in komfortablen Unterwassersiedlungen leben, während die Mehrheit der Bevölkerung nach wie vor in dichten Ballungsräumen an Land ihr Dasein fristet. Die Bevölkerungsanteile an Land und unter Wasser könnten auf Dauer sehr unterschiedliche Kulturen und Lebensstile ausprägen. Die Integration beider Bevölkerungsteile mittels eines authentischen »Wir-Gefühls« dürfte auf Dauer schwierig sein. Im Extremfall käme es sogar zur Trennung beider Kulturen. Dieses Szenario nimmt vorweg, was ein paar Jahrzehnte später wohl die zentrale sozial-integrative Herausforderung von Marskolonien sein wird.

Neben der Entfremdung und Entkoppelung von der Landbevölkerung müssen die Unterwassersiedler sich auch an die Enge und Einsamkeit des Lebens unterhalb der Meeresoberfläche gewöhnen. Hinzu kommen bislang unbekannte Formen von Isolation. Gleichzeitig markiert der Umzug in die Unterwasserstadt etwas Einmaliges und könnte von Euphorie begleitet werden. Die Ankunft dürfte nicht weniger aufregend sein als im Fall von »Fordlândia« im Amazonasbecken oder von »Auroville« in Indien. Auf Basis dieses Pioniergeistes könnte tatsächlich eine neue Gesellschaftsform entstehen.

Fraglich ist nur, auf welchen Werten diese beruht und wie diese neuen Werte im Konflikt mit der japanischen Mehrheitsgesellschaft stehen, die auf Gesichtswahrung, Harmonie und Hierarchien basiert. In geografisch und sozial isolierten Gemeinschaften kommt es früher oder später zur Neubewertung des Altbekannten. Neue Gesetze müssen anfangs diese noch unbekannte Form des Zusammenlebens regeln. Krisenmanagement wird dabei einen hohen Stellenwert einnehmen. In einem Unterwasserhabitat gibt es neben Arbeiten, Essen und Schlafen kaum Möglichkeiten, etwas zu unternehmen. Viel mehr, als im Kreis zu joggen, lässt sich im »Blue Garden« ja nicht anfangen. Vielleicht übernehmen die Unterwassermenschen die Angewohnheit der Astronauten, wann immer möglich die ungewohnte Perspektive zu genießen: »Bluewater-« – statt »Earthgazing«.

Allerdings ist die »Ocean Spiral City« nicht das einzige Konzept einer Unterwasserstadt. Der Architekt Sarly Adre Sarkum entwarf »Waterscraper«, eine schwimmende Stadt, die aus Unterwasser-Hochhäusern besteht, die nur zu einem kleinen Teil aus dem Wasser herausragen.[22] Während der »Skycraper« Inbegriff eines ressourcenfressenden Gebäudes und unheilvoller Vorläufer unserer ökologisch trostlosen Zukunft wurde, stellen »Subscraper«, »Groundscraper«, »Depthscraper« und eben »Waterscraper« eine Art architektonische Antithese dar. Ganz ähnlich setzt der Designer Sung Jin Cho mit seinem Entwurf »Seawer« an einem der dringensten Probleme unserer Zeit an. Sein schwimmendes Hochhaus saugt Müll ein, der auf den Meeresoberflächen treibt, filtert Wasser und produziert Elektrizität.[23] Auch der Entwurf »Lilypad« des belgischen Architekten Vincent Callebaut geht davon aus, dass sich mittels 3-D-Druck seerosenartige Inseln mit Wohnraum für bis zu 50.000 Menschen aus Plastikmüll bauen lassen, um über (und teils unter) Wasser Wohnraum für die Klimaflüchtlinge der Zukunft zu schaffen. So unterschiedlich diese Entwürfe auch wirken, eines haben sie gemeinsam: Sie sind bislang vor allem design- und detailverliebte Konzepte. Bis zu einer greifbaren gelebten Unterwasser-Utopie ist es mindestens noch so weit wie bis zur Kolonisierung von Mond und Mars.

COUNTDOWN FÜR EINE UTOPIE
SPACE AGE, 1957

Sputnik. Noch immer löst dieses Wort heftige Emotionen aus. Der Name des winzigen sowjetischen Satelliten wurde zum Synonym für den Kalten Krieg und den Wettlauf zum Mond. Die Raumsonde Sputnik war gerade einmal so groß wie ein Medizinball. Eine blank polierte Metallkugel, 80 Kilo schwer. Davor hatte die Welt Angst? Am 4. Oktober 1957 wurde Sputnik 1 ins All geschossen. Im Orbit angekommen, sendete der Winzling 92 Tage und Nächte ein Radiosignal im Frequenzbereich zwischen 20.000 und 40.000 Hertz zurück zur Erde. Das permanente »biep-biep-biep« verunsicherte vor allem die Amerikaner, die befürchteten, dass ihnen der Himmel in Gestalt einer russischen Atombombe auf den Kopf fallen könnte.

Passiert ist rein gar nichts, Sputnik verglühte in der Erdatmosphäre. Das kulturelle Echo des Signals löste dennoch eine bislang einzigartige nationale Anstrengung aus. Sputnik weckte Amerika. »Plötzlich erwachte ein schlafender Gigant«, erinnert sich Gene Kranz in seiner Autobiografie. Kurze Zeit später rief der US-Kongress die zivile Weltraumagentur NASA ins Leben. Die Piepstöne aus dem All entzündeten in den USA »den Volkswillen zur aktiven Inangriffnahme der Weltraumfahrt«.[1] Was für die Sowjetunion Ausdruck von Überlegenheit war, löste in den USA den »Sputnik-Schock« aus. An dieses Fortschrittsnarrativ knüpfte Russland während der Corona-Pandemie an, indem Mitte 2020 der weltweit erste einsatzbereite Impfstoff »Sputnik V« genannt wurde.

PRÄGENDE ZEITEN, ODER: WIE SICH DAS SPACE AGE ANFÜHLTE

Bei 40 Grad im Schatten und 90 Prozent Luftfeuchtigkeit fühlt sich Luft wie ein nasser Lappen an. Daran erinnerte sich Jesco von Puttkamer genau.[2] 1962 wanderte der deutschte Ingenieur in die USA aus. In Alabama verließ er die eisig-klimatisierte Luft des Linienflugzeuges und hatte sofort das Gefühl, dass etwas Neues und Großartiges in dieser schwülen Luft lag, wie er später erzählen sollte. Der Raumfahrtingenieur war endlich in Huntsville angekommen, bekannt auch als »Rocket City«. Während der Ära des Space Age war diese Stadt umgeben von Baumwollfeldern, Plantagen für Brunnenkresse, Magnolienbäumen und roter Lehmerde. Gleichzeitig war sie das Epizentrum des Raketenbaus. »Fast über Nacht wandelte sich Huntsville zum aufstrebenden Symbol für Wirklichkeit gewordene Utopien«, erinnert sich von Puttkamer. Es waren vor allem die deutschen Techniker und Ingenieure, allesamt Mitglieder im Team um Wernher von Braun, die dazu beitrugen, die Träume und Zukunftsvisionen der Amerikaner zu verwirklichen. Von Braun hatte ein »Team von legendärer Einmaligkeit« geschmiedet, unbeirrbare Wissenschaftler, die an die Vision der Weltraumexploration glaubten. Die Kriegsverlierer waren in einem »Schlaraffenland der Technik und Wissenschaft« angekommen, so Jesco von Puttkammer – der viele Jahre später der wichtigste Professor während meines Studiums der Luft- und Raumfahrttechnik war und der es wie kein anderer verstand, technische und kulturelle Aspekte der Raumfahrt zu einer großen Erzählung zu verbinden.

Wie viele andere auch, stellte von Puttkamer sein gesamtes Berufsleben in den Dienst einer einzigen Mission: der Reise zum Mond. In Huntsville machte er prägende Erfahrungen: Die Integration der deutschen Ingenieuere in die amerikanische Alltagskultur klappte problemlos. Nur beim Thema Essen kam Heimweh auf. »Deutsche bringen Wissen und Pumpernickel nach Huntsville«, titelte eine Tageszeitung im benachbarten Chattanooga. Feinkosthändler in Huntsville importierten Löwenbräu-Bier, Allgäuer Käse, Bauernbrot und Wein aus Rheinhessen für die neuen Mitbürger. Beim Kauf eines der typischen amerikanischen Straßenkreuzer war Kreditwürdigkeit kein Problem. Dem örtlichen Cadillac-Händler genügte der deutsche Akzent als Sicherheit. Die Autos im Space Age wirkten wie in Karamell gegossen. Kühlerfiguren in Form futuristischer Raketen symbolisierten Optimismus und Zukunftsgläubigkeit. Aerodynamische Heckflossen machten aus den Autos kleine Raumschiffe. Nicht die Technik stand im Vordergrund, sondern die Verheißung einer besseren Zukunft.

Überall auf der Welt war ein neuer Atem zu spüren, eine Art Frühlingsgefühl der Menschheit. Plötzlich gab es eine neue Zeitrechnung, mit neuen Liedern, Ideen und Zielen. Mode, Architektur und Design repräsentierten die neue Zeit: Alles, was futuristisch aussah, war auch gut. Überall neue Träume, wie im Rausch. Noch hatte niemand die Bremsen des Wachstums angezogen, intellektuelle Spielverderber waren damals so gut wie unbekannt. Die Hippies waren unterwegs, Bürger- und Frauenrechte wurden erkämpft. Kein schlechter Zeitpunkt also für die Suche nach dem Wunschland. Immer wieder ging es dabei auch um die symbolische Bedeutung der Raumfahrt. Die Apollo-8-Mission beendete ein aufgewühltes Jahr 1968, das vom Vietnamkrieg, den Ermordungen Martin Luther Kings und Robert Kennedys sowie Studierendenprotesten geprägt war. Jedenfalls erhielt der Astronaut Frank Borman nach Abschluss des Fluges ein Glückwunschtelegramm: »Thank you Apollo 8. You saved 1968.«[3] Das Space Age war das »American Century«. Noch gab es ausreichend Zukunft. Sie musste nur genutzt werden.

EXPERTEN FÜR DAS LEBEN IM ALL

An einem Frühlingsmorgen im Jahr 1961 überbringt der Postbote einen Brief an den britischen Chemiker und Erfinder James

Lovelock. Absender des Briefes war Abe Silverstein, der damalige Direktor der NASA-Raumfahrtprojekte. Anfang der 1960er-Jahre erwartete die Öffentlichkeit von der NASA eine Antwort auf die Frage, ob es Leben auf dem Mars gibt. Um diese gewaltige Herausforderung anzugehen, wurde der leicht exzentrische Brite um Rat gefragt. Lovelock war jemand, den die Engländer »maverick« nennen, einen, der seinen eigenen Regeln folgt, ein Querkopf. 1985 verfasste Lovelock zusammen mit der Philosophin Diane Hitchcock einen Artikel über die Möglichkeit, Lebensspuren auf dem Mars zu erkunden. Sie behaupteten, dafür nicht extra ins Weltall reisen zu müssen, sondern die Frage relativ bequem von der Erde aus beantworten zu können. Es würde reichen, eine Sonde zum Mars zu bringen, die nachweist, ob die Atmosphäre dort chemisch im Gleichgewicht ist oder nicht. Das Experiment sollte Teil der »Viking«-Mission sein.[4] Das war der Grundstock für die später berühmt gewordene »Gaia-Hypothese«, die uns einen vollkommen anderen Blick auf die Erde liefert. In Lovelocks Klassiker »Gaia: A new look at life on Earth« wird der Planet nicht als von Menschen besiedelte Oberfläche begriffen, sondern als maßstäblich größte Manifestation von Leben. In sehr, sehr langen Zeitmaßstäben, so Lovelock, verhält sich die Erde selbst wie ein Lebewesen. Die Gaia-Hypothese betrachtet die Erde als gigantische planetarische Versuchsanordnung. Und damit geriet auch der Erdtrabant in das Blickfeld von Visionären.

DER MOND ALS UTOPISCHES ZIEL DER MENSCHHEIT

Kaum etwas prägte das Space Age so sehr wie die bereits erwähnte Rede, die John F. Kennedy 1963 hielt, um die amerikanische Bevölkerung von der Bedeutung des Mondfahrt-Programms zu überzeugen. Aus dieser Rede ist vor allem der legendäre »We choose to go to the Moon«-Satz bekannt: »Wir haben den Mond als Ziel gewählt«, so Kennedy, »nicht, weil er leicht zu erreichen ist, sondern gerade, weil es schwierig ist.«⁵ Worte, die noch immer beindrucken und berühren. Der Mondflug, so führte Kennedy in seiner Rede aus, diene dazu, »das Beste aus unseren Energien und Fähigkeiten zu organisieren (...), weil die Herausforderung eine ist, der wir uns stellen wollen, die wir nicht verschieben wollen und die wir zu gewinnen beabsichtigen«. Für seine Rede erntete Kennedy tosenden Beifall.

Doch obwohl sein Plan innerhalb eines Jahrzehnts technisch umgesetzt wurde, blieb die Mondlandung der Amerikaner letztlich ein zivilisatorischer Misserfolg. Für Kennedy war internationale Kooperation erstrebenswerter als geopolitische Konkurrenz. Seine eigentliche Utopie bestand darin, die Mission zum Mond gemeinsam mit den Sowjets zu organisieren und so den Kalten Krieg einzudämmen. Am 20. September 1963 machte Kennedy noch einen bemerkenswerten Vorschlag: »Es gibt Raum für neue Kooperationen, für gemeinsame Anstrengungen in der Regulation und Exploration des Weltalls. Warum sollte der erste Flug des ersten Menschen zum Mond ein Wettbewerb zwischen Nationen sein?«, fragte er. »Wir sollten auf alle Fälle untersuchen, ob und wie die Wissenschaftler und Weltraumfahrer unserer beiden Länder – tatsächlich aller Länder dieser Erde – bei der Eroberung des Weltalls zusammenarbeiten können, um eines Tages innerhalb dieses Jahrzehnts nicht einen Abgesandten einer einzelnen Nation zum Mond zu entsenden, sondern einen Abgesandten aller unserer Länder.«⁶

Für Kennedy war das mehr als politische Rhetorik. Sein Anliegen unterstrich er daher in einem Memo, das auf den 12. November 1963, wenige Tage vor seiner Ermordung, datiert und an den damaligen Behördenleiter der NASA gerichtet war: »Ich möchte, dass Sie persönlich die Möglichkeit einer Initiative und der zentralen Verantwortung für eine substanzielle Kooperation mit der Sowjetunion für ein Weltraumprogramm in Erwägung ziehen.« Zweifelsohne wollte der Präsident seine Landsleute auf ein zentrales Menschheitsprojekt einschwören. Leider war das Space Age noch nicht bereit für diese Haltung. Es sollte noch lange dauern, bis lieb gewonnene Egoismen nachließen. In der Praxis zeigte sich immer wieder, dass es schwierig bis unmöglich sein kann, grenzenlose Kooperation praktisch umzusetzen. Es lohnt sich dennoch, ab und zu an die charismatische Stimme Kennedys zu erinnern, der kompromisslos die planetarische Dimension von Utopien in den Mittelpunkt rückte. Also das genaue Gegenteil von »America first«.

ZUKUNFTSEUPHORIE AN DER SPACE COAST

Im Space Age begann eine Zukunft, die diesen Namen auch verdient hatte. »Damals mussten wir das Glück nicht erarbeiten«, so Jaroslaw Kalfař in seinem Roman »Eine kurze Geschichte der böhmischen Raumfahrt« – einem ironischen Blick auf diese Epoche. »Es war einfach da.«[7] Gleichwohl war diese Zukunft nicht ungefährlich. »Das Ziel, einen Menschen ins All zu schicken, war ein simples Konzept«, so Gene Kranz, langjähriger Direktor des Flugleitzentrums der NASA, »schwierig wurde es nur mit der Ausführung.«[8] Die ersten Astronauten für das Mercury- und Gemini-Programm waren allesamt äußerst erfahrene Testpiloten, Angehörige einer elitären »Bruderschaft«, denen der Bestseller-Autor Tom Wolfe mit seinem Buch »Die Helden der Nation« ein literarisches Denkmal setzte.

Die erste Mercury-Gruppe nannte sich »Glorious Seven«, die nächste Gruppe schlicht »Next Nine«. Die Astronauten wurden jedoch nicht primär deshalb ausgewählt, weil sie erfahrene Piloten waren. Letztlich war das ein historischer Zufall. Die NASA dachte tatsächlich anfangs darüber nach, Fallschirmspringer, Unterwasserforscher oder Zirkusakrobaten einzustellen. Vertreter dieser Berufe, so die These, würden sich am besten für einen schwindelerregenden Raumflug in einer engen Kapsel eignen, ohne Platzangst zu bekommen.[9] Es war Präsident Dwight D. Eisenhower, der sich schließlich Testpiloten wünschte, weil sie bereits auf der Gehaltsliste des Staates standen.

Das Problem begann, als die Fliegerhelden bemerkten, dass die Rolle eines Astronauten überraschend passiv war. Mehr als eine Last, die automatisch ins All und zurück gesteuert wurde, waren sie wahrlich nicht. Die ersten Kapseln hatten noch nicht einmal Luken, um hinauszusehen. »Spam in a can« war eine beliebte Phrase, um den typischen Arbeitsplatz eines Astronauten anschaulich zu beschreiben. Je nach Sichtweise waren sie entweder »einmontierte Monteure« oder »menschliche Mumien«.[10] Erst nach zahlreichen Protesten baute man nachträglich kleine runde Fenster ein. Für Weltraumtouristen, die 2021 erstmals mit der automatisch gesteuerten SpaceX-Raumkapsel »Dragon« ins All flogen, scheint die auferlegte Passivität kein Problem gewesen zu sein. Immerhin hatten sie vergleichsweise riesige Fenster und konnten sich die Zeit damit vertreiben hinauszuschauen.

Typisch für das Space Age war die Gegend rund um Cape Canaveral in Florida, die Space Coast, allen voran Cocoa Beach. Orte, um die sich bis heute Legenden ranken. Der Wechsel des Raketenstartplatzes an die Küste war notwendig geworden, weil es im Landesinneren nicht genug Landfläche gab, um große Raketen zu testen. An Floridas Küste konnten die Raketen jedoch über das Meer hinaus nach Osten fliegen und gefährdeten dabei höchstens ein paar kreischende Seevögel. Die Entscheidung für Cape Canaveral war daher rasch gefallen. Dort gab es nichts zu sehen und reichlich Platz.

Mit Beginn des Apollo-Programms schnellte die Bevölkerungszahl rund um den neuen Startplatz in die Höhe. »The Cape« zog in kürzester Zeit zahlreiche Zukunftsgläubige an. Und niemand ließ sich auch nur im Geringsten von den vielen Alligatoren ablenken, die das neue Aushängeschild der Zivilisation umschlichen. Der britische Schriftsteller J. G. Ballard setzte mit der Kurzgeschichtensammlung »Memories from the Space Age« der legendären Space Coast ein literarisches Denkmal. »Cocoa Beach, das war der Ort, der Strand, an dem die Astronauten wohnten, spielten und sich erholten, während sie sich auf ihre Flüge vorbereiteten. Mit ihren neuen Corvettes rasten sie die Main Street hin und her, und im Holiday Inn ›regnete‹ es Cocktails rund um den Pool.«[11] Ein größerer Kritiker der Raumfahrt als Ballard ist kaum denkbar. In seinen Augen handelt es sich bei bemannter Raumfahrt um ein Verbrechen gegen die Evolution, eine blinde Reise in eine Umgebung, in die Menschen nicht gehören. Im Weltraumprogramm erkannte er lediglich den überheblichen Ausdruck westlicher Technokratie. Auch die Apollo-Astronauten bekommen bei Ballard ihr Fett weg. »Dem Alkohol zu verfallen, Pseudo-Mystizismus und Nervenzusammenbrüche«, schreibt er in der Geschichte »News from the Sun«, »das alles stellt Fragen über die moralische und biologische Richtigkeit der Weltraumexploration.«[12]

WIR ATMEN WIEDER!

Die Idee der Mondlandung begeisterte dennoch alle, auch wenn vieles noch Spekulation war. Gerade aufgrund der Tatsache, dass es kein verlässliches Wissen über die Oberfläche des Mondes gab, entwickelte sich das Programm zum spannenden Drama. Nach der historischen Erstlandung der Mondfähre von Apollo 13 herrschte zunächst Funkstille. Endlich kam die erlösende Landemeldung der Astronauten: »Houston, hier Tranquility Base ... die ›Eagle‹ ist gelandet.« Mission Control in Houston reagierte darauf mit einem kollektiven Seufzer. »Verstanden, Tranquility, wir können Sie hören«, funkte die Bodenmannschaft zurück zum Mond. »Hier sind einige Jungs zwischenzeitlich blau angelaufen. Nun atmen wir wieder.« Mit nur wenigen Sekunden Treibstoffreserven war die Mondlandefähre an einem Ort gelandet, den Giovanni Battista Riccioli bereits 1651 in seinen ersten Mondatlas als »Mare Tranquillitatis« (»Meer der Ruhe«) bezeichnet hatte.

Erst als der Astronaut Neil Armstrong an einer Kordel zog und damit eine fest eingebaute Kamera aktivierte, war die Mondlandung live auf Sendung. Der ursprüngliche Plan sah vor, nach der Landung eine Zwischenmahlzeit und vierstündige Schlafpause zur Regeneration einzulegen. »Wer auch immer diesen Plan ausgearbeitet und genehmigt hat«, erinnert sich Buzz Aldrin in seinen Memoiren »Men from Earth«, »er hat nicht die leiseste Ahnung. Wir waren gerade in einem der haarsträubendsten Manöver in der Geschichte der Astronautik als erste Menschen auf dem Mond gelandet. Wir waren bis obenhin vollgepumpt mit Adrenalin. Wenn uns jetzt jemand erzählt hätte, wir sollten erst mal eine Runde schlafen, wäre das gewesen, wie wenn man einem Kind an Heiligabend vor der Tür mit den Geschenken erklärt, dass es sich jetzt ins Bett legen soll.«[13]

Noch immer berühren die Schwarz-Weiß-Aufnahmen, die den Astronauten Neil Armstrong zeigen, der mit seinem Fuß erst einmal die Mondoberfläche vorsichtig ertastet. Schließlich traute er sich, von der Leiter zu steigen und mit beiden Füßen fest aufzutreten. Armstrong wunderte sich, dass sich nach der Landung der Staub von einem Sekundenbruchteil zum anderen gelegt hatte.[14] Dann fiel ihm ein, dass dies der geringen Schwerkraft auf dem Mond und dem fehlenden Luftwiderstand geschuldet ist. Sein Spruch »That's one small step for man, one giant leap for mankind« ist mittlerweile Legende. Allerdings war der Ausspruch des zweiten »Moonwalkers« Buzz Aldrin erheblich humorvoller. Denn der ermahnte sich selbst, beim Verlassen der Mondfähre die Luke nicht unbeabsichtigt zu verschließen. Weit entfernt von einem Schlüsseldienst hätte dies bedeutet, sich auf dem Mond auszuschließen.

Für die nachhaltige Wirkung der Mondlandung auf das kollektive Gedächtnis der Menschheit gibt es einen einfachen Grund: Die Welt erlebte alle Dramen live! Wie der damalige BBC-Korrespondent Reg Turnill erläutert, hatte das Fernsehen zum

Zeitpunkt der Apollo-Missionen das Radio als Massenmedium überholt. Doch erst seit 1968 gab es die Übertragungsmöglichkeit für Fernsehbilder per Satellit. Nur so konnten Bilder in Echtzeit rund um den Globus rasen. Der Planet schrumpfte also nicht durch die Mondlandung, sondern vielmehr durch eine Medienrevolution. Eigentlich hatte John F. Kennedy die Mondlandung bereits für 1967 im Blick. Doch in diesem Fall hätte die Welt nicht einmal einen Bruchteil mitbekommen. 1969 aber zitterten dann unglaublich viele Menschen auf der ganzen Welt leidenschaftlich mit. Der Autor von »2001«, Arthur C. Clarke, war beim Start von Apollo 11 in Cape Canaveral dabei und beobachtete, wie die Rakete die Wolkendecke durchbrach. Im CBS-Fernsehen gab Clarke zu, dass er seit zwanzig Jahren weder geweint noch gebetet habe. »Aber heute habe ich beides getan.« Anschließend erklärte Clarke pathetisch: »Das ist der letzte Tag der alten Welt, wie wir sie kennen.«[15]

DIE STILLE DES MONDES

Durch die Mondlandung veränderte sich die Welt. Am intensivsten veränderten sich jedoch die »Moonwalker«. Wohin geht jemand, nachdem er auf dem Mond war? Welche Art von Leben lässt sich dann noch führen? Der »First Man« Neil Armstrong entschloss sich, ein stilles und bescheidenes Leben als College-Lehrer anzugehen, und zog sich fast vollständig aus der Öffentlichkeit zurück. Für Buzz Aldrin verlief die Rückkehr dramatischer. Er verbrachte mehrere Jahre als depressiver Alkoholiker, bis er schließlich begann, Ideen für Welttraumprojekte zu entwickeln.

Und so geht es munter weiter, jeder der »Moonwalker« fand eine andere Form, das Erlebte zu verarbeiten: Alan Bean (Apollo 12) wurde Künstler und malte fast nur noch ein einziges Motiv, wenngleich sehr erfolgreich: den Mond. Edgar Mitchell (Apollo 14) erlebte eine intensive Bewusstseinserweiterung, die ihn angeblich mit dem gesamten Universum verband. Den Rest seines Lebens versuchte er zu verstehen, was er draußen im All erlebt hatte. Noch dramatischer erging es Jim Irwin (Apollo 15). Er hörte die Stimme Gottes, woraufhin er die NASA verließ und einer Kirche beitrat. John Young (Apollo 10 und 16) mutierte nach der »Challenger«-Katastrophe zu einem scharfen Kritiker der NASA. Gene Cernan (Apollo 17), der bislang letzte Mensch auf dem Mond, war nach seiner Rückkehr tief enttäuscht über irdische Trivialitäten. Harrison Schmitt (Apollo 17) wurde Politiker. »Alle diese Astronauten beschrieben ihren Blick aus dem All auf die Erde als eine geradezu mystische Wahrnehmung von der Einheit der Menschheit«, schreibt der Journalist Andrew Smith in seinem Buch »Moondust«. »Da oben scheint einiges passiert zu sein. Die Scheidungsrate nach der Landung war, anders kann man es nicht sagen, astronomisch hoch.«[16]

Nach ihrer Rückkehr standen die zwölf Apollo-Astronauten zwar im Mittelpunkt öffentlicher Aufmerksamkeit, waren aber komplett auf sich allein gestellt. Nie zuvor in der Geschichte der Menschheit musste jemand Antworten auf Fragen dieser Tragweite finden. Intensiv war dabei nicht nur das All, sondern auch die Fremdheit des Mondes. »Es war eine schaurige Stille da draußen. Keine Brise, keine Regentropfen, keine Grillen und keine Frösche, noch nicht einmal Luft«, schreibt Gene Cernan in seiner Autobiografie »The Last Man on the Moon«. »Mit jeder Stunde, die ich auf dem Mond verbrachte, wuchs das Gefühl des absoluten Nichts.«[17] Die beiden Astronauten der Apollo-14-Mission lauschten nach den Strapazen des Fluges und der Landung auf dem Mond einer unheimlichen Geräuschkulisse – sie hörten rein gar nichts. »Warum zum Teufel flüstern wir?«, fragte Alan Shepard schließlich und wunderte sich zusammen mit Egdar Mitchell über sich selbst.

VON OLD SPACE ZU NEUEN AUFBRÜCHEN

Die Mondlandungen waren technologische Meisterleistungen. Doch seit der letzten Mission der NASA hat sich einiges verändert. Mit dem Ende des Apollo-Programms ließ der kollektive Begeisterungstaumel für Weltraumfahrt deutlich nach. Rückblickend lässt sich das Weltraumprogramm in den 1960er-Jahren als der letzte Walzer eines naiven Fortschrittsoptimismus einordnen. Der Autor Andrew Smith formuliert es sehr direkt: »Nach 1972 war den Amerikanern das Weltall scheißegal.«[18]

Für die amerikanischen Steuerzahler verursachte das Mondlandeprogramm Kosten in Höhe von fünf Prozent des damaligen nationalen Bruttosozialprodukts. Zusammengenommen verbrachten alle Astronauten 300 Stunden auf dem Mond. Sie knipsten 33.000 Fotos, füllten 20.000 Magnetspulen mit Daten und brachten 383 Kilogramm steriles Mondgestein zurück zur Erde. Auf dem Trabanten fanden sich nicht die geringsten Spuren lebender Organismen. Als am 19. Dezember 1972 die Astronauten der Apollo-17-Mission zur Erde zurückkehrten, war das große Abenteuer vorerst zu Ende. Die Apollo-Missionen 18, 19 und 20 wurden ersatzlos gestrichen. Die technologische Vormachtstellung der USA war vorläufig bewiesen.

Jesco von Puttkamer sieht genau darin einen besonderen Nutzen für die Menschheit. Auf diese Weise konnten die USA darauf verzichten, ihre globale Vormachtstellung als Atommacht militärisch zu demonstrieren.[19] Mit Apollo (»Gott des Lichts«) griff eine Nation über sich hinaus und kratzte an einer neuen Zukunft. Gene Cernan weist darauf hin, dass Apollo weniger ein Triumph der Technologie als vielmehr ein Sieg des menschlichen Geistes war.[20] Richtig ist, dass das Apollo-Programm Teil eines umfassenden gesellschaftlichen Masterplans war, der den Namen »New Frontier« trug und mit dem John F. Kennedy eine soziale Utopie verwirklichen wollte. In einer leidenschaftlichen Rede am Ende des Parteitages 1960 hatte er seine Landleute dazu aufgefordert, neue

Grenzen zu überschreiten. »Nicht alle Probleme werden gelöst und nicht alle Schlachten gewonnen werden, aber wir stehen heute vor einer neuen Grenze, der Grenze der Sechzigerjahre, einer Grenze zu unbekannten Gelegenheiten und Gefahren, einer Grenze zu unerfüllten Hoffnungen und Drohungen.«[21]

Geplant war, weltweit den Kampf gegen Armut zu gewinnen, Frieden in der sogenannten Dritten Welt zu stiften, Demokratie zu verteidigen und Rassismus im eigenen Land ein für alle Mal auszurotten. Bis heute wurde keines dieser Ziele erreicht. Der Architekt dieser Utopie, JFK, wurde Ende 1963 ermordet. Die Metapher der »neuen Grenze« verblasste. Nur der ambitionierteste aller Pläne ging auf. Dennoch sollte nicht vergessen werden, dass die Mondlandung niemals Selbstzweck war, sondern integraler Bestandteil einer sozialen Utopie, dem Streben nach einer armutsfreien und gerechten Welt. Die vorläufige Lehre aus der gescheiterten Vision »New Frontier« lautet daher, dass es nicht ausreicht, Grenzen überwinden zu wollen. Das Erbe Kennedys besteht in der Botschaft, dass Grenzen als solche überhaupt erst einmal erkannt werden müssen!

Das Ende des Apollo-Programms wurde als tiefer Einschnitt empfunden. In Anlehnung an den Historiker Henry William Brands lässt sich zusammenfassen: Im Space Age waren die Träume kollektiv ambitioniert, aber individuell bescheiden. Übrig geblieben sind Träume, die kollektiv bescheiden sind, aber individuell überambitioniert. New Space, das neue Raumfahrtzeitalter, braucht weit mehr öffentliches Interesse und Zustimmung, so der Astronaut Reinhold Ewald.[22] Immerhin wächst inzwischen das Interesse an Weltraumtourismus und Marsmissionen erkennbar. Es ist daher an der Zeit, sich wieder näher mit dem All als ultimativer Grenze zu beschäftigen.

Soll New Space mehr sein als bloß ein »teures Milliardärs-Hobby«,[23] sollte dabei an Überlegungen zur Überwindung gesellschaftlicher Grenzen angeknüpft werden – gerade so, wie es

JFK mit »New Frontier« plante. Doch wie könnte der Übergang ins nächste Utopia gestaltet werden? Old Space kennen die meisten nur noch aus Geschichtsbüchern und Museen. In einer Überflussgesellschaft ist es schwer, Freude über die Entdeckung neuer Welten aufkommen zu lassen. Wo liegen die Sehnsuchtsziele für jene, die in gesättigten Konsumgesellschaften bereits alles haben und kennen? »Gegenwärtig kommt man auf der Erde innerhalb von 24 Stunden an jeden Ort«, so Elon Musk zur Schrumpfung der Welt. »Es gibt keine realen physikalischen Grenzen mehr auf der Erde. Der Weltraum ist aber eine derartige Grenze.«[24] Bei genauerem Hinsehen ist der Weltraum allerdings nur die vorletzte Grenze. Wer All sagt, meinte bislang Orbit – die Umlaufbahn um die Erde. In den Tiefen des Alls, im sogenannten Deep Space, warten jedoch noch viel mehr Gelegenheiten zu ultimativen Grenzüberschritten.

AUFBRUCH INS WELTRAUM-UTOPIA
NEW SPACE, 2015

Am 22. Dezember 2015 verfolgte ein sichtlich nervöser Elon Musk, wie eine seiner Falcon-9-Raketen von Cape Canaveral aus startete. Plötzlich rannte Musk ins Freie, um zu sehen, was passierte.[1] Die zweite Stufe der Rakete zündete planmäßig, und der obere Teil flog weiter Richtung All. Im Kontrollraum brach Jubel aus. Doch erst jetzt stieg die Spannung ins Unermessliche. Früher fielen die Raketen wieder auf die Erde zurück und wurden dabei zerstört. Diesmal zündete das Triebwerk der herabfallenden Stufe erneut, Landebeine schwenkten aus. »Sie steht!«, jubelte Musk, der in den Kontrollraum zurückrannte und seine Mitarbeiter abklatschte. Zum ersten Mal in der Geschichte der Raumfahrt war die erste Hauptstufe einer Weltraumrakete wieder heil auf der Erde gelandet.

Musk hatte sich diesem Ziel systematisch genähert. Er kam zu dem Schluss, dass Raketen an sich nicht wirklich teuer sein müssen. Das Zauberwort lautete: Wiederverwendbarkeit. Elon Musk, eine der Galionsfiguren von New Space, gelang damit eine Sensation. »Eine vollständig und schnell wiederzuverwendende Rakete – etwas, das es nie zuvor gab – ist der ausschlaggebende Durchbruch, um die Kosten für den Zugang zum Weltraum nachhaltig zu reduzieren«, so Musk. »SpaceX baut Raketen, die nicht nur den Wiedereintritt überstehen, sie landen auch sicher auf der Erde, können wieder aufgetankt und erneut gestartet werden.«[2] Genau das stellte SpaceX inzwischen mehrfach unter Beweis. Keine andere Weltraumfirma ist bislang technologisch der Verwirklichung effektiver orbitaler Raketen nähergekommen. Landen, aufbereiten, volltanken – und sie sind bereit für einen erneuten Start. Ein Top-Manager von »United Launch Alliance«, einem Zusammenschluss der Weltraumfirmen Boeing und Lockheed Martin, musste 2016 resigniert anerkennen, dass damit die Startkosten von SpaceX nicht zu unterbieten sind.

New Space bringt radikale Neuerungen mit sich. Weltraumfahrt wandelt sich von einem sündhaft teuren Unternehmen hin zu einem einigermaßen bezahlbaren Projekt, denn geringere Kosten ergeben auch breitere Nutzungsmöglichkeiten. Entscheidend hierfür ist stets der Startpreis. Seit mehr als 70 Jahren fliegen Raketen ins All, »ohne dass es zu einem exponentiellen technologischen Quantensprung« gekommen wäre.[3] Bei New Space geht es nun darum, endlich aus dieser Sackgasse herauszufinden. Dazu gehören weitreichende Pläne, die Kritiker größenwahnsinnig nennen. Der Dezember 2015 war deshalb ein Wendepunkt.

Musk, der die »schnelle und vollständige Wiederverwendbarkeit« von Raketen als Schlüsselfaktor betrachtet, motivierte seine Ingenieure mit einem eindringlichen Bild: »Stellt euch vor, da fällt eine Palette mit Bargeld durch die Atmosphäre und verbrennt. Würdet ihr versuchen, es zu retten?«[4] Bei Flugzeugen würde sich der Flugpreis verdoppeln, wenn man diese nach jeder Landung neu lackieren müsste. Auch bei Raketen sollte es daher möglich sein, einfach nachzutanken und dann wieder zu starten. An die »Mär vom cleveren Raketen-Recycling« glauben jedoch nicht alle. Der ESA-Astronaut Ulrich Walter spricht einschränkend vom »halben Recycling«, weil nur eine Stufe wiederverwendbar ist.[5] Da wiederverwendbare Raketen zudem noch Resttreibstoff für die sichere Landung benötigen, können sie 30 bis 40 Prozent weniger Nutzlast ins All tragen. Über diesen Aspekt spricht Musk bedeutend seltener.

WELTRAUMEXPLORATION ALS PRAKTISCHE WISSEN-SCHAFT DER MENSCHHEIT

Vielleicht begann New Space aber auch an dem Tag, als Elon Musk bei einer Konferenz behauptete, dass in einigen Jahren Tausende Menschen auf dem Mars leben würden – und diesmal niemand lachte. Menschen lieben die Idee des Aufbruchs mehr als die Antwort auf die Frage, ob dieser Aufbruch realistisch ist. »Jeder Aufbruch ein Ritual, jedes Ritual ein Aufbruch«,[6] so der Schriftsteller T. C. Boyle. Vor allem ist die Geschichte des Aufbruchs erheblich älter als die Raumfahrt. Zwar ist sie im Kern so alt wie die Menschheit selbst – was zahlreiche Völkerwanderungen bezeugen. Doch mit den Entdeckungsreisen im sogenannten »Goldenen Zeitalter« nahmen Ausmaß und somit auch die Folgen von Explorationen deutlich zu. Die Könige von England, Spanien, Portugal und den Niederlanden hatten zwischen dem 15. und 17. Jahrhundert ein eigenes Explorationsprogramm: Entdeckung und Ausbeutung neuer Welten. Im 18. und 19. Jahrhundert folgten dann teils wissenschaftlich motivierte Expeditionen.

Neben der Verteidigung territorialer Ansprüche ging es dabei auch um Erkenntnisgewinn. Schon damals war es wichtig, über geeignete Transportmittel und die richtige Ausrüstung zu verfügen. »Unsere Schiffe waren für die Aufgabe in jeder Hinsicht gerüstet«, schrieb etwa Kapitän James Ross vor einer neuen Expedition in die Antarktis, damals der letzte weiße Fleck auf der Erdkugel. »Der Proviant reicht für drei Jahre, die Ausrüstung ist auf dem neuesten Stand, Offiziere und Mannschaft haben mein vollstes Vertrauen.«[7] Während der frühen Explorationsphasen war es wichtig, Spuren zu hinterlassen. Kapitäne hatten dazu das Privileg, ohne Rücksprache Namen für neu entdecktes Land zu vergeben. Je weiter die Expeditionen in Regionen vordrangen, von denen es keine Karten gab, desto größer wurde der Bedarf für Neubenennungen. »Sie entdeckten Neuland«, so der Autor Michael Palin über die Reise des Schiffes »Erebus«. Aus Niemandsland wurde, hier und da, ein Ort mit Namen.

Exploration bedeutet stets, sich in die Ferne zu projizieren – und zwingend auch dorthin zu reisen. Doch wohin werden sich Pioniere zukünftig bewegen? Und werden sie sich dabei auf das Neue einlassen? Wie ängstlich werden sie dabei sein? Wie werden sie eines Tages über Raumschiffe, Proviant und Missionsmitglieder sprechen? Wem werden sie vertrauen? Wenn Mars tatsächlich die Antwort sein sollte, dann werden Explorationen im großen Stil endlich wieder mehr Anerkennung erhalten. Denn fast sieht es so aus, als hätte sich zwischenzeitlich die Idee der weiten Reise abgenutzt und als wäre die Utopie der Exploration entzaubert.

Erst mit New Space kamen die Träume wieder zurück. »Ich sage nicht, dass wir multiplanetarisch werden sollen, weil ich mir meiner Sache sicher bin«, so Elon Musk in Anspielung an das berühmte Zitat von JFK. »Die Wetten stehen so, dass wir es nicht schaffen. Aber wenn etwas wichtig genug ist, dann sollten wir es dennoch tun.«[8] Endlich ein neuer Rausch, neue Pläne und neue Pioniere – genau das ist zusammenfassend New Space. Diesmal stehen weniger die Raketen im Mittelpunkt als vielmehr die Motive, sie zu nutzen. Gleichzeitig ist New Space ein »regelrechter Wildwest-Begriff«,[9] in den sich alles Mögliche hineindichten lässt. New Space ist eine Start-up-Community, die sich mit einer typischen Silicon-Valley-Haltung dem Weltall als Ziel verschrieben hat. Zwar bringt Software viel Geld, Weltraum ist allerdings sexy. Beides zusammen ergibt eine neue Form der Magie. Das ist gut, denn um das neue Wunschland zu erreichen, braucht es eine Faszination für das Unerforschte.

Als James Cook zu seiner Pazifikreise aufbrach, ging es nicht um Wissenschaft, sondern um Exploration. Gleichzeitig sammelten jedoch die ihn begleitenden Wissenschaftler Pflanzen und revolutionierten so die Botanik. Ganz ähnlich wird es bei künftigen Weltraumexplorationen sein. Sie sind territotiale Entdeckungsreise und wissenschaftliches Experiment zugleich – Explorationen dienen der Öffnung neuer Denkräume. Je weiter Menschen ins Weltall reisen, desto mehr werden wir über uns verstehen. Ein Explorer verwandelt sein eigenes Erstaunen in das verallgemeinerbare Gefühl des Aufbruchs. Idealerweise macht eine Exploration ins All am Ende unwirtliche Gegenden zu lebenswerten Orten. Ihr eigentlicher Mehrwert besteht jedoch darin, dass diese Missionen ein Crashkurs für utopisches Denken sind. Die fremdartigen äußeren Lebensbedingungen im All zwingen immer wieder dazu, über essenzielle Fragen nachzudenken. »Es geht nicht allein um Ressourcen«, so der Explorationsexperte Oliver Angerer. »Stattdessen entsteht grundsätzliches Wissen über uns als Menschheit.«[10] Es wäre daher an der Zeit, das Pathos heroischer Abenteuerreisen in die Idee progressiver Weltraummissionen zu überführen, die sich dadurch auszeichnen, dass wir am Ende alle gemeinsam von den Explorationen ins All lernen.

Bislang steht nur eines fest: Die neue Ära der Weltraumfahrt wird vermehrt privat und nicht mehr ausschließlich staatlich organisiert werden. Public-Private-Partnerships, wie zum Beispiel die Zusammenarbeit der NASA mit SpaceX, gewinnen zunehmend an Bedeutung. Inzwischen unterhalten sowohl NASA als auch ESA Kooperationsprogramme mit privaten Firmen. Die ESA wirbt gar mit Festpreisen für Raketenstarts. Weltraumunternehmer sprechen bereits jetzt in einem Atemzug von der Kommerzialisierung und Demokratisierung des Weltalls. Tatsächlich ist New Space eine ergebnisoffene Suchbewegung im Labor der Menschheit – also im Wortsinn ein »Open Space«. Motive, Ziele und Vorgehen erinnern stark an zivilisatorische Megaprojekte wie »Fordlândia« oder »Auroville«, weil es einerseits darum geht, fremdartiges Terrain zu besiedeln, andererseits steht dabei die Suche nach neuen Formen der Koexistenz im Mittelpunkt.

NEUE GESCHICHTEN ÜBER DIE ODYSSEE
Zwar wird Weltraumfahrt auch in Zukunft immer auf Hardware wie Raketen, Startrampen oder künstliche Habitate angewiesen bleiben. Noch wichtiger wird jedoch die kulturelle »Software« werden, auch wenn diese bislang in der Planung kaum eine Rolle spielt. New Space ist eigentlich keine Technikoffensive, sondern eine neue Leiterzählung über eine mögliche Zukunft der Menschheit jenseits bekannter Habitate. »Die Raumfahrtindustrie weltweit war lange in einem bestimmten Trott«, so der Explorationsexperte Oliver Angerer. Nur schrittweise kam es zu Verbesserungen. »Bislang ging es dabei gemütlich zu. Alle haben aufeinander geschaut, alle haben ähnlich gedacht und gemacht. Deswegen war auch alles relativ vergleichbar«, fasst er zusammen – auch wenn gegenwärtig der Wettlauf zwischen den USA, China und Russland eine neue Dynamik gewinnt und es inzwischen mit der Gemütlichkeit vorbei ist. »New Space führt neue Gedanken ein«, so Angerer. »Die neuen Visionäre treiben es einfach voran.«

Das Kaleidoskop brandneuer Geschichten rund um die Zukunft der Raumfahrt hat es in sich. Einerseits versprechen sie technologische Meisterleistungen, Solidität und Sicherheit. Andererseits zirkulieren immer mehr Fabeln mit visionärem Drang. Technikgläubigkeit paart sich mit einem Schuss Begeisterung für Science-Fiction und New-Age-Naivität. Noch ist offen, welche Resonanz diese Geschichten bei der kommenden Generation erzeugen, denn New Space repräsentiert auch einen Generationenkonflikt. Während jeder Start einer SpaceX-Rakete zahlreiche Science-Fiction-Fans begeistert, positionieren sich staatliche Raumfahrtagenturen in erkennbarer Distanz zu »unseriösen« Science-Fiction-Welten. Leider manövrieren sich die Raumfahrtagenturen damit in eine kulturelle Sackgasse. Ihr Aufbruch in die Zukunft wird immer noch zu stark von bürokratischen Strukturen, politischen Abhängigkeiten und selbstbezüglichen Eigeninteressen gehemmt. Das Narrativ des Vorangehens bleibt daher halbherzig – Bürokrate ist das Gegenteil aller Utopien. »Schafft man eine bürokratische Struktur, um mit einem Problem fertig zu werden«, so der Anthropologe und Anarchist David Graeber, »erzeugt diese Struktur unweigerlich neue Probleme, die sich augenscheinlich ebenfalls nur mit bürokratischen Mitteln lösen lassen.«[11] Vor diesem Hintergrund würden neue Geschichten von der Odyssee ins Weltall helfen, die bisherigen Verkrampfungen innerhalb hemmender Strukturen zu lockern. »Was fehlt, ist der Pioniergeist«, kritisiert auch der ESA-Astronaut Ulrich Walter.[12] Ob die großen Masterpläne der Weltraum-Gurus wie Musk, Bezos und Branson praktisch umsetzbar sind, ist weniger wichtig als die öffentliche Wirkung ihrer Projekte. Flüge ins All, wie sie im Sommer und Herbst 2021 vorgeführt wurden, erzeugen Lust auf mehr, sie provozieren und motivieren zugleich.

Die neuen Narrative knüpfen an uralte Mythen an, sie setzen die Traditionslinie utopischer Menschheitslabore fort und schaffen emotionale Bindungen in einer zunehmend erschöpften und visionsarmen Welt. Gründe genug, um die neuen Geschichtenerzähler anzuhimmeln und ihnen auf Twitter zu folgen. Das Narrativ des Vorangehens verbindet emotionale, moralische und spirituelle Elemente. Genau das war zu Zeiten von Old Space tabu. Auch Wernher von Braun träumte schon früh vom Menschenflug zum Mond. Als er während des Krieges öffentlich darüber sprach, wurde er prompt von der Gestapo verhaftet.[13] Weil lange Zeit weder Träume noch Utopien sozial akzeptabel waren, gab es nur die Möglichkeit, Weltraumfahrt als ausschließlich technologische Innovationsgeschichte zu erzählen. Inzwischen werden visionäre Träume nicht nur straffrei erzählt, sondern geradezu leidenschaftlich nachgefragt. Unter die üblichen Technikerzählungen mischt sich mehr und mehr die Vorstellung eines evolutionären Wandels, bei dem der Mensch im Mittelpunkt steht. »Der Antrieb ist das Motiv, sich auszubreiten«, so Oliver Angerer. »Die Technologie ist nur ein Mittel, kein Selbstzweck. Je besser die Technologie wird, desto weiter reicht auch der Blick.«[14] Diesmal sammeln die neuen Visionäre haufenweise Risikokapital ein. Zwar lebt New Space von einer bunten Mischung aus Einzelgeschichten, doch ihr Erzählrahmen ist eine kollektive Wette auf die Zukunft.

Seit »The Right Stuff«, dem Epos über die ersten Weltraumhelden, hat sich vieles verändert. »Die aktuelle Entwicklung in der privat finanzierten Raumfahrt hat alles, was eine epische Geschichte ausmacht«, so der Journalist Peter Schneider in seinem Buch »Goldrausch im All«. »Ein großes Ziel, einen Kampf von Giganten, die Welt als Publikum und den größten aller Preise – ewiger Ruhm.«[15] Diese schier ungebremste Begeisterung trifft auch auf Skepsis. Wissenschaftler weisen auf einen zentralen Unterschied zwischen privat und öffentlich finanzierter Raumfahrt hin. Wer die langfristige gesellschaftliche Verantwortung statt kurzfristiger Showeffekte in den Mittepunkt rückt, denkt grundlegend anders. Die Pläne werden fundierter, anstatt übereilt und mit großem Getöse aufzubrechen.

Genau so stellt sich auch der ESA-Astronaut Matthias Maurer eine Marsmission vor:[16] Weltraumfahrt als Exploration, aber bitte mit viel Zeit für Vorbereitungen. Damit entsteht Raum für langfristiges Denken und Kooperation. Vor allem kann Weltraumfahrt einen Beitrag zur Versöhnung von Mensch und Technik leisten. »Wenn das dazu führt, dass künftig Leute ins All aufbrechen können, die keine harten Astronautenknochen sind, ist das doch klasse«, so Maurer, der selbst erst im Alter von 51 Jahren zur ISS flog.[17] Raumfahrtbegeisterung findet sich gleichermaßen bei religiösen Biologen und atheistischen Informatikern. Für die große Mission können sie alle Beiträge leisten. Idealerweise entsteht durch Kooperation etwas Gemeinsames zwischen wilden Freigeistern und sicherheitsaffinen Planern. »Die Raumfahrtagenturen sind so sehr darauf fokussiert, verantwortungsvoll mit dem Geld der Steuerzahler umzugehen«, so der ESA-Weltraumexperte Markus Landgraf, »dass sie sich dadurch indirekt verweigern, Katalysator für sozialen Wandel zu sein.«[18] Wer also trägt am Ende die Verantwortung für neue Visionen? Wer bringt sie in die Welt und setzt sie auch um?

Die Ideen der New-Space-Visionäre mögen aus streng wissenschaftlicher Perspektive hier und da fragwürdig erscheinen. Dennoch werden sie entscheidend zum Zivilisationswandel beitragen, der zuallererst eine neue Denkhaltung erfordert: transformieren statt nur konsumieren. »Es sollte eine Balance zwischen einer Verantwortung für das Physische und einer Verantwortung für das Utopische geben«, so Markus Landgraf.

Geschichten sind Wegweiser. Sie machen den Kurs unserer Odyssee sichtbarer. »Große Narrative sind in der Tat notwendig«, so die Weltraumforscherin Klara Anna Capova. »Die Schwierigkeiten beginnen, wenn diese Geschichten einer großen Anzahl von Menschen verabreicht werden.«[19] Zukunftsgeschichten sind nur dann sinnvoll, wenn sie mit einer sozialen Utopie für den ganzen Planeten verbunden sind, wenn sie sich also nicht ausschließlich an eine Handvoll technikverliebter Spezialisten richten. Bunker, schwimmende Mikronationen oder Unterwasserstädte sind faszinierende Projekte. Doch mit der Lebenswelt und den Sorgen der allermeisten Menschen haben diese Lösungsansätze sehr wenig zu tun. Techno-Enklaven egoistischer Eliten demonstrieren nur zunehmende soziale Kälte, denn der große

Rest der Menschheit wird in diesen Konzepten ausgeblendet oder gar für überflüssig gehalten. Sollte New Space eine neue Etappe auf der Odyssee der Menschheit sein, braucht es daher vor allem sozial inklusive Zukunftsvisionen. Immerhin verloste Jeff Bezos 2021 bereits Weltraumflüge für »normale« Bürger. Vom Marketinggag bis zum Zivilisationswandel wird es jedoch noch ein weiter Weg sein. Vor allem werden neue Narrative nur dann wirksam, wenn sie das kollektive Wohl im Sinn haben und nicht ausschließlich individuellen Nutzen.

AUF DEM WEG ZUR NEUEN WELTRAUMBEWEGUNG

Das alte Raumfahrtprogramm der USA dauerte 28 Jahre, von der Gründung der NASA 1958 bis zum 28. Januar 1986, als eine Explosion das Space Shuttle »Challenger« zerstörte und die sieben Besatzungsmitglieder umkamen. Für ein grundlegend neues Programm reichte die staatliche Finanzierung damals nicht aus. Vor allem mangelte es an einem zeitgemäßen philosophischen Fundament der Raumfahrt. »Wir werden nicht eher zum Mond zurückkehren oder zum Mars fliegen«, so der Astronaut Eugene Cernan 1985, »bis es eine neue Herausforderung für uns gibt.«[20] Seither sind private und staatliche Raumfahrtakteure auf der Suche nach diesem Missionsziel. Inzwischen besteht auch unter Explorationsexperten weitgehend Konsens darüber, dass sich Investitionen in die Raumfahrt nur dann auszahlen werden, wenn nicht Technologie, sondern die Zukunft der menschlichen Zivilisation im Mittelpunkt steht.

Um dieses Ziel zu erreichen, braucht es nicht nur neue Leiterzählungen, sondern vor allem eine neue Form der Zukunftsplanung. Zwar werden auch weiterhin staatlich organisierte Weltraumprogramme aufgelegt werden. Ungleich wichtiger wird jedoch eine verbindene Weltraumbewegung sein, die einzelne Missionen integriert sowie Ziele und Mittel neu ausrichtet.

Mit der Privatisierung der Weltraumfahrt verschieben sich die

Machtverhältnisse.[21] Die Zeiten, in denen die NASA wie ein Gold-
esel funktionierte, sind damit endgültig vorbei. »Am Apollo-Programm zu arbeiten war, wie die Pyramiden zu bauen«, so die
NASA-Historikerin Joan Lisa Bromberg, »kein Himmel war zu
hoch, nichts war gut genug.«[22] Dieser Anspruch hatte seinen
Preis, aber die NASA bezahlte ja alle Rechnungen. Aufgrund großzügiger Verwaltungs-Budgets waren die Gewinne für die Unternehmen im Space Age legendär.

Marktwirtschaftliche Prinzipien und wirtschaftliches Denken
spielen erst seit New Space wieder eine Rolle. Doch selbst wenn
sich Raumfahrt heute preissensibler gibt, gilt die NASA noch
immer als Nationalheiligtum. Schließlich brachte nur sie Menschen zum Mond. »Wie viele Behörden können Sie mir nennen,
die Fünfjährige inspirieren?«, fragt deshalb auch Jeff Bezos, Gründer des Raumfahrtunternehmens Blue Origin.[23] Noch immer ist
die Behörde mit ihren rund 17.000 Mitarbeitern ein Fixstern der
Weltraumforschung. Zu Beginn ließ die NASA Raketen bauen
und startete dann das Endprodukt von eigenen Rampen. In den
1980er-Jahren setzte sich dann eine alternative Planung durch.
Die »Commercial Space Initiative« legte fest, dass die NASA Starts
bei privaten Anbietern kaufen sollte. Den eigentlichen Auftakt für
die Privatisierung von Raumfahrt stieß allerdings Ronald Reagan
an, als er 1984 den »Commercial Space Launch Act« unterzeichnete. Damit wurde explizit erlaubt, privat Raketen zu bauen und
Weltraumbahnhöfe zu betreiben. Private Weltraumakteure erhielten per Gesetz ein großzügiges Gastgeschenk: den Zugriff auf das
Know-how der NASA.[24] Immer mehr Unternehmer investieren
inzwischen massiv in Weltraumtechnologien. »Raumfahrt braucht
einen Neustart«, so Richard Branson 1995, Milliardär und Gründer von »Virgin Galactic«, einer weiteren privaten Raumfahrt-
firma.[25] Spätestens die Flüge im Juli 2021 zeigen, dass dieser
Neustart gelungen ist. Der 70-jährige Branson ging als Erster an
den Start. Sein Kurzausflug ins All dauerte rund 90 Minuten. Und

nur nach amerikanischer Definition reichte die Höhe der Mission aus, um als »Weltraumflug« zu gelten. Zehn Tage später folgte dann Jeff Bezos und stellte gleich zwei neue Rekorde auf. Mit an Bord waren die 82-jährige Fluglehrerin Mary Wallace Funk und der 18-jährige Niederländer Oliver Daemen – die kurzzeitig ältesten und jüngsten Menschen im All. Inzwischen gilt William Shatner, der im Alter von 90 Jahren am 13. Oktober 2021 einen suborbitalen Flug mit dem Raumschiff »New Shephard« absolvierte, als ältester Mensch im All. Bis auf Weiteres.

Rekorde allein werden die Menschheit auf ihrer Odyssee allerdings nicht voranbringen. Bei der neuen Weltraumbewegung muss es auch darum gehen, die Bevölkerung partizipativ zu wichtigen Zukunftsfragen einzubeziehen. Zentrale Menschheitsprojekte wie die Gründung multiplanetarischer Zivilisationen werden erst auf Basis gemeinsamer Werte gelingen. In den Weltraum zu gelangen bedeutet fast gar nichts. Dort Ressourcen anzuzapfen ist bloß ein ökonomisches Ziel. Erst wenn damit die Grundlagen für Zivilisationswandel gelegt werden, wird sich die Option auf eine sinnhafte Zukunft ergeben.

Unter welchen Bedingungen und in welche Richtung sich Zivilisation wandeln sollte, ist allerdings Auslegungssache. Auch deshalb sind Weltraumexplorationen eine Bühne für zahllose Dialoge. Die Eröffnung dieser Debatte ist der eigentliche Wert der Weltraumfahrt, denn »mit der Kartierung zukünftiger Weltraumprogramme entscheiden wir uns auch für unsere Zukunft«, so der Philosoph Frank White.[26] Prominente Befürworter wie Stephen Hawking betrachten Weltraumexploration daher nicht als Luxus oder technologische Spielerei, sondern als essenzielle Notwendigkeit. »Die einzige Chance für das langfristige Überleben der Menschheit«, so der Physiker, »besteht nicht in einer ausschließlichen Erdzugewandtheit, sondern darin, in den Weltraum auszuschwärmen.«[27]

Bei aller utopischen Rhetorik ist allerdings nicht daran zu

rütteln, dass Raumfahrt im 21. Jahrhundert auch weiterhin innerhalb eines kapitalistischen Systems stattfinden wird. Damit ist die beste Erfolgsgarantie für die neuen Utopien die Hoffnung auf einen anständigen »Return of Invest«. Leider ist damit eine fatale Paradoxie verbunden: Der Wille und die Fähigkeit, neue Welten zu erkunden und dort vielleicht eines Tages neue Zivilisationen zu planen, machen Investoren von genau denjenigen ausbeuterischen Mechanismen abhängig, die unseren Planeten in Gefahr bringen. New-Space-Protagonisten tun sich schwer, Grenzen des Wachstums anzuerkennen. Bereits in den 1970er-Jahren entwickelten kritische Wissenschaftler eine präzise Vorstellung von Wachstumsgrenzen auf der Erde. Die Tatsache, dass der Kapitalismus und die Nebenfolgen von Technologien dazu beitragen, das Ökosystem der Erde immer offensichtlicher in ernsthafte Schwierigkeiten zu bringen, wird im Kontext von New Space glatt ignoriert. Gerade in dem historischen Moment, in dem erstmals postkapitalistische Weltordnungen ernsthaft diskutiert werden,[28] schlagen private Weltraummilliardäre eine groß angelegte Problemverlagerung ins All vor. Das Paradox von New Space besteht also darin, den Geist kurzfristiger Gewinnerwartungen mit langfristigen und utopischen Planungsperspektiven zu verbinden, ohne in den dabei entstehenden Widersprüchen Unvereinbarkeiten zu erkennen.

VOM TECHNO-ENGINEERING ZUM SPACE-DESIGN

Am 21. Juni 2004 schraubte sich ein ungewöhnliches Gespann über 14 Kilometer hoch in den Himmel über der Mojave-Wüste im Südwesten der USA. Der Testpilot Mike Welvill klinkte sich mit einer Rakete von seinem Trägerflugzeug aus, zündete den Raketenmotor und schoss mit dreifacher Schallgeschwindigkeit eine Kurve hinauf, die erst 100 Kilometer über den Erdboden ihren Gipfel erreichte und ihn damit definitionsgemäß zum Astronauten machte. Auf dem Scheitelpunkt, in einem Moment der

Schwerelosigkeit, öffnete er eine Tüte M&Ms und ließ sie durch die Druckkabine seines neuartigen Raumfahrzeugs »Space-ShipOne« schweben.[29] Das Raumschiff gewann den mit zehn Millionen Dollar dotierten X-Prize.

Das Rennen um New Space war nun endgültig eröffnet. Die Subkultur der Reichen und Rastlosen hatte sich auf ein neues Ziel geeinigt. Finanziert vom Microsoft-Mitbegründer und Hightech-Aficionado Paul Allen, konzipierte der geniale Flugzeugkonstrukteur Burt Rutan das Trägerflugzeug »Roc«, benannt nach dem mythischen Fabelwesen aus Tausendundeiner Nacht. Das größte Flugzeug aller Zeiten mit knapp 120 Metern Spannweite startete am 13. April 2019 zum Erstflug.[30] Auch die neue Rakete von SpaceX, die »Falcon Heavy«, wird alles Bisherige übertreffen. Obwohl die Raketenformeln der Weltraumphysiker Ziolkowski, Oberth und Ehricke nicht veralten und obwohl New Space auf eine stille Reservearmee ehemaliger NASA-Ingenieure zurückgreifen kann,[31] ist der »Look and Feel« der neuen Weltraumbewegung bereits auf den ersten Blick erkennbar frisch. Theoretisch wären die neu designten »Dragon«-Weltraumkapseln von SpaceX auch für eine Reise zum Mars geeignet. »Ich würde niemandem raten, mit der Dragon zum Mars zu fliegen«, warnt Musk dennoch. »Ihr Inneres hat die Ausmaße eines SUVs. Und sechs Monate in einem SUV können ganz schön lang werden.«[32]

Unmöglich wäre das gleichwohl nicht. Immerhin standen den 102 Puritanern an Bord der »Mayflower«, dem Segelschiff, das die Kolonisten in die Neue Welt brachte, gerade einmal 118 Quadratmeter Fläche auf dem Zwischendeck zur Verfügung, eingepfercht zwischen Ladung, Kanonen und Schießpulver. Zwei der Pilger überlebten diese Enge am Ende nicht.[33]

Elon Musk ist ein Design-Freak. In seiner Raumkapsel gibt es »cremefarbene Alcantara-Polster, schwarze Kunststoffschalensitze, futuristische Touchscreen-Monitore über den Passagieren und in einer Version sogar eine dekorativ-geometrisch anmutende

Wabenstruktur an den Wänden«.[34] Keine Spur mehr von fehlenden Verkleidungspaneelen, die rigorosen Gewichtsbeschränkungen beim Bau der Apollo-Kapseln zum Opfer gefallen waren, wie Buzz Aldrin in seiner Autobiografie »Men from Earth« beschreibt. »Wo man hinsah, gab es Nieten, Schrauben, Muttern, Anzeigeinstrumente, Schalter aller Art und Form sowie Steuergriffe. Das Innere war mit einer feuerfesten, stumpfgrauen Farbe besprüht.«[35] Blue Origin setzt hingegen eher auf asketische Eleganz. Die Fenster der Raumfahrtkapsel wirken, als gehörten sie zu einem coolen Panorama-Restaurant auf einem Berggipfel. Richard Branson ließ den Innenraum seines »StarShipTwo« von Stardesignern wie Philippe Starck, Dick Powell und Richard Seymour entwerfen.[36] Alle Konzepte haben sich bewährt, wie die Bilder der ersten privaten Raumflüge im Sommer und Herbst 2021 zeigten. Das Design von New Space war dabei unübersehbar: Touchscreens statt Zeigerinstrumente, große Fenster statt Mini-Bullaugen und schicke Raumanzüge statt klobiger Monturen.

Im Zeitalter von Old Space war Effizienz das wichtigste Kriterium für die Konstruktion von Raketen, Raumkapseln und Raumschiffen. Am Ende ging es schlichtweg darum, dass alles störungsfrei funktionierte und nicht gleich explodierte. Ob es bezahlbar war, spielte eine eher untergeordnete Rolle. Wenn überhaupt, dann stand die Überlebenswahrscheinlichkeit von Astronauten im Mittelpunkt. Bequemlichkeit war ein Fremdwort, für das es keine Übersetzung in die Praxis gab. Wer sich die Mercury-Kapseln (für einen Astronauten) oder die Gemini-Kapseln (für zwei Astronauten) heute im Museum anschaut, kann sich nur mit viel Fantasie vorstellen, dass Menschen damit tagelang im Orbit unterwegs gewesen sind. An Bord gab es lediglich die sprichwörtlich lebenserhaltenden Systeme. Raumschiffe waren Orte mit rauem Charme, vergleichbar höchstens mit U-Booten: viel Blech, viele Knöpfe, viele Kabel. Ständig brummte es irgendwo. Lüften war unmöglich.

Bislang wurden Astronauten vor allem darauf trainiert, dieses Lebensumfeld nicht als Strafe zu empfinden. Weil die Aufenthaltsdauer im All immer länger wird und weil zukünftig auch Weltraumreisende unterwegs sein werden, die keine Testpilotenausbildung hinter sich haben, werden Kriterien jenseits von Effizienz immer wichtiger. Das neue Design unterscheidet sich daher deutlich vom bisherigen Ultra-Pragmatismus. Zwar wird sich das Problem des Lüftens niemals lösen lassen, dennoch sollte sich in Zukunft die Umgebung an den Menschen und dessen Lebensrhythmen anpassen und nicht umgekehrt. Effizienz ist auf Dauer kein Lebensprinzip für Menschen.[37]

Bei Marsmissionen, die Monate, wenn nicht Jahre, dauern, wird der Wohlfühlfaktor zur zentralen Herausforderung. »Sich von der irdischen Denkweise zu lösen«, ist dennoch nicht ganz leicht, so die Architektin Barbara Imhof, Mitglied der »Moon Village Association«. »Viele Designs für Mond- oder Marshabitate haben ein Layout wie ein normales Labor mit daran angeschlossener Miniwohnung«.[38] In Zukunft wird der Mensch im Mittelpunkt stehen müssen, nicht die Technik. »Leben im All ist wie ein kontinuierlicher Kopfstand«, so Imhof. »Man plant daher besser vom Menschen her nach außen. Nicht von der großen Hülle her.«[39] Zur Forderung nach Lebensdienlichkeit gesellt sich die Notwendigkeit, bemannte Weltraummissionen im Sinne der Nachhaltigkeit zu planen. Dazu gehören lebenserhaltende Systeme und ausgefeilte Recycling-Technologien. »Wir müssen die Ressourcen, die auf dem Mond vorhanden sind, nutzen«, so Michael Schmidt, Leiter der robotischen Missionen bei der ESA, »anstatt alles mit viel Aufwand und zu hohen Kosten dort hochzubringen.«[40]

Gegenwärtig erleben futuristische Design-Konzepte, die im Kontext scheinbar längst vergangener Utopien entstanden sind, eine bemerkenswerte Neuauflage. Denn noch unter dem Eindruck der ersten Weltraumflüge begrüßte der Komponist und Architekt

Iannis Xenakis mit seiner fünf Kilometer hohen »Ville Cosmi-que«, gedacht für fünf Millionen Einwohner, das neue Zeitalter der All-Besiedelung. »Das Raum- und Kosmoszeitalter hat begonnen«, so Xenakis 1963 euphorisch, »und die Stadt wird sich zum Kosmos wenden, anstatt sich weiter auf dem Erdboden hinzuschlängeln.«[41] Mitten im Space Age war das die Neuauflage babylonischer Turmträume. Das Nirgendwo der literarischen Utopien des 17., 18. und 19. Jahrhunderts wurde endlich konkreter. Das Traumgebilde Xenakis' wurde nie verwirklicht, stattdessen wurde Utopia ins Weltall verlegt.

Im 20. Jahrhundert waren die Entwürfe dann durchtränkt von einer naiv-optimistischen Hoffnung auf ein architektonisches und zivilisatorisches Wunschland. Vor allem der Raumfahrtpionier Gerard O'Neill prägte mit seiner Fallstudie für eine Weltraum-siedlung nachfolgende Entwicklungen. Sein Optimismus kannte keine Grenzen, denn er ging davon aus, dass Weltraumstädte für bis zu einer Million Menschen machbar sein würden. 1974 führte O'Neill die erste stilprägende Konferenz über Weltraumsiedlun-gen durch und erstellte eine bis heute grundlegende Design-Studie zu einer hypothetischen Weltraumsiedlung. Der »Stanford-Torus« sah vor, dass rund 10.000 Siedler in Röhren mit einem Durchmesser von 1,8 Kilometern in 1,5 Millionen Kilometer Entfernung von der Erde leben – im Film »2001: Odyssee im Weltraum« von Stanley Kubrick hat das Raumschiff exakt diese Form. Die gesamte ringförmige Struktur sollte idealerweise mit einer Umdrehung pro Minute rotieren, um eine fast erdähnliche Schwerkraft zu erzeugen. Künstliche Gravitation hat einen großen Vorteil: »Der Whiskey bleibt im Glas«, kommentiert der Astronaut Reinhold Ewald dieses Konzept augenzwinkernd am Rande einer Weltraumkonferenz.[42]

Der Weltraum fand Eingang in das Denken von Architekten und Stadtplanern. Deren Pläne waren getragen von einem »ungebrochenen Glauben an die Fähigkeit und die Bereitschaft der

Menschen zu ständigem Wachstum und immerwährendem Wandel«, so die Architekturhistorikerin Andrea Gleininger-Neumann über die technologischen Fantasien und urbanistischen Utopien des Space Age.[43] Planer setzten zum Höhenflug an, städtebauliche Probleme sollten sich sprichwörtlich »in Luft auflösen«. Bei Entwürfen für individuelle Wohneinheiten schimmerte immer wieder das Bild der im Weltraum treibenden Kapsel als Ideal durch. Zelle und Kosmos, Schneckenhaus und Superstruktur, Mikro und Makro – zwischen diesen Gegensätzen entstanden progressive Zukunftsentwürfe. Was im All pure Notwendigkeit ist – Leben auf kleinstem Raum –, wurde auf der Erde pathetisch als Philosophie architektonischer Elementarteilchen und optimiertes Wohnen vermarktet. Damit aber schlich sich in die neuen hyperfunktionalen irdischen Wohnidyllen auch »ein hohes Maß durchrationalisierter und totalitärer Organisation« ein, so Gleininger-Neumann.[44] Wieder einmal kippte die Utopie ins Dystopische.

Im Kontext von New Space ist Design auch deshalb so zentral, weil damit Botschaften wie Technikgläubigkeit und Zukunftszugewandtheit sichtbar werden. Das beste Beispiel dafür sind Raumanzüge. »Wir bemühen uns, einen Raumanzug zu entwerfen«, erklärt etwa Elon Musk, »der sowohl funktionellen als auch ästhetischen Ansprüchen genügt.«[45] Zu sehen waren diese Raumanzüge dann Mitte September 2021, als die erste Amateurcrew mit der Mission »Inspiration4« ins All aufbrach. Dava Newman, Professorin am MIT, designte den »Biosuit«, der Astronauten nicht mehr aussehen lässt wie aufgeblasene Michelin-Männchen. Der Anzug liegt an wie eine zweite Haut, enthält Sensoren zur biometrischen Überwachung, ist sicherer und erleichtert das Arbeiten in der Schwerelosigkeit.[46]

DO-IT-YOURSELF-RAUMFAHRT ALS CHANCE
Sicherheit steht ganz oben auf der Prioritätenliste der Raumfahrt. Der Ansatz von SpaceX öffnet dennoch weitere Entwicklungs-

korridore. Das Zauberwort von New Space ist inzwischen »Preis-elastizität«. Raumfahrt muss wenigstens um den Faktor 10 billiger werden, so Elon Musk. Wurden bislang ausschließlich zertifizierte Bauteile – »space qualified hardware« – genutzt, breitet sich inzwischen eine Art »Do-it-yourself-Spirit« aus. So wie SpaceX nutzen auch andere Unternehmen in großem Umfang COTS – »commercial off the shelf«, also »preiswerte Massenware aus dem Industrie-Supermarkt«.[47] Zur Kostensenkung trägt wieder einmal das fordistische Prinzip bei: Werden 300 Raketenmotoren in Serie gebaut, sinkt der Preis pro Stück erkennbar. Auf diese Weise sind Pläne realisierbar, die bislang als Spinnerei galten. »Man kann keine sich selbst erhaltende Zivilisation gründen, wenn ein Ticket pro Nase zehn Milliarden kostet«, so Musk.[48]

Zwar argumentieren Kritiker, ein Raumschiff solle nur mit weltraumgeprüften Teilen starten. Aber eigentlich prallen bei diesem Schlagabtausch nicht technische Normen, sondern unterschiedliche Kulturen aufeinander. »Vergessen Sie den Mond, vergessen Sie den Mars, vergessen Sie die ganze Grenze zum Unbekannten da draußen«, so Rock Tumilson, Mitbegründer der »Space Frontier Foundation«, der 2004 bei einer Anhörung vor dem US-Kongress am Beispiel eines handelsüblichen, dennoch hoch belastbaren Karabinerhakens das Spannungsfeld zwischen Sicherheit und Sparansatz verdeutlichte. »Die größte Hürde für die NASA ist sie selbst. Sie ist gefangen in einem sich selbst erhaltenden System aus kulturellen Traditionen, Ineffizienz und einem Ansatz, der unnützen Aufwand und Kosten maximiert.« So ist der Karabinerhaken, den die NASA nutzt, zwar weltraumgeprüft – aber weniger belastbar und mit 1000 Dollar zudem mehr als teuer. Wer also mit dem Dogma des Zertifizierungszwangs bricht, krempelt zugleich eine gesamte Branche um.[49]

Ein weiteres Beispiel sind Ersatzteile aus dem 3-D-Drucker. Auf der Raumstation ISS lagern Ersatzteile im Wert von umgerechnet einer Milliarde Euro. Zukünftige Weltraummissionen könnten mit deutlich kleinerem Gepäck reisen und stattdessen 3-D-Drucker mit an Bord nehmen. Bereits 2014 schickte das Start-up »Made in Space«[50] einen 3-D-Drucker zur ISS. Inzwischen senden sie nur noch Daten ins All, die Ersatzteile lassen sich dann direkt im Orbit ausdrucken. Rund 70 verschiedene Teile entstanden bereits auf diese Weise. Das Unternehmen »Relativity Space« will sogar eine komplette Rakete im 3-D-Druck fabrizieren.[51]

Drucker sind zudem für diejenigen attraktiv, die eines Tages ein Monddorf bauen wollen, denn der Transport von Baumaterial von der Erde zum Trabanten wäre so gut wie unbezahlbar. Zum Glück gibt es genug Regolith auf dem Mond. Aus dem feinen Mondstaub lassen sich Ziegelsteine brennen. Oder er wird als Rohstoff für 3-D-Drucker genutzt. Dazu passt es gut, dass Forscher der Universität Manchester ein marstaugliches Baumaterial entwickelt haben. »Astrocrete« ist eine Mischung aus extraterrestrischem Staub und menschlichem Harnstoff, wie er etwa in Tränen, Schweiß oder Urin vorkommt. Eine sechsköpfige Crew könnte während eines zweijährigen Marsaufenthalts auf diese Weise rund eine halbe Tonne Baumaterial gewinnen.[52] New Space entwickelt sich immer mehr zum Experimentier- und Lernfeld, das zugleich unschätzbaren Wert für den Erhalt des Planeten Erde hat.

INFRASTRUKTUREN FÜR MULTIPLANETARISCHES LEBEN

Dieser Ansatz lässt sich noch viel weiterdenken. Sollen Menschen eines Tages im All leben, braucht es Fundamente und Infrastrukturen. Neue Anlaufstellen und Aufenthaltsorte können allerdings erst entstehen, wenn Komplexität und Kosten sinken. »Erst wurde eine Flagge auf dem Mond eingerammt«, so der Explorationsexperte Oliver Angerer, »jetzt kann man daran arbeiten, es permanenter zu machen.«[53] Die erste Etappe dieser neuen Odyssee wird ganz wesentlich von der Herausforderung geprägt sein, mit neuen Infrastrukturen die besten Voraussetzungen für Nachfolgende zu schaffen. Vergleichbar ist das mit der Erschließung des Westens der USA. Vor Einrichtung der »Union Pacific Railroad«, eine der beiden großen Eisenbahngesellschaften im Westen der Vereinigten Staaten, war der Handel zwischen Ost- und Westküste mühsam und teuer. Der Vergleich mit den ersten Eisenbahnen oder Fluggesellschaften kommt Elon Musk immer wieder gelegen: »Genauso können SpaceX und andere Unternehmen dazu beitragen, die Kosten für Raumfahrt zu verringern, und damit neue Potenziale für Unternehmertum schaffen.«[54] Die Summe aller Investitionen in Raketen, Raumkapseln sowie Raumstationen ist nichts Geringeres als eine zeitgemäße Infrastruktur im All und zugleich möglicher Ausgangspunkt für zukünftige Weltraumexplorationen. »Sie bereiten den Menschen einen Weg in den Weltraum und zu anderen Himmelskörpern«, so der Journalist Peter Schneider über die Pioniere von New Space, »damit sie dort eines Tages leben und arbeiten.«[55]

Sowohl auf der Erde als auch im All gilt die goldene Regel, dass niemand an demjenigen vorbeikommt, der die Infrastrukturen beherrscht. Es ist daher kein Wunder, dass Jeff Bezos, der als Quasi-Monopolist mit Amazon bereits die digitale Infrastruktur des Einzelhandels auf der Erde beherrscht, nun mit einer vergleichbaren Idee ins All strebt. »Was die Raumfahrt betrifft, sehe ich es als meine Aufgabe, eine Infrastruktur aufzubauen«, so Bezos selbstbewusst.[56] Wer es schafft, schwere Lasten ins All zu tragen, wird bald unverzichtbar sein.

Kritiker lassen sich von derartigen Ansagen nicht so leicht beeindrucken. Infrastruktur ist zwar die Voraussetzung für vieles, aber längst nicht alles. »Da ist viel Idealismus im Spiel«, so Oliver Angerer hinsichtlich der Pläne für eine Marskolonie. »Solche Pläne zu haben ist äußerst positiv. Was dabei jedoch zu kurz kommt, ist die Antwort auf die Frage, was passiert, wenn die Menschen dort sind. Transporttechnologien sind noch keine Antwort auf die Frage, wie man eine Kolonie im All aufbaut.«[57] Vermehrt wird also Kultur in den Mittelpunkt rücken. Allerdings lässt sich die kulturelle Matrix der Menschheit, also die Summe aller Spielregeln, Rituale, Normen und Werte, nicht so einfach in Richtung Effizienz optimieren wie die Stromlinienförmigkeit einer Rakete oder die Sicherheit einer Raumstation. Um einen kulturellen Zugang zur Weltraumexploration zu gewinnen, müssen schlussendlich alle Menschen mitgenommen werden. »Wir haben es in der Hand, ob und wie wir neue Territorien schaffen«, so die Weltraumarchitektin Imhof.[58]

TRANSITORTE AUF DEM WEG IN DIE ZUKUNFT
Gegenwärtig entstehen Orte des Transits, die gebraucht werden, um Pioniere und Kolonisten zu den neuen Welten zu bringen. Bislang wurden Startorte für Weltraumraketen oder Trainingszentren allesamt von staatlichen Raumfahrtagenturen betrieben. In den USA konzentrierten sich die Vorbereitungen auf das »Johnson Space Center« in Houston. Das russische Gegenstück dazu ist »Star City«, wo seit 50 Jahren Kosmonauten trainiert werden. Von dort sind es nochmals 2500 Kilometer bis Baikonur, dem Startplatz für russische Raketen. Ein Ort, wie zufällig in die Steppe geworfen. Eine befremdliche Mischung aus hässlichen Betonhäusern, fürchterlich warm im Sommer, fürchterlich kalt im Winter. Überall liegen verrostete Maschinenteile herum. Horden wilder Hunde und Kamele tummeln sich hinter Weltraumanlagen. »Es ist ein desolater und brutaler Ort«, berichtet der amerikanische Astronaut Scott Kelly, der von dort ins All startete.[59] Lange Zeit war Baikonur der einzige Weltraumbahnhof, der aktiv genutzt werden konnte, weil nur Russland eine Rakete zur Personenbeförderung ins All im Portfolio hatte. Erst 2020 starteten Astronauten wieder von amerikanischem Boden aus. Wo immer man sich gerade auf »Cape Kennedy«, dem traditionellen Raketenstartpatz der NASA, befindet, immer ist das riesige »Vehicle Assembly Building« zu sehen. Neben der Betonhülle des Kernreaktors in Tschernobyl ist

es die größte von Menschen geschaffene Struktur. So groß, dass es heißt, das Gebäude habe sein eigenes Wettersystem.

Mitte der 1980er-Jahre fanden Anhörungen im US-Kongress zum Bericht der »National Commission on Space« statt. Selbstbewusst verkündete man, es gebe bald Weltraumbahnhöfe, Mondbasen und Außenposten auf dem Mars. Tatsächlich sorgt die New-Space-Bewegung dafür, dass neue ikonische Weltraumbahnhöfe entstehen. Jeff Bezos, der sein Unternehmen Blue Origin im Jahr 2000 gründete, kaufte sich 120.000 Hektar inmitten texanischer Einöde in der Nähe des verschlafenen Städtchens Van Horn, nur 50 Kilometer von der mexikanischen Grenze entfernt. Es gibt kaum eine Gegend, die abgelegener wirkt, dennoch ist man schnell in El Paso, samt gerader Straßen, die zum Gasgeben verleiten. Eines Tages tauchte Bezos unerwartet in dem Örtchen mit seinen rund 2500 Einwohnern auf, stellte sich dem Redakteur der lokalen Zeitung mit »Hi, ich bin Jeff Bezos« vor und erklärte, dass er einen riesigen Raketenkomplex bauen werde. Und er erzählte von seiner langfristigen Idee, der Besiedlung des Alls. Weder gab es Presserummel noch kritische Nachfragen, in Texas gab man sich tiefenentspannt.[60] Genau dort entsteht nun einer der neuen Transitorte für zukünftigen Weltraumtourismus. Noch gibt es in der texanischen Wüste nicht viel zu sehen. Die Abzweigung zum Weltraumbahnhof wirkt wie die Einfahrt zu einer Farm. Davor ein Schild: »Privateigentum. Kein Eingang«. Das wird sich bald ändern.

Eindrucksvoller ist da schon der neue »Spaceport America« in New Mexico. Nach dem Willen von Richard Branson entstand der erste kommerzielle Weltraumbahnhof des neuen Zeitalters unweit einer Kleinstadt zwischen Albuquerque und El Paso, deren einzige Attraktion bislang Thermalquellen waren und die passenderweise »Hot Springs« genannt wurde. Namen haben Symbolwirkung, so auch hier: Ende der 1940er-Jahre startete Ralph Edwards in seinem populären Radioprogramm mit dem Titel »Truth or Consequences« einen Wettbewerb. Er suchte eine Stadt, die bereit war, sich nach seiner Show umzubenennen. Die große Mehrheit der damaligen Bewohner von Hot Springs stimmte dafür. Seitdem trägt die Stadt den vielsagenden Namen »Truth or Consequences«, kurz »T or C«.

Viel gibt es in der Gegend nicht zu sehen: einen Staudamm, viel dürre Büsche sowie eine Eisenbahnlinie parallel zur Hauptstraße. Praktisch, wenn man schwere Lasten wie zum Beispiel Raketen transportieren will. Die Abzweigung zum Weltraumbahnhof heißt »Aleman Road«, Straße des Deutschen. Der Name geht wohl auf einen deutschen Händler, Bernardo Gruber, zurück, der 1670 wegen angeblicher Hexerei angeklagt wurde. Als er zusammen mit einem befreundeten Apachen aus dem Gefängnis entkam und der Inquisition zu entfliehen versuchte, verdurstete er in der Wüste rund um das heutige »T or C«. Neben Gruber verloren dort noch viele weitere Umherirrende ihr Leben. Es ist daher bittere Ironie, dass der »Spaceport America« an der »Journada del muerto«, der Straße des Todes, liegt. Vielleicht sorgt das Mahnmal in der Nähe des Weltraumbahnhofs immerhin dafür, dass sich auch privilegierte Weltraumtouristen einmal kurz Gedanken über die Risiken ihrer geplanten Unternehmung machen.

Das Hauptmerkmal des 2011 fertiggestellten und scharf bewachten Weltraumbahnhofs ist ein riesiger ovaler Hangar, der wegen der großen Hitze halb in die Erde versenkt wurde. Norman Foster, der Architekt, versuchte mit seinem Entwurf, »das Drama und Mysterium der Raumfahrt« ästhetisch einzufangen.[61] Im »Spaceport America« erhalten zukünftige Weltraumtouristen ein dreitägiges Trainingsprogramm und absolvieren medizinische Vorbereitungstests. Zunächst hoben nur kleinere Raketen ab. Eine transportierte immerhin die Asche des Mercury-Astronauten Gordon Cooper und von Star-Trek-Schauspieler James Doohan (Scotty) in den Weltraum.[62] Mit seinem Start im Mai 2021 eröffnete Richard Branson den neuen Weltraumbahnhof offiziell.

VEREHRUNG FÜR DIE NEUEN ERLÖSER UND WELTRAUM-GURUS

Als Elon Musk auf der Homepage der NASA nach realistischen Plänen für eine Marsmission suchte, fand er: nichts. Seit eine Studie die Kosten für eine Mission auf rund 500 Milliarden Dollar geschätzt hatte, erwies sich das Thema als vergiftet. Was während des Space Age wie selbstverständlich wirkte – eine Zukunft in loftartigen Bungalows auf Mond oder Mars oder eine neue Zivilisation in kreisenden Städten im All –, war nun Schnee von vorgestern. Immerhin waren seit den 1950er-Jahren rund 50 ernsthafte Konzepte für Marsreisen entstanden. Leider gehören falsche Prognosen mit zur Wette auf die Zukunft. So irrte sich auch Jesco von Puttkamer 2001: »Wenn es keine üblen Überraschungen gibt, könnten wir 2018 startbereit sein.«[63] Wie wir wissen, kam es anders als geplant. »Statt Millionen Menschen wohnen derzeit sechs im All – die Besatzung der ISS.«[64]

Elon Musk und andere Weltraum-Milliardäre gelten als »Erlöser«, weil sie dieser Stagnation ehrgeizige Pläne entgegensetzen. Vor allem Musk, der von der Kolonisierung des Mars träumt, schlägt »messianische Verehrung« entgegen. In der Tat verkündete er beim 67. International Astronautical Congress der ESA 2016 seine Vision für die Reise der ersten 100 Marsianer. Obwohl die Vorträge von Musk eher sachlich-spröde sind, feiern ihn zahlreiche Weltraumbegeisterte. »Raumfahrt ist für viele Menschen wieder eine Verheißung, ein Versprechen auf die Zukunft, die außerhalb der Erde stattfinden könnte und die nicht als Dystopie empfunden wird«, fasst der Journalist Peter Schneider die neue Begeisterung zusammen. Dieses euphorische Grundrauschen trägt mit dazu bei, unter dem Begriff New Space weitreichende utopische Pläne zu vereinen. »Ein Hotel im Orbit, ein Dorf auf dem Mond, eine Mission zum Mars – seit Ende der Mondlandung 1969 gab es keine so exaltierten Träume und Pläne mehr wie heute.«

Wenn wir unter Exploration die Suche nach neuen Welten verstehen, dann stellt sich die Frage, wo die letzte Grenze unserer Zivilisation liegen wird. Captain Kirk von der »USS Enterprise« sprach vor dem Aufbruch zu einer fünfjährigen Mission zu seiner Mannschaft und schwor sie auf diese ultimative Grenze ein, die allein in uns selbst zu liegen scheint: »Those who we were – and those who we must be ...«

MAGIE DER ANKUNFT – NEUBEGINN EINER UTOPIE

Jedes Territorium, das Menschen für sich einnehmen, ist voller Geschichten der Ankunft. Und die Magie der Ankunft funktioniert immer und überall. Selbst in einem Armenviertel am Rande einer Mülldeponie in Argentinien tritt der magische Moment auf, wie der Journalist Martín Caparrós in seinem Recherchebuch »Der Hunger« eindrucksvoll berichtet. Er erzählt von einer jungen Frau und ihren ersten Erfahrungen vor Ort im Elendsviertel. »An dem Abend hatte jeder so viel Raum, wie er konnte. Komm her, nimm den Platz, komm schon, was brauchst du? Dreißig mal fünfzehn Meter, und schon war die Sache geritzt«, lässt Caparrós die Bewohnerin erzählen. »Sie markierten, wo die Straßen entlangführen sollten, planten die zukünftigen Bürgersteige: Es war eine arbeitsreiche Zeit voller Pioniergeist.«[1]

So verschieden real-utopische Experimente auch sind – sie alle beginnen mit tastenden, unsicheren Schritten. In einer Art Schwebezustand versuchen Utopisten die eigenen Ideale aufrechtzuerhalten, während sie gleichzeitig immer neue Herausforderungen meistern. Das Wunschland ist eben immer beides: Fiktion und Praxis.

ZAUBERBERG DER ALTERNATIVKULTUR
MONTE VERITÀ, 1901

Auch für die Lebensreformer begann die Zukunft mit magischen Momenten. Der innere Kompass der Sinnsuchenden zeigte Kurs

Süd. Wer auch immer über die Gegend schrieb, stets wurden das besondere Licht des Südens, der traumhafte Blick über den schimmernden See und die verschwenderische Pracht der Magnolien erwähnt, dazu das »Parfüm aus Millionen Blüten«, das trunken macht. Waldige Berge und versteckte Kapellen, »aus unzähligen Anlässen gebaut, um dem Herrn unzählige Male Dankbarkeit zu erweisen und den Menschen ein wenig Hoffnung zu geben«.[1]

Nach ersten Eindrücken am Comer See und einer Zwangspause wegen schlechten Wetters in Luino, einer kleinen Stadt am italienischen Ostufer des Lago Maggiore, trafen die Verbündeten die Entscheidung, am nächsten Tag mit dem Schiff nach Locarno zum Schweizer Nordufer des Sees zu fahren. Gusto Gräser, der Anarchist der Gruppe, hatte gehört, dass man dort »wirkliche Menschen, auch langhaarige« sowie »vegetarische Pensionen« finde. Nun gab es kein Halten mehr.[2] In der Tat war die Zeit reif für das Neue. »Überall gab es Abseitslebende, Künstler, Philosophen, Theosophen, Vegetarier, politische Flüchtlinge.« Eine weltoffene und freundliche Stimmung förderte neue Gedankenwelten und motivierte zu neuen Lebensformen. Aufgrund dieser anarchistischen Tradition fanden lebensreformerische Aktivitäten im Tessin schnell Anknüpfungspunkte.[3] Der Geist war aus der Flasche.

EIN HÜGEL ALS RAUMSCHIFF

Geradezu magisch zog es die Suchenden daher auf die andere Seite des Sees.[4] Das Stück Land, das die Gruppe entdeckt hatte, brachte die Gewissheit, ein neues Leben beginnen zu können. Henri Oedenkoven, der sich eigentlich vom Kapitalismus lösen wollte, passte es überhaupt nicht, dass er ganz allein die Startfinanzierung für die gemeinsame Utopie aufbringen musste. In seiner konzeptionellen Not tröstete er sich damit, dass es wohl nachfolgenden Generationen vorbehalten sein würde, das kapitalistische Gesellschaftssystem zu überwinden.[5]

Als das Finanzierungsproblem gelöst war, nahmen die Kolonisten den Hügel in Besitz, in dem sie den »Schauplatz ihrer Wünsche und Ideale«[6] erkannt hatten. Und übertrieben es anfangs gleich ein wenig. »Hundertfünfzig Höhenmeter über dem Fischerdorf Ascona richtet sich die Sehnsucht auf Dinge, von denen die Einheimischen sich vor allem zu schützen gelernt haben: intensive Sonnenstrahlung, flirrende Hitze, das blendende Mittagslicht«, so der Autor Stefan Bollmann. Trotzdem gelang es den Reformern zumindest für eine gewisse Zeit, die Utopie greifbar zu machen. Schließlich wurde die »Kolonie der Lebensreform«[7] auf den Namen »Monte Verità« getauft, Berg der Wahrheit. Denn auf dem Hügel wollten sie stellvertretend für die Menschheit versuchen, »wahrhaftig« zu leben, »entgegen dem oft lügnerischen gebaren der geschäftswelt u. dem her konventioneller forurteile der gesellschaft«, wie Ida Hofmann die eigenen Ziele in ihrer Reform-Orthografie festhielt. Es ging ihnen darum, »in wort u. tat ›war‹ zu sein, der lüge zur fernichtung, der warheit zum sige ferhelfen« zu wollen.[8]

Doch die Namenswahl hatte einen Haken. Es war harte Arbeit, zur Wahrheit zu wandern. Um ans Ziel zu gelangen, mussten zahlreiche Zweifel überwunden werden. Zunächst zahlte sich die Arbeit aus, denn der Ort war gut gewählt. »Dieser Berg hat eine Seele«, schrieb einer seiner Chronisten, Robert Landmann. »Es ist ein verzauberter Berg. Ein Berg, auf dem mit Leidenschaft nach Wahrheit, nach dem Sinn des Lebens gesucht worden ist.« Die Wahrheitssuche war ernst gemeint. Schließlich beugten sich sogar die Behörden und trugen den Namen »Monte Verità« in die Landkarten ein.[9]

Tatsächlich wurde der Berg der Wahrheit zu Tempel und Labor gleichermaßen, zum »Ort der Heilung und Befreiung«. Der brachliegende Hügel »verwandelte sich auf einmal in ein Raumschiff, das zwischen Himmel und Wasser schwebte«, so Stefan Bollmann in seinem Rückblick auf die Reformkolonie. »Ein Raumschiff aus

Erde, Pflanzen und ihnen, den neuen Menschen.«[10] Bald kamen Gleichgesinnte und Neugierige. Es waren Totalaussteiger wie der bayerische Schriftsteller Oskar Maria Graf, der vor Reformabsichten nur so strotzte. »So sanft war er, dass er nicht einmal seine Läuse und Flöhe tötete; so völlig hatte er sich der Natur genähert, dass er wie eine Ziege stank.«[11] Diese Haltung der »Naturmenschen« stand dem vom Soziologen Norbert Elias analysierten zivilisatorischen Trend gegenüber, »alle menschlichen Lebensäußerungen so geruchsfrei, geschmacksfrei, geräuschfrei, optisch geglättet, kurz, so entsinnlicht wie irgend möglich zu machen«.[12] Nicht alle fanden es hübsch, dass sich die Neuankömmlinge schon auf den ersten Blick von den Normen der Mehrheitsgesellschaft unterschieden. Für den Dadaisten Hugo Ball waren die Reformer bloß noch »schafblöde Naturmenschen«.[13]

Zu den ersten Bewohnern des »Monte Verità« gehörte auch August Bethmann, ein sexuell enthaltsam lebender »Frugivor«. Zusammen mit August Engelhardt siedelte er später auf die Pazifikinsel Kabakon über, um dort den »nackten Kokovorismus« zu leben, was bedeutete: nackt und nur mit Kokosnüssen als Speise. Der Naturapostel Gustav Nagel lief selbst bei Schneegestöber nackt umher, propagierte aber immerhin »freie libe«. Nagel nannte sich »lidermacher von gottes gnaden« und wollte, so wie die Gründer des »Monte Verità«, fast alles reformieren: Glauben, Rechtschreibung, Ernährung, Wohnen, Kleidung. »Nur eines wollte er nicht – arbeiten.«[14] Er lebte als Eremit mit Sandalen und schulterlangen Haaren, verfasste eine eigene »Weltanschauungslehre«, wetterte gegen den Verfall der Sitten und »ließ sich für die Besichtigung seiner Bedürfnislosigkeit bezahlen«.

Bei allen äußerlichen Unterschieden war doch der Umzug auf den Berg der Wahrheit für viele der Sympathisanten und Mitstreiter mit einem sonderbar angenehmen Gefühl der Heimkehr verbunden. So beschrieb etwa die Tänzerin Mary Wigman die Magie der Ankunft auf dem Berg als »Nachhausekommen«.[15] Die

Gründung des »Monte Verità« hatte sich herumgesprochen. Immer mehr Sinnsuchende wurden von der Magie des Ortes angezogen, der schnell zum »Zauberberg der Alternativkultur«[16] erkoren wurde.

MIT WINTERMÄNTELN IN DEN REGENWALD
FORDLÂNDIA, 1928

Anders als der Berg der Wahrheit war der brasilianische Regenwald als Ort des Neubeginns weniger gut gewählt. Henry Ford, der selten Bücher las und noch seltener auf Experten hörte, bestand darauf, die amerikanische Zivilisation weit ins Hinterland zu exportieren. Die ersten Pioniere erlebten daher ihre Magie der Ankunft in schwierigem Gelände. Als sie im Auftrag der Ford Motor Company nach Brasilien reisten, um das Dschungelimperium vorzubereiten, trugen sie noch Wintermäntel. Auf die Einheimischen wirkten diese Amerikaner wie Bewohner eines anderen Planeten. Blond, blauäugig, ausgestattet mit einer wenig eleganten Sprache und provinziellen Gewohnheiten. Während die meisten von Fords Angestellten in den USA eher der Mittelschicht zugehörten, veränderte sich mit der Ankunft in Brasilien der eigene soziale Status grundlegend. Ohne Kenntnisse der Landessprache konnten sie die neu gewonnene soziale Macht gegenüber Dienstboten und Arbeitern jedoch kaum genießen. Die wenigsten lernten Portugiesisch, sieht man davon ab, dass sie schnell den Imperativ für gelegentliche Befehle beherrschten.

Die brasilianische Regierung hatte ungeduldig auf die Ankunft der Siedler und den Beginn der Bauarbeiten gewartet. Brasilianische Politiker glaubten felsenfest an den »Fordismo«: Nur dem Genie Henry Ford trauten sie zu, die Moderne ins Land zu bringen. Ford-Händler in Brasilien präsentierten nicht nur die neuesten Automodelle, sondern führten auch Filme vor, die die hell erleuchteten Fordwerke und die Fließbandproduktion in den USA zeigten. Fords erste Autobiografie, »My Life and Work«, wurde 1922 ins Portugiesische übersetzt und bereitwillig von der ökonomischen Elite Brasiliens verschlungen. Ford war pure Magie, er galt als Retter und »Moses des 20. Jahrhunderts«. Seine Jünger glaubten fest daran, dass er Brasilien in das gelobte Land führen würde.[1] Voller Bewunderung sprachen sie von São Ford, dem heiligen Ford, »als wäre der Name ein Amulett, ein schützender Talisman«, so ein brasilianischer Kolumnist. Als eine Art Gelübde auf die Fortschrittsgläubigkeit schlug der Journalist vor, Würstchen, Toilettenpapier und vielleicht sogar einen Cocktail nach Ford zu benennen.[2]

Ford war das mehr als willkommen, konnte er damit doch von Problemen im Heimatland ablenken: Ärger mit der Konkurrenz General Motors und zahlreiche Skandale wegen seiner politischen Ansichten. So finanzierte er zum Beispiel die Übersetzung des antisemitischen Pamphlets »Die Protokolle der Weisen von Zion« ins Englische. Bei der Arbeit an seinem Projekt in Brasilien konnte Ford das alles ausblenden. Sein Wunschland lag sechs Tagesreisen mit dem Boot von Belém entfernt, der Hauptstadt des Bundesstaates Pará an der Amazonasmündung. Gefühlt aber lag »Fordlândia« auf einem anderen Planeten.

Anfangs stellte sich sogar der erwartete Erfolg ein. Fords Vertrauter O. Z. Ide, genannt Oz, handelte so ziemlich jede Erlaubnis und Begünstigung für die geplante Plantage und Planstadt heraus: eine eigene kurze Eisenbahnstrecke, eine eigene Polizei, eigene Schulen, Maschinen und Materialien durften steuerfrei importiert werden. 1928 wurde Reeves Blakely zum ersten Leiter der Plantage ernannt. Seine Aufgabe war es, zwei speziell umgebaute Frachtschiffe zu empfangen, die das notwendige schwere Gerät und vorgefertigtes Baumaterial für den Bau einer Kleinstadt in den Dschungel bringen sollten. Die Ladeliste liest sich wie eine Grundausrüstung für Mars-Kolonisten, die auf rein gar nichts zurückgreifen können und daher einfach alles mitbringen müssen, von Briefpapier bis Wäscheleinen.

Ford hatte an vieles gedacht, aber nicht daran, einen Biologen mit an Bord zu nehmen oder zumindest jemanden, der sich mit der Pflanzung von *Hevea brasiliensis,* dem Kautschukbaum, auskannte. Ganz Brasilien wartete hingegen begierig auf Fords Schiffe, die vollgeladen mit »Wissenschaft, Gehirnen und Geld« waren. Für das Tapajós-Tal sollte die Ankunft der Ford-Mitarbeiter wie eine »Bluttransfusion« wirken. Nahezu über Nacht verwandelte sich ein Landstrich, der bislang größtenteils auf Tauschökonomie basiert hatte, in eine Gegend, in der sich für Geld fast alles kaufen ließ.

REBELLION IM SUBURB
LEVITTOWN, 1956

Ohne Vorankündigung erfasste ein erschütterndes Ereignis die USA, das nicht nur das Land für immer veränderte, sondern auch Konstruktionsfehler der Modellstadt »Levittown« sichtbar machen sollte. Am 1. Dezember 1955 bestieg die 34-jährige Sekretärin Rosa Parks wie jeden Tag einen Bus in Alabama, um zur Arbeit zu fahren. Im Süden der USA mussten zu dieser Zeit Schwarze und Weiße getrennt voneinander sitzen. Wenn notwendig, mussten Schwarze zudem ihren Sitz für Weiße freigeben. Doch an diesem Tag blieb Rosa Parks einfach sitzen, als der Busfahrer sie zum Aufstehen aufforderte. Wogegen sie eigentlich rebellierte, war das Jim-Crow-Regime, ein System von Regeln, an die sich jeder Schwarze halten musste. Wer sie verletzte, riskierte Ärger. Zwischen 1882 und 1959 wurden insgesamt 3446 Schwarze in den USA gelyncht. Meist stand die Menge daneben und lachte. Fotos der Erhängten wurden, so der »Lynch Report« des Tuskegee Instituts, als Ansichtskarten verkauft.[1] Rosa Parks wurde sofort verhaftet. Prominente wie Martin Luther King Jr. setzten sich schließlich für sie ein. Erst am 13. November 1956 erklärte der US Supreme Court die getrennte Sitzordnung für unwirksam. Ein Jahr später sollte eine schwarze Familie in »Levittown« ankommen und einen erneuten Skandal heraufbeschwören.

Bislang hatten die Levitts die Fantasie eines perfekten Zuhauses in einer perfekten Stadt verkauft. Allerdings war der Zugang zum Wunschland ausschließlich für Weiße vorgesehen. Schon als ein Reporter des »Nations«-Magazins 1952 undercover in »Levittown« recherchierte, raunte ihm ein Immobilienmakler hinter vorgehaltener Hand zu, dass Häuser nur an Weiße verkauft würden.[2] Dieses ungeschriebene Gesetz galt nicht nur in »Levittown«. Schwarze mussten daher mit minderwertigen Häusern vorliebnehmen, oft ohne Strom oder fließend Wasser. Das junge schwarze Ehepaar Daisy und Bill Myer kannte es nicht anders. Sie lebten in der Nähe, und wie alle träumten sie von einem guten Haus in einer netten Nachbarschaft. Doch schwarze Familien wurden mit allen Mitteln aus den Vierteln der Weißen ferngehalten.

Ein anderes junges Ehepaar hatte es leichter. Lew und Bea Wechsler waren weiß. An einem heißen Sommertag fuhren die Wechslers nach »Levittown«, ihr Hund Biff bellte aus dem offenen Fenster. Im Showroom bestaunten sie unterschiedliche Haustypen und entschieden sich schließlich für ein Haus, das sie sich für ihren Neuanfang leisten konnten: den »Levittowner«, das Grundmodell mit großzügigem Wohnraum, zahlreichen Einbauten und dazu einem Carport.[3] Die schlammigen Straßen der Siedlung auf dem Weg zu ihrem neuen Grundstück waren ihnen in ihrer Begeisterung und Zuversicht herzlich egal. Als sie vor dem Haus an der Deepgreen Lane 32 standen, fühlten sie sich wie im Paradies. Sie sahen sich selbst als Pioniere einer besseren Welt.

Schnell lebten die beiden sich in der neuen Nachbarschaft ein. Aber sosehr sie auch begannen, ihr neues Leben zu genießen, sowenig konnten sie der sozialen Wirklichkeit entfliehen, die sie

umgab. Sah man von wenigen Mexikanern und Indern ab, war
»Levittown« eine »Whites only«-Stadt. Für die Wechslers, die sich
als engagierte Kommunisten verstanden, war das höchst inakzeptabel. Zusammen mit dem »Human Relation Council«, das sich
für soziale Bürgerrechte einsetzte, organisierten sie Treffen, um
gegen diese rassistische Praxis zu protestieren.

Um die Diskriminierung zu beenden, kamen sie eines Tages
auf eine ungewöhnliche Idee: Wie wäre es, heimlich ein Haus für
eine schwarze Familie zu kaufen, um so ein Exempel zu statuie-
ren? Es war reiner Zufall, dass sich genau in dieser Zeit die Wege
der Wechslers und der Myers kreuzten. Im Frühjahr 1957 war
Daisy Myer schwanger, das dritte Kind war unterwegs, die Familie brauchte dringend eine größere Wohnung. Bill und Daisy nahmen zwar regelmäßig an Treffen einer politischen Gruppe im
Nachbarort teil. Dennoch wussten sie nicht, dass genau diese
Aktivisten einen Plan verfolgten, der ihr Leben von einem Tag auf
den anderen vollkommen auf den Kopf stellen sollte. Nach einer
dieser Versammlungen fragte jemand bei Kaffee und Keksen, ob
die Myers ein schwarzes Paar kennen würden, das Lust hätte, nach
»Levittown« zu ziehen.

An »Levittown« hatten die Myers bei ihrer Wohnungssuche
bislang nicht ernsthaft gedacht, denn sie waren mit den »Whites
only«-Beschränkungen bestens vertraut. Bill selbst hatte wenig
Lust, Protagonist im Kampf um soziale Bürgerrechte zu werden.
Aber auf der Heimfahrt diskutierten die beiden heftig.[4] Die Argumente lagen auf der Hand: »Levittown« bot bezahlbare Häuser,
ein gutes Schulsystem, insgesamt also eine solide Zukunft. Beim
nächsten Treffen erklärten sie gegenüber dem Bürgerkomitee,
dass sie für die subversive Aktion bereit seien. Eine Nacht schliefen
sie noch über ihren eigenen Mut. Am nächsten Morgen stand dann
fest, dass sie es wagen wollten! Das nächste Haus, das in »Levittown« frei war, stand zufällig neben dem der Familie Wechsler.

EINE SENSATION SPRICHT SICH HERUM

Der August 1957 war ungewöhnlich heiß und trocken. Der grüne Rasen, das Heiligtum Abraham Levitts, hatte sich in ein braunes Etwas verwandelt. Am 13. dieses Sommermonats war es endlich so weit: Vor dem Haus in der Deepgreen Lane 34 fand sich eine Handvoll Menschen zusammen, die ein Geheimnis teilten. Es war der Tag der Ankunft – die Myers zogen ein. Die Tage zuvor hatten Daisy und Bill die Fußböden geschrubbt und Wände gestrichen. Die Nachbarn waren froh, dass das Haus nun wieder bewohnt werden würde. Sie hielten die beiden für Handwerker. Dann platzte die Bombe. Der Postbote war der Erste, der es erfuhr. Als er Daisy und Bill ansprach, stellten diese sich als Besitzer des Hauses vor. »Es ist passiert!«, erzählte daraufhin der Postbote ungefragt an jeder Haustür und sorgte so für die Verbreitung der Ungeheuerlichkeit. Die Abendausgabe der»Levittown Times« titelte dann in roten Großbuchstaben: »FIRST NEGRO FAMILY MOVES INTO LEVITTOWN«.[5]

Die ersten Reaktionen der Levittowner ließen nicht lange auf sich warten. Autos mit der Flagge der »Konföderierten Staaten« fuhren vor dem Haus der Myers auf und ab. Bis heute nutzen Rassisten, vor allem der Ku-Klux-Klan, diese sogenannte »Rebellenflagge«. Abends kamen die ersten Reporter, um Interviews mit Neugierigen zu führen, die sich vor dem Haus der Myers versammelt hatten. Auf der Straße wurde der Mob immer lauter. Und fühlte sich im Recht, schließlich hatte ihnen Bill Levitt eine rein weiße Nachbarschaft versprochen.

Aufgebrachte Anwohner warfen Steine auf das Haus der Myers, zwei durchschlugen eine Scheibe. Schließlich las der Sheriff mit einem Megafon den »Riot Act« vor. Danach galten Versammlungen unter freiem Himmel nach einer Stunde als gesetzeswidrig und damit strafbar. »Diese Nigger müssen gute Anwälte haben«, schrie einer aus dem Mob, »wenn sie sogar von der Polizei geschützt werden.« Die Ordnung ließ sich nicht mehr so einfach wiederherstellen. Hal Lefcourt, einer der ersten Bewohner der Modellstadt, hieß mit Spitznamen nur »Mr. Levittown«. Er führte die Protestgruppe an und sorgte dafür, dass die Diskussionen immer hasserfüllter wurden. »Wir werden alle legalen und friedlichen Mittel anwenden, um die Myers aus dieser Gemeinde zu entfernen«, versicherte er bei eilig einberufenen Versammlungen. »Und wenn das nicht hilft, müssen wir etwas anderes versuchen.«[6] Freiwillige gingen von Tür zu Tür, um Stimmung gegen die neuen Nachbarn zu machen. Nachts marschierte ein wütender Mob durch die Stadt. Ein zweieinhalb Meter hohes Kreuz, eingehüllt in terpentingetränkte Lumpen, brannte.

Was einst als Modellstadt begonnen hatte, war nicht mehr wiederzuerkennen. Die Myers hatten genug, zumindest für den Anfang. Als sie ihr Haus verließen, verstummte der feige Mob. Aufgebrachte Levittowner sahen den Myers dabei zu, wie diese in ihr Auto einstiegen und wegfuhren.[7] Noch einmal zurück in ihre alte Wohnung.

STILLE EXPLOSION DER LIEBE
AUROVILLE, 1968

Roter Staub unter blauem Himmel. Mitten auf einem abgelegenen Hochplateau sollte eine zivilisatorische Laboranordnung entstehen. »Es gibt da wahrlich nichts«,[1] beschrieb ein Schüler Sri Aurobindos diese marsähnliche Einöde. Tatsächlich verglich man in Beschreibungen schon damals die Bewohner »Aurovilles« mit Marsianern, weil sie »Helme mit heißer Luft« trugen und »Schuhe, an denen rote Erde haftete«.[2] 1965 verkündete die »Sri Aurobindo Society«, dass »Auroville« »eine universelle Stadt« werden solle, »in der Männer und Frauen aus allen Ländern friedlich und in progressiver Harmonie zusammenleben, unabhängig von Geburt, Politik und Nationalität«.[3] Voller Hoffnung wurde eine Straße gebaut, damit Menschen zur Eröffnungsfeier kommen konnten. Die Zukunft musste bis ins kleinste Detail geplant werden. Broschüren wurden entworfen, Spendengelder eingesammelt. Als die Poststation von Pondicherry Einladungskarten in die Welt versandte, wurde die Zukunft langsam greifbar – »Auroville: Die Stadt der Zukunft. 28. 02. 1968« stand darauf. Die indische Post hatte zu diesem Anlass eine Briefmarke entworfen, die den »Galaxy-Plan« als architektonische Utopie zeigte. Mit der Utopie kam das Marketing. So blieb es bis heute.

Mehr als 5000 Menschen aus aller Welt kamen schließlich zur Einweihung. »Mit Bussen, mit dem Auto, sie strömten zu Fuß über das offene Land. Würdenträger, Hippies, zukünftige Yogis, örtliche Farmer und Fischer«, so der Chronist Akash Kapur. »Sie alle waren hungrig darauf zu sehen, wie dieses neue Experiment einer kollektiven Lebensweise beginnt – um vielleicht daran teilzunehmen.«[4] Die UNESCO hatte ein Unterstützungsschreiben aufgesetzt, die indische Premierministerin Indira Gandhi sandte Grußworte. Auf diese Weise geriet die Einweihung zu einem symbolischen Fest der Völkerverständigung.

Am 28. Februar 1968 huschten nur wenige Wolken über das Plateau, die kaum Schatten spendeten. Fast alle trugen Weiß. 10 Uhr 30. Ein Gong. Wie auf Kommando war alles still. Dann ertönte die Stimme Mirra Alfassas, die eine Woche zuvor 90 Jahre alt geworden war – live übertragen vom Radiosender »All India«. Vom zehn Kilometer entfernten Pondicherry aus sprach sie über den Durst nach Fortschritt. Dann verlas sie die Charta von »Auroville« auf Französisch sowie in 16 weiteren Sprachen, beginnend mit Tamil, Sanskrit und Englisch. »Wir hörten zu, als hinge unser Leben davon ab«, erinnert sich ein Teilnehmer der Zeremonie.[5]

Im Zentrum des Festplatzes stand eine Urne aus Marmor, gefüllt mit Erde aus 124 Ländern der Welt sowie 20 indischen Bundesstaaten. Wie eine Flaschenpost an die Menschheit wurde sie versiegelt. »Es fühlte sich an wie ein historischer Augenblick.

Etwas Folgenschweres begann«,[6] beschrieb es ein Teilnehmer der Eröffnungsfeier. Erstmals wurde »Aurovilles« Flagge mit ihrem erdrunden Symbol gehisst.[7] Nachdem die meisten Gäste längst wieder nach Pondicherry zurückgekehrt waren, wehte der Wind weiter über das verlassene und trostlose Plateau. Was blieb, waren rote Erde und herumstreunendes Vieh aus den umliegenden Dörfern, Kühe und Ziegen, die auf Essbares hofften. Doch immerhin war das Experiment in Gang gesetzt.

Für viele begann das Abenteuer ihres Lebens. »Hier waren wir, Menschen aus allen Ecken der Welt,«, so einer der ersten Bewohner, Roger Harris. »Abenteurer, Pioniere, Rebellen, Anarchisten, spirituelle Sinnsucher, abtrünnige Mystiker – alle angezogen durch einen unglaublichen Traum, gewillt, alles zurückzulassen, Flüchtlinge aus einer Vergangenheit, an die niemand mehr glaubte.«[8] Für die vielen Aurovillians war es der Beginn einer persönlichen Odyssee. Aber gerade dieser experimentelle Ansatz sollte sich als wertvoll erweisen, denn die »Aurovillians hatten sich nicht weniger zum Ziel gesetzt, als die Gesellschaft neu zu erfinden«.[9] Schon der Zeitpunkt für das Experiment schien perfekt. Wer wollte, konnte im Jahr 1968 ein Zeichen erkennen, ringsherum schien die Welt unterzugehen: Vietnamkrieg, Studierendenproteste in Paris, New York, Prag und anderswo. Auch der Ort war gut gewählt. Indien schien sich für einen Gegenentwurf anzubieten. Den Februar des Jahres 1968 verbrachten die Beatles in Rishikesh, um zu lernen, wie man meditiert. Dort schrieben sie den Song »Across the Universe« mit dem Refrain »Nothing's gonna change my world«.

GEBURTSHELFER EINER NEUEN EPOCHE

Doch gerade die Aurovillians bereiteten gemeinsam den Weg in eine neue Welt vor. »Es waren Pioniere, zu gleichen Anteilen mit Idealismus, Entschlossenheit, Fantasiebegabung und vielleicht noch mit einem kleinen Schuss Naivität ausgestattet«, so Akash

Kapur.[10] Die Richtung der spirituellen Migrationsbewegung wies klar von Nord nach Süd – das Narrativ des Aufbruchs funktionierte. Über die Magie der Ankunft schrieb der ehemalige Franziskanermönch Ruud Lohman:»Es fühlt sich an, als sei ich ausgewählt worden.«[11] Lohman war schon über ein Jahrzehnt Teil eines katholischen Ordens, als er 1968 zum ersten Mal»Auroville« besuchte. Drei Jahre später wagte er den Schritt von der Religion zur Spiritualität.»Als ich zurückkam, traf ich dort meine Seele wieder an. Auroville ist mein Bestimmungsort«, fasste er seine persönliche Magie der Ankunft zusammen.

Unterdessen entwickelte die Vision von Mirra Alfassa und Sri Aurobindo einen immer größeren Sog. Schnell wurde das neue Wunschland von einer bunten Mischung aus Nationalitäten und Persönlichkeiten bevölkert. Menschen aus aller Welt kamen nach »Auroville«. Menschen wie Jocelyn Janaka, die dort alles aufregend fand, gleichwohl aber exotische Kreaturen vermisste, von denen sie doch so viel gehört hatte.»Da waren nur Leute, männlich, weiblich, jung, alt, reich, arm, gebildet, ungebildet. Und alle waren besessen davon, in Auroville zu leben.«[12] Es kamen Menschen wie der österreichische Architekt Richard, der die Stadt der Morgenröte auf der Suche nach einer alternativen Lebensform entdeckt hatte:»Auroville hat mich fasziniert«, erinnert er sich,»weil der Ort anders tickt als die normale Welt.«[13] Wer auch immer kam, sie alle fühlten sich von einer»Explosion stiller Liebe«[14] angezogen. Wie Motten vom Licht.

Die Stadt der Morgenröte war sehr schnell keine imaginäre Idee mehr, sondern ein äußerst konkreter Ort. Zwischen dem Utopischen und dem Konkreten baute sich ein Spannungsverhältnis auf. Von Anfang an war genau das ein elementarer Bestandteil des Experiments. Anfangs diente die Stadt vor allem als Projektionsfläche.»Auroville« war nicht nur ein Ort, sondern ein kollektiver Versuch der Umerziehung, ein zivilisatorisches Experiment mit Freiwilligen.»Jeden Tag, wenn sich die Menschen zur

Arbeit trafen, begann das Unerwartete«, erinnert sich die Autorin Anu Majumdar, die selbst lange in der Stadt lebte.[15] In einem Punkt ähnelten sich die ersten Aurovillians auffallend: Sie alle wollten von etwas berührt werden, alle suchten das Gefühl, endlich anzukommen. Menschen sind transitionale Wesen, nie fertig. Daher fühlten viele, die nach »Auroville« kamen, Aufbruch und Ankunft gleichzeitig. So wie Katja aus München, heute 75 Jahre alt,[16] ein Mensch mit einer anstrengenden Biografie und großen Umbrüchen im Leben. Aus der »gottlosen Ketzerin«, wie sie sich selbst nannte, wurde in der Stadt der Morgenröte eine »selbstbewusste Sinnsuchende«.

BÜHNE DER SOZIALEN EVOLUTION

In den ersten Jahren versuchten die Aurovillians Grundwerte festzulegen. Die Charta half dabei als eine Art »kulturelle Software«, während der »Galaxy-Plan« das ideale Stadtbild vorgab. Der utopische und optimistische Charakter des Masterplans beflügelte die Pioniere von Anfang an. »Es war eine unschuldige Zeit«, so Anu Majumdar, »wir lebten und wir starben für Auroville. Wir hatten solch einen Antrieb.« Anders als die Hippies bezogen die Aurovillians ihre Kraft gerade nicht aus Drogen. Die »Mutter« hatte Drogen sogar explizit verboten, denn »Auroville« brauchte Menschen, die fähig und willens waren, kräftig anzupacken. Eine Utopie, so viel war von Anfang an klar, verwirklicht sich nicht im Rausch.

»Auroville« zeigt deutlich, wie ambivalent reale Utopien sein können. Hier die Sehnsucht nach Überwindung herrschender Verhältnisse, dort die Angst vor dem Neuen. Zwar starteten die Aurovillians ein evolutionäres Experiment, gleichzeitig sehnten sie sich nach einer verlässlichen Anleitung. Nach einiger Zeit bildete sich sogar eine Gruppe, die sich wöchentlich mit der »Mutter« traf, um Anweisungen zu erhalten.[17] Immerhin gab es Konsens über den Wert praktischer Arbeit. »Arbeit, gerade Handarbeit, ist unabdingbar für die innere Entwicklung«, hält Anu Majumdar fest. »Wenn wir Ordnung um uns herum schaffen, dann schaffen wir auch Ordnung in uns.« Arbeit sollte die äußeren Veränderungen, das Materielle, mit den inneren Entwicklungen, dem Spirituellen, verbinden. Allein ideologische Selbst-Besoffenheit ergibt noch keine Utopie. Arbeit hingegen, so die Prämisse der Aurovillians, erdet. Sie macht bescheiden und erzeugt ein »Wir-Gefühl«. Diese Mischung wurde zur Basis für eine evolutionäre Versuchsanordnung. »Die gesamte Erde muss sich vorbereiten und steht am Anfang einer neuen Spezies«, fassen die Auriovillians ihren Auftrag zusammen. »Auroville möchte diesen Prozess bewusst mit befördern.« Die Bühne war eröffnet, in »Auroville« hatten Pioniere die einzigartige Chance, Großes zu leisten.

UTOPIE ALS IMMERWÄHRENDE ANKUNFT IN EINER NEUEN WELT

Viele Ankunftserzählungen berichten eigentlich von Fluchtversuchen. In einem Gedicht eines Pioniers heißt es: »Was lasse ich auf meiner Pilgerreise hinter mir zurück? Es ist die dunkle Welt.«[18] Trotz der immensen Anziehungskraft des Ortes hatten viele Pioniere Schwierigkeiten, lieb gewonnene Konventionen abzulegen. Aurovillians wie etwa Anu Majumdar sprechen davon, »die alte Identität zu schreddern und eine lebensverändernde Verwandlung zu durchlaufen«.[19] Der Pionier Alan Herbert verglich das Ankommen sogar mit dem Wiedereintritt in die Erdatmosphäre nach einem Raumflug. »Immer wenn ich aus dem Westen nach Auroville zurückkomme, fühle ich mich wie ein Astronaut, in der Transitzone zwischen zwei Welten. Und dann, schließlich: Touch down! Vom Kokon der Boeing in die dampfige Suppe von Madras. Und ich frage mich immer wieder: Was zur Hölle mache ich hier eigentlich in Indien?«[20]

Während sich an den Heimatorten die zurückgelassenen Freunde nahtlos in Karrieren einfügten, während sie sich selbst-

zufrieden über ihr Kreditkartenvolumen und die neue Mikro-
welle austauschten, beschlossen die Aurovillians, ihr Leben nicht
wegzuwerfen, sondern nach einer alternativen Existenzform zu
suchen. Stabilität, Sicherheit und Komfort bedeuteten ihnen
wenig bis gar nichts. Sie wollten nicht das Leben der anderen –
sie wollten ein anderes Leben. Diejenigen, die sich zum inneren
Ja für das äußere Tun entschlossen, lebten anfangs mehr als
spartanisch, auch wenn frugales Leben nicht immer zu guter
Laune führte. »Während des Monsuns verrottete das Strohdach«,
erinnert sich ein Pionier, »Skorpione fielen aus ihren Nestern in
den Kokosbäumen direkt in die Hütte, und Schlangen richteten
sich im Badezimmer ein.«[21] Trotz dieser Schattenseiten war der
Glaube an den Plan schier uferlos. Für Anu Majumdar, die fast
ihr gesamtes Leben in der Stadt der Morgenröte verbrachte, ist
»Auroville« pure Magie: »Es ist die Zukunft, die Zukunft der
Welt.«[22]

MAGIE EINER INSTANT-UTOPIE
CELEBRATION, 1995

Während die Eröffnung »Aurovilles« mit viel Pathos begleitet
wurde, wirkte der Auftakt der Modellstadt »Celebration« eher
nüchtern. Am 18. November 1995 tummelten sich mehr als
5000 Menschen in einem Festzelt nahe der Route 192, wie auf
einem Wimmelbild samt Disney-Logo. Neben Popcorn und Cola
wollten die Besucher vor allem eines der ersten Häuser der Stadt
der Zukunft kaufen: »Disney-Fieber, Amerika-Fieber und Haus-
kauf-Fieber durchmischten sich.«[1] Die ersten 350 Häuser sollten
verlost werden, daher campierten rund 600 Menschen vor dem
Verkaufsbüro. Wie vor einigen Jahrzehnten in »Levittown« wurden die Häuser hauptsächlich für Weiße angeboten. Das Misstrauen beruhte aber durchaus auf Gegenseitigkeit. Afroamerika-

ner erinnerte der Baustil verdächtig an die Villen von Plantagenbesitzern und Sklavenhaltern. Auch mit der Idee einer Idealstadt konnten sie wenig anfangen. »Für die Mehrheit von uns ist das Konzept von Perfektion keine Realität«, erläutert Wanda Wade, eine der wenigen schwarzen Bewohnerinnen von »Celebration«. »Es ist kein realistischer Blick auf das Leben. Wir sind so nicht aufgewachsen, wir haben es nie erfahren, und wir fühlen uns so nicht wohl.«

Die Magie von »Celebration« war von Beginn an brüchig, denn von den ersten Skizzen bis zum Einzug der ersten Familien ging alles viel zu schnell. »Celebration kann seinen Taufschein als Instant-Utopie nicht verheimlichen«, so der Anthropologe Andrew Ross, der ein Jahr lang als Beobachter in der Stadt lebte. Wie viele andere Planwelten auch war diese Stadt mit Erwartungen geradezu überfrachtet. Schon der Name Disney suggerierte eine magische Wunderwelt. Doch »Celebration« war weder Comic noch Film. Als sich Ross am ersten Tag seines Forschungsaufenthalts bei seinen Nachbarn vorstellte, bemerkte er schnell, dass »der Feenstaub hier bereits abgetragen ist«.

DER PREIS REGELT ALLES

Ähnlich wie in »Auroville« betrachteten sich die ersten Bewohner »Celebrations« als Pioniere. Das bedeutete, dass auch sie in einem gewissen Umfang bereit waren, Unannehmlichkeiten in Kauf zu nehmen. »Jeder hier hat Opfer gebracht« – das war ein Spruch, den in der Anfangszeit so gut wie alle auf den Lippen hatten. Opferbereitschaft wurde als notwendiges Element des amerikanischen Pioniergeists angesehen. Weil sich die Fertigstellung der Häuser verzögerte, lebten einige Pioniere bis zu zwei Jahre in nahegelegenen Motels. Leben war in dieser Zeit eine Übergangslösung: trauriger Alltag statt Traumhaus. Die Magie der Ankunft bestand zunächst darin, Mühsal und Kosten zu ertragen. Der Kauf eines der stark überteuerten Häuser bedeutete für manche Familien spürbaren Verzicht. »Wir werden uns von Erdnussbutter und Wackelpudding ernähren«, so Jim und Jane Clayman, »aber Celebration ist das, was wir für unsere Kinder wollen.«

Die Modellstadt Disneys funktionierte wie ein Werbebanner für unterdrückte Träume. »Die spezielle Magie einer amerikanischen Kleinstadt. Disney schafft einen Ort, der dieses Erbe feiert«, so eine Kampagne für »Celebration«.[2] Versprochen wurden ein progressives Bildungssystem, moderne Alltagstechnologien sowie eine perfekte Gesundheitsversorgung. Ausreichend viele Menschen waren bereit, viel Geld für diesen neuen amerikanischen Traum auszugeben. In der Tat kostete ein Haus in »Celebration« rund ein Drittel mehr als sonst in der Gegend üblich. Noch vier Jahre nach der offiziellen Eröffnung der Stadt wunderte sich der Stadtethnologe Ross darüber, dass viele Familien in fast leeren Häusern lebten. »Man denkt, dass man einen VW kauft, und dann endet es bei einem BMW«, so einer der frustrierten Hauskäufer über instransparente Kostenfallen. Um die laufenden Rechnungen bezahlen zu können, wurde an allen Ecken und Enden gespart. Nach dem Einzug waren deshalb viele Celebrationists »house-rich«, aber »cash-poor«.[3]

Der Name Disney galt als Synonym für oberflächliche »Mickey-Maus-Architektur«, die aus falschen Fassaden und optischen Illusionen bestand. Zunächst lautete der Stadtname »Disney's Town of Celebration«. Aus Angst vor Kritik und Schadenersatzforderungen verschwand der Firmenname jedoch 1997 von Reklametafeln und Postkarten. Ganze zwei heroische Wochen lang hängte der Fahrradhändler Joseph Judge ein Mickey-Maus-Banner über seinen Geschäftseingang – die Disney Company zwang ihn, es zu entfernen. »Wir wollen hier keine Mickey-Maus-Leute«,[4] fasst Greg Gentile vom Café D'Antonio diese Haltung zusammen. »Celebration ist der einzige Ort im Umkreis von Meilen, an dem man kein Mickey-Maus-T-Shirt kaufen kann.«[5] Vor allem aber gelang es den Konzernanwälten, den magischen Namen aus den

Prozessen herauszuhalten, die viele Käufer wegen der schlechten Qualität der Häuser gegen die Disney Company führten.

PRIVATUTOPIE MEHRGENERATIONENDORF
ISNYLAND, 2018

Im Allgäustädtchen Isny hängt ein Schild aus poliertem Edelstahl an einer Hauswand: »Immler Großfamilienstiftung – Lebensfreude im Familienverbund«. Die Stiftung steht exemplarisch für immer mehr Privatutopien, die versuchen, Probleme des Staates stellvertretend zu lösen. Auf diese Weise möchten die Brüder Karl und Jakob Immler das Modell für ein besseres Deutschland erschaffen. »Wir sind sehr intensive Familienmenschen. Wir wurden alle von unserer Großmutter großgezogen, die bis zu ihrem Tod bei uns im Haus gepflegt wurde – von uns allen«, erklärt Markus Immler, einer der Söhne und ebenfalls in der Stiftung aktiv.[1] »Trotz des Trubels kommen täglich alle gemeinsam zum Mittagessen zusammen.« Aus diesen positiven Erfahrungen soll nach und nach eine Utopie für Großfamilien entstehen. Die finanzielle Unabhängigkeit des auf Immobiliengeschäfte spezialisierten Unternehmens[2] machte es möglich, bislang rund 30 Millionen Euro in eine Stiftung zu investieren, die den Plan vorantreibt.

Das Grundgerüst der Stiftung erinnert an das Prinzip der Fuggerei, der ersten Armensiedlung der Welt. Im 16. Jahrhundert setzte sich das mächtige Kaufmannsgeschlecht der Fugger in Augsburg ein Denkmal und sicherte sich zugleich das eigene Seelenheil. Die im Mittelalter grassierende Erlösungsangst führte vor rund 500 Jahren zu einem der ersten real-utopischen Projekte. Damit wurde die Fuggerei die Antwort auf die sozialen Fragen der Zeit, »ein Akt fein berechneter Wohltätigkeit«, kommentiert einer der Ahnen, Ulrich Graf Fugger von Glött.[3] Gegenleistungen für das fast unentgeltliche Wohnrecht der Armen wurden in einem Stiftungsbrief geregelt. Noch heute besteht die Miete für Wohnungen in der Fuggerei aus zwei Bestandteilen, einer symbolischen Jahresmiete von 88 Cent sowie täglich drei Gebeten für die Stifterfamilie Fugger.

In Isny ist die Fuggerei bestens bekannt. Die Immlers modifizierten das Konzept und aktualisierten die Spielregeln. In das Mehrgenerationendorf dürfen zwar auch Normalverdiener ziehen, aber es müssen Familien mit mindestens vier Kindern sein. Zum Familienverband sollen zudem zwei Senioren gehören, die allerdings keine direkten Verwandten sein müssen. Die auffallendste Ähnlichkeit mit der Fuggerei ist die rein symbolische Miete für den Wohnraum. Mit ihrem Projekt wollen die Immlers generationenübergreifendes Zusammenleben fördern und gleichzeitig Individualismus und Egoismus bekämpfen.[4] Ausgestattet mit dem Misstrauen der Provinz gegen »die da oben« in der Politik, versuchen sie, gesellschaftliche Defizite auf eigene Faust auszugleichen. »Wir wollen etwas kompensieren, was der Staat nicht hinbekommt«, so Markus Immler stellvertretend für die Stiftung. Weil sie um sich herum weitgehend nutzloses Gejammer wahrnehmen, greifen die Immler-Brüder als »wütende Millionäre«[5] selbst ins Steuer.

Während sich »Celebration« an einer nostalgischen Version von Gemeinwesen orientiert, steht bei den Brüdern ein Familienbild im Mittelpunkt, das die einen romantisch, andere rechtskonservativ finden. Der Wunschzettel der Stifter ist lang, die ideologische Überfrachtung geradezu greifbar: mehr Kinder, bessere Chancen für Jugendliche, weniger Jugendkriminalität, eine bessere häusliche Pflege für Ältere. 2016 ergriffen die Immlers die Chance, 18.500 Quadratmeter Grund zu »Sonderpreisen« zu kaufen, um ihre Ideen zu verwirklichen.[6] 2018 wurde mit der Planung einer Siedlung für zunächst 18 Mehrfamilienhäuser begonnen.[7] Bis zu 30 Häuser sollen als Mehrgenerationen-Wohngemeinschaft in einem zusammenhängenden Wohngebiet entstehen, mit hübscher Einliegerwohnung und ordentlichem Garten.

Die Reaktionen auf diesen Plan fallen unterschiedlich aus. Der »Kreisbote« zeigte sich begeistert und gratulierte den ersten »überglücklichen« Bewohnern.[8] Ein Online-Portal für das Allgäu porträtierte eine Familie, die sich auf den Einzug in das erste fertige Haus freute.[9] Abgesehen von diesen Meldungen war jedoch deutlicher Gegenwind zu spüren. Der »Spiegel« stellte das Vorhaben als gestrig und sittenwidrig dar. Die »Welt« kritisierte die Isolation der Wohnviertel.[10] Der Deutschlandfunk sprach von »Gutsherrenmentalität«, die FAZ gar von »Leibeigenschaft«[11]. Kritiker im Ort Isny prangern die »soziale Nostalgie« und den »Streichelzoo mit menschlichem Personal« an.

Wie schon in den Idealstädten »Saltaire«, »Fordlândia«, »Levittown« oder »Celebration« dreht sich auch im Immler-Mehrgenerationendorf viel um die Regeln der Stifter. »Wer das Geld der Immlers will«, so Isnys Bürgermeister, »muss sich an ihre Bedingungen halten.«[12] Dazu gehört auch, sich ehrenamtlich zu engagieren. Markus Immler spricht statt von einer Verpflichtung lieber von einer »Anregung«, die jedoch offensichtlich »zu 100 Prozent« umgesetzt wird. Anders als in den landesweit 540 Mehrgenerationenhäusern, die im Rahmen eines Aktionsprogramms des Bundesministeriums für Familie, Senioren, Frauen und Jugend entstanden, wirkt das Mehrgenerationenkonzept von »Isnyland« wie ein Rückfall in den Paternalismus des 19. Jahrhunderts. Dennoch erhielt die Immler-Stiftung das »Fair Family«-Gütesiegel des Verbandes kinderreicher Familien Deutschland e. V. und wurde als »geniales Lösungsmodell« gelobt.[13]

Das Mehrgenerationendorf ist eine schicke Momentaufnahme, gleichwohl wenig nachhaltig. Es hilft in einer speziellen Lebenssituation, schafft jedoch neue Abhängigkeiten. Sobald sich die Lebensbedingungen der Familien ändern und sie nicht länger in das Raster der Stiftung passen – wenn also die ersten Kinder aus dem Haus sind oder die Großeltern versterben –, müssen die Familien ausziehen. Die vermeintliche Utopie entpuppt sich bei näherem Hinsehen als lokales Projekt auf Zeit. »Isnyland« ist moderner Feudalismus, gemischt mit einem Schuss Selbsttherapie, eine Mischung aus Urkommunismus und Big Brother. Den Immler-Brüdern wird eine ähnliche Haltung wie Henry Ford und Walt Disney attestiert. »Mit ihrem Projekt spielen sie die Kindheit nach«, so der Kritiker Ralf Hoppe, »sie kommen aus einer idyllischen Welt, die es nicht mehr gibt.«[14]

UTOPIEN DER SENILITÄT
SUN CITY, 1960

Die Sehnsucht nach dem perfekten Lebensabend ist auch das Leitmotiv von »Sun City«, der weltweit ersten Rentnerstadt. Doch sind am Reißbrett geplante Rentnerkolonien wirklich eine Art »Paradies light« oder doch eher soziales Abseits? Vor dem Hintergrund des demografischen Wandels reagieren sie erkennbar auf die steigende Nachfrage nach altersgerechten Lebens- und Gemeinschaftsformen. Erst seit wenigen Jahrzehnten wird der »Ruhestand« als eigenständige Lebensphase betrachtet. Wer finanziell abgesichert ist, kann das Alter entsprechend zelebrieren und fällt gleichzeitig niemandem zur Last. Für privilegierte Senioren geht es daher vermehrt um »die pure Lust am Altwerden«.[1] Besonders die Babyboomer-Generation (die zwischen 1946 und 1964 Geborenen) sucht mittlerweile nach lebenswerten und altersgerechten Wohnsitzen. Die »sunbelt-migration« vom Norden in den Süden der USA ist im Kern eine Form dieser Ruhestandswanderung. Weil sogenannte »Health Seeker« ein sonniges Plätzchen suchen, entstehen die Planstädte für Rentner meist in begünstigten Gebieten im warm-trockenen Südwesten der USA, wo sich das Klima mildernd auf Arthrose, Bluthochdruck und Schmerzempfindlichkeit auswirkt. In »Sun City« kommen alle diese Vorteile an einem Ort zusammen.

Die weltweit erste exklusiv für Senioren geplante Privatstadt glich zur Zeit der Gründung einer sozialen Revolution. Nur vier Jahre vor ihrer Eröffnung hatte der Architekturkritiker Lewis Mumford noch gefordert, ältere Menschen besser in die Gesellschaft zu integrieren.[2] »Sun City« ist das genaue Gegenteil: Freiwillige Selbstausgrenzung wird dort zum Statussymbol erhoben. Seit dem Inkrafttreten des »Housing Act« 1956 wurden Rentnersiedlungen politisch stark gefördert.[3]

Doch ohne einen geschäftstüchtigen Planer, der für die notwendige Infrastruktur sorgte, wäre »Sun City« niemals verwirklicht worden. Der ehemalige Zimmermann und Bauunternehmer Delbert Eugene Webb erkannte als Erster das Marktpotenzial für »Utopien der Senilität«. Nordwestlich von Phoenix (Arizona) erwarb er zunächst eine 8000 Hektar große ehemalige Baumwollplantage mit Wasserrechten.[4] Diese Gegend in der Sonora-Wüste zeichnet sich durch ideale Bedingungen für Senioren aus: Sie ist flach und bietet mit 312 Sonnentagen im Jahr beste Voraussetzungen. Auch im Winter fällt die Temperatur nicht unter fünf Grad Celsius.

In »Sun City« bleiben Rentner nicht nur unter sich, sie müssen auch nie wieder Schneeschaufeln in die Hand nehmen. Schnell lernte Webb von kleineren Vorläuferprojekten wie »Youngtown« in Florida. Machbarkeitsstudien kamen zu dem Ergebnis, dass Ältere vor allem »Sonne, Aktivität und Geselligkeit« suchen. »Sun City« wurde daher konsequent an die Bedürfnisse aktiver Senioren angepasst.[5] Aus dem »American way of life« wurde der »New way of life for the old«,[6] ein bis ins Detail auf rüstige Rentner abgestimmtes Lebensmodell. Schnell entstanden der erste Golfplatz, ein Freizeit- sowie ein Einkaufszentrum. Nachdem 1959 die ersten fünf Musterhäuser sowie ein Verkaufsbüro fertiggestellt worden waren, eröffnete Webb am 1. Januar 1960 »Sun City« auf einer Fläche von 38 Quadratkilometern.[7] Am Eröffnungswochenende wurden mehr als 100.000 Besucher gezählt, 237 Häuser konnten auf der Stelle verkauft werden. Das Konzept schien perfekt zu den Erwartungen der anwesenden Rentner zu passen. Die neue Utopie wurde zum Selbstläufer.[8] Immer mehr Ruheständler fanden, dass diese Stadt genau das Richtige für sie war. Trotz fortgeschrittenen Alters wollten sie mehr vom Leben haben, als nur auf den Tod zu warten. Wohl auch deshalb lautet der Titel eines Dokumentarfilms von Susan Gluth »Gestorben wird morgen«.[9] Im Film erzählen Sun Citianer auf berührende Weise von Zufriedenheit im Alter. »Eines Tages kamen wir am Friedhof vorbei«, so ein älteres Ehepaar. »Dann sagten wir uns: Es wird passieren. Also zogen wir nach Sun City, um zu sterben. Aber wir wollen dabei jede Menge Spaß haben.« Auf diese Weise entstand eine einzigartige »intentionale Gemeinschaft«. Den Begriff der »Intentional Community« gibt es bereits seit 1948. Inzwischen dient er als Sammelbegriff für »Ökodörfer, Kommunen, Kibbuzim, Co-Housing- und Wohnprojekte, die gezielt und bewusst Gemeinschaft im Alltag leben und vieles miteinander teilen«.[10] Eben auch für Rentnerkolonien.

Wer im selbst gewählten Paradies »Sun City« einen Miet- oder Kaufvertrag unterschreiben möchte, muss mindestens 55 Jahre alt sein. Das Durchschnittsalter liegt allerdings bei knapp über 72 Jahren. Mehr als 100 Bewohner sind sogar älter als 100 Jahre. Die Stadt der Senioren ist damit eine gerontologische Insel innerhalb einer Gesellschaft, in der zwar immer mehr Menschen ein höheres Lebensalter erwarten dürfen, in der aber gleichzeitig ein gnadenloser Jugendkult und Selbstoptimierungswahn um sich greifen. Die Grundidee der Altersutopie besteht darin, den Lebensabend aktiv in der Gesellschaft Gleichgesinnter zu verbringen, anstatt sich resignativ in die Einsamkeit zurückzuziehen.

Inzwischen leben allein in »Sun City« rund 39.000 Menschen diesen Traum. Ihnen stehen 18 Einkaufszentren, 43 Banken, 25 Kirchen, drei Büchereien und zwei Krankenhäuser zur Verfügung. Hinzu kommen saubere Straßen und viel Sonnenschein. Sun Citianer dürfen zudem elf Golfplätze nutzen, was auch das schwarmartige Auftreten von Golfmobilen im Straßenverkehr erklärt. Für fast jedes Hobby werden Kurse angeboten: von Square Dance, Cheerleading und Yoga bis zu Töpfern oder Glasmalerei.

Die zentralen Bedürfnisse der »golden ager« wurden bereits im Planungsstadium berücksichtigt. Eines der zwei Krankenhäuser, das Boswell Memorial Hospital, gehört zu den angesehensten Krankenhäusern in Arizona und bietet medizinische und pflegerische Betreuung rund um die Uhr. Der »Sunshine Service« stellt kostenlos Krücken, Rollstühle und Gästebetten zur Verfügung. Die Sun Citianer helfen sich gegenseitig und fühlen sich als Teil einer großen Ersatzfamilie, in der viel Wert auf Kameradschaft gelegt wird, sie unterstützen sich in Nachbarschaftsgemeinschaften und ehrenamtlichen Hilfsorganisationen.[11] »Attitude is everything« – ändern lässt sich ohnehin kaum etwas. Gemeinsam lächelnd werden das eigene Alter und die damit einhergehenden Veränderungen akzeptiert. Auch deshalb sind wohl die meisten Einwohner der Stadt zufrieden: »Sun City has it all.«[12]

Gleich und gleich gesellt sich gern. Wer in die Rentnerkolonie zieht, hat dort oft bereits Freunde oder Verwandte. »Sun and fun«, Ordnung und Überschaubarkeit sind weitere Attraktoren. In der Rentnerkolonie fühlen sich die Menschen durch den gemeinsamen Kampf gegen das Schicksal, das Altern und den Tod verbunden. Allerdings erzeugen homogene soziale Gruppen auch eine paradoxe Form von Einsamkeit.[13] Insbesonders zu Weihnachten gerät die Lebenslust in Seniorenkolonien an eine Belastungsgrenze, weil die biologische Familie oft weit weg wohnt und Kinder oder Enkelkinder ein eigenes Leben führen. Alterssegregation wirkt wie eine Art soziale Kettenreaktion und wird eher billigend in Kauf genommen. Gleichzeitig wurde in »Sun City« städtebaulich und architektonisch alles dafür getan, um Selbstausgrenzung komfortabel erscheinen zu lassen: eingeschossige Wohnungen, ebenerdige Eingänge und abgerundete Kanten an Bordsteinen garantieren Hindernisfreiheit für Rollatoren und Rollstühle. Die Größe der Schrift auf Laden- und Straßenschildern ist seniorengerecht. Wer kein eigenes Auto hat, kann mit einem »golf cart« durch die Stadt flitzen. Dort fällt dann vielleicht eine großflächige Straßenwerbung ins Auge: »Einäscherung – nur 586 $«.

Nicht nur baulich, sondern auch politisch wirkt »Sun City« wie ein autarker Mini-Staat.[14] Grundsteuern und Lebenshaltungskosten sind niedrig. Doch der Seniorenstaat zeichnet sich durch doppelte Segregation aus. Während die Altersgrenze zur Programmatik gehört, ist die ethnische Absonderung weit weniger offensichtlich. Rund 95 Prozent der Bewohner sind wieder einmal Weiße. Andere Ethnien existieren praktisch gar nicht.[15] Ehemalige Manager, Rechtsanwälte und Ärzte bilden zusammen eine kulturelle Blase. In »Sun City« gibt es keinen Bürgermeister oder Stadtrat und somit auch kein Rathaus. Das Sagen hat ausschließlich die Del Webb Corporation, das Unternehmen des Stadtgründers. Hat sich seit Titus Salt, Henry Ford und Walt Disney also rein gar nichts geändert?

Tatsächlich begann mit »Sun City« ein vollkommen neuer Trend, denn die Stadt ist der Prototyp einer von Unternehmen verwalteten Siedlung – einer Privatopia. Zwar sieht »Sun City« auf den ersten Blick wie eine normale Stadt aus. Doch die Rentnerkolonie ist eben gerade kein gewachsenes Gemeinwesen, sondern das seelenlose Kunstprodukt einer gewinnorientierten Firma. Alltägliche Dinge wie Freizeitorganisation oder Ausflüge klärt eine lokale Selbstverwaltung. Für wichtige Fragen müssen sich die Sun Citianer an einen »Big Boss« wenden, also einen bevollmächtigten Vertreter der Del Webb Corporation.[16] Privatopias tendieren dazu, oligarchische private Regierungsformen hervorzubringen, deren lokale Mikropolitik von den Vorgaben und oftmals auch den Launen des Gründers abhängt. »Diese Form der privaten Regierung ist auffallend unterschiedlich von der demokratischen Regierung bisheriger Städte«, so der Politikwissenschaftler Evan McKenzie, der 1994 den Begriff »Privatopia« prägte und auch deren destruktiven Charakter hervorhob.[17] »In vielerlei Hinsicht sind sie kaltherzig und undemokratisch.«[18]

Der Preis für die Effizienz von Privatopias ist Entdemokratisierung. Um Ordnung und Sicherheit kümmert sich ein Freiwilligendienst, eine Art Laientruppe gegen Kriminalität, die Tag und Nacht Patrouille fährt. »Es gibt hier Regeln, die nicht jedem gefallen«, so der ehrenamtliche Sheriff lakonisch.[19] Besuche von Kindern sind nur an 30 Tagen im Jahr erlaubt, den eigenen Swimmingpool dürfen sie nur sonntags zwischen 10 Uhr morgens und Mittag nutzen. In der Tat ist dies ein Leben »an einer neuen Grenze«, wie es Joel Garreau in seinem Buch »Edge City« ausdrückt.[20]

Einerseits sind Kinder so gut wie ausgeschlossen, andererseits sorgt ein Heer junger Schattenarbeiter für das Wohl der rüstigen Rentner: Bankangestellte, Kassiererinnen im Supermarkt, Bedienungen in Restaurants, Gärtner und Caddies auf dem Golfplatz sind erkennbar jünger als die Bewohner der Stadt. Junge Menschen haben jedoch lediglich den Status von Arbeitsmigranten oder möglichst unsichtbaren Gastarbeitern. Sie leben in Siedlungen und Trailerparks im Umland oder in Phoenix, von wo aus sie täglich ins scheinbare Utopia pendeln.

Ebenso unsichtbar sind auch die Armen der Stadt. Selbst eine nahezu perfekt geplante Utopie wie »Sun City« bietet keinen Schutz vor Altersarmut. Weil im Alter die Kosten für Gesundheitsversorgung, Medikamente oder Hilfsmittel steigen, sind vor allem Hochbetagte von Altersarmut betroffen. Auf der Hinterbühne der Utopie findet daher eine ständige Fluktuation von hübschen in weniger ansehnliche Häuser oder Wohnanlagen statt. Gleichwohl ging Delbert Webbs Masterplan auf. »Es gibt zwar keine Utopie«, dämpft eine Bewohnerin allzugroße Erwartungen. »Aber das hier kommt dem schon sehr nahe!«[21]

Der überwältigende Erfolg der prototypischen Privatopia machte aus »Sun City« am Ende sogar eine Marke. Erst entstand eine Schwesterstadt in unmittelbarer Umgebung, dann weitere »Sun Cities« in anderen Bundesstaaten der USA, die allesamt der Del Webb Corporation gehören.[22] Delbert Webb, der gut für seinen eigenen Ruhestand ausgesorgt hatte, starb 1974. In seiner ersten »Sun City« ist immerhin ein Boulevard nach ihm benannt.

Doch es geht noch weitaus größer: Mit 112.000 Einwohnern ist »The Villages« inzwischen die weltweit größte Rentnerstadt, gleich dreimal so groß wie »Sun City«, ein gigantisches »Senioren-Ghetto«.[23] Auf einem ehemaligen Wassermelonenfeld in Florida baute der Versandhändler Harold Schwartz eine Seniorensiedlung, die äußerlich in überschaubare Viertel und Dörfer aufgeteilt ist.[24] Pro Monat werden im Schnitt 200 bis 250 Häuser verkauft, die nicht gerade als Schnäppchen gelten. Auch der monatliche Unkostenbeitrag für Freizeitangebote ist mit rund 1200 US-Dollar wenig einladend. Immerhin sind in der Flatrate für das sorgenfreie Leben die Kosten für Fernsehgebühren und Müllabfuhr bereits enthalten. Im US-Wahljahr 2020 rafften sich die Senioren dazu auf, mit einem Konvoi aus 300 Golfwägelchen gegen den damals noch amtierenden Präsidenten Trump zu protestieren. Ein Novum: Golfcarts als Teil des politischen Widerstands inmitten einer Rentnerkolonie.[25] Dennoch entpuppt sich auch »The Villages« letztendlich als exklusiv-eskapistische Gemeinschaftsform für die gehobene weiße Mittelschicht. Wie in Walt Disneys Planstadt »Celebration« fehlt auch in »The Villages« ein Friedhof. Zum Sterben müssen die finanzkräftigen Alten schlussendlich doch noch einmal umziehen.

In alternden Gesellschaften mutieren Rentnerkolonien zum

neuen Wunschland. Alltag unter Menschen mit ähnlicher Motiv-
geschichte ist attraktiv, die Lebensführung erscheint planbarer
und sicherer. Allein in den USA existieren gut 700 »retirement
communitites« mit altersoptimierten Wohn- und Versorgungs-
strukturen. Selbst in Deutschland entstand 2009 im niedersächsischen Meppen der erste Seniorenwohnpark nach Plänen des
Architekten Josef Wulf, eine Art gerontologischer Betreuungs-
stützpunkt mit angeschlossenen Wanderwegen.[26]

Gleichwohl gibt es berechtigte Kritik am Konzept. »Sun City«
und dessen Ableger sind nur attraktiv, solange die Bewohner fit
und wohlhabend sind. Hinzu kommen destruktive Verstärkungs-
effekte sozial homogener Gemeinschaften. Die gute Idee nutzt
sich schnell ab: Zu viele Rollatoren stören das mit viel Aufwand
idealisierte Bild vom genussvollen Lebensabend. Selten wird
zudem bedacht, dass viele Entscheidungen nicht rückgängig zu
machen sind.[27] In Rentnergemeinschaften zieht sich ein immer
größer werdender Teil einer Generation ins gesellschaftliche Abseits zurück. »Absonderung ist die am meisten verbreitete Bedrohung für die Würde und das Wohlbefinden. Absonderung ist
endemisch«, so bereits der Utopist Paolo Soleri.[28] Wo auch immer
sich Menschen gegenseitig abgrenzen, kann keine zivilisierte Gemeinschaft entstehen. Bleiben Gleichgesinnte unter sich, kommt
es kurzfristig zwar zu gesteigerter Zufriedenheit, weil viele Konflikte ernst gar nicht entstehen. Allerdings gehören Konflikte als
soziale Regulative zu lebenswerten Gemeinschaften einfach dazu.
Es kommt allein auf den kompetenten Umgang mit Konflikten
an, nicht auf deren Verbannung.

ZUKUNFT DER PRIVATOPIAS
Als Utopie lässt sich nur verwirklichen, was als Weltbild bereits
vorhanden ist. Die »Utopie eines Ordnungsfanatikers wird nie
etwas anderes sein als eine gesteigerte Verkehrsordnung«,[29] so
der Philosoph Hans Freyer. Planstädte wie »Saltaire«, »Fordlân-

dia«, »Levittown« oder »Celebration« bezeugen diese Prämisse. Egal ob »Sun City«, »Isnyland«, »Neom« oder das »Venus Project« – alle diese Versuchsanordnungen sind »wehrhafte private Inseln inmitten eines Ozeans öffentlicher Urbanität«.[30]

Mit ihrem umfangreichen legislativen Korpus an Restriktionen und Regeln repräsentieren Privatopias ein Lebenskonzept, bei dem jegliche Form individueller Aktivität stark reguliert wird. Im Englischen wird dafür die Abkürzung CC&Rs gebraucht: Covenants, Conditions, Restrictions (Vereinbarungen, Bedingungen und Begrenzungen). Privat regierte Sozialutopien sind eine konzeptuelle Revolution, weil dabei kommunale Regierungsformen durch privates Management ersetzt werden. Privatopias entsprechen damit in etwa der ultra-minimalen Staatstheorie von Robert Nozick, dem Vordenker des amerikanischen Radikalliberalismus. In Verpflichtungen gegenüber anderen, dem Staat, dem Volk oder der Familie, erkennt Nozick gar die Teilenteignung des Menschen. »Sun City«, »Celebration« oder Seasteads repräsentieren Nozicks Ideen, die er in seinem Manifest »Anarchie, Staat, Utopie« ausformulierte, recht anschaulich.[31]

Allerdings driften privat verwaltete Utopien früher oder später fast automatisch in Richtung Totalitarismus ab. Der Journalist Marco d'Erama erinnert vor diesem Hintergrund an die Gemeinschaften der Jesuiten im Paraguay des 16. Jahrhunderts: Dort gab es erhöhte Straßen, damit die heiligen Väter in die Fenster der Indio-Hütten schauen konnten, um deren privates Leben zu beobachten.[32] Heute erledigen dies die vielen »Rule-Books«, die mit ihren teils peniblen Vorschriften konformes Verhalten geradezu erzwingen. Innerhalb einer Privatopia haben die Normen der Mehrheitsgesellschaft keinerlei Gültigkeit. In »Leisure World«, einem »Sun City«-Surrogat, wurde die Zirkulation eines Newsletters verboten, weil dieser dem Kontrollboard des Unternehmens als zu kritisch missfiel.

Ein Wesensmerkmal von Utopien besteht in der Uniformität

225

der Gemeinschaftsform und dem damit erzwungenen Konsens. Warum aber lassen sich moderne und gebildete Menschen auf eine derartige Tyrannei der Regeln ein? Die Rational-Choice-Theorie behauptet, dass wir alle als »homo oeconomicus« Aufwand und Nutzen abwägen. Somit entsteht der Verdacht, dass die Bewohner von Privatopias den Preis der Regeln gegen das erlebte Glück abwägen. Hinzu kommt, dass Privatopias die übliche Unübersichtlichkeit minimieren. »Der unwiderstehliche Magnet, der geplante Städte so anziehend macht, ist ihre vollständige Vorhersagbarkeit.«[33] Wandel oder gar Diversität werden in einer Privatopia fast immer mit der Bedrohung des eigenen Daseins gleichgesetzt. Für das Versprechen, stressfrei als Gleicher unter Gleichen leben zu dürfen, sind viele Menschen offensichtlich bereit, einen hohen ökonomischen, kulturellen und sozialen Preis zu bezahlen: Ordnungswut, Unterordnung und rassistische Diskriminierung gehören dazu. Ideal ist das nicht wirklich, doch welchen Preis werden Menschen erst für ein Leben im All zahlen müssen?

GESPRENGTE KETTEN DER GRAVITATION
OLD SPACE, 2016

Nur zwei Dutzend der rund 600 Astronauten waren bislang in den Tiefen des Alls unterwegs. Zwölf Menschen betraten den Mond. Der distanzierte Blick auf die Erde, den diese Astronauten dabei einnehmen konnten, veränderte auch den Blick auf uns als Erdbewohner. Zunächst schien die Faszination für Astronauten und Kosmonauten ungebrochen, doch der Effekt nutzte sich merklich ab. Als SpaceX im November 2020 vier Astronauten zur ISS beförderte, fielen den Kommentatoren in den Medien zwar die eleganten Raumanzüge auf, die Namen der Besatzungsmitglieder wurden hingegen selten genannt. Dabei hatte die Utopie des Weltraums doch so magisch begonnen.

Die Mercury-, Gemini- und Apollo-Missionen der 1960er- und 1970er-Jahre sprengten erstmals in der Geschichte der Menschheit die Ketten der Gravitation. Die Raumschiffe Wostok und Soyuz machten Erdumkreisungen und damit orbitale Aufenthalte im All selbstverständlicher. Mit den Weltraumstationen Skylab und Salyut entstanden zunächst temporäre, mit Mir und der ISS schließlich permanente Aufenthaltsorte für Menschen im Erdorbit. Der deutsche Astronaut Reinhold Ewald, der 1997 ins All flog, betrachtet sich wegen seines »orbitalen Erlebnisses« als »Welt(all)bürger«.[1] Weil der Blick vom All auf die Erde etwas Besonderes war, rief der französische Philosoph Paul Virilio 2002 das Zeitalter der Emanzipation aus.[2]

Doch wollen wir eigentlich die Perspektivverschiebung, die uns die Erfahrungen der Astronauten ermöglichen? Wollen wir die Emanzipation, die Virilio beschwört? Reinhold Ewald hatte bei seinem Raumflug lediglich zwei Filmrollen mit je 36 Bildern für seine analoge Kamera dabei. Heute wird jeder Moment im All lückenlos digital dokumentiert. Gleichzeitig gewöhnen wir uns selbst an die exklusiven Ausblicke aus der Raumstation ISS. Nur 500 bis 3000 Menschen verfolgen im Schnitt den Live-Stream, der von der NASA aus dem All gesendet wird.

Zwischen Weihnachten 1968 und Weihnachten 1972 wurde der Orbit domestiziert und zur Haltestelle der Menschheit im All. Dennoch unterscheiden sich die Erdumlaufbahn und Deep Space radikal. »Aus philosophischer Perspektive hatten wir zwei Weltraumprogramme«, so deshalb der Astronaut Eugene Cernan.[3] Deep Space verändert die Perspektive noch grundlegender. »Man identifiziert sich mehr mit dem Universum als mit der Erde«, so der Apollo-14-Astronaut Edgar Mitchell.[4] Und Neil Armstrong erzählt, dass er sich beim Betreten des Mondes nicht mächtig, sondern »sehr klein fühlte«.[5] Diese Reaktionen zeigen, dass Raumfahrt helfen kann, einen radikalen und nachhaltigen Perspektivwechsel einzunehmen. Wir könnten erkennen, dass wir

227

alle zusammen in einer kosmischen Trutzburg leben. Alle zusammen sind wir auf einem Planeten mit einer winzig dünnen Atmosphäre »eingekerkert«, so der Philosoph Bruno Latour.[6] Wenn Menschen eines Tages den Orbit des Planeten zu dessen bewohnbarem Außenbezirk machen werden, dann sprengen sie nicht nur die Ketten der Gravitation, sondern etablieren damit auch eine neue Form der Zivilisation.

GELUNGENE HEIMKUNFT ALS GESCHENK UND NEUANFANG

Astronauten und Kosmonauten können sich endlos an den Ausblicken ins All und auf die Erde ergötzen. Uns sollte jedoch zu denken geben, dass kein Gefühl die »Heimkunft« übertrifft. Die Rückkehr zur Erde ist ein fundamentales Totalerlebnis. »Es ist verrückt«, schreibt Scott Kelly in sein Logbuch, nachdem er die letzten Kollegen auf der ISS in Richtung Erde verabschiedet hatte und für einige Zeit allein auf der internationalen Raumstation ausharren musste. »Unsere gemeinsame Erfahrung ist vorbei. Ich bin allein, es ist still.«[7] Das All machte ihn nachdenklich: »Wir vermissen die Natur: Wälder, Vogelgezwitscher, Windgeräusche«, klagte Kelly, der gleich mehrere Langzeitmissionen absolvierte. Das All erinnert Weltraumfahrer an die eigenen Sehnsüchte. »Ich vermisse es zu kochen. Frisches Essen und der Geruch von Gemüse, wenn man es schneidet«, schildert Kelly seine Erfahrungen. »Ich vermisse sogar Gemüseläden.«

Zwischen der Magie der Ankunft im All und der Heimkehr zur Erde bietet Weltraumfahrt eine Bandbreite existenzieller Einblicke. Noch gilt jeder Start ins All als gefährlich, trotz moderner Technik ist jede Rückkehr zur Erde ein gewagtes Manöver. Die Erdatmosphäre ist auf natürliche Art und Weise resistent gegen Objekte, die vom Weltall aus eindringen wollen. Die gleichen Eigenschaften, die uns vor Meteoriten und herunterfallendem Weltraummüll schützen, machen rückkehrenden Astronauten das

Leben schwer. »Die Atmosphäre scheint dafür da zu sein, uns zu killen«, so Kelly.

Rückblickend wird verständlich, warum John F. Kennedy betonte, dass es darum gehe, Menschen zum Mond *und* wieder gesund zurück zur Erde zu bringen. »Wenn man schon etwas Besonderes ist, wenn man in den Weltraum fliegt, dann ist man erst recht etwas Besonderes, wenn man von dort zurückkommt.«[8] Wohl auch deshalb heißt die Rückkehr aus dem All nicht profan Landung, sondern vielmehr Wiedereintritt. Nachdem die Raumfahrtkapsel mit Fallschirmen aufgefangen und mit Bremsraketen beim Aufprall auf Wasser oder der Erdoberfläche abgefedert wird, öffnet sich die Einstiegsluke, frische Luft strömt ein. Zukünftige Mars-Kolonisten werden diesen Moment bei der Ankunft auf dem roten Planeten leider niemals erleben.

Die Rückkehr zur Erde ließ bislang keinen einzigen Astronauten unberührt. Eine rein rationale Betrachtung wird diesem Ausnahmeerlebnis nicht gerecht. Die Magie der Heimkunft verschiebt das Bewusstsein für immer – auch wenn es dabei recht ruppig zugehen kann. Auf die Frage seiner Frau, wie sich denn der Wiedereintritt mit einer Soyus-Kapsel 2016 angefühlt habe, antwortete Scott Kelly schnörkellos: »Es war f*cking mittelalterlich, aber wirksam.«[9]

»MARS, HERE WE COME« – ENTDECKER GESUCHT!
NEW SPACE, 2020

Selten hatten Visionäre es einfach. Ein Beispiel ist der einflussreiche Science-Fiction-Autor Arthur C. Clarke. In seinem 1979 erschienenen Roman »Fountains of Paradise« (in der deutschen Ausgabe: »Fahrstuhl zu den Sternen«) machte er das höchst umstrittene Konzept des Weltraumfahrstuhls populär. Auf die Frage, wann die Idee realisiert werden könnte, gab Clarke eine weise

Antwort: »Wahrscheinlich 50 Jahre nachdem alle aufgehört haben zu lachen.«[1]

New Space, das sind vor allem Pläne und Geschichten wilder Träumer. Zeitgenössische Visionäre wie Elon Musk, Jeff Bezos oder Richard Branson sind bekannter und reicher als manche Rockstars. Mit der Inszenierung ihrer eigenen Raumflüge 2021 sorgten sie dafür, dass nicht nur ihr Programm bekannt wurde, sondern auch ihr Wirken als Weltraum-Gurus.

Doch wonach streben sie eigentlich? Ihr Utopia liegt im All – und nur wenige lachen noch darüber. Inzwischen scheint die Zeit reif für neue Visionen zu sein. Der theoretische Physiker Michio Kaku rief inzwischen sogar ein neues Goldenes Zeitalter aus. Einerseits, weil dabei wie selbstverständlich neue Technologien zum Einsatz kommen. Andererseits, weil statt der Entdeckung neuer irdischer Territorien wie im 15. und 16. Jahrhundert diesmal Fernreisen im All auf dem Programm stehen. Das Zwischenziel dieses Zeitalters: Mars.[2] Auch wenn bei New Space vor allem anglo-amerikanische Weltraum-Milliardäre im Mittelpunkt stehen, darf nicht vergessen werden, dass der erste private Raumfahrtunternehmer ein Deutscher war.

DAS »KAYSERREICH« ALS (FAST) VERGESSENER STARTPUNKT VON NEW SPACE

Schon als Kind war Lutz Kayser verrückt nach Raumfahrt. In seiner Begeisterung schrieb er dem Weltraumpionier Wernher von Braun und bat um einen Ratschlag. Kayser wusste nicht, ob er Astronaut oder Raketenkonstrukteur werden sollte. Letztlich entschied er sich für den Raketenbau und wurde Student von Eugen Sänger, der trotz Nazi-Vergangenheit Karriere an der Stuttgarter Universität gemacht hatte. Zusammen mit Kommilitonen entwickelte Kayser eine einfache, modular aufgebaute Transportrakete, denn er träumte von »Do-it-yourself«-Raumfahrt. Zu einer Zeit, in der Amerikaner und Sowjets Unsummen von Geld in ihre jeweiligen Weltraumprogramme pumpten, schwamm Kayser mit seinem »Low-Cost«-Ansatz gegen den Strom der Zeit.

Nach der Gründung der European Space Agency (ESA) sah sich Kayser gezwungen, seine Pläne privatwirtschaftlich zu realisieren. Ausgerechnet in Zaire fand er dafür einen passenden Ort. Dort träumte Joseph-Désiré Mobutu, »Diktator mit Schwäche für megalomanische Großprojekte und deutsche Technik«, ebenso von Raumfahrt wie Lutz Kayser. Als einziges afrikanisches Land hatte Zaire die amerikanischen »Moonwalker« empfangen und mit dem »Orden der Leoparden« ausgezeichnet.[3] Nach einem nur 20-minütigen Gespräch einigten sich der afrikanische Diktator und der deutsche Ingenieur. Der geltungssüchtige Mobuto stellte seinem deutschen Genie eine Fläche von rund 100.000 Quadratkilometern für Raketentests zur Verfügung.

Mitten im Dschungel Afrikas entstand auf diese Weise ein privater Raketenstartplatz, von den Medien gern als »Kayserreich« verspottet. Oberhalb des Flusses Luvua wurde auf dem Hochplateau Kapani Tono eine Dschungelstadt mitsamt Landepiste angelegt. Mit schwäbischer Gründlichkeit bauten die Pioniere Straßen und Hütten sowie ein Restaurant mit 60 Sitzplätzen für Arbeiter und Techniker. Ein Gärtner pflanzte im Rahmen dieser modernen Robinsonade alles Lebensnotwendige an. »Es war wie im Garten Eden«, erinnert sich einer der Mitarbeiter, »mit drei bis vier Ernten im Jahr.« Ein Bäcker und ein Metzger kümmerten sich gründlich um das Wohlergehen der Pioniere. »Wir haben versucht, autark zu leben«, erzählt einer der Weggefährten Kaysers im Film »Fly Rocket Fly«, »aber der Wein aus Württemberg und das Bier aus Bayern mussten eingeflogen werden.« Gern mit dem Learjet des Chefs. Eine eigens gegründete Gesellschaft, die Orbital Transport und Raketen Aktiengesellschaft OTRAG, sammelte Kapital von rund 1600 deutschen Aktionären ein, damit am 17. Mai 1977 die erste Rakete erfolgreich in den zentralafrikanischen Himmel starten konnte. Lange vor den New-Space-Gurus war dies der eigentliche Beginn privater Raumfahrt.

»Ein genialischer Wissenschaftler entwickelt mithilfe alter V2-Ingenieure eine eigene Rakete und baut vor den Augen der Weltöffentlichkeit verborgen im Dschungel eine eigene Raketenstadt«, fasst der Regisseur Oliver Schwehm den Plot dieser in Teilen irren und doch wahren Geschichte zusammen. »Das lässt selbst Dr. No vor Neid erblassen.«

Doch auch dieser charismatische Pionier scheiterte kläglich. Kayser wurde zum Spielball der Weltmächte, die fürchteten, dass bald afrikanische Staaten unkontrolliert im All mitmischen würden. Nach einem peinlichen Fehlstart untersagte Mobuto ab 1979 weitere Tests, vorerst endete der kühne Traum Kaysers. Dieser versuchte die Anlage aufrechtzuerhalten und später in ein Ferien-Resort umzuwandeln. »Doch aus diesen Plänen wurde nichts«, so Schwehm, »und so verfielen Gebäude und Startplatz. Heute sind nur noch einige Ruinen übrig geblieben.« Das ehemalige »Kayserreich« sieht heute nicht sehr viel anders aus als die Reste »Fordlândias« im Amazonasbecken.

FÜRSTEN DER NEUZEIT

Lutz Kayser hätte einen Platz in den Geschichtsbüchern verdient. Doch erst superreiche Digitalunternehmer und »Space Billionaires« brachten das ökonomische Potenzial auf, die Menschheitsgeschichte im All als Privatiers fortzuschreiben und dabei unterhaltsame Storys über Egozentrik, Exotik und Eigenwillen zu erzählen. Rund 25 Milliardäre, allesamt Männer, bilden gegenwärtig den exklusiven Klub der Raumfahrtvisionäre.[4] Dazu gehören im Vordergrund der Tesla- und SpaceX-Gründer Elon Musk, der Amazon-Gründer Jeff Bezos sowie der Virgin-Mogul Richard Branson. Als Geldgeber im Hintergrund mischen Internet-Investment-Guru Juri Milner und Facebook-Gründer Mark Zuckerberg sowie Google-Gründer Sergey Brin und Larry Page mit; und bis zu seinem Tod 2018 auch Microsoft-Mitbegründer Paul Allen. Superreiche wie Peter Thiel stellen sich ebenfalls eine Art Zukunftsportfolio zusammen, indem sie gleichzeitig in apokalyptische Bunkeranlagen, libertäre Seasteads und progressive Weltraumprojekte investieren.

Zum Klub der Erleuchteten gehört auch der griechisch-amerikanische Entrepreneur Peter Diamandis, der für die Szene »wie ein Katalysator auf zwei Beinen« wirkt.[5] Ausdauernd verkündet er die Heilsbotschaft, dass die Zukunft der Menschheit im All liege und es dazu nur noch die passende Technik brauche. »Alles andere komme dann von allein, die Raumfahrt-Wirtschaft, der Profit, der Mensch im Raum.« Noch während seines Studiums gründete Diamandis das Raumfahrtunternehmen »International MicroSpace«. Später schrieb er einen Preis für denjenigen aus, »der als Erster zwei Passagiere innerhalb von zwei Wochen zweimal 100 Kilometer hoch in den Weltraum und (gesund) wieder zurück auf die Erde fliegen würde – ohne Hilfe von NASA und Regierung«. Zehn Millionen Dollar lockten beim »X-Prize«.

Wer so viel Geld übrig hat, kann unabhängig entscheiden. Und wer entscheidet, hat Macht. »Diese absoluten Fürsten der Neuzeit kennen die Wirkung ihres Erfolges und die Strahlkraft ihres Reichtums auf die Öffentlichkeit genau und versuchen sie für ihre Ziele im All zu nutzen«, so der Journalist Peter Schneider. Die großen Visionäre liefern sich öffentlichkeitswirksame Duelle, deren vorläufiger Höhepunkt die Raumflüge von Richard Branson, Jeff Bezos und Elon Musk 2021 waren. Wieder einmal sorgte SpaceX für das größte Aufsehen. An Bord der vom Boden aus ferngesteuerten »Inspiration4«-Mission waren der US-Milliardär Jared Issacman sowie die Artzhelferin Hayley Arceneaux, die Künstlerin und Professorin Sian Proctor sowie der Raumfahrtingenieur Chris Sembroski. Das gab es bislang noch nie: vier Zivilisten an Bord eines Raumschiffs und kein professioneller Astronaut, der steuert. Während die Crews von Branson und Bezos den Weltraum in niedrigen Umlaufbahnen eher ankratzten und die Flüge nur maximal so lange dauerten wie ein Kinofilm, blieb die »Inspiration4«-Mannschaft drei Tage im All und erreichte eine Umlaufbahn in 580 Kilometern Höhe. Ihre Zeit in der mit neun Kubikmetern recht beengten Dragon-Kapsel verbrachte sie mit Telefonaten, Essen, Hinausschauen – und Staunen.

Von den Medien werden diese Ereignisse gern als Fortsetzungsgeschichte über die Zukunft verbreitet. In einer Epoche, die arm an positiven Wunschbildern ist, sind diese Erzählungen hochwillkommen. Weil Musk und Bezos ähnliche Ziele verfolgen, ist die unternehmerische Rivalität zwischen den beiden Superreichen besonders spannend. Musk, der smarte Weltraumspediteur, der inzwischen sogar die ISS mit Material und Menschen versorgt, gegen Bezos, den Großunternehmer für Weltrauminfrastrukturen. Gleicher Geschäftssinn, unterschiedliche Gesinnung. Während Musk eine neue Zivilisation auf dem Mars begründen will, braucht es für Bezos keinen Plan B. Vielmehr glaubt er an unseren Heimatplaneten. »Ich war selten von etwas so überzeugt. Wir müssen ihn beschützen. Und dafür müssen wir in den Raum gehen.«[6] Oder zumindest unseren Müll dorthin auslagern?[7]

Unter den neuen Fürsten gibt es auch weniger bekannte, gleichwohl aber einflussreiche Superreiche. Ma Huateng (China) investiert einen Großteil seines Geldes in Start-ups, darunter »Moon Express«, ein Unternehmen, das hofft, eines Tages Rohstoffe auf dem Mond abbauen zu können. Robert Salinas (Mexiko) fördert den Satellitenbetreiber »OneWeb«. Der Casino- und Hotelmagnat Sheldon Adelson (USA) investierte in »SpaceIL«, eine Non-Profit-Organisation, die den ersten israelischen Roboter auf den Mond bringen wollte. Ein weiterer exzentrischer Hotelbesitzer, Robert Bigelow (USA), plant ein spektakuläres, aufblasbares Hotel im All. »Es ist wirklich cool, so viele energische und erfolgreiche Leute zu haben, die die Industrie vorantreiben«, so Andrew Rush, CEO des Unternehmens »Made in Space«. »Sie sind in gewisser Weise auch Vorbild für uns, weil sie Leidenschaft besitzen und Visionen.«[8]

Elon Musk ist der »primus inter pares« im Klub der Weltraumfürsten. Um seine Ziele zu erreichen, setzt er alles auf eine Karte, Raumfahrt macht er auf eigene Rechnung und Verantwortung.[9] Bislang weigerte sich Musk – der sich gern als »mission-driven« und nicht als »money-driven« bezeichnet –, mit seinem Unternehmen SpaceX an die Börse zu gehen. Das Besondere an Musk ist wohl, dass er zwar unternehmerisch denkt – dennoch auf Patente verzichtet. New Space bedeutet für ihn auch Open Source: Wissen soll der Allgemeinheit kostenlos zur Verfügung stehen.[10]

Von den 180 Millionen Dollar, die er für den Verkauf von PayPal an eBay einnahm, investierte er 100 Millionen in SpaceX. Sein Enthusiasmus wurde aus der Not heraus geboren. Für eine eigene Weltraummission wollte Musk ursprünglich auf die Hilfe der Russen zurückgreifen. Weil diese ihn mit Wucherpreisen ärgerten, gründete Musk 2002 kurzum sein eigenes Raumfahrtunternehmen. Was mit 30 Mitstreitern begann, ist heute ein Unternehmen mit 9500 Angestellten, die gemeinsam daran arbeiten, dass Menschen eines Tages multiplanetarisch leben können.[11] Erst nach drei Fehlschlägen erreichte im September 2008 die erste Rakete von SpaceX, die »Falcon 1«, den Orbit. »Das war unglaublich aufregend. Wir waren im Orbit. Es gibt nur eine Handvoll Länder auf dieser Erde, die das bisher geschafft haben«, so Musk. »Normalerweise ist das ein Länderding, kein Firmending.«[12]

Ähnlich wie bereits Lutz Kayser bewies Elon Musk, dass auch Privatleute Raketen ins All schießen können. Der Lohn des Erfolgs war das Angebot der NASA, für 1,6 Milliarden Dollar Versorgungstransporte zur ISS zu übernehmen. Über ein Dutzend Mal war die Versorgungskapsel »Dragon 1« bereits unterwegs zur ISS. Musks Ansehen stieg erneut, als 2020 der erste bemannte Flug einer »Dragon 2«-Kapsel stattfand und zwei SpaceX-Astronauten zur ISS flogen. Weltsensation! Inzwischen hat Space X mit der »Falcon

Heavy« eine Rakete im Programm, die die Nutzlast der »Saturn V« übertrifft, mit der die NASA im Space Age Astronauten zum Mond flog. Zukünftige Marsmissionen werden auf die »Super Heavy« zurückgreifen, die über 100 Tonnen Fracht und bis zu 100 Passagiere transportieren können soll. Musks ambitionierter Plan sah vor, dass bereits 2022 die ersten Frachtschiffe auf dem Mars landen. Doch nur sieben Minuten nach dem Start des Testflugs im Dezember 2020 ging der 50 Meter hohe Prototyp des aus Edelstahl gebauten Marsschiffs in Flammen auf. Zwischen Trotz und Optimismus twitterte der SpaceX-Chef: »Mars, here we come!!«[13]

Auf unterschiedliche Weise genießen es Musk, Bezos und die anderen Space-Fürsten, die Welt zu gestalten. Insbesonders Elon Musk hatte auf die nationalen Raumfahrtagenturen eine ähnliche Wirkung wie einst die Sputnik-Sonde der Russen auf die Amerikaner. Über kommerzielle und private Raumfahrt lacht inzwischen niemand mehr. »So eine Intervention beschleunigt das Ganze«, erläutert Oliver Angerer vom Deutschen Zentrum für Luft- und Raumfahrt (DLR). »Bleibt die Frage, wie nachhaltig das ist.«[14] Trotz mancher Bedenken gibt es große Hoffnungen und zielstrebige Visionen. »Wir müssen in den Raum hinaus ziehen«, so Jeff Bezos. »Und das wird in den nächsten 100 Jahren passieren.«[15]

Doch so toll New Space auf den ersten Blick auch wirkt, so konfliktträchtig sind die Pläne der Superreichen letztlich. Denn bis jetzt ist die Suche nach dem Wunschland im All für die Mächtigen lediglich eine Herausforderung zwischen Produktdifferenzierung und Risikominimierung und zugleich Ausdruck einer »Politik der Verachtung« der Massen, die aus Überreichtum resultiert.[16] Nach Zivilisationswandel sieht das längst noch nicht aus. Zudem verhindern die Ideen grenzenlosen Wachstums und unendlicher Ressourcen im All, angemessen über Prinzipien wie Nachhaltigkeit oder Suffizienz nachzudenken. Aber vielleicht passt die Anerkennung von Grenzen einfach nicht zur Haltung eines kompromisslosen Utopisten? Gerade Musk wird nachgesagt, Ziele unverfroren und ungezügelt zu verfolgen, so die Biografin Jessica Easto.[17] »Wir sollten daran arbeiten, den Umfang und die Reichweite unseres Denkens und unseres Bewusstseins zu vergrößern«, so Musk auf einer Konferenz, »um zu verstehen, welche Fragen wir stellen müssen. Tatsächlich ist das Einzige, das Sinn macht, nach einer besseren kollektiven Erleuchtung zu streben.«[18] Das hört sich fast so an, als hätte Musk seine Kindheit bei Hippies oder in »Auroville« verbracht.

Vielleicht wird Musk gerade deshalb eines Tages in die Geschichtsbücher eingehen, weil er mit diesem Mantra dazu beiträgt, die Einstellung der Menschheit zu ihrem Lebensraum tatsächlich nachhaltig zu verändern? Der Mars erscheint vielen inzwischen nicht mehr als fremder, unerreichbarer Ort, sondern rückt in den Mittelpunkt einer realen Utopie. Die eigentliche Leistung der Utopisten wird tatsächlich nicht in immer stärkeren Raketen bestehen, sondern in einem neuen Bewusstsein, das Raum für positive Wunschbilder eröffnet. Eine Marskolonie könnte sich indirekt auch stimulierend auf die irdische Politik auswirken. Spätestens mit der Unterscheidung von »Erdbürgern« und »Marsbürgern« wären nationale Grenzziehungen dann überflüssig. Kann so ein kosmisches Zusammengehörigkeitsgefühl entstehen, das die Erde zu einem grenzenlos besseren Ort macht?

Musste sich Wernher von Braun noch mit utopischen Filmchen zufriedengeben, die er zusammen mit Walt Disney produzierte, kann Elon Musk gegenwärtig technologisch, ideologisch und medial aus dem Vollen schöpfen. »Es herrscht kein Mangel an Leuten, die Zukunftsvisionen haben«, so Bill Gates über das Multitalent. »Was Elon Musk unter diesen Leuten auszeichnet, ist seine Fähigkeit, diese Zukunftsvisionen wahr werden zu lassen.«[19] Wie immer lässt bei so viel Lob Kritik nicht lange auf sich warten. Sie kommt meist von Firmen, die um ihre eigenen Produkte fürchten. Wohlmeinende Beobachter hingegen sehen Musks Bemühung für einen Zivilisationswandel. »Ich würde beim Sterben gern denken können, dass die Menschheit noch eine leuchtende Zukunft vor sich hat«, so Musk auf die Frage nach seinen Ambitionen. »Wenn wir bis dahin das Problem der erneuerbaren Energien gelöst haben und erkennbar auf dem Weg sind, eine multiplanetare Spezies mit einer sich selbst erhaltenden Zivilisation auf einem anderen Planeten zu werden, dann wäre das in meinen Augen wirklich gut.«[20]

Der Unternehmer und Investor Jeff Bezos war bislang vor allem als Gründer von Amazon bekannt. Seine New-Space-Träume sind jedoch nicht weniger ambitioniert als die von Elon Musk. »Ich möchte Weltraumhotels bauen, Vergnügungsparks und Kolonien für zwei bis drei Millionen Menschen im Orbit«, so Bezos. Erstaunlicherweise ist diese Aussage knapp 40 Jahre alt. Der damals 18-jährige College-Schüler Bezos fasste damit in einem Interview seine großspurigen Pläne zusammen.

Inzwischen hat auch er mit Blue Origin sein eigenes Raumfahrtunternehmen im Portfolio. Im Eingangsbereich des Hauptquartiers in Seattle hängt eine Art-déco-Nachbildung von Jules Vernes Raumschiff aus dem Buch »Von der Erde zum Mond«. Die Namen der Blue-Origin-Raketen tragen hingegen patriotische Züge: »New Shepard«, benannt nach dem Astronauten Alan Shepard; »New Glenn« nach dem Astronauten John Glenn; sowie »New Armstrong« nach dem »First Man« Neil Armstrong.[21] Auch Bezos strebt Zivilisationswandel an und will dafür das Weltall besiedeln.[22] Noch immer sieht seine Vision vor, dass eines Tages »Millionen Menschen im All leben und arbeiten«.[23] Ähnlich wie Musk denkt er pragmatisch und radikal-visionär zugleich. Jedes Jahr verkauft Bezos Amazon-Aktien im Wert von einer Milliarde US-Dollar, um seine Weltraum-Utopien zu finanzieren.[24] Da Amazon während der Corona-Pandemie rund 40 Prozent mehr umsetzte, dürfte sich das positiv auf multiplanetarische Weltraumutopien auswirken.

Der dritte prominente Privatier im erlesenen Klub der Weltraum-Milliardäre ist Sir Richard Branson, Ritter von Gnaden des Prinzen von Wales. Der Name seines Unternehmens: »Virgin Galactic«. Branson investierte in ein Portfolio, das den Weltraumbahnhof »SpacePort America«, eine Weltraumreiseagentur sowie das hochfliegende Flugzeug »Roc« beinhaltet. Mit seiner Reichweite touchiert sein »SpaceShipTwo« den unteren Weltraum – und kann auf diese Weise zahlungskräftigen Touristen für ein paar Minuten die Illusion vermitteln, eine Art Astronaut gewesen zu sein. Während dieser Zeit werden sie »in futuristischen, wellenartig geformten Schalen« liegen und durch große Fenster hinaus ins schwärzliche All schauen.

Weltraumfeeling und Edel-Design haben ihren Preis: mindestens 250.000 Dollar für knapp vier Minuten Schwerelosigkeit, zahlbar im Voraus.[25] Trotz dieser Bedingungen umfasst die Warteliste knapp 1000 Interessierte, darunter Prominente wie Justin Bieber oder Paris Hilton. Als Werbeträger sollte William Shatner (»Captain Kirk«) beim ersten Flug dabei sein. Der aber lehnte zunächst ab, weil er unter Flugangst leidet. Allerdings konnte ihn Branson 2021 schließlich zu einem Weltraumflug überreden. Die meisten Kunden geben sich hingegen furchtlos und abenteuerlustig: »Die Virgin-Galactic-Warteliste ist ein seltsamer Verein«, so Jim Clash, ein auf Extremabenteuer spezialisierter Journalist. »Der Run auf die Plätze in ›SpaceShipTwo‹ hat etwas Kultisches.« Echte Astronauten nehmen diese kurzen Parabelflüge selbstverständlich nicht ernst, wie Chris Hadfield in seiner Autobiografie »Anleitung zur Schwerelosigkeit« schreibt.[26] Ernst wird es erst, wenn sich die neuen Kolonisten auf den Weg zum Mars machen.

MAGISCHE ANFÄNGE FÜR ALL-ZIVILISATIONEN: CASTING DER NEUEN KOLONISTEN

Im Jahr 1620 gründete eine Gruppe englischer Separatisten, bekannt als die »Pilgerväter«, eine Kolonie in Plymouth, im heutigen Massachusetts im Osten der USA. Bevor sie jedoch mit ihrem

Schiff »Mayflower« in die neue Welt aufbrachen, verbrachten sie annähernd zwölf Jahre in der Stadt Leiden in den Niederlanden. Es wird geschätzt, dass heute rund 25 Millionen US-Amerikaner Nachfahren dieser »Leiden Pilgrims« sind.

Ein paar Busstationen von Leiden entfernt befindet sich ESTEC, eine Forschungseinrichtung, die sich selbst als das »technische Herz« der Europäischen Weltraumbehörde ESA versteht. Im Empfangsgebäude treffen Mitarbeiter auf die Space-Katze Mickey, die auf den Sitzreihen im Foyer Audienz hält. Mickey ist eine Berühmtheit und entfernter Verwandter von Félicette, einer Katze, die bereits im Weltall war. Die von Peter Diamandis gegründete »International Space University« in Straßburg widmete Félicette sogar eine Bronzestatue. Mickey hingegen lässt es ruhiger angehen. Mitarbeiter stehen Schlange, um die Katze zu streicheln. Wenn sie mal nicht schläft, wünscht sie ihren Fans auf der eigenen Facebook-Seite ein schönes Wochenende oder überlegt, ob sie ein Buchungssystem für die Annahme von Streicheleinheiten einführen sollte.[27]

Are we made to move? Sind wir dazu gemacht, loszuziehen und einfach neu anzufangen? Zukünftige Reisen zu anderen Planeten werden häufig mit der »Go West«-Bewegung in den USA verglichen. Joseph Smith und die Mitglieder der Kirche der Mormonen flohen nach Westen an die sogenannte »Frontier«, das amerikanische Grenzland. Dort hofften sie ihr Zion zu finden. Die Mormonen verschoben geografische und kulturelle Grenzen und gründeten eine eigene Kolonie.

Vor diesem Hintergrund scheint das Narrativ neuer oder letzter Grenzen zunächst passend. Für Peter Platzer, CEO eines Unternehmens für Satelliten, sind wir unter dem Strich alle Explorer. »Der Weltraum fasziniert Menschen. Sie wollen immer das Unerforschte erkunden. Und der Weltraum ist eben der größte unerforschte Bereich.«[28] »Mars Explorers Wanted« lautet daher auch der eindringliche Appell einer Dauerausstellung zu Marsmissionen in der Ökosphärensimulation »Biosphere 2« in Arizona. Ein Poster zeigt einen Astronauten im Raumanzug und mit verspiegeltem Helm, der sich vor einer roten Felsformation abseilt. Stets ist ein besonders neugieriger Teil der Menschheit bereit für das Abenteuer ihres Lebens – aus dieser Gruppe werden sich die gesuchten Explorer rekrutieren. Für den Rest wird die Marsreise immerhin das nächste große Spektakel werden. »Ein Teil der Menschheit will nachschauen, was es hinter dem Horizont gibt«, so der Explorationsexperte Oliver Angerer. »Erst kommen die Pioniere, dann wird es zum Massenphänomen.«[29]

Weltweit laufen gegenwärtig Vorbereitungen für Marsmissionen. Häufig ist dabei von Technik die Rede – und nur sehr selten davon, welchen Anforderungen zukünftige Marssiedler genügen müssen. Weltraumreisende sollten einige generelle Anforderungen erfüllen. Auf der Liste stehen: Intelligenz, Kreativität, psychologische Belastbarkeit und physische Unversehrtheit. Wer regelmäßig Medikamente oder Drogen benötigt, hält sich besser nicht im All auf. Messbare Faktoren wie Blutdruck, Sehstärke und Körpergröße sind ebenfalls wichtig. Um jedoch eine lange Reise zum Mars zu überstehen, wird vor allem die Fähigkeit von Bedeutung sein, sich an unvertraute Umgebungen anzupassen. Damit aber haben die allermeisten Menschen Schwierigkeiten.

Dennoch ist die Welt voller Geschichten von Ausreißern, Glückssuchern, Grenzgängern, Immigranten, Siedlern und Kolonisten. Immer wieder gab es Menschen, die bereit waren, eine als zu eng empfundene Welt zu verlassen. Unzählige Mythen erzählen von Odysseen durch Prärien oder über Gebirge und Ozeane. Sie erzählen von der Hoffnung auf ein besseres Leben, der Sehnsucht nach einer idealen Welt, der Suche nach Glücksinseln oder Jungbrunnen. Auf ihrer Reise zum jeweiligen Wunschland nahmen utopische Nomaden so gut wie jede Last auf sich. Auch die neuen Weltraumsiedler werden nach essenziellen Transformationen streben.

Wie genau setzt sich das Dreamteam für die neue Kolonie zusammen, wer muss mit an Bord? Inzwischen verstehen Raumfahrtexperten, dass fachlich und kulturell gemischte Teams erheblich erfolgreicher sind. »Die Reise zu anderen Planeten ist ein Evolutionsschritt der gesamten Menschheit«, so der ESA-Raumfahrtexperte Franco Ongaro, »nicht nur eine Angelegenheit von Technikern.«[30] Es braucht also mehr als coole weiße Männer. Im Museum der Sklaverei in Liverpool, einst Hauptstadt des transatlantischen Sklavenhandels, findet sich ein wichtiger Hinweis: Direkt neben dem Bild von Barack Obama hängt das Foto einer lächelnden Astronautin. Es zeigt Dr. Mae Carol Jemison. 1992 flog die Missionsspezialistin an Bord des Space Shuttle »Endeavour« (Mission »STS 47«) als erste Afroamerikanerin ins All. Während ihr Vater noch als Hausmeister arbeitete, studierte Jemison, flog ins All, wurde Professorin und übernahm schließlich 2012 die Leitung des »100-Year Starship Project«, das Grundlagenforschung für interstellare Raumflüge betreibt.

Erst wenn Diversität der Normalfall ist, können Weltraumexplorationen gelingen. Neben der Möglichkeit zur Arbeitsteilung sind heterogene Gruppen widerstandsfähiger. Gemischte Teams eignen sich also besser dazu, komplexe Herausforderungen anzugehen sowie schnelle und gute Entscheidungen zu treffen. Das wird mehr als notwendig sein, denn auf die »First Visitors«, die ersten Marsbesucher, werden stark erschwerte Existenzbedingungen warten. »Menschen werden, als Körper und darüber hinaus, einer vollkommen fremden Umwelt ausgesetzt werden«, so die Weltraumforscherin Klara Anna Capova.[31] Vor diesem Hintergrund sind sich ergänzende Kompetenzen und Perspektiven mehr als hilfreich. Um zu überleben, müssen Marskolonisten dem Typus des »Überall-Menschen« entsprechen, sie müssen »anywhere people« sein. Ohne Wenn und Aber.

VOM ABENTEUER IM ALL ZUM WELTRAUMKOMMERZ

Migration ins All kennt bislang zwei konkrete und realistische Ziele: Mars und Mond. Allerdings könnten Astronauten, die auf den Mond landen, des Landfriedensbruchs angeklagt werden, denn inzwischen verkaufen findige Geschäftsleute Urkunden, die Mondparzellen als Eigentum ausweisen. Ein gewisser Mr. Hope aus den USA veräußerte bereits 60.000 Mondgrundstücke. Dabei beruft sich Hope auf ein noch geltendes Gesetz, das aus der Siedlerzeit der USA stammt, den »US Homestead Act« von 1862: Neues Land darf erworben werden, indem man es bei der lokalen Grundbehörde registriert, diese Registrierung mitteilt und dann wartet. Kommt kein Einwand, darf das Land verkauft werden. Folgerichtig ließ Hope 1980 den Mond beim Grundstücksamt in San Francisco eintragen, dazu gleich noch ein paar Planeten samt Monden. Auf seinen Bescheid an die Regierungen der USA und der UdSSR erhielt er keine Antwort. Seitdem fühlt sich Hope als Besitzer des Mondes und verkauft Grundstücke. Damit aber begibt sich Hope in eine juristische Grauzone. »Wer immer Mondgrundstücke verkauft, tut dies ohne echte Legitimation«, so der ESA-Experte für Weltraumrecht, Alexander Soucek.[32]

Das Weltall regt allerdings auch zu seriösen Geschäftsmodellen an. Das Bremer Start-up »Bake in Space« arbeitet an einer Teigmischung für krümelloses Brot, das im All gebacken werden kann. In einem Spezialofen soll die Mischung zunächst auf der Raumstation ISS ausprobiert werden.[33] »Part Time Scientists« ist ein deutsches Start-up, das beim Lunar X-Prize von Google Lunar mitmachte. Ziel war es, einen Rover zu entwickeln, der 500 Meter auf dem Mond umherfahren und dabei Videos und Bilder zur Erde funken kann. Und da Preisausschreiben den Wettbewerb fördern, beteiligte sich der Kooperationspartner Audi mit dem »Lunar Quatro«, Vodafone sorgte dafür, dass die Bilder zur Erde gelangen.[34] Dem Apollo-Landeplatz darf allerdings kein Rover näher als 250 Meter kommen, weil dieser inzwischen als Weltkulturerbe eingetragen ist.[35] Auch »PLD Space« ist ein Erfolg versprechendes Start-up aus Europa. Die Raketen-Hipster entwickeln Startmöglichkeiten für Nutzlasten bis zu einer halben Tonne. Der Norweger Kristoffer Liland arbeitet mit seinem Unternehmen »Ripple Aerospace« daran, Raketen aus dem Wasser zu starten, um teure Startrampen zu vermeiden, und greift dabei auf jahrzehntealte Konzeptstudien zurück.[36] Eine weitere naheliegende Idee besteht darin, Raketen aus der Luft zu starten. Das spanische Start-up »Zero-2-Infinity« will kleine Raketen erergiesparend von einer ballonartigen Plattform in 25 Kilometern Höhe auf den Weg ins All bringen. Lauter Beispiele dafür, was die magische Anfangsstimmung im Kontext von New Space an Ideenreichtum bewirken kann.

Doch bei all der Magie wird zugleich sichtbar, wie sich das Abenteuer Weltall zunehmend kommerzialisiert. Weil Asteroiden hin und wieder die Erde erreichen, ist deren Zusammensetzung kein Geheimnis mehr. Dieses Wissen rückte sie in den Fokus von Jägern seltener Rohstoffe. Wolfgang Seboldt vom Deutschen Zentrum für Luft- und Raumfahrt (DLR) weist auf den enormen Vorteil hin, Rohstoffe direkt im All abzubauen. Der Rücktransport zur Erde wäre hingegen zu teuer. Von dieser Regel gibt es nur eine Ausnahme: Helium-3. Zur Gewinnung von Helium-3 müssten gleichwohl riesige Mengen Mondstaub abgetragen werden, um das wertvolle Gas herauszudestillieren. Doch es könnte sich lohnen. »Eine Raumfähre voll Helium-3 würde ausreichen, die Energieversorgung der USA über mehrere Jahre zu sichern.«[37]

Noch wichtiger als Rohstoffe sind Treibstoffe, denn sie ermöglichen Reisen ins und im Weltall. Erst wenn es gelingt, Treibstoff direkt im All zu erzeugen und die Raketen dort aufzutanken, wird die kosmische Schatzsuche Gewinn abwerfen. »Wie es aussieht, werden nicht Fernfahrer, sondern Tankwarte die Ersten sein, die ihr Einsatzgebiet ins All ausweiten«, so der Wissenschaftsjournalist Hans-Arthur Marsiske.[38]

Geschlossene Rohstoffkreisläufe sind eine unabdingbare Grundbedingung für Weltraumzivilisationen. Gleichwohl blieben sowohl technologische als auch regulatorische Fragen bislang ungeklärt. Eine florierende Raumfahrt-Ökonomie rückt damit in weite Ferne. Dennoch erwarten Experten einen Rausch im All, wenn es darum geht, die »fliegenden Goldminen in den Tiefen des Alls«, die Asterioden, zu erreichen und auszubeuten.[39] »Space Mining«, Rohstoffabbau im Kosmos, wird immer interessanter, große Gewinne scheinen möglich.[40] In seinem Buch »Mining the Sky« rechnet der Weltraumexperte John Lewis den gigantischen Wert aller Rohstoffe zusammen, die sich theoretisch im All gewinnen ließen. Lewis weiß, wovon er spricht: Er ist Kosmologe, Professor für Planetologie und leitender Wissenschaftler der Weltraum-Minengesellschaft »Deep Space Industries«.[41]

Doch was passiert, wenn einzig und allein die ökonomische Ausbeutung im Fokus steht und der zivilisatorische Wandel ins Hintertreffen gerät? Genau damit hat die Menschheit auf der Erde bereits ausreichend negative Erfahrungen gemacht. Erst wurden Flaggen aufgestellt, um neue Orte symbolisch in Besitz zu nehmen. Am Ende war Natur nur noch eine Ware. Gerade weil das Thema Weltraumressourcen boomt, braucht es dringend Antworten auf bekannte Fragen. Was darf der Mensch? Welchen Preis wollen wir für Fortschritt und Wachstum zahlen? Im Workshop »Towards the Use of Lunar Resources« brachte die ESA 2018 deshalb mehr als 250 Experten aus Industrie, Wissenschaft, Raumfahrt und öffentlichen Sektoren im holländischen Noordwijk zusammen, um gemeinsam über diese Fragen zu diskutieren.

Weil bislang der Ressourcenabbau im All ungeregelt ist, fangen die ersten Länder an, nationalstaatliche Vorteile auszuloten. Ganz vorne dabei ist der Kleinstaat Luxemburg. Parallel zum Verfall der Stahlindustrie – zu besten Zeiten waren in Luxemburg 30 Hochöfen in Betrieb – schufen weitblickende Politiker dort die Voraussetzungen dafür, dass der Mini-Staat zu einem wichtigen

Finanzplatz aufsteigen konnte. Mitte der 1990er-Jahre gab es dann rund 250 Banken auf engstem Raum. Doch inzwischen mischt Luxemburg auch im Weltall mit und möchte eine Art europäisches Silicon Valley für Weltraumressourcen werden. Das kleine Land hat hierzu sogar ein Weltraumressourcengesetz verabschiedet, das versucht, den Bergbau im All zu regeln.

Die Jagd nach Rohstoffen im 21. Jahrhundert erinnert stark daran, wie sich im 20. Jahrhundert der Walfang in der Antarktis etablierte. Den Kontrahenten ging es dabei neben den eigentlichen Jagdgründen immer auch um Souveränitätsansprüche vor Ort.[42] 1946 unterstrich der damals amtierende Außenminister der USA in seiner Eröffnungsrede einer internationalen Walfang-Konferenz, dass die Walbestände »keiner einzelnen Nation oder Gruppe von Nationen« gehörten.[43] So wie das Meer als »Common« (Allmende oder Gemeingut) betrachtet wird, sollte auch das All nach Kriterien des Allgemeinwohls behandelt werden. Reichtümer sind nicht herrenlos, sondern gehören allen Nationen zusammen, besser noch: der Menschheit.

EXPERIMENTE IM MENSCHHEITSLABOR –
ALLTAG TROTZ UTOPIE

Wenn Gesellschaft ein offenes Labor ist, dann sind reale Utopien experimentelle Welten auf Probe. Letztlich sind wir alle Probanden innerhalb eines großartigen Menschheitslabors – wir nennen es Zivilisation. Soziale Experimente folgen allerdings anderen Gesetzmäßigkeiten als naturwissenschaftliche. Zunächst gibt es keine kontrollierbaren Versuchsanordnungen. Vielmehr lassen sich erst aus Kontexten, Krisen oder gar dem Kontrollverlust Erkenntnisse über die notwendige Richtung des gesellschaftlichen Wandels ableiten. Scheitern gehört dabei essenziell mit zum Programm.

Utopien sind daher ein wichtiger Beitrag zur kollektiven Lernkurve der Menschheit. Es lohnt sich, real-utopische Projekte als prototypische »Als-ob-Welten« wertzuschätzen und das dabei gewonnene experimentelle Wissen auch in Zukunft als Ressource zu nutzen. Ist gegenwärtig von Reallaboren innerhalb einer »experimentellen Gesellschaft«[1] die Rede, dann passt die Suche nach dem Wunschland bestens zu dieser Diagnose: »Fordlândia« war explizit als ›Meta-Labor der Menschheit‹ geplant. »Auroville« versteht sich seit einem halben Jahrhundert als experimentelles »Living Lab«. Die Bewohner von »Celebration« sahen sich als Teil eines offenen »urbanen Labors«. Der Aktionsplan des »Venus Projects« ist Teil eines modernen Labors für soziale und nachhaltige Transformation. Und nicht zuletzt werben die Raumfahrtagenturen damit, dass die ISS als »orbitales Labor« seit mehr als zwei Jahrzehnten um den Erdball fliegt. Auch ein Monddorf oder gar eine Mars-Kolonie lassen sich als Labore für Zivilisationswandel deuten – schließlich werden dort Fragen erforscht, die bereits heute als dringend gelten.

In Gesellschaftslaboren geht es jedoch nicht um Messwerte, sondern eher um das kollektive Basteln an besseren Zukünften. Vor allem gilt das für die Zukunft des Sozialen, also der Art und Weise, wie Menschen koexistieren. Dabei spielt es fast keine Rolle, ob diese Experimente auf der Erde, dem Meer, unter Wasser oder im All stattfinden. Jedenfalls findet sich an keinem dieser Orte ein Warnschild mit der Aufschrift: »Labor: Zutritt verboten!« Das Gegenteil ist der Fall. Und genau das macht den Unterschied zu kontrollierten technischen Laboren aus.

KOSMOPOLITISCHES REFORMLABOR
MONTE VERITÀ, 1902

Kurz nach der Jahrhundertwende waren die Anfänge im Lebenslabor auf dem Berg der Wahrheit nahe Ascona gemacht. 1902 stellten die Gründer das erste Prospekt zusammen, um die neuartige Naturheilanstalt bekannt zu machen. Neben der praktischen Arbeit blühte auf dem Hügel nun auch das geistige Leben auf. Wer auch immer Gast war, sie alle »haben von der seltsamen Atmosphäre getrunken und selbst auch Atmosphäre gegeben«, so der Chronist Robert Landmann.[1]

In kurzer Zeit wurde »Monte Verità« zum erfolgreichsten kosmopolitischen Reformlabor der westlichen Welt. Das Motto der Stunde bestand in der Einsicht zur Umkehr. Auf dem Berg der Wahrheit sollte es gelingen, dem eigenen Leben wieder eine natürliche Richtung zu geben. Was dort in den ersten Jahren erdacht wurde, war nichts Geringeres als die Agenda eines neuen Lebens.

An Reformideen herrschte wahrlich kein Mangel. Zum Vorbild aller führten Henri Oedenkoven und Ida Hofmann eine freie Reformehe ohne die autoritäre Einmischung durch Kirche und Staat. Im Tessin nannte man diese Beziehungsform spöttisch »vegetarische Ehen«, wobei bezweifelt wurde, dass sie frei von »fleischlichen« Gelüsten waren. Die auffällige Kleidung und die langen Haare ihres Sohnes Henri schnitten der Mutter allerdings tiefer ins »gesellschaftlich genormte Herz« als die freie Liebe mit einer älteren Frau.

Ida sprühte nur so vor Ideen. Ihre Erweckungsbroschüren machten sie zum Sprachrohr und zur »Chefideologin des Monte Verità«.[2] Neben der Überwindung patriarchaler Herrschaftsformen sowie geschlechtsspezifischer Rollenmodelle ging es immer wieder ums Essen. Ida Hofmann stellte sich der konventionellen bürgerlichen Tischzucht entgegen, indem sie den Vegetabilismus einführte. Statt bürgerlicher Fleischküche bevorzugten die Monte Veritaner vegane und salzfreie Ernährung. Vegetabilismus war mehr als eine Kost, vielmehr Lebensstil, Ideologie und zugleich ein Akt des Widerstands gegen die zunehmende Industrialisierung der Landwirtschaft. Die Ernährung wurde damit zur zentralen Disziplin der Reformer. Was durfte man essen, was nicht? »Schließlich war Oedenkovens gründlich verdorbener Magen der Ausgangspunkt der ganzen Bewegung gewesen«, schreibt der Chronist Curt Riess.[3] Und tatsächlich fühlte sich zumindest Henri dank fleischloser Ernährung nach und nach besser und leistungsfähiger. »Moralisch ruhiger fester; auch intellektuell«, schreibt er in diesen Jahren, »erfasse alles viel schneller und klarer als früher.«[4] Die Mahlzeiten waren frugal. Es gab Vollkornbrot und Paranüsse, getrocknete Feigen, Datteln, Mandeln, Haselnüsse. Dazu noch Obst, das musste reichen.

Wer der Spur des Naturheilers Arnold Ehret folgt, der vor seiner Auswanderung in die USA auf dem Hügel weilte, landet bei seinem wohl bekanntesten Leser: Steve Jobs. Inspiriert von der Lektüre Ehrets aß Jobs tagelang ausschließlich Äpfel oder fastete. Es ist daher nicht unwahrscheinlich, dass Apple Computers aus dem Geist der biodynamischen Landwirtschaft und Ehrets schleimfreier Fastenkost hervorging.[5] Das Phantasma des gesunden Essens als gesellschaftliche Obsession überbrückte die Jahrzehnte jedenfalls mühelos.

Das Hauptverdienst der Monte Veritaner, so Robert Landmann, lag dabei weniger in der Kultivierung des Hügels und im Aufbau der Kolonie. Vielmehr nahm die geistige Pionierarbeit progressive Züge an und umfasste alle nur denkbaren Aspekte des Lebens von Ernährungstheorie über Kleidungsreform bis hin zur Erprobung kommunistischer Lebensweisen.[6] Auf dem Berg der Wahrheit befreiten sich Frauen nicht nur vom Herd, sondern auch von den Kleidern ihrer bürgerlichen Herkunft. Sie kleideten sich luftig, verzichteten auf Wolle, Korsett und BH. Die Männer trugen knielange Hosen, Kittel und Stirnbänder, die ihre schulterlangen Haare zusammenhielten. Doch auch die Pionier-Veganer mussten Kompromisse machen. »Lederne Sandalen werden in Ermangelung eines äquivalenten Produkts beibehalten«, klagte Henri.[7]

So kam ein Reformexperiment zum anderen. Und ganz nebenbei wurde der Berg zu einem Körperkulturlaboratorium.[8] Zum Schönheitsideal wurde der schlanke, durchtrainierte, leistungsfähige und gesunde Mensch erkoren. Gerade für diesen Körperkult war »Monte Verità« bald in bürgerlichen Kreisen bekannt. In einem Prospekt aus dem Jahr 1904 wird der Hügel als »Jungborn des Südens« angepriesen – eine Anspielung auf die Naturheilanstalt von Adolf Just im Harz. Licht und Luft wurden zu zentralen Reformvokabeln. Nacktheit galt als Kraftquelle. In mit Bretterzäunen umgebenen »Lichtluftbädern« saßen die Reformer unbekleidet in der Sonne, »nackt jätete man auch Gemüsebeete, nackt turnte und nackt tanzte man«.[9] Und nackt spielten die Reformer Tennis oder verausgabten sich an Barren, Ringen oder Kletterstangen. Allerdings herrrschte bei den textilfrei ausgeübten

Aktivitäten noch Geschlechtertrennung. So weit war die Reform dann doch noch nicht.

Gerade die Nacktkultur diente der öffentlichen Inszenierung der Reformkolonie. Oedenkoven persönlich machte Fotos, ließ Postkarten drucken und verkaufen.[10] Damit etablierte er einen Trend, der bis heute überdauerte.[11] Immer mehr Schaulustige pilgerten daraufhin zum Hügel – gegen Eintritt konnten die Touristen dort die nackte Wahrheit erblicken. Der Berg der Wahrheit entwickelte sich somit schnell zur Attraktion. Eben auch deshalb, weil Gerüchte kursierten, dass dort »die Langhaarigen völlig unbekleidet« lebten und »wie wilde Tiere aus den Erdhöhlen« herauslugten. Um den Andrang der Neugierigen zu bewältigen, setzte der Schifffahrtsdienst auf der italienischen Seite des Sees an Sonn- und Feiertagen Extradampfer ein. Damit ließ sich zwar Geld verdienen, die Gegenliebe der streng katholischen Bevölkerung für den »Monte Verità« blieb jedoch aus.

Der Körper war das Bindeglied zwischen Innen und Außen, zwischen Individuum und Gesellschaft. Kleidung, Ernährung und Bewegung waren zentrale Variablen in der Gleichung eines besseren Lebens. Es war der Tanzlehrer Rudolf von Laban, der die intellektuell überreizten Sinnsucher schließlich erdete. Durch ihn wurde der Berg zum Zentrum des natürlichen Ausdruckstanzes. Im Körper erkannte Laban zugleich das Symbol für individuelle Sinnsuche wie auch für gesellschaftlichen Wandel. Unter dem Titel »Tanzfarm« organisierte der Künstler Sommerschulen, bei denen die Teilnehmenden eine sich selbst versorgende Gemeinschaft bildeten, eine modellhafte Alternative zum Kapitalismus. Ihre Experimente gingen weiter als alles Vorherige. Denn zwischen »kreativen Tätigkeiten, die der Selbstverwirklichung dienen, und niederen Diensten, die für das Lebensnotwendige sorgen, wird kein Unterschied gemacht«, so Laban.

Das Ideal der Gründer nahm nun endlich Gestalt an, der Berg wurde lebendig, Gäste kamen und gingen. Etwa der Anarchist

Michail Alexandrowitsch Bakunin oder der Dichter Hermann Hesse. Wie kaum ein anderer blühte der deutsche Schriftsteller bei seinem Aufenthalt im Reformlabor auf und fand zu rauschhafter Schöpfungskraft zurück. »Das Leben jedes Menschen ist ein Weg zu sich selber hin«, schreibt Hesse unter dem Eindruck seiner Tessiner Erfahrungen in »Demian«, »der Versuch eines Weges, die Andeutung eines Pfades. Kein Mensch ist jemals ganz und gar er selbst gewesen. Aber jeder ist ein Wurf der Natur nach dem Menschen hin.«[12] Für diese Entwürfe gab es auf dem Berg der Wahrheit noch reichlich Platz.

MINDESTMASS AN BEQUEMLICHKEIT STATT ZIVILISATIONSWANDEL

Ganz unbescheiden suchte auch das Reformlabor auf dem Hügel über Ascona nach dem Masterplan für eine neue Zivilisation. Bald gab es so viele Vorstellungen vom besseren Leben wie Bewohner. Zum Berg der Wahrheit kamen suchende, mit sich ringende Menschen. Meist rangen sie auch darum, wer die notwendige Arbeit verrichtete. Halbherzig verstandene Anarchie führte schnell zu heilloser Unordnung. Die Arbeit an der Utopie war entbehrungsreich, dennoch beharrlich. Sie rodeten Wald, legten Wege an und bauten Hütten. Wasser mussten die Reformer zunächst mühevoll mit Eseln den Berg hinaufschaffen.

1904 erkannte Henri Oedenkoven, dass seine Reformsiedlung ein Mindestmaß an Komfort benötigte. Daher plante er sowohl eine Wasserleitung als auch elektrisches Licht. Auf diese Weise kam mit der sozialen Utopie auch der technische Fortschritt ins Tessin. Die Häuser auf dem Hügel waren die ersten in der Region, die über den Luxus künstlicher Beleuchtung verfügten.[13] Allerdings entbrannte ein Streit darüber, wie denn der Weg zurück zur Natur genau aussehen sollte. Während ein Teil der Truppe hoffte, durch totalen Verzicht zur Erlösung zu gelangen, verbanden sich für Oedenkoven Fortschritt und naturgemäße Lebensweise widerspruchsfrei. Das Pochen auf heilbringende Bedürfnislosigkeit stand für ihn im Gegensatz zum Prinzip, »alle technischen Hilfsmittel, Geräte, Maschinen und modernsten Erfindungen zu benutzen, um den Menschen ein möglichst unbeschwertes Leben zu gewährleisten«.[14] Weil Henri geschliffene Glasplatten als Tischauflage anschaffen ließ, waren die echten Naturmenschen »doch sehr traurig darüber, dass sie nun das Holz nur noch sehen, nicht aber befühlen durften«.

Weitere Zivilisationsflüchtlinge gesellten sich zur Kerntruppe, arbeiteten eine Zeit lang mit und verschwanden dann wieder, nicht ohne sich während ihres Aufenthalts mit ideologischem Rüstzeug versorgt zu haben. Der Theosoph Ferdinand Blume half fleißig mit, die ersten Hütten zu bauen. Dann zog es ihn nach Indien, später nach Kalifornien, wo er mit der Kunde vom »Monte Verità« eine der Grundlagen für die spätere Hippie-Bewegung legte. Henri und Ida bauten sich ihre eigene Unterkunft, die Casa Andrea – mit Schiebetüren und Zentralheizung. Nach und nach kamen ein Zentralgebäude mit Restaurant, eine Bibliothek, ein Schreib- und Lesezimmer sowie ein Musikzimmer hinzu. Langsam verwandelte sich das »Refugium einiger Individual-Ethiker« in ein »ethisches Kollektiv-Etablissement«, so der Forscher Thomas Blubacher, und wurde als »Perle am Lago Maggiore«[15] beworben.

Bald war Zeit für die zweite Stufe der Reform: Das Sanatorium sollte Geld erwirtschaften, als »Startrampe für ein größeres Siedlungsprojekt«.[16] Henri plante den Aufbau einer alternativen Wirtschafts- und Lebensgemeinschaft. Die Mitglieder dieser Gemeinschaft sollten dabei mehr Freiheiten als Verpflichtungen genießen – Utopie als Lockerungsübung, mit einer libertären und anarchistischen Unterströmung. Die Reformer schmiedeten Pläne, verwarfen sie wieder und scheiterten schließlich. Doch das Leben ging weiter. Der »Monte Verità« galt schnell »als der Kontakthof der alternativen Szene«.

Die meisten Besucher blieben einige Wochen, manche sogar Monate. »Die Kur auf dem Berg war ganzheitlich: nicht nur physikalischer, sondern ebenso geistiger und mentaler Natur, mit dem Ziel individueller und gemeinschaftlicher Weiterentwicklung«, so der Autor Stefan Bollmann. Da sich die Kunde vom reformorientierten Lebensexperiment verbreitete, strömten immer mehr Gäste herbei und fanden ihre je eigene »Experimentierbühne«, wenngleich sie sich in ihren Aufführungen radikal unterschieden. »File waren berufen, aber ach! wi wenige auserwählt!«, schrieb einer der Gründer des »Monte Verità« in Reformsprache.[17] Der Funke sprang trotzdem über, rund um den Hügel ließen sich in »konzentrischen Kreisen« immer weitere Sinnsuchende nieder. Ida war für das gesellschaftliche Leben auf dem Berg zuständig, während Henri versuchte, das gemeinsame Unternehmen auf eine gesunde wirtschaftliche Basis zu stellen. Dabei war er seiner Zeit weit voraus. »Wir arbeiten belächelt und wenig beachtet in der Stille«, schrieb er, »aber wir geben der Welt ein Beispiel.«[18]

Ein Aufbruch allein ist allerdings noch keine Utopie. Auch auf dem Berg der Wahrheit holte der Alltag die vor sich hin experimentierenden Reformer ein. Selbst nachdem die ersten Häuser standen und die ersten Bäume Früchte trugen, hatte die Suche nach dem alternativen Leben ihr Ziel noch nicht erreicht. Denn der Wahrheitsberg wollte mehr als bloß ein Hotel- oder Kurbetrieb sein, vielmehr eine »Schule für höheres Leben«, so Ida Hofmann, »eine Stätte für Entwicklung und Sammlung erweiterter Erkenntnisse und erweiterten Bewusstseins«.[19] Im Alltag der Utopie galt es, eine Balance zwischen hochgesteckten Idealen und der Nachfrage nach Komfort durch die zahlenden Gäste zu finden. Schließlich brauchte man deren Geld.

Dann überschattete der Erste Weltkrieg den kurzen historischen utopischen Augenblick. Während draußen in der Welt das große Abschlachten begann, flohen viele, die einen neuen Grundriss für die Gesellschaft im Kopf hatten, in die Schweiz, und nicht wenige landeten früher oder später auf dem Berg der Wahrheit.

META-LABOR DER MENSCHHEIT IM DSCHUNGEL
FORDLÂNDIA, 1928

Als hätte es die Lebensreformen der Jahrhundertwende nie gegeben, ging es zwei Jahrzehnte später in Henry Fords Utopie im Amazonasbecken ausschließlich um Gewinnmaximierung. Sein Projekt »Fordlândia« repräsentierte den amerikanischen Kapitalismus des frühen 20. Jahrhunderts in Reinform. Die Frage war nur, ob dieses Modell zum gewählten Ort passte. Zeitgenössische Beobachter sahen in Fords Utopie eher einen dramatischen Titanenkampf »Moderne« gegen »Natur«. Tatsächlich behauptete dieser, »den Dschungel industrialisieren« zu wollen und »die Magie des weißen Mannes« zu bringen.[1] Dazu transplantierte der »Jesus Christus der Industrie«, so ein brasilianischer Journalist, seine Maxime der totalen Effizienz ins Hinterland. Doch Amazonien ist nicht nur ein riesiges Ökosystem, sondern auch ein metaphysisches Labor. Der Regenwald »bringt die schlimmsten Instinkte der Menschen zu Tage«, schrieb der Anglikaner Kenneth Grubb, der die Region in den 1930er-Jahren bereiste. »Er brutalisiert alle Affekte, verhärtet die Emotionen und lässt die bösesten Absichten hervorkommen.«[2] Diese brutale Welt hatte eine verborgene Ordnung, die Ford noch große Schwierigkeiten bereiten sollte.

SUBKULTUR DER KAUTSCHUKSAMMLER UND GUMMIBARONE

Zwischen dem frühen 18. und dem Ende des 19. Jahrhunderts versorgte das südliche Amazonasbecken die Welt mit besonders elastischem Kautschuk der Pflanze *Hevea brasiliensis*. Das daraus gewonnene Latex war Grundmaterial für so unterschiedliche Produkte wie Autoreifen, Regenmäntel oder Kondome. Um über diesen Rohstoff für fossile Mobilität und modernes Leben zu verfügen, musste Ford zunächst das Monopol der gut organisierten Kautschuksammler brechen. Die Seringueiros, die Gummizapfer, wurden von ungezügelten Gummibaronen wie Leibeigene behandelt. Auf dem Höhepunkt des Kautschuk-Booms lieferten sich dekadente »Latex Lords« in Manaus Kämpfe um Status und Macht. Die Straßen rund um das berühmte Opernhaus der Stadt wurden mit weichem Kautschuk belegt, damit die Geräusche verspätet eintreffender Kutschen niemanden störten.[3]

Von Anfang an war eine gute Portion krimineller Energie im Spiel, wenn es um Kautschukpflanzen ging. Der Pflanzenbiologe Henry Wickham hatte 1876 illegal Samen aus dem Amazonasbecken ausgeführt und damit die Grundlage für die Kautschuk-Produktion in asiatischen Plantagen gelegt. Egal, wie intensiv die brasilianischen Seringueiros auch ausgebeutet wurden, dieses quasi-industriell gewonnene Latex war konkurrenzlos günstig. Doch Ford hasste nichts mehr, als von Kautschuk-Zulieferungen abhängig zu sein. Es leuchtet daher ein, dass er sich seine eigene Plantage wünschte und damit freien Zugang zu selbst angebautem Latex.

Gleichzeitig wollte er noch die Welt verbessern. Als bekennender Pazifist, Gegner der Todesstrafe, Suffragist und Vegetarier glaubte er fest an die Formbarkeit des Menschen. Das eigentliche Feld seiner Utopien war, einmal mehr, das Thema Ernährung. In seinem Fall sollte Soja so gut wie alle Probleme lösen. Mit der Formel »The cow must go« brachte Ford seine Ansicht über Fleisch- und Milchkonsum auf den Punkt. Seine Soja-Visionen waren weitreichend: So ersann sich Ford das »selbstwachsende Auto«, dessen Karosserie komplett aus Soja bestehen sollte.[4] Legendär sind vor allem Fords Soja-Bankette, bei denen jeder Gang aus Soja-Komponenten bestand, bis hin zu geröstetem Sojabohnen-Kaffee oder Soja-Eiscreme.[5] Der schrullige Patriarch war zudem ein früher Pionier der Nachhaltigkeit. Chemiker seiner Firma wies er an, Bohnen, Korn und Flachs zu synthetisieren sowie Holz-Schnitzel in Fett, Farbe, künstliches Leder und organisches Plastik zu verwandeln. Geradezu obsessiv versuchte Ford, die Schätze der Natur bestmöglich zu nutzen. »Was wir Müll nennen, ist tatsächlich Überfluss«, merkte er hellsichtig an, »und dieser Überfluss markiert den Anfang eines neuen Prozesses.«[6]

In Brasilien ließ dieser Neuanfang hingegen auf sich warten. »Fordlândia« sollte eine perfekte Stadt für perfekte Menschen werden. Stattdessen bestand der Alltag vor allem aus Improvisationen. Reeves Blakely, der erste Manager der Plantage, hielt den Bau einer Stadt mitten im Amazonasbecken für eine mehr oder weniger simple Angelegenheit. Doch der Dschungel sperrte sich gegen die Effizienz der Amerikaner, und die brasilianischen Arbeiter unterliefen deren autokratischen Führungsstil. Die erste Nachricht aus »Fordlândia« war deshalb schockierend: »Keine sanitären Anlagen, keine Mülleimer, Millionen von Fliegen, 30 von 104 Männern krank«, schrieb Kristian Orberg, ein Ford-Autohändler aus São Paulo, der das Camp besucht hatte.[7]

Trotz monatelanger schwerer Arbeit konnten Fords Männer dem Regenwald nur eine kleine Lichtung abringen. Also fackelten sie den Wald mit Kerosin ab. »Es versetzte mich in Schrecken«, erinnert sich ein zeitgenössischer Beobachter, damals noch ein Kind. »Es sah aus, als stünde die gesamte Welt in Flammen.«[8] Zu Beginn herrschte in »Fordlândia« völlige Regel- und Ordnungslosigkeit. Zuständigkeiten waren ungeklärt, und die Versorgung und Bezahlung der inzwischen auf rund 400 Mitarbeiter angewachsenen Mannschaft stockten. Nach einem Monat schlugen schlechtes Essen, ausbleibende Bezahlung sowie die gnadenlose Sonne Amazoniens auf die Stimmung. Erschöpfung und Krankheiten breiteten sich aus. Immer mehr Arbeiter starben, weil sie bei den Rodungen von hochgiftigen Schlangen gebissen wurden. Regenfälle, Feuchtigkeit, Hitze, Mücken und die ewige Monotonie erledigten den Rest. Erste Unruhen brachen aus, es kam zu Messerstechereien.

Irgendwann bekam auch die Presse mit, dass es in Fords neuem Reich entgegen allen guten Absichten nicht gerade ideal lief. Der Vertrag mit der brasilianischen Regierung hatte nur unter der Bedingung Gültigkeit, dass es gelang, auf mindestens 400 Hektar Kautschuk-Bäume zu pflanzen. Auch der zweite Plantagenmanager, Einar Oxholm, verfügte über keinerlei Erfahrung mit tropischer Botanik. Eigentlich war er Schiffskapitän. Doch in einer Umgebung, die bekannt für Korruption, Trinkerei und Prostitution war, galt seine Loyalität als beste Qualifikation. »Wir tun uns schwer damit«, gab Oxholm zu, »diesen Ort wie eine Ford-Stadt aussehen zu lassen.«[9] Während die ersten ordentlichen Häuser für Amerikaner nach vorgefertigten Plänen errichtet wurden, lebte die Mehrzahl der brasilianischen Arbeiter noch in armseligen Hütten. Schnell gab es dreimal mehr abtrünnige als neu ankommende Arbeiter. Vor allem aber fehlte ein wesentliches Element des amerikanischen Fordismus: Es war so gut wie unmöglich, vor Ort Geld auszugeben. Höhere Löhne waren daher kein wirksamer Anreiz, um die Arbeitsmoral zu steigern. Amazonien ist ein Symbol für den Rhythmus des Lebens. Was Ford aber brauchte, war der Takt der Arbeit.

INSEL DER UNSCHULD INMITTEN EINER VERREGELTEN UMWELT

Trotz aller Schwierigkeiten siedelten sich nach und nach rund 5000 Menschen in und um »Fordlândia« an. Es waren die »Hoffnungslosen, die Lahmen, die Blinden, die Arbeitslosen – und darunter ein paar gute Männer«, von denen einige eingestellt wurden, schreibt der Historiker Greg Grandin über diese Phase.[10] Rund um die Siedlung entstand eine Serviceökonomie, die wenig

Gutes mit sich brachte: schmutzige Bars, kleine Restaurants, billige Geschäfte und einfache Bordelle. Die Gegend wurde zum Mekka der »Unerwünschten und teilweise Kriminellen aus dem gesamten Amazonsgebiet«. Auf Fords Grund und Boden herrschten zwar Prohibition und die »Null Toleranz«-Regel. Als allerdings die Amerikaner anfingen, Bars und Bordelle zu schließen, machten die Vergnügungsstätten kurze Zeit später auf einer kleinen Insel im Fluss wieder auf – genau gegenüber von »Fordlândia«. Nicht ohne Ironie wurde der neue Standort »Insel der Unschuld« getauft. Schon nach kurzer Zeit entwickelten selbst die amerikanischen Manager eine Vorliebe für Zuckerrohrschnaps, bald taugten auch sie nicht mehr als Vorbild.

Da vor allem in von Männern dominierten Kolonien Trink- und Spielsucht üblich waren, wurde im Hauptquartier in den USA über eine Frauenquote nachgedacht. Amerikanische Frauen, so die Hoffnung der Strategen, hätten einen »nutzbringenden Effekt«, zitiert Grandin Fords Berater. Die Männer und ihre Maschinen würden die Moderne in den Regelwald bringen. Frauen wurden hingegen gebraucht, »um die Männer zu zivilisieren«.[11]

FORD STEHT SICH SELBST IM WEG

Fords Zivilisationsprojekt war mit großen Erwartungen verknüpft. Trotzdem wurde »Fordlândia« zum Gegenstand von Gespött. Alles, wofür Ford in den USA stand – Effizienz, Ordnung, Disziplin sowie der intelligente Gebrauch von Ressourcen durch Recycling –, fehlte bislang in Brasilien. Weil die Dschungelkolonie von externer Unterstützung, Material- und Geldfluss abhängig war, galt sie zudem als äußerst verwundbar.

Aber es gab Hoffnung. Anfang 1928 versammelte sich ein Dutzend Arbeiter und schaute dabei zu, wie David Riker, der älteste Mann des Camps, in einem symbolischen Akt den ersten Samen des Kautschukbaums auf einem kleinen Fleck gerodeten Regenwalds pflanzte. Riker legte den Setzling in ein Loch und füllte es mit Erde. Er sprach ein kurzes Gebet und bat Gott darum, den Baum zu segnen und die Plantage gedeihen zu lassen. Leider wurde sein Gebet nicht erhört. Vielleicht lag es einfach daran, dass die Qualität der Samen schlecht und das Terrain ungeeignet war. »Fordlândia« entwickelte sich immer mehr zu einem Lehrstück über menschliche Hybris. In freier Natur wächst *Hevea brasiliensis* in großen Abständen und ist dadurch vor Parasiten geschützt. Die Enge der Plantage wirkte wie ein Katalysator für Schädlingsbefall. Standardisierte und synchronisierte Massenproduktion funktionierte zwar am Fließband in Detroit, nicht aber im Dschungel. Am Ende mussten Fords Arbeiter alles umpflügen und von vorne beginnen.

Erstaunlicherweise entstand am Ufer des Tapajós dennoch eine ansehnliche Stadt mit Wasser- und Stromleitungen, einer Sägemühle, einem Kraftwerk sowie dem Kronjuwel: Der weithin sichtbare Wasserturm war die bislang größte von Menschenhand errichtete technische Struktur im Amazonasbecken. Jetzt konnte damit begonnen werden, den Alltag zu organisieren. Die meisten Annehmlichkeiten waren allerdings nur für die wenigen Amerikaner zugänglich. Ihre Häuser wirkten modern und boten einen schönen Blick auf den Fluss. Das kleine Straßennetz führte zu einem Clubhaus, einem Pool, einem Hotel für Gäste, einem Tennisplatz, einem Kino sowie dem unvermeidbaren Golfplatz. Es gab kilometerlange Rohrsysteme, um Waschbecken und Toiletten zu verbinden. Eine absolute Rarität waren die Löschwasserhydranten auf den Gehsteigen – so etwas gab es zu dieser Zeit noch nicht einmal in den Großstädten Lateinamerikas.

ANGST ALS SOZIALE SOFTWARE

In den USA kettete Ford seine Arbeiter an das Fließband, »ohne Möglichkeit zu Unabhängigkeit, ohne Möglichkeit zu Selbstrespekt«,[12] so ein zeitgenössischer Beobachter. Neben Leistungsdruck war Angst das zentrale Steuerungsmittel in diesem Reich.

Harry Bennett, ein ehemaliger Boxer mit guten Verbindungen ins militante Milieu, leitete das Sociological Department des Unternehmens. Die »New York Times« sprach von der »größten privaten quasi-militärischen Einheit« des Landes.[13] Was Spione nicht erledigten, wurde mit Waffen und Gewalt erzwungen. Ford legitimierte Bennett, die Arbeiter zu terrorisieren, um sie zu konformem Verhalten zu erziehen. 70.000 Arbeiter sollten nicht wie isolierte Individuen denken, sondern wie ein Kollektivkörper. Innerhalb und außerhalb der Fabrik wurde massiv Druck ausgeübt. Weil Unterhaltungen während der Arbeit verboten waren, lernten die Arbeiter zu sprechen, ohne die Lippen zu bewegen, eine Fähigkeit, die sie »Fordismus des Gesichts« nannten.[14]

Ähnlich streng regierte Ford am Tapajós. Selbst das Freizeitprogramm war nach amerikanischem Muster durchorganisiert. Ford sponserte Square Dance und Gedichtabende. Gleichzeitig etablierte er manipulative Routinen der Unterordnung. Alternativlos und murrend folgten alle seinen Regeln. Neben der Arbeit bezogen diese sich auf das Essen sowie allerlei private Aspekte. Die Broschüre »Lebensregeln« des Sociological Department wurde ins Brasilianische übersetzt und in »Fordlândia« verteilt. Ein zehnköpfiges »Service-Department« setzte die Prohibition durch und konfiszierte Alkoholvorräte.

Die Arbeiter sahen sich schnell als Opfer, weil sie von »Sanitärabteilungen« und »medizinischen Teams« drangsaliert wurden. Wer Wäsche nicht korrekt auf Leinen aufhängte, erhielt eine Strafe. Inspektoren überprüften private Wohnräume und kontrollierten, ob Lebensmittel ordnungsgemäß gelagert und Latrinen sauber waren. Kontrolliert wurde auch, ob das von der Ford Company zur Verfügung gestellte Toilettenpapier wie vorgesehen genutzt und entsorgt wurde.[15]

Anzeichen für eine träge Routine, die sich um 1930 einstellte, war die Zunahme von Bürokratie. Mittlerweile gab es sogar Stechuhren zur exakten Erfassung der Arbeitszeiten.[16] Die offizielle

Uhrzeit in »Fordlândia« richtete sich nach Detroit. Die Menschen am Tapajós waren es hingegen gewohnt, nach »Gottes Zeit« zu leben, und empfanden die Stechuhr schlicht als Symbol der Unterdrückung. »Es war schwierig«, so einer der Ford-Manager, »365-Tage-Maschinen aus diesen Leuten zu machen.«[17]

RASSISMUS UNTER DEN AUGEN DER WELT
LEVITTOWN, 1951

Auch »Levittown« entpuppte sich in doppelter Hinsicht als Gesellschaftslabor. Der Prototyp aller Suburbs war erstens Testfeld für die fließbandartige Produktion von Häusern, zweitens eine Versuchsanordnung für sozialen Zusammenhalt. Die Aufbruchstimmung war zunächst großartig, Zukunft wurde wieder nachgefragt, und bei den Levitts kostete sie genau 7990 Dollar. Dafür erhielten die Käufer ein Haus mit fest eingebautem Fernseher, damals Inbegriff von Fortschritt und Wohlstand.

Die Nachfrage nach den Häusern war derart groß, dass mehr als tausend Veteranen und deren Familien nachts in Campingstühlen im Freien ausharrten, bis das Verkaufsbüro am nächsten Morgen öffnete.[1] Wie am Fließband wurden bereits am ersten Tag 650 Häuser verkauft. Bilder jubelnder Kriegsheimkehrer, die in ihre neuen Traumhäuser einzogen, entzückten ganz Amerika. Die große Herausforderung, Veteranen nach dem Krieg mit Wohnraum zu versorgen, war gemeistert. Reporter von »Time«, »Life«, »Fortune«, »Reader's Digest« und »Newsweek« standen Schlange, um Bill Levitt zu interviewen. Die Zeitschrift »Newsday« prägte für »Levittown« den Begriff »model community«.

Die Tatsache, dass die Stadt zu diesem Zeitpunkt »nur eine lose Ansammlung halbfertiger Häuser auf schlammigen Grund war«,[2] fiel dabei nicht besonders ins Gewicht. »Levittown« wurde zum Vorzeigelabor für gesellschaftlichen Wandel. In den 1950er-

Jahren zogen insgesamt mehr als 20 Millionen Amerikaner in Suburbs, die mehr oder weniger nach dem Levittown-Prinzip geplant worden waren. Es war die größte Bevölkerungsbewegung seit der »Go West«-Exploration in den 1880er-Jahren.

1951, nur fünf Jahre nach Einzug der ersten Familien, wurde das letzte der genau 17.447 Häuser auf dem ehemaligen Kartoffelfeld bezogen. »Der Traum der Modellstadt war nun realisiert, das Märchen sprach sich im ganzen Land herum.«[3] Endlich befanden sich die Levitts auf Augenhöhe mit Titanen wie Walt Disney oder Henry Ford. Bill plante nördlich von Philadelphia in Pennsylvania ein zweites Levittown, gleicher Masterplan, nur möglichst noch perfekter. Diesmal auf einem ehemaligen Spinatfeld.

Unterdessen hatte die Phase des Sozialexperiments begonnen. Anders als Weiße, die während des Booms der 1920er-Jahre ihren romantischen Idealen vom Landleben nachgehen konnten, waren schwarze Amerikaner systematisch vom guten Leben ausgeschlossen. Was zunächst als »gentlemen's agreement« begann – die Übereinkunft zwischen weißen Maklern und weißen Hauskäufern, nicht-weiße Ethnien auszuschließen –, wurde bald darauf in nationale Richtlinien gegossen. Obwohl der US Supreme Court sich 1918 eindeutig gegen ethnische Segregation ausgesprochen hatte, »wirkte eine gut geölte Maschine hinter den mit weißen Zäunen umgebenen Städten«, so die Forscherinnen Rosalyn Baxandall und Elizabeth Ewen.[4] Banken vergaben keine Darlehen an Schwarze, und Gemeindemitglieder mussten Strafen zahlen, wenn sie Mietverträge mit nicht-weißen Personen abschlossen.[5] Einer von acht weißen Bewohnern der Gemeinden auf Long Island war aktives Mitglied des Ku-Klux-Klan, Minister und Polizeichefs eingeschlossen. Als Franklin D. Roosevelt die »Home Owners Loan Cooperation« unterzeichnete, führte er damit de facto Rassentrennung ein. »Racial zoning« beurteilte Nachbarschaften und Wohnblöcke anhand ihrer ethnischen Homogenität. Und »Redlining« hielt »unerwünschte Elemente« von Nachbarschaften fern. Aus »Social Engineering«, technokratischer Gesellschaftsplanung, wurde so »Racial Engineering«, ein sich selbst verstärkendes, bis heute nachwirkendes System der Diskriminierung.[6] »Levittown« war also nicht nur die erste Modellstadt der USA, sondern auch Prototyp eines Systems rassistisch motivierter Unterdrückung. Im Reich der Levitts war es verboten, Häuser an Personen zu vermieten, die nicht der »kaukasischen Rasse« angehörten. Bill Levitt war nach eigenen Angaben angetreten, »das Wohnproblem zu lösen, nicht aber das Rassenproblem«.[7] Zudem hielt sich in Lehrbüchern für Makler der Glaube, dass in ethnisch gemischten Gebieten ein hoher Wertverlust für Häuser zu befürchten sei. Deshalb schloss die perfekt geplante Modellstadt einen Teil der Bevölkerung systematisch vom Traum aus. Die Zukunft war rassistisch.

ENDE DES VORSTADT-MÄRCHENS

Doch zunächst verdeckten die ersten Erfolge den latenten Rassismus. In Levitts Idealstadt wurden Idealmenschen beim Miss-Leviteen-Schönheitswettbewerb gekürt.[8] Der 24. September 1955 war ein besonderer Tag für die Levittowner: Walt Disney hatte seinen Besuch per Helikopter angesagt, weil eine Grundschule nach ihm benannt werden sollte. »Levittown« passte zu Disneys Traum von einer lebenswerten Stadt der Zukunft, die die Annehmlichkeiten von Stadt und Land verband.[9] Der »Disney Day« beschwor exakt diese Vorstellungen inmitten einer heilen, märchenhaften Welt.

Nur knapp zwei Jahre später holte die Realität das Märchen endgültig ein. Während der Protest gegen die Familie Myers zunahm, formierte sich breite Unterstützung in der Zivilgesellschaft. »Zu leben, wo man möchte, ist eine grundlegende amerikanische Tradition«, schrieb »Bucks County Americans for Democratic Action« in einer Stellungnahme. »Wir glauben, dass es einen Platz in der Gemeinschaft für die Myers gibt und sie wie alle anderen

Bewohner Levittowns behandelt werden sollten.«[10] Die Reaktionen auf den Einzug der schwarzen Familie setzten auf beiden Seiten Stellvertreterkämpfe in Gang. Die einen verteidigten die vermeintliche Seele der Suburbs. »Das ist Amerika!«, schrie eine aufgebrachte Frau aus dem Mob. »Ich bin hierhergekommen, um frei zu sein, nicht um mit Negern zusammenzuleben.«[11] Auf der anderen Seite ging es um Amerikas Ansehen in der Welt. Für solidarische Nachbarn, allen voran Bea und Lew Wechsler, war der Einsatz für die Myers ein Kampf, der über die Grenzen ihrer Stadt hinausreichte. Die Zukunft und das Ansehen eines ganzen Landes standen auf dem Spiel. »Die Augen der Welt sind auf uns gerichtet«, diktierte ein Sprecher des Unterstützungskomitees einem Reporter ins Aufnahmegerät.[12]

Der Mob auf der Straße zeigte der Welt allerdings ein hässliches Bild. 600 empörte Menschen pochten auf ihr Recht, die eigene Gemeinde »geschlossen« zu halten, was bedeutete: frei von schwarzen Nachbarn. Von einem kleinen Podest aus verlas ihr Anführer, Hal Lefcourt, Hasspredigten. In den Ohren von Daisy und Bill klang das Echo derjenigen Stimmen nach, die gedroht hatten, ihr Haus mit Dynamit in die Luft zu sprengen. Doch selbst in dieser Ausnahmesituation stellte sich eine Art von Alltag ein. Die Wechslers besuchten ihre neuen Nachbarn täglich. Während die Kinder miteinander spielten, tranken die Erwachsenen Kaffee und besprachen ihre Strategie. Von außen wirkte es fast wie normales Vorstadtleben.

Eigentlich wollten die Levitts eine Modellstadt bauen. Tatsächlich schufen sie ein Gesellschaftslabor mit einer hochexplosiven Versuchsanordnung. Ein Jahrzehnt »Levittown«, das bedeutete auch die Transformation von Kriegsveteranen in Ehemänner, Väter und Nachbarn. Bill Levitt war ein ebenso großer Träumer wie Walt Disney. Unermüdlich betonte er seine Utopie der »reinen Gemeinschaft«. Erfolglos versuchte Bill über Mittelsmänner, das umstrittene Haus zu kaufen, um das Problem auf elegante Weise zu lösen. Vor dem Haus der Myers wachte die Polizei inzwischen rund um die Uhr. Zeitungen und Magazine aus der ganzen Welt berichteten über die Belagerung. Dennoch verhinderte das Polizeiaufgebot nicht, dass eines Abends wieder einmal ein Kreuz brannte, diesmal direkt auf dem Rasen vor dem Haus. Die Polizisten hatten keine Ahnung, wie das passiert sein konnte.[13] Eldred Williams, ein Bewohner Levittowns, ging täglich mit seinem Hund vor dem Haus spazieren. Aus aktuellem Anlass hatte er ihm einen neuen Namen gegeben. »Komm her, Nigger«, rief er ihm betont laut zu, »du sollst herkommen, Nigger.«

Während die Spannungen in Levittown anhielten, ereignete sich an weit entfernter Stelle ein kleines Wunder. Mit seinen nur 58 Zentimetern Durchmesser war der erste Sputnik-Satellit, den die Sowjets am 4. Oktober 1957 ins All schossen, ein Winzling. Dennoch versetzte er viele Menschen, darunter Politiker, in Schockstarre. Der Kalte Krieg fand nun auch im Weltall statt. Die weitgehend unbekannte Macht im Osten schien das All zu beherrschen und neue Regeln aufzustellen.

Der Sputnik-Schock war aber nicht nur Antreiber für Raumfahrtprogramme, sondern auch Katalysator gesellschaftlicher Veränderungen. Vielen dämmerte langsam, dass sich die Zeiten geändert hatten. In »Levittown«, Deepgreen Lane 32 und 34, waren die Myers und die Wechslers die Vorreiter einer besseren Zukunft. Ihre unbeugsame Haltung als Agenten des Wandels stattete sie mit moralischer Macht aus. Der Briefkasten quoll über mit Solidaritätsbekundungen aus der ganzen Welt. Der Zuspruch war berührend. »Ihr seid nicht allein!«, so der Tenor der Botschaften. Daisy Myers' persönlicher Kampf geriet zum landesweiten Symbol.[14] Sie fühlte sich nun als Teil einer Gemeinschaft, die jenseits von »Levittown« existierte.

Auch vor Ort formierte sich zunehmend Unterstützung. Nachbarn standen freiwillig Wache vor dem Haus, Aktivisten organisieren eine 24/7 Bürger-Patrouille. Gerichte griffen ein und stellten klar, dass niemand das Recht hatte, die Myers zu vertreiben. Die Botschaft war deutlich.

Bill Levitt hatte sich sein eigenes Gesetz gemacht, um eine utopische Gemeinschaft »rassenrein« zu halten. Genau das wurde nicht länger toleriert. Auch die Anführer des Mobs landeten schließlich vor Gericht. Am 14. August 1958, fast ein Jahr nach Einzug der Myers, wurden sie schuldig gesprochen, andere Bewohner aufgehetzt zu haben. Fast zeitgleich sahen die Wechslers, wie eine zweite schwarze Familie nach »Levittown« zog. Wieder fuhr die Polizei vor. Doch diesmal blieb es ruhig. Das lange Jahr des Hasses ging langsam zu Ende.

HIPPIE-ENERGIE ALS KATALYSATOR
AUROVILLE, 1971

Auch »Auroville« war eine Utopie im Werden. In der kosmopolitischen Versuchsanordnung wurden wie unter einer Lupe alle Schwierigkeiten dieser Welt sichtbar. »Auroville ist ein Experiment, bei dem wir uns selbst als Labormäuse anbieten«, so einer der Pioniere.[1] In diesem Echtzeitlaboratorium lief ein nicht vollständig definiertes Experiment ab, das nach neuen Modellen für Wirtschaft, Politik, Ästhetik und Kultur suchte.[2] Leider werden Utopien niemals fertig ausgeliefert – Zukunft muss ausprobiert werden. Genau deshalb war »Auroville« ein »gelebtes menschliches Experiment voller Schwierigkeiten und Herausforderungen, schön und bis heute unabgeschlossen«, so die Autorin Anu Majumdar.[3]

Zu diesen Schwierigkeiten gehörte zunächst, die vegetationslose Ebene mit ihrem typischen roten Staub in akzeptablen Lebensraum umzuwandeln. Während Henry Ford in Amazonien gegen die Natur arbeitete, schlugen »Aurovilles« Pioniere den harmonischen Weg ein. Mit kaum vorstellbarer Mühe forsteten sie die Gegend über zehn Jahre lang mit mehr als zwei Millionen Bäumen auf. Jeder Setzling musste vor marodierendem Vieh und der Gier der Menschen geschützt werden. Eines Tages gab es wieder Wald, die Canyons füllten sich mit Wasser, der Grundwasserpegel stieg. Dieses Wiederaufforstungsprogramm gilt heute als Musterbeispiel ökologischer Rekultivierung. Ein Projekt, das dank großer Vorräte an »Hippie-Energie« gelang, wie einer der Bewohner selbstironisch anmerkte.[4]

SELBSTERKENNTNIS IM SCHLEUDERGANG

Die naive Anfangsphase war von teils größenwahnsinnigen Vorstellungen geprägt. »Auroville« sollte sogar einen eigenen Segelflugplatz, eine Reitschule sowie – selbst hier – einen Golfplatz erhalten. Doch rasch ließ man diese Pläne fallen. Die »Tage der utopischen Träumerei sind vorbei«, schrieb einer der Pioniere in seinen Aufzeichnungen. »Es ist lehrreich zu sehen, durch was die Träume ersetzt wurden.«[5]

Die ersten Konzepte aus den 1960er-Jahren stammten noch von Architekten und Stadtplanern, die »Auroville« als eine Art spirituelles Disneyland betrachteten, als Lösung für beinahe jedes Problem der Menschheit. Doch weder die äußere Form noch das ideelle Konzept wurden jemals vollständig verwirklicht. Wird der Erfolg des Lebenslabors daran gemessen, ob und wie der große »Galaxy-Plan« umgesetzt wurde, dann »ist das Auroville vor unseren Augen das Bild des Scheiterns«, so ein Chronist. Immerhin, »Auroville« »wuchs nach innen und wurde sich langsam seiner selbst bewusst«. Die Anfangsschwierigkeiten ließen sich als Kraftquelle nutzen, sie verbanden die Pioniere und stifteten Identität. Denn zunächst musste geklärt werden, wofür »Auroville« eigentlich stehen sollte. Gerade deshalb wurde die Praxis zum Labor.

Das Bild des Labors war weithin akzeptiert. Es gehörte zum Selbstbild der Macher, weil damit ein doppelter Nutzen verbunden war. Erstens konnten sich alle Aurovillians als Teilnehmende eines groß angelegten Menschheitsexperiment fühlen. Zweitens wischte der Laborkontext zumindest eine Zeit lang kulturelle und soziale Unterschiede beiseite, die täglich deutlicher wurden. Somit wuchsen die Bewohner der Stadt an ihren Herausforderungen, wenn auch unter Mühen. »Auroville ist wie eine Waschmaschine«, so eine Bewohnerin. »Man wird in ihr herumgeschleudert, und der letzte Dreck aus der letzten Ecke tritt zutage. Freiwillig würde man da nie hinschauen.«[6]

Mit der Zeit änderte sich allerdings die Experimentalanordnung. Das ruppige spirituelle Labor verwandelte sich in einen intellektuellen, psychologischen und kulturellen Freilandversuch. »Die Laboranordnung besteht darin zu sehen, wer man in diesem Umfeld ist oder werden kann«, so ein Bewohner. »Nur Siedlungen auf dem Mond oder Mars wären wohl eine noch größere Herausforderung.«[7]

ARBEIT ALS KRAFTAKT UND CODEWORT

Das wichtigste »Baumaterial« der Stadt war eine pragmatische Spiritualität. »Materiell oder spirituell, es ist am Ende Arbeit. Die Bühne der Pioniere bestand aus harter Arbeit. Eine Utopie verwirklicht sich nicht über Nacht«, so David Wickenden, einer der ersten Aurovillians. Statt von Arbeit wurde jedoch von Yoga gesprochen, auch wenn das viele der Ankommenden irritierte. Denn »dieses Yoga brauchte keine Priester oder Gurus, sondern nur Aufmerksamkeit für das, was überall passierte. Es ging um Arbeit, in der sich ein Sinn ausdrückte.«[8]

Arbeit wurde zum Codewort der Stadt. Zumindest in der Anfangszeit war »Auroville« definitiv kein Ort für Eskapisten. Stattdessen kamen die Ruhelosen, die Drifter, also Menschen, die nach etwas suchten. Ob Softwarespezialist oder Töpfer, sie alle vereinte eine überhitzte Vorstellungskraft. Es waren Ungeduldige, die ihre Utopie am liebsten sofort verwirklicht hätten. Doch die meisten merkten schnell, dass eine reale Utopie arbeitsintensiv ist. Auch die damalige Bewohnerin Anu Majumdar erinnert sich daran, dass sie zunächst falschen Vorstellungen nachhing. »Von Anfang an war deutlich, dass es hier um Arbeit ging. Und Arbeit musste erledigt werden, sie konnte nicht kontempliert werden.«[9] 1971 zirkulierte in der Stadt folgende Botschaft: »Der Bau von Auroville ist in vollem Gange. Gebraucht werden disziplinierte Arbeiter. Diejenigen, die keine Disziplin wollen oder nicht zu Disziplin fähig sind, sollten sich im Moment nicht hier aufhalten.« Disziplinierte Sinnsucher stürzten sich geradezu in die Arbeit. 1977 kam etwa Otto aus Wien, ein ehemaliger Banker und Diskothekenbesitzer. Er begann in der Bäckerei zu helfen und blieb acht Jahre. »Sobald man anfängt zu arbeiten«, erzählt er, »ist man mit Auroville verbunden.«

Unzählige Kraftakte verwandelten die utopische Idee in einen lebenswerten Ort für eine besondere Gemeinschaft. »Ich lade euch zu einem großen Abenteuer ein«, hatte die Gründerin Mirra Alfassa ihrer Gefolgschaft bei der Gründungszeremonie 1968 zugerufen. »Wir sind auf der Suche nach einer neuen Schöpfung.« Wieder einmal wurde nicht an Pathos gespart: »Es ist nicht einfach, aber wir sind nicht hier, um einfache Dinge zu tun.« Die meisten brachten sich das Notwendige selbst bei. Geld gab es keines. »Auroville« bedeutete Schwerstarbeit auf roter Erde. »Die Sonne steht mit königlicher Hoheit über allem«, so einer der ersten Kolonisten. »Hitze und Staub zersetzen alle Gedanken, dann die Widerstandskraft des Körpers«, so der Pionier Robert Lawler.[10] Nur diejenigen, die zugleich über ausreichend Imaginationskraft und Engagement sowie Selbstverpflichtung verfügten, hielten das länger aus. Als Pioniere waren deshalb eher robuste Typen gefragt.[11] Im Kern ging es darum, an ein Ziel zu glauben, das sehr, sehr weit gesteckt war. Darum, »etwas für die Menschheit insgesamt beizutragen«.

Wer Familie, Freunde, Zuhause, Job, Rentenansprüche und Sicherheit in der Komfortzone der eigenen Kultur aufgab, um sich am anderen Ende der Welt am Aufbau einer Modellstadt für die

Menschheit zu beteiligen, brauchte also eine gewaltige Portion Zuversicht. »Auroville ist kein Platz für Zweifler oder Feiglinge. Es ist nicht so, dass sie hier nicht toleriert würden«, so Tim Wrey. »Es ist aber eher unwahrscheinlich, dass sie lange hierbleiben würden.« Selbst Dinge, die einfach aussahen – und an anderen Orten auch einfach gewesen wären –, erwiesen sich unter den besonderen Umständen der Subtropen als anstrengend. Arbeit war zugleich der Berührungspunkt zwischen der kosmopolitischen Gemeinschaft der Utopisten und den umliegenden indischen Dörfern.[12] Immerhin trugen zum Großteil billige Arbeitskräfte aus dem Umland dazu bei, die Stadt der Zukunft zu bauen. Für die weniger schönen Aufgaben, die Reinigung der Gebäude, der sanitären Anlagen oder für schwere körperliche Arbeit, griffen die Aurovillians gerne auf Hilfe von Tamil-Arbeitern aus den Dörfern zurück, ohne dass dabei ihr inneres Wachstum als Sinnsuchende Schaden genommen hätte.

Doch das Feuer der Veränderung brannte, und die Pioniere gingen im Spannungsfeld zwischen dem Konzeptionellen und dem Konkreten sorgsam damit um. »Es stimmt, in Auroville sind wir mit Abstraktionen schnell dabei. Wir philosophieren, wir erstellen Konzepte, und manchmal träumen wir einfach nur«, so Akash Kapur, der selbst in »Auroville« lebte. »Aber wir bauen auch Straßen, gehen einkaufen, flicken Reifen, gehen Gassi mit unseren Hunden, wir beschweren uns über das Wetter und bringen unsere Kinder zur Schule.«[13] Letztlich liegt der Wert des Experiments gerade darin, eine Utopie unter praktischen Bedingungen zu testen. Im Alltag mussten Menschen aus über 50 Nationen lernen, friedlich und möglichst hierarchiefrei zusammenzuleben. Erst auf dieser Basis konnte am Aufbruch der Menschheit gearbeitet werden. »Die Gesellschaftsform, die unsere Erde braucht«, so der Pionier Rishi Walker, »wird in Auroville einen territorialen Ausdruck finden.«[14]

EINE ART RAUMSCHIFF ALS SEELE DER STADT

Wer den »Galaxy«-Stadtplan genauer betrachtet, entdeckt in der Mitte von »Auroville« etwas Sonderbares. Die harmonisch gekrümmten Straßenzüge sowie die parallel dazu angeordneten Häuserreihen rotieren um ein Zentrum, in dem sich eine goldene Kugel befindet. Mirra Alfassa hatte nicht nur den Plan einer idealen Stadt im Sinn, vielmehr träumte sie von einer Stadt mit Seele. Dazu brauchte es einen besonderen Ort als Klammer, die alles zusammenhält. Das goldene Ding in der Mitte war genau dazu da. Damit grenzte sich »Auroville« deutlich von anderen Städten ab, die einen Marktplatz, eine Kirche oder einen Tempel als Zentrum haben. »Baut ein Meditationszentrum«, befahl Mirra Alfassa. »Ich werde es persönlich zu einem Kraftort machen.« So entstand das Matrimandir, wörtlich: »Tempel der Mutter«. Das Zentrum, mit leicht elliptischer Gestalt und vollkommen mit goldenen Scheiben bedeckt, sollte zu einem Ort der Konzentration, zu einem »inneren Arbeitsplatz« der Bewohner werden und dabei auf jegliche weltanschauliche Einfärbung verzichten. Am 21. Februar 1971, dem 93. Geburtstag von Mirra Alfassa, wurde der Grundstein gelegt. Religion wurde durch spirituelles Leben ersetzt.

Das Matrimandir wurde zum Hingucker. Heute ist es das sichtbarste Symbol »Aurovilles« und beliebtes Fotomotiv. Doch das Zentrum gilt auch als Repräsentation innerer Sehnsüchte, als Ort, an dem täglich viele kleine Transformationen stattfinden. Und tatsächlich ist es Herz oder Seele des Ortes, es bündelt die Sehnsüchte der Suchenden, spiegelt deren Ängste und verstärkt Hoffnungen.

Jedes Jahr wird am 28. Februar bei Einbruch der Dunkelheit ein Feuer im Amphitheater neben dem Matrimandir entzündet. Wer gerade da ist, sitzt um die Flammen und lauscht der konservierten Stimme Mirra Alfassas, die aus Lautsprechern wieder einmal ihre Charta verliest. Wer in das Feuer blickt, im Hintergrund als stille Silhouette das Matrimandir, spürt einen magischen Moment der Verbindung mit dem kollektiven Traum. Zukunft in »Auroville« entsteht aus den Erfahrungen, die Menschen im marmorverkleideten Innenraum des Matrimandir machen. »Eines Tages wusste ich, dass ich angekommen bin«, so die Deutsche Katja. »Ich wusste, dass ich ab jetzt frei bin. Es war eine Erlösung. Der Krieg war vorbei.«[15] Viele Aurovillians begreifen das Matrimandir deshalb weniger als Ort, sondern als Werkzeug der Veränderung. Auf jeden Fall sehen sie darin etwas ganz Besonderes. »Wenn ich hier in einem Schaukelstuhl sitze und das Matrimandir im Mondlicht sehe«, so William Sullivan, ein weiterer Pionier, »dann wirkt es wie ein Raumschiff, das bereit ist abzuheben.«[16]

ALLTAG IM GOLDFISCHGLAS
CELEBRATION, 1999

Auch in Walt Disneys Modellstadt »Celebration« erwies sich der Alltag als großer Gleichmacher. Trotz zahlreicher Versprechungen war der Lack recht schnell ab. Weder konnte die Modellstadt ihre Verwandtschaft mit früheren »Show-Case«-Konzepten verheimlichen noch ihre Abstammung von den nahegelegenen Vergnügungsparks. Heraus kam eine Testanordnung für komfortverliebte Glückssucher. Letztlich waren alle Projekte Disneys soziale und kulturelle Experimente, die kleine Fluchten aus der Tristesse des Alltags ermöglichten, Gegenmodelle zur seelenlosen Isolation der Vorstädte, die mit Suburbs wie »Levittown« ihren vorläufigen Höhepunkt erreicht hatte.

Disneys Experimentalanordnung zeigte eine wünschenswerte, wenngleich nicht immer wahrscheinliche Zukunft. Ähnlich wie in der Kunstwelt »Disney World« galt es, die Bewohner vor den Zumutungen der modernen Welt zu schützen. Weil alles Störende von der Stadt ferngehalten wurde, glich »Celebration« von Anfang an einer zivilisatorischen Quarantänezone. Die enorme Nachfrage nach komfortablen Rückzugsgebieten wirkt zunächst erklärungsbedürftig. Ein psychoanalytischer Erklärungsansatz hilft hier möglicherweise weiter – die Suche nach Schutz. Erich Fromm unterstellte zivilisationsmüden Menschen gar eine »Furcht vor der Freiheit«.[1]

Bereits nach wenigen Minuten Aufenthalt in »Celebration« drängt sich der Vergleich mit dem Film »Die Truman-Show« auf: In der perfekten Stadt »Seahaven« wurde der Versicherungsangestellte Truman Burbank ohne sein Wissen von Geburt an Hauptdarsteller einer nach ihm benannten Fernsehserie. Trumans Leben findet unter einer riesigen Kuppel statt, dem Omni-Cam-Ecosphere-Gebäude. Selbst Himmel und Wetter werden nur simuliert. Während Truman in dieser Kunstwelt aufwächst, wird er täglich von 5000 Kameras beobachtet. Der Film entstand in der real existierenden Planstadt »Seaside«, die selbst wiederum eines der Vorbilder für »Celebration« war. Die Rezension der »New York Times« weist deshalb folgerichtig darauf hin, dass »Celebration« eine Stadt ist, »in die Truman Burbank hineingepasst hätte, ohne eine einzige Änderung vornehmen zu müssen«.[2]

Viele Celebrationists waren sich absolut darüber im Klaren, dass sie von außen betrachtet als kontrollierte Akteure in einer Art Film-Set wahrgenommen werden. Gerade in der Anfangszeit litten viele daher unter selbst auferlegtem Leistungszwang. »Nur wenige der Bewohner konnten sich von diesem Druck freimachen, der mit dem Umzug gratis mitgeliefert wurde«, zitiert der Stadtethnologe Andrew Ross eine Bewohnerin. Der Unterschied zwischen der Vorder- und der Hinterbühne war in der Modellstadt dennoch ständig zu spüren. Hinter der aufgehübschten Fassade fand auch in »Celebration« Alltag mit ganz normalen Sorgen statt. Offensichtlich glaubten viele der Besucher, dass die Einwohner auf der Gehaltsliste Disneys stünden und dafür bezahlt würden, ab und zu auf der Veranda ihrer Häuser zu erscheinen. Obwohl »Celebration« als autofreie Stadt geplant war, kam es ironischerweise immer wieder zu Beschwerden, weil Touristen mit ihren Autos zu langsam durch die Straßen cruisten, um sich diese sonderbare Stadt und deren Bewohner wie in einem Freigehege anzusehen. Deshalb wurde bald eine Mindest- statt einer Maximalgeschwindigkeit gefordert.[3]

RESERVAT DES ORGANISIERTEN GLÜCKS

Im Film bleibt Truman Burbank lange verborgen, dass er Teil eines ethisch fragwürdigen Menschenexperiments ist. Die Celebrationists waren hingegen stolz darauf, Probanden einer besseren Welt zu sein, störten sich aber am zunehmenden Medienrummel, denn weltweit kursierten »Celebration«-Storys. Noch nie waren Bewohner einer Stadt derartig intensiver medialer Aufmerksamkeit ausgesetzt gewesen. Die meisten Berichte porträtierten die Bewohner als plumpe Nostalgiker inmitten einer Retro-Postkartenwelt. Obwohl das Leben selbstverständlich »unscripted« ablief, entstand ein gewisser Druck, immer wieder eine angemessene Rolle zu spielen, denn nichts fürchtete Disney so sehr wie schlechte Nachrichten. »Tatsächlich hat jeder von uns den mahnenden Finger der Rechtsabteilung von Disney gespürt – mitten in unseren Gedanken und Worten«, so ein Bewohner. »Und diese Mahnung diente dazu, die Temperatur unserer Unterhaltungen zu kalibrieren.«

Vor allem die Bewohnerinnen der Idealstadt mussten sich immer wieder fragen lassen, ob sie sich wie eine der Frauen aus Stepford fühlen. Der Film »Stepford Wives« von 1975 spielt im fiktiven Vorort Stepford und zeigt eine Gemeinschaft, die gerade wegen ihrer perfektionistischen Ansprüche Gefahr läuft, den Blick für das Humane zu verlieren. Im Hintergrund steuert ein geheimnisvoller Mann, den alle nur »Dis« nennen (weil er angeblich früher für Walt Disney gearbeitet haben soll), die Belange der

Stadt und vor allem ihrer männlichen Bewohner und deren Sex-fantasien. »Es ist alles perfekt«, wundert sich eine aus New York zugezogene Frau, »aber wieso gefällt es mir nicht?«

Ein zentrales Versprechen Disneys bestand in der Tat in einem perfekten Gesundheits- und Wellnesszentrum mit dem Namen »Celebration Health«. Der oktagonale Bau erinnerte stark an »Battle Creek«, einen der ersten Orte utopischer Gesundheitsver-sprechen: 1866 wurde das Sanatorium von Adventisten gegründet, zehn Jahre später vom Cornflake-Produzenten John Harvey Kel-logg übernommen. Schnell wuchs »Battle Creek« zu einem Groß-betrieb heran. In dem perfekt durchorganisierten Trainingslager wurden zivilisationsmüde Bürger entschlackt und recht rüde dis-zipliniert.[4] Das Gesundheitszentrum von »Celebration« versuchte es hingegen mit einer zeitgemäßen Mischung aus Landarzt-Kul-tur und Hightech-Medizin. So sollte das »totale Wohlgefühl« er-zeugt werden.[5] »Wenn es hier funktioniert, dann funktioniert es auch an anderen Orten«, so der Futurist Leland Kaiser bei der der Eröffnung von »Celebration Health« im November 1997: »Das hier ist das Epizentrum.«[6] Tradition, New Age und Digitalisierung verbanden sich zu einer Synthese. Kaiser erkannte darin bereits eine neue Lebensform. Was er dabei übersah, war die Funktion von Schuldgefühlen. Alte und Kranke mussten mit ihrem schlech-ten Gewissen zurechtkommen, weil sie Kosten für die Gemein-schaft verursachten. Somit trieb »Celebration« den schleichenden Trend zur Entsolidarisierung voran.

Ähnlich paradox lief auch das Bildungsexperiment in der Mo-dellstadt ab. Das Versprechen auf eine besondere »School of To-morrow« war für viele Interessenten der Grund, in Disneys Stadt zu ziehen. Die »Celebration Teaching Academy« sollte eines Tages vorbildliches Lehrpersonal für die ganze Welt ausbilden,[7] digitale Technologien würden zum Standard gehören. Allerdings hatte auch die Schule mehr Showcharakter als Substanz. Schnell er-kannten die Eltern, dass sie kein modellhaftes Bildungslabor vorfanden, sondern nur eine typische Disney-Fassade. Zunächst gab es noch progressive didaktische Methoden wie altersübergreifende Klassen, in denen sich Schüler untereinander Wissen vermittelten.[8] Lehrer waren »Learning Leaders«, Klassenräume »Neighborhoods«.[9] Es gab Gemeinschaftsräume, eine Küche und ein Kaminzimmer.[10] Die Schüler stellten sich selbst Projekte zusammen, forschten und präsentierten die Ergebnisse öffentlich. Noten wurden abgeschafft. »Wir haben Besseres zu tun, als Schüler auf Prüfungen vorzubereiten«, so ein Mathematiklehrer der Modellschule. Leider zeigte sich sehr schnell, dass nicht alle das so sahen. Was aus heutiger Sicht harmlos wirkt, war damals eine Kampfansage an das klassische Bildungssystem und versetzte Eltern in Panik. Paradoxerweise entfachte aber gerade der Zwist über die Schule den zivilgesellschaftlichen Geist der Celebrationists. Zwar war das Lernlabor von Anfang an dem Untergang geweiht. Aber der Streit über die Schule machte aus den Bewohnern letztendlich doch noch eine Art Gemeinschaft.

Das Image eines Disney-Konzerns, der perfekte virtuelle Welten produzierte, passte immer weniger zur rauen Wirklichkeit dieser rasch zusammengezimmerten Modellstadt. Ende der 1990er-Jahre hatte Disney gut 51.000 Angestellte, die alle in der Nähe des Vergnügungsparks lebten. Entlang der Route 192 reihten sich einfache Siedlungen und heruntergekommene Trailer-Parks, in denen Arbeiter aus Zentralamerika und der Karibik hausten, die für den Mindestlohn in Disneys Themenparks arbeiteten. Arbeitsmigration und Wohlstandsmigration prallten diesseits und jenseits des Highways räumlich aufeinander, aber keines der Hochglanzmagazine hatte den stetigen Zu- und Abfluss billiger Arbeitskräfte im Blick.

Und niemand sprach über das dreckige Geheimnis von »Celebration«, die niedrigen Löhne und Ausbeutungsverhältnisse. Meist mussten die Hilfsarbeiter ohne Einweisung loslegen – ein Einfallstor für Pfusch am Bau. Die Idealstadt verwandelte sich daher rasch in einen Albtraum. Als die Mängel immer offensichtlicher wurden, verflüchtigte sich das letzte Glück der Hausbesitzer. Bereits 1999 mussten 70 Dächer neu gedeckt werden. »Celebration wurde durch Schimmel und Schund in den Ruin getrieben«, titelte daraufhin eine Architekturzeitschrift.[11] Misstrauen höhlte die beliebte Formel »In Disney We Trust« aus. Selbst die Disneyphilen zweifelten, verbitterten und klagten wegen Qualitätsproblemen und mangelnder Bauaufsicht. Aufträge gingen an Subunternehmer, die zu wenige und zudem überarbeitete Mitarbeiter hatten. »Hätten die Behörden hier nachgesehen«, wunderte sich Jorge Comesanas, einer der ersten Bewohner, »gäbe es die Stadt heute nicht.« Brent Herrington, der damalige Gemeinwesen-Manager, gern auch »Zar der Town Hall« genannt, ließ 1997 von einem unabhängigen Gutachter einen Bericht über drei Straßen verfassen, in denen man das Epizentrum des Pfuschs vermutete. Mit katastrophalem Ergebnis. Der Bericht verbreitete sich informell unter den Bewohnern der Stadt, verbunden mit dem Hinweis: »Nicht vor dem Schlafengehen lesen!«[12]

IM TRÜGERISCHEN GARTEN DER SICHERHEIT

In »Celebration« sollte das Gemeinschaftsgefühl gestärkt werden. Der Soziologe Herbert Gans, der 1967 die erste umfassende Studie zu »Levittown«[13] verfasst hatte, sah Disneys Modellstadt zunächst gut für diese Aufgabe gerüstet. Während die Levittowner sich meist zum ersten Mal in ihrem Leben ein eigenes Haus leisten konnten, waren die Celebrationists überwiegend routinierte Hauskäufer, die Lust auf ein neues soziales Umfeld mitbrachten.

Leider begannen die Schwierigkeiten genau damit. Der Stolz, Teil dieses außergewöhnlichen Laborexperiments zu sein, pionierhafte Hybris sowie die Angst vor dem Wertverlust ihrer Häuser waren eine fatale Mischung für den Sozialreaktor der Stadt. Es war keine leichte Aufgabe, aus diesen Menschen ein funktionierendes Gemeinwesen zu erschaffen. Immerhin war die Stadt angelegt, um soziale Durchmischung zu erleichtern. Öffentliche Geselligkeit war Teil des Plans, Zwangskontakte wurden als Form der Vergemeinschaftung betrachtet.[14]

Dennoch zerfiel »Celebration« schneller als gedacht in separate Distrikte.[15] Als Gegenreaktion wurde versucht, mit dem Standardset der Fröhlichkeit, dem »Block Party Trailer«, einer Art mobiler Grillstation mit eingebauter Stereoanlage, Vergemeinschaftung à la Disney zu erzeugen.[16] Doch letztendlich war das Soziale so oberflächlich wie die Architektur. Die nagelneuen Gebäude sahen leicht gealtert aus, um das Gefühl von Tradition zu simulieren. In der Instant-Utopie Disneys widersprachen sich Kunststoffe und künstliche Alterung nicht im Geringsten. Und jeden Morgen wurden die Straßen mit einem Dampfstrahler gereinigt.[17]

Ordnung schaffte auch das »Pattern Book«, das berühmt-berüchtigte Regelbuch der Stadt. Der Regelkanon, der tief in die private Lebensführung eingriff, war der Preis für die paradiesische Geborgenheit. Vor allem sollten die Regeln den Wert der Häuser erhalten. Es gab Regeln für angemessenes Verhalten in der Öffentlichkeit, zum Beispiel das Verbot, »unansehnliche Vehikel« – alte Fahrräder, schrottige Motorräder oder billige Autos – vor dem Haus zu parken. Es gab unzählige »Style Prescriptions«, die festlegten, wie die Häuser samt Veranden, Vorgärten, Fassaden und Zäunen auszusehen hatten. In den Gärten wurde der prozentuale Anteil von Gras, Hecken, Büschen und Bäumen exakt definiert. Die Disney Company schrieb sogar vor, welches maximale Gewicht eine Hauskatze haben durfte. Freie Entscheidungen waren Mangelware.

Paradoxerweise beschwerten sich die Bewohner jedoch nicht über die Kontrollabsicht des Disney-Konzerns, sondern darüber, dass das Rathaus bei Regelbrüchen nicht schnell und hart genug durchgriff. Nachbarn wurden zu Stil-Inspektoren. Eine informelle »Veranda-Polizei« wachte tagein, tagaus über die richtige Gesin-

279

nung – oder mahnte zumindest unordentliche Schaukelstühle an.[18] Belehrende Anrufe vom Rathaus wurden als Akt des Kundenmanagements betrachtet. »Es läuft, wie Disney es will«, so die Kritiker Douglas Frantz und Catherine Collins. »Oder man sitzt auf der Straße.«[19]

Disneys Modellstadt sollte eigentlich ein Garten der Geborgenheit sein. Tatsächlich aber entstand mit »Celebration« eine idealtypische privat verwaltete Stadt, ein »Privatopia«,[20] in dem intransparentes Unternehmensmanagement demokratische Mitbestimmung ersetzte. Erstaunlicherweise war diese Strategie recht erfolgreich. Viele Celebrationists waren davon überzeugt, dass zu viel Bürgerbeteiligung notwendige Entscheidungsprozesse lähmt. »Die Spezialität von Bürgern ist ihr eigener Hinterhof und nur sehr selten die Gemeinschaft als Ganzes«, so auch Andres Duany, ein prominenter Vertreter des neuen Urbanismus.[21] Disney setzte hingegen auf hocheffizientes Management, was auch bedeutete, dass ausschließlich die Interessen der Muttergesellschaft Berücksichtigung fanden. Ging dennoch etwas schief, setzte der Konzern auf Ablenkungsstrategien. Stadtmanager hatten ein offenes Ohr für die Probleme und Nöte der Bewohner, besaßen aber kaum Entscheidungsbefugnisse. Für einen kleinen Zugewinn an Professionalität entfernte sich »Celebration« stetig von seinem eigenen utopischen Ideal einer intakten Gemeinschaft.

Möglicherweise lässt sich die »Hardware« einer Stadt – Plätze, Straßen und Häuser – auf dem Reißbrett perfektionieren. Weil es mit der »Software« – dem Gefühl des Zusammenlebens – nicht ganz so leicht war, nahm die Kritik zu. Der einflussreiche Architekturkritiker Lewis Mumford charakterisierte die Haltung hinter Disneys Vorstellung von Gemeinwesen mit gnadenloser Härte: »Hier wurde eine neue Form von Gemeinschaft produziert – und zugleich eine Karikatur historischer Städte erzeugt«, schreibt er. »Eine Ansammlung uniformer, unidentifizierbarer Häuser, in uniformem Abstand, in uniformen Straßen, bewohnt von Menschen der gleichen Schicht, der gleichen Einkommensklasse, der gleichen Altersgruppe, Zuschauer der gleichen Fernsehsendungen, Konsumenten der gleichen geschmacklosen Fertiggerichte, die aus den gleichen Kühlschränken kommen, alles aus einer Gussform.«[22]

Bereits Herbert Gans hatte in seiner klassischen Studie »The Levittowners« darauf hingewiesen, dass der Wunsch nach neuen Gemeinschaftsformen nicht eingelöst werden kann, wenn die Bewohner einfach weitermachen wie vorher.[23] »Self-contained communities«, unabhängige Gemeinden, mutierten landesweit immer mehr zu »bösen Paradiesen« im Traumland des Neoliberalismus, in dem Demokratie als arbeitsintensiv, lästig und ineffizient gilt.[24] Immer mehr Menschen leben in den USA bereits in »Privatopias« und damit jenseits basisdemokratischer Aushandlungsmöglichkeiten. Nach und nach erkannten auch die Celebrationists, dass sie sich in einem dystopischen Gehäuse befanden, einer künstlichen Stadt ohne öffentliche Repräsentanten.[25] Sie merkten, dass diese Stadt gerade keine Seele hat, sondern wie eine Maschine von außen gesteuert, wie ein Motor gewartet und nach Checklisten verwaltet wurde. Dennoch sehnten sie sich in den allermeisten Fällen nach dieser Fremdbestimmung, wenn sie nur effizient genug war.

Kein Wunder, dass »Celebration« von Außenstehenden als Puppenstaat wahrgenommen wurde. Die Modellstadt wurde zum restriktiven Reservat des organisierten, zugleich aber oberflächlichen Glücks. Trotzdem passte das alles irgendwie zusammen. Als Walt Disney angeboten wurde, für das Präsidentenamt der USA zu kandidieren, wollte dieser lieber der »gütige Diktator« des Disney-Konzerns bleiben.[26] Er ahnte wohl, dass diese sanfte Form der Diktatur zunehmend nachgefragt wurde.

UTOPIE DER PRODUKTIVEN ABSPALTUNG
MIKRONATIONEN, 1968

Während Privatopias wie »Celebration« das Bedürfnis nach nostalgischer Geborgenheit befriedigen, suggerieren Mikronationen eine ganz andere Form der Geborgenheit. Viele dieser »teuflischen Paradiese«[1] für Steuersünder kollabierten jedoch rasend schnell. In den 1990er-Jahren scheiterte »Laissez-Faire City«, eine Planstadt für Steuerminimierer in Costa Rica. Auch von »New Utopia«, einer Mikronation in der Karibik, finden sich kaum noch Spuren. Ewig lockt das gleiche Prinzip: »Es war eine pubertierende Phantasie – die Phantasie der einsamen Insel, des eigenen Staates, wo man die Regeln selbst und nach Belieben bestimmen konnte«, beschreibt T. C. Boyle in »Drop City« den Reiz aller Abspaltungsutopien.[2]

Fast immer resultierte die Sehnsucht nach selbst gemachten Regeln aus Unzufriedenheit über die herrschenden Verhältnisse. Diesem Jammern entspringen entweder gewaltlose, anarchistische oder kommunistische Integrationsutopien wie »Monte Verità« oder elitäre, eskapistische, vielleicht sogar zynische Rückzugsprojekte. Abspaltungsutopien kommen in zahlreichen Ausprägungen vor – von Fantasiewelten in der Form von Computerspielen über Scheinstaaten bis hin zu aggressiv auftretenden Mikronationen.

Die Gründer von Mikronationen beanspruchen reale geografische Staatsgebiete und verfolgen damit das Ziel, einen unabhängigen und anerkannten Staat zu etablieren. Gleichwohl erfüllen sie nur selten die voraussetzungsreichen völkerrechtlichen Kriterien für Staatsgründungen. Um zu definieren, was eigentlich einen Staat ausmacht, wird meist die Drei-Elemente-Lehre des österreichischen Staatsrechtlers Georg Jellinek herangezogen: Staatsgebiet, Staatsvolk und Staatsgewalt ergeben einen Staat.[3] Wer friedlich mit anderen Staaten in Beziehung tritt, darf schließlich irgendwann auf deren Anerkennung hoffen.

Doch bereits das erste Kriterium ist problematisch. Die Vereinten Nationen erkennen 195 Staaten an, darunter auch Vatikanstadt und Palästina. Zwischen diesen 195 Kunstgebilden verlaufen Grenzlinien, die eigentlich keinen Platz mehr für neue Staatsgebiete lassen. Niemandsländer, undefinierte Flächen zwischen zwei Staaten, sind seltene Ausnahmen von der Regel. So gründete der Tscheche Vít Jedlicka im Niemandsland zwischen Kroatien und Serbien die freie Republik »Liberland«.[4]

Als Reaktion auf das Verbot gleichgeschlechtlicher Ehen in Australien beschloss Dale Anderson 2004 einen eigenen Staat zu gründen. »Unser Staat wird für Schwule und Lesben das sein«, beschrieb er seine Abspaltungsutopie, »was Israel für die Juden ist.«[5] Am 14. Juni 2004 stach Anderson mit einer Gruppe von Aktivisten und dem Schiff »Gayflower« in Richtung Cato Island in See. Im Gebiet der kleinen, meist unbewohnten Inseln vor Australien angekommen, gründete die Gruppe das unabhängige schwul-lesbische »Königreich der Korallenmeerinseln«. Als Nationalhymne musste »I Am What I Am« von Gloria Gaynor herhalten. Die Regenbogenflagge wurde gehisst, Dale Anderson zum Oberhaupt ernannt, die Unabhängigkeitserklärung verfasst und verlesen. Diese erhob die Abspaltung von Australien zum Gründungszweck des neuen Staates. Hauptstadt wurde ein Campingplatz, der den erbaulichen Namen »Heaven« erhielt. 2007 beschlossen die australischen Wähler, die gleichgeschlechtliche Ehe doch noch zu legalisieren, was schließlich zur Auflösung der schwul-lesbischen Mikronation führte.

Die Geschichte der Mikronationen ist reich an ähnlich bizarren Beispielen.[6] Rückblende: Im Jahr 1919 brachten Freischärler, die sich »Arditi«, Draufgänger, nannten, die Adriastadt Fiume, das heutige Rijeka in Kroatien, unter ihre Kontrolle und gründeten dort einen Idealstaat.[7] Ideengeber für die neue Nation war der Dichter Gabriele D'Annunzio. Alles, was in Europa an politischen Eiferern Rang und Namen hatte, also »Nationalisten und Internationalisten, Monarchisten und Republikaner, Konservative und Syndikalisten, Klerikale und Anarchisten, Imperialisten und Kommunisten«, versammelte sich seinerzeit an der Adria. Neben hitzigen politischen Debatten fielen die neuen Städter vor allem durch ihren hedonistischen Lebensstil auf. Beseelt von einem »fieberähnlichen Abscheu für das harte und graue Alltagsleben« sollte Fiume zu einem Ort der Leidenschaft werden. In einer mit Eisbärenfellen ausgestopften Höhle wurden Orgien und satanische Opferkulte veranstaltet. »Das Kokain fiel bisweilen wie Schnee auf das Abendmahl«, so der Chronist Kersten Knipp. Ansonsten aß und tanzte man, liebte und zankte sich. D'Annunzio erklärte den Freistaat zur »Città di Vita«, zur Stadt des Lebens. Ein Jahr nach der Okkupation gab es eine Verfassung, die Pressefreiheit und sogar Frauenwahlrecht vorsah sowie Drogenkonsum und Homosexualität legitimierte, dazu ein Grundeinkommen plus freie medizinische Versorgung. Leider endete auch diese fröhliche Utopie im Streit. Als das italienische Schlachtschiff »Andrea Doria« Salven auf Fiume feuerte, war es um den Heldenmut der Reformer geschehen. »Das einzigartige Experiment an der Adria endete ebenso unvermittelt, wie es begonnen hatte.«[8]

Selbst in der bundesdeutschen Geschichte findet sich Platz für temporäre Mikronationen. Südwestlich von Gorleben entstand im Frühling 1980 mitten im niedersächsischen Wald das »Protestdorf 1004«. Unter dem Logo der »Widerstandssonne« existierte es immerhin 33 Tage lang. Atomkraftgegner versammelten sich an der »Tiefbohrstelle 1004« für das geplante Endlager atomarer Brennstäbe und gründeten die »Freie Republik Wendland«. Die Wendländer bauten Küche, Kirche und Kindergarten sowie »Häuser aus abgebrannten Waldresten«. Sogar eine Passstelle wurde errichtet.[9] Der Schriftsteller Hans Christoph Buch arbeitete sich in seinem Gorlebener Tagebuch »Bericht aus dem Inneren der Unruhe« noch 1984 an den Motiven für diese Protestutopie ab.[10] Der von multiplem Liebeskummer geplagte Autor ließ den Niedergang der

Utopie unausgeschlafen und unausgeglichen über sich ergehen, obwohl ringsherum euphorische Aufbruchstimmung herrschte. »Das Neue war die Grenzüberschreitung. Es war, als ob man für einen Moment in der Zukunft gelebt hätte«, so Buch. Aus Sicht der örtlichen Bevölkerung waren die Utopisten hingegen meist »Faulenzer und Nichtstuer«. In der Rolle eines Ethnografen beobachtete Buch Demonstranten »mit nacktem Oberkörper«, aber auch »abenteuerlich kostümierte Gestalten, mit Wikingerhelmen, Totenköpfen und Indianerfedern im Haar«, die kostenlose Erbsensuppe löffelten, Protestsongs oder Erbauungslieder wie »Universal Love« von Jimmy Cliff schrammelten und sich vor allem einig gegen den Rest der Welt waren. Immerhin fand eine bislang stumme Generation endlich die eigene Stimme. Erst mit der jugendlichen Protestbewegung »Fridays for Future« sollte sich das weithin hörbare Eintreten für eine bessere Zukunft wiederholen, wenn auch in ganz anderer Form.

Nur gut einen Monat nach Staatsgründung wurde die Mikronation von mehreren Hundertschaften der Polizei gestürmt. Tagebucheintrag vom 4. Juni 1980 bei Hans Christoph Buch:»Nach fünfwöchiger gewaltfreier Besetzung der Bohrstelle 1004 wird das Hüttendorf der Atomkraftgegner von einem Großaufgebot von Polizei und BGS, verstärkt durch Hubschrauber, Reiter- und Hundestaffeln, gewaltsam geräumt. Die im Morgengrauen anrückenden Beamten haben sich die Gesichter schwarz gefärbt, als zögen sie in den Dschungelkrieg.« Die Räumung ging als größter Polizeieinsatz der Nachkriegszeit in die Geschichtsbücher ein.

Der Traum vom alternativen Leben war vorerst vorbei. Geblieben ist allein der Gasthof »Meuchefitz« ganz in der Nähe, eine Mischung aus selbst verwaltetem Restaurant, Tagungshaus und Kommune, der versucht, die Utopie zu bewahren. Auch das nahegelegene Ökodorf »Sieben Linden« ist eigentlich ein Labor der Menschheit im Mini-Format für bis zu 300 Menschen. Eine zukunftsweisende Lebensform anzustreben bedeutet zugleich, »sich auf einen offenen Prozess der Suche und des Experimentierens einzulassen«, so das Selbstverständnis von »Sieben Linden«. Die Pioniere dieser Utopie weisen darauf hin, dass es »harte Arbeit ist, Unterschiede und Konflikte auszuhalten«. Vielsagend fügen sie hinzu: »Harte Arbeit vor allem an sich selbst.«[11]

DER MYTHOS POSTNATIONALER PSEUDOWELTEN

Ein Stückchen Niemandsland, eine abgelegene Koralleninsel, ein Protestdorf rund um ein Bohrloch – viel geografischen Spielraum gibt es wahrlich nicht. Wohl auch deshalb wird die Wasseroberfläche unseres Planeten immer attraktiver für Utopisten. Vor Küstenstaaten erstreckt sich das Staatsgebiet inzwischen bis zu zwölf Seemeilen auf das Meer hinaus. Weiter draußen gehört das Meer der Menschheit, so definiert es die UNO. Künstliche Inseln außerhalb maritimer Staatszonen erfüllen damit zumindest schon einmal das Kriterium eines eigenen Staatsgebiets.

Als Prototyp maritimer Mikronation gilt das Projekt »Sealand«. Der Brite Roy Bates besetzte 1967 einen verlassenen britischen Flak-Stützpunkt mitten im Meer und rief dort seine »Principality of Sealand« aus. Gemeinsam mit Frau und Sohn bezog der selbst ernannte Fürst die Plattform. Im Laufe der Zeit fand Bates einige Anhänger, die zumindest versuchten, es mit ihm auf engstem Raum auszuhalten.[12]

Das eigentliche Ziel von »Sealand« war die Errichtung eines illegalen Radiosenders in der Zone der Straffreiheit, also außerhalb der Dreimeilenzone Englands. 1968 bekam »Sealand« Besuch von der britischen Navy, die zaghaft versuchte, die Flakstellung zurückzuerobern. Doch die Soldaten ließen sich von Warnschüssen erschrecken und gaben schnell auf. Britische Gerichte hatten Besseres zu tun, als sich mit einer Handvoll Anarchisten außerhalb britischer Hoheitsgewässer zu beschäftigen. Daraus leitete Roy Bates die De-facto-Anerkennung seines Staates ab.

Die Verfassung »Sealands«, erdacht vom deutschen Wirtschaftswissenschaftler Alexander Gottfried Achenbach – gleichzeitig Premierminister von »Sealand« –, wurde ohne Erfolg an 150 Staaten versandt. Achenbach machte keinen Hehl daraus, dass es ihm um »die Ausnutzung der Privilegien« ging, »die ein Staat mit sich bringt«. Aus dem Piratensender wurde in der Folge eine Steueroase, aufgehübscht durch eigene Währung, Pässe, Hymne und Flagge. Mit der Digitalisierung wandelte sich das Geschäftsmodell schlussendlich in Richtung Datenhosting für illegale Online-Pornografie und Glücksspiele. Nach Roy Bates' Tod übernahm dessen Sohn Michael die Rolle des Staatsoberhaupts. Die Plattform ist zwar nicht mehr bewohnt, doch »Sealand« existiert virtuell weiter. Es gibt eine Homepage, einen YouTube-Kanal sowie einen Instagram-Account. Wer sich danach sehnt, Herzog oder Gräfin zu werden, kann in einem Online-Shop entsprechende Pässe und Urkunden erwerben.

Auch wenn der Schein eines souveränen Staates aufrechterhalten wird, ist »Sealand« einfach nur ein fiktiver Staat. »Sealand is stranger than fiction«, so der Rechtswissenschaftler James Grimmelmann von der New York Law School, Spezialist für rechtsfreie Räume.[13] »Sealand« war ein anarchistisches Familienprojekt, das auf wirtschaftlichen Profit abzielte. Auf dem Papier hatte jedes Familienmitglied gleich mehrere Regierungsämter inne. Institutionen wie Polizei oder Parlament fehlten gänzlich. Das Wichtigste aber war wohl, dass die üblichen Gesetze auf der Plattform keine Rolle spielten, einzig der Fürst gab den Ton an. »Ich kann ihnen sagen, dass sie jemanden umbringen sollen«, brachte Bates seine Macht gegenüber dem eigenen »Volk« unmissverständlich zum Ausdruck. »Ich mache die Gesetze auf Sealand.«[14] Diese Behauptung zeigt, wie minimal die Übereinstimmung mit den moralischen Maximen derjenigen war, deren Anerkennung man wollte: der UNO als formale Vertretung der meisten Länder und darüber hinaus einer eher gefühlten Weltgemeinschaft. Selbst die Serverfarm scheiterte. Sie brachte es le-

diglich auf zehn Kunden und arbeitete nie profitabel. Im Laufe
der Zeit stiegen Investoren und Mitgründer aus.[15] Der familien-
geführte Pseudostaat »Sealand« begann als Abspaltungsutopie
und endete als Webseite und Mythos.

QUARANTÄNEZONEN FÜR ASTRONAUTEN
ISOLATIONSEXPERIMENTE, 1996–2020

Weil die Raumstation ISS nicht dazu ausgelegt ist, ohne Astronauten an Bord die Erde zu umkreisen, mussten auch während
der weltweiten Corona-Pandemie Besatzungen ausgetauscht werden. Am 9. April 2020 fand daher planmäßig ein Start statt. Zuvor
mussten die Astronauten jedoch drei Wochen lang in Quarantäne
verbringen. Corona bedeutete auch für die Raumfahrt enorme
Einschränkungen. Der übliche Betrieb konnte nicht normal wei-
terlaufen. Missionen und Konferenzen mussten abgesagt oder
verschoben werden, die Sojus-Raketen wurden erst einmal nicht
weiter produziert. Observatorien reduzierten die Mannschaften,
freuten sich aber zumindest über klare Luftqualität für bessere
Bilder. Für die bereits 2018 gestartete Raumsonde »Colombo« der
ESA musste trotz Corona ein sogenanntes Swing-by-Manöver zur
Richtungsänderung durchgeführt werden, um 2025 das Missionsziel Merkur zu erreichen. Einfach rechts ranfahren und abwarten
ist in der Raumfahrt unmöglich. Im Darmstädter Kontrollzentrum
ESOC waren nur noch rund 25 Spezialisten statt der üblichen 700
anwesend. Trotz Homeoffice funktionierte das Manöver tadellos.
Während der Pandemie wurde Wissen über Isolationsbedingungen langsam zum Allgemeingut. Quarantäne wurde demokratisiert, denn bislang gehörte sie wohl nur für Astronauten berufs-
bedingt zum Aufgabenspektrum.

Nach der Landung der Apollo-13-Kapsel 1969 im Pazifischen
Ozean wurden die drei Astronauten geborgen und rasch zum

Flugzeugträger »USS Hornet« gebracht. Während die Welt kopfstand, mussten die Helden der Nation allerdings in einer Quaran-
tänestation an Bord des Schiffes ausharren, weil die NASA Angst
vor außerirdischen Bakterien hatte. Danach folgten für die Raumfahrer noch drei Wochen im »Lunar Recieving Laboratory« in
Houston, einer etwas komfortableren Quarantäneeinrichtung.
Viel Zeit, um über die Bedeutung ihrer Mission nachzudenken.
Buzz Aldrin schaute sich Videos von den Feierlichkeiten auf der
Erde an, die ohne sie stattfinden mussten. »Neil«, sagte er während der Quarantäne zu seinem Crew-Kameraden, »wir haben
das ganze Ding verpasst.«[1]

Mittlerweile haben sich die Quarantänebedingungen stark
verbessert. Russische Kosmonauten verbringen die Zeit vor ihrem
Start in einem regelrechten Palast mit Kristallleuchtern, Marmor-
böden sowie einer »Banya«, einer russischen Sauna. Im Speisesaal
feines Porzellan und ein großer Flachbildschirm, auf dem russische Filmklassiker laufen.[2] Jeder Raumfahrer lebt in einer eigenen
Suite mit vier Zimmern: Quarantäne der stilvollen Art. Zum
Abendessen gibt es das russische Nationalgericht Borschtsch in
allen Varianten, dazu Fleisch und Kartoffeln. Zur Verwunderung
der amerikanischen Kollegen ist das Essen mit Dill überhäuft.
»Dill verhindert Fürze«, erklärt ein Kosmonaut gelassen. Wenn
das stimmt und man am folgenden Tag zusammengepfercht in
einer engen Blechbüchse ohne Lüftung in Richtung Weltall aufbricht, vielleicht gar keine schlechte Idee.

ISOLATIONSEXPERIMENTE ALS VORBEREITUNG
FÜR WELTRAUMREISEN

2019 meldeten die Nachrichtenagenturen, dass nun auch China
eine eigenständige Raumfahrtnation werden möchte. Ende November 2020 startete die acht Tonnen schwere Mondrakete
»Chang'e 5« (Langer Marsch 5), um erstmals seit 40 Jahren wieder
Gesteinsproben zur Erde zu holen.[3] Die Mission gilt Experten als

Vorstufe für mögliche Mondlandungen der Chinesen in naher Zukunft.[4] Zur Vorbereitung noch ambitionierterer Einsätze wurde in der Wüste Gobi die »Mars-Basis-1« eröffnet – ein Show-Room für zukünftige Taikonauten, wie Raumfahrer in China genannt werden. Chinas nächste Generation soll dort lernen, wie sich Leben auf dem Mars anfühlt.[5] Und Lust auf Weltraummissionen bekommen.

Je weiter sich Menschen ins All entfernen, desto wichtiger wird es, die Effekte fremdartiger Umgebungen bereits auf der Erde zu erforschen. Lebensfeindliche Umgebungen, enge Habitate sowie kommunikative Isolation lassen sich anhand von Isolationsexperimenten simulieren. Aus unberechenbaren Gefahren werden auf diese Weise im besten Fall kalkulierbare Risiken. In der experimentellen Isolation geht es darum, systematische Beobachtungen über Physis und Psyche anzustellen. Spannend sind vor allem die humanen Komponenten, die zeigen, welche sozialen Konflikte sich potenziell entwickeln können.

Eigentlich hat die Menschheit schon jede Menge Erfahrungen mit Versuchsanordnungen dieser Art. Gleichwohl wird selten an Klöster gedacht, obwohl diese doch das Paradebeispiel freiwilliger Isolation sind. Das »claustrum«, also der »abgeschlossene Raum«, ist eine Lebensform, bei der sich Mönche oder Nonnen bewusst von der Umgebung abgrenzen und nach eigenen Regeln leben, um eine bestimmte, selbst gewählte Existenzweise zu verstärken. Ein Mönch erklärte mir eines Tages bei einem längeren Klosteraufenthalt, dass der Kreuzgang deshalb so breit sei, damit sich verfeindete Brüder leichter aus dem Weg gehen können. Der Astronaut Reinhold Ewald argumentiert (wenngleich im Spaß) ähnlich, wenn er fordert, dass auch Raumstationen so geplant werden sollten, dass sich die Besatzungsmitglieder hin und wieder aus dem Weg gehen können: »Es ist schon gut, wenn man etwas Geknicktes mit einbaut, damit man mal um die Ecke gehen kann.«[6]

IN DER »CONCORDIA« AM »WEISSEN MARS«

Eine säkulare, dafür nahezu perfekte Umgebung zum Studium von Isolationsbedingungen befindet sich in der Antarktis. Mitten in der endlosen weißen Schnee- und Eiswüste liegt seit 2005 die italienisch-französische Forschungsstation »Concordia«. Passenderweise heißt der Ort »Weißer Mars«. Allerdings verbirgt sich dahinter keine Anspielung auf Schnee und Eis, sondern wohl auch ein Hinweis auf den Roman »Weißer Mars. Eine Utopie des 21. Jahrhunderts«, den der Autor Brian Aldiss und der Physiker Roger Penrose gemeinsam geschrieben haben. »Weiß« ist darin die Chiffre für konstruktive Forschung, während »schwarz« für destruktive Ausbeutung steht.

Dieser Fleck in der Antarktis ist der »beste Platz auf der Erde für einen Astronomen«, denn am »Weißen Mars« gibt es weder Streulicht noch Lichtverschmutzung.[7] Die nächsten Nachbarn befinden sich in 600 Kilometer Entfernung, in der russischen Forschungsstation »Wostok«. »Die Isolation ist real; die Umgebung extrem«, so die österreichische Ärztin Carmen Possnig, die dort als »Hivernante« überwinterte.[8] Die Sinnesreize sind auf ein Minimum reduziert.

Geradewegs dorthin zog es auch die Britin Beth Healey, ebenfalls eine junge Medizinerin mit einer Mission. Während ihrer Überwinterung untersuchte sie Effekte des Zusammenlebens unter den ortstypischen Bedingungen.[9] Healey schlief und arbeitete in einem der beiden Türme der »Concordia«. Der »Quiet Tower« beherbergt Labore, 16 Schlafzimmer sowie eine kleine Krankenstation. Im »Noisy Tower« befinden sich hingegen Küche und Essensraum sowie Räume für die Freizeitgestaltung. Ein Stockwerk tiefer gibt es einen Kühl- sowie einen Technikraum. Die beiden Türme unterscheiden sich auch im Geruch. Im lauten Turm riecht es nach Essen, im stillen nach Desinfektionsmitteln oder Chemikalien der Glaziologieexperimente.[10] Wie auf einem Expeditionsschiff setzt der Betrieb der antarktischen Forschungsstation voraus, dass je ein Arzt, Koch, Mechaniker, Kommunikationstechniker, technischer Manager, Klempner und Elektriker vor Ort sind.[11] Nur mit dieser Mindestcrew können die Versorgung sichergestellt und Notfälle gemeistert werden. Die Umweltbedingungen am »Weißen Mars« sind dabei äußerst speziell. Im Winter, also auf der Südhalbkugel von Mai bis August, herrscht völlige Dunkelheit. Aufgrund der extremen Wetterbedingungen und niedrigen Temperaturen ist es vollkommen ausgeschlossen, die Station anzufliegen oder zu verlassen. Nur im antarktischen Sommer, von November bis Februar, können Flugzeuge starten oder landen. In dieser Zeit sind in der Regel rund 50 internationale Forscher vor Ort. Das eigentliche Isolationsexperiment beginnt allerdings erst, wenn diese Teams wieder abgereist sind. Das bedeutet dann: Temperaturen von bis zu minus 80 Grad Celsius, keine Fluchtmöglichkeit für 240 Tage, auch nicht im Notfall. Und es kommt noch härter: 105 Tage brutale Dunkelheit.

Genau darum ging es Beth Healey. Sie entwickelte einen genauen Blick für das Zusammenleben unter diesen Bedingungen. Nach und nach verschwanden Hierarchien, Geld spielte keine Rolle mehr. Stattdessen wurden spezielle Kompetenzen zu Statussymbolen erhoben Der beengte Lebensraum und die fehlende Privatsphäre strapazierten hingegen das Miteinander. »Concordia kennt keine Geheimnisse«, fasst auch Carmen Possnig die soziale Situation zusammen.[12]

Doch gerade unter diesen Bedingungen lässt sich eine Menge lernen. »Kleine Angelegenheiten verwandeln sich in der Station in große Dramen«, lernte die Österreicherin bei ihrem Aufenthalt. Mögliche Reaktionen reichen von Gemütsschwankungen über Gewaltausbrüche bis hin zum völligen Zusammenbruch sozialer Normen.

So viel ist bislang immerhin klar: Isolationsbedingungen verstärken vorhandene Persönlichkeitsmerkmale. Die Überwinterer sitzen aufeinander und können nicht davonlaufen. »Die Möglichkeit zur Flucht ist uns genommen«, so Possnig, »nicht nur vor der tödlichen Umgebung, nicht nur voreinander, sondern auch vor uns selbst.« Konflikte entzünden sich oftmals schon an Kleinigkeiten. Genau dieses vertiefte Verständnis von Gruppendynamiken wird für kommende Weltraumexplorationen von entscheidender Bedeutung sein.

Die »Concordia«-Studien zeigen, wie sich Gewohnheiten und Verhaltensweisen schleichend verändern. Um diese Veränderungen zu dokumentieren, hielt Beth Healey den gemeinsamen Alltag akribisch mit Videotagebüchern fest. Die »menschliche Komponente« sorgte für Dauerstress. Vom Streit um Essensrationen bis hin zu sexuellen Übergriffen gab es bei Isolationsstudien bislang schon fast alles. »Es ist ein bisschen wie in einer Ehe: Man kennt sich einfach so gut«, berichtet auch Oliver Knickel, der 2009 für die ESA in der ersten Phase des Mars-500-Projekts an einem 105-Tage dauernden Isolationsversuch teilnahm.[13]

Seit 1999 hat die Raumfahrt sogar ein offensichtliches Sexismus-Problem.[14] Zusammen mit sechs Männern hatte die kanadische Astronautin Judith Lapierre an einem 110 Tage dauernden Isolationsversuch teilgenommen. Im Team mit einem japanischen und einem österreichischen Astronauten stieß Lapierre zu vier russischen Kosmonauten, die bereits ein halbes Jahr eingeschlossen waren. Bis zur Silvesternacht ging alles gut. Nach russischem Brauch wurde an diesem Tag mit viel Wodka angestoßen. »Wir sollten uns küssen, ich habe schon seit einem halben Jahr nicht mehr geraucht«, schlug der Kosmonaut und Kommandant des »Raumfahrtmoduls« Vasily Lukyanyuk der Kanadierin in angetrunkener Stimmung vor, »dann können wir uns nach der Mission noch mal küssen und vergleichen.« Was sich wie eine wissenschaftliche Experimentalanordnung anhörte, endete in wüstem Begrapschen und lautstarken Protesten. Die kanadische Raumfahrtbehörde wollte das Gastgeberland nicht öffentlich kritisieren, einzig der mitfühlende japanische Kollege reiste nach dieser Silvesternacht protestierend ab. Die Russen warfen Lapierre am Ende sogar vor, »mit ihrer Weigerung, sich küssen zu lassen, die Mission und die Stimmung« ruiniert zu haben. So viel zu interkulturellen Unterschieden.

Auf der »Concordia« geht es zwar weit weniger beengt zu, doch einfach einmal vor die Tür zu gehen und tief durchzuatmen ist auch dort nicht möglich. Jeder Dienst außerhalb der Station gleicht im Prinzip einem Außenbordeinsatz bei einer Raumstation. Die niedrigen Temperaturen machen mehrere Schichten Kleidung sowie einen Gesichtsschutz notwendig. Im Winter darf sich die Crew zudem nur in einem Radius von drei Kilometern um die Station bewegen – alles andere wäre schlicht lebensgefährlich.[15]

Damit kommt ein Aufenthalt in der »Concordia« dem Leben auf einem anderen Planeten zumindest recht nahe. Sowohl die ESA als auch die NASA betrachten die »Concordia« als wichtiges Labor, in dem sich Erkenntnisse über Langzeitmissionen im All gewinnen lassen.[16] »Die Antarktis ist wie ein Kurztrip zu einem anderen Planeten«, erklärt der Raumfahrtingenieur Paul Zabel, »ohne dass man die Erde verlassen muss. Einmal im Jahr kommt ein Versorgungsschiff. Man muss also lange warten.«[17]

»BIOSPHERE 2« ODER: EINE KÜNSTLICHE ERDE IM STRESSTEST

Von Oracle kommend, zweigt nach ein paar Meilen rechts eine kleine Straße vom Highway 77 ab. Am Straßenrand steht eine Marienfigur zwischen Büschen, knapp einen halben Meter hoch. Ein eingeschweißtes Gruppenfoto liegt auf dem Wüstenboden, es zeigt vier junge Männer. In krakeliger Schrift wünscht auf der Rückseite des Fotos jemand auf Spanisch Glück für eine lange Reise – die Grenze zu Mexiko ist nicht weit.

Ein paar Kurven weiter begann vor rund 30 Jahren die Vorbereitung auf eine noch viel längere Reise ins All. Am Ende der Straße befindet sich »Biosphere 2«, das wohl berühmteste Simulationsprojekt, eine Art Mini-Erde im Format eines riesigen Terrariums. Drinnen ist es warm und feucht, es riecht nach Pflanzen. Die riesige Anlage ist ein geschlossenes Ökosphärenexperiment, eine künstliche Welt, die jedoch wie eine natürliche funktionieren soll.

Bereits 1964 kritisierte die Schriftstellerin Barbara Wood, dass sich die Technosphäre und die Biosphäre im Konflikt befänden.[18] Etwa zur selben Zeit gründete John Allen, Ingenieur und Ökologe, die »Synergia Ranch« in Texas, eine Art Ökodorf und Vorläufer der »Biosphere 2«.[19] Zusammen mit dem Öl-Milliardär Ed Bass veranstaltete Allen Konferenzen zu Umwelt, Nachhaltigkeit und Weltraumkolonialisierung.[20] Mitte der 1970er-Jahre gründeten sie die Firma »Space Biosphere Ventures«.[21] Zusammen wollten sie »Utopia verwirklichen, indem sie die Biosphäre duplizieren«.[22] Also verkündeten sie ihren Masterplan für den neuen Garten Eden. »Biosphere 2« wurde als Miniatur-Gaia konzipiert, um zu erforschen, wie autarke Ökosysteme funktionieren und wie sich Leben unter Isolationsbedingungen selbst reguliert. Dazu wurden die fünf typischen Biome der Erde nachgebildet: Regenwald, Savanne, Ozean, Wüste und Sumpf.[23]

»Biosphere 2« ist einerseits ein miniaturisiertes Abbild irdischer Lebensräume, andererseits ein Beispiel für ein »Controlled Ecological Life Support System«, wie es auch Weltraumkolonisten benötigen. Wegen ähnlicher Forschungsinteressen begleitete daher die NASA das Projekt.[24] Gleichzeitig war der eskapistische Grundton des Experiments nicht zu überhören, schließlich sollte »Biosphere 2« möglichst unabhängig von der irdischen Biosphäre funktionieren und zeigen, dass menschliches Leben auf dem Mars möglich ist. Dazu orientierte sich das Projekt an Experimenten mit den geschlossenen sowjetischen Habitaten BIOS-1 und BIOS-2, die dort stattfanden, wo gute Isolationsbedingungen unter natürlichen Bedindungen zu finden sind: in Krasnojarsk, Sibirien.[25] Die Bionauten, wie sich die Missionsteilnehmer nannten, lebten bis zu 180 Tage isoliert. Nachdem mit BIOS die Nachhaltigkeit eines Ökosystems zur Aufrechterhaltung menschlichen Lebens prinzipiell bewiesen war, gab es erstmals Hoffnung für Langstreckenmissionen im All. »Die Biosphere 2 war als geschlossenes System konstruiert, versiegelt gegen Wasser und Luft«, erklärt Mary Carson, die eine Buchdokumentation über das Projekt herausgab. »Wie bei der Erde kann nur Sonnenlicht eindringen. Und nichts kann die Biosphere 2 verlassen.«[26]

Um das irdische Ökosystem modellgerecht abzubilden, wurden nach dem Arche-Noah-Prinzip rund 3800 Pflanzen- und Tierarten importiert.[27] Letztlich fehlte nur noch der Mensch. Gesucht wurden acht freiwillige Bionauten, vier Frauen und vier Männer, die als Teil des Experiments unter der geschlossenen Glaskuppel leben wollten. Die Gruppe sollte aus Anthropologen, Biologen, Ökologen, Ärzten, Ingenieuren oder Computerexperten bestehen, um die notwendigen Fachkompetenzen vor Ort zu haben, schließlich war »Biosphere 2« ein totales Isolationsexperiment.[28] Isolation bedeutete in diesem Fall: nichts rein und nichts raus. Ganze zwei Jahre lang. Unter den Glaskuppeln von »Biosphere 2« stand das Leben selbst auf dem Prüfstand. »Das Labor war dafür ausgelegt, 100 Jahre zu überdauern«, so Carson. 1984 begannen die Forschungs- und Entwicklungsarbeiten. Ein Betonboden versiegelte das Habitat gegenüber der Umwelt. »Nach der Fertigstellung war die Biosphere 2 die luftdichteste Struktur auf der Welt. Es verlor weniger Luft nach draußen als das Space Shuttle.«[29]

Das Wunderwerk erstreckte sich über 1,6 Hektar. Der Gebäudekomplex, eine Stahlkonstruktion mit großflächiger Verglasung, war in unterschiedliche Territorien aufgeteilt: Das »Nervenzentrum« überwachte Temperatur und Sauerstoffgehalt. Auf der landwirtschaftlichen Nutzfläche wurden Reis, Futterpflanzen sowie Obst und Gemüse angebaut. Zudem gab es Ziegen und Schweine.[30]

Technologische »Lungen« regulierten den Luftdruck, eine »Niere« reinigte das Abwasser mittels Algen, das dann zur Fischzucht genutzt werden konnte. »Deshalb gab es auf der Toilette Wasserdüsen, aber kein Papier«,[31] beschreibt Carson diesen Wasserkreislauf. Riesige Kabelstränge, die Sensoren mit Messgeräten und Computern verbanden, bildeten die »Wirbelsäule« der »Biosphere 2«. Im Ostflügel, rund 165 Meter lang und 45 Meter breit, befanden sich die fünf natürlichen Biome. Das ozeanische Biom, die flache Lagune und der dazugehörige kleine Strand waren beliebte Rückzugsorte der Bionauten während der langen Isolationsphase.[32] Der Sand kam von den Bahamas, ein Konvoy aus Milchlastern brachte Meerwasser aus dem Pazifischen Ozean,[33] eine gigantische Wellenmaschine erzeugte die sanfte Brandung.

Am 26. September 1991 startete schließlich das eigentliche Experiment. Acht Freiwillige machten sich bereit, um auf dem »Raumschiff Erde« einzuchecken. Vor dem Countdown berichteten die Bionauten auf einer Pressekonferenz vom Gefühl, die gute alte Erde zu vermissen. Dennoch wollten sie aufbrechen, »um neue Welten zu erforschen, neues Leben und eine neue Zivilisation«, wie T. C. Boyle es in seinem Roman »Terranauten« beschreibt.[34] Tausende von Menschen beobachteten das Spektakel rund um das Habitat. Fotografen und Kameramänner stellten vor allem auf die Luftschleuse scharf, die aussah, als stamme sie von einem riesigen U-Boot.

Am Tag des »Einschlusses« trugen alle Bionauten blaue Overalls mit Missionsstickern, die aussahen wie eine Kreuzung aus Baumarktuniform und Astronautendress. Die Zuschauer waren begeistert, die Bionauten rangen mit Zweifeln. »Wir waren gut vorbereitet«, erinnert sich Mark Nelson, einer der Bionauten, »aber wie würde das Leben für uns sein, für uns als Gruppe?«[35] Immerhin waren Menschen der unsicherste Faktor dieser neuen Versuchsanordnung.

Um 8 Uhr schloss sich die Luftschleuse mit einem dumpfen

Ton, Metall auf Metall. Für 730 Tage würden sie nun eingeschlossen sein. Zwei Jahre lang kein Luftzug mehr von außen. »Es war ein Überlebensexperiment«, so Carson, »und die Bionauten waren die Laborratten.«[36] Allerdings waren die acht Menschen nicht die einzigen Primaten an Bord. Beim ersten Experiment waren »aus psychologischen Gründen« noch vier nachtaktive Affen dabei, Galogos mit großen Ohren und spitzer Nase, die sich sogleich fortpflanzten.[37]

In den beiden Jahren führte die Crew zahlreiche Experimente durch, um selbsterhaltende Systeme zu erforschen. Doch bereits vor Beginn des Experiments hatten Forscher Bedenken geäußert. Unklar war, wie sich Faulgase auf die Lebensformen unter der versiegelten Glaskuppel auswirken würden. Vor allem aber bestand wie in einer Raumkapsel die Gefahr zu hoher Kohlendioxidkonzentration in der Luft. Zu wenig Kohlendioxid würde das Pflanzenwachstum einschränken und zu Wüstenbildung führen. Zu viel hätte eine toxische Wirkung für die Bionauten. Zu diesen Bedenken gesellten sich die Angst vor Schädlingen oder Krankheitserregern sowie die Sorge, sich mit untrinkbarem Wasser zu vergiften.[38]

Tatsächlich trafen einige der Prognosen im Laufe der Zeit zu und erschwerten das Leben der Bionauten ganz erheblich. Die Pflanzen der »Biosphere 2« waren noch zu jung und produzierten nicht genug Sauerstoff. Zu Beginn des Experiments sank der Sauerstoffgehalt in der Luft von den üblichen 21 Prozent auf lebensbedrohliche 14 Prozent. Den Bionauten erging es so wie den Astronauten der beinahe missglückten Apollo-13-Mission. Durch den erhöhten Kohlendioxidanteil in der Luft entwickelten mehrere Bionauten eine Schlafapnoe, Dauermüdigkeit in Kombination mit Atembeschwerden. »Nach 13 Monaten in der Biosphere 2 hungerten wir und erstickten fast«, erinnert sich das Crewmitglied Jane Poynter. »Wir wurden fast verrückt.« Weil nicht alle Pflanzen gleich gut wuchsen, waren Süßkartoffeln die Hauptnahrungsquelle. »Wir aßen so viel davon«, so die Bionautin, »dass unsere Gesichter gelb wurden.«[39]

Das Experiment musste Artensterben in Kauf nehmen, blütenbestäubende Tiere wie Bienen und Kolibris gingen ein. Was die Biologin Rachel Carson ein paar Jahre zuvor im dystopischen Märchen »Der stumme Frühling«[40] beschrieben hatte, wurde plötzlich bittere Realität. Die Bionauten mussten ihre Pflanzen schlussendlich von Hand bestäuben. Fadenwürmer, Kakerlaken und Ameisen verbreiteten sich, Milben verzehrten Kartoffeln und weiße Bohnen. Matsch und Ungeziefer waren der schlimmste Feind.[41]

Diese Entwicklung verschob das Zeitmanagement der Bionauten von wissenschaftlicher Kopfarbeit zu landwirtschaftlicher Handarbeit. Der Arbeitsaufwand für Selbstversorgung war massiv unterschätzt worden. Zudem waren Wissenschaftler schlicht nicht an eine Existenz als Subsistenzbauern gewöhnt. Kaffee gab es beispielsweise nur, wenn Kaffeebohnen geerntet und verarbeitet werden konnten.[42] Jeder Bionaut erhielt drei Mahlzeiten pro Tag, für alle die gleiche Menge, unabhängig von Größe und Geschlecht, durchschnittlich rund 2000 Kalorien.[43] Die stark kalorienreduzierte Ernährung verminderte nicht nur die Energie, sondern auch die kognitiven Fähigkeiten. In kürzester Zeit erlebte die Crew am eigenen Körper die Rückentwicklung von der Hochmoderne zur Agrargesellschaft. Am Ende blieben gerade einmal fünf Prozent des Zeitbudgets für Forschung übrig, die meiste Zeit mussten die Bionauten für das eigene Überleben aufwenden. Im Durchschnitt verloren die Bionauten 13 Prozent ihres Körpergewichts. Von Forschung sprach bald niemand mehr, es ging schlicht darum, satt zu werden.

Der ständige Hunger führte zu Gereiztheit, Spannungen und massiven Streitigkeiten im Team. Obwohl die acht Freiwilligen während einer Trainingsphase intensiv zusammengearbeitet hatten und das Experiment sogar als Freunde begannen, kam es zu ernsthaften Zerwürfnissen und »irrationalen Antagonismen«, so Mark Nelson.[44] Zwei Gruppen, die kaum noch miteinander sprachen, bildeten sich heraus. Hinzu kam das »Us-Them«-Syndrom – die Bionauten fühlten sich vom externen Projektmanagement mehr und mehr missverstanden. Gerade deshalb lieferte das Experiment wertvolle Hinweise. Denn eine positive Gruppendynamik physisch isolierter Gruppen wird inzwischen als zentraler nicht-technischer Erfolgsfaktor für zukünftige Weltraumexplorationen angesehen.[45]

Während der zweijährigen Isolation musste sich die Besatzung zudem an die Blicke von mehr als einer halben Million Besucher gewöhnen. In der Nähe von »Biosphere 2« entstand sogar eine Anlage für Touristen, auch ein Vergnügungspark à la Disney war in Planung. Durch die Glasscheiben wurden die Bionauten beobachtet und gefilmt. Die Begeisterung der Öffentlichkeit für Echtzeit-Wissenschaft mutierte jedoch zum Stressfaktor für die mit Überlebensängsten geplagten Bewohner der Mini-Erde. Nur der dichte Bewuchs der Biome sorgte an wenigen Stellen für einen Rest von Privatsphäre.

Trotz aller Schwierigkeiten und zahlreicher Entbehrungen passte die Crew ihren Lebensstil dem ungewöhnlichen Alltag an. Die Bionauten lebten sich kreativ aus, malten, schrieben Gedichte, musizierten oder produzierten Foto- und Videokunst. Jeder Feiertag wurde von der Crew gewürdigt, um einen Zeitmarker zu setzen. Jedes Festmahl lieferte die willkommene Möglichkeit, Konflikte zumindest vorübergehend einzudämmen.

Solche Ablenkungsrituale haben eine lange Tradition: Schon die großen Entdecker und Seefahrer wussten, wie man eine Mannschaft bei der Stange hält. Vor rund 125 Jahren versuchte der Arktisforscher Fridtjof Nansen mit einem speziell ausgerüsteten Schiff, der »Fram«, den Nordpol zu erreichen. Auch er sorgte dafür, dass an Bord kein Anlass zum Feiern ausgelassen wurde. Zu jedem Geburtstag eines Offiziers gab es ein Festessen, nationale Feiertage waren beliebter Anlass für Fahnenschwenkaktionen und Extrarationen. Da es das Schiff nicht bis zum Nordpol schaffte, versuchte Nansen zusammen mit seinem Gefährten Hjalmar Johansen 1895 den Nordpol mit dem Hundeschlitten zu erreichen. Dabei gerieten sie in Schwierigkeiten, mussten neun Monate auf dem Packeis in einer primitiven, selbst gebauten Hütte leben und sich von Eisbärenfleisch und Walrossfett ernähren. Gleichwohl versuchten die beiden auch unter diesen Umständen, Weihnachten zu feiern. Zwei Dinge trugen zum festlichen Charakter bei: Johansen wechselte sein Hemd, Nansen seine Unterhose. Und nachdem sich beide Forscher neun Monate lang einen Schlafsack geteilt hatten, gingen sie schließlich zum »Du« über.[46]

Auch in der »Biosphere 2« bildete sich allen Spannungen zum Trotz ein ausgeprägtes »Wir-Gefühl« heraus. Drinnen sollte das Leben eigentlich von äußeren Störfaktoren abgeschirmt werden.[47] Doch die totale Isolation gelang nicht vollständig – schon allein deshalb, weil Sauerstoff zugeführt werden musste. Auch energetisch war die zweite Erde niemals autark. Pro Jahr mussten 500.000 US-Dollar für Strom ausgegeben werden, um die vielen elektrischen Anlagen, Pumpen, Lüftungen und Computer betreiben zu können. Als die Mannschaft 1993 nach zwei Jahren wieder durch die Luftschleuse nach außen trat, »sahen die meisten müde und dünn aus«, so die Chronistin Carson, »und sie waren erleichtert, draußen zu sein.«[48] Das erste Lufholen habe sich großartig angefühlt, erinnert sich der Bionaut Mark Nelson.[49]

Das Projekt verdeutlicht die Grenzen kontrollierter Experimente. Mit mehr als 1800 Sensoren sollte das künstliche Ökosystem vermessen werden. Doch jedes Natursystem hat eine Eigendynamik, die es unmöglich macht, vollständige Kontrolle und Stabilität zu erlangen.[50] Diese Dynamik lässt sich weder kalkulieren noch kontrollieren.

Ist »Biosphere 2« deshalb gescheitert? Das hängt vom Blickwinkel ab. Der »Economist« sah im Projekt ein solides Umweltexperiment, die Zeitschrift »New Republic« eher ein Werkzeug zur nutzlosen Kolonisierung anderer Planeten.[51] »Biosphere 2« war weniger ein Experiment als vielmehr eine Demonstration, die zeigte, wie irreführend die Idee sein kann, das komplexe und fragile Erdsystem aus Einzelteilen neu zu komponieren.[52] Eine lebensfähige Biosphäre lässt sich nicht nach dem Baukastenprinzip erstellen. Gemessen am hohen Einsatz von Ressourcen fiel der wissenschaftliche Nutzen des Projekts am Ende gering aus. Obendrein ging ein Großteil der Daten wegen fehlerhafter Speicherung verloren.[53]

Bei näherer Betrachtung war das Projekt dennoch ein großartiger Erfolg, weil es zumindest eine wichtige Erkenntnis lieferte: Es ist *nicht* realistisch, eine vollkommen autarke Biosphäre zu errichten, die auf einem anderen Planeten erdähnliches Leben *ohne* Hilfe von außen ermöglicht. Die Entwicklung eines selbsterhaltenden Systems dauert eher hundert als zehn Jahre.[54] Statt sich auf eine Ersatzbiosphäre zu verlassen, verbleibt als einzige realistische Option nur, sich besser um das Original zu kümmern.

Inzwischen wird die »Biosphere 2« von der University of Arizona als Nachhaltigkeitslabor genutzt. »25 Jahre nach der Inbetriebnahme geht es bei der Forschung in der Biosphere 2 nicht mehr um die Kolonialisation von Mars«, so die Dokumentarin Carson. »Der Fokus liegt nun auf allem, was hier auf der Erde passiert.«[55] Der Niederländer Joost van Haren forscht leidenschaftlich gern in diesem neuen Labor. »Wir nutzen den Regenwald in der Biosphere 2 für Tests, die in der realen Welt so nicht möglich sind«, erklärt er. »Wir lassen es regnen, wenn das gewünscht ist, oder wir basteln uns eine Dürre. Sprinkler an, Sprinkler aus. Und dann warten wir. Es ist eine perfekt kontrollierbare Umwelt.«[56] Die Forschungsergebnisse werden aber nicht nur dokumentiert oder publiziert, sondern anschließend im brasilianischen Regenwald in Feldstudien erhärtet. »Die Biosphere 2 ist nun eine Brücke zwischen einem Labor und der realen Welt.«[57] Sie lehrt also genau jene Demut, die Henry Ford seinerzeit in Amazonien fehlte.

Heute lebt niemand dauerhaft unter der Glaskuppel, niemand muss von weniger als 2000 Kalorien satt werden. Schulklassen können sich auf dem Areal an eigenen Forschungsprojekten erproben. Führungen und Filme vermitteln exakt jene Nachhaltigkeitskompetenz, die schon bald wichtig für das Überleben der Menschheit sein wird. Die Lehre aus dem Experiment lässt sich in einem Satz zusammenfassen: Je umfassender die Kontrolle des Menschen über die Umwelt ist, desto größer wird auch seine Verantwortung. Die »Biosphere 2« ist heute kein hermetisch versiegeltes Labor mehr. Kleine Singvögel fliegen von draußen in das künstliche Habitat ein und nisten in den Bäumen. Dort drinnen sind sie vor den Falken geschützt.

ORBITALES LABOR DER MENSCHHEIT
ISS, 2000

Während »Biosphere 2« den bisherigen Höhepunkt irdischer Simulationsexperimente markiert, macht die Internationale Raumfahrtstation ISS deutlich, dass sich die Experimentalbedingungen inzwischen ins All ausgedehnt haben. Die ISS wird deshalb gern als »heroischer Außenposten der Menschheit« betitelt.[1] Steuerzahler kostete dieser Außenposten bislang rund 100 Milliarden Dollar. Allerdings lässt sich der Gegenwert kaum angemessen beziffern. »Erstmals wurde von einer internationalen Gemeinschaft ein gemeinsames Haus im Weltall gebaut«, so die Weltraumarchitektin Barbara Imhof. »Der nächste Außenposten der Menschheit sollte allerdings noch mehr Beteiligung haben.«[2]

Der Beginn des Experiments zu internationaler Kooperation im All lässt sich auf den 2. November 2000 datieren. Exakt um

11:23 Uhr Mitteleuropäischer Zeit betraten die ersten drei Erdbewohner ihre neue Wohnstatt im Orbit. »Es ist an Ihnen gelegen«, kabelte Wladimir Putin an die Crew, »ein neues Kapitel in der Geschichte internationaler Weltraumexploration zu eröffnen: das orbitale ›Haus‹ bewohnbar zu machen.«[3] Die Pionierleistung von Juri Gidsenko, Sergei Krikaljow und William Shepherd auf der »ISS-Expedition 1« prägte ein Zeitalter, in dem damit begonnen wurde, nach einer neuen Ethik für das globale Zusammen- und Weiterwachsen der Menschheit zu suchen. Für Fortschrittsgläubige ist die ISS der perfekte Ort, um die Zukunft mitzugestalten, »ein Labor im Orbit von Weltklasse«, so der Astronaut Scott Kelly. »Es ist wichtig, dass sie uns als Leiter für unsere Spezies im Weltall dient.«[4] Der NASA-Experte Jesco von Puttkamer sieht die Rolle der ISS in einer »Art Testobjekt für die Zukunft«.[5]

Das vielgelobte Weltraumlabor legte einen holprigen Start hin. Zunächst war die Raumstation als rein nationales Projekt ausgelegt. Ronald Reagan rief 1984 die »Space Station Freedom« ins Leben. Innerhalb der folgenden zehn Jahre sollte eine amerikanische Raumstation gebaut werden. Bill Clinton schlug in seiner Präsidentschaft ab 1993 vor, die eigene Raumstation mit der sowjetischen »Mir-2« zu koppeln. Allerdings war die Sowjetunion trotz ihres enormen Erfahrungsschatzes in der Raumfahrt zunächst nicht als dauerhafter Kooperationspartner vorgesehen. Erst als die Amerikaner knapp bei Kasse waren, änderte sich das.

Insgesamt brauchte es 100 Starts, teils mit der Raumfähre Space Shuttle, bis alle Komponenten in der Umlaufbahn im niedrigen Erdorbit angekommen waren. Die Astronauten schraubten die Einzelteile in über 100 Außenbordeinsätzen zusammen. Sicherlich die teuersten Monteurstunden aller Zeiten. Herausgekommen ist ein Ort der Sonderklasse, ausgestattet mit sechs Weltklasse-Labormodulen und einem frei zugänglichen Innenraum, der in etwa dem Volumen einer Boeing 747 entspricht. Diese

Raumstation gilt bis heute als Prototyp für zukünftige Weltraumhabitate.

Weil die ISS von der Erde aus als künstlicher Stern am Nachthimmel zu sehen ist, suchte eine internationale Namensgebungskommission nach einem symbolträchtigen Namen für die Raumstation.[6] Die Sowjetunion bevorzugte bislang ideologisch inspirierte Bezeichnungen wie Wostok (Osten), Wos'chod (Aufgang), Sojus (Union), Saljut (Gruß) oder Mir (Friede). Die USA griffen lieber auf die griechische Mythologie zurück: Mercury, Gemini, Apollo. Gefolgt von eher technisch angehauchten Namen wie Space Shuttle, Skylab und Spacelab. Ronald Reagan und George Bush wollten, dass die Station »Freedom« heißt, Bill Clinton war eher für das sachliche »Alpha«. Mit dem russischen Gegenentwurf »Atlant« verbanden die Amerikaner dummerweise das verschollene Atlantis. Der Vorschlag der Japaner, »Camelia« stieß hingegen bei den Deutschen auf Ablehnung, weil er zu sehr an Damenbinden erinnerte. Schließlich schlugen die Kanadier vor, nur die Komponenten der Station zu benennen, nicht aber die Station selbst. So blieb es bei »International Space Station ISS« und vielen schillernden Namen für einzelne Module: »Sarja« und »Unity« für die ersten Bauelemente, »Leonardo«, »Raffaello« und »Donatello« für drei Nachschubmodule aus Italien, und »Columbus« für ein Labormodul aus Europa.

Doch auch ohne klangvollen Namen kreist die ISS seit 2000 unbeirrt um die Erde. Bislang waren mehr als 200 Personen aus 16 Nationen an Bord. Durch alle Krisen hindurch wurde die ISS von einer internationalen Koalition aus europäischen Staaten, Japan, Kanada sowie den USA und Russland betrieben, denn sie ist das perfekte Testlabor für Langzeit- und Daueraufenthalte im All. Der Erfolg der ISS wird vor allem in der Zusammenarbeit bei Konstruktion, Montage und Betrieb gesehen sowie in der globalen Systemintegration und der Verbindung von kurz- und langfristigen Zielen.

Es gibt nur einen Wermutstropfen: Weil China wegen eines Beschlusses des US-Kongresses von der Nutzung ausgeschlossen ist, will das Land nun einen eigenen Außenposten in Form einer Raumstation im Orbit bauen. Im April 2021 startete eine Rakete, die das Kernmodul für die 22 Tonnen schwere Station »Tianhe« (Himmlische Harmonie) ins All brachte. Bereits im Juni 2021 startete die erste Besatzung und blieb für drei Monate, im Oktober folgte die zweite Mannschaft.[7]

Sollte die ISS wie geplant in den kommenden Jahren ausrangiert werden, stellt sich die Frage, ob die auf der Raumstation eingeübte internationale Kooperation noch Bestand haben wird oder ob sich erneut nationale Egoismen durchsetzen werden. 2021 vergab die amerikanische Weltraumbehörde NASA Millionenaufträge an mehrere Firmen, um einen Nachfolger der ISS zu entwickeln.[8] Auch Russland strebt nach einer eigenen Raumstation und verweist auf die Störanfälligkeit der überalterten ISS. Und Jeff Bezos plant mit »Orbital Reef« die erste private Raumstation im All.[9] Zu dieser Raumstation, die noch vor Ende des Jahrzehnts fertiggestellt werden soll, wird auch ein Hotelmodul gehören. Tourismus statt Wissenschaft, private Raumfahrtprojekte statt Pläne nationaler Raumfahrtagenturen – hier bahnt sich eine Weichenstellung für bemannte Raumfahrt an.[10] Werden all diese neuen Raumstationen dann in Konkurrenz zueinander stehen? Oder gibt es vielleicht sogar eine neue Ära der Kooperation im All?

Noch ist es nicht so weit. Noch darf die ISS weiter für ihren Beitrag zu Weltfrieden gefeiert werden. »Sie ist das größte internationale Friedensprojekt in der Geschichte der Menschheit«, so der Astronaut Kelly.[11] Mehr Anspruch geht kaum. Immer wieder muss die ISS deshalb auch als Symbol herhalten. Papst Benedikt XVI. war 2011 der erste Papst, der ins All telefonierte. 2017 folgte ihm dann Papst Franziskus. Per Videoschalte diskutierte der Pontifex rund 25 Minuten lang mit den sechs Crewmitgliedern der ISS über letzte Fragen: Wo kommen wir her und wo gehen wir hin? Welchen Platz hat der Mensch im Universum?[12] Zwischen der Verbannung des Astronomen Galileo Galilei durch die katholische Kirche und dieser Geste der Höflichkeit lagen lächerliche 400 Jahre.

ALLTAG IM KOSMOS: KOCHEN, KRANKHEIT, KLO

Mittlerweile stellte sich selbst an diesem besonderen Ort eine Art Alltagstrott ein. Spätestens seit die ESA-Astronautin Samantha Cristoforetti eine Espresso-Maschine auf der ISS in Betrieb nahm. Während sie die erste Tasse zubereitete, schoss ihr amerikanischer Kollege Scott Kelly ein historisches Foto. »Ein kleiner Schritt für eine Frau«, witzelte er in Anspielung auf das berühmte Zitat Neil Armstrongs, »aber ein riesiger Sprung für die Kaffeekultur.«[13] Aus Spezialtassen tranken sie italienischen Espresso in der Schwerelosigkeit. Die Steuerzahler kostete die neue Kaffeekultur mehr als eine Million Dollar für Bau und Zertifzierung sowie den Transport von Maschine und Tassen ins All.

Der NASA war schon seit 1967 klar, dass Weltraumexplorationen früher oder später wiederverwendbare Technologien benötigten. Aber erst 1972, nach Abschluss des Apollo-Programms, begann die Entwicklung eines Raumschiffs, das wieder zur Erde zurückkehren konnte: das Space Shuttle. Neun Jahre später wurde die amerikanische Raumfähre dann in Dienst genommen. Das Space Shuttle diente als Transportmittel, um Satelliten ins All zu befördern und auszusetzen, zugleich aber auch als Weltraumlabor. Erst das Shuttle machte Raumfahrt beinahe alltäglich.

Das sowjetische Weltraumprogramm schlug wärenddessen einen anderen Weg ein: Gegen Ende des Space Age wandte sich die russische Weltraumpolitik vom Mond ab und förderte stattdessen Langzeitmissionen. Auch das ist inzwischen normal. Alle Astronauten und Kosmonauten zusammengenommen verbrachten rund 30.000 Personentage im All – ein ungeheuer wertvoller

Erfahrungsschatz. Schon die frühen Skylab- und Salyut-Missionen, die zwischen 28 und 84 Tagen dauerten, lieferten Erkenntnisse zu psychologischen und soziologischen Grundlagen des Lebens im All.[14] Doch erst mit den Raumstationen Mir und ISS konnten ernsthafte Langzeitmissionen durchgeführt werden.

In seinem Buch »Endurance« beschreibt der Astronaut Scott Kelly exakt die Art von Alltag, die mit derartigen Missionen einhergeht.[15] Dabei geht es um weit mehr als einen Eintrag in das Guinnessbuch der Rekorde. Zur Vorbereitung zukünftiger Weltraumexplorationen müssen vor allem praktische Erfahrungen damit gesammelt werden, wie sich Körper und Geist im All verändern. »Deshalb habe ich ein Jahr im Weltraum verbracht«, begründet Kelly sein Engagement. »Um zu helfen, Antworten auf die Frage zu finden, wie sich eine Reise zum Mars überleben lässt.« Auf der ISS war Kelly zugleich Versuchsobjekt für eine Zwillingsstudie. Während Scott zwischen 2015 und 2016 insgesamt 340 Tage im All verbrachte, diente sein Zwillingsbruder Mark, ebenfalls Astronaut, als Kontrollsubjekt. In der Tat wies Scott Kelly nach seinem Langzeitaufenthalt einige genetische Veränderungen auf, zum Beispiel fanden sich häufigere Kopierfehler im Erbgut. Die Endkappen der Chromosomen in den Zellen des ISS-Langzeitastronauten wurden im Schnitt rund 15 Prozent länger.[16]

Alltag im All bedeutet andauernde Schwerelosigkeit. Für ein paar Sekunden kann das eine aufregende Erfahrung sein. Auf Dauer sind damit gravierende Herausforderungen verbunden. Aufgrund fehlender Belastung reagiert der menschliche Körper auf Schwerelosigkeit mit Muskel- und Knochenschwund. Um »Chicken-Legs« zu verhindern, trainieren Astronauten mindestens zwei Stunden täglich mit Fitness-Geräten. Damit nicht genug. Mehr als zwei Drittel aller Astronauten leiden an Übelkeit, was in jeder Hinsicht unangenehm ist. »Mit dem Kotzen ist es wie mit allen Sachen im Weltraum, Kotze hat die Tendenz, sich im Raum zu verteilen«, erklärt Kelly gelassen. »Es gibt keine wirklich gute Art, sich im Weltraum zu übergeben.«[17] Selbst die Augen verändern sich, was bislang allerdings nur bei Männern beobachtet wurde. »Man kann von keiner Crew verlangen, auf einem fernen Planeten zu landen, wenn diese nicht mehr richtig sehen können.«[18]

Die gute Nachricht für alle potenziellen Weltraumreisenden besteht darin, dass sich der Körper auch erstaunlich schnell anpasst. Rupert Gerzer, Prorektor des Skolkovo Institute of Science and Technology an der Universität Skoltech in Russland, ist überzeugt davon, dass Langzeitmissionen im All sowie Forschungen im Bereich der Weltraummedizin dazu führen werden, den menschlichen Körper insgesamt besser zu verstehen.[19] Die Raumfahrtmedizin interessiert sich vor diesem Hintergrund für ein breites Spektrum an Themen. Es reicht von Übelkeit und Rückenschmerzen bis hin zu langfristigen Gesundheitsrisiken oder der Frage, wie lange Medikamente im All haltbar sind – essenziell bei medizinischen Notfällen fern der Erde. Immerhin gab es bereits etliche Nierenkoliken in der Umlaufbahn. Auf dem Weg zum Mars wären Probleme dieser Art fatal.

Und Sex im Weltall? Derzeit gibt es dazu nur zaghafte Forschungen. Vor allem die NASA möchte nicht in Verruf kommen, die ISS als steuermittelfinanziertes »intergalaktisches Bordell«[20] zu nutzen, wenn alle paar Monate gemischtgeschlechtliche Besatzungen ausgetauscht werden. Immerhin gibt es für alle Fälle einen Schwangerschaftstest an Bord.[21]

Heute mag es fast als alltäglich gelten, Frauen an Bord zu sehen – Sally Ride, der ersten US-Amerikanerin im All, wollte man 1983 für ihren ersten Flug von sechs Tagen noch 100 Tampons mitgeben.[22] Abgesehen davon ist Raumfahrt selbst die beste Form von Verhütung. Bislang fand nur eine einzige Mission statt, bei der ein Mann und eine Frau an Bord allein unter sich waren. 1963 flog die erste Frau im All, die Kosmonautin Valentina Tereschkowa, an Bord von Wostok 6 zu einem Weltraumrendezvous mit Valeri Bykowski in Wostok 5. Auf Drängen der sowjetischen Raumfahrtbehörde heiratete das Paar nach der Landung – was auch immer das bedeutete.

Weder auf der Mir noch auf der ISS gab es genug Intimsphäre für Zeugungsversuche in Schwerelosigkeit. Zumindest theoretisch hat der Weltraummediziner und führende Experte auf dem Gebiet der Space Sexuality, Hans Guido Mutke, untersucht, wie das funktionieren könnte. Auch in der Schwerelosigkeit gilt das Rückstoßprinzip. Gegensätzlich ausgeführte Bewegungen führen dazu, »dass die beteiligten Körper mit beschleunigter Geschwindigkeit voneinander wegfliegen«, doziert Mutke, »so lange, bis sie gegen die Kabinenwand prallen.«[23] Daher wird Festschnallen beim Sex wohl obligatorisch sein.

Eine ganz reale Herausforderung, so die Strahlenbiologin Christa Baumstark-Khan, besteht hingegen in kosmischen, solaren und terrestrischen Strahlenbelastungen bei Langzeitmissionen.[24] Strahlung setzt Technik außer Kraft und schädigt Menschen. Das sogenannte Matroshka-Experiment diente der Grundlagenforschung, um das Risiko besser abschätzen zu können. Zusammen mit dem Deutschen Zentrum für Luft- und Raumfahrttechnik (DLR) nutzte die Europäische Weltraumorganisation (ESA) eine Art Dummy, um die Strahlenbelastung in 300 Kilometer Höhe über der Erde mit 600 Sensoren exakt zu vermessen. Zwischen 2004 und 2005 war Matroshka an der Außenseite der ISS angebracht, später dann im Inneren der Raumstation. 2009 kehrte der Dummy für die Auswertung zur Erde zurück. Das Ergebnis: Auf einer Mondkolonie würde das strahlungsbedingte Krebsrisiko um weniger als drei Prozent ansteigen. Gefährlicher würde es hingegen auf dem Mars. Bei Missionsplanungen gilt es daher, etwa mithilfe von Nahrungsergänzungsmitteln die Schäden für Marsreisende so gering wie möglich zu halten.

Leben im Weltraum ist zwar noch nicht alltäglich, zumindest

aber gleichen immer mehr Aspekte dem irdischen Alltag. Wer möchte, kann aus dem All per Internet Online-Einkäufe oder Bankgeschäfte erledigen. Seit 1997 erlaubt der US-Kongress Stimmabgaben aus dem All. Als die US-Astronautin Kate Rubins sich am 3. November 2020 mit einer in der ISS improvisierten Wahlkabine an der Präsidentschaftswahl in ihrem Heimatland beteiligte, war das höchstens noch eine Randnotiz wert.[25] Yuri Malenchenko war der erste Kosmonaut, der während einer ISS-Mission 2003 vom Weltraum aus seine Braut Ekaterina per Videokonferenz heiratete.[26] Inzwischen wurden sogar die ersten Spielfilme im All gedreht. Die russische Weltraumagentur Roscosmos filmte im Oktober 2021 eine Art Heldenepos mit dem russischen Superstar Julia Peressild auf der ISS. Sie spielt eine Ärztin, die das Leben eines Kosmonauten rettet.[27] Zwölf Drehtage fanden im All statt.[28] Selbstverständlich plant auch die NASA einen Actionfilm – mit Tom Cruise in der Hauptrolle. Umgekehrt wurde Weltraumfahrt auch Teil des irdischen Alltags. Spätestens seit Astronauten anfingen, ihre Erlebnisse über Twitter zu teilen, erhielt das All den »Charakter einer Nachbarschaft«.[29]

Auf der ISS selbst läuft alles nach einem strengen Plan ab: Experimente, Essen, selbst Erholung. Sogar die Zeit vor dem Schlafengehen hat einen eigenen Kalendereintrag. »Pre-sleep« ist der einzige Zeitabschnitt, über den die Astronauten frei verfügen können. Aus Simulationsexperimenten wie der »Biosphere 2« ist bekannt, wie wichtig das Essensritual für den sozialen Zusammenhalt ist. Essen im Weltall ist zudem ein gutes Beispiel dafür, dass nicht jede Tätigkeit effizient ablaufen muss. Aus soziologischer Sicht geht es um ein Vergemeinschaftungsritual, das die Mannschaft belastbarer macht. Genau deshalb wird inzwischen auf die Nahrungsaufnahme in Pillenform verzichtet. Auf der ISS isst die Crew jeden Freitagabend zusammen. Hinzu kommen spezielle Gelegenheiten wie Willkommenpartys, Geburtstage oder Good-bye-Dinner vor der Rückkehr zur Erde.

Die größte Angst hierbei ist, dass Essensreste die Dichtungen der Luken zwischen den einzelnen Modulen verschmutzen könnten. Überhaupt beginnen in der Schwerelosigkeit alle Objekte früher oder später ein Eigenleben zu führen. Das Flugleitzentrum Mission Control sendet regelmäßig WANTED-Listen, um die Astronauten dazu anzuleiten, nach verschwundenen Gegenständen zu suchen. Ab und zu wird man fündig, manchmal dauert es ein wenig. Der Rekord liegt bei acht Jahren.[30] Der größte Gegenstand, der verloren wurde und zufällig wieder auftauchte, war eine komplette Werkzeugtasche.[31]

Umgekehrt fanden sich zahlreiche Mikroben als blinde Passagiere auf der ISS. Wissenschaftler fanden Gefallen an diesen extraterrestrischen Lebensformen. Sie begannen Bakterien und Pilze systematisch zu katalogisieren, denn bei Langzeitmissionen könnten sich Keime an Bord durchaus als ernsthafte Gefahr erweisen. Im All schwächt sich das Immunsystem, die nächste Apotheke ist weit entfernt. »Ob diese Bakterien die Astronauten krank machen können, wissen wir nicht«, so die Studienleiterin Checinska Sielaff von der Washington State University. Und Kasthuri Venkateswaran von der Raumfahrtagentur NASA glaubt, dass es angesichts zukünftiger Langzeitmissionen wichtig ist, »die Arten von Mikroorganismen zu identifizieren, die sich in abgeschlossenen Raumfahrt-Umgebungen ansammeln können«.[32]

Das orbitale Labor zeichnet sich durch weitere Besonderheiten aus. Weil es keine Waschmaschine gibt, werden Kleidungsstücke und Handtücher so lange genutzt, wie es nur irgendwie erträglich ist. »Ich habe mich zu einem Experiment entschlossen, das darin besteht, meine Hose so lange wie möglich zu tragen«, berichtet der Langzeitastronaut Scott Kelly. »Ich habe dabei eine Marsreise im Kopf – hin und zurück«.[33] Zum Glück stinken Bilder nicht.

Problematischer wird es mit menschlichen Grundbedürfnissen. In der Raumfahrt heißt das stille Örtchen »Waste and Hygiene Compartment«. Erste Erfahrungen mit der Knappheit von Toiletten im All konnten auf der ISS bereits gesammelt werden – immerhin gibt es mittlerweile Notfallpläne. Sollte die Toilette im amerikanischen Segment versagen, kann die Crew das Gegenstück im russischen Segment benutzen und umgekehrt. Zur Not gibt es noch eine in der Soyuz-Kapsel, die eigentlich für die Rückkehr vorgesehen ist. Fallen alle Toiletten aus, wäre das ein echter Notfall. Die Crews müssten die Raumstation dann unverzüglich verlassen. Das Thema hat durchaus Praxisrelevanz. 2021 mussten vier SpaceX-Astronauten bei der Rückkehr zur Erde Windeln tragen, weil die Toilette an Bord ihres Raumschiffes defekt war.[34] »Die Toilette ist eines der Objekte, die viel Aufmerksamkeit erfordern«, so Kelly, der während seiner Zeit auf der ISS das Auseinanderlegen und den Zusammenbau verstopfter Toiletten ausgiebig üben durfte. »Ginge unterwegs zum Mars die Toilette kaputt, ohne dass sie zu reparieren wäre, dann bedeutete das ein Todesurteil.«[35]

Langzeitmissionen verschieben nach und nach Maßstäbe und Wahrnehmungen. Astronauten berichten, dass sie die neue Umwelt sehr intensiv erleben, besonders Gerüche. Scott Kelly stellte zum Beispiel fest, dass Objekte, die dem Vakuum ausgesetzt waren, einen bestimmten Geruch annehmen. Die ISS selbst riecht wie ein neues Auto, weil die Einrichtungsgegenstände ständig ausgasen. Hinzu kommt ein dezenter Geruch von Müll, verbunden mit einem Hauch Körperduft. »Auch wenn wir den Müll versiegeln, wir können ihn nur alle paar Monate loswerden, wenn die Nachschublieferungen uns erreichen und auf dem Rückweg zu einem Mülltransporter umfunktioniert werden«, erläutert Kelly.[36] Immerhin brachte die NASA inzwischen ein Parfüm mit der Duftnote »Space« heraus. Es soll nach einer Mischung aus Schießpulver, gebratenem Steak, Himbeeren und Rum riechen.

GRUPPENDYNAMIKEN AUF ENGSTEM RAUM
In Zukunft werden nicht mehr einzelne Helden ins All reisen – sondern gemischte Gruppen. Wer Kolonien im All und damit eine

neue Zivilisation aufbauen möchte, muss erst einmal damit anfangen, überlebensfähige Teams zusammenzustellen. Daher stellt sich die Frage, wie Menschen auf engsten Raum miteinander auskommen. Bereits die Auswahl der Überwinternden bei antarktischen Forschungsstationen ist schwierig, wie Carmen Possnig zu berichten weiß. Auf Basis zahlreicher Tests werden die potenziell geeignetsten Kandidaten ausgesucht, »um die Geschichten der Absurditäten zu begrenzen«.[37] Gleichzeitig gibt es für die Zusammenstellung von Explorationsteams klare Regeln. »Die Bedürfnisse von Menschen sind ziemlich stabil, egal, wo sie leben und wohin sie gehen«, so Molly Anderson von der NASA.[38] Auch die Geschichten über Expeditions- und Forschungsschiffe strotzen nur so vor Details über Gruppendynamiken. Die Enge an Bord wirkt dabei wie ein Katalysator für Empfindsamkeit – egal ob auf einem Segelschiff im 19. oder in einer Raumkapsel im 21. Jahrhundert.

Ende der 1970er-Jahre dachte die NASA darüber nach, welche Gemeinschaftsformen in Weltraumsiedlungen entstehen könnten. Eine Studie unterschied dabei drei Idealtypen: In einer *hierarchisch-homogenen* Weltraumgemeinschaft wäre der Lebensstil der Menschen noch immer an Vorstellungen von Maximierung, Effizienz und Optimierung ausgerichtet. Das wäre eine schlichte Kopie irdischer Sozialordnungen, die auf Konkurrenz und Wettbewerb aufbauen. Wie auch auf der Erde würde abweichendes Verhalten bestraft werden, Sanktionen reichten von sozialer Ächtung bis zum erzwungenen Rückflug. In einer *individualistisch-isolationistischen* Gemeinschaft gälte Unabhängigkeit als höchstes Gut – und Privatsphäre als eher verzichtbar. Simulations- und Isolationsexperimente bieten reichlich Anschauungsmaterial für die Grenzen dieser Gemeinschaftsform. Beim dritten Typus, *heterogen-genossenschaftlich-symbiotischer* Gemeinschaften, läge der Fokus auf sozialer Durchmischung. Konkurrenz würde als nutzlos betrachtet werden. Selbst die NASA beschäftigte sich also bereits mit Gemeinschaftsordnungen, die in der Traditionslinie real-utopischer Experimente stehen.

Gerade die Langzeitmissionen auf der ISS liefern erste Anhaltspunkte, um Gruppendynamiken besser zu verstehen. Auch die Frage des Führungsstils wäre zu klären. »In der Hierarchie ist genau festgelegt, wer wann welche Entscheidung trifft«, so der ESA-Astronaut Thomas Reiter. »Wie auf einem Schiff braucht es immer einen Kapitän, einen, der etwas zu sagen hat. Dort oben muss man funktionieren. Es gibt kaum eine Marge für Fehler.«[39] Wie aber verträgt sich straffe Führung mit dem Anspruch auf Kooperation? Führungsqualitäten sind zudem kulturell sehr unterschiedlich verteilt. Vollkommen ungeeignet war zum Beispiel der Stil während der sowjetischen Mission Saljut-7. Als die Kosmonautin Svetlana Sawitskaja 1982 im All ankam, begrüßten ihre Teammitglieder sie mit Blumen und einer Schürze. Und forderten sie dann auf, das Essen für die männlichen Besatzungsmitglieder zuzubereiten.[40]

Zwischen idealer Kommandostruktur und Kooperationswillen gibt es also noch zahlreiche Fettnäpfchen und Konfliktlinien. Inzwischen werden Astronauten nicht nur darin trainiert, hohe Beschleunigungskräfte beim Start oder Wiedereintritt auszuhalten, sondern sensibel auf kulturelle Unterschiede und Genderaspekte zu reagieren. Lang andauernde Weltraummissionen benötigen neuartige Teamkonstellationen und angemessene Führungsstile. Und eine eigene Weltraum-Moral. Mitgefühl, Verständnis und die Fähigkeit zu kommunizieren stehen ganz oben auf der Wunschliste. Die oberste Tugend bei Langzeitmissionen wird jedoch Geduld sein.

Per Definition ist Raumfahrt mit weitreichenden Utopien verbunden, die viele Menschen im Moment noch überfordern. Jesco von Puttkamer weist deshalb darauf hin, dass zur Realisierung von Weltraumutopien neue Technologien nicht ausreichen. Die wichtigste Grundlage für den Erfolg wird vielmehr das Denken einer aufgeschlossenen Generation sein.[41] Die Mentalität der Menschheit muss mit den technischen Möglichkeiten mitwachsen. Was es braucht, ist eine Generation, für die »Raumfahrt und die internationale Raumstation Routine bedeuten – alltäglicher Kram«.

KOOPERATIONEN IM ALL – DIE ISS ALS MODELL EINER NEUEN WELTORDNUNG

Die Zusammenarbeit unterschiedlicher Kulturen und Kompetenzen auf der ISS ist ein Paradebeispiel für Kooperation. Damit repräsentiert die ISS eine »Prototyp-Weltgemeinschaft, eine Art Vereinte Nationen des Weltraums«, so der NASA-Experte Jesco von Puttkamer.[42] »Es gibt kein Projekt, bei dem international so gut zusammengearbeitet wird wie auf der Internationalen Raumfahrtstation«, betont auch die deutsche Astronautin Insa Thiele-Eich. »Es wird gemeinsam an etwas geforscht, es wird zusammen gebaut und zusammen betrieben, und zwar ohne nennenswerte Konflikte, egal wie die politische Situation auf der Erde ist.«[43]

Längst ist offensichtlich, dass die Zukunft der Raumfahrt jenseits technischer Dimension entschieden wird und damit gesellschaftswissenschaftliche und zivilisatorische Perspektiven an Bedeutung gewinnen. »Die Internationale Raumstation bietet nicht nur die Gelegenheit, Verbrennungsvorgänge und Kristallwachstum in der Schwerelosigkeit zu untersuchen«, so Jesco von Puttkammer, »sie ist vor allem ein Labor für friedliches Zusammenleben verschiedener Kulturen.«[44] Als zwischenstaatliche Organisation betont vor allem die ESA immer wieder den Wert von Kooperation. In ihrer Studie »Human Spaceflight Vision Group«[45] untersucht sie zum Beispiel den Wert kultureller Vielfalt. Diese Bemühungen demonstrieren, wie Nationen es schaffen könnten, Egoismen zu überwinden und auf ein gemeinsames Ziel für die Menschheit hinzuarbeiten – ein Ansatz, der JFK gefallen hätte.

Nationalstolz und nationaler Protektionismus sollten im All wie auf der Erde Auslaufmodelle werden. In Zukunft wird es noch stärker um Kooperation, Integration und Völkerverständigung gehen. Weltraumforschung könnte einen spürbaren Beitrag für Nachhaltigkeit, Klima und Frieden leisten. Frieden? In der Tat. »Vielleicht brauchen wir diese Pilotprojekte«, so der Astronaut Reinhold Ewald, »wir packen Israelis und Palästinenser in eine Kapsel und schauen dann mal. Das kann positiv abfärben.«[46] Doch wie bei jeder Utopie lassen sich die hochgesteckten Ideale in der Praxis nicht immer lupenrein verwirklichen. Auch wenn die ISS gern als Labor im Dienst der Menschheit vermarktet wird, arbeiten an Bord Angehörige unterschiedlicher Nationen meist getrennt in ihren eigenen Modulen, dazu nach unterschiedlichen Trainings- und Forschungsrichtlinien, vor sich hin. Manchmal wirkt das ein wenig so wie in einer Hochhaussiedlung, in der man Nachbarn nur äußerst selten auf dem Flur trifft.

DIESMAL BLEIBEN WIR!
NEW SPACE, 2025

Als Jeff Bezos 2019 »Blue Moon«[1] als nächste Generation von Mondlandefähren vorstellte, verkündete er gleich noch eine Botschaft mit dazu. »Es ist Zeit, zum Mond zurückzukehren«, so Bezos. »Diesmal, um zu bleiben.«[2] Seit der letzten Mondlandung im Jahr 1972 hat kein Mensch mehr den Mond betreten. Doch inzwischen halten Experten eine Mondsiedlung für »technisch machbar, finanziell profitabel und logisch sinnvoll«.[3]

Die Kombination dieser Motive weckt große Hoffnungen. Eine Mondbasis könnte als Versuchseinrichtung dienen, ein Monddorf als Nukleus neuer Kolonien. Zwar möchten die Vereinigten Staaten zeigen, dass sie noch immer die weltweit führende Weltraumnation sind.[4] Gleichwohl kooperiert die NASA

317

beim Projekt »Artemis 3« mit internationalen Partnern, um bis 2025 einen Stützpunkt auf dem Mond aufzubauen.[5] Bislang hat es die NASA nach einigen Fehlschlägen immerhin geschafft, Triebwerke für die Rakete des neuen Mondprogramms zu testen – noch dürfte der Weg weit sein. Allerdings legen die Amerikaner mit den »Artemis Accords« bereits jetzt ein eigenes Vertragswerk zur Kooperation im Kontext zukünftiger Weltraumexplorationen vor, um ihre Vormachtstellung abzusichern. Wer mitmischen will, muss unterschreiben. Die NASA sieht darin eine reine Formsache, doch diese Einschätzung teilen längst nicht alle. »Die Artemis Accords sind der Versuch der Amerikaner, sich auf leisen Sohlen die Legitimation einzuholen, um vom Weltraumvertrag abweichen zu können«, so Stephan Hobe, Direktor des Instituts für Luftrecht, Weltraumrecht und Cyberrecht an der Universität Köln. Die USA schaffen damit Tatsachen und hebeln das Völkerrecht aus.[6]

So oder so, die Menschheit strebt erneut in Richtung Mond.[7] Der mit dem »Space Pioneer Award« ausgezeichnete Raumfahrtwissenschaftler Heinz-Hermann Koelle erkennt im Mond einen natürlichen Raumflughafen der Erde zur Erforschung unseres Sonnensystems – in der Sprache von New Space nennt sich das »Gateway«. »Wir sind nun bereit, Menschen weiter hinaus ins Sonnensystem zu senden als jemals zuvor«, so auch David Parker, seit 2016 Direktor für menschliche und robotische Exploration bei der ESA mit einer klaren Vision für die bemannte europäische Raumfahrt. »Das Gateway ist der nächste Schritt für die menschliche Exploration, und wir arbeiten daran, dass Europa einen Anteil daran hat.«[8]

Das grob für die 2020er-Jahre geplante Gateway ist ein Schlüsselfaktor für die Besiedlung des Mondes. Das amerikanische Raumschiff »Orion« wird die neuen Mondreisenden zunächst zu einer Art Umsteigebahnhof transportieren. Wer auf dem »Gateway« einen Zwischenstopp einlegt, wird mit einer hervorragenden

Sicht auf die Mondoberfläche und zugleich in Richtung Erde belohnt. Auch die russische Raumfahrtbehörde Roscosmos beteiligt sich am internationalen Projekt für Fernreisen ins All.[9] Zusammen mit der Europäischen Raumfahrtagentur untersucht sie mit Robotern den Mondboden.[10] Zudem erforscht die ESA mit In-Situ Resource Utilization (IRSU), wie sich eine Mondsiedlung nachhaltig betreiben ließe.[11] Ziel ist es, auf dem Mond bis 2025 trinkfähiges Wasser und atmungsaktiven Sauerstoff produzieren zu können.[12]

Schließlich hat auch Chinas Raumfahrtorganisation »China National Space Administration« Pläne für den Mond. Bis Mitte 2030 soll eine dauerhafte Basis am Südpol des Mondes entstehen, so Wu Weiren, Chefplaner für die technischen Aspekte chinesischer Mondmissionen.[13] Selbst die japanische Raumfahrtbehörde JAXA (Japan Aerospace Exploration Agency) forscht zusammen mit NASA und ESA zur Kolonisation des Erdtrabanten.[14] Gut so! Je mehr Nationen und Akteure Interesse an einem permanenten Stützpunkt auf dem Mond verkünden, desto wahrscheinlicher wird eine Mondbesiedlung.[15]

Denn um zum Mond zurückzukehren und zu bleiben, braucht es Kooperationen im ganz großen Maßstab. Und zudem perfekte Vorbereitung. Dazu wurde in Köln unweit des Europäischen Astronautenzentrums (EAC) und des Deutschen Zentrums für Luft- und Raumfahrt (DLR) die Trainingsanlage LUNA gebaut. »Wir üben Mond«, so das Missionsziel.[16] Auf einem Areal von 50 mal 20 Metern entstand ein Stückchen Mond-Surrogat, um möglichst realistisch zu trainieren. Auch für die ESA geht es nicht um »back to the moon«, sondern um »forward to the moon«. Projektleiter Matthias Maurer, inzwischen selbst spätberufener Astronaut, ist vom Nutzen der Trainingsumgebung überzeugt. Um den Effekt der verringerten Schwerkraft zu simulieren, hängen die Astronauten an Seilen. In der LUNA-Halle sollen sie auch Techniken entwickeln, um mit dem feinkörnigen und scharfkantigen Mondstaub klarzukommen, mit dem sich schon die Apollo-Astronauten herumärgerten. Als Mondstaubersatz dient dabei Vulkanpulver aus der nahegelegenen Eifel.

DER MOND ALS MENSCHHEITSLABOR

»For All Moonkind« ist eine gemeinnützige internationale Organisation. Ziel des ehrenamtlichen Teams aus Weltraumanwälten, politischen Entscheidungsträgern und anderen Partnern ist es, die Weichen für eine friedliche Zukunft zu stellen und irreversiblen Schaden auf dem Mond zu vermeiden.[17] Sie fordern daher, die bestehende Weltraumgesetzgebung um klare Nutzungsregeln zu erweitern. Auch die 2017 in Wien gegründete »Moon Village Association« arbeitet für ein besseres Verständnis des Mondes. Die Organisation ist ein informelles Forum für Regierungen, Industrie, Wissenschaft und Öffentlichkeit. Rund 220 Mitglieder aus 39 Ländern sind vertreten.[18]

Alle mondaffinen Organisationen sammeln fleißig Argumente für eine Mondbesiedlung, denn am Ende des Tages gilt es, die Steuerzahler zu überzeugen. Zudem müssen noch passende Siedlungsgebiete gefunden werden. Vor allem die Mondrückseite gilt bislang als *terra incognita*. Am sonnenbeschienenen Südpol könnte hingegen notwendige Energie erzeugt werden.[19] In den Polgebieten gibt es vermutlich Wasser, aus dem sich Sauerstoff und Raketentreibstoff herstellen ließe.[20] Eine dauerhafte Mondbasis böte dann die Möglichkeit, Raketen und Missionen in den Deep Space zu senden.[21]

Der größte Nutzen dieser Basis wäre es jedoch, den Mond in ein extraterrestrisches Labor für die Menschheit zu verwandeln. Einerseits kann die Mondbesiedlung als Inspirationsquelle für die nächste Generation Weltraumbegeisterter dienen. Andererseits lässt sich Wissen sammeln, das gerade auch für die Zukunft der Menschheit auf der Erde wertvoll sein wird.[22]

Die Forschenden in diesem Menschheitslabor werden jedoch

zahlreiche Strapazen auf sich nehmen müssen: gefährlicher Mondstaub, hohe Strahlung, geringe Gravitation, veränderte Tag-und-Nacht-Rhythmen, Mikrometeoriten, extreme Temperaturen und nicht zuletzt die Isolation sind Herausforderungen für Physis und Psyche. Wie werden Menschen lernen, mit dieser lebensfeindlichen Umgebung umzugehen und sie als Zuhause zu empfinden?

Wie bei jedem großen Menschheitsprojekt können auch die Kosten nicht wirklich seriös abgeschätzt werden. Eine Zustimmung zur Kolonisation wird daher nie von Ökonomen kommen. Für die Zukunft der Menschheit im All braucht es vielmehr eine kulturell grundierte, politisch motivierte und bewusst getroffene Entscheidung.[23]

Während seiner Amtszeit als ESA-Generaldirektor von 2015 bis 2021 entwickelte Johann-Dietrich Wörner unter anderem die bestechende Idee eines »Moon Village«.[24] Rund 100 Bewohner sollen sich bis 2040 in der internationalen Wohngemeinschaft, einer Art Außenposten der Menschheit, ansiedeln. Dafür braucht es mehr als Raketen und Baumaterialien. Zahlreiche Aspekte des menschlichen Lebens, der Kultur und der Zivilisation werden stärker in den Mittelpunkt rücken müssen. Wie lässt sich ein Habitat bauen und bewohnen? Welche neuen Rituale und Konventionen erweisen sich unter diesen Lebensbedingungen als vorteilhaft? Um Antworten auf diese Fragen zu finden, versteht sich das »Moon Village« als Metapher und offener Suchraum, der es ermöglicht, intellektuelle Aktivitäten zu bündeln, mit alten Gewohnheiten zu brechen und neue Perspektiven zuzulassen.[25] »Das Moon Village ist kein Einzelprojekt, kein fest fixierter Plan mit einer klar definierten Zeitleiste«, so Wörner. »Es ist vielmehr die Vision einer offenen Architektur und die Initiative einer internationalen Gemeinschaft.«[26]

Zusammenarbeit lässt sich üben. In regelmäßigen internationalen Workshops erarbeiten daher Studierende und Experten gemeinsam Konzepte für die Mondbesiedlung. Vordergründig geht es dabei um technologische Grundlagenforschung. Zugleich wird durch die gemeinsame Arbeit am »Moon Village« Raumfahrt wieder erzählbar und damit gesellschaftlich anschlussfähig gemacht.

Bislang gibt es lediglich einen groben Zeitplan bis zur Besiedelung des Mondes. Robotische Missionen bilden die Vorhut, erst dann entsteht, Modul für Modul, das eigentliche Habitat. Funktioniert die Infrastruktur zuverlässig, könnten die ersten Bewohner einziehen. Nicht um Haudegen und Helden geht es dabei, sondern um kooperationswillige Kolonisten. »Das Moon Village ist ein Idealprojekt«, so der ESA-Astronaut Thomas Reiter. »Damit ist die Motivation verbunden, ein großes Ziel zu erreichen und dabei die internationale Zusammenarbeit zu fördern.«[27]

Um diese und weitere Utopien von New Space zu realisieren, müssen die üblichen Interessenkonflikte und kulturellen Differenzen überwunden werden. »›America First‹ ist das genaue Gegenteil dieser Haltung«, kritisiert der Astronaut Reiter. »Kurzfristige Ziele lassen sich vielleicht national erreichen. Doch für langfristige braucht es zwingend Kooperationen.« Zu befürchten ist allerdings, dass sich die Idee der Kooperation erst dann durchsetzt, wenn eindeutig erwiesen ist, dass auch die Privilegierten dieser Welt über keinen Notausgang verfügen.

RAUMFAHRT-GEEKS SPIELEN MARSLANDUNG
SIMULATIONSEXPERIMENTE, 2011

Wer Marsexplorationen plant, tut gut daran, an marsähnlichen Orten auf der Erde Leben auf dem roten Planeten bestmöglich zu simulieren. Die erste »Mars Analog Research Station« (sinnigerweise mit MARS abgekürzt) wurde daher im Jahr 2000 im Norden Kanadas in Betrieb genommen. Weltweit gibt es inzwischen weitere Simulationsexperimente, die mit großer Ernsthaftigkeit zukünftige Marsmissionen vorbereiten.

Eines davon ist HI-SEAS, kurz für »Hawaii Space Exploration Analog and Simulation« – ein Gemeinschaftsprojekt der Universität Hawaii und der NASA, das 2015 startete.[1] Das Habitat befindet sich inmitten einer rötlichen Geröllwüste am Fuße des Vulkans Mauna Loa. Die rötlichen Brocken in der Umgebung ähneln tatsächlich Marsgestein. Insgesamt bietet HI-SEAS also genau das, was Wissenschaftler ICE nennen: »isolated, confined, extreme environment«. Mit seiner sechs Meter hohen Kuppel von rund elf Metern Durchmesser ähnelt HI-SEAS allerdings eher einem Zirkuszelt. Im Inneren verteilt sich das Leben auf zwei Stockwerke: Küche, Badezimmer, Speiseraum, Labor, Fitnessraum sowie ein Gemeinschaftsraum befinden sich im Erdgeschoss auf rund 80 Quadratmetern. Im oberen Stockwerk sind auf der Hälfte der Fläche sechs kleine Schlafzimmer sowie eine Toilette untergebracht. Die Zimmer gleichen Arrestzellen: ein Bett, ein Kleinsttisch in der Ecke, ein Rollcontainer – mehr nicht.

Die Wohngemeinschaft der vierten Mission bestand aus vier Amerikanern, einem Franzosen sowie der deutschen Geophysikerin Christiane Heinicke. Zusammen betraten sie das 366 Tage dauernde Simulationsexperiment durch eine Luftschleuse. »Noch ein kurzes Winken, das Schloss klackte – und wir waren unter uns«, so Heinicke.[2] »So absurd es klingt, aber unsere erste Handlung nach der ›Landung‹ auf dem ›Mars‹ war etwas so Banales wie das Öffnen gewöhnlicher irdischer Umzugskisten.« Bereits das führte zu grundlegenden Einsichten. »Ich kann nur hoffen, dass ein Flug zum Mars längerfristig geplant wird, denn Reisende zum wahren Mars müssten auf alles Vergessene monate-, wenn nicht jahrelang warten. Meine Hausschuhe bekam ich zusammen mit diversen Lebensmitteln schon wenige Wochen später.« Für echte Notfälle gab es immerhin ein Telefon. Ansonsten erfolgte die Kommunikation wie auf dem Mars zeitversetzt, rund

20 Minuten dauerte die Signalübertragung in eine Richtung. »Nichts war frustrierender, als gefühlte Ewigkeiten ungeduldig auf den Inhalt einer Webseite zu warten, nur um festzustellen, dass man einem weiteren Link folgen und noch einmal vierzig Minuten warten muss, um an die gewünschte Information zu gelangen.«

Um das Leben in einer Marsstation möglichst realistisch zu simulieren, unternahm die Crew regelmäßig Außeneinsätze zwischen 30 Minuten und sechs Stunden Dauer. Trotz zahlreicher technischer Schwierigkeiten erforschten sie bei diesen Expeditionen rund 100 Höhlen. Das macht durchaus Sinn, denn auf dem Mars wird Leben höchstwahrscheinlich unterirdisch stattfinden, um die Kolonisten vor Strahlung zu schützen. Christiane Heinicke konnte von solchen Einsätzen kaum genug bekommen. »Ich bin müde und erschöpft, durstig und verschwitzt«, berichtete sie. »Aber unser Ausflug über den simulierten Mars ist großartig.«

Jenseits dieser Erkundungstouren fand auch bei HI-SEAS Alltag statt. Jedes der sechs Missionsmitglieder hatte einen festen Küchentag, sonntags gab es Reste. Auf den Tisch kamen Gerichte aus gefriergetrockneter Nahrung, die lange haltbar, leicht und trocken ist. Gemüse bauten sie hingegen nur mit mäßigem Erfolg an. Fotos, die winzige, frisch geerntete Mini-Tomaten zeigen, wirken rührend. Um Ressourcenknappheit zu simulieren, war vorgegeben, nicht mehr als acht Minuten zu duschen – pro Woche.[3]

Während dies schon recht realistisch eine Marsmission simulierte, erinnerten die Nachschublieferungen die Probanden stets daran, dass sie sich weiterhin auf der Erde befanden. Diese Momente liefen ein wenig skurril ab: Wir »bedeckten unsere Fenster und zogen uns in unsere Zimmer zurück, viele von uns hörten Musik über Kopfhörer«, so Heinicke. »Damit sollten wir verhindern, dass wir einen der menschlichen Helfer sehen oder hören konnten.« In einem Raum namens »Teleporter« legten Mitarbeitende von außen unterdessen die Lieferungen »von der Erde« ab.

»Wir schwelgten im Reichtum. Jeder zeigte den anderen ein heiß ersehntes Teil.«

In ihrem Erfahrungsbericht über ihr »Jahr als Sardine«[4] breitet Heinicke auch alltägliche Krisen aus. »Eine Crew aus einigermaßen rational denkenden Menschen kann erstaunlich viel aushalten, auch über mehrere Monate hinweg«, so die Geophysikerin. »Doch wenn nach einem halben Jahr kein Ende in Sicht ist, beginnt die Fassade zu bröckeln und auch die kleinsten Risse treten zutage.«[5] Vom geklauten Nutella-Glas über verkorkste Abwaschdienste in der Küche bis hin zu einer handfesten Depression stand alles zur Debatte. Wer ständig auf so engem Raum zusammenlebt, braucht starke Nerven. Ein Vorrat an Klosterfrau Melissengeist reicht dafür nicht aus.

Zwischenmenschliche Kommunikation kann zur Schlangengrube werden. Unter Isolationsbedingungen reagieren Menschen gereizter oder entwickeln übermäßige Ängste, etwa vor dem Ausfall lebenswichtiger Technik. Für echte Marsmissionen sollten daher Teammitglieder ausgewählt werden, die widerstandsfähig genug sind, um die psychischen Belastungen der Isolation wegzustecken, denn diese münden leicht in einen veränderten Schlaf-Wach-Rhythmus, Herz-Kreislauf-Erkrankungen oder Schwächung des Immunsystems. Ohne Kompromissfähigkeit wird das Zusammenleben schwierig werden. »Auf dem Mars kann man nicht die Tür zuschlagen, rausgehen, tief durchatmen – um anschließend wieder zurückzukehren«, so Heinicke. »Schon gar nicht kann man sich neue Kameraden suchen.« Doch wer besitzt schon all diese positiven Eigenschaften? Wer ist zugleich anpassungsfähig, arbeitsam, stressresistent, kompromissbereit, nachsichtig, teamorientiert und dickfellig?

Das Simulationsexperiment zeigte außerdem, wie wichtig Entscheidungsautonomie auf dem Mars werden wird. Während Astronauten auf der ISS so gut wie jeder Handgriff vorgeschrieben ist und diese im Notfall den Anweisungen der Bodenstation folgen können, braucht es für Marskolonien aufgrund der langen Übertragungszeiten der Kommunikationssignale andere Lösungsstrategien. Denn letztlich sind Marsreisende auf sich allein gestellt. Sie benötigen daher die volle Entscheidungsgewalt und alternative Unterstützungsformen. Roboter als Missionspartner haben eine Tradition – angefangen vom klobigen und eckigen Roboter TARS im Film »Interstellar« bis hin zum ballförmigen Assistenzroboter »CIMON«, der neben dem ESA-Astronauten Alexander Gerst durch die ISS schwebte. Auch die Einsicht, auf diese Partner angewiesen zu sein, macht Isolationsexperimente zu einer sinnvollen Vorstufe echter Marsmissionen.

»Sollten die Menschen jemals zum echten Mars fliegen, werden sie für sehr lange Zeit dort nur Gast sein«, so die Simulationsteilnehmerin Heinicke. »Ein Gast, der sich immer eine Distanz zu seiner Umgebung bewahrt, egal wie vertraut sie ihm geworden ist.« Die Isolationsexperimente bereiten zumindest ein wenig darauf vor, vom Rest der Welt abgeschnitten zu sein. HI-SEAS war letztlich nur eine komfortable Simulation eines echten Marsaufenthalts. Lebensgefahr bestand bei der Simulation, anders als bei einer Marsreise, nicht wirklich. Für Heinicke war vor allem das sozial-psychologische Fazit des Experiments eindeutig. »Offensichtlich kehrte die Langzeitisolation die schlechtesten Eigenschaften in uns hervor, und zwar in uns allen.«

IRDISCHE SIMULATIONSEXPERIMENTE ALS ELEMENT VON MARS-VISIONEN
Neben HI-SEAS versucht eine Vielzahl von Projekten, Leben auf dem Mars unter irdischen Bedingungen nachzustellen. Regelmäßig finden in der »Mars Desert Research Station« (MDRS) kürzere Simulationsexperimente statt.[6] Die Station liegt in der Nähe von Hanksville, dem Inbegriff eines Kaffs in Utah. Kein einziges Schild weist den Weg zum Habitat, nur die gegrummelten Hinweise des Tankwarts am Ortsausgang erweisen sich als

erstaunlich präzise. Spuren im Sand führen zu einer weißen Station vor rötlichen Felsen. Bislang nahmen dort über 1000 Freiwillige an zwei- bis dreiwöchigen »Field Seasons« teil.[7] »Der siebte Tag auf dem Mars. Wenn wir aus dem Fenster schauen, dann erfreuen wir uns an der wunderschönen Landschaft draußen. Für den heutigen Tag sind zwei Außenaufenthalte geplant«[8] – Zeilen aus dem Tagebuch des Kommandanten der 13. Besatzung der MDRS, Klaus Totzek, aus dem Jahr 2003, der eine rein deutsche Crew anführte. Vom Habitat könnte man im Notfall sogar zurück bis nach Hanksville laufen. Dort klappt der Besitzer eines heruntergekommenen Motels, der aussieht wie ein Cowboy auf Crystal Meth, die Seitenwand einer Holzbude auf, fertig ist die Bühne. Wind kommt auf, die Sonne geht unter, und er singt, wirklich wahr, »Fly me to the moon« von Frank Sinatra. »Let me see what spring is like on A-Jupiter and Mars.« Natürlich in der Version von Willie Nelson.

Selbst die Österreicher interessieren sich für Marssimulationen. Ende 2020 führt das Österreichische Weltraum Forum ÖWF in Kooperation mit der Israel Space Agency sowie D-Mars die 13. Mars-Analog Mission durch.[9] Weil Österreich zu wenig marsähnlich ist, wurde dafür der Ramon-Krater in der Negev-Wüste im Süden Israels ausgewählt.[10] Die gemeinnützige Mars Society Australia (MSA) hat hingegen einen Heimvorteil.[11] Das australische Outback »erlaubt uns, eine große Bandbreite an Aktivitäten durchzuführen«, so der Präsident der Organisation, Jonathan Clarke, »die zur Realisierung der Vision menschlicher Präsenz auf dem Mars beitragen werden«.[12]

Das bei Weitem anspruchsvollste und zugleich längste Isolationsexperiment endete allerdings bereits 2011 in Moskau, eine Kooperation von Roscosmos und ESA. Bei »Mars 500« simulierten sechs Probanden aus Russland, Frankreich, Italien und China 520 Tage lang einen »Flug« zum Mars. Dabei ging es primär um die psychologischen, medizinischen, physiologischen und mikrobiologischen Auswirkungen der Langzeitisolation.[13] Die zehn Millionen Euro Kosten haben sich gelohnt, befindet Christer Fuglesang, ESA-Astronaut und zu dieser Zeit Leiter der Abteilung Wissenschaft und Anwendungen der ESA: »Vor allem ist der wichtige Beweis erbracht worden, dass der Mensch psychisch in der Lage ist, einen 520-Tage-Trip zum Mars zu unternehmen.«[14]

ALLTAG IM ALL: HOCHGEZÜCHTETE KOMPOST-HAUFEN UND LEBENSERHALTENDE SYSTEME

Selbst bei einer perfekt ausgestatteten Exploration gehen die Vorräte einmal zu Ende. Nachschub von der Erde gestaltet sich aufgrund der komplexen Lieferkette als Vabanquespiel. Schon die frühen Pioniere mussten in dieser Hinsicht erfinderisch sein. Die »Erebus«, ein britisches Expeditionsschiff, das im 19. Jahrhundert Arktis und Antarktis erkundete, führte neben Sauerkraut, eingelegten Gurken und Zitronensaft (sämtlich zur Vorbeugung von Skorbut, der gefürchteten Mangelerkrankung Langzeitreisender) eine Essenz aus Malz und Hopfen mit an Bord. Durch Zugabe von Wasser entstand daraus Bier.[15]

Auch die neuen Marskolonisten müssen sich Gedanken machen, wie sie an Lebensnotwendiges kommen. Der Fachbegriff dafür lautet »Life Support System«. Roboter funktionieren, Menschen aber wollen sich wohlfühlen. Das ist schon auf der Erde voraussetzungreich, erst recht im All. Markus Czupalla, Professor für Raumfahrtsystemtechnik an der Hochschule Aachen, beschäftigt sich damit, wie Technik helfen kann, Langzeitmissionen zu überleben, auch wenn dabei Menschen in spröder Technikersprache auf ein »Input/Output-System mit Durchsatz« reduziert werden.[16] »Wir suchen nach authentischen Erfahrungen«, so Czupalla, »deshalb werden Menschen und keine Maschinen in das Weltall geschickt.« Und diese Menschen benötigen in der lebensfeindlichen Umgebung des Alls einen Schutzschild. Die bisherige Versorgungsmethode »From Storage to Dump« ist nicht länger

akzeptabel. Bislang mussten Raumfahrer Notwendiges ausnahmslos selbst mitbringen, Reste wurden als Müll entsorgt. In Zukunft
gilt eher das Prinzip »Provide and Recycle« – Nachhaltigkeit hält
auch im All Einzug ins Denken.

Eine besondere Stellung bei den Vorbereitungen für Langzeitmissionen nimmt die Nahrungsmittelproduktion ein. Um Pflan-
zen im All anzubauen, braucht es »hochgezüchtete Komposthaufen«, so Czupalla. Eine Lösung könnten »Magic Boxes« sein,
Pflanzenwachstumsexperimente, die es ermöglichen, Nahrung
in der Schwerelosigkeit oder bei verringerter Gravitation anzubauen. Zur Vorbereitung arbeitet der Raumfahrtingenieur Paul
Zabel an einem Gewächshaus für den Mond und testet auf der
deutschen Antarktis-Station »Neumayer III«.[17] Diese Arbeit hat
zudem einen tieferen psychologischen Sinn. »Das Essen auf der
Station ist gut, aber alles kommt getrocknet, gefroren oder in
Dosen. Deshalb greifen selbst die größten Salatmuffel zu, wenn
die Schüssel mit dem Grünzeug umgeht«, so Zabel. »Wohltuend
ist nicht allein die Farbe, sondern auch der Geruch.«

Nur anpassungsfähige Individuen werden sich bei Weltraumexplorationen wohlfühlen. Denn die größte Herausforderung für
Menschen besteht darin, in einer für sie fremden und lebensfeindlichen Umgebung heimisch zu werden. Für einige Zeit treiben
Weltraumreisende inaktiv in einer Kapsel. Am Ziel ihrer Reise
müssen sie dann schnell sehr aktiv werden, um in ihrem künstlichen Habitat überleben zu können.

Da erscheint es verlockend, die neue extraterrestrische Umgebung etwas freundlicher zu gestalten. »Statt sich neue Welten
zu bauen, könnte es sich als einfacher herausstellen, die vorhandenen den menschlichen Bedürfnissen anzupassen.«[18] Terraforming leistet genau das – zumindest theoretisch. Hinter diesem
Ansatz verbirgt sich eine groß angelegte Techno-Utopie, die auf
die langfristige Umwandlung fremder Planeten abzielt, um diese
erdähnlicher zu machen.

Der zündende Gedanke stammt einmal mehr aus dem Bereich der Fiktion. Olaf Stapledon beschrieb bereits 1931 in »Last and First Men«, wie geophysikalische Prozesse im großen Maßstab in Gang gesetzt werden könnten, um fremde Planeten bewohnbar zu machen. Schließlich prägte Jack Williamsen in seiner Kurzgeschichte »Collision Orbit« den heute benutzten Begriff Terraforming. Unter Techno-Utopisten weckt Terraforming große Hoffnungen, denn nur durch öko-synthetische Umbildungsprozesse würde »eine Marskolonie nach und nach autark und nachhaltig werden«, so der theoretische Physiker Michio Kaku.[19] Inzwischen fließen immerhin schon Millionen an Steuergeldern in entsprechende Forschungsprojekte der »Earthmasters«, die Geoengineering im großen Maßstab auch auf der Erde betreiben wollen.[20]

Ethische Bedenken tauchen dabei eher am Rande auf. Was würde zum Beispiel mit Mikroorganismen passieren, die möglicherweise auf dem Mars entdeckt werden? »Wenn wir Leben finden«, so der Ethiker Nikki Coleman, »geben wir ihm dann die Möglichkeit, sich zu einer intelligenten Lebensform zu entwickeln? Ich würde jedenfalls die neuen mikrobakteriellen Brüder und Schwestern willkommen heißen!«[21]

Während Raumsonden und Raumschiffe vor dem Start und nach der Landung gründlich desinfiziert werden, wissen wir nie, ob dort, wo sich Menschen ansiedeln wollen, bereits Leben existiert. Immerhin wäre Terraforming eine radikale Umwandlung der Marsumwelt über lange Zeiträume. Sollte sich herausstellen, dass es auf dem Mars eigenständige Biota gibt, dann wäre Terraforming ein »globaler Genozid«, kritisiert der NASA-Experte Jesco von Puttkamer.[22]

Terraforming im planetarischen Maßstab benötigt immens viel Zeit, bis zu 100.000 Jahre. Aber vielleicht ist es gar nicht notwendig, gleich den ganzen Planeten umzuformen? Beim Mikro-Terraforming wollen Biologen »Minimaleinheiten« auf dem Mars errichten. Diese halbkugelförmigen Gewächshäuser enthalten im Inneren ein eigenes Ökosystem. Im Unterschied zu »Biosphere 2« wären diese Einheiten aber nicht komplett von ihrer Umwelt isoliert, sondern stünden im ständigen Austausch mit ihr. Nach und nach würde sich durch Ausgasung der Sauerstoffgehalt in der Mars-Atmosphäre erhöhen. Auf dem roten Planeten ginge es zunächst einmal darum, eine Ökosphäre, die diesen Namen verdient, entstehen zu lassen. Anders als auf der Erde müssten die ersten Siedler den Treibhausgaseffekt künstlich anstoßen, etwa indem sie die Polkappen am Mars schmelzen, um das darin gebundene Kohlendioxid freizusetzen.[23] Über sehr lange Zeiträume könnte sich auf diese Weise eine dichte Atmosphäre bilden, die sich dann immer weiter erwärmen würde. Steigen in ferner Zukunft auch noch Luftdruck und Temperatur, sollte es irgendwann möglich sein, Pflanzen anzubauen. »Auf dem Papier wirkt die Idee ziemlich cool. Mit ausgewählten Technologien und großer Beharrlichkeit verändert die Menschheit einfach das Klima auf dem Mars«, so der Physiker Robert Gast. »Die Methoden, die dafür nötig wären, sind allerdings rabiat.«[24]

MARSMISSIONEN ALS ZUKÜNFTIGER ULTIMATIVER ALLTAG
NEW SPACE, 2050

Das Rennen zum Mond ging in die Geschichtsbücher ein. Weniger bekannt ist, dass die Sowjetunion im Space Age mehrere Versuche unternahm, ein unbemanntes Raumschiff zum Mars zu senden. Damit begann der Wettkampf um die erste Marsmission. Der nur 4,5 Kilogramm schwere sowjetische Miniatur-Marsrover auf Kufen, »Prop-M«, zerschellte 1971 an der Marsoberfläche.[1] Er war das erste von Menschen gemachte Objekt, das auf dem roten Planeten landete.

Immerhin inspirierte der Fehlschlag zahlreiche Folgemissionen. Auch wenn weniger als die Hälfte aller bisherigen Marsprojekte erfolgreich waren,[2] nahm die Odyssee zum Mars ihren Lauf. Jeder ernsthafte Versuch, den Heimatplaneten zu verlassen und Kolonien im Weltall zu gründen, wäre ein kulturell hochbedeutendes Ereignis für unsere Zivilisation. Einige, wie der Weltraumkünstler Arthur Woods, halten diesen Aufbruch sogar für unumgänglich. »Wenn die Menschheit als blühende Spezies überleben will, muss sie in den Weltraum aufbrechen«, argumentiert er. »Auf diesem Planeten wird sie es nicht schaffen, sofern nicht 90 Prozent der Menschen verschwinden – was höchstwahrscheinlich auf eine sehr hässliche Weise passieren wird.«[3]

Als James Cook 1769 Tahiti anlief, erwarteten ihn angenehme Luft- und Wassertemperaturen sowie »eine sehr freundliche Schar äußerst attraktiver, aufgeschlossener Einheimischer«.[4] Wer immer als erster Mensch zum Mars reist, wird es dort wohl eher ungemütlich finden. Warum sollten Menschen in eine Umwelt aufbrechen, die sich durch Trostlosigkeit, Totenstille und die vollkommene Abwesenheit von Leben auszeichnet? Genau das macht den Weltraum aus. Dennoch werden Marsmissionen als ultimativer Aufbruch verklärt. »Die Aussicht, eines Tages eine zweite Erde zum Weiterexistieren und Wachsen zu haben«, so auch Jesco von Puttkamer, »wird für den Menschen der Zukunft sehr wichtig und befreiend sein.«[5]

Wer diese Utopie aus der Perspektive der heute lebenden Menschen beurteilt, erkennt darin oftmals bloß überzogene Spinnerei. Allerdings wächst die Menschheit mit ihren Aufgaben, und die nächste Generation wird mit Sicherheit zum Mars reisen wollen. Idealerweise werden diese Menschen bis dahin ihren engen Horizont gesprengt haben. Wer die Idee der Marsmissionen verstehen will, tut also gut daran, sich gedanklich einen neuen Menschentyp mit grundlegend anderen Haltungen und Bedürfnissen vorzustellen, anstatt zeitgenössische Konventionen einfach in die

Zukunft zu projizieren. »Die ersten Menschen, die zu einer historischen Marsmission aufbrechen werden«, so Michio Kaku, »sind möglicherweise gerade dabei, in der Schule mehr über Astronomie zu lernen.«[6] Allein das wird jedoch nicht ausreichen, wenn sie sich nicht gleichzeitig für die Idee eines zentralen Menschheitsprojekts begeistern können. Warum sollten Menschen überhaupt die gefährliche Reise zum roten Planeten unternehmen? Für Carl Gustav Jung waren Raumflüge schlicht Eskapismus. Dem Psychoanalytiker erschien eine Marsmission einfacher als die Reise zum eigenen Selbst.[7] Ist die Idee vielleicht deshalb so attraktiv?

Wer eines Tages zum Mars will, fliegt nicht einfach los. Nur alle zwei Jahre und zwei Monate öffnet sich ein passendes Zeitfenster. Diese »synodische Periode« ergibt sich aus einer günstigen Relativstellung von Erde und Mars. Vielleicht, so überlegt Elon Musk, werden die Menschen auf dem Mars eines Tages nicht nach ihrem Alter unterschieden, sondern nach der orbitalen Synchronisation von Erde und Mars, die bei ihrer Anreise herrschte. Aber wie genau? Erst die Sonden und Roboter, dann der Mensch, so das Grundprinzip. Musks Masterplan sieht vor, zunächst einen Spähtrupp zu entsenden, der auf dem Mars nach Wasser sucht. Auf dieser Basis könnte eine Weltraumtankstelle entstehen, um die Rückreise stark zu vereinfachen.

Um eine Zivilisation auf dem Mars zu gründen, braucht es allerdings sehr viele synodische Perioden. Würden wir denn überhaupt auf dem Mars leben können? Und wie fühlt es sich als Marsianer an? Um das herauszufinden, gibt es zahlreiche Pläne. So verfolgte etwa der ehemalige Apollo-11-Astronaut Buzz Aldrin das Konzept eines regelmäßigen Pendelverkehrs zwischen Erde und Mars, eine Art kosmischer Paternoster.[8] Eine schöne Idee, doch leider fand der für 2018 anvisierte Jungfernflug nicht statt.

Tatsächlich braucht es neben Mut vor allem viel Zeit, um seriöse Pläne auszuarbeiten. Eine Legislaturperiode reicht dafür niemals aus. Die ESA geht deshalb davon aus, dass es viele Zwischenschritte braucht, um das große Ziel zu erreichen.[9] Die »Global Exploration Roadmap« der NASA plant dennoch bis 2024 einen bemannten Flug zum roten Planeten.[10] »Die Exploration zum Mars würde die Menschen auf der ganzen Welt begeistern«, lautet das Versprechen. Selbst die chinesische Raumfahrtbehörde strebt zum Mars. Die Vorbereitungen haben bereits begonnen, das Zieldatum lautet 2050.[11]

In der Gemeinschaft der New-Space-Utopisten gibt es zudem noch zahlreiche private Konzeptideen. Eine der exaltiertesten ist »Mars-Direct«, ein Vorschlag von Robert Zubrin und David Baker. In »The Case for Mars« breitet Zubrin seine Philosophie aus. Für ihn wäre ein menschlicher Vorposten auf dem Mars die größte historische Tat unserer Zeit: »Der Mars kann besiedelt werden. Für unsere Generation und viele folgende repräsentiert er die neue Welt.«[12] Die NASA wies »Mars-Direct« als zu radikal zurück.[13] Bei näherer Betrachtung wird das verständlich.[14] Nach Zubrins Auffassung ist es absolut sinnlos, zunächst zum Mond und erst dann weiter zum Mars zu fliegen. Das Besondere an seinem Szenario ist die Idee, Kosten radikal zu senken. Statt Raumstationen im Orbit zu montieren, sollen marseigene Ressourcen zur Produktion von Treibstoff und als Baumaterial für eine permanente Station genutzt werden. Bei ihrer Ankunft fänden Marsreisende dann idealerweise bereits ein vollgetanktes Raumschiff für die Rückkehr vor. Zubrin behauptet sogar, dass alle notwendigen Technologien bereits verfügbar seien oder schnell entwickelt werden könnten. Die Kosten für Direktmissionen sollen sich auf 40 bis 50 Milliarden Dollar belaufen, das Projekt innerhalb von zehn Jahren realisierbar sein.[15] Das wäre in der Tat günstiger und schneller als alles, was bislang vorbereitet wird.

Zum 20. Jahrestag der ersten bemannten Mondladung startete der damalige US-Präsident George H. W. Bush die »Space Exploration Initiative«. Ziel war es, bis 2016 Menschen zum Mars zu bringen. Allerdings führten die prognostizierten Kosten von immerhin 500 Milliarden Dollar für die Mission schnurstracks dazu, dass das Programm wieder eingestellt wurde. Umgekehrt können Sparansätze wie »Mars to Stay« auch über das Ziel hinausschießen. Unter dem Titel »One Way to Mars« wurde 1996 auf einem Expertenworkshop das radikale Konzept diskutiert, 35-jährige Freiwillige zum Mars zu fliegen, »um den Rest ihres Lebens dort zu bleiben und die Besiedlung des Planeten einzuleiten«.[16] Tickets für eine einfache Fahrt würden die Mission in der Tat verbilligen.

Ganz ähnlich funktioniert »Mars One«, die Geschäftsidee des niederländischen Unternehmers Bas Lansdorp. Er wollte 2016 unbemannte Versorgungsschiffe mit lebenswichtigen Dingen sowie Unterkünfte auf den Mars senden, danach 2018 ein Roboterfahrzeug, 2021 weitere Wohneinheiten und Lebenserhaltungssysteme. 2022 sollte es dann für die ersten Siedler so weit sein. Lansdorps Sparansatz: Wenn niemand zur Erde zurückkehrt, wird die Mission erstaunliche 80 Prozent billiger. Sein Budget wollte Lansdorp zudem mit einer Big-Brother-Version auf dem Mars aufstocken. Bislang erntete das Konzept Reaktionen zwischen Skepsis und Entsetzen. »Man muss sich nur einmal vorstellen, dass Menschen dort oben vor laufender Kamera sterben, und wir schauen ganz gemütlich zu«, so der ESA-Astronaut Ulrich Walter.[17] Wie unmoralisch wäre ein solches Kommando? Das bleibt Ansichtssache. Auf die Anzeige meldeten sich immerhin 200.000 Freiwillige. Derzeit befindet sich »Mars One« in Konkurs.[18]

DAS EINSAMSTE ALLER ZUHAUSES – ALLTAG IN MARS-CITY

Bereits 1976 prognostizierte eine NASA-Studie zur Bewohnbarkeit des Mars »keine fundamentale, unüberwindliche Barriere« für die Ansiedlung von Menschen.[19] Dennoch benötigen zukünftige Marsbesiedlungen einen Masterplan, der allerdings bislang nur in Umrissen existiert. Egal, welches Reisekonzept verfolgt wird – eines Tages wird es darum gehen, eine Siedlung auf dem roten Planeten zu bauen.

Elon Musk träumt von »Mars-City« als Keimzelle für eine neue Zivilisation – ohne dabei Angaben zu Details zu machen. Sehr viel konkreter wirkt das Konzept für »Nüwa City«, eine Marsstadt für 250.000 Einwohner, geplant für das Jahr 2100. Dahinter steckt das »Sustainable Offworld Network« (SoNet), eine Gruppe von Wissenschaftlern und Designern, die das All als neues Betätigungsfeld entdeckt haben. Gemeinsam entwarfen sie eine Stadt, die einerseits Schutz vor kosmischer Strahlung bieten soll, andererseits Zugang zu Sonnenlicht: halb Höhle, halb Design-Terrasse. Geplanter Baubeginn: 2054.[20]

Anfang 2020 veröffentlichte zudem die »Mars Society« die Teilnahmebedingungen für einen internationalen Wettbewerb. Wer den besten Entwurf für eine Million Einwohner vorlegt, gewinnt 10.000 US-Dollar. Die zukünftige Marsstadt muss autark sein und gleichermaßen soziale, kulturelle, politische und ästhetische Dimensionen berücksichtigen. Aus ersten Konzeptstudien haben sich immerhin zwei Möglichkeiten für Behausungen herauskristallisiert. Zum einen eine oberirdische Konstruktion aus Modulsystemen, die bisherigen Raumstationen gleichen. Mit einer stetig wachsenden Stadt, so die Hoffnung, könnten nach und nach Orte entstehen, die wie Biotope Schutz bieten und in denen sich Menschen ohne Schutzanzüge bewegen können.

Die Alternative ist eine Stadt, die sich unterirdisch ausbreitet. Eventuell könnte Elon Musk dabei auf eine Entwicklung der ebenfalls von ihm gegründeten »The Boring Company« zurückgreifen, die an der Konstruktion des Hyperloop-Systems arbeitet, einer Art Tunnelsystem, das die Verkehrssituation in urbanen Ballungsräumen verbessern soll.[21] Die hierbei eingesetzten Bohrgeräte könnten auch auf dem Mars Anwendung finden.[22] Unterirdische Städte finden sich bereits im literarischen Vorbild »Reich im Mond« des österreichischen Chemikers Friedrich Hecht. Unter dem Pseudonym Manfred Langrenus schrieb er einen bis heute einflussreichen utopisch-wissenschaftlichen Roman. Darin lässt er seine Protagonisten leidenschaftlich über »die große Sehnsucht nach dem Anderswo« spekulieren: »Jeder weiß, dass es um ein großes Ziel geht, und jeder ist stolz darauf, bei einem so umwälzenden Ereignis der Menschheitsgeschichte mitwirken zu können.«[23]

KOLONIEN OHNE KOLONIALISIERUNG

Mit der Expedition von Christoph Kolumbus in die sogenannte »Neue Welt« begann 1492 das Zeitalter der Kolonisation. Kolonisation – so wie der Begriff bis heute verstanden wird – bedeutete daher von Anfang an immer auch Ausbeutung, Unterdrückung, Vertreibung und Gewalt. Jede Kolonie war geografisches Neuland und zugleich ein soziologisches Menschenexperiment. Nach und nach eignete sich die Menschheit Erfahrungen mit Kolonialisierungsprojekten an, einem Gemisch aus Umsiedlung und Ansiedlung. Kolonialisierung bedeutet die Replikation der Menschheit im großen Maßstab, verbunden mit dem Versuch, einen fremden Ort zur neuen Heimat zu machen – egal, welche äußere Form die neue Kolonie hat. »An jeder Grenze können einzelne Menschen, die beschließen, Pioniere zu sein, eine neue Gesellschaft erschaffen«, so der Weltraumphilosoph Frank White optimistisch.[24] Einerseits wird es sich im All um einen vollkommen anderen Typ von Kolonialisierung handeln. Andererseits reicht auch im All Technik nicht aus, um eine Kolonie zu gründen. Die Idee der Kolonialisierung braucht vielmehr ein Update, vor allem glaubwürdige zivilisatorische Motivgeschichten jenseits von Eroberung oder Ausbeutung.

Völlig neu und unbeantwortet ist auch die Frage, wie sich die neuen Kolonien vom »Mutterland«, also der Erde, loslösen. Werden Marskolonien Unabhängigkeit anstreben? Wenn ja, wird das schleichend oder doch eher disruptiv geschehen? Die amerikanische Revolution war nicht einfach ein Sprung in ein neues Gesellschaftssystem, sondern ein Entwicklungsprozess. Gleichwohl wurden in diesem Prozess erstmals die Ideale der Aufklärung im großen Maßstab praktisch verwirklicht. Welches zivilisatorische Ziel werden jedoch Weltraumkolonien anstreben?

Frank White unterscheidet vier Grundtypen von Kolonien im All, die jeweils auch unterschiedliche Entwicklungsprozesse wahrscheinlich machen: erstens externe Territorien mit Eigenstaatlichkeit, zweitens wissenschaftliche Expeditionen ohne territoriale Ansprüche nach dem Antarktis-Modell, drittens internationale Kolonien nach dem Vorbild der UN und schließlich, viertens, eine Form der Kolonisation, die er bildhaft »Elternschaft« nennt. Dabei geht es darum, die neue Welt zu pflegen und zu entwickeln, anstatt sie nur auszubeuten.

Kolonien ermöglichen einen kollektiven Neustart. Deshalb wirkten sie immer wieder als Treibstoff für unsere Odyssee. »Das Versprechen ist die Kolonie«, so auch der Explorationsexperte Oliver Angerer: »Hinfliegen, Bleiben und Neubeginn.«[25] Für die Besiedlung des Mars gibt es leider keine Vorbilder. Das erschwert es, die Folgen der Besiedlung des roten Planeten durch Menschen abzuschätzen. Ließen sich auf dem Mars Konflikte minimieren? Entstünden dauerhaft nachhaltige Migrationsformen? Welchen politischen Status hätten die Kolonien? Es ist wahrscheinlich, dass die ersten Weltraumkolonien relativ klein wären – maximal einige Tausend Menschen. Sie würden sich wohl lokale Regierungen schaffen, um schnell und angemessen auf die Bedürfnisse der Menschen vor Ort reagieren zu können. Vielleicht würde sich »Small is beautiful« durchsetzen, ein Prinzip, das bislang weder in der ökonomischen noch in der politischen Praxis wirklich angekommen ist. Und das, obwohl der Salzburger Philosoph und Anarchist Leopold Kohr 1983 für sein Prinzip der Einfachheit und Dezentralisierung sozialer Organisationen den Alternativen Nobelpreis erhielt.

Der Mars ist ja vor allem deshalb ein guter Kandidat für die Gründung einer neuen Zivilisation auf einem anderen Planeten, weil er mit heute bereits bekannten Technologien erreichbar ist. Gleichwohl ist die Frage nach der technologischen Machbarkeit beinahe zweitrangig. Auf die Frage, ob eine Marskolonie überhaupt sinnvoll ist, gibt es verblüffend klare Antworten. Gefragt, ob der Mars wirklich so interessant sei, antwortete der kanadische Astronaut Chris Hadfield: »Nun, so ähnliche Fragen gab es früher auch zu Kanada.«[26] 1867 schlossen sich eine Reihe eigenständiger Kolonien schließlich zu einem Staatsgebilde zusammen, das heute wie selbstverständlich wirkt. Immer sind es kulturelle Triebkräfte, die zur Kolonisation führen, und nicht allein die Verfügbarkeit neuer Transportmittel oder Technologien. Die ersten Siedler Nordamerikas verstanden sich als Teil einer sozialen Bewegung.

New Space könnte eine solche soziale Weltraumbewegung befeuern, die mehr auf gemeinsam geteilten Werten als auf innovativen Technologien basiert. Immer mehr Menschen sehnen sich nach alternativen Lebens- und Gesellschaftsformen. Sie wollen Teil einer großen Transformation sein und nicht bloß konsumieren. Als soziale Bewegung könnte die Idee der Weltraumexploration viele Menschen hinter einem wahrhaft großen Ziel versammeln. Weltraumfahrt stiftet also Sinn und bietet Antworten auf zentrale Fragen. Darunter auch die Frage, wo Menschen eine Heimat finden.

HABITAT, SESSHAFTIGKEIT UND HEIMAT IM ALL
Der Wunsch nach einem Zuhause ist essenziell, zugleich aber auch paradox. Zu Hause zu sein bedeutet, sich mit einem Ort verbunden zu fühlen – und zugleich zu einer Gemeinschaft zu gehören. Bislang kümmern sich Missionsplaner fast ausschließlich um das materielle Habitat und die äußere Geografie. Sie sind weitgehend blind für die Notwendigkeit eines inneren Ortes. Denn nur so wird aus Boden auch Heimat, aus Sesshaftigkeit

schließlich Verbundenheit. Kurz: Die Umgebung darf nicht ignoriert werden, aber sie ist nicht alles. Noch nicht einmal auf dem Mars.

Zu Hause zu sein ist ein individuelles Bedürfnis, gleichzeitig aber auch eine kollektive Organisationsform.[27] Utopien bieten ein Zuhause an imaginären Orten, die Raum für Anderssein schaffen. Das Zuhause ist idealerweise ein Ort, »an dem die Flucht ein Ende findet oder an dem man aufhört, wegzulaufen«, so der Autor Daniel Schreiber.[28] Konzepte für Ideal- und Modellstädte sind einerseits Schutzräume, weil sie ein Ankommen im Leben ermöglichen. Gleichzeitig zeigen viele Beispiele von »Levittown« über »Celebration« bis »Neom«, wie hoch der Preis dafür ist: neue Welten, neue Regeln.

Auch wenn sich Menschen nach Stabilität und Ordnung sehnen, können Regeln ein Zuhause niemals ersetzen. Wird alles kontrolliert, hört jede Utopie auf, utopisch zu sein. Was aber ließe sich Regeln und Kontrolle entgegensetzen? Die »Entscheidung für ein Zuhause«, so Schreiber, ist immer auch die »Entscheidung für eine Suche«. Vielleicht geht es also gerade bei Weltraumkolonien darum, eine neue Form der Verbundenheit zu suchen, die ohne allzu viele Vorschriften funktioniert und ergebnisoffen bleibt.

Um sich eines Tages auf dem Mars heimisch zu fühlen, müssen sich Menschen auf eine vollkommen neue Art der Existenz vorbereiten. Die Schwierigkeit besteht darin, dass sich dieses Gefühl für das Zuhause im All nur sehr bedingt in Isolationsexperimenten simulieren lässt. Es wird lange dauern, bis die Kolonisten auf dem Mars die Art ontologischer Sicherheit verspüren, die der Soziologe Anthony Giddens als Grundlage erfolgreicher Gesellschaften ansieht: mentale Ordnung, psychische Stabilität sowie eine positive Sicht auf die Welt. Erst wenn diese Bedingungen erfüllt sind, ist ein Mensch zu Hause.[29]

Diese erste Kohorte von Raumreisenden – vielleicht hundert

Personen an Bord einer Rakete von SpaceX – wird die notwendige Infrastruktur für das neue Zuhause aufbauen müssen. Das Einzige, was sie dann tun können, ist warten. »Die ersten 100 Leute werden sich wahrscheinlich freuen, wenn die nächsten 100 kommen«, so der Deutsche Hans Königsmann, der für SpaceX mit an Mars City arbeitet.[30] Unter den ersten Siedlern werden sich nicht nur Astronauten befinden, sondern auch Bergleute, Steinmetze und Gärtner. Aufgrund der besonderen Umgebung sind deren Kompetenzen entscheidend für die Überlebenschancen der Kolonisten. Insbesondere Bergleuten wird traditionell ein hohes Verantwortungsbewusstsein füreinander sowie eine »bodenständige« Denkweise nachgesagt. Genau das könnte dem »overthinking«, dem Verkomplizieren von Problemen, das unter Vertretern akademischer Berufe verbreitet ist, positiv entgegenwirken.[31]

Doch bis zur Rekrutierung der ersten Crew ist es noch ein weiter Weg. Um in absehbarer Zeit ganze Flotten von Raumschiffen loszuschicken, braucht es also noch viel Entwicklungsarbeit. Inzwischen investierte SpaceX in eine neue Weltraumfabrik bei Boca Chica in Texas, in der riesige Raketen für Marsmissionen entstehen sollen. Boca Chica hieß bei der Gründung 1967 Kopernik Shores. Der damalige polnisch-stämmige Bürgermeister wollte damit an den Astronomen Nikolaus Kopernikus erinnern.[32] Spätestens wenn dort die Produktion der Marsraketen mit 150 Tonnen Nutzlast voll anläuft, wird Elon Musk über seine Anfangsvision vom kleinen Gemüsebeet auf dem roten Planeten hinausgewachsen sein. Denn inzwischen geht es um nicht weniger als um eine neue Zivilisation. Kopernikus wäre höchstwahrscheinlich erfreut.

Wann würden sich die ersten Kolonisten auf dem Mars mit ihrer neuen Heimat identifizieren? Bewährte Hilfsmittel wären in jedem Fall Routinen und Gewöhnung, kurz: viel Alltag. In diesem Alltag muss es nicht immer darum gehen, dass alles hocheffizient ist. Menschen werden nicht dort glücklich und zufrieden, wo alles perfekt organisiert ist, sondern dort, wo zentrale Aspekte ihres Lebens gut genug repräsentiert werden. In diesem Sinne braucht es ein neues Verständnis zentraler Menschheitsprojekte: weniger technologischer Größenwahn, dafür ein ausgeprägteres Bewusstsein von Lebensdienlichkeit. Bis auf dem Mars Steuererklärungen ausgefüllt werden, braucht es noch lange. Leben unter freien Himmel wird es dort nie geben. Stattdessen werden die Kolonisten auf Schutzhabitate angewiesen sein.

Wenn sie Glück haben, werden sie auf dem roten Planeten immerhin in Freiheit leben. Sie werden mühelos untereinander kommunizieren können, nicht aber mit Menschen auf der Erde. Bevor die irdische Bodenstation von einem Problem auf dem Mars erfährt und einen Lösungsvorschlag machen kann, wird sich das Problem mit großer Wahrscheinlichkeit erledigt haben. Im Ernstfall können die Siedler kaum noch Hilfe von der Erde erwarten. Vielmehr werden sie auf Roboter und Künstliche Intelligenz angewiesen sein. Während genau diese Technologien auf der Erde oftmals skeptisch betrachtet werden, dürften sie sich auf dem roten Planeten als äußerst nützlich erweisen – das könnte auch deren Akzeptanz auf der Erde verbessern. »Wenn intelligente Roboter eines Tages Menschenleben retten, werden sie sicher die neuen Helden der Raumfahrt sein«, so Stefanie Janke, eine der Autorinnen im Perry-Rhodan-Universum.[33] Im All werden Kolonisten schnell ein inniges Verhältnis zu Technik entwickeln, weil sie darauf angewiesen sind.[34] Michael Schmidt, Leiter robotischer Missionen bei der ESA, setzt daher auf die Kooperation zwischen Menschen und Maschinen. »Es geht darum, die besten Seiten beider Welten zusammenzuführen«, so Schmidt.[35] Intelligente Maschinen werden mit darüber bestimmen, ob und wie sich Menschen auf dem Mars zu Hause fühlen können. Hier schließt sich der Kreis: Während Heimat mehr meint als nur einen materiellen Ort, wird auf dem Mars ausgerechnet Technik zur inneren Verortung beitragen, die Heimat erst ermöglicht.

Grundsätzlich müssen Kolonisten in langen Zeiträumen denken. Damit rückt auch die soziale Reproduktion in den Fokus, also die Frage nach den Kindern der Siedler. Denn eine Kolonie ist nichts ohne Nachkommen, ohne nächste Generation. Anders als in literarischen Utopien »muss irgendwie Vorsorge getroffen werden«, so der Soziologe Ralf Dahrendorf in »Pfade aus Utopia«. »Irgendwie müssen der Geschlechtsverkehr (oder zumindest die künstliche Befruchtung), die Ernährung und Erziehung der Kinder und die Auswahl für soziale Positionen bewerkstelligt und geregelt werden.«[36]

Marskolonien werden nicht nur völlig neue Sitten, Gebräuche und Rituale oder neue Formen der Politik entstehen lassen, sie benötigen auch ein neuartiges Bildungssystem. Die Kinder der Pioniere benötigen »ein Bildungsprogramm, das in besonderer Weise nützlich ist«, so der Weltraumphilosoph Konrad Szocik in einer Studie über die Herausforderungen von Marskolonien. »Dieses Programm muss dazu dienen, den Kindern alle Pflichten und Verantwortlichkeiten zu vermitteln, die das Überleben auf dem neuen Planeten erfordert.«[37]

Eine Illustration der NASA zeigt vor dem Hintergrund einer Marskolonie eine Frau, die ein Kind an der Hand hält, beide tragen Raumanzüge. Sollte man Kindern, die eines Tages auf dem Mars geboren werden, von der Erde erzählen? Nein, sagen die einen. Die Sehnsucht könnte übermächtig werden und eine Revolte auslösen. Ja, argumentieren andere. Weil sich nur so die Sehnsucht nach der Erde aufrechterhalten lässt – und die Kinder nur auf diese Weise lernen, was Sehnsucht an sich ist. Werden die Kinder das Wunschland ihrer Eltern – Mars – mögen oder eher hassen? In der Einleitung seiner klassischen Studie über Weltraumhabitate »High Frontier« lässt der Physiker Gerard O'Neill fiktive Kolonisten einen »Brief aus dem Weltall« an jene verfassen, die noch überlegen, ob sie ebenfalls die ultimative Grenze überschreiten und ins All reisen wollen. »Ihr habt gefragt, ob wir uns isoliert fühlen«, schreiben die Kolonisten an ihre Freunde auf der Erde. »Einige von uns haben das ›Inselfieber‹. Vielleicht weil wir hier die erste Generation von Immigranten sind. Die Kinder, die hier geboren wurden, stört rein gar nichts.«[38]

DIE SCHATTENSEITEN DER ERFOLGE – ZWEIFEL AN DER UTOPIE

F rüher oder später werfen real-utopische Experimente Fragen von existenzieller Bedeutung auf. Jede Erkundung des Neuen wird von einem Dickicht aus moralischen, praktischen und vielleicht sogar skurrilen Fragen überwuchert.[1] Alle, die ihren Weg ins Wunschland suchen, stolpern unterwegs über diese Herausforderung. Manche scheitern daran. Denn die Antworten auf die wiederkehrenden Fragen sind komplex oder passen auf den ersten Blick nicht zusammen. Die Magie der Ankunft lässt sich nicht konservieren. Und so zerfällt die Utopie immer wieder schleichend. Scheitern kennt allerdings viele Varianten – das zeigen nicht zuletzt die Beispiele in diesem Buch. Gleichwohl ist es außerordentlich hilfreich, aus den Zweifeln und Krisen zu lernen, denn Konflikte sind Regulative, sie zeigen, was wichtig ist und was wir besser machen könnten.

AUFBRUCH STATT UTOPIE
MONTE VERITÀ, 1917

Auf dem Berg bei Ascona versammelte sich im Laufe der Zeit, »allerlei Volk, das sich zum großen Teil aus überspannten und verschrobenen Sonderlingen zusammensetzte«.[1] Konflikte waren da vorprogrammiert. Henri Oedenkoven und Ida Hofmann, die sich aufgemacht hatten, um nach einer funktionsfähigen Utopie zu suchen, nannten ihr Projekt »Cooperativa Monte Verità«. Doch ein betriebsamer Aufbruch macht noch lange keine Utopie – und der Name »Kooperative« noch kein friedliches Miteinander.

Trotz eines enthusiastischen Starts geriet das Reformexperiment immer wieder in Schieflage. Das Übermaß an Erwartungen führte zu ideologischen Erschöpfungszuständen. Einerseits vermarkteten die Monte Veritaner ihre Reformagenda geschickt in einem Verkaufsladen, in dem Gäste eingewecktes Obst oder Postkarten mit Nacktfotos kaufen konnten. Andererseits war die Luft auf dem Berg immer mehr erfüllt »von Seifenblasen, Ungenauigkeit und Poeterei«, so der Chronist Robert Landmann. Zwischen Geld und Gesinnung ergab sich ausreichend Konfliktpotenzial. Missstimmungen, Missgunst und Misstrauen gegen Faulenzer, Schmarotzer und Demagogen nahmen zu.

Während die Utopie, so gut es eben ging, gelebt wurde, kamen immer mehr Grundsatzfragen auf. Das Sanatorium sollte auf Dauer nicht als Zuschussbetrieb enden und wurde daher zu einer kommerziell geführten »Hotelpension mit ethischem Firmenschild« umgebaut, so der Autor Thomas Blubacher.[2] Plötzlich gab es Angestellte und Dienstboten – ein eigentlich unauflösbares Paradox. Wegen der kapitalistischen Rahmenbedingungen entwickelte sich das Sanatorium zu einem Unternehmen, und Ethik zog dabei wieder einmal den Kürzeren.

Gerade mit dem Geld hatten einige Reformer ihre liebe Not. Entweder hatten sie keines, oder sie lehnten es ab. Anarchisten erkannten im Hügel ihr Aussteigerparadies und schwadronierten gern von der »ökonomischen Erdrosselung« des Menschen.[3] Sie orientierten sich dabei an Peter Alexejewitsch Kropotkin, der in seinem Buch »Gegenseitige Hilfe in der Tier- und Menschenwelt« appellierte, gegenseitige Hilfe zum zentralen anarchistischen Prinzip zu erheben, kurz: reziproken Altruismus. Viele der Kapitalismuskritiker setzten dies praktisch um, indem sie auf Pump lebten, während andere ihre ganze Kraft in eine bessere Welt investierten.

Misstrauen und Schuldvorwürfe wuchsen, Gift, das die Utopie in kleinen Dosen abtötete. Heuchler die einen, Schmarotzer die anderen. Bewegungen, die mit großen systemverändernden Idealen starten, spalten sich oftmals in Gruppen auf, weil sie sich nicht einigen können, mit welchen Mitteln die Ziele erreicht werden sollen. Auf dem »Monte Verità« trennten sich die Öko-Anarchisten ab; allen voran Gusto Gräser, der eine radikal-kommunistische Position vertrat und nicht mit sich handeln ließ. Es dauerte nicht lange, da herrschte Zwietracht auf dem Berg der Wahrheit. Tiefsinn und Schwachsinn lagen nahe beieinander. Die »Realos« Henri Oedenkoven und Ida Hofmann kümmerten sich darum, die Naturheilanstalt zu finanzieren und aufzubauen. Die »Fundis« Jenny Hofmann und Karl Gräser zogen sich in eine von Besuchern als »primitiv« oder »befremdlich« beschriebene Lebensform am Rande des Terrains zurück. Sie versuchten, von dem zu leben, was die Natur hergab. Dazu zimmerten sie sich eigene Möbel und trieben das Prinzip der Selbstversorgung auf die Spitze, indem sie nur konsumierten, was sie auch selbst anbauten. Vor allem aber versuchten sie zu vertuschen, dass sie doch noch Geld besaßen und dieses auch ab und zu ausgaben, wenn sie mit der Selbstversorgung an ihre Grenze kamen. Gusto Gräser, der radikale Minimalist, lebte fortan als Eremit in einer Felsspalte, in der ihn später Hermann Hesse besuchte.

KULINARISCHE LOCKERUNGSÜBUNGEN

Auf dem »Monte Verità« forderte die Reformagenda große Hingabe. Der Soziologe Max Weber ärgerte sich über seine strenge Kur in Ascona. »Mittags bei Quattrini, morgens und abends der Vegetarierfraß: Haferbiscuits und Feigen«, schrieb er 1913 an seine Frau Marianne.[4] Je bekannter der Berg wurde und je mehr Gäste kamen, desto mehr verstrickten sich die Kolonisten in unauflösbare Widersprüche. Bekanntlich eignen sich die Themen Essen und Trinken besonders gut für Doppelmoral. Nicht alle

Gäste waren gewillt, die kulinarischen Konsequenzen des Zivilisationswandels mitzutragen. Der Publizist und Anarchist Erich Mühsam war zwar aus echter Überzeugung vor Ort, gleichwohl beschwerte er sich lautstark. »Von früh bis spät kaute ich nun Äpfel, Pflaumen, Bananen, Feigen, Wal-, Erd- und Kokosnüsse – es war schauderhaft, und ich fühlte meine Kräfte schwinden.« Schließlich floh er vom Berg und genehmigte sich in Ascona Steak, Rotwein und Zigarre, um zum Leben zurückzufinden.[5] Mühsam tat alles, um seinen Spott publizistisch zu verbreiten. Während der Reiseführer Baedeker die Existenz der Vegetarier »sorgsam verschwieg«, hielt Mühsam sie für nicht ganz normal. Seine pointierten Beschreibungen erregten gewaltiges Aufsehen und fanden schnell ein städtisches Lesepublikum. Gegen sein erfolgreiches »alkoholfreies Trinklied« wirkte die »Verlautbarungsprosa« Ida Hofmanns hölzern und dogmatisch.

So sinnvoll der Vegetabilismus auch gewesen sein mag, nicht alle, die auf den Berg pilgerten, waren mit der Verbannung gewohnter Lebensmittel einverstanden. »Und: wo Gier ist, ist auch ein Weg.«[6] Selbst die engsten Mitarbeiter Oedenkovens taten nur so, als meinten sie es bitterernst. Hatten sich die Hüter der vegetarischen Tugend zur Ruhe gelegt, wurden Schleichwege frequentiert. Mit einer Portion Schadenfreude verrät ein zeitgenössischer Beobachter, dass überzeugte Anhänger der Lebensreformbewegung »quasi über Nacht« ihren Lebensstil änderten. Sie waren die tägliche Rohkost leid, schlichen sich nachts vom Gelände und fanden schließlich ihr kleines Glück bei Eselsalami und Rotwein in einer der vielen urigen, »Grotti« genannten Kneipen. Der Erfolg dieser kulinarischen Guerillataktik war beeindruckend. Mit der Zeit »gab es unter ehemaligen Bewohnern des Monte Verità ganz hervorragende Weinkenner«.

Auch unter denen, die ihre Überzeugung mit äußerster Konsequenz lebten, griff die Suche nach Zusatzquellen für heiß ersehnte Lebensmittel um sich. Gäste des Sanatoriums, die es ohne

Fleisch oder Fisch nicht aushalten konnten, fanden im ersten Stock eines verschwiegenen Restaurants in Ascona eine Möglichkeit, sich konspirativ einzudecken.[7] Die Tänzerin Mary Wigman ließ für entkräftete Kolleginnen »heimlich Körbe voll gebackener Schnitzel und einen großen Weinvorrat aus der Trattoria des Dorfes heraufbringen«.[8] Diese doppelte moralische Buchführung ist nicht untypisch für reale Utopien, bei denen zwar ein Ideal angestrebt wird, die aber auch zwangsläufig das Mangelhafte und Irrationale des Menschen sichtbar machen. Vor allem den Mangel in der Magengegend.

Immer mehr Gäste auf dem Berg der Wahrheit forderten Luxus ein. Ab 1909 wurde daher die vegetarische Speisekarte reformiert. Eier und Milch waren fortan erlaubt, und »angenehme Gifte« wie Tee, Kaffee und Wein wurden angeboten.[9] Doch erst 1917 fielen die letzten Bastionen. Reformkleidung war kein Muss mehr, Fleischkonsum wurde offiziell erlaubt. Dem Geschäft tat es gut, aber Oedenkoven, der sich mehr und mehr von seinen sozialethischen Idealen entfernen musste, resignierte zusehends.

ZWISCHENMENSCHLICHES IN FORM ESOTERISCHER SEXUALMAGIE

1905 traf eine schillernde Persönlichkeit auf dem Berg der Wahrheit ein. Otto Gross, Schüler des Tiefenpsychologen Sigmund Freud, suchte nach einem eigenen Revier. Gross war in jeder Hinsicht auffallend. Er galt als roh und brutal, was wohl zum Teil an seinen Kokainkonsum lag. Auch er träumte von einer neuen Gesellschaftsordnung. Doch statt Selbstkasteiung predigte er das Prinzip des Sichauslebens. Sein Beitrag zur zeitgenössischen Utopie bestand in einer »kulturrevolutionären Version« der Psychoanalyse.[10] Freuds elaborierte Theorien machte Gross durch einen Weichspülgang praxistauglich. In einem angemieteten Stall veranstaltete er Orgien, »Exzesse jeder nur denkbaren Art wurden getrieben«, um sich zu »enthemmen«.[11] Drogen und sexuelle Freizügigkeit waren Teil seines revolutionären Methodenkoffers. Viel später, bei den Hippies, würde man diese Momente der Bewusstseinserweiterung »Trips« nennen. Die Erfolge waren erneut beeindruckend, so der Chronist Curt Riess: »Innerhalb weniger Jahre gab es eine große Anzahl von Morphinisten und Kokainisten in Ascona.«

An den unorthodoxen Umtrieben von Otto Gross irritierte den Soziologen Max Weber seinerzeit, »in welchem Ausmaß hier ein angeblich autoritätsfeindlicher Mentor in einem angeblich autoritätsfeindlichen Milieu als Führer und Guru akzeptiert wird«.[12] Durch das Auftreten von Gross beeindruckt, ließen sich Frauen gleich reihenweise von ihm analysieren, was auch gemeinsame Erkundungen ins Reich der Wollust einschloss. Unglücklicherweise nahmen sich zwei seiner Geliebten das Leben. Das therapeutische Konzept von Gross entpuppte sich insgesamt als fatal, sein Ruf nahm irreparablen Schaden, als Arzt wie auch als Liebhaber. Weber, der in Briefen seine Begegnungen und Gespräche auf dem Hügel reflektierte, bewunderte und verachtete Männer wie Gross gleichermaßen. Was er von ihnen allerdings verlangte, war, die »Reife, zu erkennen, dass ihre Utopie der Gemeinschaft unmöglich war«.[13]

Das Schauspiel vom Aufstieg und Fall der Reformkolonie ging bald in eine neue Runde. Wie Gross schossen auch andere übers Ziel hinaus. Auf dem Berg der Wahrheit mangelte es nicht an parasitären Gruppierungen, die sich mit esoterischer Sexualmagie und anderen Reformideen beschäftigten. Einerseits gab es auf dem »Monte Verità« jene, die ihren Nonkonformismus exzentrisch zur Schau stellten, andererseits die Schutzsuchenden. Vor allem in Kriegszeiten war der Hügel eine Art Freistaat, ein »Ort, an dem Pazifisten, Reformer, Tolstojaner, Revoluzzer, Rebellen, Utopisten und andere suchende Menschen eine Heimstätte gefunden hatten«.[14]

Erst 1917 begrub Oedenkoven seinen Idealismus endgültig. »Er sah ein, dass sein Experiment, die Zelle eines neuen Staates zu schaffen und das praktische Beispiel für eine neue Gesellschaftsordnung zu geben, misslungen war«, so der Autor Samir Girgis, der das Geschehen auf dem Berg in einem historischen Roman verarbeitete. Als das Sanatorium den Betrieb einstellte, war das zugleich auch das Ende des Reformlabors.

Die Geschichte des Wahrheitsbergs macht einen grundlegenden inneren Widerspruch real-utopischer Experimente deutlich: Utopien stammen meist von ausgeprägten Individualisten, die etwas verändern wollen. Doch diese Träume lassen sich nur selten konfliktfrei synchronisieren. Oedenkoven schätzte die Menschen in seinem Umfeld falsch ein, die zwar gern von Veränderungen redeten – aber erstarrten, wenn es darum ging, das Ganze auch praktisch umzusetzen.

Trotzdem kreuzten sich bei Ascona immer wieder die Lebenswege zivilisationsmüder Aussteiger, vegetarischer Sexualasketen, nackter Sonnenanbeter, okkultistischer Scharlatane sowie sympathischer Edelanarchisten. Doch Henri Oedenkoven und Ida Hofmann verspürten an diesem bunten Treiben bald keine rechte Freude mehr. Das Ganze war ihnen eher peinlich. »Viele armselige Kreaturen suchten sich durch irgendwelche Überheblichkeiten Geltung vor sich und anderen zu verschaffen«, fasst der Chronist Robert Landmann die sich verändernde Stimmung zusammen.[15]

Henri Oedenkoven zog sich in sein Privathaus zurück. 1920 verpachtete er das Sanatorium an einen Geschäftsmann. Mit seiner neuen Frau Isabella verließ er »Monte Verità« Richtung Spanien – Ida Hofmann kam als weitere Weggefährtin mit. Diesmal hatte er Glück im Unglück: Noch bevor er in Spanien mit der Arbeit an seiner neuen Kolonie beginnen konnte, kaufte ihm die Regierung das Grundstück wegen einer geplanten Bahnstrecke ab. Mit dem Gewinn konnte er sich seinen lang gehegten Traum erfüllen. Er emigrierte nach Brasilien und gründete »Monte Sul«, eine neue Siedlung und vegetabilische Versuchsstation, in der es nur Pflanzliches zu essen geben sollte. Einmal Utopist, immer Utopist.

Der »Monte Verità« verfiel immer mehr, doch die »üppige Natur machte den Berg zum Schauplatz eines Märchens«. Auch über die Metamorphosen gibt es Spannendes zu berichten. Der Reformkolonie folgten ein Tanzlokal für die Tessiner und ein Bauhaushotel, bei dem aus ehemals frugalen Mahlzeiten zeitgemäße Hotelmenüs wurden. Während des Zweiten Weltkriegs kam Hjalmar Schacht, Minister von Hitlers Gnaden, nach Ascona und okkupierte den »Monte Verità« als Quartier.[16] Selten kamen sich Utopie und Dystopie räumlich und ideologisch näher.

Nach dem Krieg stellte man vor Ort keine Fragen und freute sich lieber darüber, dass einstige NS-Filmstars wie Heinz Rühmann oder der Stardirigent Herbert von Karajan im Nachbarort Locarno ihre Pilotenscheine machten.[17] Man schmuggelte, man machte Geschäfte, das Leben ging weiter, berühmte Gäste, wie etwa Konrad Adenauer, kamen und gingen. Wer Glück hatte, konnte Freddy Quinn in Badehose begegnen. Und der Rüsselsheimer Automobilhersteller Opel nannte 1970 eines seiner Modelle sogar »Ascona« – als »Suggestion einer kontrollierten Exotik«.[18]

Erst Mitte der 1970er-Jahre wurden der Berg und seine utopische Vergangenheit wiederentdeckt – vom Schweizer Ausstellungsmacher Harald Szeemann, der jahrzehntelang Material gesammelt hatte und 1978 eine Ausstellung eröffnete, die erstmals eine Gesamtbilanz möglich machte. Die schlimmste Hürde für die gelebte Utopie, so Szeemann, sei das Ego gewesen: »600 Viten, 600 Paradiesvorstellungen.«[19]

IRRWEGE DER LEBENSREFORMER

Gleichwohl besteht die Strahlkraft des Lebensreformexperiments in der schlichten, aber wichtigen Botschaft, dass ein alternatives Leben möglich ist, um die krank machenden Zwänge der Moderne zu überwinden. Hippies, Punks, die digitale Bohème oder Pussy Riot – sie alle sind die »Kindeskinder des Monte Verità«, findet der Autor Stefan Bollmann.[20]

Allerdings kehrte sich die Botschaft auch immer wieder in ihr Gegenteil um. Trotz guter Absichten schufen die Reformer unbewusst die Blaupause für das hypersensible Ich, dessen zwanghafte Selbstoptimierung immer wieder Neurosen blühen lässt. Gerade in der Hippie-Bewegung, bei New-Age-Anhängern sowie Esoterikern setzte sich die Überbetonung der Selbstfindung durch. In ihrem Buch »Smile or Die« kritisiert die Soziologin Barbara Ehrenreich diesen Zwang zum positiven Denken vehement, weil er Menschen auch massiv überfordern kann.[21]

Das Labor der Lebensreformer nahm zudem noch viele weitere Entwicklungen um rund ein Jahrhundert vorweg. Was sich heute Clean Eating oder Veganismus nennt, hat Bircher-Benner als Rohkosternährung propagiert, auf dem »Monte Verità« hieß diese Ernährungsform »Vegetabilismus«. Auch die Körperkultur der Reformer nahm die Sport-, Fitness- und Selbstoptimierungstrends unserer Tage vorweg. Paradoxerweise lehrten die Utopisten die Menschen nicht, sich selbst so zu lieben, wie sie waren. Allein das wäre schon eine Utopie gewesen! Statt alten Zwängen zu entkommen, schufen sie unbeabsichtigt neue. Vielleicht behält Max Weber letztlich doch recht, der die Sinnsuche auf dem Berg als »vergeudete Energie« betrachtete?

Die Lebensreform zeigte, dass sich Sinnsucher ihren individuellen Pfad aus einer immer größeren Angebotspalette heraussuchen müssen. Der »Monte Verità« war damit auch die Wiege eklektizistischer Spiritualität, die immer neue Formen erfindet. Nachfolgende Sinnsucher gründeten im Aosta-Tal zum Beispiel die Kolonie »Damanhur«, erprobten die Ehe auf Zeit und leben dort bis heute eine Art der Spiritualität zwischen Gehirnwäsche und Kommerz. Nach dem Muster des »Monte Verità« gründete Werner Zimmermann in der Schweiz die Kolonie »Neue Zeit«.

In seinem Buch »Liebet eure Feinde«[22] trug er Lebensgesetze für eine friedliche Sozialordnung, eine neue Wirtschaftsordnung und einen Weltstaat zusammen. Der Anspruch zur Utopie blieb auf diese Weise erhalten.

DIE UTOPIE WANDELT SICH: VOM BERG DER WAHRHEIT ZUM BERG DES GELDES

Wo Ende des 18. Jahrhunderts 700 Menschen lebten, platzte der Ort bald aus allen Nähten. »Zuerst kamen die Vegetarier, die Grasfresser, die in weißen Hemden herumgingen und ihren Acker bebauten«, beschrieb der Schriftsteller Wilhelm Schmidtbonn die Besiedlungswellen. »Zuletzt kamen die Millionäre.«[23] Villen knapp unterhalb des »Monte Verità« kosten heute ab fünf Millionen Schweizer Franken.

Erstaunlicherweise haben Ascona und der Berg der Wahrheit trotzdem nichts von ihrer Strahlkraft verloren. Noch immer steht der »Monte Verità« für die Botschaft: »Du musst, du kannst dein Leben ändern«, so Stefan Bollmann.[24] Auch wenn zu diesem alternativen Lebensstil inzwischen ein Jazz-Festival, eine jährliche Rolls-Royce-Parade und seit 2013 ein Literaturfestival in Ascona gehören. Die erste Ausgabe unter dem Motto »Utopien und herrliche Obsessionen« zog Autoren wie Hans Magnus Enzensberger oder Peter Sloterdijk an.[25]

Heute befindet sich in dem 1929 von Emil Fahrenkamp errichteten Hotel im Bauhausstil ein Kongress- und Kulturzentrum.[26] Eine Stiftung sorgt dafür, dass der »Monte Verità« ein »internationaler Anziehungspunkt auf akademischem und wissenschaftlichem Gebiet« bleibt.[27] Regelmäßig finden Kongresse oder Festivals statt. In den Pausen spazieren die Teilnehmer über die Terrasse oder durch den Garten. Sie unterhalten sich nicht, blicken nicht einmal verträumt zum See hinunter. Vielmehr starren sie auf die Displays ihrer Smartphones – wohl auf der Suche nach letzten Wahrheiten.

IM HERZEN DER FINSTERNIS
FORDLÂNDIA, 1936

Auch »Fordlândia« erlebte dramatische Wendungen. Von Anfang an begleitete die Presse Henry Fords utopisches Projekt mit Fanfaren. Doch bereits 1928 bemerkte die »Washington Post«, dass es schwierig werden würde, die im Automobilbau erfolgreichen Methoden der Massenproduktion inmitten einer Kautschuk-Plantage im Amazonasbecken anzuwenden.[1] Und der Journalist Walter Lippmann erkannte in Fords Projekt »primitiven Amerikanismus«.[2] Eigene Banken, Schulen, Polizei und Verkehrswege höhlten die Souveränität des brasilianischen Staates aus, gerade so, als regierte Ford einen Staat im Staat.[3]

Während der Wirtschaftskrise nach dem Schwarzen Donnerstag 1929 besaß Ford mehr Autos als Kunden, seine Weltsicht wurde ideologischer und misstrauischer, sein Kulturverständnis konservativer. Als deutlicher wurde, dass das ursprüngliche Motiv für das Großprojekt – die autonome Produktion von Latex – sich in Luft auflöste, verwandelte sich die Stadt am Tapajós in ein bewohntes Freiluftmuseum. Der Traum vom Meta-Labor der Menschheit war geplatzt. Schließlich kam es zur finalen Katastrophe.

Der Ärger begann 1930 im neuen Speisesaal »Fordlândias«. Die Arbeiter beklagten sich über die Ernährung, die Ford ihnen diktierte. Zum Frühstück erhielten sie aus Michigan importierten Haferbrei und Dosenpfirsiche. Zum Abendessen gab es unpolierten Reis mit Vollkornbrot. Zudem gingen die Kosten für die Mahlzeiten automatisch vom Lohn ab. Geld, das dann für Vergnügungen in den umliegenden Spelunken fehlte. Eine Kleinigkeit reichte in dieser angespannten Zeit als Zündfunken. Im Speisesaal bekamen die Arbeiter ihr Essen zunächst am Tisch serviert. Eines Tages mussten sie sich dann zur Essensausgabe an einer Theke anstellen. Die Köche hatten Schwierigkeiten, das Essen schnell genug auszugeben, die Schlange mit Arbeitern drückte von hinten. Dazu tat die Hitze unter dem Asbestdach ein Übriges. Plötzlich explodierte alles. Die Arbeiter warfen mit Töpfen, zerschepperten Gläser und Teller und zerstörten den Speisesaal in einem furiosen Wutanfall.

Als Nächstes waren das Bürogebäude, die Sägemühle, die Radiostation und das Empfangsgebäude an der Reihe. Zur Freude der Piranhas versenkten wütende Arbeiter ganze Wagenladungen voll mit Fleisch im Fluss. Jedes Auto, jeder Lastwagen, jeder Traktor auf der Plantage wurde zerstört. »Brasilien den Brasilianern! Tötet die Amerikaner!«, lautete der Schlachtruf der inzwischen alkoholisierten Meuterer. Fords Leute sputeten sich, mit Booten oder zu Fuß in den Dschungel zu fliehen. Das Dröhnen der Zerstörungswut war noch bis zum nächsten Morgen zu hören. Auf dem Höhepunkt der Rebellion zerstörten die Arbeiter schlussendlich das wichtigste Hassobjekt: die Stechuhr.[4]

Fords Meta-Labor der Menschheit stand von Anfang an gleich doppelt im Zeichen von Größenwahn: Überlegenheit gegenüber der Natur sowie der brasilianischen Kultur. Die »Boomtown« war nun eine »City of Desaster«. Nach dem Aufstand kehrten die Amerikaner zurück, wirkten jedoch wie paralysiert. Ein zerfallenes Kartenhaus konnte man wiederaufbauen, aber eine demolierte Stadt? Immer mehr Geld floss, der trotzige Wiederaufbau begann.

»Hier keine wirtschaftliche Depression«, lautete eine Schlagzeile der »New York Times«, die Weihnachten 1931 über den Fortschritt in der Modellstadt berichtete. Die »Chicago Tribune« sah eine »moderne Stadt, die im Dschungel wächst«, mitten in einer Wildnis, in der bislang nur Hütten gestanden hatten. »Fordlândia« war für sie der Beweis für die Überlegenheit des »weißen Mannes«. Und die »Iron Mountain Daily News« lobte Ford sogar dafür, »ein Stück Zivilisation des 20. Jahrhunderts« in den Amazonas transplantiert zu haben.[5]

Nach dem Aufstand wuchs die Bevölkerung innerhalb eines

Jahres wieder auf 5000 Menschen. Der Plantagenmanager Archibald Johnston wandelte die Siedlung schließlich in eine echte Stadt um. Obwohl Latex immer unwichtiger wurde, nutzte Ford seine Stadt weiterhin für soziologische Experimente. Schließlich wollte er zumindest auf diesem Gebiet als Heilsbringer anerkannt werden. Um endlich auch Konsummöglichkeiten zu schaffen, eröffnete Johnston eine Bäckerei, eine Schneiderei, einen Gemüseladen sowie ein Schuhgeschäft. Ende 1933 gab es mehr als 200 moderne Häuser für amerikanische Vorarbeiter, die die Abholzung und Verwertung wertvoller Hölzer überwachten. Doch diese Häuser waren in Michigan von Ingenieuren entworfen worden, die sich noch nicht einmal annähernd einen Winter ohne Schnee vorstellen konnten.

KONSTRUKTIONSFEHLER BEIM ZIVILISATIONSTEST
Auch von Pflanzen und Plantagen verstanden Fords Leute noch immer so gut wie nichts. Erst 1933 wurde der Pflanzenexperte James Weir hinzugezogen, um zu retten, was noch zu retten war. Dennoch waren zwei Jahre später die meisten der Bäume von einem Pilz befallen. Begünstigt vom täglichen Nebel, konnte der Pilz rasch überspringen und sich ungehemmt ausbreiten. *Hevea*, die Kautschukpflanze, weigerte sich, in Plantagen zu gedeihen.

1936 wurde immer noch kein Latex produziert. Stattdessen legten Fords Leute rund 80 Kilometer weiter nördlich, auf vermeintlich geeigneterem Terrain, eine neue Plantage an. Die zugehörige Siedlung sollte zunächst nach Fords Sohn »Edselândia« heißen, doch setzte sich schließlich »Belterra« (»schönes Land«) durch. Auch in »Belterra« herrschten feudale Kontrolle, Social Engineering und manipulatives Patriarchentum.

»Fordlândia« war bald nur noch eine Geisterstadt. Die Amerikaner gingen und ließen einfach alles stehen und liegen. Die teuer und aufwendig errichteten Zeichen von Superzivilisation verschwanden schnell. »Fordlândia war ein absoluter Fehler«, so ein brasilianischer Agrarwissenschaftler, »weil es nur totale Ignoranz gab und den völligen Unwillen, die eigenen Theorien auch experimentell zu testen.«[6]

In »Fordlândia« trug die Natur die dünnen Schichten einer oberflächlichen Zivilisation wieder ab. Der Regenwald holte sich das Land zurück. Was bis heute blieb, war eine gnadenlose Abholzungsstrategie. Fords Utopie konnte nicht funktionieren, weil ihr falsche Prämissen zugrunde lagen. Seine Obsession war, die Komplexität industrieller Produktion in kleinste Komponenten zu zerlegen und zu optimieren. In Amazonien, wo auf jedem Quadratkilometer Tausende verschiedene Lebensformen vorkommen, geriet diese Strategie an eine unsichtbare Grenze. Ökosysteme sind komplexer als Produktionsprozesse. Am Tapajós war es lediglich gelungen, die Oberfläche der Erde anzukratzen. Eine nachhaltige Plantagenwirtschaft ließ sich dort nicht errichten.

Auch in »Belterra« wollte sich die Natur durch Fordismus nicht bändigen lassen. Wachstumsbedingungen für Pflanzen ließen sich nicht in gleicher Weise kontrollieren wie Beleuchtungsverhältnisse am Fließband. »Edict Engineering«, Planung durch Verordnung, funktionierte in amerikanischen Werkhallen, nicht aber unter dem weiten Himmel Amazoniens. »Unglücklicherweise fehlte ein grundlegendes Element für den Erfolg des Unternehmens«, monierte die brasilianische Handelskammer »die persönliche Vertrautheit mit der Region.«[7] Der Amazonas ließ sich eben nicht in eine bessere Version des mittleren Westens der USA verwandeln.

Der US-amerikanische Präsident Franklin D. Roosevelt vereinbarte 1945 mit König Abdul Aziz aus Saudi-Arabien preisgünstige Öllieferungen. Damit begann die Produktion von synthetischem Latex. Fords Plan konnte nicht mehr aufgehen, »Fordlândia« blieb eine Parabel für Ignoranz.

Immer wieder zog der Amazonas weitere Träumer an. Einer von ihnen war Walt Disney, der 1941 am Tapajós vorbeischaute.

Drei Jahre später produzierte er den Dokumentarfilm »The Amazon Awakens« (1944) – die Geschichte war einmal mehr eine Feier zivilisatorischer Errungenschaften, guter Löhne, humaner Entwicklungen und moralischer Verbesserungen des Menschen.[8] Dann passiert lange nichts. In vielen Häusern in »Fordlândia« leben heute Fledermäuse. Im Kraftwerk gibt es schon lange keine Turbinen mehr. Draußen finden sich noch ein paar wenige Schienen des kleinen Eisenbahnnetzes. Sie sind von Gras überwachsen.

VORZIMMER FÜR TRUMPS AMERIKA
LEVITTOWN, 1967

Der Eintritt in die heile Welt der Levitts erforderte es, strenge Regeln einzuhalten. Bereits für seine erste Modellstadt, »Strathmore-at-Manhassat«, hatte Bill Levitt ein rigides Regelsystem erdacht: Blumen durften nur hinter dem Haus gepflanzt werden. An Sonn- und Feiertagen war es verboten, Wäsche aufzuhängen. Selbst Hundehütten mussten dem Basisdesign des Hauses entsprechen. In »Levittown« gab es zusätzlich reichlich Regeln. Auch die Rasenpflege unterlag einem strikten Regime. Die wichtigsten Regeln setzte Bill in Sperrschrift: Zwischen dem 15. April und dem 15. November musste der Rasen JEDE WOCHE gemäht werden. Wer das Gebot ignorierte, musste Gärtner bezahlen, die die Levitts beauftragten.

Abraham Levitt glaubte ernsthaft, den Zustand der Gemeinschaft an der Höhe des Rasens ablesen zu können. »Wir wollen der Nation in jeder Hinsicht eine Modellstadt präsentieren«, sagte er kurz nach der Eröffnung von »Levittown« New York.[1] Um die Einhaltung seiner drakonischen Regeln zu überprüfen, fuhr er höchstpersönlich die schlammigen Straßen entlang und inspizierte die Qualität der Rasenflächen. Er mahnte Eltern ab, die es ihren Kindern erlaubten, »zu wild« auf seinem wertvollen Rasen zu spielen. »Es ist Übung, Übung und nichts als Übung«, so Abraham, »um schließlich gute Bürger aus ihnen allen zu machen.«[2]

»Abraham Levitt war ein kleiner Mann. Also durften die Hecken vor den Häusern nicht größer sein als er selbst«, so die Leiterin der Public Library, die zugleich einen Verein leitet, der die Geschichte der Modellstadt am Leben erhält. »Zäune waren verpönt, damit man einen Kaffeeklatsch mit dem Nachbarn halten konnte.«[3] Weil hinter den Häusern Zäune fehlten, die die Grundstücke abgrenzten, gab es zwar Probleme beim Rasenmähen, immerhin förderte das die Kommunikation untereinander.[4]

Die amerikanische Nation berauschte sich so sehr an »Levittown«, dass die erste Kritik fast überhört wurde. Das lag auch daran, dass Bill nach der Eröffnung der Modellstadt auf Long Island die Lokalzeitung aufkaufte und als Verleger für harmonische Berichterstattung sorgte.[5] »Levittown ist eine Schande für Amerika«, titelte etwa die »Philadelphia Tribune« 1957 und kritisierte den Rassismus der Stadt.[6]

»Levittown« entwickelte sich zu einer soziologischen Katastrophengeschichte – und zwar stellvertretend für viele Suburbs der USA. Es glich einem Reservat für Hausfrauen, in dem die Männer das Geld verdienten und Frauen sich die Zeit mit Kaffeeklatsch, Chauffeurdiensten für die Kinder sowie einer durch und durch materialistischen Lebensführung vertrieben. Die Jahre der Pionierinnen waren vorbei, das Zeitalter der Konsumentinnen begann. Von ihren Ehemännern, »die ihnen oft wie Besucher von einem anderen Planeten vorkamen«, fühlten sich diese Frauen herabgesetzt und lebendig begraben. In der Frage »Is this all?« zeigte sich das »suburban syndrome« wie unter einer Lupe.[7]

Das Buch »Die einsame Masse« des Soziologen David Riesman war 1950 eine Bestandsaufnahme des sinnentleerten Lebens in konformistischen Massengesellschaften. Immer häufiger

traten »außengeleitete Menschen« auf den Plan, ideale Konfor-
misten, die Normen, Werte und Ziele der Bezugsgruppe übernahmen, nur um dazuzugehören.[8] Der Film »Rebel without a
Cause« (»... denn sie wissen nicht, was sie tun«, mit James Dean
in der Hauptrolle) dramatisierte 1955 die Frustration junger Menschen, die in derartig stereotypen Umfeldern aufwuchsen. Und
im Lied »Little Boxes« der Sängerin Malvina Reynolds wurde
1962 den Häusern »Levittowns« ein Denkmal gesetzt, indem sie
als Prototyp der Konformität besungen wurden. »Der plakative
Begriff für dieses Milieu«, so ein zeitgenössischer Kritiker, »lautete: Levittown.«[9]

Die Magie war verschwunden, in den 1960er-Jahren wurde
»Levittown« schließlich zum Schimpfwort. Die heftigste Gegen-
wehr kam dabei vom Architekturkritiker Lewis Mumford, der
später auch »Disneyland« und »Celebration« den Kampf ansagte.
»Es handelt sich um eine Ein-Klassen-Gesellschaft im großen
Maßstab«, so Mumford. »Auf der technischen Ebene ist die Stadt
schlecht gemacht. Auf der sozialen Ebene ist ihr Plan rückwärts-
gewandt.«[10]

Letztlich leistete sich Bill Levitt eine antidemokratische Haltung, solange es irgendwie ging. Er ist damit der Prototyp des
Utopisten, der als Gegenleistung für seine Idealwelt totale Gefolgschaft und ideologische Unterwerfung fordert. Zwar gab Bill 1950
zu, dass ethnisch homogene Gemeinschaften moralisch verwerf-
lich sind. Dennoch hielt er stur an seiner Meinung fest, dass die
meisten Weißen nun einmal nicht in ethnisch gemischten Gemeinschaften wohnen wollten. »Die Verantwortung liegt bei der
Gesellschaft. Einzelne Käufer können die Risiken und Belastungen eines solchen umfangreichen sozialen Experiments nicht
tragen.«[11] Doch genau diese Haltung wurde immer mehr hinterfragt. Die »Trenton Evening Times« rief zum Handeln auf. »Die
Augen der Welt schauen auf Levittown«, schrieb die Zeitung 1957.
»Was hier passiert, kann die amerikanische Demokratie neu be-

feuern. Oder ein teuflisches Muster begründen, das genau die Freiheit zerstört, auf der unser Land aufgebaut ist.«[12]

Heute gleicht »Levittown« einer Geisterstadt. Es gibt Schilder für Tempolimits zum Schutz spielender Kinder, Flohmärkte vor Garagen. Das Flair der einstigen Modellstadt ist nur noch mit Mühe zu erkennen. Inzwischen haben etliche Generationen an den Häusern herumgebastelt. Von den vielen Tausend Levitt-Häusern befindet sich nur noch eine Handvoll mehr oder weniger im Originalzustand, mit viel frischem Lack herausgeputzt wie wertvolle Oldtimer. Diese Häuser symbolisierten einmal einen Neustart. Als die Ansprüche in den 1960er-Jahren stiegen, fing das »Remodelling« an. Magazine zeigten, wie man Dachgeschosse aus- und umbauen könnte. Fortan hörte man jedes Wochenende Hämmern und Sägen.[13]

Bill Levitt hinterließ ein komplexes Erbe. Zwar versorgte er eine ganze Generation mit der kleinbürgerlichen Version des amerikanischen Traums. Gleichzeitig ignorierte er einen Teil der Bevölkerung – als stünde ihnen dieser Traum nicht zu. Der Soziologe Herbert Gans, der 1967 eine umfassende Studie über die Stadt veröffentlichte, sah in »Levittown« das national eingefärbte Symbol einer Utopie, die auf Angst gebaut war.[14]

Auch wenn John F. Kennedy 1962 seinen Plan gegen ethnische Diskriminierung verabschiedete, wirken die informellen Regeln der Levitts – skrupellose Segregation trotz formaler Gleichstellung – bis heute nach. Noch immer ist das ein idealer Nährboden für geistige Brandstifter. Heute weht der Hauch von Verfall durch »Levittown«. Die SUVs vor den Häusern zieren Aufkleber, die die Fahrer als Anhänger Donald Trumps ausweisen. Und in vielen Vorgärten flattert erneut die »Confederate Flag«, die Flagge der Südstaaten aus dem Bürgerkrieg der 1860er-Jahre, eines der Symbole für Sklaverei.

EINGEFAHRENE ANTENNEN
AUROVILLE, 1973

Zwar entwickelte sich »Auroville« in Indien mehr und mehr zum Anlaufpunkt kosmopolitischer Sinnsuchender. Doch selbst dort, wo einst mit viel Vorfreude an einer besseren Welt gearbeitet wurde, trübte sich die Stimmung. Wie groß der Riss war, zeigte sich jedoch erst, als »die Mutter«, Mirra Alfassa, 1973 starb. Zeit ihres Lebens hatte sie alles unter Kontrolle gehabt. »Die Mutter hat alles genau spezifiziert«, erinnert sich einer der Pioniere, Robert Lawlor. »Wie wir das Haus bauen sollen, welche Materialien verwendet werden sollen. Die Mutter möchte, dass wir das Experiment unseres Lebens beginnen.«[1] Nach ihrem Tod klaffte auf einmal eine riesige Lücke in der Stadt der Morgenröte. Sie fehlte – als Person und als Zentrum einer großen Idee. Nun gab niemand mehr Anweisungen, und die Aurovillians mussten lernen, auf sich selbst zu hören. Das also war das schwierigste Experiment innerhalb der utopischen Versuchsanordnung: Wandel kann nicht in Auftrag gegeben werden, er muss selbst gelebt werden.

Die Verunsicherung erzeugte Selbstzweifel, ungeklärte Organisationsaufgaben und vor allem Abspaltungstendenzen. »Es gab Unstimmigkeiten und Richtungsstreit«, so der Pionier Thomas Norman. »Viele arbeiteten an ihrer eigenen Version der Dinge.«[2] Mirra Alfassa und Sri Aurobindo hatten sich »kosmische Einheit« wohl anders vorgestellt. Das Vakuum, das nach Mirras Tod aufkam, förderte auch die Legendenbildung über die angebliche Kraft der »Mutter«. »Playboys änderten ihr Leben von einem Moment auf den anderen, wenn sie der Mutter einmal in die Augen geschaut haben«, so die Bewohnerin Katja ehrfürchtig. »Eine solche Macht hat heute niemand mehr.«[3]

Die Klagen wurden lauter, der Frust größer, bis »Auroville« immer seltener wie ein harmonischer Ort wirkte.[4] Immer häufiger eskalierten Konflikte, bei Meetings fielen die Aurovillianer »auch schon mal wie Hyänen übereinander her«.[5] Hier der Anspruch, eine ideale Welt zu schaffen, dort konkrete, alltägliche Bedürfnisse. Alkoholkonsum oder gar Alkoholismus? Die Maxime lautete: Was nicht sein kann, das nicht sein darf. »Wenn es nicht gelingt, das eigene Ego zurückzunehmen«, befürchtete der Pionier Robert Lawlor, »dann wird Auroville nur ein weiteres pragmatisches Wohnumfeld werden.«[6]

Zwar hatten viele Aurovillians ihre alten Lebenswelten physisch verlassen, psychisch brachten sie jedoch unübersehbar Biografie und Kultur sowie alte Prägungen, Gewohnheiten und Konventionen mit nach »Auroville«. Das Experiment eines Neubeginns gestaltete sich daher mühsam. »Nur langsam gelingt es uns, ein wenig hinter uns selbst zurückzutreten«, so Lawlor. »Ein neues Vertrauen entsteht, eine neue Offenheit. Weniger Angst und weniger Verteidigungshaltung.« Eingefleischten westlichen Individualisten fiel es schwer, den Schalter umzulegen und plötzlich wie spirituelle Kollektivwesen zu handeln. Im Laufe der Zeit addierten sich schlechte Gewohnheiten und schlechte Erfahrungen gar zu einem explosiven Klima. Die Studierenden der neuen Weltuniversität fuhren nach und nach die Antennen ein.

Äußerlich wuchs »Auroville«, die Siedlung wurde professionell organisiert und glich dabei eher einer NGO oder einem Umweltprojekt. »Was fehlte«, erinnert sich Anu Majumdar, »war der essenzielle Spirit.«[7] Das lag auch an der allgegenwärtigen Fluktuation. Für viele war »Auroville« eine Zwischenstation oder ein Exkurs und weniger Mittelpunkt ihrer Welt. Im Sommer verließen zahlreiche Aurovillians die Stadt, weil sie in Indien keine Arbeitserlaubnis erhielten und Geld für das nächste halbe Jahr ihres Aussteigerlebens verdienen mussten. Nur wenigen gelang es, ihre Herkunftsgesellschaft hinter sich zu lassen und sich produktiv in das neue Utopieleben zu integrieren.

Zum informellen Curriculum der Weltuniversität gehörte daher vor allem das Verlernen mitgebrachter Sichtweisen und altgedienter Gewohnheiten. Nach seiner Dienstzeit als Soldat ließ sich Krishna Tewari in »Auroville« nieder, weil ihn die Gegenkultur der Stadt anzog. Für ihn war die Stadt der Morgenröte »ein Ort, an dem soziale und kulturelle Muster aufgebrochen wurden. Ein Schlag auf meinen Kopf.«[8] Die Stadt sah er als Gussform, in die je nach Vorliebe ästhetische, soziale, moralische, ethische oder spirituelle Ideen gefüllt werden konnten. »Das Gute an Auroville ist«, so Tewari, »dass es jede Form von Schutzhaut entfernt. Das kann schmerzvoll sein oder auch sehr positiv.«

Vor allem Kinder profitierten von der Bildungsutopie der Stadt. Sie wuchsen ohne die sonst übliche Disziplinierung auf und konnten Unterrichtsfächer und Lehrkräfte frei wählen. Auf diese Weise lernten sie schon früh, Eigenverantwortung zu übernehmen. Gleichzeitig wunderten sie sich über ihre Eltern, die zwar über Ideale sprachen, sie aber selten praktisch umsetzten. Mit ihren Beobachtungen lagen sie vollkommen richtig: Kognitive Dissonanz gehört zur Grundausstattung von Utopisten, denn Utopien gleichen einem Tanz auf dem schmalen Grat zwischen großen Ambitionen und menschlicher Fehlbarkeit.

»AUROVILLE« BLEIBT SICH SELBST EIN RÄTSEL

Das Leben in »Auroville« pendelte sich zwischen Extremen ein: Die stille Mehrheit betrachtete ihre Arbeit als »Sadhana«, als Meditation. Eine laute Minderheit erzeugte Bürokratie als sichtbarstes Zeichen von Alltag. Schon wegen Kleinigkeiten entstand Stress. »Das Intranet war voll von Beschwerden und Beschimpfungen. Fast niemand sagte DANKE«, klagt auch Katja.[9] »Auroville« wurde damit exakt jener Welt immer ähnlicher, die es eigentlich zu überwinden galt.

Die Stadt bekam viele Gesichter: Statussymbol, Geschäftsort, Touristenattraktion und spirituell angehauchte Ökosiedlung. Der Traum von der Einheit der Menschheit war bald ausgeträumt, auf dem Programm standen ideologische Lockerungsübungen – wie schon auf dem »Monte Verità«. »Alle waren Vegetarier, obwohl man manchmal den einen oder anderen in einem Restaurant in Pondicherry treffen konnte, wo er ganz verstohlen ein Steak aß«, erinnert sich der Pionier Ali Rauf.[10]

Obwohl sich »Auroville« selbst ein Rätsel geblieben ist, versteht sich die Stadt dennoch seit mehr als 50 Jahren als exotische Experimentalanordnung, in der nach neuen Modellen für Wirtschaft, Politik, Ästhetik und Kultur gesucht wird.[11] Gleichwohl war »Auroville« von Anfang an durch einen sonderbaren femininen Führerkult geprägt, der sich auf die Gründerin Mirra Alfassa fokussierte: Die »Mutter« wählte aus. Die »Mutter« bestimmte. Diesem spirituellen Matriarchat beugten sich ausnahmslos alle. Ohne Übermutter stand das Selbstverständnis der Experimentalanordnung plötzlich auf dem Prüfstand.

Und noch etwas stand nach Mirras Tod zur Disposition: Der »Galaxy-Plan«, den sie zusammen mit dem Architekten Roger Anger als Stadtkonzept entwickelt hatte, wurde radikal neu bewertet. Galt er anfangs als Symbol für die kosmische Einheit der Menschheit, belegte ihn eine neue Generation von Architekten bald mit einem Bann. »Auroville ist nicht der Galaxy-Plan«,[12] lautete der Tenor der Kritik. Schließlich wurde der Plan in den 1980er-Jahren fast vollständig aus dem kollektiven Gedächtnis gestrichen.[13] Die neuen Aurovillians bauten die Utopie zum quasibürgerlichen Ökodorf am Rande der Welt um: Biogemüse statt Bewusstseinswandel.

Bis heute pilgern Menschen in die Stadt der Morgenröte, um dort ein neues Leben zu beginnen. Der »Entry Service« wählt geeignete Newcomer aus einer langen Warteliste. Manche erhalten nach einiger Zeit die »Maintenance« ausgezahlt, eine finanzielle Grundsicherung. »Man verhungert nicht. Man kann hier leben, aber auf dem Niveau eines Hartz-IV-Empfängers in Deutschland«, erklärt Katja, die aus Berlin nach Indien kam.[14]

Rund ein Drittel der Experimentierwilligen verlässt »Auroville« bereits in den ersten zwei Monaten wieder. »Wer wandert denn schon in ein so unsicheres und klimatisch anstrengendes Land aus? Eher die Unangepassten, Menschen mit ziemlich viel Frust oder mit ziemlich viel Ego. Oder mit beidem«, so Katja. Genau jene Persönlichkeiten merken jedoch schnell, dass sie für dieses Experiment die Falschen sind, »weil sie das Klima und die Hitze unterschätzen oder Riesenfantasien haben. Das sortiert sich dann von allein aus.«

Der Psychologe Wade Clark Roof beschäftigte sich ausgiebig mit der Generation der Sinnsuchenden, der »Generation of Seekers«.[15] Während bei Religionen Konkurrenz herrscht, so seine Schlussfolgerung, können sich Sinnsucher gleichzeitig für viele Formen von Spiritualität entscheiden. Jede Suche nach dem Wunschland, jede Suche nach Schutz oder Orientierung nimmt daher unterschiedliche Gestalten an. Aber konzeptionelle Flickenteppiche verwässern die eigentliche Idee einer Utopie immer wieder. Das Wunschland Mirra Alfassas existiert schon lange nicht mehr. Übrig geblieben ist ein exotisches Reiseziel, das jedes Jahr rund 100.000 Touristen anzieht.[16] Es gibt kleine Siedlungen, eine Basisversorgung mit Lebensmitteln, Elektrizität und Wasser. Kosmische Einheit wird hier wohl nur noch im Ausnahmefall ernsthaft gesucht. Dafür werden wie überall sonst Projekte verfolgt.

Das Grundkonzept »Aurovilles« war eigentlich eine Art göttliche Anarchie. Das »Göttliche umarmt die Unvernünftigen«, schreibt auch Herbert Eisenschenk in seinem persönlichen Erfahrungsbericht »Experiment Auroville. Leben auf eigene Gefahr«.[17] Doch genau dieses Experiment – die Emanzipation von der mitgebrachten Lebensweise – ist gescheitert. Die Kluft zwischen spirituellem Anspruch und gelebtem Alltag ist inzwischen unübersehbar. In »Auroville« leben knapp 3000 Sinnsuchende. Rund 7000 Menschen aus den umliegenden Orten arbeiten für sie. »Jeden Tag kommen Tausende Inder nach Auroville, um dort zu arbeiten und zu putzen«, so Katja. »Ohne diese Arbeitskräfte würde das Ganze überhaupt nicht funktionieren.«[18] Auf der einen Seite die reichen Aurovillians, auf der anderen Seite »ganz viele Gärtner, ganz viele Zugehfrauen«. Vielen fällt es leicht, sich diese neo-kolonialen und quasi-feudalen Abhängigkeitsverhältnisse als eine Art Sozialprogramm schönzureden: Putzen als gesellschaftlicher Aufstieg und Einladung zur personifizierten Entwicklungshilfe. Erst die Dienste der Unsichtbaren ermöglichen es den kosmopolitischen Sinnsuchern, sich voll und ganz auf ihre eigene Sensibilität zu konzentrieren.

In diesem Zynismus gleicht »Auroville« prinzipiell libertären Seasteads oder schwimmenden Mikronationen. Obwohl eigentlich das Prinzip der Besitzlosigkeit gilt, lassen sich viele Aurovillians in luxuriösen Anwesen mit parkähnlichen Anlagen nieder. Einige der Pioniere sind inzwischen Großgrundbesitzer mit Villa und Angestellten.[19] Ein spiritueller Weg ist da nicht unbedingt zu erkennen. Ebenso wenig wie die Aufgabe des eigenen Egos als erster Schritt in Richtung einer kosmischen Einheit.

Trotzig feiert sich die rätselhafte Stadt jedes Jahr mit einem großen Gründungsfest. Aus allen Richtungen kommend, treffen sich die Aurovillians morgens um 5 Uhr vor dem Matrimandir. Was wie eine große, symbolische Geste der Vergemeinschaftung aussieht, täuscht allerdings. »Jeder kommt allein aus dem Dunkeln, und jeder geht wieder allein«, so Katja. »Jeder ist eine Insel.«[20] 2018 feierte »Auroville« sein 50-jähriges Bestehen und Bemühen. »Es fehlt in unserem Teil der Welt an Experimenten. Kleinen wie großen, bedeutsamen wie unscheinbaren«, so Herbert Eisenschenk in seinem Selbsterfahrungsbuch. »Wir leben derzeit versuchsfrei.«[21]

Die Stadt ist weder Oase noch Wunderstadt, noch immer aber eine Bühne. Die Atmosphäre ist überwältigend, die Lebensweise irgendwie alternativ. Die reale Dauerexistenz der Stadt zeigt, dass die Suche nach der Reset-Taste der Zivilisation nach wie vor attraktiv ist.[22] Die eigentliche Utopie, so der indische Chronist Akash Kapur, bestehe im täglichen Oszillieren zwischen der Suche nach Perfektion und den Irrationalitäten menschlicher Existenz.[23] Trotz aller Verfehlungen ist »Auroville« für den Pionier Alan Herbert kein Unort, sondern »ein Aufbruch, eine Transformation«.[24]

Sicher ist nur eines: Es ist unvernünftig, ja geradezu unethisch, das Experiment »Auroville« als gescheitert abzutun, bevor es vollendet ist. Denn das Experiment läuft weiter und weiter. Deswegen ist die Stadt Vorbild für viele neue real-utopische Projekte. Dazu gehört »Tamera« im Süden Portugals, das der Deutsche Dieter Duhm 1978 gründete, der mit Büchern wie »Angst im Kapitalismus« zahlreiche Anhänger fand.[25] Auch die rund 200 Mitglieder seines »Heilungsbiotops«[26] betrachten sich als Teilnehmende des weltverändernden Experiments »Terra Nova«. In einem Aufwasch wollen sie Mensch und Natur versöhnen und den Kapitalismus überwinden. Unterdessen macht »Auroville« einfach weiter. Das große Abenteuer der Menschheit ist noch immer »under construction«.

ZERFALL DES KARTENHAUSES
CELEBRATION, 1999

Disneys Planstadt »Celebration« zerfiel trotz der zukunftsweisenden Idee Ende des 20. Jahrhunderts. Immer mehr Anwohner bezweifelten, dass der Plan funktionieren könnte. Spätestens als die ersten Medienberichte über den »Ärger im Paradies« erschienen, kippte die Stimmung, und die Celebrationists polarisierten sich: Entweder war man für oder gegen Disneys Ziele. Ideal und Wirklichkeit prallten auch in dieser Stadt aufeinander. Das Kartenhaus der Erwartungen fiel langsam in sich zusammen. Erst war die Modellstadt unbezahlbar, später wurde sie fast unbewohnbar. »Geplant mit makellos korrekten Absichten, gebaut mit unangemessen schlecht bezahlter Arbeit und verkauft auf der Grundlage unangemessen verschwenderischer Versprechungen«,[1] lautete die ernüchternde Bilanz des Stadtethnologen Andrew Ross.

Am deutlichsten wurden die Widersprüche beim Thema Autofreiheit. Ursprünglich sollte in der Stadt alles fußläufig erreichbar sein. Weil sich die Stadt aber immer weiter ausbreitete, gehörte auch in »Celebration« das Auto fest zum »American Way of Life«. Zudem war »Celebration« als »brave new wired world« angepriesen worden, als erste digital vernetzte Kommune der USA. Doch das Intranet mit schneller Glasfaserverbindung verzögerte sich. Der Internetpionier Howard Rheingold hatte fest daran geglaubt, dass digitale Vernetzung ganz nebenbei auch zu intensiveren Gemeinschaftsformen in der physischen Welt führen und damit die Demokratie stärken würde. In der Praxis lief es dann doch eher enttäuschend ab. Telefon und Faxgerät blieben die wichtigsten Kommunikationsmedien. Tatsächlich »rockten die interaktiven Angebote wirklich niemanden«, so Ross.[2]

Die Modellstadt hatte noch nicht einmal ein digitales Archiv. Historisches lässt sich deshalb heute nur Bildbänden[3] oder Erfahrungsberichten zugezogener Familien[4] entnehmen. Hinzu kam eine Art Systemfehler im Disney-Universum. Zusammen mit Wernher von Braun hatte Walt Disney Geschichten *über* Marskolonien erzählt. Anhand von »EPCOT« wurden Geschichten *über* Technologie ausgeschmückt. Zu keinem Zeitpunkt ging es darum, selbst Kolonien zu gründen oder Technologien zu entwickeln. Disney produzierte Zukunftserzählungen, ohne selbst die Zukunft mitzugestalten. Doch keine Regel ohne Ausnahme: Im Bereich der Arbeiter- und Menschenkontrolle war Disney rasch Technologieführer. Seine »audio-animatronic puppets« wurden weltweit von anderen Unternehmen übernommen. Disney war zudem ein früher Fan von Robotern. »Sie brauchen keine Kaffeepause«, befand er in einem Interview 1964, »aber der größte Vorteil von Maschinen ist der, dass sie keine höheren Löhne verlangen.«[5]

Die »Hardware« der Stadt war schlecht geplant. Und die »Software« des Gemeinwesens entpuppte sich als komplex. Eine positive Stimmung war eher die Ausnahme. Anders als Disney-Themenparks war »Celebration« eine reale Welt, die sich nicht allein anhand von Jubelritualen orchestrieren ließ. Im Alltag der Idealstadt gab es nichts, was es nicht gab. »Paare ließen sich scheiden, Menschen verloren ihren Job, wurden krank, starben.«[6] Und das, obwohl die Kommune viel ausprobierte. Einführungsveranstaltungen, Orientierungsprogramme, Picknicks und kommunale Projekte – all das sollte zusammenschweißen. Kritiker sprachen hingegen von Indoktrination oder gar Gehirnwäsche. Vor allem gab es zu viele Entscheider. Viele Celebrationists waren es ihr ganzes Berufsleben lang gewohnt, einen Führungsjob als Manager zu haben – sie waren sogenannte »A-Typen«. Aber eine funktionierende Utopie braucht eben auch »Follower«, Menschen, die gern mitmachen. Ansonsten nimmt der Grad der Kooperation stetig, aber sicher ab.

Während die Eltern sich nostalgisch in die eigene Vergangenheit zurückversetzt fühlten, tat die neo-traditionelle Zeitreise den Jugendlichen weniger gut. Für sie wurde die Stadt zu einer »Endville«, einer biografischen Sackgasse. »In der Schule und auf der Straße«, beobachtete der Ethnograf Ross, »bestand das Spektakel der Jugend in subversiven Akten des Affronts gegen das offizielle saubere Image der Stadt.« In den 1990er-Jahren grassierte Hoffnungslosigkeit unter den jugendlichen Celebrationists. Sie wuchsen so überbehütet auf, dass ihr Leben einer einzigen Dystopie glich.

Auch das Gesundheitssystem wirkte eher dystopisch. Fern von den Zumutungen verhasster Großstädte gab es in der positiv aufgeladenen Umgebung der Idealstadt eigentlich keine Entschuldigung dafür, krank zu werden. Es galt, um jeden Preis das jugendliche Image der Disney-Stadt zu wahren. Das Wellness-Regime machte den Tod geradewegs inakzeptabel. Nicht einmal einen Friedhof gab es.

»CELEBRATION« SCHEITERT AN SICH SELBST

Das Ende der Modellstadt war enttäuschend. Die Versprechen des technologischen Utopismus ließen sich nicht einhalten. Der Gemeinschaftssinn war längst nicht so ausgeprägt, wie es in den Prospekten überschwänglich versprochen worden war. Allein mit guten Absichten und ein wenig Technik ließ sich kein funktionierendes Gemeinwesen aufbauen. Hinter den weißen Vinylzäunen herrschte kein Idyll, sondern ein Alltag voller Wohlstandsverwahrlosung und Zweifel. Am Ende gab es vor allem Frust. »Uns wurde Kaviar versprochen«, so ein Bewohner, »aber tatsächlich bekamen wir Hunde-Kekse vorgesetzt.«[7]

Eine Idealstadt läuft immer Gefahr, zu sauber und zu ordentlich zu sein. »Celebration« war derart künstlich, dass diese porentief reine Atmosphäre fast schon abstoßend wirkte. »Was dieser Ort dringend braucht, sind ein paar Betrunkene«, so das Fazit eines frustrierten Bewohners.[8] Während andere Orte gegen Teenager-Schwangerschaften, Drogenabhängigkeit, Prostitution und andere Probleme kämpften, war die größte Sorge der Schülerschaft in »Celebration« Übergewicht.[9]

Selbst das Bildungsexperiment scheiterte schließlich. »Elternabende verwandelten sich in Schlammschlachten, man zeigte mit den Fingern aufeinander.«[10] Die »New York Times« witterte 1999 »Ärger an der glücklichsten Schule des Planeten«.[11] Damit ging die Zeit der Unschuld zu Ende. Was folgte, ist ein Paradebeispiel dafür, wie sich Gemeinschaften anhand von Konflikten definieren und schließlich aufspalten: Besorgte Eltern befürchteten, dass ihre Kinder als Teilnehmer eines sozialen Experiments schlechtere Startbedingungen auf dem Arbeitsmarkt haben könnten. Ein schlechtes Image der Schule, so ihre Überzeugung, würde sich zudem negativ auf den Wert ihrer Häuser auswirken. Bald gab es wieder normale Klassen, fixe Unterrichtszeiten und das übliche Benotungssystem. Experimente standen nicht mehr zur Debatte. Die Schüler waren am härtesten betroffen. »Wir fühlen uns eingesperrt wie Lebendvieh«, klagte eine Gruppe besorgter Schüler. »Der ganze Tag ist eine einzige Hetze. Wir brauchen Zeit, Zeit, um menschliche Wesen zu sein. Wir möchten eigentlich weiter in die Richtung wachsen, in die wir unterwegs waren.«[12]

Am Ende verkaufte der Disney-Konzern »Celebration« 2004 an eine Kapitalgesellschaft. Von der einstigen Modellstadt blieb eine elitäre Kommune, in der Anwälte, Ärzte und andere Gutbetuchte Zweithäuser besitzen. Vor dem Golfplatz unterstreicht ein ausgesteller Oldtimer den Anspruch auf Neo-Traditionalismus. Drinnen tragen die Spinde in den Umkleidekabinen Namensschilder aus poliertem Messing. »Man gibt sich sehr sozial«, so ein kritischer Bewohner, »aber nach außen hin ist man asozial. Man muss eben dazugehören!«[13] Aus einer idealen Gemeinschaft wurde am Ende eine geschlossene Gesellschaft.

Nur ein Idealprinzip überlebte: Zu Disneys Vision gehörte es, überkonfessionell zu denken. Der Pastor Patrick Wrisley verstand das Prinzip perfekt. In »Celebration« gründete er eine Kirche und propagierte ein »Priestertum des neuen Urbanismus«. Bis heute tritt er ganz unbescheiden als »DisneyPope« auf – so lautet auch seine E-Mail-Adresse. Lange bevor die Kirche auf die Idee kam, die Bibel im Twitterformat herauszugeben, versuchte Wrisley, Religion im Alleingang an die neue Zeit anzupassen. Er sah sich als Auserwählter auf einsamer Mission. In seinen Predigten wetterte er gegen »spirituelles Junkfood«, »Feel-Good-Diäten« oder »Couch-Potato-Spiritualität«. Gleichwohl wusste Wrisley sehr genau, in welcher Tradition er stand. »Wir haben gesehen, wie Königreiche entstehen und wie sie fallen. Die Kirche gibt es noch immer. Und sie wird noch lange nach Disney da sein.«[14]

WELTUNTERGANGSVERSTECKE FÜR SUPERREICHE
POST-APOKALYPTISCHE UTOPIEN, 1999

Prophezeiungen der Mayas, aber auch die Bibel sagen ein Ende unserer Welt voraus. Bis unsere Sonne in circa acht Milliarden Jahren zu einem »roten Riesen« werden wird, besteht allerdings noch ausreichend Gelegenheit, Unheil abzuwenden. Dazu müssen wir nur lernen, uns als den dummen Parasiten zu erkennen, der seinen eigenen Lebensraum zerstört. »Die Menschheitsgeschichte ist eine Geschichte grausamen Versagens«, meint auch mein Guide durch die Raumfahrt, Joel Friedman. »Aber eben auch eine Geschichte der wunderbaren Fähigkeit, Menschen hinter einer großen und guten Idee zu vereinen, Kräfte zu bündeln und neue Wege zu gehen.«[1]

Wenn Mars wirklich eine Antwort ist, dann stellt sich die Frage, ob und wie wir noch in das terrestrische Geschehen auf unserem Planeten eingreifen können und wollen. Grundsätzlich haben wir drei Optionen: Bewahrung, Flucht oder Ignoranz. Bewahrung ist anspruchsvoll. Das Konzept verpflichtet, den irdischen Lebensraum mittels grundlegender Reformen zu schützen – dafür braucht es das nötige Wissen und den Willen zu handeln. Wohl deshalb wird die Option Flucht immer beliebter. Prophylaxen gegen den Weltuntergang gibt es genug – von Bunkeranlagen über schwimmende Städte bis hin zum Plan, Siedlungen auf dem Mars zu bauen. Das Problem: Wer sich vorstellt, die Erde zu verlassen, wird nur noch wenig Interesse daran haben, unseren Planeten wieder zu einem lebenswerten Ort zu machen.

Rückzugsstrategien sind allesamt Abwandlungen der Arche-Noah-Erzählung. Gleich in der Genesis, zu Beginn des Alten Testaments, kündigt Gott den Weltuntergang an, weil die Menschen »böse« und die Erde »verdorben« war (Gen 6,11). Der rachsüchtige Gott beschloss, alles Leben zu vernichten und die parasitären Menschen vom Erdboden zu vertilgen:»Denn es reut mich, sie gemacht zu haben« (Gen 6,7). Wäre da nicht der gottgefällige Noah, der den Auftrag erhält, eine Art Rettungsboot zu bauen. Auf diese Weise gelang es Noah, seiner Familie sowie ein paar Tieren, die strafende Sintflut zu überleben. Nachdem das Wasser wieder abgeflossen war, erhielten die Insassen der Arche den Auftrag, sich zu vermehren und die Erde neu mit Leben zu erfüllen (Gen, 9,1).

Erstaunlicherweise passen viele Mythen gut zur biblischen Erzählung über die Sintflut, vom babylonischen Gilgamesch-Epos über den Deukalion-Mythos aus Griechenland bis zur 71. Sure im Koran mit dem Titel »Nuh«. Selbst im chinesischen Altertum gab es ähnliche Sagen, mit Urkaiser Fuxi als einer Art chinesischem Noah. Und die alt-isländische Prosa-Edda berichtet vom Riesen Bergelmir, der zusammen mit seiner Frau auf einem ausgehöhlten Baumstamm eine Sintflut überlebt. Das kollektive Gedächtnis der Menschheit ist also prall gefüllt mit Ideen über ultimative Rettungsfahrzeuge. Insgesamt gibt es wohl an die 500 Erzählungen über Überschwemmung und Flucht quer durch alle Kulturen.[2]

Die Noah-Erzählung zielte keinesfalls auf die Ausrottung der Menschheit ab, sondern auf die »Nachbesserung eines unzureichenden ersten Versuchs und ein friedlicheres Zusammenleben von Menschen und Göttern«.[3] In allen Überlieferungen ist das Zeitalter *nach* der Flut von Umsichtigkeit und prosperierenden Gemeinschaften geprägt. Der Mythos der Arche Noah ist also eigentlich keine Warnung vor der Apokalypse, sondern vielmehr eine grandiose Erzählung über das utopische Potenzial der Menschheit.

Die Suche nach einem Notausgang hat wieder Konjunktur, weil menschengemachte Effekte langsam, aber sicher eskalieren.[4] Formen des Rückzugs reichen vom »Cocooning« bis zum gemütlichen »Hygge«-Kult, der von Achtsamkeitsmagazinen als kleiner Gegenzauber zur stressigen Welt oder gar als »freundliche Gegenutopie« vermarktet wird.[5]

Richtig zur Sache geht es hingegen im Kontext post-apokalyptischer Gemeinschaften, die sich ums nackte Überleben sorgen. Schon seit Jahrzehnten wird befürchtet, dass sich aufgrund des Klimawandels und zahlreicher Nebenfolgen des technologischen Fortschritts ein Teil der Welt in »Mad Max«-Regionen umwandelt: Niemandsland, in dem Leben innerhalb angemessener klimatischer Grenzen und zivilisatorischer Gewohnheiten nicht mehr möglich sein wird.

Spätestens seit Beginn der weltweiten Corona-Pandemie bastelten sich Privilegierte einen goldenen Fallschirm. Wie immer geht es darum, sich selbst vor Angriffen auf die eigene Existenz zu schützen.[6] Das evolutionsbiologische Prinzip »survival of the fittest« lautet mittlerweile »survival of the richest«. Auch Superreiche bleiben gern in Sonderwelten und intentionalen Gemeinschaften unter ihresgleichen. Die Frage ist nur: wo?

In Carl Schmitts »Gespräch über den neuen Raum« diskutieren drei Wissenschaftler über den besten aller Rückzugsorte.[7] Im Mittelpunkt dieses Gesprächs steht der Gegensatz von Land und Meer und darüber hinaus die Möglichkeit, mit entfesselter Technik das Weltall zu erobern. Nur eines scheint am Ende der Debatte festzustehen: Trotz moderner Technik wird die Zukunft, wenn überhaupt, auf der Erde stattfinden.

Auch für den prognostizierten Weltuntergang gibt es in Abhängigkeit von Finanzkraft und Charakter mehr oder weniger exklusive Logenplätze. Meist arbeitet die ökonomische Elite still und heimlich an privaten Arche-Projekten. Besonders im Silicon Valley finden post-apokalyptische Utopien große Resonanz, denn an keinem Ort der Welt ist der Glaube an technologische Lösungen ausgeprägter. Wer diesen elitären Ansatz verfolgt, nimmt billigend in Kauf, den ganzen Rest der Menschheit als überflüssig zu deklarieren. Vor allem aber versorgen sich Superreiche für den Fall der Fälle mit Ausweich-Optionen, denn fürchten lässt sich bekanntlich vieles: Pandemien, Attacken mit Biowaffen oder der

Angriff einer künstlichen Superintelligenz. Im Kern fürchten die Post-Apokalyptiker sich vor den Nebenfolgen genau jener Technologien, die sie entwickeln und die sie reich gemacht haben. Aber statt mit ihrem Vermögen ein Museum zu bauen wie einst Henry Ford, sorgen sie lieber für den schlimmsten aller Fälle vor.

Zu den Machern mit Weltuntergangswahn gehört auch Peter Thiel, PayPal-Mitgründer, legendärer Risikokapitalist und seit 2021 auch Träger des Frank-Schirrmacher-Preises. Auf Neuseeland legte er sich ein Anwesen als Fluchtstätte zu. Steve Huffman, Mitbegründer und CEO von Reddit, unterzog sich sogar einer Augenoperation, um im Katastrophenfall weder auf Optiker noch auf Ersatzbrillen angewiesen zu sein. Sein Weltuntergangs-Set umfasst mehrere Motorräder, Waffen, Munition sowie Lebensmittel.[8] Antonio García Martínez, Ex-Facebook-Manager, kaufte sich einen Hektar Land auf einer abgelegenen Insel im Nordpazifik. Und Sam Altman, einflussreicher Gründer des Start-up-Zentrums Y Combinator, zahlte bereits 10.000 Dollar für die Konservierung und Speicherung seines Gehirns.[9] Er ist einer von 25 Personen auf der Warteliste des Unternehmens Netcome,[10] dessen Businessmodell darin besteht, die eigenen Kunden wunschgemäß zu töten und ihr Gehirn anschließend auf einer Festplatte zu speichern[11] – eine ethisch einigermaßen strittige Form der Sterbehilfe. Immerhin spart diese Strategie aufwendige Bunkerbauten. Richtig wild scheint Altman aber nicht darauf zu sein, dass Netcome sein Versprechen auch einhalten kann. Für den Fall einer Katastrophe hält er stets ein Notfallset bereit: Wasser, ein Zelt, Batterien, Antibiotika, Decken, Gasmasken sowie eine Pistole.

Kein Zweifel, die Superreichen fühlen sich in Bedrängnis. Nicht erst seit der Bankenkrise 2008 leiden sie am schwelenden Sozialneid der Massen. Der eigentliche Skandal besteht jedoch in der nahezu kompletten kulturellen Entkopplung der Eliten im globalen Maßstab. Das reichste eine Prozent der Menschheit führt das bestmögliche Leben und ist gleichzeitig nicht fähig zu der Einsicht, »dass ihr Schicksal untrennbar an das der übrigen 99 Prozent geknüpft ist«, kritisiert der Ökonom und Nobelpreisträger Joseph Stieglitz. »In der gesamten Geschichte der Menschheit haben die Führungsschichten diese Tatsache am Ende immer eingesehen. Allerdings zu spät.«[12]

Wie es scheint, müssen alle Hoffnungen auf Einsicht nun endgültig zu Grabe getragen werden. Denn die größte Angst der Superreichen besteht darin, nicht zu wissen, wohin mit dem Geld. Der teuerste Privatjet der Welt, der »Gulf-Stream 650«, wird nachgefragt wie nie. Der Präsident von Gulfstream Aerospace, Tochter des Rüstungsherstellers General Dynamics, sagt, »er habe noch nie so viele verzweifelte Reiche und Mächtige gesehen«.[13] So gut es geht, hilft »How to spend it«, eine Beilage der »Financial Times«, beim Geldausgeben.

So wächst auch der Markt für Stahltüren und Sicherheitsglas, dem selbst Panzerfaustbeschuss nichts anhaben kann. Was mit Sicherheitsluxus beginnt, mündet in die Suche nach dem supersicheren Wunschland. Die Szene der Superreichen testet die Inselgruppe der Azoren vollkommen ironiefrei auf ihre Rückzugsqualitäten hin: abgelegen und doch schnell erreichbar, zudem gibt es noch freie Grundstücke an der Küste.

Das Bedürfnis nach absoluter Sicherheit wirkt von außen betrachtet völlig überdreht. »Apropos«, kommentierte die dauerwütende Schriftstellerin Sibylle Berg 2019: »Wo wollen die Kapitalisten und ihre Handlanger, also jene, die weiterproduzieren wie gestört, die SUVs bauen und Mastviehanlagen, die den Regenwald abfackeln, die Klimaleugnerlügenverbreiter eigentlich hin, wenn große Teile der Welt unbewohnbar sind?« Und damit hinterfragt sie exakt die aktuellen post-apokalyptischen Utopien. »Auf Schiffe, auf den Mars, in Bunker? Wie wollen sie sich schützen vor Milliarden, die auf der Welt nach einem trockenen Platz mit Trinkwasser und Nahrung suchen?«[14]

Selbstverständlich gibt es auch unter Post-Apokalyptikern feine Unterschiede. Normalo-Prepper decken sich in Online-Shops wie »Emergency Essentials«, »The Ready Store«, »Survival Life«, »Conserva« oder »Fluchtrucksack« mit haltbaren Nahrungsmitteln, Filtern zur Wasseraufbereitung, Gaskochern, Notfallradios und Stromgeneratoren ein. Von ihnen ist es nicht weit bis zu Doomern, professionellen Pessimisten, die vom unmittelbar bevorstehenden Weltuntergang überzeugt sind und sich daher auch gern zur Sicherheit einen eigenen Waffenvorrat anlegen.[15] Hinter den Sammelbegriffen verbergen sich besorgte Familienväter, aber auch politisch Radikale, Waffennarren und Verschwörungsideologen. Teile der Szene überschneiden sich mit rechtsextremistischen Gruppierungen.[16] In Deutschland wird die Zahl der Prepper und Doomer auf etwa 10.000 bis 20.000 Personen geschätzt, in den USA sind es bereits zwischen drei und vier Millionen Weltuntergangspropheten.[17]

Doch letztlich verfügen nur die Superreichen über die Mittel, um sich systematisch auf den Tanz am Abgrund vorzubereiten. Nur sie können dafür sorgen, auch nach der Apokalypse weiterhin an der Spitze der Nahrungskette zu stehen. Neben Peter Thiel kauften sich weitere Milliardäre aus dem Silicon Valley Immobilien in Neuseeland, um sich dort auf einen »kuscheligen Weltuntergang« vorzubereiten.[18] Nach Donald Trumps Wahlsieg registrierte Neuseeland 17-mal mehr Anträge auf Staatsbürgerschaft als zuvor. Wegen seiner abgelegenen Lage im Südpazifik war der Inselstaat während der Kolonialzeit weitgehend uninteressant. Aus genau diesem Grund ist er für die Ultrareichen und die selbst ernannte »kognitive Elite«[19] nun als post-apokalyptischer Rückzugsort höchst interessant. Neuseeland lockt wegen seiner Entfernung zum Rest der Welt und dem vermeintlichen Schutz vor radioaktivem Fallout. Bis es zum Weltuntergang kommt, bietet die Insel intakte Natur, eine florierende Wirtschaft sowie ein funktionierendes Rechtssystem. Für die Superreichen ist der Hauskauf eine Art Insider-Code für eine »Vollkaskoversicherung gegen die Apokalypse«.[20] Thiels Plan sieht vor, im Katastrophenfall auf sein großes Grundstück am Ufer des Wanaka-Sees zu fliehen. Sein Stadthaus in Queenstown bietet immerhin einen zum Schutzbunker umgebauten Kleiderschrank, worin sich die kleine Katastrophe für zwischendurch aussitzen lässt.

Die Exit-Strategie erfreut sich unter superreichen Utopisten steigender Beliebtheit, wenngleich diese Absicherungsmaßnahme lediglich eine Art von psycho-planetarischem Eskapismus darstellt. Doch vor dem Hintergrund des Anthropozäns – der vielen menschengemachten Verschlechterungen unserer planetarischen Lebensgrundlage – sehen die Privilegierten anscheinend keine andere Chance, als den Planeten Erde hinter sich und den Rest der Menschheit zurückzulassen. Ihr Plan besteht im Grunde darin, sich Zeit für das eigene Überleben zu erkaufen. Weil Weltraumstädte und Marskolonien noch Zukunftsmusik sind, bleibt derzeit nur die Hoffnung, sichere Rückzugsorte auf der Erde zu finden, krisensicheres Eigentum zu erwerben und dafür zu sorgen, dass Nicht-Privilegierte – also der größte Teil der Menschheit – diese Orte nicht finden.[21]

Auch bei Weltuntergangsverstecken geht es weniger um Technik als vielmehr um Kultur. In seinem Essay »Survival of the richest«[22] berichtet der Autor Douglas Rushkoff von einem skurrilen Beratungsauftrag: Aus Angst vor dem Weltuntergang hatten sich mehrere Ultrareiche ein unterirdisches Bunkersystem bauen lassen. Erst danach stellten sie sich die Frage, wie sich in einer Welt ohne Geld noch ausreichende Loyalität beim Bedienpersonal und der Wachmannschaft aufrechterhalten lässt. Seine Handlungsempfehlung will Rushkoff bislang nicht mitteilen. Immerhin verrät er, dass er statt an Marskolonien eher an »posthumane Utopien« glaubt, also an technologiegetriebene Lösungen zur Verbesserung des Lebens auf der Erde. Erfreulicherweise betont seine Utopie, wie notwendig es ist zu kooperieren. »Menschheit bedeutet weniger individuelles Überleben oder Flüchten«, so Rushkoff, »es ist vielmehr ein Gruppensport. Egal, welche Zukunft Menschen haben werden: es wird eine gemeinsame sein.« Gleich reihenweise entwarf der Schriftsteller J. G. Ballard Dystopien und Weltuntergangsszenarien, bei denen es im Kern um soziale Fragen ging. Der Visionär machte vor allem deutlich, was eskapistische Wunschwelten im Kern zusammenhält. In »The Wind From Nowhere« verfügt ein Superreicher über eine pyramidenförmige Überlebens- und Bunkeranlage, in der er dem Weltuntergang entgegentrotzt. Auf dem Höhepunkt der Krise räsoniert er über seine Motive. »Meine Talente und meine Position zwingen mich zu einer Rolle auf einer größeren Bühne«, so der Held der Erzählung. »Es gibt nichts anderes, womit ich mich beweisen könnte.«[23] In der Gegenwartsgesellschaft finden sich immerhin zahlreiche Belege dafür, dass die Angst um die eigene Existenz im Milieu der Superreichen sich immer wieder mit Größenwahn paart. Diese Kombination zeigt sich gerade auch bei zeitgenössischen Weltuntergangsresidenzen. Wenn die Bedrohungen von außen zunehmen, so der Zeitdiagnostiker Mike Davis, könne dies »die Eliten schlicht und ergreifend dazu veranlassen, sich noch rigoroser vom Rest der Menschheit abzuschotten«. Er malt sich schon aus, wie sie »streng eingezäunte Oasen des permanenten Überflusses auf einem ansonsten öden und unwirtlichen Planeten« schaffen.[24]

Mittlerweile sind diese Orte keine Fiktion mehr, sondern bereits Realität. »Es ist wahrscheinlich, dass wieder dunkle Zeiten anbrechen«, so auch der Promi-Prepper Elon Musk. Im Fall einer globalen Katastrophe oder eines Dritten Weltkriegs müsse daher sichergestellt werden, »dass es genug Samen für eine menschliche Zivilisation« gebe.[25] Auch Musk sieht sich in der exklusiven Rolle, auf großer Bühne zur Rettung der Menschheit beizutragen. Nicht umsonst nennt das »Time Magazine« Superreiche stichelnd »Builders & Titans«.[26]

Der titanenhafte Größenwahn sticht bei vielen Rückzugsstrategien ganz deutlich ins Auge. So setzen einige der Superreichen auf gigantische Luxusschiffe, um die Apokalypse zu überleben, eine Art Arche Noah XXL. Schiffe gewährleisten Sicherheit, Komfort und Mobilität. Eines davon ist das majestätische »Freedom Ship«, geplant als weltoffene und bewegliche maritime Kolonie für 100.000 Dauerbewohner. Die Idee zu dieser libertären Utopie kursiert seit 2003 im Netz. Es soll ein eigenes Krankenhaus beherbergen, dazu Banken, Sportcenter, Shopping-Malls, Parks, Theater und Nachtclubs. Selbstverständlich auch einen eigenen Flugplatz. Obendrein bietet es sich als Steuersparmodell an, wie die für einschlägige Tipps bekannte Webseite escapeartist.com hervorhebt. Doch bislang kam »das größte Schiff der Geschichte« allein wegen der prognostizierten Kosten von rund 10 Milliarden US-Dollar noch nicht übers Planungsstadium hinaus.[27]

Doch das ist längst nicht der einzige bizarre Traum vom freien Leben auf See. Daneben gibt es den 300 Meter langen Luxusdampfer »Utopia« mit Luxus-Apartments für die Wohlhabenden dieser Welt oder seit 2002 das Kreuzfahrtschiff »The World«, ebenfalls unterwegs auf allen Weltmeeren.[28] Allein die Flatrate für das Essen an Bord schlägt mit 24.000 Dollar pro Jahr zu Buche. »Der Mikrokosmos Schiff wird zur allgemeingültigen Realität, ein Leben unter Gleichgesinnten«, so die Autorin Zora del Buono, die ein paar Tage mitschippern durfte. »Entschleunigung statt Stress, eine Arche Noah mit lauter glücklichen Menschen an Bord, die den Konfliktherden dieser Welt ausweichen.«[29] Eine schwimmende Oase für Gleichgesinnte als Utopieersatz.

Wieder andere Eskapisten setzen auf Luxusbunker, im Prinzip also technisch gut ausgestattete Höhlen. Reid Hoffman, Mitbegründer von LinkedIn, schätzte 2020, dass mehr als die Hälfte der Milliardäre aus dem Silicon Valley eine Art Lebensversicherung in Form eines Bunkers gegen die Apokalypse abgeschlossen haben. Details sind unbekannt, denn nur ein geheimer Bunker ist auch ein sicherer Bunker.[30] Viele Superreiche sind sogenannte »Survivalists«. Sie wissen, dass Vermögen ungleich verteilt sind, an Umverteilung denken sie dennoch nicht. Ausnahmen bestätigen die Regel: Immerhin versprach Elon Musk, das Welternährungsprogramm mit sechs Milliarden Dollar zu unterstützen, wenn es seine Nützlichkeit unter Beweis stellen kann. Um wenigstens irgendetwas Sinnvolles mit dem vielen Geld zu tun, lassen sich einige der Superreichen daher großzügig ausgestattete Bunker bauen. Im Bedarfsfall lässt es sich auf diese Weise tief unter der Erdoberfläche luxuriös überleben.

Larry Hall, Bauunternehmer aus Wichita in Kansas, kaufte sich 2008 seinen ersten Bunker und baute ihn zielgruppengerecht um. Schon 2012 feierte er das Richtfest seines ersten atombombenfesten Bauwerks.[31] Von außen ist nur eine graue Betonhaube sichtbar, davor stehen bewaffnete Söldner.[32] Tief unter der Erde finden sich Edelapartments mit künstlichem Licht und integriertem Gemüsegarten. Hall investierte 200 Millionen Dollar, inzwischen sind alle Wohnungen verkauft, ein zweiter Komplex befindet sich im Bau.

Zum Sicherheitskonzept der »Survival Prep Company«, gegründet von Robert Civino, gehört es ebenfalls, den genauen Standort des Bunkers in den USA zu verheimlichen.[33] Wer in einen der ehemaligen Luftschutzbunker aus dem Kalten Krieg fliehen möchte, muss lediglich zwischen 20.000 und 50.000 US-Dollar pro Person investieren. Auf der Webseite des Bunkerprojekts »Vivos Europa One« findet sich als Ortsangabe nur »Located in the heart of Europe«.[34] Beim »Global Shelter Network« werden diejenigen fündig, die geräumige bunkerartige Unterkünfte suchen, unterirdische Festungen mit »totalem Komfort und Sicherheit«. Damit verbunden ist ein Backup-Plan für die Menschheit, auch wenn damit am Ende nur eine kleine Elite gemeint sein kann.

IM GRENZBEREICH ZWISCHEN LEBEN UND TOD
OLD SPACE, 1953

Als Folge diffuser Angst vor dem Kalten Krieg, exakter Ingenieurskunst und wohlklingender Weltraumutopien entwickelte sich bemannte Weltraumfahrt immer mehr zu einem zentralen Projekt der Menschheit – oder zumindest einiger hochtechnologisierter Staaten. Zweifel sind auch hier angebracht. Allein deshalb, weil Weltraumraketen allesamt ein problematisches Erbe haben. Während des Zweiten Weltkriegs meinte man noch »Bombe«, wenn man »Rakete« sagte.[1] Im Space Age waren Flüge ins All waghalsige Ritte auf umfunktionierten Massenvernichtungswaffen. Von Anfang an war Waffentechnik die dunkle Seite der Raketenforschung. Am 3. Oktober 1942 begann alles mit dem ersten Start der Aggregat-4-Rakete in Peenemünde an der Ostsee. Unter dem Namen V2 erreichte diese »Vergeltungswaffe« traurige Berühmtheit. In einer geheimen Produktionsanlage im Harz montierten Zwangsarbeiter unter menschenunwürdigen Bedingungen bis zu 35 Raketen pro Tag.

Nach dem Zweiten Weltkrieg bauten sowohl Amerikaner als auch Russen auf dem dabei gesammelten Fachwissen auf. Als Wernher von Braun 1945 aus Nazi-Deutschland floh, stellte er sicher, in amerikanische und nicht in sowjetische Kriegsgefangenschaft zu gelangen. 118 seiner Kollegen folgten ihm. Die »Peenemünde Old Timers« bildeten das spätere Entwicklungsteam für die Mondrakete Saturn V. Im Rahmen der »Operation Paperclip« wurden sie ohne Rücksicht auf ihre Vergangenheit in den USA eingebürgert. Das führte auch dazu, dass Mediziner, die einst in Konzentrationslagern Menschenexperimente durchgeführt hatten, fortan für die NASA zu Nebenwirkungen der Schwerelosigkeit forschten.[2]

Die Moral beider Weltraummächte fußte auf einer recht pragmatischen Haltung. Auch sowjetische Trägerraketen nahmen Maß an Vergeltungswaffen. Für die R-1 berechnete der Atomphysiker Andrei Sacharow Masse und Abmessungen exakt so, dass die Rakete Wasserstoffbomben tragen konnte. Auf dieser Grundlage entstand 1953 die »Semjorka«, auch bekannt als R-7. Die russische Rakete war nicht primär als Weltraumrakete konstruiert, sondern als zweistufiger Interkontinentalträger mit einer Reichweite bis weit nach Mitteleuropa hinein. Erst mit dieser Technik begann die eigentliche Raumfahrt.[3] Die daraus hervorgegangene Proton-Rakete ist noch immer das meistfrequentierte Transportmittel ins All. Bis ins Jahr 2020 diente sie sogar alternativlos als Transportmittel zur Raumstation ISS. Kosmonauten und Astronauten nutzen also noch immer umgebaute Träger für Massenvernichtungswaffen.

Für das Mercury-Programm der Amerikaner wurde hingegen die Redstone-Rakete genutzt, ein direkter Abkömmling der V2. Die zweisitzige Kapsel des Gemini-Programms thronte schließlich auf der Interkontinentalwaffe Titan II. Am Ende dieser Serie stand die bislang größte Rakete, die von Wernher von Braun entworfene, riesige Saturn V. Aber wie fliegt sich eigentlich eine derart gigantische Rakete? Jack Schmitt, Mitglied des Apollo-17-Teams, beschreibt den Unterschied zwischen einer Simulation und dem echten Start: »Es beginnt damit, dass man Geräusche hört, die man niemals zuvor gehört hat. Nach 30 Sekunden wird diese riesige Rakete lebendig, fast wie ein Tier.«[4] Egal, wie kritisch jemand gegenüber der Weltraumfahrt eingestellt war, »im Augenblick des Starts gab es keine Kritiker«, erinnert sich der skeptische britische Journalist Hugo Young.[5] Die Saturn V bestand aus rund sechs Millionen Teilen. Selbst beim außergewöhnlichen Sicherheitsstandard der NASA von 99,9 Prozent war damit rechnerisch die Erwartung verknüpft, dass annähernd 6000 Teile kaputtgehen können. »Niemand kann die Virtuosität der Technik verleugnen«, so der Autor Andrew Smith, »aber auch nicht, dass es schrecklich viele Möglichkeiten gibt, dass damit etwas schiefgehen kann.«[6]

Diese simple Überlegung muss wohl auch in die privaten Risikoabwägungen der Astronauten eingeflossen sein. Für die Atlas-Rakete erwartete man 1961 eine Zuverlässigkeitsquote von nur 75 Prozent. Nach seinem Raumflug mit drei Erdumkreisungen 1962 antwortete John Glenn gereizt auf Nachfragen zu seinem Erlebnis: »Wie würden Sie sich denn an der Spitze einer Rakete fühlen«, so der Astronaut, »die im absoluten Grenzbereich der technischen Möglichkeiten arbeitet, die mit superkaltem flüssigem Sauerstoff betankt ist sowie mit hochexplosivem Kerosin, die dynamischen und thermischen Belastungen ausgesetzt ist und die aus 100.000 Teilen besteht, von denen jedes einzelne vom billigsten Anbieter stammt?«[7]

Während des Space Age machten Astronauten einige Erfahrungen im Grenzbereich zwischen Leben und Tod. Als Kinder hätten sie das Risiko nicht begriffen, erinnern sich rückblickend auch Neil Armstrongs Söhne. »Wir haben ganz einfach nicht verstanden, was sie damals versucht haben«, so Rick. »Für uns war der Vater einfach auf einem Flug, einem Geschäftsflug zum Mond.«[8] Die Väter hingegen kannten das Risiko genau. Mike Collins schätzte seine Überlebenschancen auf 50 Prozent ein. Den Ehefrauen verschwiegen die Astronauten diese persönlichen Prognosen. Allerdings konnten Lebensversicherungen umso genauer rechnen. Eine Versicherung wäre für Astronauten unerschwinglich gewesen, folglich schloss keiner der Astronauten eine ab. Diese Helden flogen noch auf eigenes Risiko.

Erst nach und nach verwandelten sich die groben Träger von Massenvernichtungswaffen in zuverlässige Transportgeräte für Menschen – allen voran die Saturn V. In den Worten von Chris Kraft, dem legendären Leiter von Mission Control der NASA, baute das Genie Wernher von Braun mit der Saturn V ein »Meisterstück«.[9] In diesem Fall störte es kaum jemanden, dass dieses deutsche Genie eine Nazi-Vergangenheit hatte. Historiker vergleichen von Braun gern mit Faust oder Mephisto. Zweifelsohne hatte der Raketenspezialist eine vielschichtige Persönlichkeit und ein dramatisches Leben. Wernher von Braun wurde zum prominenten Fürsprecher der amerikanischen Weltraumfahrt, dessen Strategie darin bestand, den Amerikanern Angst vor einer sowjetischen Überlegenheit im Weltraum einzureden. Für Walt Disney spielte von Braun hingegen in einer Fernsehserie für Kinder mit, in der Weltraumutopien hübsch in Szene gesetzt wurden.[10]

Vor allem aber war von Braun unersetzlich. »Apollo hätte ohne ihn nicht stattfinden können. Und er ist die einzige Person, über die man das sagen kann«, so der Autor Andrew Smith über den Ausnahmekonstrukteur.[11] Wer das Genie wollte, musste auch mit dessen Vergangenheit und Methoden klarkommen. Aufzeichnungen aus dem Weltraumarchiv der Universität in Huntsville zeigen, was damit gemeint war: Das Mondlandeprogramm genoss Rückhalt in allen gesellschaftlichen Schichten. Innerhalb der NASA waren klare Kommunikationswege, ein progressives Teamverständnis sowie von Brauns unangefochtene Autorität maßgeblich für den Erfolg. Totales Qualitätsbewusstsein verband sich zudem mit einer modernen Fehleranerkennungskultur. Anforderungen wurden meist übererfüllt, gleichzeitig wurde niemand als Bedenkenträger kritisiert, der auf mögliche Probleme aufmerksam machte. Quer zu allen Hierarchien schaffte es von Braun, dass sich alle Mitarbeiter als Teil eines furiosen Teams fühlten. Ein Beleg dafür ist die Tatsache, dass nach Ende des Space Age zuerst eine Biografie des »Rocket-Teams« erschien und erst danach eine Biografie über Wernher von Braun selbst.

Die professionelle Seite von Brauns wurde von der NASA nicht übersehen, seine ideologische schon. Dessen fast magisch anmutende Fähigkeit, ein Team zu formen, es wachsen zu lassen und zusammenzuhalten, wie es Ernst Stuhlinger beschreibt,[12] erscheint so zumindest in einem anderen Licht.

WIEDERKEHRENDE ZWEIFEL AN BEMANNTER RAUMFAHRT

Roboter wandern nicht aus, um Kolonien zu gründen. Geichwohl begleitet die Frage »Mensch oder Maschine« die Raumfahrt von Anfang an. Welche Rolle könnte also unbemannte Raumfahrt im Kontext von Explorations-Utopien spielen? Befürworter bemannter Raumfahrt weisen gern darauf hin, dass große Entdeckungen sich nicht automatisieren lassen und daher bislang immer von Menschen stammen. Bereits im Space Age war es zudem einfacher, Steuergelder für bemannte Raumfahrt als für unbemannte Missionen zu erhalten. Ein amerikanischer Kongressabgeordneter brachte diese Haltung wunderbar auf den Punkt: »No Buck Rogers, no bucks.«[13] Ohne Held kein Geld. Doch wer übernimmt in Zukunft die Rolle des Astronauten Buck Rogers aus der gleichnamigen Science-Fiction-Serie?

Helden werden immer seltener gebraucht. Damit verändert sich nicht nur die öffentliche und politische Wahrnehmung der Raumfahrt, sondern auch die Missionsplanung selbst. Robotische Missionen sind die eher stille, gleichwohl notwendige Voraussetzung zukünftiger Menschheitsprojekte, denn sie kartieren das Gelände. Obwohl das äußerst nützlich ist, glauben Experten, dass sich Raumfahrt auf Dauer nicht ausschließlich von »seelenlosen Automaten« betreiben lässt.[14] »Was zählt, ist nicht die Kälte des Satelliten«, so der Astronaut Reinhold Ewald, »sondern der interpretierende Blick eines Menschen.«[15] Menschen bringen letztlich doch einige Vorteile mit sich. Sie können in Notsituationen flexibler reagieren, vor allem aber können nur sie Eindrücke mit anderen Menschen teilen. »Die Tatsache, dass ein Mensch auf dem Mond gelandet ist, zurückkommt und davon berichtet, macht es erfahrbarer«, so der Explorationsexperte Oliver Angerer. »So lässt sich auf einer menschlichen Ebene eine Verbindung zu einer einzigartigen Erfahrung herstellen.«[16] Unbemannte Raumfahrt wirkt hingegen wie ein passiver Zuschauersport. »Bei robotischen

Missionen sitzen wir da und gucken auf einen Bildschirm«, resümiert der ESA-Astronaut Thomas Reiter aus eigener Erfahrung.[17] Gerade in Grenzbereichen zeigt sich, was Menschen leisten können. »Nicht alles läuft im All so wie zuvor simuliert. Erst in Notsituationen stellt sich heraus, wie gut man ausgebildet ist«, so Reiter, der selbst Notsituationen im All meisterte. »Ab und zu muss man etwas reparieren. Nach solchen Reparaturen fühlt man sich wohl, wenn keine Schraube übrigbleibt.«[18] Im All ist es zudem vorteilhaft, dass Menschen improvisieren können. So gelang es Reiter etwa, ein medizinisches Gerät mit einer Gitarrensaite zu reparieren, die er mitgenommen hatte.[19]

Die Frage nach »Mensch oder Maschine« sagt viel über den kulturellen Stellenwert von Raumfahrt aus. In allen Kulturen lassen sich Menschen ganz offensichtlich eher für bemannte Raumfahrt begeistern. »Raumfahrt legitimiert sich bislang meist über wissenschaftliche und technologische Ziele«, so die Weltraumarchitektin Barbara Imhof. »Dabei wird oft vergessen, dass sie Teil unserer Kultur ist, Teil der Kultur der Menschheit. Raumfahrt ist keinesfalls nur eine Ingenieursleistung.«[20]

ZWEIFEL AN DER RATIONALITÄT: PANNEN, RITUALE UND ABERGLAUBE

Zudem liefert gerade die technologische Seite der Raumfahrt reichlich Anschauungsmaterial für Zweifelhaftes. In einer Glasvitrine im Kontrollzentrum der Europäischen Weltraumagentur ESA in Darmstadt ist ein Wrackteil ausgestellt. Das metallische Stück Außenhülle stammt von einem Satelliten, der nach dem Absturz der Ariane-5-Trägerrakete geborgen wurde. »Das ist schon 20 Jahre her«, erklärt Juan Miró, ehemaliger Vize-Direktor der Einrichtung, »niemand kann sich noch daran erinnern. Eine ewige Warnung mit kurzzeitiger Wirkung.«[21] Raumfahrt klingt wie ein Synonym für höchste Fertigungspräzision und technische Sicherheitsstandards. Dennoch geht oft genug etwas schief. Obwohl immer wieder darauf hingewiesen wird, wie wichtig und überlegen bemannte Raumfahrt ist, bleibt menschliches Versagen auch in der Raumfahrt ein Dauerthema, selbst wenn es vergleichsweise harmlose Fälle gibt. So sorgte der Kosmonaut German Titow nach dem zweiten sowjetischen Raumflug 1965 dafür, dass der Flug unter wissenschaftlichen Gesichtspunkten als totale Panne abgehakt werden musste. Direkt nach seiner Heimkunft auf der Erde trank er das unter Testpiloten übliche Landebier – und ruinierte somit seine Messwerte für die medizinische Analyse. Und als sein Kollege Juri Malentschenko 2008 in der Steppe Kasachstans landete, holte ihn zunächst niemand ab. Das Empfangskomitee bestand aus Hirten, die dem frisch gelandeten Kosmonauten kein Wort glaubten.

Leider bleibt es nicht immer bei derartigen Pannen, denn ganz offensichtlich sind Raketen keine Spielzeuge. »In der Rangliste von Dingen, die eine Industrienation schlecht aussehen lassen, übertrifft nur wenig den Anblick einer Großträgerrakete, die vollbetankt vor aller Augen und den Kameras der Welt auf Schlingerkurs geht und dann in einer gewaltigen Explosion detoniert«, so der Raketenexperte Eugen Reichl.[22] Nach dem Start der schubstarken europäischen Trägerrakete Ariane 44L am 23. Februar 1990 geriet diese auf eine schiefe Bahn. Die Rakete driftete seitwärts und explodierte nur 101 Sekunden nach dem Start in 9000 Metern Höhe. 300 Millionen Euro Nutzlast in Form von zwei japanischen Satelliten gingen in Flammen auf. Die simple Unfallursache war ein Handtuch, das ein Techniker beim Trocknen von Tanks im Raketeninneren vergessen hatte. Es wurde von den Triebwerken angesaugt und verstopfte die Treibstoffleitung.

Immer wieder forderte bemannte Raumfahrt Opfer. 1960 verbrannten bei einem Fehlstart im sowjetischen Baikonur 120 Menschen. Der schwärzeste Tag des Apollo-Programms war der 27. Januar 1967, als Virgil Grissom, Edward White und Roger Chaffee während einer Übung am Boden in der Apollo-1-Kommandokapsel verbrannten. Schließlich kam bei den beiden Shuttle-Katastrophen jeweils die gesamte Crew ums Leben. 1986 explodierte die »Challenger« aufgrund eines leckgeschlagenen Dichtungsrings in den seitlichen Feststoffraketen nur 73 Sekunden nach dem Start. Bei der Rückkehr von ihrer 28. Mission brach 2003 hingegen die »Columbia« in rund 60 Kilometern über dem Erdboden bei einer Geschwindigkeit von rund 20.000 Stundenkilometern auseinander, weil sich die Tragflächen durch ein Loch im Schutzschild überhitzt hatten. Old Space endete als Trauerfall.

Auch New Space forderte bereits Opfer. Die »VSS Enterprise«, das erste kommerzielle Raumfahrzeug von Richard Bransons Firma »Virgin Galactic«, stürzte 2014 ab, der Testpilot starb. Nach dieser Katastrophe rieten Raumfahrtexperten Branson öffentlich, lieber Handys zu verkaufen.[23] Doch der ließ sich nicht beirren und machte weiter. Als klare Botschaft an die Kritiker taufte Stephen Hawking, prominenter Befürworter und Förderer von Weltraumexplorationen, die nächste Raumschiffgeneration »VSS Unity«. Untergebracht werden die Raumschiffe im FAITH-Hangar, offiziell eine Abkürzung für »Final Assembly, Integration and Test Hangar«.[24] Die Hoffnung auf Erfolg war berechtigt, wie Flüge von Branson und seiner Mannschaft im Sommer 2021 zeigten. Auch wenn dabei die magische Höhe von 100 Kilometern über dem Erdboden nicht erreicht wurde, ab der es legitim ist, sich Astronaut zu nennen. Ein Weltraumreisender war Branson allemal.

New Space setzt zunehmend auf digitale Hochtechnologie. Der zentrale Computer, das sogenannte »Brain« der Super-Rakete Saturn V, die bis 1973 Astronauten ins All brachte, ist aus heutiger Sicht eine Lachnummer. Ein riesiger, klobiger Kasten mit weit weniger Rechenleistung als jedes noch so altmodische Smartphone. Künftig wird es in Raketen keine Checklisten mehr aus Papier geben, stattdessen werden Astronauten Touchpads nutzen. Doch mit dem technologischen Wandel steigen auch Komplexität

und Fehleranfälligkeit. Bei der »Falcon Heavy«, der neuen Groß-
rakete von SpaceX, werden zum Start gleichzeitig 27 Triebwerke
gezündet. »Da kann eine Menge schiefgehen«, gibt selbst Elon
Musk zu. »Ich kann den Leuten nur empfehlen, nach Cape Ca-
neveral zu kommen, der Start wird garantiert aufregend.«[25]

ABERGLÄUBISCHE RITUALE IM REICH DER
TECHNOLOGISCHEN RATIONALITÄT

Wegen all der Risiken ist die Welt der Astronauten und Kosmonauten von abergläubischen Ritualen geradezu durchdrungen.
Rituale spielen vor allem in der russischen Raumfahrt eine große
Rolle.[26] Jeder Kosmonaut pflanzt vor dem Start ein Bäumchen in
einer Allee und verewigt sich dort mit seinem Namen. Jedes Detail
wird wie beim allerersten Flug von Juri Gagarin beibehalten, denn
offenbar hat es ja Glück, gebracht: Tradition ist unersätzlich. Die
Startrampe trägt daher den Namen »Gagarinsky Start« (Gagarins
Startrampe). Nichts an ihr darf verändert werden, so die russische
Weltraum-Philosophie. Wenn etwas erfolgreich war, gibt es keinen
Grund, es zu ersetzen. Das gilt auch für die Soyus-Rakete. Immerhin misslang seit 1969 kein Start.

Ältere russische Kosmonauten verweigern einen Haarschnitt
im All, weil sich Sasha Kaleri gerade die Haare schnitt, als 1997
das Feuer auf der Raumstation Mir ausbrach. Da werden Mün-
zen auf Schienen gelegt, über die die Rakete zur Startrampe rollt.
Vor den Grabmälern von Kosmonauten werden Blumen nieder-
gelegt, die Wohnhäuser des Raketenbauers Koroljow und des
Kosmonauten Gagarin müssen vor jedem Start besucht und ge-
ehrt werden. Im Beisein der Startmannschaften werden symbolische Raketenzündschlüssel an die Crew übergeben.

Auch der amerikanische Astronaut Scott Kelly, der mit den
Russen ins All flog, berichtet über Rituale sowie kulturelle Unter-
schiede im Umgang mit der Angst.[27] Vor dem Start spitzt sich der
Aberglaube nochmals zu. Nachdem die Körper mit Alkohol ab-

gerieben wurden, um letzte Keime zu töten, sitzen die Weltraumfahrer eine Minute still. Seit 1991 gibt es den Weihwassersegen
russisch-orthodoxer Priester, und schlussendlich wird der Hinter-
reifen des Transportbusses, der die Kosmonauten zur Startrampe
bringt, rituell bepinkelt. Weil Juri Gagarin bei seinem historischen
Raumflug noch einmal urinieren musste, tat er das dort, wo er in
dem Moment stand: auf die Reifen des Busses. Dann flog er ins
All und kam lebend zurück. Seitdem müssen alle Nachfolgenden
auf einen ebensolchen Reifen pinkeln. Kosmonautinnen bringen
sogar kleine Fläschchen Urin mit und schütten diese über dem
Reifen aus.

Prinzipiell läuft es bei den Amerikanern ähnlich ab. Vor dem
Start vertreiben sich die Astronauten die Wartezeit mit einer ritu-
ellen Pokerrunde. Sie sitzen um einen Tisch im »Operations and
Checkout Building« und verlassen das Gebäude erst, wenn der
Commander der Mission einmal verloren hat – dann hat er sein
Pech für den Tag »verbraucht«, und die Mission kann beginnen.

Auch im All zeigen sich kulturelle Unterschiede. Die Amerikaner versuchen Tomaten im Weltall wachsen zu lassen. Die Russen schütteln darüber nur den Kopf. Sie plädieren für Kartoffeln,
mit denen sich mehr anfangen lässt – unter anderem ließe sich
Wodka herstellen. Immerhin schafften es Kosmonauten, Schnaps
für gesellige Runden ins All zu schmuggeln. Statt »Taigawurzel-
saft« befand sich schon einmal Cognac in einer Feldflasche des
Kosmonauten Georgij Gretschko. Andere entfernten Blätter aus
der Borddokumentation und versteckten stattdessen rund eineinhalb Liter Wodka. »Wichtig ist«, so der Kosmonaut Igor Wolk,
»dass es nicht blubbert.«²⁸

UNNÜTZE VERSPRECHEN FÜR STEUERZAHLER

Zu Beginn des Romans »Weißer Mars« stimmt die Hauptver-
sammlung der »Vereinten Nationalitäten« über zukünftige Prioritäten der Menschheit ab: Eroberung des Weltraums oder doch

eher Verbesserung der Lebensumstände auf der Erde? Weltraumfahrt gilt als große Vision, verbunden mit der Aufgabe, ins All
vorzudringen – trotz aller Risiken. Oder wie es im Roman heißt:
»Ein paar Todesfälle, ein paar Unkosten am Wegesrand dürfen
nicht davon abhalten, unser aller Bestimmung zu erfüllen.«[29] Aber
sind Explorationen ins All überhaupt sinnvoll? Der amerikanische
Bildhauer Tom Sachs hält die Mondlandung immerhin für »das
größte Kunstprojekt aller Zeiten, ohne jedes praktische Ziel«.[30]
Was also steckt wirklich hinter all diesen Bemühungen, ins All
zu gelangen?

»Das All lockt nicht, weil es nützlich ist«, so der Autor Hans-
Arthur Marsiske. »Es lockt mit seiner unglaublichen Vielfalt, seiner Grenzenlosigkeit, seiner Unermesslichkeit.«[31] Noch der Mathematiker und Physiker Max Born behauptete, der Mann im
Mond bedeute einen »Triumph des Verstandes«, aber ein »tragi-
sches Versagen der Vernunft«.

Seitdem verebbte die Kritik gerade an bemannter Raumfahrt
kein bisschen. Kritische Beobachter plädieren dafür, lieber irdische
Probleme zu lösen, »anstatt abstrakte Gelüste von Akademikern
und Milliardären zu befriedigen«, so der Journalist Peter Schneider.[32] Ständig steht die Weltraumfahrt unter Legitimationszwang.
Als Reaktion darauf macht die NASA sogar »life changing promi-
ses«. Entweder verspricht sie den sogenannten »Geo-Return«, also
Geld, das über nationale Raumfahrtprogramme zurück in die
Industrie fließt: Idealerweise landet für jeden Dollar, Euro, Rubel
oder Yuan, der in Raumfahrtprojekte investiert wird, das Sieben-
bis Zehnfache des Betrags wieder im irdischen Wirtschaftskreis-
lauf. Oder es geht um vermeintlich nützliche Produkte und
Anwendungen. Mittels einer »Spin-off-App« versucht die NASA,
den Nutzen der eigenen Arbeit öffentlich sichtbar zu machen.[33]

Doch Erfindungen allein sind kein zivilisatorisches Ziel. Die
Wahrheit ist, dass es trotz jahrzehntelanger Diskussion noch
immer schlicht an Kriterien fehlt, anhand derer sich entscheiden

ließe, worin eigentlich der Unterschied zwischen dem technologischen Nutzen und dem zivilisatorischen Wert utopischer Projekte liegt. Das gilt gleichermaßen für Unterwasserstädte, »Smart Cities« oder Weltraumkolonien.

Besonders staatliche Raumfahrtagenturen manövrierten sich in eine Sackgasse, indem sie gebetsmühlenartig auf eher funktionale Aspekte der Raumfahrt hinwiesen. Auf der ISS führten die Besatzungen bislang mehr als 2000 Experimente durch, die auf der Erde unmöglich sind.[34] Eine Broschüre der NASA listet mehr als 60.000 Produkte auf, die auf der Basis von Forschung im All entwickelt wurden. Es sind Produkte, an denen meist unsichtbar das Etikett »Made in Space« klebt, wie zum Beispiel Filtertechniken, Wärmeschutz oder Frühwarnsysteme für Erdbeben.[35] Auch die deutsche Bundesregierung versteht Weltraumfahrt vor allem als »Schlüsselwerkzeug der modernen Industrie- und Informationsgesellschaft« und hat dabei ausschließlich den technologischen Nutzenaspekt im Blick.[36] Auf diese Weise etabliert sich eine eindimensionale Sicht auf die Raumfahrt. Allerdings ersticken rein ökonomische Nützlichkeitsnachweise utopisches Denken bereits im Keim und verhindern zivilisatorische Visionen verlässlich.

Was bislang komplett fehlt, ist ein umfassendes Verständnis von Weltraumexplorationen als Kulturleistung. Auffallend ist, dass sich der Charakter von Raumfahrt immer wieder veränderte. War das Apollo-Programm noch eine *Demonstration* mit politischer Botschaft, setzte sich mit den Raumfahrtstationen Mir und ISS die Idee des geschlossenen wissenschaftlichen *Experiments* im All durch. New Space will hingegen eher ein *offenes Labor* für Menschheitsexperimente sein. Zumindest stimmt die Richtung: Raumfahrt lässt sich nur legitimieren, wenn ihr Wert für die Zukunft der Menschheit in den Mittelpunkt gerückt wird.

Bereits im Space Age reichte es nicht aus, den technologischen Nutzen des Mondprogramms zu betonen. Das Großprojekt hatte auch einen zivilisatorischen Wert, der zumindest in Umrissen deutlich wurde. »Apollo formte für die USA ein neues soziologisches Gebilde, in dem Regierung, Industrie und Universitäten erstmalig in Friedenszeit in eng verstrickter Teamarbeit reibungslos funktionieren«, so Jesco von Puttkamer in seinem Weltraum-Tagebuch, in dem er über Jahrzehnte hinweg die Entwicklungen der Weltraumfahrt dokumentierte. Das größte Vermächtnis von Apollo ist der Beweis, dass ein einmaliges, klar erkennbares Ziel trotz zahlreicher Hindernisse erreichbar ist, wenn Menschen kooperieren. »Mit der Zaghaftigkeit und Ängstlichkeit vieler politischer und technologischer ›Führer‹ unserer Tage wäre es damals mit Sicherheit zu keiner Mondlandung gekommen.«[37]

In der Tat besteht ein bekanntes Problem der Raumfahrt darin, dass Politiker das hohe Risiko langwieriger und teurer Explorationsprogramme scheuen wie der Teufel das Weihwasser. Befürworter der Raumfahrt müssen erst Gegenwind aushalten und dann vielleicht auch noch zusehen, wie ihre Nachfolger im Amt die Lorbeeren ernten. Der Apollo-11-Astronaut Buzz Aldrin verstand dies perfekt. Deshalb schlug er vor, große Explorationsprogramme in erkennbare Etappen aufzuteilen. Jeder amtierende Präsident könnte so einen Teil des Erfolges für sich persönlich verbuchen.[38]

Die meisten Politiker denken in quantitativen Wachstumsraten und nur bis zur nächsten Wahl. Sie verstehen nicht, was es wirklich bedeutet, Geschichte zu machen. Doch Raumfahrt ist »eine qualitative Veränderung«, so Wendell Mendell, Manager des Office for Human Exploration Science am Johnson Space Center der NASA. »Damit können Politiker nichts anfangen.«[39] Erst löste das Apollo-Programm das akute Problem der politischen Vorherrschaft in der Welt, doch dann hinterließ es ein Vakuum. »Es gab eine große Enttäuschung, viele Menschen waren sogar regelrecht verärgert, als dieses Programm gestoppt wurde«, erinnert sich Mendell. »Sie hatten das Gefühl, dass ein Versprechen gebrochen war.« Dieses Versprechen hatten Politiker jedoch nie gegeben. Präsident Kennedy wollte lediglich, dass Astronauten zum Mond und zurück fliegen. Weiterführende Pläne gab es nicht.

Allerdings benötigen gerade Explorationsprojekte visionäres Denken, Urteilskraft und langfristige Verbindlichkeiten. Am Beispiel der Apollo-Missionen lässt sich der Unterschied zwischen *technologischem Nutzen* und *öffentlichem Wert* zumindest andeuten. Für den Astronauten Buzz Aldrin beginnt alles mit der unersättlichen Neugier des Menschen dem Unbekannten gegenüber. Neugier mündet aber niemals in irgendeinen Nutzen, der sich beziffern ließe, sondern ist aus sich heraus wertvoll. Sie bringt Menschen dazu, einen entscheidenden Schritt in Richtung Zukunft zu machen. Mit keinem Wort forderte John F. Kennedy 1962 in seiner berühmten »We choose to go to the Moon«-Rede wissenschaftlichen Nutzen für das Vorhaben ein. Und selbst für Wernher von Braun stand eindeutig der zivilisatorische Wert der Raumfahrt im Mittelpunkt – nicht der technologische. Die Mondlandung verglich er daher mit dem Moment, in dem das Leben vom Wasser auf das Land wechselte und sich einen neuen Lebensraum erschloss.[40]

Was Weltraumexplorationen jenseits technischer Erfindungen bewirken, wird auch in Zukunft eher subtil und kaum messbar sein. Es wird daher mehr benötigen als PR-Strategien, um die nächste Generation für ein Utopia im All zu begeistern. Experten wie der deutsche Astronaut Ulrich Walter kritisieren vor diesem Hintergrund die eher zurückhaltende europäische Weltraumpolitik.[41] Was es braucht, ist eine neue Form von Resonanz anstatt lediglich erfolgreiche Budgetverhandlungen. Ohne Menschen emotional zu berühren, bliebe Raumfahrt in der Tat bloß eine finanzielle Belastung.

WELTRAUMUTOPIEN IM WEICHSPÜLGANG
***NEW SPACE*, 2008**

Zur Raumfahrt gehören also auch grundlegende Skepsis und zahlreiche Zweifel. Zum Beispiel über die bislang vorgelegten Zeitpläne für Misisonen oder die Art der öffentlichen Kommunikation von Zielen. Mithilfe von Edutainment, einer Mischung aus Wissenschaft und Unterhaltung, versuchen NASA und ESA eine breite Öffentlichkeit einzuladen. Dazu gehören wahlweise Hintergrundinformationen zu Missionen, Podcasts, Apps oder sogar ein eigener TV-Kanal mit 24/7 Live-Streams direkt aus der ISS. Als Teilnehmer des »Earth Viewing Experiments« lässt sich unser Planet auf diese Weise virtuell umrunden.[1] Recht bieder, wenn nicht gar veraltet, präsentiert sich hingegen die Webseite der russischen Raumfahrtagentur Roscosmos.[2] Und wenig überraschend treten die neuen Wilden – SpaceX oder Blue Origin – mit ansprechendem und interaktivem Zukunftsdesign im Netz auf. Raumfahrt ist zudem längst Teil der Popkultur. Die Logos der Agenturen und Space-Unternehmen zieren T-Shirts und andere Weltall-Merchandisingartikel. Vor allem die NASA hat den PR-Dreh raus – sie gibt vielen Menschen das Gefühl, Teil einer großartigen Mission zu sein. Es war sogar möglich, den eigenen Namen auf einem Mikrochip mit zum Mars zu schicken. Rund 1,2 Millionen Menschen »flogen« auf diese Weise an Bord der Sonde »Curiosity« mit zum roten Planeten.

Leider gibt es auch grundlegende Zweifel daran, wie realistisch die Pläne einer bemannten Marsmission sind, denn der Weg ist voller Tücken. So verpasst etwa die ehemalige US-Astronautin Heidemarie Stefanyshyn-Piper dem aktuellen Hype einen Dämpfer. Zwar rechnet sie damit, dass sie es noch erleben wird, wie Menschen zum Mars gelangen. Dennoch zweifelt sie stark daran, dass der rote Planet sich von Menschen dauerhaft erfolgreich besiedeln lässt.

Das zentrale Menschheitsprojekt Mars wird vielfach skeptisch betrachtet. Gleichwohl lassen sich selbst ernannte Pioniere weder von Bedenkenträgern noch von intellektuellen Spielverderbern abhalten. »Es wird in Zukunft sicher noch Fehler geben«, so Elon Musk. »Aber wir werden sie ausbügeln und an einem Punkt angelangen, wo das alles hier Routine sein wird.«[3] Erst im Wissen um das Risiko liegt die wahre Emanzipation der Menschheit. Zivilisationswandel wird es innerhalb der liebgewonnenen Komfortzonen nicht geben. »Die ersten Reisen zum Mars werden sehr gefährlich sein. Es macht einfach keinen Sinn, darum herumzureden, dass die Wahrscheinlichkeit für tödliche Unglücksfälle sehr hoch sein wird«, so der Gründer von SpaceX auf einer Konferenz. »Ich würde deshalb vorschlagen, keine Kinder zum Mars zu senden. Die Kernfrage lautet ganz einfach: Sind sie bereit zu sterben? Wenn das OK ist, dann hat man einen Kandidaten für die Reise.«[4]

STRAPAZEN ZUKÜNFTIGER MARSEXPLORATIONEN

Diese Kandidaten werden zahlreiche Herausforderungen in Kauf nehmen müssen. Die Anreise kann aufgrund unerwarteter Ereignisse immensen Stress auslösen. Stirbt zum Beispiel während der Reise ein Crew-Mitglied, stellt sich die Frage, wie mit dem Leichnam umgegangen werden soll, aber auch, wie sich die Kompetenzen des Verstorbenen ersetzen lassen.[5] Mit der Ankunft auf dem Mars fangen dann die Schwierigkeiten erst richtig an. Jede Marsmission wird ein zweifelhafter Exodus ins Unbekannte sein.[6] Zu technischen und logistischen Herausforderungen kommen humane, soziale und kulturelle Faktoren, die ebenfalls zum Aufbau einer Marskolonie gehören. Menschen sind deutlich komplizierter als Maschinen. Und die bislang einzige Wissensbasis zu Humanfaktoren sind Isolationsstudien und Simulationsexperimente. Noch ist unklar, wie sich eine funktional zusammengestellte Crew in eine dauerhaft lebensfähige Gemeinschaft auf dem Mars verwandeln lässt, ohne Fluchtreaktionen auszulösen. Zu psychologischen Herausforderungen gesellen sich soziale Schwierigkeiten, die aus unplanbaren Gruppendynamiken resultieren. Was immer einzelne Marskolonisten auch tun werden, immer besteht die Gefahr, dass dabei Konflikte entstehen, die die gesamte Kolonie gefährden. Kooperation wird damit zur Grundvoraussetzung für das eigene Überleben. Wie werden sich Altruismus und Egoismus unter den Marsbewohnern verteilen? Eine Marskolonie ist ein technisch instabiles und sozial fragiles Gebilde. Diese Grundkonstellation könnte sogar Kriminalität fördern.[7]

Trotz zahlreicher Versuche lässt sich das langfristige Überleben in einer Marskolonie auf der Erde nicht angemessen simulieren. Zusammenfassend bedeutet dies, dass Menschen sich eigentlich nicht wirklich auf den Mars vorbereiten können. Zu Recht werden deshalb die ersten Marsreisenden eines Tages Pioniere genannt werden.

AUCH AUF DEM MARS BRAUCHT ES REGELN

Neben verlässlichen technischen Systemen werden die Kolonisten einen stabilen kulturellen Orientierungsrahmen benötigen. »Das Wichtigste für eine Weltraumkolonie wird sein, die tatsächlichen Rahmenbedingungen genau zu kennen«, betont Rada Popova, eine auf Weltraumrecht spezialisierte Juristin. »Es braucht realistische und nicht nur idealistische Pläne, die wesentliche Elemente auslassen. Wenn bestimmte Faktoren ausgeblendet werden, mag alles viel einfacher erscheinen. Aber Idealbedingungen für menschliche Existenz im Weltall wird man wohl nur selten vorfinden.«[8]

Neue Kolonien brauchen daher Regeln für Gemeinschaften, um überlebensfähig zu sein. Bereits die ESA-Studie »Moon: the 8th continent« der »Human Spaceflight Vision Group« prognostizierte 2003, dass neue soziale Organisationsformen oder Regierungsstrukturen entstehen werden. Bewohner von Weltraumkolonien, so das Argument, leben viel autonomer und sind stärker auf ihre Urteilskraft und Initiative angewiesen. Regeln sind das Mittel der Wahl, um Konflikte zu vermeiden – leider auch, um neue zu erzeugen.

Bislang legt die Weltraumethik fest, wer welchem potenziellen Schaden ausgesetzt werden darf und wer nicht. Die Grundlage für ein zukunftstaugliches Weltraumrecht, der »Corpus Iuris Spatialis«, bekannter als »Weltraumvertrag«, stammt aus dem Jahr 1967. »In dieser Zeit war man der ›Realität Raumfahrt‹ wesentlich näher als heute«, so Alexander Soucek, Experte für Weltraumrecht bei der ESA. Bereits das Ur-Dokument regelte Grundprinzipien: »Der Weltraum, einschließlich des Mondes und anderer Himmelskörper, steht allen Staaten ohne irgendwelche Diskriminierungen auf der Grundlage von Gleichheit und in Übereinstimmung mit dem Völkerrecht zur Erforschung und Nutzung offen«, heißt es dazu im ersten Artikel.

Erfahrungen mit real-utopischen Experimenten lehren, dass es sehr stark darauf ankommt, von *wem* die Regeln stammen und *wie* diese sich zu den wahren Bedürfnissen der Menschen verhalten. Zukünftige Regeln für Marskolonien werden zudem zwangsläufig die extremen Umgebungen und Verhältnisse spiegeln müssen. Was wird sich dauerhaft verändern? Und welche normativen Prämissen werden im All nach wie vor Bestand haben?

Bislang sind Nationalstaaten das dominante Modell politischer Organisation. Politische Systeme verändern sich jedoch, Staaten zerfallen oder entstehen neu. Als die Vereinten Nationen gegründet wurden, bestand die größte Sorge noch im »Identitätstod« der einzelnen Nationen. Als Sicherheitsmaßnahme wurde die Macht der UNO begrenzt. Vor diesem Hintergrund stellt sich die Frage, welche Art der Identifikation sich in einer Marskolonie ausbilden wird. In einer der bewegendensten Szenen der Science-Fiction-Literatur reißt sich der Raumfahrer Perry Rhodan die amerikanische Flagge vom Overall und markiert damit den Beginn einer neuen Epoche. Wird es so ähnlich ablaufen? Wohl kaum, denn

Menschen bringen Konventionen und biografische Kontexte mit in die neue Umgebung. Schon das irdische Beispiel »Auroville« zeigt eindringlich, wie schwierig ein kompletter Neustart aus dem Nichts sein kann.

Je weiter und länger sich Missionen von der Erde entfernen, desto wahrscheinlicher wird es, dass die Einteilung in Kontinente und Länder zu einer inhaltsleeren Abstraktion verkommt und letztlich an Akzeptanz verliert. Jede Krise der Kolonie wird außerdem dazu beitragen, eine eigenständige Identität zu entwickeln. Es ist daher mehr als wahrscheinlich, dass künftige Mond- und Marsbewohner eher locker mit der Erde verbunden bleiben und sich lieber um ihre eigenen Angelegenheiten vor Ort kümmern werden. »Wenn es erst einmal außerirdische Gemeinden geben sollte«, so die Weltraumjuristin Rada Popova, »mögen einige zu verschiedenen irdischen Nationen gehören, andere international sein und manche sogar außerirdische Nationen bilden.« Aus der anfänglichen existenziellen Verletzbarkeit könnte so eine besondere Form der Unabhängigkeit entstehen, ein kosmisches »Wir-Gefühl«, das sich eines fernen Tages in einer völlig neuen Art von Unabhängigkeitserklärung niederschlägt. Krisen dienen letztlich immer der Identitätsstiftung. »Die Grundkrise im All wird das Überleben selbst sein«, erläutert Popova. Erst mit einer kulturellen Basis für Gemeinschaftsleben »werden die ersten Ideen über Unabhängigkeit aufkommen. Aber erst dann.«

Aus juristischer Sicht ist der Status einer Kolonie auf dem Mars bislang noch vollkommen ungeklärt. Zum Luxus, den das Leben in vielen Teilen der Erde mit sich bringt, »gehört auch eine Rechtsordnung, die einigermaßen funktioniert«, weiß Popova. Es ist jedoch zweifelhaft, ob sich diese so einfach in eine total lebensfeindliche Umgebung übertragen lässt. »Kolonialrecht will man sicher nicht ein zweites Mal etablieren. Vielmehr geht es darum, zusammen etwas Neues zu gründen.«

Übereinstimmung gibt es lediglich darüber, dass Weltraumkörper kein nationales Territorium darstellen. Kein Staat kann auf dem Mond oder dem Mars nationale Souveränität einfordern. »Dagegen wirkt die Rede von Kolonien schon sehr vorauseilend«, so Popova. »Es gibt so viele fundamentale Probleme, vielleicht sollte man anfangen, erst diese zu lösen, bevor man über den rechtlichen Status einer Marskolonie nachdenkt?« Vor diesem Hintergrund ist letztendlich auch der Begriff »Kolonie« selbst irreführend. Tatsächlich wird etwas fundamental Neues entstehen, für das es bislang keinen passenden Namen gibt – kein Zivilisationskonzept und keine Rechtsform ist darauf angemessen vorbereitet. Die Herausforderung wird nicht nur darin bestehen, dieses andere zu formen, sondern auch darin, ein neues Vokabular für dieses Wunschland zu erfinden.

In den 1960er-Jahren gab es gerade einmal ein knappes Dutzend renommierter Weltraumrechtler. Inzwischen sorgt New Space dafür, dass Weltraumrecht nicht länger ein akademisches Nischengebiet ist. Die meisten Ansätze für Weltraumrecht haben ein irdisches Pendant. Etwa den »Antarktis-Vertrag«, der 1961 in Kraft trat. Vor allem wegen der Bodenschätze, die unter dem Eis vermutet wurden, erhoben zwölf Staaten Anspruch auf das riesige Gebiet. Um territoriale Ansprüche vor Ort geltend zu machen, flog Argentinien 1978 sogar eine schwangere Frau in die Antarktis ein.[9] Erst das »Antarctic Treaty System« beendete diese Streitigkeiten. Militärische Handlungen wurden geächtet, und mittlerweile gilt die Antarktis als Kontinent, der erforscht und nicht ausgebeutet werden sollte – eben der *weiße* Mars.

Letztlich war jedoch der Start von Sputnik 1957 der Moment, in dem die Idee des Weltraumrechts geboren wurde. Weil erst wenige Jahre seit dem Ende des Zweiten Weltkriegs vergangen waren, strebte die internationale Gemeinschaft an, neue Massenvernichtungskriege zu verhindern. 1958 beauftragten die Vereinten Nationen ein Ad-hoc-Komitee damit, einen Rechtsrahmen zu formulieren. Die UN entwarfen schließlich 1963 eine Resolution, die bereits die beiden magischen Worte enthielt: »friedliche Nutzung«. Niemand wollte Krieg, auch nicht im All. 1967 verabschiedeten die Vereinten Nationen den »Outer Space Treaty«, einen internationalen Vertrag, der den Weltraum zur Domäne der Menschheit erklärte. Mit dem Vertragswerk »Moon Treaty« wurden 1979 schließlich Besitzansprüche auf dem Erdtrabanten ausgeschlossen und der Mond als gemeinsames Erbe der Menschheit definiert.

Leider weigern sich die Großmächte bis heute, das Mondabkommen zu ratifizieren. Seitdem wird die Tragfähigkeit juristischer Übereinkünfte für das Weltall stark angezweifelt. Für Kritiker hemmen derlei Verträge die kommerzielle Erschließung des Weltalls. Für Befürworter liegt darin das Potenzial, endlich territoriales und materialistisches Denken zu überwinden. Gleichzeitig werden rechtsverbindliche Regelungen immer wichtiger, weil es nicht nur zwei ehemalige Supermächte gibt, sondern viele neue Begehrlichkeiten. Während jedoch das Ur-Motiv des Weltraumrechts darin bestand, Kriege zu verhindern, stehen inzwischen Regeln zur profitablen Nutzung von Weltallressourcen im Vordergrund. Länder wie die USA und Luxemburg haben zwischenzeitlich nationale Gesetze für die Nutzung von Weltraumressourcen aufgestellt. Die Vereinigten Arabischen Emirate und Japan arbeiten daran.

Oder braucht es etwa ein ganz anderes Rechtssystem? Genau davon geht Hans Starlife aus. Er hat das »Cosmica Network« mitgegründet und macht auch gleich einen Vorschlag: In Zukunft solle es mehr um Nutzungs- und weniger um Besitzrechte gehen. »Wenn wir uns jetzt als eine multiplanetarische Zivilisation etablieren, ist es höchste Zeit, unsere primitive Vergangenheit hinter uns zu lassen«, argumentiert er, und »neue, reifere Rechts- und Sozialsysteme zu entwickeln, die besser zu unserer neuen Rolle im Kosmos passen«.[10]

UNTERWEGS ALS SPACE TRAMPS

Stimmt überhaupt die These, dass sich Leben immer weiter aus-breiten muss, was Weltraumphilosophen wie Frank White be-haupten? Demnächst auch ins All? Immerhin schlug der NASA-Wissenschaftler Christopher McKay 2001 ein symbolträchtiges Experiment vor. Er wollte Samen zum Mars befördern lassen, um daraus eine Pflanze zu kultivieren. »Wenn wir das Leben in den Mittelpunkt des Mars-Forschungsprogramms stellen«, so McKay, »sollten wir auch mit der Entsendung von Leben zum Mars ernst machen.«[11] Eine fast poetische Haltung. Dennoch ziehen Explo-rationspläne immer wieder Kritik auf sich, weil mit ihnen unter-schwellig ein eskapistisches Moment verbunden ist: Überleben im All, während auf der Erde die Apokalypse eintritt. Damit aber ist kein Zivilisationswandel verbunden, denn nur mit dem größ-ten Aufwand »schafft man es, ein halbes Dutzend eingekapselter Astronauten über unfassbare Entfernungen hinweg von einem lebenden Planeten zu einigen toten Planeten zu verfrachten«, so der Kulturphilosoph Bruno Latour. Er fordert stattdessen zum Perspektivwechsel auf: »Der Ort, wo gehandelt werden muss, ist hier und jetzt. Träumt nicht länger, ihr Sterblichen! Ihr könnt nicht in den Weltraum entweichen. Ihr habt keine andere Wohn-stätte als hier unten, auf diesem engen Planeten.«[12]

Trotzdem ist unter Weltraumenthusiasten die Metapher vom Bienenschwarm beliebt. Menschen gelten nicht länger als Schäd-linge, sondern als Bestäuber, die Leben im All verbreiten. Die Menschheit als Superorganismus, der sich in zurückbleibende Erdlinge und einen ausschwärmenden Schwarm aus Space Tramps teilt.[13] Alle diese neuen Erzählungen versuchen der Welt-raumfahrt eine zivilisatorische Sinnkomponente einzuhauchen. Das Universalgenie Buckminster Fuller argumentierte gar, dass die Menschheit ebenso essenziell für das Universum sei wie Leben für die Erde.[14] Anstatt Wettkämpfe zu inszenieren, sollte es bei zukünftigen Explorationsprojekten eher um eine praktische Wissenschaft im Dienst des Wandels gehen. Das wäre eine einzigartige Chance. Denn das »wichtigste Produkt, das aus dem Weltall kommt«, so Jesco von Puttkamer, »ist weder Teflon noch Medikamente, sondern Frieden«.[15]

Immerhin hat die NASA 2007 versucht, genau das zu belegen. In 31 Kapiteln legt die Studie »The Societal Impact of Spaceflight« dar, wie Weltraumfahrt soziale Transformationen erzeugen kann. Dabei spart die Weltraumbehörde nicht mit großspurigen Vergleichen: Weltraumzeitalter als neue Renaissance. Erstaunlich – eine Weltraumorganisation, die über eine komplette Reorganisation der Gesellschaft spekuliert.

Aber lässt sich dieser Befund verallgemeinern? Erst wenn auch Politik und Öffentlichkeit die gesellschaftsverändernde Kraft utopischer Ideen anerkennen, ist Zukunftsgestaltung jenseits von Thesenpapieren möglich. Soziale Transformationen beginnen dort, wo Menschen gemeinsam einen Konsens über wichtige Werte erarbeiten. Die gesellschaftsverändernde Kraft von Projekten beginnt daher mit Dialogen über sinnhafte Ziele – egal, um welches Thema es sich dabei handelt: künstliche Intelligenz, Nachhhaltigkeit oder Migration. Mit den ersten Astronauten, die zum Mond flogen, wurden wir zwar alle zu Bürgern des Universums. Aber erst wenn klar wird, dass es dabei auch um eine neue Existenzform gehen muss und wir Antworten auf die Frage finden, wie wir gemeinsam leben wollen, kann sich eine kosmische Zivilisation entwickeln.

Damit das gelingt, braucht es Menschen, die sehr viel weiter in die Zukunft denken als üblich. Der »Homo Spaciens« könnte auf seiner Reise in die neue Welt bald auf vollkommen neue Technologien zurückgreifen. An Fantasie und Entwicklungspotenzial mangelt es nicht. Allein eine Studie der »British Interplanetary Society« lässt zumindest erahnen, dass auch Missionen zu den Sternen – ad astra – prinzipiell möglich sind. Aufgrund der großen Distanzen wird ein Menschenleben dafür allerdings nicht ausreichen. Aber genau hier kommt ja die Idee des Zivilisationswandels ins Spiel.

Doch können wir uns jenseits von Science-Fiction überhaupt eine Reise an Bord eines interstellaren Raumschiffs vorstellen, das über Generationen hinweg unterwegs ist? Vorschläge reichen von kleinen Raumfahrzeugen mit einer Besatzung von 20 Personen bis hin zu gewaltigen Weltraumstädten mit mehreren Hunderttausend Menschen an Bord.[16] Der Raumfahrtpionier Gerard O'Neill schlug große Weltraumstädte vor, die durch die unendliche Schwärze treiben. Er nannte sie »Inseln im All«. Diese Inseln wären eine passende Umgebung für generationenübergreifende Projekte. Je länger die Bewohner der Weltraumstadt durch das All treiben, so seine Überlegung, desto unabhängiger werden sie von der Erde. »Eine solche Umgebung könnte den Bewohnern genügend Vielfalt und Abwechslung bieten, sodass sie sich nicht als Passagiere einer weitgehend ereignislosen Reise fühlen müssen, ohne Hoffnung, jemals die Ankunft zu erleben.«[17] Stattdessen wären sie von Anfang an die Bewohner einer wahrhaft neuen Welt.

Der Anthropologe John Moore empfiehlt, mit einer Besatzung kinderloser Paare aufzubrechen. Die Crewmitglieder wären dann als ewige Nomaden unterwegs, immer nur in eine Richtung. 150 bis 180 Paare hält er für ideal – sie fänden in einem Raumschiff Platz und könnten sich über sechs bis acht Generationen fortpflanzen.[18] Für jedes Besatzungsmitglied stünden mindestens zehn potenzielle Partner zur Verfügung – parshippen im Weltall.

WELTRAUM ALS EVENT
Richard Garriott, Sohn des US-Astronauten Owen Garriott, wäre gern selbst Astronaut geworden. Leider lehnte die NASA ihn ab. Garriott konnte es sich allerdings leisten, der russischen Raumfahrtagentur Roscosmos 30 Millionen Dollar dafür zu zahlen, ihn 2008 an Bord einer Sojus-Raumkapsel zur ISS zu fliegen. Damit

war Garriott der sechste Privatastronaut weltweit, der sich diese neue Form von »Resonanztourismus« gönnte.[19] »Non-Career Space Travelers« – oder profaner: Weltraumtouristen – werden suborbitale Hopser unternehmen, um die Erde kreisen oder sogar Ausflüge über den Orbit hinaus unternehmen. Vorbilder könnten die Weltraumflüge von Branson und Bezos 2021 sein oder gar die »Inspiration4«-Mission von SpaceX, bei der vier Menschen in einem vollautomatisierten Raumschiff drei Tage lage die Erde umkreisten.

Was wird noch alles möglich werden? Der amerikanische Unternehmer Dennis Tito gilt offiziell als der erste Weltraumtourist. Und der ungarisch-amerikanische Informatiker Charles Simonyi verbrachte 2007 und 2009 jeweils rund zwei Wochen im Weltall und stellte damit den Rekord für Privatastronauten auf.[20] Wenn die ISS den Prototyp einer kooperativen Weltgesellschaft im Miniformat darstellt, dann ist Weltraumtourismus die Speerspitze der Kommerzialisierung des Alls. Weltraumtourismus steht zwar noch am Anfang, hat aber Potenzial. Bei einer Umfrage 2019 gaben rund 70 Prozent der Befragten an, dass sie sich eines Tages eine Reise ins Weltall vorstellen können. Bis 2030 soll nach dem Willen von Bezos die private Raumstation »Orbital Reef« als Nachfolger der ISS entstehen.

Dabei ist die Idee, Touristen ins All zu schicken, noch nicht einmal modern. Der österreichische Weltraumingenieur Eugen Sänger stellte bereits 1963 erste Überlegungen dazu an. Und 1967 erarbeitete der deutsche Raketenpionier Krafft Ehricke eine detaillierte Studie über ein Weltraumhotel. Mit »Astropolis«, dem Konzept für eine Weltraumstadt als geschlossenes Ökosystem für mehrere Tausend Bewohner, legte er sogar noch nach und konkretisierte seine große Vision. »Astropolis versinnbildlicht die am Ende unausbleibliche Verstädterung von Weltraumsiedlungen in der ersten Hälfte des 21. Jahhunderts.«[21] Die Utopien Ehrickes könnten wohl schon bald verwirklicht werden. Allerdings ging es ihm um sinnliche Freude an der neuen Umgebung, um kosmi-sche Kontemplation statt blanker Sensationsgier.

Massentourismus im All wird bald kein leeres Versprechen mehr sein. »Wir sind an der Schwelle zur Ausbreitung ins All«, so der Explorationsexperte Oliver Angerer. »Weltraumtourismus geht über ein Pionierphänomen deutlich hinaus.«[22] Wer kann, bietet Weltraumtrips an. 2020 gab das Unternehmen »Space Adventures« bekannt, private Personen ins Weltall befördern zu wollen.[23] Und auch die staatlichen Behörden machen verlockende Angebote. Die russische Raumfahrtagentur veröffentlichte Pläne für ein 5-Sterne-ISS-Modul mit Panoramafenstern, Privatkabinen und WLAN.[24] Und Boeing kündigte an, zusammen mit der NASA Touristen zur ISS zu transportieren.[25] Hin- und Rückflug der bis zu 30 Tage dauernden Reise sollen rund 60 Millionen Dollar kosten. Die zusätzliche Flatrate von 35.000 Dollar für das Leben an Bord wirkt da fast kleinlich.[26]

Während über eine touristische Umnutzung der ISS nach-gedacht wird, entsteht nicht weit von Las Vegas ein regelrechtes Zentrum für globalen Raumfahrttourismus: der Mojave Air & Space Port. Mit »SpaceShipTwo« will in Zukunft auch der Multi-milliardär Richard Branson Touristen ins All befördern. Während es auf etwa 90 Kilometer Höhe aufsteigt, schweben die Weltraum-touristen einige Minuten lang schwerelos durch die Kabine und genießen den Blick auf die Erde durch große Bullaugen. Insge-samt dauert so ein Flug eineinhalb Stunden und kostet rund 250.000 US-Dollar. Im Juli 2021 trat Branson den Beweis an, dass es praktisch funktioniert.

Jeff Bezos, der Gründer von Blue Origin, verfolgt ein ähnliches Ziel zu vergleichbaren Konditionen.[27] Bis zu sechs Passagiere sollen mit einer Touristen-Kapsel seines Unternehmens auf eine Höhe von 100 Kilometer gebracht werden.[28] 2017 wurde das Transportmittel zum ersten Mal getestet – mit dem Dummy »Mannequin Skywalker« an Bord. »Er hatte einen guten Flug«, twitterte ein zufriedener Bezos nach dem Test.[29] Auch Bezos war 2021 selbst im All.

Zwischen beiden Konzepten gibt es nur einen auffallenden Unterschied: Während zwei Piloten die »StarShipTwo«-Raumgleiter von Virgin Galactic ins All und zurück steuern, fliegt die »New-Shephard«-Kapsel des Konkurrenten Blue Origin vollautomatisch – fast wie eine Paketdrohne von Amazon. Selbstverständlich mischt auch SpaceX im Geschäftsfeld mit, geht es jedoch exklusiver an. In naher Zukunft will das Unternehmen dem japanischen Milliardär Yusaku Maezawa sogar eine Mondreise ermöglichen.

Während Ehrickes Entwürfe für Weltraumhotels in den 1960er-Jahren reine Konzeptstudien blieben, legt die neue Generation nun Pläne vor, die tatsächlich gebaut werden könnten. Wie jede andere Form von Tourismus wird auch der Weltraumtourismus in mehreren Phasen ablaufen. Kühne, wenig komfort- und sicherheitsverliebte (und notwendigerweise sehr reiche) Touristen werden während der Pionierphase an die Grenze zum Orbit reisen. Ihnen folgen die Wohlhabenden während der Exklusivphase. Sinkt der Preis weiter, folgt die Phase der Massentouristen. »Anders als beim irdischen Tourismus wird der Raumflug für lange Zeit für die meisten Menschen ein einmaliges Erlebnis und zumeist auch der Höhepunkt ihres Lebens sein«, vermutet Jesco von Puttkamer.[30]

Bislang sind beim Weltraumtourismus von der Finanzierung bis zur Technik noch zahlreiche Fragen zu klären. In einem wesentlichen Punkt unterscheiden sich die geplanten Weltraumhotels klar von einem Raumschiff: »Die häufigste Antwort auf die Frage, was man da oben eigentlich unternehmen möchte«, so Hartmut Müller von EADS Space Exploration über Hotels im Orbit, »lautete in unseren Umfragen: die Erde anschauen. Wir brauchen also viele Fenster.«[31]

ENDSTATION ALL UND DAS ULTIMATIVE ARMUTS-
ZEUGNIS DER MENSCHHEIT

Mittlerweile gibt es auch ein Wunschland für ganz besondere Bedürfnisse: Space Funerals sind in. Die Asche des verstorbenen »Star Trek«-Erfinders Gene Roddenberry wurde von einem befreundeten Astronauten mit ins All genommen. Ein weiterer Astronaut packte die Asche des Kometenforschers Eugene Shoemaker heimlich mit in die Raumsonde »Lunar Prospector«.

Zahlreiche Unternehmen wie »Elysium« oder »Ascending Memories« konkurrieren inzwischen legal im Feld der »Feuerbestattung 2.0«.[32] Wer sich schon zu Lebzeiten um seine Besonderheitsindividualität sorgte, kann sich nach dem Ableben Außergewöhnliches gönnen. So ließ sich etwa der LSD-Guru Timothy Leary nach seinem Tod ins All verfrachten. Und James Lovelock, Begründer der Gaia-These, kokettiert gern damit, dass ihm kein Geringerer als Richard Branson höchstpersönlich den allerletzten Ausflug spendieren wird.[33]

Wer weniger gute Beziehungen hat und sich dennoch für eine Weltraumbestattung entscheidet, kann zum Beispiel auf Celestis zurückgreifen. Charlie Chafer gründete die Firma als ultimatives Beerdigungsunternehmen. Zumindest sind für diese letzte Reise die Voraussetzungen geringer als für Astronauten, denn »einen Toten fragt keiner nach dem fliegerärztlichen Tauglichkeitszeugnis«.[34] Beginnt New Space also mit kosmischen Bestattungen? Chafers Firma ist immerhin eine der wenigen, die schwarze Zahlen schreibt. 4000 Euro kostet es, eine mit sieben Gramm Asche gefüllte, lippenstiftgroße Kapsel ins All zu befördern. Für Sparer gibt es auch die 1-Gramm-Version für rund 700 Euro in einem Behälter von der Größe einer Knopfzellenbatterie.

Als Lebender hatte Gordon Cooper an den Mercury- und Gemini-Programmen teilgenommen. Seine Weltraumbestattung 2008 ging leider schief, denn nicht immer erreichen die Raketen von Celestis die Bestattungsumlaufbahn. Immerhin verspricht die Firma in diesem Fall einen kostenlosen Wiederholungsflug, solange noch Asche auf Vorrat vorhanden ist.

Während die Sehnsucht nach einer Bestattung im All nachvollziehbar ist, stellt die Nutzung des Weltalls als Kriegsschauplatz das ultimative Armutszeugnis der Menschheit dar. Das militärische Potenzial des Alls wurde früh erkannt. Im Jahr 1959 präsentierte die US-amerikanische Armee das »Horizon Project«, das einen militärischen Außenposten auf dem Mond vorsah. Zwölf Soldaten sollten dort dauerhaft Wache schieben.[35]

Utopien von »Monte Verità« über »Auroville« bis hin zum »Venus Project« waren und sind im Kern pazifistische Bewegungen. Wenn jedoch Mars die Antwort ist, dann wäre zu klären, ob mit den neuen Weltraumexplorationen ausschließlich friedliche Absichten verbunden sind. Ganz offensichtlich fehlt es bei diesem Thema vielfach noch an der notwendigen Sensibilität. Der damalige Chef der Airbus-Rüstungssparte, Dirk Hoke, findet etwa, dass mehr Geld für die Aufrüstung des Weltalls ausgegeben werden sollte. Gleichzeitig behauptet er, dass er »sofort bei einer Weltraummission mitfliegen« würde, weil dies seine Sicht auf die Erde komplett veränderte.[36] Es gibt also auch Ausblicke, die mit keinerlei Einsicht verbunden sind.

Spätestens als die Supermächte USA und Sowjetunion während des Space Age bewiesen, dass sie nicht nur Satelliten, sondern auch Menschen ins Weltall bringen können, wurde das destruktive Potenzial der Raumfahrt offensichtlich. Genau deshalb war der Weltraumvertrag von 1967 ein »Vertrag zum Segen der Menschheit«.[37] Doch wie bei jedem Vertrag kommt es darauf an, auch das Kleingedruckte zu lesen. »Mit der völkerrechtlichen Vereinbarung sind Massenvernichtungswaffen verboten, nicht aber konventionelle Waffen«, so die Weltraumjuristin Rada Popova. »Man hat sich schon damals eine Hintertür für mögliche Stationierungen von Waffensystemen im Orbit offengehalten.«[38] Staaten ist es also nicht untersagt, militärische Einheiten mit dem

Weltraum zu verkoppeln oder Waffen in den Weltraum zu verlegen. Satelliten werden deshalb schon lange für militärische Zwecke, vor allem zur Spionage, genutzt. »Militärische Aktivitäten sind an sich nicht vollumfänglich untersagt, sondern nur solche, die als aggressiv gelten«, so Popova. »Das Selbstverteidigungsrecht gilt letztlich auch im Weltraum.«

Und diese Möglichkeit wird immer offensiver genutzt. Bereits die »Strategic Defense Initiative« (SDI), gern auch als »Star Wars« bespöttelt, verstieß im Kern gegen den Weltraumvertrag und wurde als Bewaffnung des Weltalls gebrandmarkt. Frankreich gründete 2019 eine eigene »Space Force« und beruft sich dabei auf das Selbstverteidigungsrecht.[39]

Auch die NATO will den Weltraum zukünftig stärker in Militärplanungen einbeziehen – weil Länder wie China und Russland mittlerweile weltalltaugliche Waffensysteme entwickelt haben. 2016 erkannte das transatlantische Bündnis erstmals den »Cyberspace« als »Operational Domain« an, nun folgt also der Weltraum als soldatisches Operationsgebiet. Auch wenn der Philosoph Nikki Coleman darauf hinweist, dass bereits Sputnik eine militärische Mission darstellte, wird die Militarisierung des Alls mittlerweile erkennbar aggressiver.[40] So werfen etwa die USA und Großbritannien Russland geheime Waffentests mit sogenannten »Killersatelliten« vor, die feindliche Satelliten rammen und damit zerstören können.

Wird also das All zum Wunschland oder bloß zum nächsten Schlachtfeld? Für künftige Kriege ist es ein höllisches Labor, das zeigt, wie dünn die Traglast der Zivilisation ist. Die aktive militärische Nutzung des Alls wäre schlussendlich ein Armutszeugnis, denn Militarisierung und Entzivilisierung sind das genaue Gegenteil eines utopischen Aufbruchs.

DER BLICK IN DEN RÜCKSPIEGEL – LERNEN AUS UTOPIEN

D er Philosoph Johann Gottfried Herder beschrieb 1800 in seinen »Ideen zur Philosophie der Geschichte der Menschheit« eine Fernreise zu anderen Planeten und dachte dabei auch an den Blick zurück auf die Erde.[1] Damit nahm er bereits den radikalen Perspektivwechsel als systematisches Erkenntniswerkzeug vorweg. Mehr als ein Jahrhundert später, 1990, schoss die Sonde »Voyager 1« tatsächlich das Bild »Pale Blue Dot« – ein Foto der Erde aus rund sechs Milliarden Kilometer Entfernung. Weil Weltraummissionen es möglich machen, die Erde von außen zu betrachten, sind sie als stellvertretende Denkvehikel eine Art angewandte Philosophie. Erst der distanzierte Blick wird ein besseres Verständnis des Planeten und der menschlichen Zivilisation mit sich bringen. »Dieser Blick von außen ist immer auch ein Blick auf uns selbst«, betont Barbara Imhof, »auf unsere Geschichte und unsere Tradition.«[2]

Und mit ein wenig Glück führt dieser Blick zu einem Blitzlicht der Selbsterkenntnis. Der Blick in den Rückspiegel ist nichts anderes als ein Werkzeug gegen existenzielle Desorientierung. Er verdeutlicht, wie Stand*ort* und Stand*punkt* zusammenfallen. Denn um zu wissen, *wer* wir sind, müssen wir auch erkennen, *wo* wir uns gerade befinden. Der Literaturkritiker und Priester Northrop Frye erzählt dazu eine wunderbare Anekdote. Ein Forscher, der mit seinem Inuit-Führer in der Arktis unterwegs war, geriet in einen fürchterlichen Schneesturm. Verzweifelt schrie sich der Wissenschaftler seine Angst aus dem Leib: »Wir sind verloren!«

Der Inuit hingegen schaute ihn verwundert an und antwortete gelassen: »Wir sind nicht verloren. Wir sind hier!«[3]

Wer sich nach dem Neuanfang der Welt sehnt, tut also gut daran, zunächst den eigenen Standort und damit die eigene »Seinsgebundenheit« zu klären, denn wir sind immer Teil eines kultuellen Spiels, dessen Regeln wir meist nur zum Teil verstehen. Um sich nicht immer wieder von der vielversprechenden »Verheißung einer neuen Erde und eines neuen Himmels« (Jesaja 65,17) blenden zu lassen, lohnt es sich, Erfahrungen ernst zu nehmen, die im Kontext real-utopischer Projekte gemacht wurden. Leider haben gerade Visionäre blinde Flecke. Fast immer waren es mächtige Männer, die sich ihr eigenes Wunschland schufen: früher die Fugger, später Titus Salt oder Walt Disney, schließlich Peter Thiel oder Kazuyuki Inoue, Präsident der japanischen Shimizu Corporation, der unter dem Motto »Today's Work, Tomorrows's Heritage« gigantische Unterwasserstädte plant. Visionäre wie Jeff Bezos oder Elon Musk suchen das Wunschland mittlerweile im All. Und diese Mächtigen verschwenden ihre Zeit nicht mit Traditionen, sondern sind eher auf Effekte fokussiert.

Doch wer Unsummen von Geld riskiert, verliert schnell den Blick fürs Ganze. Ein Blick auf die Historie real-utopischer Experimente würde somit helfen, Prioritäten neu zu ordnen. Denn ein konstruktives Verständnis von Zukunft setzt voraus, die Vergangenheit zu verstehen. Exakt so sieht es auch mein Guide durch die Weltraumgeschichte, Joel Friedman. »Wir können die Vergangenheit nicht rückgängig machen, aber wir können daraus lernen. Man kann Fehler machen, aber man muss sie dann auch vor sich selbst und anderen anerkennen. Nur so kann es Zukunft geben.«[4]

Jede vernünftige Zukunftsheuristik kann daher nur eine Quelle haben: die Vergangenheit.[5] Erst wenn zukünftige Visonäre einen tiefen Zug vom Elixier der Utopiegeschichte nehmen, können sie unterscheiden, was auf den Müllhaufen der Erkenntnis gehört und was nicht.

MONSTER DER BODENLOSIGKEIT

Der Sci-Fi-Roman »Weißer Mars« beginnt mit einer symbolträchtigen Szene: In dem modernen Klassiker von Brian Aldiss und Roger Penrose besucht ein Politiker zwei Geschwister, die ein sehr einfaches Leben führen und dazu in einem winzigen Garten selbst Gemüse anbauen. »Warum wollen Sie nicht mehr haben?«, herrscht der entsetzte Politiker die beiden an. »Mit mehr würden Sie besser leben.«[1]

Zukunft ist immer dann bedroht, wenn die Erwartungen maßlos werden und uns der Boden unter den Füßen weggezogen wird. Deshalb ist das »Monster der Bodenlosigkeit« meine Metapher für die Probleme unserer Zeit. Seine Drohgebärden sind soziale Desintegration, ökonomische Konkurrenz und ökologische Zerstörung. Wenn Unersättlichkeit das Grundproblem ist, dann beginnt jede zeitgenössische Utopie mit der Frage, ob wir eigentlich noch wissen, wann wir genug haben. Dazu müssten wir uns aber erst von der Ideologie eines ökonomischen Egalitarismus lösen, die für alle Menschen gleich viel fordert. Denn aus »moralischer Perspektive ist es nicht wichtig, dass jeder *dasselbe* hat«, so der Philosoph Harry Frankfurt 2016. »Was moralisch zählt, ist, dass jeder *genug* hat.«[2]

Wer nicht weiß, wann er satt ist, kann nie zufrieden sein. Oder anders: Eine Gesellschaft, in der sehr viele zufrieden sind, wäre bereits eine reale Utopie. Utopisches Denken beginnt also exakt dort, wo im Wissen um die eigenen Bedürfnisse der Neid endet. Gemessen an den vorhandenen Ressourcen unseres Planeten sind wir bekanntlich noch zu gierig. Immerhin haben viele Menschen mittlerweile begriffen, dass ein radikaler Richtungswechsel notwendig ist, um die finale Katastrophe zu verhindern. Dafür müssen jedoch Wollen und Können in Einklang gebracht werden. Zwar ist die Erde ein Diamant im All, aber auch eine Ansammlung aus Dreck. Zahlreiche Narben unseres Planeten werden immer sichtbarer: Bäuche bleiben leer, das Meer wird als Kloake genutzt, der Erdboden als Fußabtreter – unsere Erde ist ein leidender Planet. Die Überschriften, mit denen dieses Leid beschrieben wird, klingen von Jahr zu Jahr schriller: Klimawandel, Kriege und Katastrophen. Das Ende der Zivilisation ist inzwischen sogar eine reale Möglichkeit. Nur zögerlich erkennen wir, dass die Sorge um unseren Planeten vor allem eine politische Herausforderung ist, auch wenn der Schriftsteller Max Frisch bereits Mitte der 1970er-Jahre vom Umweltschutz als »letzter Aufgabe der Menschheit« sprach.[3] Diese Aufgabe wird ein Langzeitexperiment sein, das Teilnehmende aus verschiedenen Generationen, wenngleich mit unterschiedlichen Startbedingungen, kennt.

Oder ist es vielleicht gar nicht so schlimm und das Monster der Bodenlosigkeit schlicht eine Einbildung? In der Tat gibt es ein neues intellektuelles Spiel: Anhand von Statistiken gilt es zu zeigen, dass im Durchschnitt alles besser wird.[4] Hochrechnungen entwickelten sich zur zentralen Kulturtechnik der Vorausschau und lösten das Orakel ab. Statistik klingt modern, doch Zahlen ohne Kontext sind ein schlechter Wegweiser in die Zukunft. Und berechenbare Zukünfte sind lediglich Schrumpfformen von Gesellschaftsgestaltung.

Jenseits aller Kennzahlen erfahren immer mehr Menschen das eigene Leben als sinnentleert, weil sie bemerken, dass sie nur noch an den Kreuzungspunkten von Märkten existieren. Was dabei verloren geht, ist das gesellschaftliche Gravitationszentrum. Einzig und allein die globale Elite prahlt damit, sich im Falle eines Falles auf künstliche Inseln, in geheime Bunker oder dick verglaste Unterwasserstädte zurückzuziehen. Diese existenzielle Ungleichheit wirft elementare Fragen auf: Wie bewahren wir unsere

Menschlichkeit? Wie können wir den Kräften widerstehen, die uns auseinandertreiben? Wie erzeugen wir anhaltende Bindungen angesichts von Systemen, die immer mehr auf Kontrolle, Repression, Entfremdung und Isolation ausgelegt sind? Es sind genau diese nicht-trivialen Fragen, die uns motivieren sollten, weiterhin über Utopien nachzudenken.

Die Konfektionsgröße des Planeten passt nicht länger zum Größenwahn der Menschheit. Lernen wir rechtzeitig, den Planeten so zu bewohnen, dass wir von seinen Früchten leben können? »The American way of life is not negotiable!«, tönte Bush Sr. 1992 auf der UN-Konferenz für Umwelt und Entwicklung in Rio de Janeiro. Doch in einem geschlossenen System mit endlichen Ressourcen kann es kein unendliches Wachstum geben. Zunehmend leben wir im Zeitalter terrestrischer Paradoxien. Technologien, die sich zunächst als nützlich erwiesen haben – Atomkraft, Computer, individelle Mobilität –, wenden sich nun gegen uns. Spätestens seit den 1970er-Jahren, also zeitgleich mit dem Ende des Apollo-Programms, gilt als ausgemacht, dass Wachstum allein nicht automatisch zu mehr Wohlstand führen wird. Weil sich moderne Gesellschaften nur über mehr Kapitalakkumulation und mehr Technologieeinsatz stabilisieren lassen, findet das Monster der Bodenlosigkeit verlässlich neue Nahrung. Um diesem Dilemma zu entkommen, sind wir darauf angewiesen, unsere Epoche als Episode einer umfassenden Geschichte zu verstehen, deren Ende wir gemeinsam mitgestalten müssen, anstatt uns in einem Labyrith von Einzelinitiativen zu verlieren. Um dem Monster der Bodenlosigkeit etwas entgegenzusetzen, müssen wir schneller lernen. Noch ist dazu Zeit, noch immer ist die Odyssee der Menschheit eine ergebnisoffene Reise. Doch um zu lernen, benötigen wir dringend neue Erkenntniswerkzeuge.

WERKZEUGKASTEN FÜR WELTVERBESSERER

Stellen wir uns deshalb einen gut gefüllten Werkzeugkasten für Weltverbesserer vor. Die bisherigen utopischen Experimente wirken zwar sehr unterschiedlich, dennoch ist ein Muster erkennbar. »Auroville« und »Celebration«, »Fordlândia« und »Neom«, »Sun City« und »Mars City« – sie alle sind sich ähnlicher, als auf den ersten Blick vermutet werden kann. Alle diese Utopien lassen sich in drei Entwicklungsschritte einteilen: Zunächst wurden utopische *Ziele* entworfen, danach Entscheidungen über *Mittel* getroffen, schließlich gilt es, die Verantwortung für die *Folgen* des eigenen Tuns (oder Unterlassens) zu übernehmen. Die in diesem Buch versammelten Fallbeispiele bezeugen alle eine elementare Sehnsucht, wobei sich Neubeginn ganz unterschiedlich ausbuchstabieren lässt – von der lokalen Neuorganisation des Sozialen bis hin zur Idee des zivilisatorischen Resets.

Anfangs geht es den Utopisten darum, aus grassierender Zivilisationsmüdigkeit verlässlichen Utopieeifer herauszukitzeln. Unzufriedenheit ist dabei der Katalysator für Veränderungen. Während die meisten Menschen Bestehendes selig hinnehmen oder sich durch Spektakel nur allzu gern ablenken lassen, fühlen sich Utopisten zu einer Reaktion herausgefordert. Sie wollen verändern, nicht nur klagen oder konsumieren. Deshalb entwickeln sie positive Wunschbilder, sinnhafte Lebensziele und kooperative Beziehungen zu anderen Menschen. Solange das rechte Maß eingehalten wird, kann das eine Zeit lang sogar gut gehen. Entscheidend ist der Ausgleich zwischen ideologischem Anspruch und gelebter Alltagswirklichkeit. Immer wieder geht es darum, Homogenität und Heterogenität sozialer Gruppen auszubalancieren, um ein »Wir-Gefühl« zu erzeugen.

Bislang erwies sich kaum eine Idee als suggestiver für Utopien als die Optimierung der Lebensführung durch »social engineering«, denn selbst gute Absichten können noch maximiert werden. Allerdings ist Effizienz auf Dauer keine Lebensform für Menschen. Das Gegenteil wäre Suffizienz, also Zufriedenheit damit, wie die Dinge sind. »Zufriedenheit«, lehrt der Philosoph Harry Frankfurt, »ist eindeutig ein ausgezeichneter Grund, um kein großes Interesse an ihrer Veränderung zu haben.«[1] Leider klingt dieser Ansatz irgendwie unmodern. »Mehr produzieren, in kürzester Zeit, zu konkurrenzfähigem Preis«[2] – exakt auf dieser Grundlage ließ bereits Henry Ford in den 1930er-Jahren das Meta-Labor »Fordlândia« im Amazonas errichten.

Wo starre Regeln, selbstbezügliche Bürokratie und die hypnotische Redundanz des konsumistischen Mantras Oberhand gewinnen, kann sich auf Dauer keine Utopie entwickeln. Allerdings gibt es auch Versuchsanordnungen, die konsequent nach dem richtigen Maß suchen. Anfang der 1970er-Jahre erregte der Architekt Paolo Soleri Aufmerksamkeit mit seinen radikalen Thesen über alternative Städte. Zusammen mit einigen seiner Schüler baute er die Modellsiedlung »Arcosanti«, ein frühes »Labor für Öko-Urbanität«, in der Wüste Arizonas zwischen Phoenix, Prescott und Flagstaff.[3] Die Utopie Soleris bestand in der freiwilligen Beschränkung des Lebensraums, er nannte es »Neo-Askese«: Leben auf begrenztem Raum, mit begrenzten Ressourcen und begrenzten Ansprüchen. Zivilisation schrumpfte bei Soleri auf ein überschaubares Habitat und eine »geballte Siedlungsweise«. Wo andere nur nutzlose und kaum kultivierbare Weite sahen, versuchte der Utopist, lokale Ressourcen zu nutzen und nachhaltig zu leben. Miniaturisierung und Selbstbeschränkung sind bis heute Kennzeichen des Suffizienzprinzips: Dabei geht es darum, gerade genug zu konsumieren und nicht das maximal Mögliche zu verbrauchen. Das utopische Moment lag bei Soleri im bewussten Perspektivwechsel und der Ablehnung des Wachstumdogmas.

Was auf den ersten Blick wie eine Anti-Fortschrittsideologie wirkte, war tatsächlich die Grundformel einer neuen Ethik kurz vor dem Ende der Welt. Fast sieht es so aus, als führe Soleris Ansatz die Prämissen »Aurovilles« fort, als übersetze er integrales Yoga lediglich in eine andere Form. Und tatsächlich ging es ihm darum, Leben, Lernen und Arbeiten harmonisch zu verbinden. Zwar ist »Arcosanti« nur ein lokales Experiment und Lebenslabor, dennoch glaubte der 2013 verstorbene Soleri an die Verallgemeinerbarkeit seiner Utopie. »Dies ist nur ein Vorspiel zum Aufbruch ins All«, so der Architekt. »All die Leute werden wohl kaum in Hilton-Hotels unterkommen.«

Besonders für Weltraumexplorationen könnte Neo-Askese – das einfache, gemeinschaftliche und unentfremdete Leben – zum Leitbild werden, denn auch der Aufbruch ins All ist im Prinzip nichts anderes als die Notwendigkeit, menschliches Leben in einer Grenzertragslage anzusiedeln. Auch die aktuelle Diskussion wirkt, als führe sie Soleris Ansatz fort. »Wo bisher die Selbstfreisetzung gefeiert wurde«, gilt nun als Maxime, alles zu minimieren: den Konsum, den Ressourcenverbrauch, Erwartungen und Wünsche. Eine *Ethik der Askese*, »Frugalität für alle«, wie der Philosoph Peter Sloterdijk es nennt, ersetzt zumindest hier und da die *Ethik des Feuerwerks*, das Verprassen von Ressourcen.[4] Was aber, wenn wir insgeheim nicht auf dieses Feuerwerk verzichten wollen? Wenn Schrumpfung keine wirkliche Option darstellt und wir weiterhin verliebt in unsere Komfortzivilisation sind? Wir müssen weiter nachdenken.

Was sonst bietet der Werkzeugkasten für Weltverbesserer? Neben dem guten Maß benötigen utopische Lebenslabore das passende Motiv. Bislang folgten Astronauten, Pioniere oder Kolonisten im Wesentlichen beharrlich dem Narrativ der Überwindung. Unbestritten hat diese Erzählung eine magische Kraft. Freiwillige simulieren wünschenswerte Zukünfte und lernen dabei, Grenzen aller Art als Konstrukte zu entlarven. Auf dieser Basis schaffen reale Utopien autarke Räume, in denen sich Kooperationsformen erproben lassen. Technologien allein können niemals vergleichbare Optionen herbeiführen. Kein Wunder also, dass das

Leitbild entgrenzter Kooperation immer populärer wird. Die Direktorin des »European Democracy Labs«, die Politikwissenschaftlerin Ulrike Guérot, wünscht sich ein grenzenloses Europa in der Form einer Republik.[5] Und auch der zeitgenössische chinesische Philosoph Zhao Tingyang plädiert für den »Übergang der Menschheit vom Konflikt zur Kooperation« als Grundlage für eine Weltordnung der Koexistenz.[6] Gerade die Geschichte der Weltraumfahrt ist ein Paradebeispiel für entgrenzte Kooperationen. Der Dauerbetrieb der Raumstation ISS ist das beste Beispiel für völkerverbindende und transutilitäre Zusammenarbeit. Der Utilitarismus der »Seasteads« macht hingegen deutlich, dass es einer ökonomischen Elite ausschließlich um egoistische Nutzenmaximierung geht. In der Raumfahrtszene herrscht Konsens darüber, dass wissenschaftlich-technischer Nutzen der Raumfahrt und kulturelle Verpflichtungen keine Gegensätze sein müssen, sondern sich idealerweise komplementär ergänzen.[7] Weltraumexploration wirkt dann sogar weltverändernd, weil sich auf diese Weise zutiefst zivilisatorische und humanistische Entwicklungen verbinden lassen.

Zenral ist hierbei die Bereitschaft zum Teilen. »Commoning«, also der Versuch, Ressourcen gemeinschaftlich zu nutzen, ist auf der Erde lediglich eine Option, im All dagegen pure Notwendigkeit. Zhaos Philosophie der Koexistenz, mit »Alles unter einem Himmel« ins Deutsche übersetzt, eignet sich als intellektuelle Referenz für eine neue Daseinsordnung, bei der Konkurrenz grundsätzlich als nutzlos betrachtet wird. Erst mit einem Fokus auf Kooperation ist eine Welt universeller Teilhabe möglich.

Damit rückt erneut ein utopisches Moment in den Mittelpunkt, das bereits in »Auroville« oder beim »Venus Project« betont wurde. Unterdessen läuft das zentrale Experiment der Menschheit permanent weiter: Wie gelangen wir also von einer Politik des Spaltens zu Kompatibilität, Kooperation und Kontinuität? Wahrscheinlich nur durch gegenseitige Unterstützung und nicht im

Kampf um letzte Ressourcen. Im Roman »Weißer Mars« kommen die Kolonisten zu einem ähnlichen Schluss: »Irgendwo im Leben einzelner Menschen musste etwas existieren, das die Rettung ganzer Gemeinschaften bewirken konnte«, überlegen die Marskolonisten gemeinsam, »sonst war unser Experiment zum Scheitern verurteilt.«[8]

Auch der »First Man« Neil Armstrong betonte ausdauernd, dass die kollektive Leistung des Apollo-Programms nur möglich gewesen sei, weil Tausende Wissenschaftler, Techniker und Helfer kooperierten. »Alle, die daran beteiligt waren«, erinnert sich auch der ehemalige Direktor von Mission Control der NASA, Gene Kranz, »waren besessen von einem Traum. Sie arbeiteten wie ein einziger kraftvoller Organismus.«[9] Bis dato gilt die ISS als Triumph der Kooperation und weniger als technologisches Aushängeschild – schon gar nicht einer einzelnen Nation. Der Astronaut Kelly Scott geht sogar noch einen Schritt weiter. Die ISS ins All und zum Laufen zu bringen, schreibt er, »war das Schwierigste, das die Menschheit je unternommen hat. Wir haben damit bewiesen, dass wir alles erreichen können, wenn wir nur zusammenarbeiten.«[10]

Auf dem Weg zu ideologiefreien Lebensformen gibt es gleichwohl zahlreiche Stolpersteine. Zusammenarbeit klingt schön, aber in der Praxis realer Utopien wird die Fähigkeit zur Kooperation immer wieder auf eine harte Probe gestellt. Utopische Projekte pendeln daher ständig zwischen Erhalt und Erneuerung, Abhängigkeit und Autarkie. Die in diesem Buch versammelten Beispiele real-utopischer Experimente zeigen, dass die Qualität der Regeln auch den Erfolg des Wunschlandes bestimmt. Projekte ohne verlässliche Regeln entwickeln sich schnell in Richtung Anarchismus – so etwa in »Monte Verità« oder »Auroville«. Bevormundende Regeln münden hingegen früher oder später in Totalitarismus – dafür stehen historische Versuchsanordnungen wie »Saltaire« oder Zukunftsprojekte wie »Neom«.

An einer Regel aber kommen auch Utopisten nicht vorbei: Regeln helfen zwar, Komplexität zu reduzieren – zugleich fördern sie den Druck, sich anzupassen. Wer Zugehörigkeit will, muss in einen Vertrag einwilligen, sei er informell oder unterschriftspflichtig. Gerade die Beispiele »Fordlândia« oder »Celebration« machen deutlich, dass in einigen Fällen der Preis vermeintlich perfekter Regeln viel zu hoch war. Reale Utopien scheiterten daran, dass ihr Alltag nach und nach überreguliert wurde. Mitunter beanspruchen Utopien sogar ein Monopol auf Wert- und Weltanschauungen. Statt eine Ideologie zu überwinden, mutieren sie im Gewand einer »Reinform« selbst in eine. Dieses Dilemma ließe sich nur mit elastischen Regeln überwinden. Allerdings finden sich dafür nur wenige konkrete Beispiele, wie etwa das Projekt »Arcosanti«, dessen Gründer Paolo Soleri unbedingt vermeiden wollte, »das Leben seiner Bewohner zu planen«. Zugleich wusste er aber, dass »die Grenze zwischen der disziplinierten Heranbildung tragfähiger Strukturen und der Unterdrückung von Entwicklung« stets fließend ist.[11]

Zu viele Regeln verhindern, dass eine intelligente Form von Gemeinschaft entstehen kann, denn Regeln sind immer der Ausdruck verborgener Autoritäten. Zu wenige Regeln hingegen fördern Orientierungslosigkeit. In »Auroville« etwa fühlte sich der ehemalige General Teware wie »ein Soldat einer alternativen Armee«. Für das Leben im kosmopolitischen Labor gab es »keine Kontrolle und keine Kommandohierarchie«.[12] Wo also liegt dann das Ideal? Die meisten Menschen mögen sich nach Stabilität sehnen, doch das zentrale Merkmal unserer Welt ist nun einmal Instabilität.

Zum Glück gibt es für Weltverbesserer noch weitere Werkzeuge. Weil Geld in den Augen von Utopisten eine mysteriöse Kraft besitzt, weil es hypnotisiert und versklavt, erheben sie regelmäßig den Anspruch, genau darauf zu verzichten. Geldfreie Gemeinschaften sind ein Paradebeispiel für utopisches Denken –

und dessen Scheitern. Zwar wurde in »Auroville« Besitz- und Geldlosigkeit gepredigt, doch gleichzeitig machten einige Aurovillians durchaus Profit und gönnten sich Luxus. Die Tugend des Kollektivs stand im Dauerkonflikt mit egoistischer Bedürfnisbefriedigung.[13] Auf dem »Monte Verità« versuchten einige Lebensreformer ein frugales – also ein äußerst einfaches und bedürfnisloses – Leben ohne Geld zu führen. Im Kontext des »Venus Project« soll Geldwirtschaft durch das Konzept einer ressourcenbasierten Wirtschaft auf der Basis künstlicher Intelligenz abgelöst werden.[14]

Letzlich sind das alles noch zaghafte Anfänge. Erst im Weltall werden sich die Spielregeln grundlegend ändern. Noch ist Weltraumfahrt an irdische Konsumkreisläufe gekoppelt, wenngleich es auf der ISS bereits erste Ansätze einer Tauschökonomie gibt. »Der Kaffee von gestern ist der Kaffee von morgen«, so ein typischer Spruch von Raumfahrern. Russische Kosmonauten tauschen Urin, weil amerikanische Astronauten daraus Trinkwasser herstellen können. Dafür erhalten die Russen Strom, den die Amerikaner mit ihren Sonnenkollektoren erzeugen.

Sind das erste Anzeichen eines utopischen Wirtschaftsmodells? »Eine Tauschwirtschaft im All macht grundsätzlich Sinn«, so die Weltraumjuristin Rada Popova. »Geld gegen Dienstleistungen zu tauschen wohl weniger.«[15] Immerhin deuten sich hier utopische Potenziale an. »Im All bietet sich eine einzigartige Chance, die kapitalistische Jagd nach Profiten, die die Erde an den Rand der Katastrophe gebracht hat, endlich zu überwinden«, so der Journalist Hans-Arthur Marsiske.[16]

Geldlosigkeit als neue kosmische Stufe der Zivilisation? Interessanterweise rät die NASA explizit davon ab, Geld als Anreizsystem für Weltraumbesiedlungen einzusetzen. Begründung: Für das Wagnis einer Weltallkolonie braucht es Menschen, die intrinsisch motiviert sind. Ob das Elon Musk, Jeff Bezos oder Richard Branson auch so sehen, wird sich bald zeigen.

Leider kann es auch mit intrinsisch Motivierten Probleme geben, wie die Beispiele von »Monte Verità« bis »Auroville« verdeutlichen: Das Ego der Utopisten verhinderte immer wieder kollektive Lernprozesse. Um neue Welten erblühen zu lassen, muss das eigene Ego in den vorzeitigen Ruhestand geschickt werden. Den Setzkasten der eigenen Eitelkeit radikal zu entrümpeln erwies sich allerdings in der Praxis bislang als nahezu unmöglich.

Elastische Regeln, Tauschökonomie und Verzicht auf das eigene Ego sind wichtige Inhalte des Werkzeugkastens für Weltverbesserer. Aber erst wenn es auch den gemeinsamen Willen gibt, etwas zu lernen, entsteht daraus eine weltverändernde Haltung. Real-utopische Experimente betonen die Gestaltbarkeit der Welt in ganz unterschiedlichen Worten. Im Wunsch nach Frieden sind sich gleichwohl alle Utopisten einig. Die Möglichkeit zur atomaren Selbstvernichtung der Menschheit macht friedensstiftende Utopien noch wünschenswerter. Als Friedensmission könnten Weltraumexplorationen Vorbildwirkung entfalten: Endlich einmal Friedensicherung und nicht Krieg als Grundmotiv für Wandel. Michael Collins, der Pilot des Apollo-11-Mutterschiffs, wies in diesem Zusammenhang darauf hin, dass die Apollo-Missionen wohl die einzige größere menschliche Expedition waren, »bei der keine Waffen mitgeführt wurden«.[17]

Manifeste zur Rettung der Welt gehören als intellektuelle Gesten zur Erregungsrequisite gebildeter Bevölkerungsschichten, änderten bislang aber nur wenig. Um utopischen Zielen näher zu kommen, braucht es eine Perspektiverweiterung, die aus einer bloß verwalteten Welt ein aufregendes Spielfeld macht. Bereits 1935 schwärmte der Architekt Le Corbusier vom »Bird's Eye-View«, der Vogelperspektive. Dieser Blick sollte die Grundlage für eine neue »Entwurfsgrammatik« der Moderne werden.[18] Doch allein die Vogelperspektive wird nicht ausreichen. Deshalb plädiert Bruno Latour inzwischen für eine weltumgreifende Perspektive.

Denn paradoxerweise setzte sich durch die Globalisierung »eine einzige Sicht« auf die Welt durch. Und diese ist, so Latour, »von Grund auf provinziell«.[19]

PORTRÄT DES GELIEBTEN PLANETEN

Die schönste Liebeserklärung an unseren Planeten Erde stammt für mich von dem brasilianischen Sänger Caetano Veloso. In seinem Lied »Terra« schmachtet er nicht etwa eine menschliche Geliebte an, sondern die blaue Kugel im All. Auslöser seiner Begierde war vermutlich ein Foto, das erstmals die ganze Erde aus der Weltallperspektive zeigte. Fred Hoyle war einer der Ersten, der sich vorstellen konnte, wie ein solches Bild die Menschheit verändern könnte. »Sobald es eine Fotografie der Erde, aufgenommen von außerhalb, gibt – sobald die völlige Isolation der Erde bekannt wird«, schrieb der britische Astronom bereits 1948, »wird sich eine neue Idee, so mächtig wie keine andere in der Geschichte, Bahn brechen.«[1]

Genau dieses Foto entstand dann tatsächlich an Heiligabend 1968 während der Apollo-8-Mission. Als das Raumschiff der Amerikaner den Mond zum dritten Mal umkreiste, veränderte sich Frank Bormans Stimmung schlagartig. »Oh mein Gott!«, staunte der Kommandant, »seht euch dieses Bild an! Hier geht die Erde auf. Wow, ist das schön!« Das Crew-Mitglied Bill Anders machte schließlich genau das Foto, das später ikonisch wurde: das erste Foto eines Erdaufgangs über dem Mondhorizont. Bei der NASA trägt es den schlichten Titel AS8-14-2383HR. Weltweit wurde es allerdings unter dem poetischen Namen »Earthrise« bekannt. Zu sehen ist unsere Erde, aufgenommen aus dem Weltraum, eine bewölkte, blau-grüne Kugel, herrlich schön vor tiefschwarzem, unendlichem Hintergrund. Ursprünglich zeigte das Foto den Horizont vertikal, so wie die staunenden Astronauten im All jenen

Moment erlebt hatten. Für die irdischen Sehgewohnheiten drehte man das Ganze dann doch lieber um 90 Grad.[2]

Dieser Effekt war grandios: Für viele war nun offensichtlich, dass alle Menschen, unabhängig von Ethnie, Hautfarbe, Religion oder Herkunft, mitten hinein in dieses Bild gehören. »Auf diesem Planeten gibt es nur eine Rasse: Menschen«, formulierte es Joel Friedman im Museum für Weltraumgeschichte. »Äußerlich mögen wir uns unterscheiden. Aber im Innersten sind wir doch alle gleich. Verwundbare, zerbrechliche Wesen, die sich nach Unerreichbarem sehnen.«

Die Idee der Menschheit hatte nun endlich ein stimmiges Symbol. Plötzlich war alles planetarisch. »Dieses großartige Bild wiegt alle Kosten für die Apollo-Mission auf«, so der Biophysiker John Platt. »Es veränderte unser Verhältnis zur Erde und zu uns selbst. Ich sehe darin einen Meilenstein der menschlichen Exploration.«[3] Auch der Philosoph Günther Anders erkannte in »Die Selbstbegegnung der Erde«, dass das eigentliche Großereignis »nicht das Ziel, sondern der Ausgangspunkt, nicht der Mond, sondern die Erde« war.[4] Das Foto war ein Wendepunkt in der Geschichte der Selbsterkenntnis. »Earthrise« machte einen neuen »Welthorizont« fassbar, der die Bedeutungslosigkeit territorialer Grenzen unterstreicht.[5]

Die Entstehung des Fotos mit der emotional aufwühlenden Ikonografie ist einer Verkettung glücklicher Umstände zu verdanken. Der Impuls stammte von dem New-Age-Hippie Stewart Brand, der im Februar 1966 auf dem Dach seiner Wohnung in San Francisco ein wenig LSD einnahm. »Dort saß ich also, eingehüllt in eine Decke, in der kühlen Nachmittagssonne, und wartete auf meine Vision«, erinnert sich Brand an diesen Moment. »Ich dachte an Buckminster Fuller, der behauptete, dass die Quelle allen Übels darin besteht, dass die Menschen die Erde für flach halten.« Brand fragte sich, warum es eigentlich noch kein Foto der ganzen Erde gab.[6] Wie Fred Hoyle zwanzig Jahre zuvor erahnte Stewart Brand zumindest die gewaltige Energie, die ein derartiges Bild entfesseln könnte. »Niemand würde die Dinge danach noch in der gleichen Weise wahrnehmen.« Am nächsten Tag druckte er Aufkleber und Poster und verteilte diese vor der University of California, Berkeley: »Why haven't we seen a photograph of the whole earth yet?«, stand darauf. Er betrieb das Ganze wie eine Kampagne, verschickte Aufkleber an NASA-Mitarbeiter, an Kongressmitglieder, an Politiker in der ganzen Welt. Seine öffentlichen Aktionen erregten großes Aufsehen und wurden zunächst misstrauisch beäugt. Sogar der Geheimdienst observierte Brand. Am Ende sollte er recht behalten: Kein anderes Foto erzielte jemals mehr Aufmerksamkeit.

Wie vorhergesagt, veränderte »Earthrise« die Sichtweise der Menschheit. Mitten im Space Age entstand eine soziale Bewegung, die unsere Beziehung zum Planeten maßgeblich änderte. »Als die Apollo-Astronauten zur Erde zurückkamen, hob die Umweltbewegung ab«, so Robert Poole, Autor des Buches »Earthrise«.[7] So kam eine große Idee in die Welt. »Bei all den Argumenten für und wider eine Reise zum Mond hat niemals jemand den Vorschlag gemacht, einfach zur Erde zurückzusehen«, so der Space-Shuttle-Astronaut Joseph Allan. »Aber das war in der Tat der wichtigste Grund für diese Reise.«[8]

Die Mondlandung war zweifelsohne eine technologische Glanzleistung. Aber erst das Foto vom Erdaufgang führte die Menschheit auf eine neue Reise und erzeugte anhaltende Nachdenklichkeit. Trotz der vielen Varianten von »Earthrise« und der dekorativen Nutzung des Motivs in der Werbung hat sich die besondere Wirkung bislang kein bischen abgeschwächt. Nichts von seiner Herrlichkeit ging verloren.[9] Noch immer ist es das Porträt einer Geliebten – und zwar mit einer starken Botschaft. »Wir sind so verloren im Weltraum«, sinniert auch der europäische Astronaut Thomas Reiter. »Daher sollten wir überlegen, wie wir unser Raumschiff, die Erde, besser behandeln.«[10] Stewart Brand gilt zu

Recht als einer der einflussreichsten Menschen des späten 20. Jahrhunderts.[11] In gewisser Weise stand seine Kampagne in der Tradition der Lebensreformer auf dem »Monte Verità«, denn auch er wollte neues Denken und neues Handeln praktisch verbinden. Brand wählte das ikonische Bild schließlich für seinen einflussreichen »Whole Earth Catalogue«. Immerhin galt Steve Jobs dieser gedruckte Katalog als eine Art umfassende Suchmaschine und damit als Vorläufer des World Wide Web.[12]

Inspiriert durch das Foto beschäftigten sich immer mehr Menschen mit den Nebenfolgen ihrer fortschritts- und technologiegetriebenen Wirtschafts- und Lebensweise. Um die Begrenztheit planetarischer Ressourcen sowie das Übermaß technologiegetriebener Umweltveränderungen auf den Punkt zu bringen, prägte der Nobelpreisträger Paul Crutzen den Begriff des Anthropozäns für das neue Zeitalter.[13] Anthropozän meint: Die menschengemachten Auswirkungen auf Umwelt und Gesellschaft sind bleibend, die Wirkung aller bisherigen Gegenmaßnahmen ungewiss.

Doch damit ist die Geschichte des berühmten Fotos längst noch nicht auserzählt. »Earthrise« führte uns den eigenen Planeten eindringlich in seiner Einzigartigkeit, Begrenztheit und Verletzlichkeit vor Augen. Seit Kopernikus im »Collegium Maius« lehrte, dass wir Erdlinge keinesfalls Mittelpunkt des Universums sind, sprechen wir von der kopernikanischen Wende. Paradoxerweise war gerade »Earthrise« verantwortlich für eine anti-kopernikanische Wende. Denn auf einmal war der Planet als Schutzobjekt und kosmische Heimat entdeckt, und die Menschheit fiel in eine Art geozentrisches Weltbild zurück. »Auf einmal dreht sich wieder alles um diesen unbedeutenden Gesteinsklumpen in den Außenbezirken einer gewöhnlichen Galaxis«, so Hans-Arthur Marsiske.[14]

Ähnlich sah das bereits der Apollo-11-Astronaut Michael Collins. »Ich unterstelle, dass wir emotional noch immer einer vorkopernikanischen Perspektive, einer ptolemäischen Weltsicht, anhängen«, schreibt er in seiner Biografie »Carrying the Fire«. »Wir unterstellen immer noch, dass die Erde der Mittelpunkt von allem ist.«[15] Unsere alltägliche Erfahrung gleicht noch immer der unserer Vorfahren, die vor Hunderten von Jahren gelebt haben: Die Sonne geht auf, die Sonne geht unter. Wie aber sollen neue Zivilisationsformen entstehen, wenn die Menschheit im erdgebundenen Denken verharrt? Um die Richtung unseres Denkens zu ändern, braucht es wohl mehr als nur ein einziges Bild. Vielmehr ist ein Perspektivwechsel notwendig. Auch hier kann die Raumfahrt als Vorbild dienen.

METEORITENEINSCHLAG IM DENKEN

Auf der Raumstation ISS gibt es die sogenannte »Cupola«, ein Modul, das fast vollständig aus Fenstern besteht und meist der Erde zugewandt ist. Von diesem Entspannungsort aus bieten sich atemberaubende Ausblicke, weshalb die Astronauten gern von »Earthgazing« sprechen. »Die dünne Atmosphäre sieht aus wie eine Kontaktlinse«, so der Astronaut Scott Kelly, »die aufgrund ihrer Zerbrechlichkeit unseres Schutzes bedarf.«[1] In diesem Staunen, aber auch in ihrer Sprachlosigkeit gleichen sich die meisten Raumfahrer. Das Außergewöhnliche in Worte zu fassen ist schwer. Der ESA-Astronaut Ulf Merbold gibt zu, dass sich der Blick aus einem Raumschiff »mit Sprache nur defizitär beschreiben« lässt.[2] Und der ESA-Astronaut Thomas Reiter erzählt, dass er sich bei seinen Außenbordeinsätzen fragte, »wie wohl Antoine de St. Exupéry dieses Erlebnis beschrieben hätte«.[3]

Zumindest lässt sich das ein wenig erahnen. Denn immerhin schwärmte der Fliegerpoet in »Wind, Sand und Sterne« über das Flugzeug als empfindliches Erkenntnisgerät. »Ihm verdanken wir die Entdeckung des wahren Gesichts unserer Erde«, so der Dichter. »Wir beurteilen den Menschen mit Weltraumperspektive. Das

Fenster am Führersitz ist die Linse eines Mikroskops, und mit neuen Augen lesen wir darin die Weltgeschichte.«[4] Zwar blicken Astronauten tiefer als jemals zuvor in dieses Mikroskop hinein, dennoch fehlten ihnen meist schlicht die Worte. Astronauten werden für viele Eventualitäten trainiert, aber Erfahrungen in Worte zu kleiden gehört nicht dazu. Testpiloten werden nicht unbedingt dafür ausgebildet, über eigene Gefühle zu sprechen. Gleichwohl vermitteln Astronauten üblicherweise gern frohe Botschaften. »Man wird nicht nur da hochgeschickt, um zu zeigen, dass es möglich ist«, so Thomas Reiter, »sondern man hat auch Freude daran, diese Erfahrungen mit möglichst vielen Menschen zu teilen.«[5] In diesem Sinne wirbt auch die Webseite »Fragile Oasis« für das Motto »Connecting Space and Earth: Learn. Act. Make a Difference«.[6]

Weltraumflüge sind eine moderne Metapher für den Weg zu einem höheren Bewusstsein, also zu einer ganzheitlichen Wahrnehmung, die physische, mentale und spirituelle Aspekte unserer Existenz integriert. Die besondere Haltung von Astronauten und Kosmonauten, die aus dem Wechselspiel zwischen äußerer Erfahrung im All und innerer Wandlung resultiert, wird meist Overview-Effekt genannt. Nach einem Overview identifizieren sich Weltraumfahrer mit einem größeren System. Je nach Vorlieben und Kultur erkennen sie das Absolute, das Universum oder Gott. Weltraumflüge ermöglichen daher einen radikalen Perspektivwechsel – das ist der Inhalt der Flaschenpost, die Astronauten und Kosmonauten seit Jahrzehnten an alle richten, die versuchen, über ihr eigenes, zeitlich und intellektuell begrenztes Leben hinauszublicken. Die Flaschenpost enthält eine Botschaft, die Distanz zum Alltag und damit Klarheit schafft.

Der Weltraumphilosoph Frank White wollte es genau wissen und öffnete als Erster die Flaschenpost, indem er zahlreiche Astronauten und Kosmonauten über deren Ausnahmeerlebnisse befragte.[7] Zwei Dutzend Menschen flogen bislang zum Mond, zwölf »Moonwalker« betraten den Erdtrabanten.[8] »Man merkt, dass dieses kleine blau-weiße Ding alles ist, was jemals etwas für einen bedeutete«, so der NASA-Astronaut Russell Schweickart. »Und dann merkt man aus dieser Perspektive, dass man sich verändert hat, dass etwas Neues da ist und dass sich die Beziehung zur Erde verändert hat.«[9] Fast übereinstimmend berichteten die Apollo-Astronauten von einem Gefühl der Einheit sowie der fundamentalen Einsicht in die Ganzheit des Daseins.

Im Kern ist der Overview-Effekt eine starke und nachhaltige kognitive Verschiebung des Bewusstseins – eine Art Meteoriteneinschlag im Denken. Positive und negative Aspekte werden dabei zeitgleich wahrgenommen. Dichter, Philosophen und Psychologen sprechen üblicherweise vom Gefühl der Erhabenheit. »Die absolute Schönheit des Planeten aus dieser Perspektive zu erleben«, erinnert sich der Astronaut Ron Garan nach einem Außenbordeinsatz auf der ISS, »war ein tiefes und berührendes Erlebnis.«[10] Im gleichen Atemzug erwähnt er, wie ihm alle nur denkbaren Verletzungen auf der Erde in den Sinn kamen: Hunger, soziale Ungerechtigkeit, Konflikte. Der Overview-Effekt hebt den Gegensatz zwischen der Schönheit des Planeten sowie der Schicksalhaftigkeit menschlichen Lebens auf dessen Oberfläche klar und deutlich hervor. Es ist ein Blick auf schützenswertes Leben.

Gerade einmal achteinhalb Minuten dauert es vom Start auf der Erde bis zum eigentlichen Beginn eines Weltraumerlebnisses. Beim Main Engine Cut Off (MECO) werden die Triebwerke in der Umlaufbahn im Orbit abgeschaltet, von nun an herrscht Schwerelosigkeit – ohne die der Overview-Effekt nur halb so intensiv wäre. Es ist kaum möglich, Schwerelosigkeit zu verstehen, bevor man sie erlebt hat. »Wir alle verstehen, was Gravitation ist«, so die Astronautin Sandy Magnus. »Aber wir haben nicht wirklich eine Vorstellung davon, bis wir zurück aus dem All sind und diese schrecklichen Kräfte erleben, die versuchen, uns in Grund und Boden zu drücken. Das ist eine komplett andere Form von Wissen.«[11] Es gibt keine wirklich angemessene Möglichkeit, Astronauten – oder zukünftige Weltraumtouristen – auf dieses Erlebnis vorzubereiten. Experimentelles Wissen – also Ausprobieren unter meist überraschenden Praxisbedingungen – macht den Overview-Effekt vergleichbar mit utopischen Momenten. Der kanadische Astronaut Marc Gerneau verglich ihn gar mit einem Traumerlebnis.[12] Und Charles Walker erkannte im Weltall nicht nur einen Ort, sondern vor allem »eine allumfassende Erfahrung«.[13]

Für viele Astronauten hatte die Perspektive auf die fragile Erde eine intensive transformierende Wirkung. Der distanzierte Blick aus dem All erzeugte Mitleid mit dem Planeten, gleichzeitig aber auch ein profundes Verständnis der Zusammenhänge des Lebens und dazu einen Impuls der Fürsorge für die irdische Umwelt.[14] Diese gesteigerte Empathiefähigkeit macht den Overview zu einer äußerst starken Botschaft. »Man realisiert, dass wir auf dem Planeten mehr Dinge gemeinsam haben und dass diese grundlegender sind als alle Unterschiede in Hautfarbe, Religion oder ökonomischen Systemen.«[15] Wer die Flaschenpost aus dem All öffnet, erkennt sich selbst als Mensch, dessen Aufgabe in weltverändernden Tätigkeiten jenseits der eigenen Komfortzone besteht. »Und doch«, so der Astronaut Ron Garan resigniert, »haben wir es bislang nicht getan.«[16]

Der Apollo-14-Astronaut Edgar Mitchell erlebte das Verlassen der Komfortzone sogar als Erweckungserlebnis. »Es war eine Explosion des Bewusstseins«, so Mitchell, »ein Aha-Erlebnis, ein WOW!«[17] Nach seiner Rückkehr zur Erde ordnete Mitchell seine Erlebnisse mittilfe von Experten ein. Wissenschaftler erklärten ihm, dass er ein »savikalpa samadhi« gehabt hätte, eine Form der Bewusstseinserweiterung, bei der sich das Ego auflöst und die verbindende Kraft hinter allem sichtbar wird. Für Mitchell verteilt sich Bewusstsein entlang einer Achse zwischen Individualismus und Universalismus. Im irdischen Alltag klumpt sich Bewusstsein meist am individualistischen Pol. »Das Mond-Erlebnis hat uns direkt zum anderen Pol katapultiert«, fasst Mitchell seine Extremerfahrung zusammen.

Inzwischen erleben Astronauten den Overview-Effekt routinierter, das WOW-Erlebnis ist Teil der Checkliste. Genau hierin liegt eine große Chance: Denn wenn der Overview-Effekt dabei hilft, Denk- und Handlungsblockaden aufzulösen, könnte er zukünftig stärker als Katalysator für soziale Transformationen genutzt werden. Allerdings nur, wenn der Effekt demokratisiert wird. Der Visionär Buckminster Fuller, »dessen Atelier der Planet Erde ist, dessen Materialien die Mysterien des Universums sind, dessen Motivation die Liebe ist, dessen Berechtigung in der Vision einer Hoffnung gründet, die die Zukunft der Menschheit zum Gegenstand hat« (wie ihn einer seiner Kollegen liebevoll beschrieb),[18] wies unermüdlich darauf hin, dass die Erde ein »natürliches Raumschiff« ist und wir bereits alle Astronauten sind.[19] Die Erde war nicht mehr länger Natur, sondern ein »riesenhaftes Artifizium«, so der Philosoph Peter Sloterdijk, der sich als einer der wenigen an einer Philosophie der Weltraumexploration versuchte und die Erde neu definierte. »Sie war keine Basis mehr, sondern ein Fahrzeug.«[20]

Welchen Overview-Effekt können wir also an Bord unseres Vehikels erleben? Wissen wir überhaupt, wie störungsanfällig unser Raumschiff ist? »In diesem Gefährt fallen keine Sauerstoffmasken automatisch von der Kabinendecke, sollte der ›unwahrscheinliche Fall‹ einer Luftverknappung eintreten.« Es gibt keinen Fallschirm, der die Angst vor dem Absturz mildern könnte. Unser Fallschirm ist einzig und allein unsere Fähigkeit zu utopischem Denken.

Zum Glück gibt es Aha-Erlebnisse, die in ihrer Wirkung dem Overview-Effekt gleichen. So schildert bereits der Naturkundler Joseph Hooker 1839 erhabene Gefühle beim Anblick des Viertausenders Mount Erebus, eines Vulkans in der Antarktis. »Uns flog ein Schauer der Ehrfurcht an, der umso deutlicher empfinden ließ, wie klein und unbedeutend wir letztlich sind.«[21] Auch der mitgereiste Handwerker Cornelius Sullivan schwärmte beim Anblick einer gigantischen Wand aus Eis. »Ich verharrte einige Sekunden bewegungslos, bis ich wieder Worte fand. Wie gern wäre ich in diesem Augenblick Kunstmaler oder Zeichner gewesen und nicht Schmied und Waffenmeister.«[22] Im Alltag überkommt uns hin und wieder ein Schauder der Erkenntnis, wenn wir zu bestimmten Anlässen den Fluss der Zeit und damit die eigene Vergänglichkeit spüren, wenn wir uns von Wahrnehmungen wie Weite oder der Auseinandersetzung mit Neuem ergriffen fühlen. Ehrfurcht lässt Menschen gleichzeitig Unermessliches und Unbegreifliches erleben. Ehrfurcht macht uns bescheidener, hilfsbereiter, kreativer und großzügiger. Sie macht uns mehrdimensional – oder wie Goethe es ausdrückte: »nach allen Seiten hin ein Mensch«.[23]

Selbstverständlich darf auch nachgeholfen werden. Um zum Beispiel das Gefühl der Schwerelosigkeit auszukosten, bieten Firmen sogenannte Zero-G-Flüge an, bei denen für Momente die Gravitation außer Kraft gesetzt wird. Für rund 7000 Euro pro Passagier fliegen umgerüstete Linienflugzeuge Parabeln in den Himmel, an deren oberem Scheitelpunkt die frei umherschwebenden Passagiere einen Hauch von »Space Odyssee« am eigenen Körper verspüren. Die so erzeugte Schwerelosigkeit dauert 10 bis 20 Sekunden pro Durchgang. Seit 2015 nutzt das Deutsche Luft- und Raumfahrtzentrum (DLR) einen Airbus 310 auf diese Weise zur Simulation von Schwerelosigkeit. Davor diente der Flieger unter dem Namen »Konrad Adenauer« der Flugbereitschaft der Bundesregierung. Selbst das Genie Stephen Hawking leistete sich 2007 ein paar Minuten freies Schweben in einem ausgepolsteren Flugzeugrumpf. Während Hawking aufgrund der Krankheit ALS im irdischen Alltag auf einen Rollstuhl angewiesen ist, schwebte er beim Parabelflug breit grinsend in der Kabine des »Kotz-Bombers« (»Vomit Comet« bei der NASA), wie die Spezialflugzeuge nicht ohne Grund genannt werden – nicht alle Passagiere vertragen die Schwerelosigkeit. »Es ist fantastisch«, so der Physiker und Kosmologe euphorisch: »Weltraum, ich komme!«[24]

Für den Perspektivwechsel braucht es jedoch nicht immer das ganz große Besteck. Letztlich können im Alltag selbst triviale Erfahrungen wie die Überwindung von Bordsteinkanten als Erkenntnisbeschleuniger dienen. »In solchen Momenten sieht man alles in größeren Zusammenhängen«, so die seit einem Sportunfall querschnittgelähmte Bahnrad-Olympiasiegerin Kristina Vogel. »Deshalb träume ich davon, in einer Welt zu leben, in der nicht jeder nur an sich selbst denkt.«[25] Auch die Aurovillians machten in Indien gleich serienweise Overview-Erfahrungen. Der Pionier Alan Herbert erinnert sich zum Beispiel, wie er eines Tages durch die Landschaft wanderte und dabei eine Art von umfassender Einsicht verspürte. »Plötzlich war der Wald mehr als nur die Summe seiner Bäume. Ich spürte, dass er ein lebendes Wesen war, mit seinem eigenen Rhythmus, seiner eigenen Weisheit.«[26]

Um große Zusammenhänge zu erkennen, lassen wir uns inzwischen immer häufiger und intensiver von Technik unterstützen. Das Hubble-Teleskop wurde entworfen, um das beobachtbare Universum zu untersuchen. Selbst Wettersatelliten ermöglichen indirekte Overview-Erfahrungen. Vor 1958 konnte kein noch so machtvolles menschliches Wesen wissen, welches Wetter sich am Folgetag auf der Erde zusammenbraut – abgesehen von eher lokalen Prognosen. Inzwischen katalogisieren Satelliten die Erde mit ihren Sensorsystemen, liefern große Mengen an Echtzeitdaten und vermitteln jeden Abend beim Anblick der Wetterkatte ein fast schon selbstverständliches Überblicksgefühl. Raumsonden und Roboter sind unsere erweiterten Hände, Körper oder Scouts. Allein aufgrund der Messungen der Kepler-Sonde wissen wir, dass es schätzungsweise über 40 Milliarden erdähnliche Planeten in unserer Galaxie gibt.[27] »Mission für Mission, Stück für Stück«, schreibt der Physiker und Wissenschaftsjournalist Brian Cox in »Wonders of the Solar System«, »haben wir gelernt, dass unsere Umwelt nicht auf der Oberseite unserer Atmosphäre aufhört.«[28]

Der Overview-Effekt ist zudem eine großartige Möglichkeit, intuitiv neue Zusammenhänge zwischen Natur und Kultur zu erkennen. »Oben im All lernt man auf sehr direkte Weise«, so der ESA-Astronaut Thomas Reiter. »Auf der Erde dauert es sehr lange, bis die Menschen das verstehen.«[29] Als Katalysator des Bewusstseinswandels für eine bessere Problemlösungskomptenz hilft die Flaschenpost aus dem All, elementare Einsichten zur Notwendigkeit des Handelns jenseits intellektueller Fakten zu gewinnen und Perspektivwechsel greifbarer zu machen.

Gerade deshalb ist Weltraumexploration kein rein technologisches Unterfangen, sondern ein fortwährender Dialog mit der Menschheit. Ob Zivilisationswandel gelingen kann, wird auch davon abhängen, wie diese Form der Erkenntnisbeschleunigung etabliert und gefördert wird. Trotz Fernreisen, Massentourismus und Google Maps sind wir im Prinzip provinzielle Dörfler geblieben. Noch führte kein Zivilisationstest dazu, unser Vorstellungsvermögen für notwendige Veränderungen ausreichend zu dehnen. Erstmalig zwang uns die Corona-Pandemie eine radikal neue Perspektive geradezu auf. Auch deshalb kann man Corona als kognitiven Fast-Track verstehen: als epistemologische Überholspur im Alltagslabor der Menschheit. Dabei sollten wir es nicht bewenden lassen.

POESIE DER HOFFNUNG –
AUSBLICK AUF NEUE UTOPIEN

Für die 34-jährige Sahra bint Yousif Al-Amiri bahnte sich am 9. Februar 2021, um exakt 16 Uhr 42 mitteleuropäischer Zeit, das vorläufige Ende ihrer ambitionierten Odyssee als Weltraumforscherin an. Die ganz in Schwarz gekleidete Visionärin und wissenschaftliche Leiterin der »Emirates Mars Mission« berichtete in einer Online-Konferenz aus dem »Mohamed bin Rashid Space Center« aus Dubai.[1] Am 20. Juli 2020 war die Marssonde »Al-Amal«, arabisch für Hoffnung, vom Tanegashima-Weltraumbahnhof in Japan gestartet. Weltweit bekannt wurde die Sonde unter dem englischen Namen »Hope«. 2014 hatte der Emir von Dubai, Muhammad bin Rashid Al Maktum, anlässlich des 50. Jahrestags der Emirate eine Marsmission vorgeschlagen.[2] Weniger als sechs Jahre also, um den Wüstenstaat zu einer Raumfahrtnation zu machen – New Space im Turbogang.

So wie sich Saudi-Arabien mit seiner Techno-Utopie »Neom« auf eine post-fossile Zukunft vorbereitet, erhoffen sich auch die Golfstaaten mit dem Marsprojekt den Wandel vom Ölimperium zur wissensbasierten Wirtschaft.[3] Das Projekt zeigt exemplarisch, welche Hoffnungen durch Weltraumfahrt geweckt werden können. Für den Missionsmanager Imran Sharaf ist das Motiv für die Mission weniger Technik, sondern ein Perspektivwechsel für die nächste Generation: »Es geht nicht um Stolz, es geht um unsere Zukunft.«[4] Nach 40 Minuten Zittern und Bangen im Raumfahrtzentrum war klar, dass die Vereinigten Arabischen Emirate nun zur Liga der Nationen gehören, die gemeinsam eine Zivilisation auf dem Mars aufbauen werden. Die Sonde von der Größe eines Kleinwagens landete unversehrt auf der Marsoberfläche. Al-Amiris Traum wurde Wirklichkeit.

Auch wenn es zunächst nur darum geht, Klimadaten zu sammeln, hat die Marsmission erhebliche Symbolkraft. Mit »Hope« gelang es den Emiraten als erster arabischer Nation, erfolgreich eine Raumsonde in Richtung Mars zu schicken und dort zu landen. Die Daten der Sonde werden weltweit mehr als 200 Hochschulen und Institutionen zur Verfügung gestellt. Kritiker sehen darin zwar auch ein Ablenkungsmanöver von der desaströsen Menschenrechtslage am Golf. Gleichwohl macht die Mission Hoffnung auf eine inspirierte Jugend, bereit und fähig dazu, an einer friedlichen und besseren Weltordnung mitzuwirken. Damit ist die Mission eine von vielen Möglichkeiten, der nächsten Generation die Poesie der Hoffnung nahezubringen.

Denn möglicherweise leben wir gerade am Beginn eines neuen Zeitalters, ohne es zu bemerken. In einem Gedicht von Sri Aurobindo, einem der Gründer von »Auroville«, heißt es: »Eine Reise beginnt auf einer nicht ausgewiesenen Straße. Ich bin ein Vertreter einer hoffungsvollen Welt.«[5] Die Hoffnung auf Neubeginn war der zentrale Impuls des kosmopolitischen Weltlabors in Südindien. Auch Folgeprojekte starteten aus Neugier und mit der Geste der Grenzüberschreitung. So unterschiedlich real-utopische Experimente auch sind, die zentrale Hoffnung besteht stets darin, dass es besser wird oder zumindest das Schlimmste nicht eintrifft.[6]

Um jedoch das Neue in die Welt zu bringen, genügte es noch nie, das Alte aufzugeben. Das allein erklärt, warum die Odyssee der Menschheit so viele unterschiedliche äußere Formen annehmen kann: Post-nationale Habitate auf künstlichen Inseln, nachhaltige Unterwasserstädte, intentionale Gemeinschaften, eskapistische Refugien, techno-utopische Enklaven oder gar multiplanetarische Kolonien – alle diese Varianten des Wunschlands sind Manifestationen einer einzigen Hoffnung auf Neubeginn. Jede einzelne Version stellt die Frage nach der Rolle des Menschen neu. Sind wir letztlich nur »die schädlichste Art von kleinen scheußlichen Ungeziefern«, wie es Jonathan Swift 1762 gehässig in »Gullivers Reisen« beschreibt?[7] Oder sind wir Werkzeuge der Veränderung, wie es die neuseeländische Schriftstellerin Keri Hulme über 200 Jahre später – doch um einiges hoffnungs- und liebevoller – auf den Punkt bringt: »Herz, Muskel und Geist von etwas Gefährlichem und Neuem«.[8] Der Blick auf die Hinterbühne realer Utopien lehrt uns, dass dort altbekannte Widersprüche anzutreffen sind, wo eigentlich das Neue erwartet wurde, eine Serie von Niederlagen, wo Siege erhofft wurden. Zeit für neue Wahrheiten, die Zugluft entstehen lassen.

ZWISCHEN UTOPIEMÜDIGKEIT UND UTOPIELUST

Das Monster der Bodenlosigkeit erzeugt Unordnung, Neurosen oder gar Angst. Doch Angst ist kein guter Ratgeber, sie versperrt dem Neuen den Zugang zur Welt. Angst »ist ein Resonanzkiller«, so der Soziologe Hartmut Rosa, »sie verhindert, dass wir einen Zugang zur Welt um uns herum aufbauen können.«[1]

Vielleicht war es daher eher kontraproduktiv, dem Monster der Bodenlosigkeit wohlklingende Namen wie Fortschritt oder Wachstum zu geben. Die fortschreitende Selbstzerstörung der Menschheit lässt wenig Raum, angstfrei an eine bessere Welt zu glauben. »Die letzte Epoche der Utopie hat begonnen«, so auch Roger Willemsen in seiner Rede »Wer wir waren«, »und wie alle Ressourcen wird auch die Zukunft knapp. Am Ende aller Berechnungen ist sie eben keine gänzlich Unbekannte mehr. Was kommt, kommt dann nicht als Utopie, sondern als Spekulationsobjekt der Realpolitik.«[2] Vielleicht sind wir deshalb eher in der Lage, Dystopien zu entwerfen, die die Missstände unserer Gesellschaft lustvoll auf die Spitze treiben? Zweifelsohne sind Klagen einfacher hervorzubringen als konstruktive Lösungsvorschläge. Welche Möglichkeiten zwischen Utopie und Dystopie bleiben da noch?

Buckminster Fuller sprach sich dafür aus, entweder Utopien zu erschaffen oder dafür zu sorgen, dass alle alles vergessen. Zumindest liefern zahlreiche literarische Dystopien Vorlagen für Einschläferungsmethoden. In »Schöne neue Welt« zeigt Aldous Huxley, wie Menschen mit der Droge »Soma« auf ein kollektives Ziel hin konditioniert werden. Um zu vergessen, dass es auch alternative Lebensformen gibt, braucht es immer neue Sedativa. Um zu vergessen, müssen Menschen utopiemüde gemacht werden. In »Jonestown«, einer realen Dystopie, wurde Mitte der 1970er-Jahre eine radikale Gemeinschaft gegründet, die auf rigiden totalitären Strukturen aufbaute. Ihr Gründer, Jim Jones, herrschte uneingeschränkt. Die Siedlung war hermetisch abgeschlossen, bewaffnete Wärter sorgten für eiserne Disziplin. Zur Einschüchterung wurde ein Lautsprechersystem installiert, mit dessen Hilfe Jones mantraartig seine Ideologie propagierte. Wenn er nicht selbst sprach, kam die Stimme des Übervaters permanent vom Band. Die Geschichte von »Jonestown« endete 1978 mit einem dramatischen Massensuizid, bei dem 909 Menschen den Tod fanden.

»Lautsprechersysteme«, die Menschen zu kopierten Existenzen erziehen, finden sich allerdings überall: Soziale Medien, die Konsumgesellschaft, das politische Spektakel oder die Ästhetisierung von Lebensstilen weisen zumindest in diese Richtung. Im Kontext dieser Einflüsterungen des Besseren fällt es immer schwerer, sich das andere überhaupt noch vorzustellen. Es ist ja auch viel einfacher, sich anzupassen, als derart an einer realen Utopie zu arbeiten, dass dabei Ungewissheit zugelassen wird. Diese Zurückhaltung ist verständlich, denn Utopien fordern moralisch heraus. »Die Utopie ist eine vollkommene Welt, und die Wirklichkeit gewordene Vollkommenheit duldet keine Diskussion, keinen Kompromiss, keinen Vergleich mit der Unvollkommenheit«, mahnt der Kulturhistoriker Georges Minois. »Ihre Anwendung muss vollständig und intolerant sein.«[3] Weil Utopien meist als ideologisch und räumlich geschlossene Gebilde konzipiert sind, »kann es keine teilweise, sondern nur eine totale Verwirklichung ihrer Ordnung geben«.[4] Utopien sind besitzergreifendes Begehren. Sie vereinnahmen voll und ganz. Die utopistische Tugend muss begehrt und gelebt werden. Alles oder Nichts. Entweder-Oder.

Das erklärt auch das Versagen real-utopischer Experimente, die ihren eigenen Ansprüchen nicht gerecht werden, weil überzogene ideologische Ansprüche zu Verkrampfungen und Ersatzhandlungen führen. Bei den meisten Fallbeispielen in diesem Buch ist die Gefahr utopischer Selbstüberforderung greifbar zu spüren: In »Auroville« wurde nach kosmischer Einheit gesucht; tatsächlich etablierte sich dort ein auf Ausbeutung basierendes Dienstbotensystem. »Fordlândia« sollte zur Entwicklung der Amazonasregion beitragen; doch das Misstrauen zwischen den Kulturen entlud sich schließlich gewaltsam. Urbanisierungskonzepte wie »Levittown« oder »Celebration« wollten friedliche und überschaubare Welten schaffen und glitten doch in Rassismus und Kommerz ab. Diese Art des Scheiterns lässt sich nur durch Mythenbildung oder Ideologisierung aushalten, beides Ablenkungsmanöver, die das Denken in eine gewünschte Gegenrichtung zwingen. Ideologien und Erlösungstheorien sind intellektuelle Waffen im Ideenkampf, und wie jede Waffe wirken sie destruktiv. Im Alltag wissen alle, dass es keine totale Gesundheit, keine totale Sicherheit und keine totale Gerechtigkeit geben kann. Wer dennnoch solche Versprechungen macht, betreibt »Magie«.[5] Aber augenscheinlich wurde diese immer wieder nachgefragt.

Reale Utopien scheitern auch deshalb, weil politisches Engagement fast ausschließlich fragmentiert stattfindet. Utopielust zeigt sich höchstens als Engagementform in der Freizeit oder als abgrenzbares Projekt. Wer heute noch utopisch denkt, tritt für vieles ein, aber nicht für alles gleichzeitig. Entweder Umweltschutz oder soziale Gerechtigkeit. Entweder Engagement für Geflüchtete oder neue Energien. Eigentlich könnte utopisches Denken dort beginnen, wo das Verbindende zwischen vernetzten Themen sichtbar gemacht wird. Denn niemand entwirft Utopien für sich allein – vielmehr setzen sie einen gemeinsam geteilten Orientierungsrahmen voraus.

So paradox es klingt: Es mangelt gerade nicht an Engagement und Utopielust, sondern an zusammenhängenden und konsensfähigen Modellen des Zivilisationswandels. Während sich Projekte irgendwie realisieren lassen, schwingt bei einer Utopie die Möglichkeit des Scheiterns immer gleich mit. »Man sollte die Insel Utopia gar nicht finden«, erinnert Hans-Joachim Gögl, der seit 2003 die »Tage der Utopie« organisiert, an die wörtliche Bedeutung des Begriffs Utopie.[6] Im Engagement kann man sich zumindest noch selbst finden, zudem verspricht es soziale Anerkennung. Mit dem Risiko des Scheiterns utopischer Projekte umgehen zu können erfordert jedoch, sich selbst nicht ganz so ernst zu nehmen.

Mit einem so einfachen wie eindringlichen Beispiel erläutert der argentinische Journalist Martín Caparrós, wie wir uns Utopiemüdigkeit vorstellen können. In seinem Reportagebuch über die Ursachen und Folgen des Hungers im globalen Maßstab erzählt er von einer Begegnung mit einer armen, alleinerziehenden Frau in Indien: Sie hatte vier Kinder, ihr einziger Besitz war eine Kuh. Als Caparrós sie fragte, wie sie sich ein ideales Leben vorstellt, wünschte sie sich statt einer zwei Kühe. Für die indische Frau geht es um das nackte Überleben. Zwei Kühe sind dann schon fast Luxus, aber eben keine Utopie.[7]

Caparrós' Anekdote lehrt, dass Utopiemüdigkeit im Extremfall bedeutet, sich gar keine andere Welt mehr vorstellen zu können. Utopiemüdigkeit ist der vollkommene Verlust des Grundvertrauens in die Veränderbarkeit der herrschenden Zustände, eine Art Selbstbestrafung durch Selbstbeschränkung, eingegrabenes Denken, das keine Veränderungen zulässt. Utopiemüdigkeit bedeutet in seiner elementaren Form, sich selbst im Denken zu beschränken. Denken also, das flach wurzelt.

Die Geschichte von den zwei Kühen lässt sich zwar nur in Grenzen verallgemeinern, doch auf fast jedem sozio-ökonomischen Niveau wird Denken fast ausschließlich in Richung Wachstum trainiert. Aber wer das Bestehende verdoppelt, schafft weder das Neue noch das Utopische. Gleichwohl wenden alle das Prinzip Wachstum immer routinierter an, egal ob es sich um Umsatzzahlen, Mitgliedszahlen oder Klickzahlen im Internet handelt.

Weder Avantgarde noch Weltraumfahrt haben daran bislang viel geändert. Woran es mangelt, ist konjunktives Denken. »Ein Weltraumprogramm könnte einen Virus injizieren«, meint deshalb der ESA-Experte für Weltraumexploration Markus Landgraf. Dieser Virus wäre nützlich, um »hinter die eigenen Beschränkungen zu blicken, weiter als bislang. Er könnte helfen, eine neue Entwicklung zu beginnen.«[8]

Wahrscheinlicher ist es allerdings, dass im All die Fehler wiederholt werden, die bereits auf der Erde gemacht wurden. Das wäre dann kein Fortschritt, sondern Selbstbetrug. Immerhin Betrug, der sich bekannt anfühlt. Im Science-Fiction-Film »Ad Astra – Zu den Sternen« von 2019 reist ein Astronaut zum Planeten Neptun, um dort seinen verschollenen Vater in einem gestrandeten Raumschiff zu finden. Die Reiseroute verläuft über Mond und Mars als Relaisstationen. Als der Astronaut auf dem Mars ankommt, erkennt er nur bekannte Insignien der irdischen Kultur – einen DHL-Paketladen, Subway, Burger King. Die angeblich neue Welt, an der rein gar nichts neu ist, widert ihn an. »Man findet dort nur eine Kopie dessen, wovor wir weglaufen«, schimpft er. »Wir zerstören die Welten, die es geben könnte. Wir sind Weltenfresser.« Die Kopie des Bestehenden erzeugt zwangsläufig Utopiemüdigkeit. »Copy & Paste« allein macht noch keine Innovation. DHL und Subway auf dem Mars, das ist in etwa so, wie den »American Way of Life« mitten in den Amazonas zu transplantieren, wie es Henry Ford mit »Fordlândia« versuchte.

KOPIERTE EXISTENZEN ODER NEUE ROLLENMODELLE
Mash-ups, das Rekombinieren bereits bekannter Inhalte, sind eine beliebte Kulturtechnik, doch Utopie geht vollkommen anders. Noch im Zeitalter vor der praktischen Raumfahrt waren die Vorstellungen vom Leben im All fast durchweg naive »Komfortfiktionen«,[9] die sich aus dem speisten, was schon da war. 1951 veröffentlichte der schon erwähnte österreichische Chemiker und Schriftsteller Friedrich Hecht unter dem Pseudonym Manfred Langrenus einen fiktiven Bericht über eine Expedition zum Mond. Weil das Neue ja noch völlig unbekannt war, exportierte er die bekannte Lebenswelt der Heimat gedanklich auf den Mond. Während der Reise spekulieren die raumreisenden Österreicher eifrig über die bergsteigerischen Möglichkeiten der Kraterlandschaften auf dem Mond.[10]

Wird es auf dem Mars also tatsächlich anders werden? Im Science-Fiction-Klassiker »Weißer Mars« lästern die Protagonisten über die bereits abgeschlossene Besiedlung des Mondes. »Leider waren die Dummköpfe dort oben schon eifrig dabei, ihre Hotels, Supermärkte und Parkhäuser für Geländewagen hochzuziehen.«[11] Auf dem Mars, so die Befürchtung, könnte es noch schlimmer kommen. »Man darf den Leuten nicht gestatten, dort das Schlimmste anzurichten – etwa ihre hässlichen Bürogebäude, Parkhäuser und Imbissstuben zu errichten.« Wozu also weitermachen? Warum es weiter versuchen? Es gibt zumindest eine vorläufige Antwort auf diese Fragen. Wir dürfen nicht enttäuscht sein, wenn etwas Idealistisches – oder gar Utopisches – nicht gelingt. Stattdessen sollten wir lernen, unsere Ideale genauer zu definieren.

Damit Marskolonien eines Tages nicht wie verstaubte Kopien irdischer Orte aussehen, braucht es Utopielust. Voraussetzung dafür ist ein neuer Menschentyp: keine kopierten Existenzen, dafür mehrdimensionale Persönlichkeiten, deren Handlungsmotiv sich zu gleichen Teilen aus Kummer über die Zustände der Welt und Träumen über bessere Zukünfte zusammensetzt. Menschen, die Lust aufs ergebnisoffene Experiment mitbringen, statt sich ängstlich im Hamsterrad der Betriebsamkeit festzukrallen. Menschen, die Lust auf Kontemplation haben, denn »Utopien, Visionen, Zukunftsbilder entstehen in der Stille«, so der Kurator Hans-Joachim Gögl, »aus dem Nichts heraus, man muss Zeit dazu haben.«[12] Ähnlich argumentiert der Kulturwissenschaftler Thomas Macho. »Utopien brauchen Zeit, Gelegenheiten, den Mut zu Gedankenexperimenten, zum Ausprobieren, zur Kreativität, zum Spielerischen, auch zum Irrtum«, erklärt er. »Utopien müssen offen bleiben. Darin unterscheiden sie sich von totalitären Visionen.«[13]

Utopiemüdigkeit ist im Kern ein verkümmerter Möglichkeitssinn. Indem wir das große Gedankenexperiment wiederbeleben und demokratisieren, lässt sich Utopiemüdigkeit in Utopielust verwandeln. Mehr noch: Eigentlich müsste die Liebe zum avantgardistischen und anarchistischen Experiment Unterrichtsstoff sein. Auf dem ehemaligen Kreuzfahrtschiff »MW World Odyssee« wird dieses utopische Moment bereits gelebt. An Bord dieser schwimmenden Universität wird ein außergewöhnliches Bildungsprogramm angeboten, das in die Dauerweltreise des Schiffes eingebettet ist.

Utopielust erzeugt im besten Fall die Bereitschaft, alternative Dinge zu tun (»doing better things«) statt weiter an die Effizienzillusion zu glauben (»doing things better«). Gerechtigkeits-, Teilhabe- und Beteiligungsherausforderungen sind nicht-triviale Fragestellungen, die kaum technisch gelöst werden können. Die grundlegenden Innovationen des 21. Jahrhunderts müssen daher soziale und nicht technologische sein. Auch wenn sich der Masterplan einer multiplanetarischen Kolonialisierung kurzfristig um technologisch geeignete Transportfahrzeuge und lebenserhaltende Systeme drehen wird, sind es langfristig doch eher soziale, politische, kulturelle und ethische Herausforderungen, auf die es ankommen wird.

Angesichts des Zusammenspiels planetarer Krisen wie Klimawandel, Kriegen und Naturkastrophen plädiert der Soziologe Mike Davis daher für die Rückkehr zu explizit utopischem Denken.[14] Nur so werden wir es schaffen, die Mythen unserer Zeit zu hinterfragen. Um intelligent handeln zu können, sollten wir über Alternativen Bescheid wissen. Um die Zukunft zu veredeln, müssen wir endlich lernen, die Konsequenzen unseres eigenen Handelns – sowie die Konsequenzen des Handelns anderer – aufrichtig abzuschätzen. Wir müssen unterscheiden, worauf wir Einfluss haben, was wir kontrollieren können und was sich nur erdulden lässt. Um all das unterscheiden zu können, sollten wir uns an neuen Vorbildern und Rollenmodellen orientieren.

SINNFORSCHENDE STATT HELDEN GESUCHT

Vor allem in ihren jeweiligen Herkunftsländern wurden Entdecker als Helden verehrt. Hoch über der Bucht von Whitby, einem ehemaligen Fischerort an der Ostküste Yorkshires, steht eine überlebensgroße Bronzestatue, die den Seefahrer James Cook (1728–1779) darstellt. »For lasting memory of a great Yorkshire seaman«, ist auf dem Sockel zu lesen. Helden wie Cook trugen dazu bei, die letzten Geheimnisse unserer irdischen Welt zu entzaubern. Diese Traditionslinie setzte sich immer weiter fort. Lange Zeit gaben Astronauten das idealtypische Rollenmodell für den modernen Helden ab. Ihre Funktion bestand darin, beim Grenzübertritt ins All die Menschheit symbolisch zu repräsentieren. »Ich habe eine Welt gesehen, die so neu und unbekannt war«, erinnert sich der erste Mensch im All, der Kosmonaut Juri Gagarin, der sich der Bedeutung seines Fluges vollkommen bewusst war. »Der springende Punkt war nicht die Distanz, sondern das Prinzip. Zum ersten Mal wurde die Gravitation überwunden.«[15] Jahrzehnte vergingen, das Grundargument änderte sich kaum. Noch im 21. Jahrhundert sieht der Amerikaner Scott Kelly in Astronauten »das Surrogat der gesamten Menschheit«.[16]

Vielleicht liegt diese Deutung nahe, weil Wesen, die den Raum durchschreiten, traditionell in vielen Kulturen verehrt wurden. Engel, Himmelsbotschafter oder Himmelsgötter sandten Botschaften herab. Selbst Raumfahrzeuge und Weltraumprogramme wurden nach Göttern benannt: »Mercury« nach dem griechischen Gott der Kommunikation und »Apollo« nach dem Gott der Weisheit. Selbstverständlich kommt auch Science-Fiction nicht ohne Helden aus. Die Autorin Stefanie Janke erläutert, dass Perry Rhodan deshalb zu einer populären Identifikationsfigur wurde, weil er über einen klaren moralischen Kompass verfügt. »An reale Menschen ist das eher nicht angelehnt.«[17] Gerade deshalb funktionieren ja Heldengeschichten. Nicht nur im »Perriversum« dehnen Helden bestehende Grenzen stellvertretend für uns alle aus. Trotzdem verträgt sich der gottgleiche Heldenbegriff nicht länger mit der Utopie eines umfassenden Zivilisationswandels, bei dem es nicht um territoriale Eroberung, sondern um einen kulturellen Richtungswechsel gehen wird – dafür besitzen nur wenige Helden einen Kompass.

Selbst die Raumfahrt hat inzwischen ein Problem mit Helden. War sie am Anfang noch im sprichwörtlichen Sinne hochexplosiv, wirken die Missionen heute perfekt durchinszeniert. Raumfahrt ist längst kein technologisches »Randabenteuer« mehr, so Jesco von Puttkamer.[18] In Videoclips mit dem Titel »NASA Astronaut Moments« erzählen Weltraumfahrer ihre je eigenen Motivgeschichten. Wenn sie dabei von Fortschritt sprechen, geht es allerdings weniger um technologische Innovationen. Vielmehr haben sie einen kollektiven Reifungsprozess der Menschheit im Blick. Damit aber wird Raumfahrt die Funktion des kulturellen Kompasses zugeschrieben. Vielleicht ist es sogar die letzte Orientierungsmöglichkeit, über die wir noch verfügen, seit das Politische an Bedeutung und Vertrauen verloren hat? Zivilisationswandel braucht daher inspirierende Vorbilder und keine mutigen Helden. »Ein Land ohne Visionen hat eine Jugend ohne Perspektiven«, lautet die Grundgleichung von Puttkamers. »Und mit einer Jugend ohne Perspektiven hat ein Land keine Zukunft.«

Das Zeitalter der Heldenfiguren, vor allem der männlichen, neigt sich dem Ende entgegen. Trotz Mondlandung, Space Shuttle und Internationaler Raumstation ISS geht es auf unserer Odyssee kaum voran. Wenn Mars die Antwort ist, dann sind elementare Sinnfragen noch immer nicht abschließend beantwortet. Herkunft und Zukunft der Raumfahrt könnten kaum unterschiedlicher sein. Raumfahrt speist sich einerseits aus Menschheitsträumen und Sehnsüchten. Der Abenteuercharakter der Missionen war viele Jahrzehnte kaum zu übersehen. Die Zukunft der Raumfahrt wird hingegen auf einer transutilitaristischen und humanitären Daseinsphilosophie beruhen statt auf Technikfetischismus. Gleichwohl wurde diese Kulturdimension bislang noch nicht einmal in Ansätzen verstanden. Die neue Wette auf die Zukunft besteht darin, ob die sich zaghaft weiterentwickelnde Explorationsethik noch rechtzeitig einen umfassenden Bewusstseinswandel anstoßen wird. Raumfahrt ist daher für viele Befürworter eine »Metapher der Zukunft schlechthin«.[19]

Diese neue Ethik setzt auch eine neue Erzählung über die Zukunft voraus. »Dieses Narrativ muss inspirierend und mitreißend sein«, so Barbara Imhof, »dann braucht es keine Helden mehr.«[20] Wenn Raumfahrt eine kulturelle Pflichtaufgabe der Menschheit wird, dann ist die Zeit reif für kluge Sinnforscher statt kantiger Helden – ob Elon Musk und andere Weltraum-Gurus in diese Kategorie passen, muss sich noch zeigen. »Im Ureigenen ist Raumfahrt nicht eine ingenieurwissenschaftliche Disziplin«, so selbst Jesco von Puttkamer, der rund 50 Jahre für die NASA arbeitete, »sondern ein gesamtgesellschaftliches Phänomen und Agens kulturellen Wandels und Wachstums.«[21] Auch der Weltraumforscher Krafft Ehricke erkannte früh, dass die »raumtechnischen Ziele« die »sozialen Nutzbereiche« unterstützen müssen.[22]

Erforschung und Erschließung des Weltalls sind allerdings nur dann sinnvolle Ziele, wenn es korrespondierende Meta-Ziele gibt, über die Konsens besteht. Die Zukunft der Raumfahrt ist also – so oder so – eng mit der Zukunft der Menschheit verwoben.[23] Immer wieder kandidieren ehemalige Astronauten, die genau das erkannt haben, für politische Ämter. Unter dem Motto »The Mission Comes First« bewarb sich der vierfache Astronaut Mark Kelly 2020 für einen Sitz im Senat. Mitten in Krisenzeiten, so seine Botschaft, brauche es Menschen wie ihn. »Die Raumstation lässt sich nicht einfach schließen, wenn man nicht miteinander klarkommt«, so Kelly über seinen besonderen Erfahrungshintergrund. »Wenn die Dinge nicht gut laufen, kann man sie nicht einfach ignorieren, sondern muss sie gemeinsam lösen.«[24]

Gerade Raumfahrt bietet zahlreiche Optionen, um uns an ethische Verpflichtungen im planetarischen Maßstab zu erinnern. Wenn Raumfahrt bei jeder Mission die Möglichkeiten menschlicher Existenz auslotet, dann ist das nichts anderes als angewandte Philosophie. Und diese Ethik berücksichtigt vor allem auch die Bedürfnisse der nächsten Generationen. Buzz Aldrin, der zweite Mann auf dem Mond, bewertete in der letzten Live-Schaltung vor der Rückkehr zur Erde die Apollo-Mission nicht als technologisches Meisterwerk, sondern als Symbol für die Neugier der Menschheit, als Wette auf die Zukunft. Und für den NASA-

Forscher Jesco von Puttkamer führt Raumfahrt die »Menschheits-tradition der Neuland-Erforschung«[25] fort. Erstens helfe Raum-fahrt, die Angst vor dem Unbekannten zu verlieren, zweitens den Horizont zu vergrößern und drittens, »auf der Erde nicht immer wieder dieselben Fehler neu [zu] begehen«.

WISSENSSYNTHESEN FÜR EINE GROSSE TRANSFORMATION

Zukunftsgestaltung bedeutet zunächst, in langen Zeiträumen zu denken. Eines der einflussreichsten Projekte von Stewart Brand, der auch die Idee für das Foto der Erde aus der Weltallperspektive hatte, ist »The Long Now Foundation«, eine Stiftung zur Förde-rung langfristigen Denkens. Vorbild für diese Denkhaltung könnte die Suche nach außerirdischem Leben sein. SETI (Search for Extraterrestrial Intelligence) ist »eine der transzendentalsten wissenschaftlichen Unternehmungen überhaupt«.[1] Obwohl bis-lang keinerlei Signale außerirdischer Intelligenzen oder gar Zivi-lisationen gefunden wurden, führt das bei den beteiligten For-schern kaum zu Motivationstiefs. »SETI ist ein astronomisches Projekt, über astronomische Entfernungen hinweg, und so mag es auch astronomische Zeiten erfordern«, fasst Sebastian von Hoer-ner, einer der SETI-Pioniere, die Lage zusammen. »Es braucht eben die Fähigkeit und Reife, in langen Zeiträumen zu denken und zu planen.«[2]

Mit feiner Ironie kommentiert die SETI-Forschergemeinde die übliche Ungeduld der Menschheit. »Das wäre so, als hätte Isabella Kolumbus zurückgerufen, als sich die Schiffe noch in Sichtweite der spanischen Küste befanden.« Erst langfristiges Denken macht neue Formen existenzieller Kommunikation mög-lich. Um aber grundlegende Fragen zu klären, werden Dialoge benötigt, die sich über mehrere Generationen erstrecken.[3] Gemessen an der Hektik der Welt ist bereits die Exploration zum Mars ein langfristiges Projekt. Aber gerade in dieser Dauerperspektive liegt der eigentliche Wert. Schleichend werden Marsmissionen unsere Wertmaßstäbe verändern und dabei wie nebenbei notwendiges intellektuelles Handwerkszeug liefern.

Genauso wichtig wie die Fähigkeit zu langfristigem Denken ist die Bereitschaft, Wissenssynthesen zuzulassen und zu fördern. Marsmissionen helfen, systemischer zu denken und verantwortungsbewusster zu handeln. Um erfolgreich zu sein, braucht es Bildung, die mehr als nur eine Collage aus Einzeldisziplinen ist. Geduldiges, grenzüberschreitendes Denken wird die größte Bildungsherausforderung im 21. Jahrhundert sein, um Gesellschaft transformativ mitgestalten zu können. Denn entgrenzte Probleme lassen sich nur lösen, wenn die disziplinäre Abschottung aufhört.

Auch hier zeigt Weltraumfahrt, wie eine große Synthese aus allen Wissenschaften funktionieren könnte. Für die materiellen Voraussetzungen braucht es Techniker, Mathematiker und Naturwissenschaftler. Daneben sind Kultur-, Geistes- und Gesellschaftswissenschaftler für Sinnhaftigkeit und kulturellen Erfolg zuständig. Zukunft braucht dienendes Zukunftswissen, das von ideologischen Dogmen befreit ist und auf der Bevorzugung langfristiger Werte basiert. Nicht Rechenleistung ist die Mangelware des 21. Jahrhunderts, sondern Sinnhaftigkeit – denn auf zentrale Fragen der Menschheit gibt es schlichtweg keine technischen Antworten. Während leistungsstarke Raketenantriebe für eine Marsmission entwickelt werden, sollten zugleich essenzielle Fragen geklärt werden. Es wäre schade, wenn die neuen Kolonisten zwar in hübschen Raketen aufbrechen würden, aber sie nicht wissen wozu.

Die Grundlage, um die kulturellen Rahmenbedingungen einer Marskolonie abzustecken, könnte der bereits Mitte der 1980er-Jahre veröffentlichte Bericht »Pioneering the Space Frontier« der amerikanischen »National Commision on Space« sein, der auf einer breiten Datenbasis Voraussagen bis 2035 machte. Landauf, landab gab es öffentliche Foren, um die Perspektive der Bevölkerung einzubeziehen. Das Ergebnis ist bis heute einzigartig, weil die Kommission nicht bloß technologische Szenarien entwickelte, sondern zivilisatorische Werte für Weltraumprogramme benannte. Vor allem in der Einleitung »Declaration for Space« thematisieren die Autoren die menschliche Dimension der Weltraumexploration. Einerseits versucht der Bericht, Zukunft vorherzusagen, andererseits wird sie damit bereits entworfen. Deshalb gilt die »Declaration for Space« auch als moderne Variante der »Declaration of Independence«, also der amerikanischen Umabhängigkeitserklärung. Die Kommission positioniert sich eindeutig dafür, das Weltall zu besiedeln. Ihr Fundament ist ein heliozentrisches Weltbild. Worüber Kopernikus einmal mehr hocherfreut wäre.

Weltraumutopien fordern Wissenssynthesen geradezu heraus. »Forschung zur Weltraumexploration ist etwas Besonderes«, so der DLR-Experte Oliver Angerer. »Wissenschaft zerlegt ansonsten, hier wird das Ganze in den Mittelpunkt gerückt.«[4] Dazu braucht es auch einen neuen Typus von Forschenden: Menschen, die bereit und fähig sind, über die Grenzen ihres Fachs hinaus zu denken und zwischen verschiedenen Kulturen zu moderieren, statt sich im innerdisziplinären Labyrinth zu verlaufen. Doch noch immer gilt Spezialisierung als Goldstandard der Wissenschaft. Das erinnert stark an die frühe britische Sozialreformerin und spätere Gründerin der London School of Economics, Beatrice Webb, die sich den typischen Wissenschaftler ihrer Epoche wie ein astronomisches Observatorium vorstellte – »ohne ein einziges Fenster«.[5]

UTOPISCHES KAPITAL ALS ZUKUNFTS-INVESTITION

Inzwischen ist es fast ein Allgemeinplatz: Es gibt keine Wissens-
defizite mehr – sondern ausschließlich Handlungsdefizite. Zwar
besitzen wir – auch dank des Internets – eine fast unbegrenzte
Vorstellungsgabe. Dennoch ist die Erfolgsbilanz kläglich, wenn
es darum geht, Dinge wirklich zum Besseren zu ändern. »Egal,
wie viele Herausforderungen wir meistern«, so Tom Philipps in
seiner bitterbösen »Brief History of How We Fucked It All Up«,
»die nächste Katastrophe lautert nur eine Ecke weiter.«[1]

Handeln allein reicht allerdings auch nicht, denn dabei stellt
sich zwangsläufig die Frage, ob es in Zukunft um das sorgenfreie
Leben weniger Privilegierter oder um echte Weltverbesserung für
alle gehen wird. Wer also weist die bösen Weltzerstörer in die
Schranken? Wer übernimmt die Verantwortung für die bislang
folgenlosen Versuche eines Zivilisationswandels? In real-utopischen Laboren liefen ganz verschiedene Experimente ab, die noch
immer gültige Einsichten zur Tragkraft unserer Zivilisation ermöglichen. Durch die Hinwendung zum Neoliberalismus wurde
in den letzten Jahrzehnten mehr und mehr virtuelles Kapital an-
gehäuft, dem rein gar nichts mehr entspricht. Diese Form des
Kapitals ist reines Machtmittel. Utopien mögen immer wieder
scheitern. Dennoch wurde dabei eine neue Kapitalsorte entdeckt,
die sich für Zukunftsinvestionen jenseits des Ökonomischen eignet. Zivilisationswandel beginnt dort, wo einer desozialisierten
Ökonomie etwas entgegengestellt wird – zumindest temporär
und versuchsweise.

Etwa in Form zahlreicher sozial-ökologischer Projekte,[2] die
zumindest in Umrissen erahnen lassen, wie eines Tages Wert-
schöpfung jenseits klassischer Investitionsformen aussehen
könnte. Sie zeigen, wie aus Empörung Impulse für Veränderungen entstehen können. Folgt dann noch praktisches Tun, kann

durchaus von »transformativen Utopien« gesprochen werden. Die Forschung zu diesen Projekten macht allerdings einen Trend sichtbar: weniger Ideologie und weniger Eintreten für die ganz großen zivilisatorischen Ziele, dafür mehr Pragmatismus gemischt mit einem Schuss Persönlichkeitsentwicklung.[3] Eines hat sich währenddessen kaum verändert: Noch immer spüren die meisten Menschen intuitiv, wie anstrengend Utopien sind, und belassen es deshalb in den allermeisten Fällen beim Träumen.

Tatkraft lässt sich nicht verordnen, der erste Impuls muss also stets von innen kommen. Ein utopisches Moment zu leben bedeutet, selbst so zu tun, als sei die erträumte Realität bereits da. Damit ist die wichtigste Funktion des utopischen Moments bereits benannt: Es geht darum, Alternativen aufzuzeigen. Der zeitgenössische Anarchist und Anthropologe David Graeber, selbst ein Kind der fortschrittsoptimistischen Raumfahrtepoche, sprach von »direkten Aktionen«, die zeigen sollen, dass es auch anders gehen könnte. Direkte Aktionen erfordern Mittel, »die schon das Ziel hervortreten lassen« – so weit die Theorie. In der Praxis sind es anspruchsvolle und zugleich kreative Formen der Intervention.[4] Das übergreifende Ziel besteht darin, »präfigurativ« zu handeln. Damit wird jede direkte Aktion zum Appell, »in dieser Welt so zu handeln, als sei man bereits frei, und dies zu beweisen, indem man neue Institutionen und neue Formen des Zusammenlebens schafft«.[5]

Die Idee einer direkten Aktion entstammt anarchistischen Denktraditionen, die es schon auf dem »Monte Verità« gab. Vom sympathischen Anarchisten Raphael Friedeberg, einer der legendärsten Gestalten des Reformlabors auf dem Hügel bei Ascona, stammt die bis heute einflussreiche Broschüre mit dem Titel »Direkte Aktion«.[6] Seitdem sind direkte Aktionen nicht nur eine öffentliche Protestform, sondern vor allem ein Mittel, die Zukunft zu gestalten. Ziel ist, Menschen zu ermächtigen, anstatt Verantwortung zu delegieren. »Man erbettelt nichts vom Staat«, so David

Graeber, der den Begriff populär machte. Vielmehr handelt man, »als existiere der Staat gar nicht«.[7] Anarchisten, die sich direkten Aktionen verschreiben, nehmen so das eigene Leben in die Hand und wirken direkt auf ihre Umwelt ein.

Wenn es darum geht, so zu handeln, als sei man bereits frei, dann stellt sich jedoch die Frage: frei von was? Für Graeber sind direkte Aktionen gelebter Widerstand gegen Gesetze und Einschränkungen ökonomischer, sozialer und moralischer Art.[8] »Wenn man mehr macht, als nur mit Transparenten rumzulaufen, aber andererseits auch nicht so weit ist, mit Kalaschnikows bewaffnet die Anhöhen zu erstürmen«, definiert Graeber, »dann praktiziert man die direkte Aktion.«

Im Kontext der »Transition Town«-Bewegung wird das utopische Moment gegenwärtig erlebbar. Das Projekt »Wenningen 2025« ist die literarisch-zukunftsdokumentarische Vorstellung eines Wunschlandes für soziales Miteinander und gemeinsame Lebensgestaltung. Aufbauend auf der gesellschaftlichen Wirklichkeit werden utopische Bilder entworfen, die sich aus »Wünschen und Träumen speisen«, so die Autoren Steffen Andreae und Matthias Grundmann, »und die dennoch lebensnah sind, da wir unsere Tagträume von einem kleinstädtischen Miteinander an einem konkreten, real existierenden Ort und in einer nicht allzu fernen Zukunft lebendig werden lassen«.[9] In dem Projekt erkennt auch der Politikwissenschaftler Claus Leggewie eine konkrete Utopie, weil dabei Optionen im Lichte dessen betrachtet werden, »wie man agiert haben müsste, um einen wünschenswerten (...) Zustand erreichen zu können«.[10]

Auch wenn sich über einzelne Erwartungen und Forderungen streiten lässt, das utopische Moment wird, anders als bei den meisten Techno-Utopien, deutlich sichtbar. »Wenningen 2025« versteht sich als handlungsleitende Irritation, die scheinbar Selbstverständliches infrage stellt. Geht es nach den Visionären, ist es nur ein kleiner Schritt vom Projekt bis zur großen Utopie. »Die

459

geschilderte utopische Zukunft ist als Keim im Hier und Heute bereits konkret angelegt und muss im Grunde nur noch weiterentwickelt werden«, so die Autoren optimistisch. »Real wird die Utopie durch die konkrete Vorstellung des nächsten Schritts und die ihr folgende Tat.«[11] Ein plastisches Bild für das utopische Moment ist daher der Dominoeffekt: Der ersten Handlung folgen Ergebnisse, die zu immer weitere Handlungen führen. Die Frage allerdings, ob und inwieweit Geschichten eines erträumten gesellschaftlichen Wandels dazu beitragen, eines Tages ein reales und funktionierendes Wunschland zu schaffen, bleibt weiterhin offen. In den bisherigen Zivilisationslaboren funktionierte das utopische Moment eine Zeit lang ganz gut. Zukünftige Seasteads, Mikronationen, Unterwasserstädte und Marskolonien müssen den Beweis hingegen erst noch antreten.

UTOPIEN ALS GEÖFFNETE TÜREN IN RICHTUNG ZUKUNFT

Ausgerechnet im ersten Jahr der Corona-Pandemie wollte sich Konstantin Wecker auf eine »Konzertreise nach Utopia« begeben, um eine musikalische Laudatio für das »angeblich nicht Realisierbare« abzuliefern, bevor die Realisten Utopien endgültig für unmöglich erklären. »Wir müssen heute das Utopische gemeinsam suchen, denken, fordern, es leben und dafür handeln!«, so Wecker in einer Tourankündigung. Immer mehr Menschen haben das Gefühl, in einem Zwischenzustand zu leben – deswegen sind Utopien auf einmal wieder attraktiv. Utopische Gegenentwürfe gibt es gegenwärtig in fast jeder Qualitätsklasse: Das Multitalent Fynn Kliemann gründete sein ganz persönliches »Kliemannsland«, eine Art Utopie zwischen Start-up-Mentalität und Ferienlager-Träumerei. Mit »Pullman City« erschuf sich Peter Meier mitten im Bayerischen Wald eine »Welt mit angenehm klaren Regeln«, einen Cowboy- und Indianerstaat als »wilde Mischung aus Westernromantik und Geschichtskurs«. Immerhin: Wer dort während der Corona-Pandemie im Saloon seinen Mundschutz zur falschen Zeit abnahm, wurde von Marshalls gemaßregelt.[12]

Selbst Nazis nisten sich inzwischen in eigenen utopischen Orten ein, wie etwa im »Netzwerk Landraum«, einem Idealdorf für politisch Gleichgesinnte in Mecklenburg-Vorpommern.[13] Und auch Papst Franziskus verkündete eine große Utopie. In seinem dritten päpstlichen Lehrschreiben »Fratelli Tutti« im Herbst 2020 entwirft er eine bessere Welt, in der die Menschen »offen« und »geschwisterlich« sein sollen. Erst beschreibt er in drastischen Worten die aus den Fugen geratene Weltgesellschaft, dann verspricht er die Wunden zu lindern, die Weltanschauungen, Kulturen und Lebensstile aufgerissen haben. Ähnlich wie beim Overview-Effekt betont Franziskus dabei das existenziell Gemeinsame über alle Differenzen hinweg. Immerhin zeigt sich dieser Papst in einem Punkt fortschrittlich: Seine Utopie ist jederzeit online abrufbar.[14]

So unterschiedlich diese Ideen auf den ersten Blick wirken, sie alle enthalten zwei Elemente: Kritik und Transformation. Sie lehnen herrschende Gesellschaftsordnungen ab und bieten gleichzeitig einen Impuls, Letztere zu überwinden. Utopien lassen die Welt in der Schwebe. Ihr zentraler Nutzen liegt darin, wieder sprachfähig zu werden. »Erst wenn man sie eins zu eins umsetzen will«, warnt Hans-Joachim Gögl, »wird es gefährlich.«[15]

Trotz dieser Gefahr wächst die Sehnsucht nach dem Wunschland, das ja immer etwas von einer Halluzination hat. Weder die ideale Gesellschaft Platons noch Elon Musks Idee einer Marskolonie sind Ausnahmen von dieser Regel. Eine Utopie ist Widerstand gegen die Realität der Gegenwart. Sie eröffnet eine dritte Option zwischen dem Unmöglichen und dem Unabwendbaren. Egal, wie fern sie auch scheint, mit jeder Utopie ist immer ein gewisses Maß an Hoffnung auf das Wunschland verbunden.[16]

Leider lauern auf jeder Suche Ablenkungen, Nebenpfade und Irrwege. »Was immer bleiben wird«, so der Universalgelehrte Alberto Manguel, »das ist der Wunsch, Neues zu erkunden.«[17] Utopisten zeichnen sich dadurch aus, dass sie versuchen, über das zulässige Spektrum hinauszugehen. In der Vergangenheit beschränkten sich Zukunftsvisionen meist auf Prophetie.[18] Seit die Prophetie verschwunden ist, gelten Utopien als Ersatzhandlung, argumentiert der Kulturhistoriker Georges Minois. Denn in einer entzauberten Welt ohne Weissagung und ohne Orakel herrsche Angst. »Die Utopie ist das Hilfsmittel der Besorgten«, so Minois, »sie beruhigt, indem sie eine stabile ideale Welt erfindet.«[19]

Vielleicht sollten wir uns Utopien daher als Baustellen der Menschheit vorstellen. Immer und überall malten sich Menschen aus, dass irgendwo ein besseres Leben existiert – man musste nur dorthin gelangen. »Jede Entdeckungsreise, jede Kolonisation, jede Auswanderungswelle setzt den stillschweigenden Glauben an ein zukünftiges oder vergangenes gelobtes Land voraus«, so Manguel.[20] In diesem Sinne sind Utopien imaginäre Vorbilder für das Wunschland. Sie beweisen, dass Menschen zu allen Zeiten versuchten, einer Welt zu entkommen, die sie als zu eng empfanden. Auch wenn die Utopisten erst mühsam lernen mussten, dass sich die Zukunft im Konjunktiv nur langsam verändert, hielt sie das nicht auf. Selbst Erfolglosigkeit hat bislang noch niemanden daran gehindert, über Orte der Glückseligkeit nachzudenken. Diese Experimente mögen nicht immer eindeutige Ergebnisse liefern. Dennoch beweisen sie, dass wir als Menschen dazu in der Lage sind, eine Gesellschaft zu entwerfen, in der die Mehrheit nicht weiterhin leiden muss. Bislang ist es uns allerdings nicht gelungen, vom Entwurf zur Realität zu gelangen. Was fehlt, ist der Übergang von vielen unverbundenen Einzelexperimenten zum koordinierten Zivilisationswandel.

Eines dieser Einzelexperimente sah auf den ersten Blick wie ein Aprilscherz aus. Am 1. April 1973 stellten die Künstler und »zynischen Idealisten«[21] Yoko Ono und John Lennon auf einer Pressekonferenz ihr fiktives Konzeptland »Nutopia« vor. Botschaftssitz war die eigene Wohnung. Wer sich als »Nutopist« bekannte und Treue schwor, lebte nach den Idealen des Liedes »Imagine«. »NUTOPIA has no land, no boundaries, no passports, only people. NUTOPIA has no laws other than cosmic.« Die Hymne der neu gegründeten utopischen Welt bestand aus drei Sekunden Stille. Der Antrag auf Anerkennung und diplomatische Immunität fand bei der UN kein Gehör. Wieder eine gescheiterte Mikronation. Dennoch schrieb Yoko Ono zum 27. Jubiläum der Konzeptutopie: »Nutopia ist ein Land, das in uns allen existiert. Wir alle repräsentieren Nutopia. Gemeinsam werden wir den anderen Planeten zeigen, dass es das ist, was hier auf unserem Planeten geschieht: Wir sind alle zusammen und leben in Frieden.«[22]

VON DER WELTORDNUNG ZUM UTOPISCHEN GESELLSCHAFTSVERTRAG

Auf dem Weg in die explorative Moderne wird es aber mehr brauchen als eine schön ausgedachte Konzeptutopie. Zukünftige Zivilisationsexperimente können nur auf der Basis eines utopischen Gesellschaftsvertrags gelingen. Die meisten Utopien sind geografisch und ideologisch geschlossene Welten. Doch es gibt einen Grenzfall: Wächst die Welt zu einer einzigen Utopie zusammen, zu einem utopischen Weltstaat mit einer neuen Weltordnung, dann gibt es plötzlich nur ein gemeinsames Außen. Eigentlich wäre es erst dann korrekt, vom Weltall als der ultimativen Grenze zu sprechen.

Bereits der Philosoph Immanuel Kant träumte von einer kosmopolitischen Föderation. Später wollte der Soziologe Jürgen Habermas internationales in kosmopolitisches Recht umwandeln. Fast scheint es, als ob sich die Idee einer grenzenlosen »Weltgesellschaft« bei Niklas Luhmann primär aus der Weltraumperspektive und dem Overview-Effekt speist. Jedenfalls prognostizierte der Soziologe den Machtverlust von Nationalstaaten und des Staatspolitischen. Er betrachtete die Welt konsequent als ein einziges Megasystem mit einem Möglichkeitshorizont. Die »Weltgesellschaft«, so der Soziologie Helmut Willke, lässt sich als eine »Welt ohne Land« vorstellen. In diesem Weltsystem, »Atopia« genannt, gäbe es keine Raumgrenzen mehr, sondern nur noch Sinngrenzen.[23]

Es ist offensichtlich, dass zwischen Weltraumfahrt und diesen Weltordnungstheorien eine konzeptionelle Verwandtschaft besteht.[24] Ob es allerdings ausreicht, die Welt zu deterritorialisieren und das Politische zu neutralisieren? Zweifel sind auch diesmal angebracht. Immerhin hat sich unser Weltbild dank der Raumfahrt maßgeblich verändert. Weil das, was wir Globalisierung nennen, den Existenzmodus der Welt und die Lebensweise vieler Menschen radikal veränderte, ist es tatsächlich an der Zeit für eine neue Ordnung. Als einer der Ersten erkannte der Soziologe Ulrich Beck, dass entgrenzte Probleme zunehmend territoriale Grenzen kreuzen, und sprach von einer reflexiven Weltrisikogesellschaft. Gleichzeitig bezweifelte er, dass neue Gemeinschaftsformen entstehen, nur weil wir global leben. »Der alltägliche Erfahrungsraum der Globalität bildet sich nicht als ein Liebesverhältnis aller mit allen heraus.«[25] Soll heißen: Überall, wo ungerechte Verhältnisse, verhasste Kulturen und verkrustete Ungerechtigkeit herrschen, driften die Menschen auseinander, statt aufeinander zuzugehen.

Im Kontext dieser pessimistischen Realität arbeiten sich gerade viele Denker an einer Neuordnung der Welt ab. Was werden wir hinter uns lassen? Was könnten wir stattdessen neu gewinnen? Der zeitgenössische chinesische Philosoph Zhao Tingyang bringt mit »Tianxia« ein Konzept ins Spiel, das die Welt konsequenter als bislang ganzheitlich betrachtet. Im Kern handelt es sich dabei um eine Utopie der Koexistenz. Weil die Menschheitsgeschichte in eine planetarische Phase eingetreten ist, weil alle zentralen Probleme einen planetarischen Maßstab besitzen, brauche es, so Zhao, auch eine planetarische Politik der Kooperation.

Erst wenn die Welt als Ganzes der gedankliche Ausgangspunkt ist, endet die imperialistische Weltordnung, die auf Unterwerfung, Beherrschung und Ausbeutung beruht. Weltpolitik nach dem »Tianxia«-Prinzip kennt weder fernes Außen noch untolerierbare Andere. Vielmehr basiert sie auf der »Annahme, dass es die Möglichkeit geben muss, auf irgendeine Art und Weise jeglichen Anderen in die Ordnung der Koexistenz zu integrieren und auf der Basis gegenseitigen Respekts zu koexistieren«.[26]

Auch der »Club of Rome« spricht im Zusammenhang mit seiner Intitiative »Emerging New Civilization« 2019 davon, dass die Spezies Mensch sich als Teil einer umfassenden und respektvollen Erdgemeinschaft verstehen muss.[27] Für diese neue Zivilisation braucht es einen utopischen Gesellschaftsvertrag, der auf Respekt vor der Welt basiert und der Kooperation vor Konkurrrenz stellt. Doch wie? Was für die einen nach einer vorzüglichen Vision aussieht, mag für die anderen nur eine wertlose Verschwendung von Ressourcen sein. Was wir dringender denn je benötigen, ist eine Art Meta-Utopie: In Zukunft sollte es darum gehen, Bedingungen dafür zu schaffen, dass Vertreter verschiedener utopischer Traditionslinien Experimente und Projekte kooperieren können und dies auch wollen. Sie sollen die utopische Vision der jeweils anderen verstehen und akzeptieren, statt sich gegenseitig Unfähigkeit vorzuwerfen.

Doch zwischen der Utopiemüdigkeit des politischen Betriebs und der Utopielust der kommenden Generation gibt es bislang nur einen schmalen Korridor, in dem Zukunftsgestaltung wahrscheinlich ist. Gerade deshalb brauchen wir eine Art utopischen New Deal, der uns dazu befähigt und legitimiert, lustvoll unbekanntes Terrain zu erkunden. Der utopische New Deal ist nichts anderes als die Einwilligung in ein groß angelegtes zivilisatorisches Experiment, an dem wir alle gemeinsam angstfrei teilnehmen. Wir können es uns nicht länger leisten, nur über utopische Fragmente nachzudenken – ein wenig Utopiegerede hier, ein wenig Wunschdenken dort. Was wir brauchen, sind utopische Gesamtentwürfe.

Wenn Menschen eines Tages den Heimatplaneten verlassen, um multiplanetarische Zivilisationen zu gründen, dann »sollte dieses Vorhaben von der gesamten Weltgemeinschaft getragen werden«, so auch der Autor Hans-Arthur Marsiske.[28] Keine Nation sollte dieses Ziel allein erreichen wollen. Das wichtigste Ergebnis einer von der »International Space University« präsentierten Studie besteht darin, künftige Weltraummissionen offen und flexibel für verschiedene Geltungsansprüche zu halten. Um Nutzen lässt sich konkurrieren. Wenn es aber um Werte geht, muss man kooperieren. Neben einem planetarischen »Wir-Gefühl« müsste sich der utopische Gesellschaftsvertrag auch für die Idee einer zivilisatorischen Transformation stark machen. Die Beispiele dieses Buches zeigen, wo die neuen Sehnsuchtsorte liegen und welche Lebensformen sich dort durchsetzen könnten.

In seiner »Betriebsanleitung für das Raumschiff Erde« machte der Visionär Buckminster Fuller 1969 den Vorschlag, dass künftig nicht nur Politik und Wirtschaft über unseren Planeten entscheiden.[29] Jetzt, in der dritten Dekade des 21. Jahrhunderts, brauchen wir dringender denn je neue Akteure. Als »Bedienpersonal für die Zivilisation«[30] werden Ingenieure oder Techniker utopische Transformationen kaum anstoßen können. Um Gesellschaft nachhaltig zu verändern, braucht es ein umfassenderes Sensorium und neue Rollenverteilungen.

Einiges ließ sich bereits während der Corona-Pandemie lernen: Die Imperative – Zusammenarbeiten! Zusammenhalten! Bloß nicht streiten! – waren allesamt Reaktionen auf eine akute Bedrohungslage. Zukunft sollte jedoch besser »by design« und nicht »by disaster« inspiriert sein.[31] Zivilisation erschöpft sich nicht in gepflasterten Straßen, modernen Gebäuden und sauberen Krankenhäusern. Was wir in Zukunft brauchen, ist das Paradigma eines utopischen Realismus, der sich aus den Lehren der Vergangenheit speist und gleichzeitig eine wünschenswerte Zukunft fest im Blick hat.

Und damit Utopiemüdigkeit überwindet. Allerdings ist die These von der Erschöpfung utopischer Energien nicht neu. Prominent wurde sie bereits in den 1980er-Jahren von Jürgen Habermas formuliert, der als Ursache für Utopiemüdigkeit die aufziehende Krise des Sozialstaats in Kombination mit der neu etablierten Austeritätspolitik, also der neuen Sparsamkeit, ausmachte. Seitdem gilt: Dort, wo Menschen stetig der Abbau öffentlicher Leistungen vor Augen geführt wird, schwindet schleichend die Hoffnung auf ein besseres Leben. Utopien sind zudem durch den Missbrauch des Begriffs durch totalitäre Regime in Verruf geraten. Nach den katastrophalen ideologischen Desastern des 20. Jahrhunderts verschwanden utopische Großentwürfe von der Bildfläche. Wenn überhaupt, dann köchelte utopisches Bewusstsein auf kleiner Flamme in Subkulturen, Kommunen und Ökodörfern.

Beim Anblick des Monsters der Bodenlosigkeit kehren die großen Utopien jedoch langsam, aber sicher wieder zurück. Wir benötigen sie dringender denn je. Dazu braucht es zunächst eine realistische Bestandsaufnahme und die Fähigkeit, die Vielfalt der Optionen zu erkennen. Die Zukunft sollte also von denen gemacht werden, die klar sehen, von Menschen, die fähig zu »Ansinnen, Erwartung, Entwurf, Hoffnug, Phantasie, Planung, Vision und Vorwegnahme« sind.[32] Erst wenn wir alle in einen utopischen Gesellschaftsvertrag einwilligen, der die Regeln für eine universelle *conditio humana* beinhaltet, sind wir auf dem Weg zum triumphierenden Weltbürgertum, wie es bereits in »Auroville« erträumt wurde. Zukunft braucht einen Beipackzettel, der erklärt, was wir *tun* sollen, auch und weil wir ja bereits so vieles *wissen*. Dieser Beipackzettel sollte auch zum produktiven Umgang mit Konflikten anleiten. Konflikte treiben Fortschritt voran, sie zwingen zur Diskussion und korrigieren Fehlentwicklungen. Eine Gesellschaft, in der alles im Gleichgewicht zu schweben scheint, ist eine statische, eine tote Gesellschaft. Konflikte sind Korrektive, die das Potenzial der Veränderung bereits in sich tragen. Und was wäre das Grundrauschen der Menschlichkeit ohne Scheitern?

Die Erde besteht aus einem Netz aus kritischen Zonen, das sind sowohl ökologische und ökonomische als auch politische und kulturelle Verschiebungen und Verwerfungen.[33] In seinem Gedicht »Gagarin« spürte der Dichter Günter Kunert der Entdeckung dieser Zonen aus der Weltallperspektive nach. »Eine unfassbare Kugel nannte er nun Heimat. Die darauf sind, müssen miteinander leben. Oder von ihr wird es heißen: Leben keins.«[34]

Eine große Herausforderung wird darin liegen, die Gleichzeitigkeit von allergrößten Sorgen und banalstem Alltag zu verstehen und produktiv zu gestalten. Das Wunschland haben viele gesucht und doch nie gefunden. »Ich werde eine morsche Tür eintreten. Ich werde Licht für die Gesellschaft hereinlassen«, fasst Tom Jefferies, Anführer der Utopisten im Roman »Weißer Mars«, seine Sehnsucht zusammen. »Ich werde dafür sorgen, dass wir das, was wir in unseren Träumen gern sein möchten, auch ausleben: dass wir große und weise Menschen werden – umsichtig, wagemutig, erfindungsreich, liebevoll, gerecht. Menschen, die diesen Namen auch verdienen. Dazu müssen wir nur wagen, das Alte und Schwierige abzuwerfen und das Neue, Schwierige und Wunderbare willkommen zu heißen.«[35]

Utopisten berichten übereinstimmend, dass sich ihre Utopie entfernt, je näher sie ihr zu kommen glauben. Denn jeder Tag ist ein Versprechen an das kommende Leben. Zum Glück haben wir noch Zeit, zum Glück nimmt es einfach kein Ende mit der Zukunft. Ohne festen Glauben an die prinzipielle Möglichkeit von Veränderungen wird es dabei nicht gehen. Wenn das universelle Empfinden darin besteht, dass uns der Boden unter den Füßen weggezogen wird, dann braucht es gerade jetzt Utopien als Haltegriffe.

Wenn Mars die Antwort ist, dann ist die große Frage, ob die Odyssee tatsächlich unsere Bestimmung ist. Ist die Suche nach dem Wunschland gar ein an uns gerichteter Imperativ? Nur eines scheint sicher: Solange es träumende Menschen gibt, ist Scheitern nie endgültig. Immer gibt es Hoffnung auf ein besseres Leben. Genau in dem Moment, in dem wir beginnen, über das Wunschland nachzudenken, entsteht es. Ein alternativer Begriff dafür ist: Schöpfung.

EPILOG:
DER TURM DER UTOPIE HAT WIEDER GEÖFFNET

Haben wir eigentlich eine Chance, irgendetwas richtig zu machen? Weil niemand weiß, wo sich die Reset-Taste befindet, ist Scheitern eigentlich keine Schande. Samuel Beckett bringt es perfekt auf den Punkt: »Wieder versuchen. Wieder scheitern. Besser scheitern.«[1] Trotz aller Hindernisse machten sich Menschen immer wieder zu Werkzeugen der Veränderung. Und stets gaben sie ihrem inneren Möglichkeitssinn eine äußere Form. Ein Beispiel dafür ist der Turm der Utopie auf dem »Monte Verità«.

Wann immer ich zu Recherchezwecken den Berg der Wahrheit besuchte, stets war der Turm der Utopie wegen Einsturzgefahr geschlossen. Das ganze Areal war mit gelb-schwarzem Absperrband markiert, ein Verbotsschild verwehrte den Zutritt. Schließlich, bei meiner bislang letzten Reise, waren Absperrband und Warnschild plötzlich verschwunden. Der Turm der Utopie war wieder geöffnet! Allerdings mahnte ein neues Schild nun jeden Besucher, selbst Verantwortung zu übernehmen. In der Tat: Leben lässt sich immer nur auf eigene Gefahr. Zukunft entsteht nur dann, wenn wir selbst Entscheidungen treffen und dafür auch Verantwortung übernehmen. Niemand sagt uns, welches die richtige Wahl ist. Wir leben in einer »prophetenlosen Zeit«, so bereits der Soziologe Max Weber, auch er einer der vielen illustren Gäste auf dem Berg der Wahrheit. Unsere einzige Chance besteht darin, auf das zu reagieren, was uns berührt, anstatt zu tun, was andere von uns erwarten.

Jetzt, am Ende meiner eigenen Reise, denke ich an die vielen

Menschen, denen ich begegnet bin: Joel, der Museumsguide für Raumfahrt auf Long Island, der mir wertvolle Tipps für meine Recherche gab. Betty, die Leiterin der öffentlichen Bibliothek in »Levittown«, die mir das Transkript eines fast vergessenen Radio-interviews mit Bill Levitt aus den Archiven herauskramte. Reto, der Dirigent des Zirkus-Orchesters in Monte Carlo, der mir bis-lang unbekannte Einsichten über den »Monte Verità« vermittelte, die so in keinem Buch dieser Welt nachzulesen sind. Max, der stadtbekannte Utopist aus Salzburg, der seine Utopie Tag für Tag praktisch lebt (und über den ich bereits ein Buch geschrieben habe). Oder die Astronauten in Oberpfaffenhofen, die ich während des Treffens zum 25. Jahrestag der Weltraummission »Spacelab« traf, gealterte Space-Cowboys mit ansteckendem Humor und kris-tallklarem Weitblick. Selbstverständlich denke ich am Ende dieses Weges auch an José Hernández, den Astronauten, den ich zu Beginn meiner Reise in Houston im Aufzug traf. Längst nicht alle Menschen, die mich inspirierten, kamen in diesem Buch zu Wort. Vielleicht würde aber allen der Gedanke gefallen, dass der Turm der Utopie nun wieder geöffnet ist.

DANKSAGUNG

D ie Idee zu diesem Buch entstand bei einer Veranstaltung der Schader-Stifung in Darmstadt, bei der ich an meine biografischen Wurzeln in der Luft- und Raumfahrt erinnert wurde. Alexander Gemeinhardt, Vorsitzender des Vorstands und Direktor des Stiftungszentrums, möchte ich daher gleich an erster Stelle herzlich für die Einladung und kontinuierliche Unterstützung danken.

Die Arbeit am Buch erfolgte dann im Rahmen meiner Forschungsprofessur »Öffentliche und transformative Wissenschaft« an der Hochschule Furtwangen. In diesem Kontext kann ich seit 2015 inhaltliche und konzeptionelle Experimente wagen. Für diesen Freiraum bin ich dem Prorektor für Forschung, Prof. Dr. Ulrich Mescheder, sowie dem Rektor der Hochschule, Prof. Dr. Rolf Schofer, ebenfalls sehr dankbar.

Herzlichen Dank auch an die vielen im Buch zitierten Gesprächspartner, deren Einordnungen und Kommentare mir unendlich hilfreich waren. Ohne diese Stimmen würde etwas fehlen.

Ebenso hilfreich war die Unterstützung bei den vielfältigen und teils komplexen Rechercheaufgaben, zunächst durch Lisa Fix und Sina Rapp, im weiteren Verlauf dann durch Angela Kranz. Wertvolle Hinweise zur Verbesserung des Buches erhielt ich von Markus Reinhart, Olivia Rau und (erneut) von Angela Kranz, deren Name an Bord des NASA-Rovers »Curiosity« bereits auf dem Mars landete. Ich bin mir sicher, dass sie selbst eines Tages als Astronautin folgen wird. Allein dafür hätte es sich bereits gelohnt, an diesem Buch zu arbeiten.

ANMERKUNGEN

PROLOG: MIT DEM ASTRONAUTEN IM AUFZUG

1 www.vam.ac.uk/articles/about-the-future-starts-here-exhibition (12. 05. 2019).
2 Kurt Tucholsky, o. A., 1928, zit. n.: Scobel, Gert (2017): Der fliegende Teppich. Eine Diagnose der Moderne. Frankfurt a. M.: Fischer, S. 256.

WENN MARS DIE ANTWORT IST, WIE LAUTET DIE FRAGE?
ODYSEE ZUM WUNSCHLAND

1 https://astronomy.com/magazine/news/2020/04/jim-lovell-on-apollo-13 (01. 12. 2021).
2 www.linkedin.com/in/jose-m-hernandez-61879461 (06. 06. 2020).
3 http://tierralunaengineering.com (30. 06. 2020).
4 Ward, Peter (2019): The Consequential Frontier. Brooklyn: Melville House.
5 Freyer, Hans (2000): Die politische Insel. Eine Geschichte der Utopien von Platon bis zur Gegenwart. Wien: Karolinger, S. 33.
6 Freyer (2000), a. a. O., S. 158.

SEHNSUCHT NACH DER RESET-TASTE

1 Davis, Mike (2011): Wer wird die Arche bauen? In: edition unseld (Hg.), Das Raumschiff Erde hat keinen Notausgang. Frankfurt a. M.: Suhrkamp, S. 60–93.
2 Lukes, Steven (1999): Die beste aller Welten, Professor Caritats Reise durch die Utopien. Hamburg: Rotbuch.
3 Aldiss, Brian W. / Penrose, Roger (1999): Weißer Mars. Eine Utopie des 21. Jahrhunderts. München: Heyne.
4 Freyer (2000), a. a. O., S. 23.
5 Wright, Erik Olin (2017): Reale Utopien. Wege aus dem Kapitalismus. Berlin: Suhrkamp.

ULTIMATIVE GRENZÜBERTRITTE

1 Bräutigam, Hannes (2018): Das Christentum und die Außerirdischen. Mit der Bibel ins Weltall. Baden-Baden: Tectum, S. 35.
2 https://www.spiegel.de/wissenschaft/weltall/alexej-leonow-ist-tot-er-war-der-erste-mann-der-frei-im-all-schwebte-a-1291185.html (13. 11. 2019).
3 Michael Collins, zit. n.: White, Frank (2014): The Overview Effect. Space Exploration and Human Evolution. Reston: American Institute of Aeronautics and Astronautics, S. 37.
4 William McCool, zit. n.: Marsiske, Hans-Arthur (2005): Heimat Weltall. Wohin soll die Raumfahrt führen? Frankfurt a. M.: Suhrkamp, S. 157.
5 Bin Salman al-Saud aus Saudi-Arabien, zit. n.: White (2014), a. a. O., S. 45.
6 Edwin Garn, zit. n.: White (2014), a. a. O., S. 47.
7 Bill Nelson, zit. n.: White (2014), a. a. O., S. 48.
8 Caparrós, Martín (2015): Der Hunger. Frankfurt a. M.: Suhrkamp, S. 605.
9 Persönliches Gespräch mit Joel Friedman, Guide im Cradle of Aviation Museum, Long Island (September 2018).
10 O'Neill, Gerard (2019): The High Frontier. Human Colonies in Space. North Hollywood: Space Studies Institute Press, S. 251.
11 Lukács, Georg (2009): Die Theorie des Romans. Bielefeld: Aisthesis, S. 76.
12 https://ethics.org.au/space-the-final-ethical-frontier/ (22. 12. 2020).
13 Markus Landgraf, zit. n.: Marsiske (2005), a. a. O., S. 140.
14 Darmstädter Gespräche, Staatstheater (15. 12. 2019).
15 Manguel, Alberto (2015): Eine Geschichte der Neugier. München: Fischer, S. 68 und S. 70.

BLAUPAUSEN FÜR EINE NEUE ZIVILISATION

1 Boyle, T. C. (2003): Drop City. München: Hanser, S. 211.
2 FAZ, 26. Januar 2020, S. 53.
3 Scott Carpenter, zit. n.: White (2014), a. a. O., S. 30.
4 Sullivan, William (2018): What about This Water Tank? In: Kapur, Akash (2018) (Hg.): Auroville. Dream & Reality. An Anthology. Haryana: Penguin, S. 259.

GESELLSCHAFT ALS LABOR OHNE WÄNDE

1 Herbert, Alan (2018): Something to Celebrate. In: Kapur (2018), a. a. O., S. 137.
2 Latour, Bruno (2017): Kampf um Gaia. Acht Vorträge über das neue Klimaregime. Frankfurt a. M.: Suhrkamp, S. 16.
3 Kaku, Michio (2018): The Future for Humanity. Terraforming Mars, Interstellar Travel, Immortality and Our Destiny beyond Earth. St. Ives: Allen Lane, S. 3.
4 Larry Niven, zit. n.: Kaku (2018), a. a. O., S. 7.
5 Kaku (2018), a. a. O., S. 6.

6 Nebel, Florian (2020): Die Besiedlung des Mars. Aufbruch in die Zukunft. Stuttgart: Motorbuch Verlag, S. 25, auch folgendes Zitat.

7 Puttkamer, Jesco von (2012): Projekt Mars. Menschheitstraum und Zukunftsvision. München: Herbig, S. 236.

8 Lovelock, James (2020): Novozän. Das kommende Zeitalter der Hyperintelligenz. München: C. H. Beck, S. 24.

9 Darmstädter Gespräche, Staatstheater (15. 12. 2019).

10 https://viertausendhertz.de/planetb/ (27. 02. 2021).

11 Mannheim, Karl (1995): Ideologie und Utopie. Frankfurt a. M.: Klostermann, S. 169, folgendes Zitat S. 175.

12 Reynolds, Jack (1983): The Great Paternalist. Titus Salt & The Growth of Nineteenth-Century Bradford. London: Mausrice Temple Smith, S. 87.

13 Firth, Gary (2018): Saltaire. History Tour. Glocestershire: Amberly Publishing. S. 37.

14 Gespräch des Autors mit Richard F. (05. 03. 2020).

15 Holmes, Bob (2018): Total Reboot. In: New Scientist: The Collection, S. 16–19.

FORTSCHRITT OHNE TRÄUME

1 Fischer, Ernst Peter (2010): Hinter dem Horizont. Eine Geschichte der Weltbilder. Berlin: Rowohlt, S. 323.

2 Wuketits, Franz M. (2013): Animal irrationale. Eine kurze (Natur-) Geschichte der Unvernunft. Frankfurt a. M.: Suhrkamp.

3 Gespräch des Autors mit Richard F. (05. 03. 2020).

4 Weizenbaum, Joseph (1977): Die Macht der Computer und die Ohnmacht der Vernunft. Frankfurt a. M.: Suhrkamp, S. 54 ff.

5 Villani, Cédric (2018): For a Meaningfull Artificial Intelligence. Towards a French and European Strategy. Vgl. www.aiforhumanity.fr/pdfs/MissionVillani_Report_ENG-VF.pdf.

6 www.press.bmwgroup.com/global/article/detail/T0274754EN/»on-a-mission«:-bmw-x3-goes-to-mars-global-campaign-for-new-bmw-x3-uses-innovative-virtual-reality-to-showcase-passion-and-dedication ?language=en (13. 11. 2019),

7 Diez, Georg (2018): Uns fehlen die Träume. DER SPIEGEL, Heft 2, S. 117.

8 Puttkamer, Jesco von (2001): Von Apollo zur ISS. Eine Geschichte der Raumfahrt. Aus meinem Weltraumjournal. München: Herbig, S. 407.

9 FAZ, 26. Januar 2020, S. 53.

SEHNSUCHT BRENNT VON INNEN HER – NEUGIER AUF UTOPIEN

1 Melville, Herman (2001): Moby Dick oder Der Wal. München: Hanser, S. 110.

2 Manguel, Alberto (2015): Eine Geschichte der Neugierde. München: Fischer, S. 211.

3 Brecht, Bertolt (2017): Leben des Galilei. Frankfurt a. M.: Suhrkamp, S. 9.
4 http://overvieweffect3.blogspot.com/2016/10/ (15. 01. 2021).
5 Konstantin Ziolkowski, zit. n.: Kaku (2018), a. a. O., S. 20.
6 Biérent, Rudolph (2020): A Philosophical Insight of Soviet Space
   Conquest. Online unter: http://revues.univ-tlse2.fr/pum/nacelles/index.
   php?id=816 (15. 01. 2021).
7 www.nasa.gov/mission_pages/msl/msl-20090527.html (übersetzt aus
   dem Original) (11. 12. 2020).
8 Manguel (2015), a. a. O., S. 43.
9 Edward Johnson, zit. n.: Mak, Geert (2014): Amerika! Auf der Suche
   nach dem Land der unbegrenzten Möglichkeiten. München: Pantheon,
   S. 108.
10 Minois, Georges (2002): Die Geschichte der Prophezeiungen. Orakel.
   Utopien, Prognosen. Düsseldorf: Patmos. S. 548.
11 Charles Fourier, zit. n.: Bollmann, Stefan (2017): Monte Verità. 1900.
   Der Traum vom alternativen Leben beginnt. München: DVA, S. 25.
12 Vgl.: Hayden, Dolores (1976): Seven American Utopias. The Architecture of Communitarian Socialism, 1780–1975. Cambridge: MIT Press;
   Bestor, Arthur (1950): Backwoods Utopias. Philadelphia: Univ. of
   P. Press; Bestor, Arthur (1966): Heavens on Earth. Utopian Communities in America. New York: Dover; Ovel, Yaacov (1988): Two Hundred
   Years of American Communes. New Brunswick: N. J.
13 Wright, Erik Olin (2017), a. a. O., S. 35.
14 Alexis de Tocqueville, zit. n.: Minois (2002), a. a. O., S. 539.
15 Freyer (2000), a. a. O., S. 163.
16 Adorno, Theodor W. (2003): Minima Moralia. Reflexionen aus dem
   beschädigten Leben. Frankfurt a. M.: Suhrkamp, S. 118 f.
17 Plessner, Helmuth (2015): Grenzen der Gemeinschaft. Eine Kritik des
   sozialen Radikalismus. Frankfurt a. M.: Suhrkamp, S. 17.

ZIVILISATIONSMÜDE UND UTOPIEEIFRIG MONTE VERITÀ, 1899

1 Whimster, Sam (2001): Im Gespräch mit Anarchisten. Max Weber in
   Ascona. In: Schwab, Andreas/Claudia Lafranchi (Hrsg.), Sinnsuche und
   Sonnenbad. Experimente in Kunst und Leben auf dem Monte Verità.
   Zürich: Limmat, S. 46, auch folgendes Zitat des Brieftextes.
2 Riess, Curt (2014): Ascona. Geschichte des seltsamsten Dorfes der Welt.
   Zürich: Europa Verlag, S. 30.
3 Max Weber, zit. n.: Bollmann (2017), a. a. O., S. 220.
4 Bollmann (2017), a. a. O., S. 45, folgendes Zitat S. 220.
5 Michalzik, Peter (2018): 1900. Vegetarier, Künstler und Visionäre
   suchen nach dem neuen Paradies. Köln: Dumont, S. 9.
6 Blubacher, Thomas (2013): Frei und inspiriert. Sehnsuchtsorte der
   Dichter, Denker, Künstler und Aussteiger. München: Elisabeth Sand-
   mann Verlag.
7 Max Bircher-Benner, zit. n.: Schwab/Lafranchi (2001), a. a. O., S. 124.

8   Bollmann (2017), a. a. O., S. 14 f., folgendes Zitat S. 17.
9   Landmann, Robert (1983): Ascona – Monte Verità. Auf der Suche nach dem Paradies. Berlin: Ullstein, S. 13.
10 Blubacher (2013), a. a. O., S. 12.
11 Landmann (1983), a. a. O., S. 13.
12 Riess (2014), a. a. O., S. 24.
13 Landmann (1983), a. a. O., S. 15, folgende Zitate S. 14 und 15.
14 Bollmann (2017), a. a. O., S. 13.
15 www.geschichtewiki.wien.gv.at/Himmelhof (15. 04. 2020) und www.biorama.eu/ein-prophet-vergangener-tage/ (15. 04. 2020).
16 Bollmann (2017), a. a. O., S. 22, folgendes Zitat S. 13.
17 Landmann (1983), a. a. O., S. 19.
18 Riess (2014), a. a. O., S. 27.
19 Johannes Guttzeit, zit. n.: Bollmann (2017), a. a. O., S. 34.
20 Bollmann (2017), a. a. O., S. 26.
21 Franziska von Reventlow, zit. n.: Riess (2014), a. a. O., S. 47.

TRANSPLANTIERTE ZIVILISATION FORDLÂNDIA, 1925

1   W. H. Auden, zit. n.: Mak (2014), a. a. O., S. 199.
2   Lief, Alfred (1951): Harvey Firestone. Free Man of Enterprise. McGraw-Hill: New York, S. 228 ff.
3   Benson Ford Research Center (BFRC), vgl.: www.thehenryford.org/collections-and-research/ (22. 01. 2021).
4   Henry Ford, zit. Grandin, Greg (2009): Fordlandia. The Rise and Fall of Henry Ford's Forgotten Jungle City. New York: Picador, S. 25 f.
5   Edsel Ford, zit. n.: Grandin (2009), a. a. O., S. 3 f.
6   Heßler, Martina / Zimmermann, Clemens (2011): Perspektiven historischer Industriestadtforschung. Neubetrachtung eines etablierten Forschungsfelds. Friedrich Ebert Stiftung, Archiv für Sozialgeschichte 51, www.fes.de/index.php?eID=dumpFile&t=f&f=46804&token=2f37659bcc3603f8f3a9a4453904f56a6326c424 (22. 01. 2021).
7   Crawford, Margaret (1995): Building the Workingman's Paradise: The Design of American Company Towns. New York: Verso.
8   Jackson, Joe (2008): The Thief at the End of the World. Rubber, Power, and the Seeds of Empire. New York: Viking, S. 77.
9   Lewis, David (1976): The Public Image of Henry Ford: An American Folk Hero and His Company. Detroit: Wayne State University, S. 213.
10 Loizides, Georgios (2004): Henry Ford's Project in Human Engineering. The Sociological Department of the Ford Motor Company (1913–1941). Lewiston: The Edwin Mellen Press.
11 Foster, John Bellamy (1989): Fordismus als Fetisch. In: PROKLA. Zeitschrift für Kritische Sozialwissenschaft, Jahrgang 19, Heft 76, S. 71–85.
12 Loizides (2004), a. a. O., S. 90.

LANDLUSTTRÄUME IM AUSVERKAUF LEVITTOWN, 1927

1 Kushner, David (2009): Levittown. Two Families, one Tycoon, and the the fight for civil rights in America's legendary suburb. New York: Walker Publishing Company, S. xiv.
2 Jackson, Kenneth (1985): Crabgrass Frontier. The Suburbanization of the United States. New York: Oxford University Press, S. 68., folgendes Zitat S. 50.
3 Zit. n.: Steinberg, Ted (2006): American Green. The Obsessive Quest for the Perfect Lawn. New York: Norton & Company, S. 12.
4 Baxandall, Rosalyn / Ewen, Elizabeth (2000): Picture Windows. New York: Basic Books, S. 30.
5 Jackson (1985), a. a. O., S. 232.
6 Zit. n.: Kelly, Barbara (1993): Expanding the American Dream. Building and Rebuilding Levittown. New York: State University of New York Press, S. 48.
7 Franklin D. Roosevelt, zit. n.: Kelly (1993), a. a. O., S. 49.

YOGA ALS ERSATZREVOLUTION AUROVILLE, 1914

1 Majumdar, Anu (2017): Auroville. A City of Future. Uttar Pradesh: Harper, S. 7, folgendes Zitat S. 9.
2 Roof, Wade Clark (1993): A Generation of Seekers. The Spiritual Journeys of the Baby Boom Generation. San Fransisco: Harper.
3 Majumdar (2017), a. a. O., S. 11, folgende Zitate, S. 14, 20, 22 und 26.
4 https://www.auroville.org/contents/553 (14. 11. 2018).
5 Majumdar (2017), a. a. O., S. 26, folgendes Zitat S. 28.
6 Arpi, Claude (2018): The Mother of Sri Aurobindo. In: Kapur (2018) (Hg.), a. a. O., S. 41, folgendes Zitat S. 43.

ZUKUNFT AUS DER ZEICHENTRICKFABRIK CELEBRATION, 1960

1 Schwendter, Rolf (1996): Tag für Tag. Eine Kultur- und Sittengeschichte des Alltags. Hamburg: Europäische Verlagsanstalt, S. 189.
2 www.modernhealthcare.com/article/19971020/NEWS/710200331/ disney-s-dream-celebration-health-the-tomorrowland-of-hospitals-won-t-offer-inpatient-care-unless-its-luck-changes (17. 02. 2020).
3 Ross, Andrew (1999): The Celebration Chronicles. Life, Liberty, and the Pursuit of Property Value in Disney's New Town. New York: Ballantine Books, S. 100.
4 https://en.wikipedia.org/wiki/Walt_Disney_anthology_television_series #Walt_Disney's_Wonderful_World_of_Color_(1961–1969) (05. 12. 2020).
5 Walt Disney, zit. n.: Ross (1999), a. a. O., S. 54.
6 Roost, Frank (2000): Die Disneyfizierung der Städte. Großprojekte der Entertainmentindustrie am Beispiel des New Yorker Times Square und der Siedlung Celebration in Florida. Opladen: Leske + Budrich, S. 92.
7 Ross, Andrew (1999), a. a. O., S. 27.

DER WEG ZUM MOND ALS KOSMISCHES VERSPRECHEN SPACE AGE,
1969

1 »Our Dad? He walked the Moon.« In: The New York Times, 2. Oktober 2018.
2 www.spiegel.de/panorama/leute/steuerknueppel-von-neil-armstrong-fuer-370-000-dollar-versteigert-a-1957d319-8ad3-4d23-8308-0c85bab8
96ef (20. 12. 2020).
3 Manguel, Alberto (2017): Sehnsucht Utopie. Eine Reise durch fünf Jahrhunderte. Bozen: Folio, S. 6.
4 Kranz, Gene (2000): Failure is not an option. Mission control from Mercury to Apollo 13 and beyond. New York: Simon & Schuster, sowie Kraft, Chris (2001): Flight. My Life in Mission Control. London: Penguin.
4 Puttkamer (2001), a. a. O., S. 167.
6 Reproduktion des Zeitungsartikels, Dauerausstellung in der Fliegerschule Wasserkuppe.
7 Kelly, Scott (2017): Endurance. My Year in Space. A Lifetime of Discovery. New York: Vintage Books, S. 13.
8 https://vfmk.org/de/shop/etel-adnan-wir-wurden-kosmisch (21. 01. 2021).
9 Zit. n. Marsiske (2005), a. a. O., S. 180.
10 www.spiegel.de/wissenschaft/weltall/william-shatner-nach-reise-ins-all-ich-bin-ueberwaeltigt-ich-hatte-ja-keine-ahnung-a-067a3e4e-9cd2-4d36-b713-3060208ec81d?sara_ecid=soci_upd_KsBFoAFjflf0DZCxpPYDCQg
OidEMph (06. 12. 2021)
11 Darmstädter Gespräche, Staatstheater (15. 12. 2019).
12 Spreen, Dierk (2014): Raumfahrt als Unterhaltung. Das kleine Massenmedium Perry Rhodan. In: Fischer, Joachim/ Spreen, Dierk (Hg.), Soziologie der Weltraumfahrt. Bielefeld: transcript, S. 166.
13 www.lyricsfreak.com/n/neil+young/after+the+goldrush_20099045.html (21. 01. 2021).
14 Carl Sagan, zit. n.: John Peter (1984): And Our Faces, My Heart, Brief as Photos. London: Writers and Readers, S. 8.
15 Kalpana Chwala, zit. n.: Marsiske (2005), a. a. O., S. 15.
16 https://hjschlichting.wordpress.com/1994/05/21/der-mond-ist-aufgegangen/ (01. 06. 2020).
17 www.staff.uni-mainz.de/pommeren/Gedichte/mond.html (01. 06. 2020).
18 Vortrag von Hans-Joachim Blome beim Daimler und Benz-Kolloquium (Berlin, 2017).
19 Oberth, Hermann (1984): Die Rakete zu den Planetenräumen. Reproduktonsdruck im Uni-Feucht-Verlag. Im Original erstmals 1923 im R. Oldenbourg-Verlag erschienen.
20 Blome (2017): a. a. O.
21 Marsiske (2005), a. a. O., S. 12.

22 Alberto (2015), a.a.O., S.78.

23 Russell Schweickart, zit. n.: White (2014), a.a.O., S.36 und S.37.

24 https://john-f-kennedy.info/reden/1962/rice-university/ (01.12.2021)

25 Puttkamer (2001), a.a.O., S.394.

26 Marsiske (2005), a.a.O., S.55.

27 Paul Spudis, zit. n.: Marsiske (2005), a.a.O., S.53.

28 Illich, Ivan (2009): Tools for Conviviality. London: Boyars Publishers.

29 Gespräch mit der Weltraumforscherin Klara Anna Capova (31. Januar 2020).

MOND, MARS UND DAS WELTALL ALS NEUE ZUFLUCHTSSTÄTTE
NEW SPACE, 2020

1 Elon Musk, zit. n.: Easto, Jessica (2017) (Hg.), Rocket Man. Elon Musk in His Own Words. Chicago: Agate, S.46.

2 Marsiske (2005), a.a.O., S.22, im Folgenden S.25 f.

3 Puttkamer (2012), a.a.O., S.137.

4 www.nationalgeographic.com/magazine/2017/08/space-race-moon-google-lunar-xprize/ (24.05.2020).

5 Zit. n.: Marsiske (2005), a.a.O., S.63.

6 https://physik.cosmos-indirekt.de/Physik-Schule/Constellation-Programm (20.12.2019).

7 www.deutschlandfunk.de/die-erste-mondlandung-eine-politische-mission-bis-heute.724.de.html?dram:article_id=453276 (05.12.2020).

8 www.globalspaceexploration.org (21.01.2021).

9 Puttkamer (2001), a.a.O., S.116.

10 Wired, 21. Oktober 2012, zit. n.: Easto (2017), a.a.O., S.86.

11 hitRECord on TV, 1. Februar 2014, zit. n.: Easto (2017), a.a.O., S.87.

12 Mamczak, Sascha/ Priling. Sebastian (2015) (Hg.): Der Weg zum Mars. Aufbruch in eine neue Welt. München: Heyne, S.144.

13 Vogue, 21. September 2015, zit. n.: Easto (2017), a.a.O., S.23.

14 www.businessinsider.com.au/what-its-like-to-work-for-elon-musk-2014-6 (11.05.2020).

15 Marsiske (2005), a.a.O., S.120.

16 Gespräch des Autors mit Dr. Oliver Angerer, Explorationsspezialist beim Deutschen Zentrum für Luft- und Raumfahrt (DLR), am 10. Januar 2018.

17 www.helenlundeberg.com/1930s-1 (01.06.2020).

18 https://mars.nasa.gov/news/8863/searching-for-life-in-nasas-perseverance-mars-samples/ (03.03.2021).

19 Freyer (2000), a.a.O., S.16.

20 Aldiss/Penrose (1999), a.a.O., S.31.

21 Nebel (2020), a.a.O., S.26.

22 https://mepag.jpl.nasa.gov/goal.cfm?goal=5 (01.06.2020).

23 www.nasa.gov/feature/goddard/the-fact-and-fiction-of-martian-dust-storms (01.06.2020).

24 www.sci-news.com/space/science-mars-radiation-measurements-surface-01629.html (01.06.2020).

25 https://selenianboondocks.com/2015/09/mars-surface-shielding-from-radiation/ (01. 06. 2020).
26 Lovelock (2020), a. a. O., S. 23.
27 www.youtube.com/watch?v=BqvBhhTtUm4 (13. 05. 2020).
28 Kaku (2018), a. a. O., S. 74.
29 www.sciencemag.org/news/2018/07/liquid-water-spied-deep-below-polar-ice-cap-mars (01. 06. 2020).
30 Spreen, Dierk (2014): Weltraum, Körper und Moderne. Eine soziologische Annäherung an den astronautischen Menschen und die Cyborggesellschaft. In: Fischer/ Spreen (Hg.), a. a. O., S. 60.
31 Plessner, Helmuth (1975/1928): Die Stufen des Organischen und der Mensch. Einführung in die philosophische Anhropologie. Berlin: de Gruyter.
32 Kaku (2018), a. a. O., S. 206 ff.
33 Francis Fukuyama, zit. n.: Kaku (2018), a. a. O.
34 Alan Bean, zit. n.: White (2014), a. a. O., S. xvii.
35 Harman, Willis / Rheingold, Howard (1984): Higher Creativity. Liberating the Unconscious for Breakthrough Insights. Los Angeles: J. P. Tarcher, S. 174.
36 Saramago, José (1992): Das Memorial. Reinbek bei Hamburg: Rowohlt.
37 White (2014), a. a. O., S. 22.
38 Carl Sagan, zit. n.: Kaku (2018), a. a. O., S. 6.
39 Crutzen, Paul et al. (2011): Das Raumschiff Erde hat keinen Notausgang. Berlin: edition unseld.
40 www.thespaceshow.com/guest/steven-wolfe (11. 08. 2020).
41 Gespräch mit der Weltraumforscherin Klara Anna Capova (31. Januar 2020).
42 Kaku (2018), a. a. O., S. 10.
43 AGU Fall Meeting Presidential Forum, 15. Dezember 2015, zit. n.: Easto (2017), a. a. O., S. 88.
44 SpaceX Pressekonferenz, 29. September 2011, zit. n.: Easto (2017), a. a. O., S. 89.
45 Gerard O'Neill, zit. n.: White (2014), a. a. O., S. xix.

NEUE HABITATE ZWISCHEN REISSBRETT UND PRAXIS – PLANUNG DER UTOPIE

UTOPISCHER ORT MIT POSTLEITZAHL MONTE VERITÀ, 1900

1 Bollmann (2017), a. a. O., S. 26.
2 Riess (2014), a. a. O., S. 23.
3 Riess (2014), a. a. O., S. 215.
4 Bollmann (2017), a. a. O., S. 44.
5 Bollmann (2017), a. a. O., S. 11.
6 Riess (2014), a. a. O., S. 24.

VERGANGENHEIT ALS UTOPIE-SURROGAT FORDLÂNDIA, 1928

1 Nye, David (1979): Henry Ford. Ignorant Idealist. Port Washington, N.Y.: Kennikat Press, S. 71.
2 Edsel Ford, zit. n.: Grandin (2009), a. a. O., S. 2.
3 LaRue, zit. n.: Grandin (2009), a. a. O., S. 87.
4 Henry Ford, zit. n. Grandin (2009), a. a. O., S. 43.
5 Benson Ford Research Center (BFRC), https://www.thehenryford.org/collections-and-research/ (22. 01. 2021).
6 Zit. n.: Grandin (2009), a. a. O., S. 254.
7 Zit. n.: Nye (1979), a. a. O., S. 93.

GEBURT DES SUBURBANEN MASTERPLANS LEVITTOWN, 1947

1 Baxandall / Ewen (2000), a. a. O., S. 75.
2 Kushner (2009), a. a. O., S. 9.
3 Wagner, Richard / Wagner, Amy (2010): Images of America: Levittown. Charleston: Arcadia Publishing, S. 20.
4 Harry Truman, zit. n.: Kushner (2009), a. a. O., S. xii.
5 »Homes in Barracks Attract Veterans«. In: New York Times, 4. Dezember 1945, S. 21.
6 FliegerMagazin, Heft Nr. 6, Juni, 2020, S. 78 ff.
7 Zit. n. Kushner (2009), a. a. O., S. 36.
8 Zit. n. Kushner (2009), a. a. O., S. 37.
9 Levitt, Alfred (1951): A Community Builder Looks at Community Planning. In: Journal of the American Institute of Planners, Heft 2, S. 88. Auf folgende Zitate.
10 Zit. n.: Mak (2014), a. a. O., S. 12.
11 Wagner/Wagner (2010), a. a. O., S. 7.
12 Kushner (2009), a. a. O., S. 41.

ORGANISCHES WACHSTUM EINER NEUEN WELT AUROVILLE, 1964

1 Klostermann, Michel (1976): Auroville. Stadt der Zukunftsmenschen. Frankfurt a. M.: Fischer.
2 Fifka, Matthias (2019): Rockmusik in den 50er und 60er Jahren – von der jugendlichen Rebellion zum Protest einer Generation. Baden-Baden: Nomos, S. 16.
3 Klostermann (1976), a. a. O.
4 hwww.metropolismag.com/architecture/golconde-the-first-modernist-building-in-india/ (12. 04. 2020).
5 Abgeleitet aus dem Französischen *Surhomme*, zit. n.: Vrekhem, Georges van (2018): Founding the City of Dawn. In: Kapur (2018), a. a. O., S. 7.
6 www.auroville.org/contents/574 (14. 11. 2018).
7 Mirra Alfassa, zit. n.: Vrekhem (2018), a. a. O., S. 5.
8 Majumdar (2017), a. a. O., S. 325.
9 Kapur (2018), a. a. O., S. xiii.

10 Zit. n.: Majumdar (2017), a. a. O., S. 40.
11 Aurobindo, Sri (1971): The Human Cycle. The Ideal of Human Unity, War and Self-Determination. Pondicherry: Sri Aurobindo Ashram.
12 Zit. n. Majumdar (2017), a. a. O., S. 45.
13 Zit. n. Majumdar (2017), a. a. O., S. 44.
14 Delitz, Heike (2014): A house from outer space. Raumfahrt-Effekte in der Architektur des 20. Jahrhunderts. In: Fischer, Spreen, a. a. O., S. 130–161.
15 Majumdar (2017), a. a. O., S. 37.
16 Gautier, François (2018): The Last Caravan to India. In: Kapur (2018), a. a. O., S. 67.

RADIKALES REDESIGN VON GESELLSCHAFT VENUS PROJECT, 1975

1 www.thevenusproject.com (25. 01. 2021).
2 Spiegel, Simon (2019): Bilder einer besseren Welt. Die Utopie im nicht-fiktionalen Film. Zürich: Schüren, S. 80.
3 Stefan Willeke, zit. n.: Spiegel (2019), a. a. O., S. 80.
4 Müller, Christoph / Nievergelt, Bernhard (1996): Technikkritik der Moderne. Empirische Technikereignisse als Herausforderung an die Sozialwissenschaft. Opladen: Leske + Budrich.
5 Arendt, Hannah (1972): Crises of the Republic. Lying in Politics. Civil Disobedience. On Violence. Thoughts on Politics and Revolution. New York: Harcourt, S. 11 f.
6 www.youtube.com/watch?v=-trlOIwigm4 (27. 12. 2020). Auch folgende Zitate.
7 www.thevenusproject.com/the-venus-project/research-center/ (27. 12. 2020).
8 Freyer (2000), a. a. O., S. 29.

ENTWURF EINER BILDERBUCHSTADT CELEBRATION, 1982

1 Taylor, John (1987): Storming the Magic Kingdom. Wall Street, the Raiders, and the Battle for Disney. New York: Knopf, S. 33 f.
2 www.youtube.com/watch?v=sLCHg9mUBag (17. 02. 2020).
3 Ross, Andrew (1999): The Celebration Chronicles. Life, Liberty, and the Pursuit of Property Value in Disney's New Town. New York: Ballantine Books, S. 56.
4 Vincent Scully, zit. n.: Ross (1999), a. a. O., S. 2.
5 Minois (2002), a. a. O., S. 113; auch folgendes Zitate.
6 Dahrendorf, Ralf (1986): Pfade aus Utopia. München: Piper, S. 243.
7 Freyer (2000), a. a. O., S. 24.
8 The Charter of the New Urbanism. https://www.cnu.org/who-we-are/ charter-new-urbanism (18. 02. 2020).
9 Ross (1999), a. a. O., S. 5.
10 Ross (1999), a. a. O., S. 73.

11 Zit. n.: Ross (1999), a. a. O., S. 27.
12 Ross (1999), a. a. O., S. 25.
13 Mak (2014), a. a. O., S. 231.
14 »Nostalgie hilft«. In: DER SPIEGEL, 21. Dezember 2019, S. 104 f.
15 Davis, Fred (1979): Yearning for Yesterday. A Sociology of Nostalgia. Bristol: Policy Press.
16 Ross (1999), a. a. O., S. 28. Folgendes Zitat S. 32.

SONDERWELTEN FÜR TECHNO-UTOPISTEN SMART CITIES, 2021

1 https://files.technologyreview.com/magazine-archive/2012/MIT-Technology-Review-2012-11-sample.pdf (09. 05. 2020).
2 www.bauwelt.de/themen/betrifft/Utopien-der-Vergangenheit-3082550.html (04. 12. 2021), auch die folgenden beiden Zitate.
3 Weizenbaum, Joseph (1977): Die Macht der Computer und die Ohnmacht der Vernunft. Frankfurt a. M.: Suhrkamp.
4 Arendt (1972), a. a. O., S. 11 f.
5 www.bizjournals.com/sanjose/news/2019/02/08/facebook-willow-village-campus-plans-update-fb.html?ana=RSS&s=article_search (25. 01. 2021).
6 www.nzz.ch/wirtschaft/aufstand-in-der-heimat-der-tech-riesen-ld.1424297 (25. 01. 2021).
7 www.menlopark.org/1251/Willow-Village (04. 12. 2021)
8 https://beta2.therealdeal.com/2018/03/24/would-you-live-in-zucktown-facebooks-new-city/ (25. 01. 2021).
9 Coser, Lewis A. (2015): Gierige Institutionen. Soziologische Studien über totales Engagement (im Original: Greedy Institutions. Patterns of Undivided Commitment). Frankfurt a. M.: Suhrkamp.
10 www.woven-city.global (06. 05. 2020).
11 https://slate.com/technology/2017/10/sidewalk-labs-quayside-development-in-toronto-is-googles-first-shot-at-building-a-city.html (25. 01. 2021).
12 www.faz.net/aktuell/wirtschaft/kuenstliche-intelligenz/googles-mutterkonzern-baut-eine-intelligente-stadt-15252637.html (25. 01. 2021).
13 www.welt.de/print/die_welt/motor/article170129467/Die-smarte-Stadt.html (31. 03. 2020).
14 www.theguardian.com/technology/2020/may/07/google-sidewalk-labs-toronto-smart-city-abandoned (19. 09. 2021).
15 https://medium.com/sidewalk-talk/why-were-no-longer-pursuing-the-quayside-project-and-what-s-next-for-sidewalk-labs-9a61de3fee3a (19. 09. 2021).
16 https://orf.at/v2/stories/2033320/2033291/ (06. 05. 2020).
17 https://t3n.de/news/smart-city-bill-gates-arizona-875851/ (06. 05. 2020).
18 www.spiegel.de/wirtschaft/unternehmen/landkauf-in-arizona-will-bill-gates-eine-eigene-stadt-bauen-a-1177611.html (21. 01. 2021).

19 https://azbex.com/gates-eyes-i-11-invests-80m-in-belmont/
   (06. 05. 2020).
20 https://slate.com/business/2017/11/bill-gates-smart-city-in-arizona-is-
   not-smart-not-a-city-and-has-almost-nothing-to-do-with-bill-gates.html
   (06. 05. 2020).

LAND DER LÄCHELNDEN ROBOTER NEOM, 2017

1 www.welt.de/vermischtes/article170106321/Roboter-Sophia-bekommt-
   saudi-arabischen-Pass.html (21. 01. 2021).
2 www.deutschlandfunkkultur.de/neue-megacity-in-saudi-arabien-ein-
   zeichen-an-den-westen.1008.de.html?dram%3Aarticle_id=399137
   (21. 01. 2021).
3 www.wiwo.de/technologie/wirtschaft-von-oben/wirtschaft-von-oben-
   106-neom-hier-baut-der-saudische-kronprinz-die-wasserstoff-stadt-der-
   zukunft/27176294.html (04. 12. 2021).
4 www.handelszeitung.ch/konjunktur/asien/Neom-saudi-arabien-plant-
   die-stadt-der-zukunft-1509895 (21. 01. 2021).
5 www.Neom.com/en-us/about/#vision-2030 (28. 12. 2020).
6 www.sueddeutsche.de/politik/saudi-arabien-auf-sand-und-blut-gebaut-1.
   4904029 (28. 12. 2020).
7 www.Neom.com/ (28. 12. 2020).
8 www.businessinsider.de/international/Neom-what-we-know-saudi-
   arabia-500bn-mega-city-2019-9/?r=US&IR=T (28. 12. 2020).
9 www.digitaltrends.com/cool-tech/the-smart-cities-of-tomorrow-
   roundup/ (28. 12. 2020).
10 Neom Fact Sheet. Abrufbar unter www.Neom.com/en-us/about/#facts
   (28. 12. 2020).
11 http://Neomsaudicity.net/wp-content/uploads/2017/11/Neom_press_
   release_English_2017.10.24.pdf (28. 12. 2020).
12 www.Neom.com/content/pdfs/Neom-Press-Release-en.pdf
   (16. 10. 2018).
13 www.handelszeitung.ch/konjunktur/asien/Neom-saudi-arabien-plant-
   die-stadt-der-zukunft-1509895 (21. 01. 2021) sowie https://orf.at/stories/
   3131618/ (28. 12. 2020).
14 www.handelszeitung.ch/konjunktur/asien/Neom-saudi-arabien-plant-
   die-stadt-der-zukunft-1509895 (28. 12. 2020).
15 www.manager-magazin.de/politik/artikel/klaus-kleinfeld-wird-berater-
   fuer-saudischen-kronprinzen-a-1216359.html (28. 12. 2020).
16 www.spiegel.de/wirtschaft/soziales/klaus-kleinfeld-in-saudi-arabien-der-
   berater-von-mohammed-bin-salman-a-1234923.html (28. 12. 2020).
17 Neom Fact Sheet. Abrufbar unter www.Neom.com/en-us/about/#facts
   (28. 12. 2020), auch folgende Informationen.
18 hwww.tagesspiegel.de/wirtschaft/reformen-in-saudi-arabien-wie-der-
   kronprinz-sein-land-neu-erfinden-will/22830810.html (21. 01. 2021).
19 www.die-fuehrungskraefte.de/aktuell/perspektiven-fachzeitschrift/

inhaltsverzeichnis-05-062018/eu-parlament-fuer-schaffung-einer-elektronischen-person/ (21.01.2021).

20 www.aargauerzeitung.ch/leben/forschung-technik/streit-um-rechte-von-robotern-wer-haftet-wenn-etwas-schief-geht-132457958 (21.01.2021).

21 https://papers.ssrn.com/sol3/papers.cfm?abstract_id=2643043 (28.12.2020).

22 www.derstandard.at/story/2000106394494/sollen-roboter-rechte-haben (21.01.2021).

23 www.cleanthinking.de/Neom-city-saudi-arabien-zwischen-disneyland-und-silicon-valley/ (21.01.2021).

24 www.handelszeitung.ch/konjunktur/asien/Neom-saudi-arabien-plant-die-stadt-der-zukunft-1509895 (21.01.2021).

25 www.sueddeutsche.de/politik/saudi-arabien-auf-sand-und-blut-gebaut-1.4904029 (21.01.2021).

26 www.sport1.de/esports/counter-strike-go/2020/08/blast-beendet-die-partnerschaft-mit-umstrittenem-Neom-projekt (21.01.2021).

SCHWIMMENDE RESERVATE DER AUTONOMIE SEASTEADING, 2008

1 Rosa, Giorgio (2020): Rose Island. The real story of an utopian micronation. Bologna: Paolo Emilio Persiani, S. 87

2 »Seine Insel ist weg«. In: DIE ZEIT, 9. Mai 2019, S. 38.

3 www.facebook.com/groups/272656100041867/ (13.05.2019).

4 Sloterdijk, Peter (2004): Sphären III: Schäume. Frankfurt a. M.: Suhrkamp, S. 317 ff.

5 www.forbes.com/profile/peter-thiel/#76d6d14a533a (21.01.2021).

6 Nikolai Fyodorov, zit. n.: Holmquist, M. (1985): The Philosophical Bases of Soviet Space Exploration. In: Key Reporter. Winter 1985/86, S. 3.

7 www.seasteading.org/31937/ (21.01.2021).

8 »Vom Tal auf die Insel? Vom kalifornischen Liberalismus zur Sozialutopie Seasteading« (2018): Bundeszentrale für politische Bildung; www.bpb.de/apuz/273597/vom-kalifornischen-liberalismus-zur-sozialutopie-seasteading (04.05.2020).

9 Miéville, China (2007): Floating Utopias. Freedom and Unfreedom of the Seas. In: Davis, Mike/ Monk, Daniel (Hg.): Evil Paradises. Dreamworlds of Neoliberalism. New York: New Press, S. 256.

10 Ngantcha, Francis (1990): The Right of Innocent Passage and the Evolutions of the International Law of the Sea. New York: Pinter Publishers, S. 6.

11 https://celestopea.org (05.05.2020); auch die folgenden Zitate.

12 www.tdrinc.com/nexus.html (05.05.2020).

13 www.oceania.org (05.05.2020).

14 Miéville (2007), a.a.O., S. 255.

15 www.aargauerzeitung.ch/leben/leben/auf-schwimmenden-inseln-soll-die-gesellschaft-der-zukunft-entstehen-132057631 (19.02.2020).

16 Boldt-Mitzka, Christian (2014): Historische Theorien der Subsistenz.

Grundlagen, Geschichte und Gegenwartsbedeutung selbsterhaltenden Lebens und Arbeitens; https://d-nb.info/1072303744/34 (21. 01. 2021).

17 Miéville (2007), a. a. O., S. 259, folgendes Zitat S. 261.

UTOPISCHE LEBENSRÄUME UNTER WASSER OCEAN SPIRAL CITY, 1998

1 www.youtube.com/watch?v=5PaV-PJX7dQ (13. 06. 2020).

2 www.spiegel.de/geschichte/jacques-yves-cousteau-das-leben-des-beruehmten-unterwasser-pioniers-a-1124648.html (13. 06. 2020).

3 www.imdb.com/title/tt1659619/ (13. 06. 2020).

4 www.br.de/wissen/jacques-yves-cousteau-meeresforscher-tiefseetaucher-100.html (13. 06. 2020).

5 www.imdb.com/title/tt1659619/ (13. 06. 2020).

6 www.br.de/wissen/jacques-yves-cousteau-meeresforscher-tiefseetaucher-100.html (13. 06. 2020).

7 www.imdb.com/title/tt1659619/ (13. 06. 2020).

8 www.youtube.com/watch?v=4mp0PA-O_4 (14. 06. 2020), auch folgende Zitate.

9 www.spiegel.de/geschichte/jacques-yves-cousteau-das-leben-des-beruehmten-unterwasser-pioniers-a-1124648.html (13. 06. 2020).

10 White (2014), a. a. O., S. 155.

11 www.welt.de/wissenschaft/umwelt/article7884567/Jacques-Cousteau-Ozeanforscher-und-Tierquaeler.html (13. 06. 2020).

12 www.focus.de/wissen/mensch/tid-18526/jacques-yves-cousteau-das-vermaechtnis-eines-liebenden_aid_516968.html (13. 06. 2020).

13 Cousteau, Jacques-Yves (1952): Die schweigende Welt. Köln: Kiepenheuer & Witsch, S. 230.

14 www.shimz.co.jp/english/theme/dream/oceanspiral.html (17. 11. 2020), auch folgendes Zitat.

15 https://newatlas.com/luna-ring-solar-moon/29986/?itm_source=newatlas&itm_medium=article-body (17. 11. 2020).

16 www.divercitymag.be/en/underwater-cities-hold-your-breath-its-scheduled-for-2030/ (17. 11. 2020).

17 https://newatlas.com/sub-biosphere-2-self-sustainable-underwater-world/15507/?itm_source=newatlas&itm_medium=article-body (17. 11. 2020).

18 www.shimz.co.jp/en/company/about/message/ (20. 11. 2020).

19 www.theguardian.com/world/2014/nov/20/ocean-spiral-japan-underwater-city (17. 11. 2020).

20 www.techeblog.com/forget-floating-cities-ocean-spiral-is-an-underwater-city-that-generates-its-own-energy/ (17. 11. 2020).

21 www.theguardian.com/world/2014/nov/20/ocean-spiral-japan-underwater-city (17. 11. 2020), auch folgende Zitate.

22 www.architektur-wasser.de/inspiration/visionen/waterscraper/ (28. 12. 2020).

23 www.ingenieur.de/technik/fachbereiche/umwelt/riesiges-hochhaus-
  sammelt-plastikmuell-im-pazifik/ (28. 12. 2020).

COUNTDOWN FÜR EINE UTOPIE SPACE AGE, 1957

1 Kranz, Gene (2000): Failure is not an option. Mission control from
  Mercury to Apollo 13 and beyond. New York: Simon & Schuster, S. 16.
2 Puttkamer (2001).
3 www.theguardian.com/world/2008/jan/20/review.features7
  (03. 06. 2020). Auch folgendes Zitat.
4 Lovelock, James (1979): Gaia. A New Look at Life on Earth. Oxford:
  Oxford University Press, S. 1 f.
5 Video der Rede: www.youtube.com/watch?v=ouRbkBAOGEw
  (21. 03. 2020); Text der Rede: http://www.john-f-kennedy.info/reden/
  1962/rice-university/&search=moon (21. 03. 2020), auch folgendes Zitat.
6 John F. Kennedy, zit. n.: White (2014), a. a. O., S. 31; folgendes Zitat S. 32.
7 Kalfař, Jaroslaw (2017): Eine kurze Geschichte der böhmischen Raumfahrt. Stuttgart: Tropen, S. 39.
8 Kranz (2000), a. a. O., S. 20.
9 Smith, Andrew (2005): Moon Dust. In Search of the Men Who Fell to
  Earth. London: Bloomsbury, S. 15.
10 Zit. n.: Spreen, Dierk (2014): Weltraum, Körper und Moderne. Eine
  soziologische Annäherung an den astronautischen Menschen und die
  Cyborggesellschaft. In: Fischer / Spreen, a. a. O., S. 56.
11 Ballard, J. G. (1988): Memories of the Space Age. Sauk City: Arkam House.
12 Smith (2005), a. a. O., S. 34; folgendes Zitat S. 36.
13 Buzz Aldrin, zit. n.: Reichl, Eugen (2017): Wir haben ein Problem.
  Stories aus der Raumfahrt. Berlin: Eulenspiegel Verlag, S. 143.
14 Reichl (2017), a. a. O., S. 40.
15 Arthur C. Clarke, zit. n.: Smith (2005), a. a. O., S. 33; sowie Puttkamer
  (2001), a. a. O., S. 168.
16 Smith (2005), a. a. O., S. 171.
17 Cernan, Eugene (2000): The Last Man on the Moon. New York: St.
  Martin's Press.
18 Smith (2005), a. a. O., S. 4.
19 Puttkamer (2001), a. a. O., S. 171.
20 Gene Cernan, zit. n.: White (2014), a. a. O., S. 43.
21 John F. Kennedy, zit. n.: Mak (2014), a. a. O., S. 123.
22 Vortrag auf dem Daimler und Benz-Kolloquium, Berlin, 2017.
23 Schneider, Peter (2018): Goldrausch im All. Wie Elon Musk, Richard
  Branson und Jeff Bezos den Weltraum erobern. München: FBV, S. 12.
24 International Astronautical Congress, 27. September 2016, zit. n.: Easto
  (2017), a. a. O., S. 102.

1 Schneider (2018), a. a. O., S. 16.
2 X Marks on the Spot, 16 Dezember 2014, zit. n.: Easto (2017), a. a. O., S. 98.
3 Schneider (2018), a. a. O., S. 25.
4 www.youtube.com/watch?v=wsixsRI-Sz4 (11. 05. 2020).
5 Walter, Ulrich (2017): Höllenritt durch Raum und Zeit. München: KomplettMedia, S. 169 ff.
6 Boyle (2003), a. a. O., S. 26.
7 Palin, Michael (2019): Erebus. Ein Schiff, zwei Fahrten und das weltweit größte Rätsel auf See. Hamburg: mareverlag, S. 124; folgendes Zitat S. 133.
8 GQ, 31. Dezember 2008, zit. n.: Easto (2017), a. a. O., S. 89.
9 Schneider (2018), a. a. O., S. 12.
10 Gespräch mit Dr. Oliver Angerer (DLR), 10. Januar 2018, ebenso folgende Zitate.
11 Graeber, David (2017): Bürokratie. Die Utopie der Regeln. München: Goldmann, S. 181 f.
12 Walter (2017), a. a. O., S. 151.
13 Puttkamer (2001), a. a. O., S. 340.
14 Gespräch mit Dr. Oliver Angerer (DLR), 10. Januar 2018.
15 Schneider (2018), a. a. O., S. 12.
16 »Losgelöst von der Schwerkraft«. In: FAZ, 26. Januar 2020, S. 58.
17 www.zeit.de/wissen/2021-10/matthias-maurer-astronaut-iss-raumfahrt-nasa-spacex/komplettansicht (06. 12. 2021)
18 Gespräch mit Markus Landgraf, Directorate of Human Spaceflight and Robotic Exploration Programmes, ESA/ESTEC, 31. Januar 2020, ebenso folgendes Zitat.
19 Gespräch mit der Weltraumforscherin Klara Anna Capova (31. Januar 2020).
20 Eugene Cernan, zit. n.: White (2014), a. a. O., S. 99.
21 Ward (2019), a. a. O.
22 Bromberg, Joan Lisa (1999): NASA and the Space Industry. Baltimore: Johns Hopkins University Press.
23 Stone, Brad (2013): Der Allesverkäufer. Jeff Bezos und das Imperium von Amazon. Frankfurt a. M.: Campus, S. 181.
24 https://blog.legalsolutions.thomsonreuters.com/legal-research/today-in-1984-the-commercial-space-launch-act-is-passed/ (25. 05. 2020).
25 Richard Branson, zit. n.: White (2014), a. a. O., S. 99.
26 White (2014), a. a. O., S. xx.
27 https://orange.handelsblatt.com/artikel/41405 (05. 06. 2020).
28 Mason, Paul (2016): Postkapitalismus. Grundrisse einer kommenden Ökonomie. Berlin: Suhrkamp.
29 www.youtube.com/watch?v=29uQ6fjEozI (24. 05. 2020).
30 www.youtube.com/watch?v=WtiNosJIPBs (25. 05. 2020).
31 Schneider (2018), a. a. O., S. 299.

32 www.youtube.com/watch?v=wsixsRI-Sz4 (11. 05. 2020).

33 Nebel (2020), a. a. O., S. 66.

34 Schneider (2018), a. a. O., S. 48.

35 Reichl (2017), a. a. O., S. 143.

36 www.youtube.com/watch?v=LfTkkNSpSwo (11. 05. 2020).

37 Marsiske (2005), a. a. O., S. 130.

38 Barbara Imhof, zit. n.: Marsiske (2005), a. a. O., S. 131.

39 Darmstädter Gespräche, Staatstheater (15. 12. 2019).

40 Darmstädter Gespräche, Staatstheater (15. 12. 2019).

41 Iannis Xenakis, zit. n.: Gleininger-Neumann, Andrea (1989): Technologische Phantasien und urbanistische Utopien. In: Klotz, Heinrich (Hg.). Vision der Moderne. Das Prinzip Konstruktion. München: Prestel-Verlag, S. 56.

42 Daimler und Benz-Kolloquium, Berlin, 2017.

43 Gleininger-Neumann (1989), a. a. O., S. 57.

44 Gleininger-Neumann (1989), a. a. O., S. 62.

45 International Space Station R&D Conference, 7. Juli 2015, zit. n.: Easto (2017), a. a. O., S. 102.

46 www.nasa.gov/pdf/617047main_45s_building_future_spacesuit.pdf (14. 06. 2020).

47 Schneider (2018), a. a. O., S. 46.

48 Elon Musk, zit. n.: Schneider (2018), a. a. O., S. 96.

49 Schneider (2018), a. a. O., S. 232.

50 https://madeinspace.us (25. 05. 2020).

51 www.relativityspace.com (25. 05. 2020).

52 www.manchester.ac.uk/discover/news/affordable-housing-in-outer-space-scientists-develop-cosmic-concrete-from-space-dust-and-astronaut-blood/ (19. 09. 2021).

53 Gespräch mit Dr. Oliver Angerer (DLR), 10. Januar 2018.

54 International Space Station R&D Conference, 7. Juli 2005, zit. n.: Easto (2017), a. a. O., S. 44.

55 Schneider (2018), a. a. O., S. 23.

56 Jeff Bezos, zit. n.: Schneider (2018), a. a. O., S. 26.

57 Gespräch mit Dr. Oliver Angerer (DLR), 10. Januar 2018.

58 Darmstädter Gespräche, Staatstheater (15. 12. 2019).

59 Kelly, Scott (2017): Endurance. My Year in Space. A Lifetime of Discovery. New York: Vintage Books.

60 Schneider (2018), a. a. O., S. 69.

61 Zit. n.: Delitz, Heike (2014): A house from outer space. Raumfahrt-Effekte in der Architektur des 20. Jahrhunderts. In: Fischer / Spreen, a. a. O., S. 154.

62 Schneider (2018), a. a. O., S. 144.

63 Puttkamer (2001), a. a. O., S. 120.

64 Schneider (2018), a. a. O., S. 85; folgende Zitate S. 92, S. 94 und S. 11.

MAGIE DER ANKUNFT – NEUBEGINN EINER UTOPIE

1 Caparrós (2015), a.a.O., S.49.

ZAUBERBERG DER ALTERNATIVKULTUR MONTE VERITÀ, 1901

1 Girgis, Samir (2011): Jakob und der Berg der Wahrheit. Historischer
   Roman über Ascona und den Monte Verità. Bingen am Rhein: Girgis
   Verlag, S.9.
2 Landmann (1983), a.a.O., S.23; folgendes Zitat S.24.
3 Riess (2014), a.a.O.; Girgis (2011), a.a.O.
4 Landmann (1983), a.a.O., S.24.
5 Landmann (1983), a.a.O., S.16.
6 Bollmann (2017), a.a.O., S.88; ebenso folgendes Zitat.
7 Gendotti, Gabriele (2001): Vorwort. In: Schwab/Lafranchi, a.a.O., S.7.
8 Grohmann, Adolf Arthur (1903): Die Vegetarier-Ansiedlung in Ascona
   und die sogenannten Naturmenschen im Tessin. Halle: Marhold, S.15.
9 Landmann (1983), a.a.O., S.7.
10 Bollmann (2017), a.a.O., S.47.
11 Blubacher (2013), a.a.O., S.12.
12 Schwendter (1996), a.a.O., S.108.
13 Hugo Ball, zit. n.: Blubacher (2013), a.a.O., S.20.
14 Riess (2014), a.a.O., S.64, folgendes Zitat S.65.
15 Mary Wigman, zit. n.: Bollmann (2017), a.a.O., S.237.
16 Bollmann (2017), a.a.O., S.74.

MIT WINTERMÄNTELN IN DEN REGENWALD FORDLÂNDIA, 1928

1 Wolfe, Joel (2009): Autos and Progress. The Brazilian Search for
   Modernity. New York: Oxford University Press, S.79 f.
2 Zit. n.: Grandin (2009), a.a.O., S.118; folgendes Zitat S.126.

REBELLION IM SUBURB LEVITTOWN, 1956

1 Zit. n.: Mak (2014), a.a.O., S.209.
2 Zit. n.: Kushner (2009), a.a.O., S.64.
3 Wagner / Wagner (2010), a.a.O., S.40 ff.
4 Myers, Daisy (2005): Sticks 'n' Stones. The Myers Family on Levittown.
   York County Heritage Trust, York, PA, S.23.
5 Levittown Times, 13. August 1957.
6 Zit. n.: Kushner (2009), a.a.O., S.106.
7 Kushner (2009), a.a.O., S.101.

STILLE EXPLOSION DER LIEBE AUROVILLE, 1968

1 Verzhutski, Boris (2018): Five Pieces. In: Kapur (2018), a.a.O., S.182–187.
2 Thépot, Raymond (2018): Paradox-Town. In: Kapur (2018), a.a.O., S.101.

3 Majumdar (2017), a. a. O., S. 53.

4 Kapur (2018), a. a. O., S. xiv.

5 Norman, Thomas (2018): The Day The Balloon Went Up. In: Kapur (2018), a. a. O., S. 12.

6 Kapur (2018), a. a. O., S. xv.

7 Norman (2018), a. a. O.

8 Harris, Roger (2018): Dancing in Byzantium. In: Kapur (2018), a. a. O., S. 264.

9 Kapur (2018), a. a. O., S. xvi.

10 Kapur (2018), a. a. O., S. 1.

11 Lohman, Ruud (1985): Ein Haus für das dritte Jahrtausend. Essays über das Matrimandir. Gladenbach: Hinder + Deelmann, S. 10, folgendes Zitat S. 11.

12 Janaka, Jocelyn (2018): The Antithesis of Yoga. In: Kapur (2018), a. a. O., S. 52.

13 Gepräch mit Richard F. (5. März 2020).

14 Harris, Roger (2018): Four Poems. In: Kapur (2018), a. a. O., S. 80.

15 Majumdar (2017), a. a. O., S. 94.

16 Gepräch mit Katja T. am Tag des Auroville-Jahrestags, 28. Februar 2020.

17 Majumdar (2017), a. a. O., S. 74 f.; ebenso folgende Zitate.

18 Norman, Thomas(2018): Wirth Stumpf of Candle. In: Kapur (2018), a. a. O., S. 31.

19 Zit. n.: Kapur (2018), a. a. O., S. 29.

20 Herbert, Alan (2018): Re-Entry. In: Kapur (2018), a. a. O., S. 33 f.

21 Gautier, François (2018): The Last Caravan to India. In: Kapur (2018), a. a. O., S. 67.

22 Majumdar (2017), a. a. O., S. 247.

MAGIE EINER INSTANT-UTOPIE CELEBRATION, 1995

1 Ross (1999), a. a. O., S. 18; folgende Zitate S. 265, S. 8, S. 11 und S. 224.

2 Zit. n.: Ross (1999), a. a. O., S. 18.

3 Ross (1999), a. a. O., S. 31 f.

4 Zit. n.: Ross (1999), a. a. O., S. 83.

5 Ross (1999), a. a. O., S. 35.

PRIVATUTOPIE MEHRGENERATIONENDORF ISNYLAND, 2018

1 Video-Gespräch mit Markus Immler (04. Dezember 2019).

2 www.immler.com (04. 12. 2019).

3 Glött, Ulrich Graf von (2003): Die Fuggerei. Die älteste Sozialsiedlung der Welt. Augsburg: Wißner-Verlag, S. 15.

4 www.immler-grossfamilienstiftung.de (18. 02. 2020).

5 Hoppe, Ralf (2005): Die Wut der Millionäre. In: DER SPIEGEL, 18/2005, S. 58–62.

6 www.schwaebische.de/landkreis/landkreis-ravensburg/isny_artikel,-im-mittel%C3%B6sch-stehen-gro%C3%9Fe-projekte-an-_arid,10559944.html (18. 02. 2020).

7 www.pressreader.com/germany/schwaebische-zeitung-leutkirch-isny-bad-wurzach/20181009/282342565793439 (18. 02. 2020).

8 www.kreisbote.de/lokales/kempten/sind-ueberglueсklich-2582378.html (18. 02. 2020).

9 www.all-in.de/kempten/c-lokales/familie-sonntag-freut-sich-auf-neues-haus_a380521#gallery=null (18. 02. 2020).

10 www.welt.de/welt_print/article2072498/Ein-Euro-fuers-Familienglueck.html (18. 02. 2020).

11 www.faz.net/aktuell/gesellschaft/familie/bayern-millionaere-vermieten-maerchenschloesser-fuer-1-euro-1699714-p2.html (18. 02. 2020).

12 www.deutschlandfunkkultur.de/ein-haus-fuer-einen-euro.1001.de.html?dram:article_id=155806 (18. 02. 2020).

13 www.kinderreichefamilien.de/pressemitteilungen/articles/immler-grossfamilienstiftung-erhaelt-fair-family-guetesiegel.html (18. 02. 2020).

14 Hoppe (2005), a. a. O., S. 61.

UTOPIAS DER SENILITÄT SUN CITY, 1960

1 Rentz, Ingo (2013): Sun City – Die pure Lust am Altwerden. https://www.welt.de/vermischtes/article112844988/Sun-City-Die-pure-Lust-am-Altwerden.html (24. 02. 2020).

2 Mumford, Lewis (1956): For Older People. Not Segregation but Integration. In: Architectural Record, 119, S. 191–194.

3 Claassen, Nils (2005): Sun City. Ist diese Wohnform auch eine Lebensform für Senioren in Deutschland? München: Grin.

4 Hahn, Barbara (2014): Die US-amerikanische Stadt im Wandel. Berlin: Springer.

5 Würz, Kristina (2007): Sun City. Rentnersiedlungen in den USA – ein Modell für die Zukunft? Augsburger Volkskundliche Nachrichten, Heft 2/Nr. 26, S. 32.

6 Hahn (2014), a. a. O., S. 146 f.

7 Rentz (2013), a. a. O., sowie Hahn (2014), a. a. O., S. 164.

8 https://suncityaz.org (24. 02. 2020).

9 www.epd-film.de/filmkritiken/gestorben-wird-morgen (17. 01. 2020). Folgendes Zitat aus dem Film.

10 Kunze, Iris (2020): Neue Gemeinschaften zwischen Utopie und gelebter Alternative. In: Görgen, Benjamin / Wendt, Björn (Hg.): Sozial-ökologische Utopien. Diesseits oder jenseits von Wachstum und Kapitalismus. München: oekom, S. 181–197.

11 Würz (2007), a. a. O., S. 27 ff.

12 Würz (2007), a. a. O., S. 42.

13 Beck, Ulrich / Beck-Gernsheim, Elisabeth (1994): Individualisierung in modernen Gesellschaften – Perspektiven und Kontroversen einer

subjektorientierten Soziologie. In: dies. (Hg.), Riskante Freiheiten. Individualisierung in modernen Gesellschaften. Frankfurt a. M.: Suhrkamp, S. 174.

14 Hahn (2014), a. a. O., S. 163.
15 Würz (2007), a. a. O., S. 33.
16 Hahn (2014), a. a. O., S. 166.
17 McKenzie, Evan (1994): Privatopia. Homeowner Associations and the Rise of Residential Private Goverment. Yale: Yale University Press.
18 McKenzie (1994), a. a. O., S. 21.
19 www.epd-film.de/filmkritiken/gestorben-wird-morgen (17. 01. 2020).
20 Garreau, Joel (1991): Edge City. Life on the New Frontier. New York: Doubleday.
21 www.epd-film.de/filmkritiken/gestorben-wird-morgen (17. 01. 2020).
22 Werner, Kathrin (2017): Rentner unter sich. In: Süddeutsche Zeitung online, www.sueddeutsche.de/geld/sun-city-rentner-unter-sich-1.37995 37 (24. 02. 2020).
23 Fras, Damir (2016): The Villages. Paradies oder Senioren-Ghetto? www.fr.de/panorama/paradies-oder-senioren-ghetto-11111305.html (24. 02. 2020).
24 Erisman, Ryan (2019): Cool Facts About The Villages. www.insidethebubble.net/82-cool-facts-the-villages/ (24. 02. 2020).
25 www.spiegel.de/politik/ausland/florida-vor-der-us-wahl-2020-rentner-aufstand-gegen-donald-trump-a-0053e3ec-2389-431f-bcda-5f8c3a696df7 (20. 12. 2020).
26 Czycholl, Harald (2011): Ein Stadtviertel nur für Senioren; www.welt.de/print/die_welt/finanzen/article13687077/Ein-Stadtviertel-nur-fuer-Senioren.html (25. 02. 2020).
27 Würz (2007), a. a. O., S. 51 ff., sowie Hahn (2014), a. a. O., S. 167 f.
28 Soleri, Paolo (1988): Arcosanti. Labor für Öko-Urbanität. Basel: Sphinx Medien, S. 43.
29 Freyer (2000), a. a. O., S. 17.
30 Moretti, Franco (1987): Signs taken for wonders (Darin: Homo Palpitans. Balzac's Novels and Urban Personalità). London: Verso.
31 Nozick, Robert (2006): Anarchie, Staat, Utopia. München: Olzog.
32 Moretti (1987), a. a. O., S. 182, folgendes Zitat S. 184.
33 McKenzie (1994), a. a. O., S. 87.

GESPRENGTE KETTEN DER GRAVITATION OLD SPACE, 2016

1 Daimler und Benz-Kolloquium, Berlin, 2017.
2 Virilio, Paul (2002): Unknown Quantities – An exhibition conceived by Paul Virilio, Foundation Cartier pour l'art contemporain, Paris, S. 3.
3 Eugene Cernan, zit. n.: White (2014), a. a. O., S. 33.
4 Edgar Mitchell, zit. n.: White (2014), a. a. O.
5 Neil Armstrong, zit. n.: Smith (2005), a. a. O., S. 57.
6 Latour (2017), a. a. O., S. 141.

7 Kelly, Scott (2017): Endurance. My Year in Space. A Lifetime of Discovery. New York: Vintage Books, S. 94, folgende Zitate S. 84, S. 404 und S. 408.
8 White (2014), a. a. O., S. 15.
9 Kelly (2017), a. a. O., S. 415.

»MARS, HERE WE COME« – ENTDECKER GESUCHT! NEW SPACE, 2020

1 Arthur C. Clarke, zit. n.: Marsiske (2005), a. a. O., S. 78.
2 Kaku (2018), a. a. O., S. 36 ff.
3 https://otrag.com (29. 05. 2020), auch die folgenden Informationen und Zitate.
4 Genta, Giancarlo (2017): Next Stop Mars. The Why, How, and When of Human Missions. Springer Praxis Books.
5 Schneider (2018), a. a. O., S. 110, folgende Zitate S. 111 und S. 22.
6 Jeff Bezos, zit. n.: Schneider (2018), a. a. O., S. 32.
7 www.businessinsider.com/jeff-bezos-move-all-polluting-industry-into-space-blue-origin-2021-7 (29. 08. 2021).
8 Andrew Rush, zit. n.: Schneider (2018), a. a. O., S. 21.
9 Schneider (2018), a. a. O., S. 34.
10 www.newyorker.com/magazine/2011/11/28/no-death-no-taxes (13. 05. 2020).
11 www.spacex.com (07. 06. 2020).
12 Rede vor SpaceX-Mitarbeitern nach dem vierten Startversuch der Falcon-1-Rakete am 28. September 2008, zit. n.: Easto (2017), a. a. O., S. 96
13 https://twitter.com/elonmusk/status/1336810077555019779 (22. 12. 2020).
14 Gespräch mit Dr. Oliver Angerer (DLR), 10. Januar 2018.
15 https://slate.com/news-and-politics/2013/08/jeff-bezos-inscrutable-libertarian-democrat.html (13. 05. 2020).
16 Schürz, Martin (2019): Überreichtum. Frankfurt a. M.: Campus, S. 113.
17 Easto (2017), a. a. O., S. 1.
18 PandoMonthly, 12. Juli 2012, zit. n.: Easto (2017), a. a. O., S. 114.
19 Zit. n.: Easto (2017), a. a. O., S. 3.
20 Zit. n.: Vance, Ashlee (2015): Elon Musk. Tesla, PayPal, Space X. Wie Elon Musk die Welt veränderte. München: FBV, S. 97.
21 Schneider (2018), a. a. O., S. 65.
22 www.youtube.com/watch?v=GQ98hGUe6FM (20. 12. 2019).
23 Jeff Bezos, zit. n. Schneider (2018), a. a. O., S. 28.
24 www.nytimes.com/2017/04/05/science/blue-origin-rocket-jeff-bezos-amazon-stock.html (11. 05. 2020).
25 Schneider (2018), a. a. O., S. 125, folgendes Zitat S. 129.
26 Hadfield, Chris (2014): Anleitung zur Schwerelosigkeit. München: Heyne.
27 www.facebook.com/pages/category/Public-Figure/Micky-The-Space-Cat-321512948036302/ (03. 02. 2020).

28 Peter Platzer, zit. n.: Schneider (2018), a. a. O., S. 29.
29 Gespräch mit Dr. Oliver Angerer (DLR), 10. Januar 2018.
30 Zit. n.: Marsiske (2005), a. a. O., S. 43.
31 Gespräch mit der Weltraumforscherin Klara Anna Capova (31. Januar 2020).
32 Alexander Soucek, zit. n.: Reichl (2017), a. a. O., S. 108 f.
33 http://bakein.space (25. 05. 2020).
34 Schneider (2018), a. a. O., S. 162.
35 www.spiegel.de/wissenschaft/weltall/apollo-11-mondlandeplatz-soll-weltkulturerbe-werden-a-675018.html (01. 08. 2020).
36 Schneider (2018), a. a. O., S. 172, folgender Hinweis auf S. 175.
37 Wolfgang Seboldt zit. n.: Marsiske (2005), a. a. O., S. 95.
38 Marsiske (2005), a. a. O., S. 71.
39 Kaku (2018), a. a. O., S. 58 f.
40 www.youtube.com/watch?v=JVzPdNI-Z-M (24. 01. 2021).
41 Lewis, John (1997): Mining the Sky. Untold Riches from the Asteroid, Coment, and Planets. Redaing: Helix Books.
42 Tjernshaugen, Andreas (2019): Von Walen und Menschen. Eine Reise durch die Jahrhunderte. Salzburg: Residenz Verlag, S. 108.
43 Zit. n.: Tjernshaugen (2019), a. a. O., S. 202.

EXPERIMENTE IM MENSCHHEITSLABOR – ALLTAG TROTZ UTOPIE

1 Böschen, Stefan (2017): Experimentelle Gesellschaft: Das Experiment als wissensgesellschaftliches Dispositiv. In: Böschen, Stefan / Groß, Matthias / Krohn, Wolfgang (Hg.), Experimentelle Gesellschaft. Das Experiment als wissensgesellschaftliches Dispositiv. Baden-Baden: Nomos.

KOSMOPOLITISCHES REFORMLABOR MONTE VERITÀ, 1902

1 Landmann (1983), a. a. O., S. 60, folgendes Zitat S. 33.
2 Bollmann (2017), a. a. O., S. 76.
3 Riess (2014), a. a. O., S. 29.
4 Zit. n.: Blubacher (2013), a. a. O., S. 14.
5 Bollmann (2017), a. a. O., S. 145.
6 Landmann (1983), a. a. O., S. 31 f.
7 Zit. n.: Bollmann (2017), a. a. O., S. 128.
8 Wedemeyer, Bernd (2001): »Ich-Kultur« und »Allerlei Sport«. Der Monte Verità als Initiator und Spiegelbild neuer Körperkonzepte. In: Schwab / Lafranchi, a. a. O., S. 97.
9 Blubacher (2013), a. a. O., S. 19.
10 Landmann (1983), a. a. O., S. 82.
11 Bollmann (2017), a. a. O., S. 94, folgende Zitate S. 95 und S. 241.
12 Hesse, Hermann (2006): Demian. Frankfurt a. M.: Suhrkamp, S. 8.
13 Riess (2014), a. a. O., S. 38.
14 Landmann (1983), a. a. O., S. 45, folgendes Zitat S. 93.

15 Blubacher (2013), a. a. O., S. 15.
16 Bollmann (2017), a. a. O., S. 100, folgende Zitate S. 101, S. 102 und S. 110.
17 Riess (2014), a. a. O., S. 26.
18 Henri Oedenkoven, zit. n.: Bollmann (2017), a. a. O., S. 85.
19 Ida Hofmann, zit. n.: Bollmann (2017), a. a. O., S. 110.

META-LABOR DER MENSCHHEIT IM DSCHUNGEL FORDLÂNDIA, 1928

1 Zit. n.: Grandin (2009), a. a. O., S. 5.
2 Zit. n.: Grandin (2009), a. a. O., S. 6.
3 Benson Ford Research Center (BFRC), https://www.thehenryford.org/
  collections-and-research/ (22. 01. 2021).
4 Soy Beans (1936), In: Edison Institute of Technology Bulletin, Dearborn,
  Michigan, 12.–14. Mai.
5 Collier, Peter / Horowitz, David (2002): The Fords. An American Epic.
  San Francisco: Encounter Books, S. 106.
6 Cleven, Bryan (1990): Beyond the Model T. The Other Ventures of
  Herny Ford. Detroit: Wayne State University, S. 140 ff.
7 Zit. n. Grandin (2009), a. a. O., S. 136.
8 Zeitzeuge, zit. n.: Grandin (2009), a. a. O., S. 137.
9 Benson Ford Research Center (BFRC), www.thehenryford.org/
  collections-and-research/ (22. 01. 2021).
10 Grandin (2009), a. a. O., S. 156, folgendes Zitat S. 157.
11 Benson Ford Research Center (BFRC), www.thehenryford.org/
   collections-and-research/ (22. 01. 2021).
12 Leonhard, Jonathan Norton (1932): The Tragedy of Henry Ford. New
   York: G. P. Putnam's Sons, S. 26.
13 Zit. n.: Grandin (2009), a. a. O., S. 70.
14 Grandin (2009), a. a. O., S. 81.
15 Grandin (2009), a. a. O., S. 189.
16 Esch; Elisabeth (2003): Fordtown. Managing Race and Nation in the
   American Empire, 1925–1945. PhD Dissertation, New York University.
17 Zit. n.: Grandin (2009), a. a. O., S. 222.

RASSISMUS UNTER DEN AUGEN DER WELT LEVITTOWN, 1951

1 Kushner (2009), a. a. O., S. 46.
2 Zit. n.: Kushner (2009), a. a. O., S. 41.
3 Kushner (2009), a. a. O., S. 46.
4 Baxandall / Ewen (2000), a. a. O., S. 75.
5 Nicolaides, Becky / Wiese, Andrew (2006): The Suburb Reader. New
  York: Routledge, S. 225.
6 Vgl. Desmond, Matthew (2018): Zwangsgeräumt. Armut und Profit in
  der Stadt. Berlin: Ullstein.
7 Jackson (1985), a. a. O., S. 241.

8 Wagner / Wagner (2010), a. a. O., S. 78 ff.
9 Howard, Ebenezer (2014): Garden Cities of To-Morrow. Klagenfurt: Unikum-Verlag.
10 In: Bristol Daily Courier, 15. August 1957, S. 1.
11 Zit. n.: Kushner (2009), a. a. O., S. 129.
12 In: Bristol Courier Levittown Times, 17. August 1957, S. 8.
13 Wechsler, Lewis (2004): The First Stone. A Memoir of the Racial Integration of Levittown, Pennsylvania. Chicago: Ground for Growth Press, S. 61, folgendes Zitat S. 65.
14 Myers (2005), a. a. O., S. 43.

HIPPIE-ENERGIE ALS KATALYSATOR AUROVILLE, 1971

1 Bailey, Dennis (2018): Auroville in Process. In: Kapur (2018), a. a. O., S. 92.
2 Kapur (2018), a. a. O., S. xiii.
3 Majumdar (2017), a. a. O., S. viii.
4 Ali, Rauf (2018): Running Away from Elephants. In: Kapur (2018), a. a. O., S. 205.
5 Wickenden, David (2018): The Living Laboratory. In: Kapur (2018), a. a. O., S. 20, folgende Zitate S. 20, 22 und 23.
6 Gespräch mit Katja T. (28. Februar 2020).
7 Gespräch mit Richard F. (5. März 2020).
8 Wickenden (2018), a. a. O., S. 154.
9 Majumdar (2017), a. a. O., S. 156, folgende Zitate S. 195, 159 und 87.
10 Lawlor, Robert (2018): Early Letters. In: Kapur (2018), a. a. O., S. 17.
11 Wrey, Tim (2018): Of Egos and Barrier-Brakers. In: Kapur (2018), a. a. O., S. 108, folgende Zitate S. 107 und 105.
12 Sampathkumar, Yatra (2018): The Threshold. In: Kapur (2018), a. a. O., S. 237.
13 Kapur (2018), a. a. O., S. xviii.
14 Walker, Rishi (2018): Hasta La Victoria Siempre. In: Kapur (2018), a. a. O., S. 188.
15 Gespräch mit Katja T. (28. Februar 2020).
16 Sullivan, William (2018): What about This Water Tank? In: Kapur (2018), a. a. O., S. 258.

ALLTAG IM GOLDFISCHGLAS CELEBRATION, 1999

1 Fromm, Erich (1993): Die Furcht vor der Freiheit (darin: Flucht ins Konformistische). München: dtv.
2 Zit. n.: Ross (1999), a. a. O., S. 302.
3 Ross (1999), a. a. O., S. 83, folgende Zitate S. 97 und 324.
4 Schwab / Lafranchi (2001), a. a. O., S. 128.
5 Roost (2000), a. a. O., S. 90.
6 Leland Kaiser, zit. n.: Ross (1999), a. a. O., S. 257.

7 Frantz, Douglas / Collins, Catherine (1999b): Nothing to Celebrate. https://www.edweek.org/tm/articles/1999/10/01/02celeb.h11.html (19. 02. 2020).

8 Plays, Rob (2018): Celebration Florida: Disney's Not So Perfect Town. https://www.youtube.com/watch?v=e2e0-fLYNW0 (19. 02. 2020).

9 Frantz, Douglas (1999): The Nation: Disney's Brave new Town; Trouble at the Happiest School on Earth. https://www.nytimes.com/1999/08/01/weekinreview/the-nation-disney-s-brave-new-town-trouble-at-the-happiest-school-on-earth.html (19. 02. 2020).

10 Roost (2000), a. a. O., S. 89.

11 https://archpaper.com/2016/11/celebration-fl-mold-shoddy-construction/ (19. 02. 2020).

12 Ross (1999), a. a. O., S. 42.

13 Gans, Herbert (1967): The Levittowners. Ways of Life and Politics in a New Suburban Community. New York: Columbia University Press.

14 Frantz, Douglas / Collins, Catherine (1999a): Celebration, U. S. A. Living In Disney's Brave New Town. New York: Marian Wood Book, S. 6 ff., und Lassell, Michael (2004): Celebration. The Story of a Town. New York: Disney Editors.

15 Ross (1999), a. a. O., S. 245.

16 Lassell (2004), a. a. O., S. 104.

17 Ross (1999), a. a. O., S. 11.

18 Roost (2000), a. a. O., S. 88.

19 Frantz/Collins (1999b), a. a. O.

20 McKenzie (1994), a. a. O.

21 Andres Duany, zit. n.: Ross (1999), a. a. O., S. 79.

22 Mumford, Lewis (1961): The City in History. Its Origins, Its Transformations, and Its Propects. New York: Harcourt, S. 486.

23 Gans (1967), a. a. O.

24 Davis / Monk (2007), a. a. O.

25 Ross (1999), a. a. O., S. 233.

26 Walt Disney, zit. n.: Ross (1999), a. a. O., S. 230.

UTOPIE DER PRODUKTIVEN ABSPALTUNG MIKRONATIONEN, 1968

1 Davis / Monk (2007), a. a. O.

2 Boyle (2003), a. a. O., S. 212.

3 Urbaneck, Patric (2015): Sealand, Liberland & Co.: Staatengründung für Anfänger und Fortgeschrittene; www.lto.de//recht/hintergruende/h/staatsgruendung-sealand-liberland/ (21. 01. 2021).

4 https://liberland.org/en/about (18. 02. 2020).

5 Zit. n.: Kerber, Hannes (2007): Der Staat bin ich: Wie einfach es ist, ein eigenes kleines Land zu gründen; www.jetzt.de/redaktionsblog/der-staat-bin-ich-wie-einfach-es-ist-ein-eigenes-kleines-land-zu-gruenden-399370 (19. 02. 2020).

6 Kerber (2007), a. a. O.

7 Knipp, Kersten (2019): Die Kommune der Faschisten. Gabrielle D'Annunzio, die Republik von Fiume und die Extreme des 20. Jahrhunderts. Darmstadt: WBG; auch folgende Zitate.

8 www.spiegel.de/geschichte/faschisten-kommune-d-annunzios-freistaat-fiume-von-1919-a-1285871.html (02. 05. 2020).

9 www.deutschlandfunkkultur.de/40-jahre-freie-republik-wendland-ausgrabung-einer-utopie.3682.de.html?dram:article_id=470993 (02. 05. 2020).

10 Buch, Hans Christoph (1984): Bericht aus dem Inneren der Unruhe. Gorlebener Tagebuch. Reinbek bei Hamburg: Rowohlt; alle folgenden Zitate.

11 https://siebenlinden.org (05. 05. 2020).

12 Langhans, Katrin (2016): Wie ein Ex-Diamantenhändler versuchte, eine Scheinwelt zu erobern; www.sueddeutsche.de/wirtschaft/mini-putsch-staat-auf-see-1.2961751 (18. 02. 2020), auch folgendes Zitat.

13 Grimmelmann, James (2012): Sealand. Havenco, And the Rule of Law; https://illinoislawreview.org/wp-content/ilr-content/articles/2012/2/ Grimmelmann.pdf (18. 02. 2020), S. 405 ff.

14 Bates zit. n.: Grimmelmann (2012), a. a. O., S. 479.

15 Grimmelmann (2012), a. a. O., S. 453 ff.

QUARANTÄNEZONEN FÜR ASTRONAUTEN ISOLATIONSEXPERIMENTE, 1996–2020

1 Buzz Aldrin, zit. n.: Smith (2005), a. a. O., S. 24 f.

2 Kelly (2017), a. a. O., S. 51, auch folgendes Zitat.

3 www.spiegel.de/wissenschaft/weltall/chang-e-5-auf-dem-mond-chinesische-sonde-liefert-gestochen-scharfe-bilder-a-98b36c12-5c31-4a23-8cbc-931a5016726b (22. 12. 2020).

4 www.spiegel.de/wissenschaft/weltall/china-will-gesteinsproben-vom-mond-sammeln-auf-zum-ozean-der-stuerme-a-663b32bb-825a-4b8c-b5ff-f181cec5d5f3 (24. 11. 2020).

5 DER SPIEGEL Nr. 49 a, Chronik 2019, 4. Dezember 2019, S. 55.

6 Daimler und Benz-Kolloquium, Berlin, 2017.

7 Fossat, Eric (2005): The Concordia Station on the Antarctic Plateau. The Best Site on Earth for the 21st Century Astronomer. Journal for Astrophysics and Astronomy, 26, 349–357. https://link.springer.com/article/ 10.1007/BF0270234 (04. 12. 2020)

8 Possnig, Carmen (2020): Südlich vom Ende der Welt. München: Ludwig, S. 14.

9 Roth, Jenni (2019): Nichts als Eis. Science Notes. Magazin für Wissen und Gesellschaft, Heft 4. Online: https://sciencenotes.de/alles-wird-gut/ nichts-als-eis/ (25. 01. 2021).

10 Possnig (2020), a. a. O., S. 74.

11 ESA-Blog: Concordia Living on white Mars. http://blogs.esa.int/ concordia/2014/01/17/concordia-living-on-white-mars/ (11. 03. 2020).

12 Possnig (2020), a. a. O., S. 153, folgende Zitate S. 155 und S. 167.

13 Zit. n.: Podbregar, Nadja (2011): Stressfaktor Mitmensch. Die »menschliche« Komponente bei Langzeitmissionen. https://www.scinexx.de/dossierartikel/stressfaktor-mitmensch/ (14. 03. 2020).

14 Oberhaus, Daniel (2016): Belästigen, prügeln und balzen: Das Sexismusproblem in der Raumfahrt. www.vice.com/de/article/3daxv8/belaestigen-pruegeln-und-balzen-als-der-sexismus-in-der-raumfahrt-einzug-hielt-753 (14. 03. 2020), auch folgendes Zitat.

15 www.esa.int/Science_Exploration/Human_and_Robotic_Exploration/Concordia/The_remotest_base_on_Earth (11. 03. 2020).

16 ESA-Blog: Concordia Living on white Mars. http://blogs.esa.int/concordia/2014/01/17/concordia-living-on-white-mars/ (11. 03. 2020).

17 »Mit dem Pinsel von Blüte zu Blüte.« In: FAZ, 26. Januar 2020, S. 59.

18 Barbara Wood, zit. n.: Zabel, Bernd (1996): Biosphere II. www.heise.de/tp/features/Biosphaere-II-3445883.html (13. 03. 2020).

19 Dewdney, Alexander (1998): Alles fauler Zauber? Basel: Springer.

20 Smith, Jordan (2010): Life Under the Bubble. www.discovermagazine.com/environment/life-under-the-bubble (13. 03. 2020).

21 Nelson, Mark et al. (1993): Using a Closed Ecological System to Study Earth's Biosphere. In: BioScience, 4374, S. 225.

22 Korintenberg, Bettina (2020): Life in a Bubble: The Failure of Bioshere 2 as a Total System. In: Latour, Bruno / Weibel, Peter (Hg.), Critical Zones. The Science and Politics of Landing on Earth. Karlsruhe: ZKM, S. 184.

23 Nitta, Keiji (1999): Basic Design Concept of Closed Ecology Experiment Facilities. In: Advances in Space Research, 24, 3, S. 343–350. www.sciencedirect.com/science/article/abs/pii/S0273117799003221?via%3Dihub (04. 12. 2020)

24 Korintenberg (2020), a. a. O., S. 184.

25 https://siberiantimes.com/science/casestudy/features/f227-inside-an-intriguing-russian-experiment-to-make-life-possible-on-the-moon-or-mars/ (21. 01. 2021), alle folgenden Daten.

26 Carson, Mary Kay (2015): Inside Biosphere 2. Earth Science Under Glass. New York: Hancourt Publishing, S. 12.

27 Alling Abigail, et al. (2005): Lessons Learned From Biosphere 2 and Laboratory Biosphere Closed System Experiments for the Mars on Earth Project. In: Biological Sciences in Space, 250–254. www.researchgate.net/publication/242368741_Lessons_Learned_from_Biosphere_2_and_Laboratory_Biosphere_Closed_Systems_Experiments_for_the_Mars_On_Earth_Project (04. 12. 2020)

28 Iken, Katja (2011): Hölle im Glashaus. www.spiegel.de/geschichte/projekt-biosphaere-2-a-947336.html (13. 03. 2020).

29 Carson, M. K. (2015), a. a. O., S. 14.

30 Nelson et al. (1993), a. a. O., S. 223.

31 Carson, M. K. (2015), a. a. O., S. 12.

32 Carson, M. K. (2015), a. a. O., S. 43, sowie Nelson, Mark / Dempster, William (1996): Living in Space. Results Form Biosphere 2's Initial

Closure, and Early Testbed for Closed Ecological Systems on Mars. https://marknelsonbiospherian.com/wp-content/uploads/2018/11/Living-In-Space-Nelson-Dempster-life-support-and-biospheric-sci.pdf (04.12.2020)

33 Carson, M. K. (2015), a. a. O., S. 33.

34 Boyle (2017), a. a. O., S. 52.

35 Nelson, Mark (2018): Pushing our Limits. Insights from Biosphere 2. Tuscon: Arizona University Press, S. 29.

36 Carson, M. K. (2015), a. a. O., S. 11.

37 Carson, M. K. (2015), a. a. O., S. 31.

38 Allen, Paul / Nelson, Mark (1998): Biospherics and Biosphere 2, Misson one (1991–1993). In: Ecological Engineering, 1, S. 15–29. www.researchgate.net/publication/292000668_Biospherics_and_Biosphere_2_Mission_One_1991-1993 (04.12.2020)

39 Poynter, Jane (2006): The Human Experiment. Two Years and Twenty Minutes Inside Biosphere 2. New York: Basic Book, S. 178.

40 Carson, R. (1976), a. a. O.

41 Nelson (2018), a. a. O., Bildteil.

42 Silverstone, S. E. / Nelson, Mark (1996): Food Production and Nurtrition in Biosphere 2. Results From the First Mission September 1991 to September 1992. In: Advances in Space Research, 4/5. https://ecotechnics.edu/wp-content/uploads/2011/08/Advances-Space-Research-1995-Food-and-Nutrition-Bio2-Silverstone-and-Nelson.pdf (04.12.2020)

43 Walford, R. / Harris, Sam / Gunion, M. (1992): The calorically restricted low-fat nutrient-dense diet in Biosphere 2. www.ncbi.nlm.nih.gov/pmc/articles/PMC50586/pdf/pnas01097-0436.pdf ((04.12.2020)

44 Nelson (2018), a. a. O., S. 185.

45 Nelson, Mark / Gray, Kathelin / Allen, John (2015): Group Dynamic Challenges: Insights Form Biosphere 2 Experiments. In: Life Sciences in Space Research, 6, 79–86. www.researchgate.net/publication/2854201 11_Group_dynamics_challenges_Insights_from_Biosphere_2_experiments (04.12.2020)

46 www.spiegel.de/wissenschaft/mensch/fram-expedition-fridtjof-nansen-und-seine-irrfahrt-gen-nordpol-1893-1896-a-00000000-0002-0001-0000-000168892065 (25.01.2021).

47 Vgl.: Böschen, Stefan (2017): Experimentelle Gesellschaft: Das Experiment als wissensgesellschaftliches Dispositiv. In: Böschen, Stefan / Groß, Matthias / Krohn, Wolfgang (Hg.): Experimentelle Gesellschaft. Das Experiment als wissensgesellschaftliches Dispositiv. Baden-Baden: Nomos, S. 17.

48 Carson, M. K. (2015), a. a. O., S. 18.

49 Nelson (2018), a. a. O., Bildteil.

50 Weisz, Helga (2001): Gesellschaft-Natur Koevolution. Bedingungen der Möglichkeit nachhaltiger Entwicklung. Dissertation an der Humboldt-Universität, Berlin, S. 50.

51 Dewdney (1998), a. a. O., S. 165.
52 Korintenberg (2020), a. a. O., S. 185.
53 Seidler, Christoph (2019): Im Glashaus. www.spiegel.de/wissenschaft/
technik/biosphere-2-in-arizona-erst-show-dann-wissenschaft-a-1277336.
html (13. 03. 2020).
54 Müller, Sandra (2004): Ein Planet unter Glas. Die gescheiterte Vision
von der Ersatz-Erde. www.fluter.de/ein-planet-unter-glas (13. 03. 2020).
55 Carson, M. K. (2015), a. a. O., S. 19.
56 Joost van Haren, zit. n.: Carson, M. K. (2015), a. a. O., S. 26.
57 Carson, M. K. (2015), a. a. O., S. 8.

ORBITALES LABOR DER MENSCHHEIT ISS, 2000

1 Schneider (2018), a. a. O., S. 300.
2 Darmstädter Gespräche, Staatstheater (15. 12. 2019).
3 Wladimir Putin, zit. n.: Puttkamer (2001), a. a. O., S. 386.
4 Kelly (2017), a. a. O., S. 21.
5 Puttkamer (2001), a. a. O., S. 253.
6 Puttkamer (2001), a. a. O., S. 39 ff.
7 www.spiegel.de/wissenschaft/weltall/shenzhou-13-chinesische-
astronauten-erreichen-raumstation-a-f9bf76df-f051-4482-960c-860a3d7
3433d (06.12.20219
8 www.spiegel.de/wirtschaft/unternehmen/nasa-vergibt-
millionenauftraege-fuer-neue-raumstationen-a-c3d4344a-ea0f-4019-
a6cc-e8c5cb03db52 (06. 12. 2021)
9 www.zeit.de/wissen/2021-10/blue-origin-private-raumstation-orbital-
reef-jeff-bezos-raumfahrt (06. 12. 2021)
10 www.spiegel.de/wissenschaft/weltall/jeff-bezos-orbital-reef-die-erste-
private-raumstation-a-c6e966fc-0c6f-4088-a96f-431d02496e2a
(06. 12. 2021)
11 Kelly (2017), a. a. O., S. 27.
12 www.spiegel.de/wissenschaft/weltall/papst-franziskus-ruft-iss-
astronauten-an-a-1174908.html (07. 06. 2020).
13 Kelly (2017), a. a. O., S. 154.
14 White (2014), a. a. O., S. 39.
15 Kelly (2017), a. a. O., folgendes Zitat S. 13.
16 https://europepmc.org/article/med/30975860 (30. 03. 2021).
17 Kelly (2017), a. a. O., S. 80 und S. 212.
18 Kelly (2017), a. a. O., S. 161.
19 Daimler und Benz-Kolloquium, Berlin, 2017.
20 Walter (2017), a. a. O., S. 52.
21 Kelly (2017), a. a. O., S. 304.
22 https://historycollection.jsc.nasa.gov/JSCHistoryPortal/history/oral_
histories/RideSK/RideSK_10-22-02.pdf (31. 08. 2021).
23 Hans Guido Mutke, zit. n. Walter (2017), a. a. O., S. 60.
24 Daimler und Benz-Kolloquium, Berlin, 2017.

25 www.fr.de/wissen/us-wahl-2020-iss-internationale-raumstation-nasa-astronautin-kate-rubins-weltall-waehlen-90078274.html (25. 01. 2021).
26 Kelly (2017), a. a. O., S. 378.
27 www.spiegel.de/kultur/iss-dreharbeiten-auf-der-raumstation-a-odb19c26-75ca-4f7c-a222-341edeo0aecec (06. 12. 2021)
28 www.spiegel.de/wissenschaft/technik/russland-schickt-filmteam-zur-internationalen-raumstation-iss-a-549699d5-6108-4865-9853-7b7542 69e739 (06. 12. 2021)
29 Puttkamer (2001), a. a. O., S. 85.
30 Kelly (2017), a. a. O., S. 80.
31 www.welt.de/wissenschaft/article2747098/Astronautin-verliert-im-All-ihre-Werkzeugtasche.html (31. 03. 2021).
32 https://microbiomejournal.biomedcentral.com/articles/10.1186/s401 68-019-0666-x (07. 06. 2020).
33 Kelly (2017), a. a. O., S. 87.
34 www.spiegel.de/wissenschaft/weltall/spacex-astronauten-muessen-bei-heimflug-windeln-tragen-a-9d3909c8-c699-41b3-ac3a-65e264a5a8bc ?sara_ecid=soci_upd_KsBFoAFjflfoDZCxpPYDCQgO1dEMph (06. 12. 2021)
35 Kelly (2017), a. a. O., S. 348.
36 Kelly (2017), a. a. O., S. 58.
37 Possnig (2020), a. a. O., S. 18.
38 Daimler und Benz-Kolloquium, Berlin, 2017.
39 Darmstädter Gespräche, Staatstheater, 15. Dezember 2019.
40 Walter (2017), a. a. O., S. 56 f.
41 Puttkamer (2001), a. a. O., S. 255; auch folgendes Zitat.
42 Puttkamer (2001), a. a. O., S. S 256.
43 »Wir werden die Mondbesiedlung erleben«, Interview in: FAZ, 26. Januar 2020, S. 53.
44 Puttkamer (2001), a. a. O., S. 37.
45 Zit. n.: Marsiske (2005), a. a. O., S. 57.
46 Daimler und Benz-Kolloquium, Berlin, 2017.

DIESMAL BLEIBEN WIR! NEW SPACE, 2025

1 www.blueorigin.com/blue-moon (08. 06. 2020).
2 www.youtube.com/watch?v=GQ98hGUe6FM (20. 12. 2019).
3 Nebel, Florian (2017): Die Besiedlung des Mondes. Technisch machbar. Finanziell profitabel. Logisch sinnvoll. Münster: Landwirtschaftsverlag.
4 www.nasa.gov/specials/moon2mars (20. 12. 2019).
5 www.nasa.gov/specials/apollo50th/back.html (02. 12. 2019).
6 www.spektrum.de/news/wie-die-usa-das-voelkerrecht-aushebeln-koennten/1787216 (22. 12. 2020).
7 www.nasa.gov/specials/artemis/ (02. 12. 2019).
8 www.esa.int/About_Us/Corporate_news/David_Parker_br_Director_of_Human_and_Robotic_Exploration (02. 12. 2019).

9 www.nexus-magazin.de/artikel/lesen/russische-mondbasis-mit-modernen-robotern (20. 12. 2019).

10 http://lunarexploration.esa.int/explore/ esa/233 (02. 12. 2019).

11 www.esa.int/gsp/ACT/coffee/2018-04–12-isru.html (02. 12. 2019).

12 http://lunarexploration.esa.int/explore/ esa/233 (02. 12. 2019).

13 www.sciencemag.org/news/2016/07/qa-china-lunar-chief-plots-voyage-far-side-moon (20. 12. 2019).

14 https://global.jaxa.jp/projects/ (20. 12. 2019).

15 www.esa.int/Education/Teach_with_the_Moon/ESA_Euronews_Moon_Village (21. 12. 2019).

16 www.esa.int/Space_in_Member_States/Germany/Wir_ueben_Mond (05. 12. 2021)

17 www.forallmoonkind.org/about/the-organization/ (05. 01. 2020).

18 https://moonvillageassociation.org/about/ (05. 01. 2020).

19 www.youtube.com/watch?v=JVzPdNI-Z-M (21. 12. 2019).

20 www.esa.int/Science_Exploration/Human_and_Robotic_Exploration/Exploration/Living_off_the_land/ (02. 12. 2019).

21 www.worldtopupdates.com/lunar-base-moon-village-reality-2020/ (21. 12. 2019).

22 www.esa.int/Space_in_Member_States/Germany/Space_4.0_-_die_Raumfahrt_vor_einem_neuen_Zeitalter (21. 12. 2019).

23 www.deutschlandfunk.de/die-erste-mondlandung-eine-politische-mission-bis-heute.724.de.html?dram:article_id=453276 (02. 12. 2019).

24 www.esa.int/About_Us/Ministerial_Council_2016/Moon_Village (20. 12. 2019).

25 https://moonvillageassociation.org/wp-content/uploads/2018/02/MVA-International-Workshop-Final-Report.pdf (08. 06. 2020).

26 www.worldtopupdates.com/lunar-base-moon-village-reality-2020/ (02. 12. 2019).

27 Darmstädter Gespräche, Staatstheater, 15. Dezember 2019. Auch folgendes Zitat.

RAUMFAHRT-GEEKS SPIELEN MARSLANDUNG SIMULATIONS-EXPERIMENTE, 2011

1 https://hi-seas.org (11. 03. 2020).

2 Heinicke, Christine (2017): Leben auf dem Mars. Mein Jahr in einer außerirdischen Wohngemeinschaft. München: Knaur, S. 39, folgende Zitate, S. 41, S. 45 und S. 153.

3 Heinicke (2017), a. a. O., S. 50.

4 www.br.de/wissen/mars-hawaii-nasa-100.html (20. 12. 2020).

5 Heinicke (2017), a. a. O., S. 139, folgende Zitate S. 54, S. 262, S. 76, S. 193 und S. 228.

6 http://mars160.marssociety.org (21. 01. 2021).

7 https://mdrs.marssociety.org/about-the-mdrs/ (20. 02. 2020).

8 http://mars160.marssociety.org (09. 06. 2020).

9 https://science.orf.at/stories/2994244/ (10. 02. 2020).

10 https://oewf.org/portfolio/amadee-20/ (10. 02. 2020).

11 www.marssociety.org.au (09. 06. 2020).

12 www.vice.com/en_in/article/vb5kdb/australian-scientists-want-to-build-fake-mars-research-station-in-outback (20. 02. 2020).

13 www.esa.int/Space_in_Member_States/Germany/Die_Hoehepunkte_des_Experimentes_Mars500 (09. 06. 2020).

14 www.esa.int/Space_in_Member_States/Germany/Mars500_Ein_erfolgreicher_Schritt_auf_dem_Weg_zum_Mars (20. 02. 2020).

15 Palin (2019), a. a. O., S. 45.

16 Daimler und Benz-Kolloquium, Berlin, 2017, auch folgende Zitate.

17 »Mit dem Pinsel von Blüte zu Blüte.« In: FAZ, 26. Januar 2020, S. 59, auch folgendes Zitat.

18 Marsiske (2005), a. a. O., S. 150.

19 Kaku (2018), a. a. O., S. 87.

20 Hami Hamilton, Clive (2013): Earthmasters. The Dawn of the Age of Climate Engineering. New Haven/London: Yale University Press.

21 https://ethics.org.au/space-the-final-ethical-frontier/ (22. 12. 2020).

22 Puttkamer (2001), a. a. O., S. 119.

23 Kaku (2018), a. a. O.

24 www.spektrum.de/news/der-traum-vom-terraforming/1581948 (10. 06. 2020).

MARSMISSIONEN ALS ZUKÜNFTIGER ULTIMATIVER ALLTAG NEW SPACE, 2050

1 Nebel (2020), a. a. O., S. 11.

2 Puttkamer (2012), a. a. O., S. 67.

3 Arthur Woods, zit. n.: Marsiske (2005), a. a. O., S. 182.

4 Schneider (2018), a. a. O., S. 86.

5 Puttkamer (2001), a. a. O., S. 255.

6 Kaku (2018), a. a. O., S. 72.

7 McGuire, Willian / Hull, R. F. C. (1977): Jung Speaking. Interviews and Encounters. Princeton NJ.: Princeton University Press.

8 Marsiske (2005), a. a. O., S. 76 ff.

9 hwww.deutschlandfunk.de/missionen-der-esa-2020-sonne-mars-und-erde-im-visier.676.de.html?dram:article_id=467984 (18. 02. 2020).

10 The Global Exploration Roadmap (2018): International Space Exploration Coordination Group. National Aestronautics and Space Administration. www.nasa.gov/sites/default/files/atoms/files/ger_2018_small_mobile.pdf (26. 01. 2021).

11 http://german.china.org.cn/txt/2019-11/05/content_75376964_0.htm (26. 01. 2021).

12 Zubrin, Robert / Wagner, Richard (1997): Unternehmen Mars. Der Plan, den roten Planeten zu besiedeln. München: Heyne, S. 16.

13 www.spektrum.de/magazin/das-projekt-mars-direct/826497
    (05. 01. 2020).
14 www.raumfahrer.net/astronomie/planetmars/marsdirect.shtml
    (04. 12. 2020) und im Folgenden auch Zitate aus Zubrin/Wagner
    (1997), a. a. O.
15 www.raumfahrer.net/astronomie/planetmars/marsdirect.shtml
    (05. 01. 2020).
16 Marsiske (2005), a. a. O., S. 30.
17 www.welt.de/print/die_welt/wissen/article108658454/Fuer-Freiwillige-
    One-Way-Ticket-zum-Mars.html (20. 01. 2020).
18 https://t3n.de/news/mars-one-das-umstrittenste-raumfahrt-projekt-
    bankrott-1143220/ (20. 01. 2020).
19 Puttkamer (2012), a. a. O., S. 222.
20 www.futurezone.de/science/article231871541/Menschen-auf-dem-Mars-
    Bilder-zeigen-wie-die-erste-Stadt-aussehen-soll.html (05. 04. 2021).
21 www.boringcompany.com (06. 06. 2020).
22 www.inverse.com/article/34451-elon-musk-s-tunnel-project-is-just-
    practice-for-martian-tunnels (06. 06. 2020).
23 Langrenus, Manfred (1951): Reich im Mond: Leoben: Fritz Loewe, S. 6
    und S. 18.
24 White (2014), a. a. O., S. 125.
25 Gespräch mit Dr. Oliver Angerer (DLR), 10. Januar 2018.
26 www.youtube.com/watch?v=IICfYjw7LA4 (13. 05. 2020).
27 Sennett, Richard (2000): Der flexible Mensch. Die Kultur des neuen
    Kapitalismus. Berlin: Berlin Verlag.
28 Schreiber, Daniel (2017): Zuhause. Die Suche nach dem Ort, an dem wir
    leben wollen. München: Hanser, S. 14 f., folgende Zitate S. 19 und S. 43.
29 Giddens, Anthony (1991): Modernity and Self-Identity. Self and Society
    in the Late Modern Age. Cambridge: Polity Press.
30 Hans Königsmann, In: DER SPIEGEL, 2/2021.
31 Nebel (2017), a. a. O., S. 148.
32 www.spiegel.de/wissenschaft/boca-chica-in-texas-satellit-zeigt-spacex-
    testanlage-a-a0b703f4-570f-4655-af47-cb89005a32ca (04. 03. 2021).
33 Darmstädter Gespräche, Staatstheater, 15. Dezember 2019.
34 Marsiske (2005), a. a. O., S. 145.
35 Darmstädter Gespräche, Staatstheater, 15. Dezember 2019.
36 Dahrendorf, Ralf (1986): Pfade aus Utopia. München: Piper, S. 245.
37 Szocik, Konrad (2016): Unseen challenges in a Mars colony. In:
    Spaceflight, 1. www.researchgate.net/publication/292144725_Unseen_
    challenges_in_a_Mars_colony (04. 03. 2021).
38 O'Neill, Gerard (2019): The High Frontier. Human Colonies in Space.
    North Hollywood: Space Studies Institute Press, S. 9.

DIE SCHATTENSEITEN DER ERFOLGE – ZWEIFEL AN DER UTOPIE

1 Manguel (2015), a.a.O., S.75.

AUFBRUCH STATT UTOPIE MONTE VERITÀ, 1917

1 Landmann (1983), a.a.O., S.41, auch folgendes Zitat.
2 Blubacher (2013), a.a.O., S.18.
3 Bollmann (2017), a.a.O., S.169.
4 Whimster, Sam (2001): Im Gespräch mit Anarchisten. Max Weber in Ascona. In: Schwab / Lafranchi, a.a.O., S.43 ff.
5 Erich Mühsam, zit. n.: Bollmann (2017), a.a.O., S.118.
6 Landmann (1983), a.a.O., S.67, folgendes Zitat S.68.
7 Riess (2014), a.a.O., S.44.
8 Voswinckel, Ulrike (2009): Freie Liebe und Anarchie. Schwabing – Monte Verità. Entwürfe gegen ein etabliertes Leben. München: Allitera Verlag, S.98.
9 Zit. n.: Bollmann (2017), a.a.O., S.103 f.
10 Bollmann (2017), a.a.O., S.188.
11 Riess (2014), a.a.O., S.58, ebenso folgendes Zitat.
12 Bollmann (2017), a.a.O., S.220.
13 Zit. n.: Whimster (2001), a.a.O., S.58.
14 Girgis (2011), a.a.O., S.14, folgendes Zitat S.67.
15 Landmann (1983), a.a.O., S.151, folgendes Zitat S.161.
16 Riess (2014), a.a.O., S.160.
17 Blubacher (2013), a.a.O., S.32.
18 Blubacher (2013), a.a.O., S.10 f.
19 Zit. n.: Bollmann (2017), a.a.O., S.290.
20 Bollmann (2017), a.a.O., S.185, folgendes Zitat S.249.
21 Ehrenreich, Barbara (2009): Smile or Die. How Positive Thinking Fooled America & The World. London: Granta Publications.
22 Zimmermann, Werner (1948): Liebet eure Feinde. Thielle/Neuch.: Eduard Frankhauser Verlag.
23 Wilhelm Schmidtbonn, zit. n.: Riess (2014), a.a.O., S.18.
24 Bollmann (2017), a.a.O., S.13.
25 Blubacher (2013), a.a.O., S.33.
26 www.monteverita.org/de/monte-verita/monte-verita (24. 02. 2020).
27 Gendotti, Gabriele (2001): Vorwort. In: Schwab/Lafranchi (2001), a.a.O., S.7.

IM HERZEN DER FINSTERNIS FORDLÂNDIA, 1936

1 Washington Post, 5. September 1928, S.17.
2 Walter Lippmann, zit. n.: Grandin (2009), a.a.O., S.17.
3 Folha do Norte, 2. März 1929, S.4.
4 Grandin (2009), a.a.O., S.230.
5 Iron Mountain Daily News, 18. März 1932, S.11.

6 Zit. n.: Grandin (2009), a.a.O., S.354.
7 Zit. n.: Grandin (2009), a.a.O., S.331.
8 www.youtube.com/watch?v=Pe83FcC9Akw (12.09.2021).

VORZIMMER FÜR TRUMPS AMERIKA LEVITTOWN, 1967

1 Abraham Levitt, zit. n.: Kushner (2009), a.a.O., S.153.
2 Abraham Levitt, zit. n.: Kushner (2009), a.a.O., S.43.
3 Gespräch mit dem Autor, Oktober 2018.
4 Wagner / Wagner (2010), a.a.O., S.46.
5 Kushner (2009), a.a.O., S.122.
6 Zit. n.: Kushner (2009), a.a.O., S.123.
7 Mak (2014), a.a.O., S.399.
8 Riesman, David / Glazer, Nathan / Denney, Reuel (2001): The Lonely
   Crowd. A Study of the Changing American Character. New Haven: Yale
   University Press.
9 Zit. n.: Kushner (2009), a.a.O., S.75.
10 New York Times, 23. November 1963, S.4.
11 Bill Levitt, zit. n.: Kushner (2009), a.a.O., S.76.
12 Zit n.: Kimmel, Chad (2004): Levittown, Pennsylvania. A Sociological
   History. Dissertation an der University of Western Michigan, S.179.
13 Kelly, Barbara (1993): Expanding the American Dream. Building and Rebuilding Levittown. Albany: State University of New York Press, S.101.
14 Gans (1967), a.a.O., S. 87.

EINGEFAHRENE ANTENNEN AUROVILLE, 1973

1 Lawlor, Robert (2018): Early Letters. In: Kapur (2018), a.a.O., S.15.
2 Norman, Thomas (2018): The Day The Balloon Went Up. In: Kapur
   (2018), a.a.O. , S.10.
3 Gespräch mit Katja T. am Tag des Auroville-Jahrestages, 28. Februar 2020.
4 Lawlor (2018) in: Kapur (2018), a.a.O., S.16.
5 Gespräch mit Katja T. (28. Februar 2020).
6 Lawlor (2018) in: Kapur (2018), a.a.O., S.17, ebenso folgendes Zitat.
7 Majumdar (2017), a.a.O., S.150.
8 Krishna Tewari, zit. n.: Majumdar (2017), a.a.O., S.116. Auch folgendes
   Zitat.
9 Gespräch mit Katja T. (28. Februar 2020).
10 Rauf, Ali (2018): Running Away from Elephants. In: Kapur (2018),
   a.a.O., S.205.
11 Kapur (2018), a.a.O., S. xiii.
12 Walker, Rishi (2018): Hasta La Victoria Siempre. In: Kapur (2018),
   a.a.O., S.190.
13 Kapur (2018), a.a.O., S. 194
14 Gespräch mit Katja T. (28. Februar 2020), ebenso folgende Zitate.

15 Roof, Wade Clark (1993): A Generation of Seekers. The Spiritual Journeys of the Baby Boom Generation. San Fransisco: Harper.
16 Mohanty, Bindu (2018): Background and Context on Auroville. In: Kapur (Hg.), a. a. O., S. 297 ff.
17 Eisenschenk, Herbert (2016): Experiment Auroville. Leben auf eigene Gefahr. München: Grubbe, S. 289 ff.
18 Gespräch mit Katja T. (28. Februar 2020), auch folgendes Zitat.
19 https://mortenundrochssare.de/auroville-indien-widersprueche-utopie/ (13. 02. 2020).
20 Gespräch mit Katja T. (28. Februar 2020).
21 Eisenschenk (2016), a. a. O., S. 326.
22 https://chrismon.evangelisch.de/artikel/2018/37961/auroville-indisches-utopia-wird-50 (21. 01. 2021).
23 Kapur (2018), a. a. O., S. xiv.
24 Herbert, Alan (2018): Something to Celebrate. In: Kapur (2018), a. a. O., S. 135.
25 Duhm, Dieter (1973): Angst im Kapitalismus. Zweiter Versuch der gesellschaftlichen Begründung zwischenmenschlicher Angst in der kapitalistischen Warengesellschaft. Lampertheim: Verlag Kübler.
26 www.tamera.org/de/ (10. 07. 2020).

ZERFALL DES KARTENHAUSES CELEBRATION, 1999

1 Ross (1999), a. a. O., S. 95.
2 Ross (1999), a. a. O., S. 60.
3 Lassell (2004), a. a. O.
4 Frantz / Collins (1999a), a. a. O.
5 Walt Disney, zit. n.: Bryman, Alan (1995): Disney and his Worlds. London: Routledge. S. 118.
6 Ross (1999), a. a. O., S. 211, folgende Zitate S. 217 und S. 204.
7 Zit. n.: Ross (1999), a. a. O., S. 149.
8 Zit. n.: Ross (1999), a. a. O., S. 310.
9 Ross (1999), a. a. O., S. 319.
10 Frantz / Collins (1999b), a. a. O.
11 Frantz (1999), a. a. O.
12 Zit. n.: Ross (1999), a. a. O., S. 161.
13 Gespräch mit dem Autor (Oktober 2018).
14 Zit. n.: Ross (1999), a. a. O., S. 251.

WELTUNTERGANGSVERSTECKE FÜR SUPERREICHE POST-APOKAKALYPTISCHE UTOPIEN, 1999

1 Gespräch mit Joel Friedman, Cradle of Aviation Museum. Long Island (September 2018).
2 www.zeit.de/1999/11/Streitfall_Sintflut/seite-2 (29. 12. 2018).

3 www.heise.de/tp/features/Noah-Gott-und-die-Wissenschaft-3364653. html?seite=all, (29. 12. 2018).
4 Crutzen / Davis / Mastrandrea et al. (2011), a. a. O.
5 »Marihana zum Lesen«, In: DER SPIEGEL, Nr. 2, 4. 1. 2020, S. 121.
6 Latour, Bruno (2018): Das terrestrische Manifest. Berlin: Suhrkamp, S. 19.
7 Schmitt, Carl (2015): Dialogues on Power and Space. Cambridge: Cambridge Polity Press. Im Original: Schmitt, Carl (1995/1958): Gespräch über den neuen Raum. Berlin: Duncker & Humblot GmbH.
8 https://de.finance.yahoo.com/nachrichten/so-bereiten-sich-it-milliardare-auf-die-apokalypse-vor-112853909.html?guccounter=1&guce_referrer=aHR0cHM6Ly93d3cuZ29vZ2xlLmNvbS8S8&guce_referrer_sig=AQAAADMCFxdjsZBd-jgWSEjc1dvC0tMW29_nb2qQqloQtBlIHquw SSvO84BMrafh78FKVGofWfIQYMhTwZKnqnVB561OWwdoffXkMxe U4b2VhhdSMXS6Li_3APbyBFwLJ2HMOSOZogXhfPzoUqWT9r OwvtqjtJxHMooKLwt4fOihyP0X (01. 03. 2020).
9 www.dailymail.co.uk/news/article-5503045/Tech-billionaire-pays-10 K-die-brain-uploaded-online.html (01. 03. 2020).
10 https://netcome.com (01. 05. 2020).
11 www.dailymail.co.uk/news/article-5503045/Tech-billionaire-pays-10 K-die-brain-uploaded-online.html (01. 03. 2020).
12 Joseph Stieglitz 2011, zit. n.: Caparrós (2015), a. a. O., S. 483.
13 Zit. n.: Caparrós (2015), a. a. O., S. 479.
14 www.spiegel.de/kultur/gesellschaft/klimawandel-es-wird-zeit-fuer-zivilen-ungehorsam-kolumne-a-1288175.html (25. 01. 2021).
15 www.news.de/panorama/855690045/prepper-in-deutschland-checkliste-nahrung-liste-auf-deutsch-prepping-was-ist-die-bedeutung-der-krisenvorsorge-waffen-gefaehrlich/1/ (04. 03. 2020).
16 www.ndr.de/fernsehen/sendungen/panorama3/Bereit-fuer-das-Weltende-Was-sind-Prepper,prepper108.html (04. 03. 2020).
17 www.spiegel.de/wissenschaft/mensch/prepper-die-tiefe-sehnsucht-nach-dem-zusammenbruch-a-1218376.html (04. 03. 2020).
18 https://sz-magazin.sueddeutsche.de/wild-wild-west-amerikakolumne/kuscheliger-weltuntergang-im-luxus-bunker-83298 (01. 03. 2020).
19 Davidson, James Dale / Rees-Mogg, William (1997): The Sovereign Individual: How to Survive and Thrive During the Collapse of the Welfare State. New York: Simon & Schuster.
20 www.businessinsider.de/panorama/ein-trend-unter-milliardaeren-wie-peter-thiel-zeigt-dass-sich-die-welt-gefaehrlich-einem-abgrund-naehert-2018-2/ (11. 03. 2020).
21 Schultz, Nikolay (2020): Life as Exodus. In: Latour/Weibel (Hg.), a. a. O., S. 284–287.
22 https://onezero.medium.com/survival-of-the-richest-9ef6cdddocc1 (05. 06. 2020).
23 Ballard, J. G. (1967): The Wind From Nowhere. London: Penguin.

24 Davis, Mike (2011): Wer wird die Arche bauen? In: Crutzen/Davis/Mastrandrea et al. (2011), a. a. O., S. 76.

25 https://techcrunch.com/2018/03/12/elon-musk-is-the-ultimate-doomsday-prepper/ (04. 03. 2020).

26 Krysmanski, Hans Jürgen (2012): 0,1 Prozent. Das Imperium der Milliardäre. Frankfurt a. M.: Westend, S. 14.

27 http://freedomship.com (05. 03. 2020).

28 www.spiegel.de/reise/aktuell/apartmentschiff-the-world-weltreise-auf-balkonien-a-495418.html (05. 03. 2020).

29 www.spiegel.de/reise/aktuell/wohnschiff-the-world-allein-auf-der-erde-a-667770.html (01. 05. 2020).

30 https://sz-magazin.sueddeutsche.de/wild-wild-west-amerikakolumne/kuscheliger-weltuntergang-im-luxus-bunker-83298 (01. 03. 2020).

31 www.welt.de/wall-street-journal/article134547441/Ein-Luxus-Bunker-fuer-den-aengstlichen-Millionaer.html (01. 03. 2020).

32 https://sz-magazin.sueddeutsche.de/wild-wild-west-amerikakolumne/kuscheliger-weltuntergang-im-luxus-bunker-83298 (01. 03. 2020).

33 www.wideopenspaces.com/apocalypse-ark-ridiculously-extravagant-bomb-shelter-indiana-pics/ (05. 03. 2020).

34 https://terravivos.com/secure/vivoseuropaone.htm (01. 03. 2020).

IM GRENZBEREICH ZWISCHEN LEBEN UND TOD OLD SPACE, 1953

1 Bromberg, Joan Lisa (1999): NASA and the Space Industry. Baltimore: Johns Hopkins University Press, S. 80.

2 Pellis, Neal (2014): Ethics and Space Medicine. Holocaust Beginnings, the Present, and the Future. In: Rubenfeld, Sheldon / Benedict, Susan (Hg.): Human Subjects Research after the Holocaust. Springer International Publishing Switzerland, S. 217–224.

3 Puttkamer (2001), a. a. O., S. 31.

4 Jack Schmitt, zit. n.: Smith (2005), a. a. O., S. 38.

5 Hugo Young, zit. n.: Smith (2005), a. a. O., S. 38.

6 Smith (2005), a. a. O., S. 31.

7 Reichl (2017), a. a. O., S. 90.

8 »Our Dad? He walked the Moon«. In: The New York Times, 2. Oktober 2018.

9 Kraft, Chris (2001): Flight. My Life in Mission Control. London: Penguin.

10 www.youtube.com/watch?v=2fautyLuuvo (25. 01. 2021).

11 Smith (2005), a. a. O., S. 40.

12 Stuhlinger, Ernst (2002): A Tribute to Wernher von Braun. In: NASA Marshall Space Flight Retirees, 50 Years of Rockets and Spacecraft in the Rocket City, Huntsville, Alabama. Paducah, KY: Turner Publishing Company, S. 55.

13 Zit. n.: Kaku (2018), a. a. O., S. 32.

14 Puttkamer (2001), a. a. O., S. 115.

15 Daimler und Benz-Kolloquium, Berlin, 2017.

16 Gespräch mit Dr. Oliver Angerer (DLR), 10. Januar 2018.
17 Thomas Reiter, zit. n. Schneider (2018), a.a.O., S. 91.
18 Darmstädter Gespräche, Staatstheater, 15. Dezember 2019.
19 Darmstädter Gespräche, Staatstheater, 15. Dezember 2019.
20 Darmstädter Gespräche, Staatstheater, 15. Dezember 2019.
21 Gespräch mit dem Autor (Juli 2018).
22 Reichl (2017), a.a.O., S. 134, folgende Informationen vgl. S. 25 ff., S. 61
    und S. 29 ff.
23 Schneider (2018), a.a.O., S. 131.
24 https://spacenews.com/virgin-galactic-unveils-second-spaceshiptwo/
    (24. 05. 2020).
25 www.youtube.com/watch?v=BqvBhhTtUm4 (13. 05. 2020).
26 Puttkamer (2001), a.a.O., S. 22.
27 Kelly (2017), a.a.O., auch alle folgenden Informationen.
28 https://de.rbth.com/wissen_und_technik/2017/04/12/alkohol-im-
    weltraum-wie-russen-schnaps-ins-all-schmuggelten_740667 (25. 01. 2021).
29 Aldiss, Brian / Penrose, Roger (1999): Weißer Mars. Eine Utopie des
    21. Jahrhunderts. München: Heyne, S. 20.
30 www.spiegel.de/kultur/raumfahrt-kunst-fuer-mich-war-die-
    mondlandung-das-groesste-kunstprojekt-aller-zeiten-a-1bdf2c4d-a64b-
    42d0-bb78-74837b5af22b (19. 09. 2021).
31 Marsiske (2005), a.a.O., S. 7.
32 Schneider (2018), a.a.O., S. 13.
33 www.nasa.gov/connect/apps.html (14. 06. 2020).
34 www.youtube.com/watch?v=3-0cRfrZq9M&t=5s (02. 02. 2020).
35 www.businessinsider.de/tech/elon-musk-will-bis-2050-eine-million-
    menschen-zum-mars-schicken-und-dort-jobs-schaffen/ (02. 02. 2020).
36 www.bundesregierung.de/breg-de/themen/raumfahrttechnologie-fuer-
    die-erde-ins-all-456450 (24. 11. 2019).
37 Puttkamer (2001), a.a.O., S. 172.
38 Marsiske (2005), a.a.O., S. 31.
39 Wendell Mendell, zit. n.: Marsiske (2005), a.a.O., S. 52, ebenso folgen-
    des Zitat.
40 ww.deutschlandfunk.de/die-erste-mondlandung-eine-politische-mission-
    bis-heute.724.de.html?dram:article_id=453276 (02. 12. 2019).
41 Walter (2017), a.a.O., S. 151 f.

WELTRAUMUTOPIEN IM WEICHSPÜLGANG NEW SPACE, 2008

1 https://video.ibm.com/channel/iss-hdev-payload (31. 03. 2021).
2 http://en.roscosmos.ru (05. 01. 2021).
3 Post Launch News, 8. April 2016, zit. n.: Easto (2017), a.a.O., S. 100.
4 International Astronautical Congress, 27. September 2016, zit. n.: Easto
    (2017), a.a.O., S. 45.
5 www.researchgate.net/publication/292144725_Unseen_challenges_in_
    a_Mars_colony (14. 06. 2020).

6 Schultz, Nikolay (2020): Life as Exodus. In: Latour / Weibel, a. a. O., S. 28.
7 www.researchgate.net/publication/292144725_Unseen_challenges_in_
a_Mars_colony (14. 06. 2020).
8 Gespräch mit Rada Popova, Spezialistin für Völkerrecht und Weltraumrecht an der Universität zu Köln, am 13. Dezember 2019, auch alle
folgenden Zitate.
9 Possnig (2020), a. a. O., S. 36.
10 Hans Starlife, zit. n.: Marsiske (2005), a. a. O., S. 63.
11 Christopher McKay, zit. n.: Marsiske (2005), a. a. O., S. 153.
12 Latour (2017), a. a. O., S. 142.
13 Marsiske (2005), a. a. O., S. 13.
14 Fuller, Buckminster (2020/1969): Operating Manual for Spaceship
Earth. Zürich: Lars Müller Publishers.
15 Zit. n.: White, Frank (2014): The Overview Effect. Space Exploration and
Human Evolution. Reston: American Institute of Aeronautics and
Astronautics, S. 102.
16 O'Neill, Gerard (2019): The High Frontier. Human Colonies in Space.
North Hollywood: Space Studies Institute Press, S, 37.
17 O'Neill, Gerard (2019), a. a. O.
18 John Moore, zit. n.: Marsiske (2005), a. a. O., S. 166.
19 Reichl (2017), a. a. O., S. 139.
20 https://de.statista.com/themen/5739/weltraumtourismus/
(24. 02. 2020).
21 Ehricke, Krafft (1971) (Hg.): Technische Möglichkeiten von morgen
III. Berlin: Econ, S. 72.
22 Gespräch mit Dr. Oliver Angerer (DLR), 10. Januar 2018.
23 https://spaceadventures.com/space-adventures-announces-agreement-
with-spacex-to-launch-private-citizens-on-the-crew-dragon-spacecraft/
(24. 02. 2020).
24 www.popularmechanics.com/space/satellites/a14471796/luxury-hotel-
iss/ (24. 05. 2020).
25 www.ibtimes.com/boeing-space-taxi-will-have-seat-paying-tourists-169
0979 (24. 05. 2020).
26 www.zeit.de/wissen/2019-06/raumfahrt-nasa-iss-raumstation-
weltraumtouristen-private-austronauten (24. 02. 2020).
27 www.blueorigin.com/fly-with-us/ (24. 02. 2020).
28 www.heise.de/newsticker/meldung/Jeff-Bezos-Blue-Origin-
Weltraumtouristen-fuer-mindestens-200-000-US-Dollar-4110726.html
(24. 02. 2020).
29 www.youtube.com/watch?v=CSDHM6iuogI (24. 05. 2020).
30 Puttkamer (2001), a. a. O., S. 133 f.
31 Hartmut Müller, zit. n. Marsiske (2005),), a. a. O., S. 128.
32 Schneider (2018), a. a. O., S. 299.
33 www.youtube.com/watch?v=WSiGswomlto (23. 03. 2020).
34 Reichl (2017), a. a. O., S. 63.

35 https://nsarchive2.gwu.edu/NSAEBB/NSAEBB479/docs/EBB-Moon01_
sm.pdf (20.12.2019).
36 »Wir verlieren den Anschluss«. In: DER SPIEGEL Nr. 41, 5. Oktober 2019, S. 64.
37 Schneider (2018), a.a.O., S. 283.
38 Gespräch mit Rada Popova, Spezialistin für Völkerrecht und Weltraumrecht an der Universität zu Köln, am 13. Dezember 2019, auch folgendes
Zitat.
39 https://futurezone.at/digital-life/frankreich-bekommt-eine-eigene-space-
force/400551083 (26.09.2021).
40 https://ethics.org.au/space-the-final-ethical-frontier/ (22.12.2020).

DER BLICK IN DEN RÜCKSPIEGEL – LERNEN AUS UTOPIEN

1 www.zeno.org/Literatur/M/Herder,+Johann+Gottfried/Theoretische+
Schriften/Ideen+zur+Philosophie+der+Geschichte+der+Menschheit/
Erster+Teil/Erstes+Buch/2.+Unsre+Erde+ist+einer+der+mittleren+
Planeten (01.06.2020).
2 Barbara Imhof, zit. n.: Marsiske (2005), a.a.O., S. 131.
3 Zit. n.: Manguel (2015), a.a.O., S. 224 f.
4 Gespräch mit dem Autor (Oktober 2018).
5 Welzer, Harald (2009): Klimakriege. Wofür im 21. Jahrhundert getötet
wird. Frankfurt a. M.: Fischer, S. 220.

MONSTER DER BODENLOSIGKEIT

1 Aldiss / Penrose (1999), a.a.O., S. 13.
2 Frankfurt, Harry G. (2016): Ungleichheit. Warum wir nicht alle gleich
viel haben müssen. Frankfurt a. M.: Suhrkamp, S. 17.
3 Frisch, Max (1993): Montauk. Frankfurt a. M.: Suhrkamp, S. 58 und
S. 24.
4 Rosling, Hans (2018): Factfulness. Wie wir lernen, die Welt so zu sehen,
wie sie wirklich ist. Berlin: Ullstein.

WERKZEUGKASTEN FÜR WELTVERBESSERER

1 Frankfurt (2016), a.a.O., S. 64.
2 Kohlitz, A. / Grundwald, F. (1965): Die numerisch gesteuerte Werkzeug-
maschine als Mittel der Rationalisierung. Arbeitsgemeinschaft für
Rationalisierung des Landes Nordrhein-Westfalen. Dortmund: Verkehrs-
und Wirtschaftsverlag Borgmann.
3 Soleri (1988), a.a.O., folgendes Zitat S. 36.
4 Sloterdijk, Peter (2011): Wie groß ist »groß«? In.: Crutzen/Davis/
Mastrandrea, a.a.O., S. 103, auch folgendes Zitat.
5 Guérot, Ulrike (2017): Warum Europa eine Republik werden muss! Eine
politische Utopie. Bonn: Dietz.

6 Tingyang, Zhao (2020): Alles unter dem Himmel. Vergangenheit und Zukunft der Weltordnung. Berlin: Suhrkamp, S. 17, folgendes Zitat S. 21.
7 Vortrag des Physikers und ehemaligen Wissenschaftsastronauten Gerhard Thiele (Mitglied der Space-Shuttle-Mission STS-99 im Jahr 2000) an der Universität Mainz.
8 Aldiss / Penrose (1999), a. a. O., S. 164.
9 Kranz, Gene (2000): Failure is not an option. Mission control from Mercury to Apollo 13 and beyond. New York: Simon & Schuster, S. 16.
10 Kelly (2017), a. a. O., S. 423
11 Soleri (1988), a. a. O, S. 41.
12 Teware, Krishna Kumar (2018): Life in a Living Laboratory. In: Kapur, a. a. O., S. 39.
13 Eisenschenk (2016), a. a. O.
14 Interview im Dokumentarfilm *Zeitgeist Addendum* (Peter Joseph, 2008), www.youtube.com/watch?v=uurE-nNgEoQ (04. 12. 2020).
15 Gespräch mit Rada Popova, Spezialistin für Völkerrecht und Weltraumrecht an der Universität zu Köln, am 13. Dezember 2019.
16 Marsiske (2005), a. a. O., S. 150.
17 Michael Collins, zit. n.: Marsiske (2005), a. a. O., S. 124.
18 Le Corbusier (2020): Aircraft (1935). Berlin: Wasmuth & Zohlen.
19 Latour (2018), a. a. O., S. 21.

PORTRÄT DES GELIEBTEN PLANETEN

1 Fred Hoyle, zit. n.: Collins, Michael (1998): Carrying the Fire. North Salem: The Adventure Library, S. 47.
2 Walls, Laura Dassow (2020): Recalling Humboldt's Planet. In: Latour / Weibel, a. a. O., S. 214.
3 John Platt, zit. n.: Poole, Robert (2008): Earthrise. How Man First Saw the Earth. New Haven: Yale University Press, S. 9.
4 Hug, Cathérine (2019) (Hg.): Fly me to the Moon. 50 Jahre Mondlandung. Ausstellung im Kunsthaus Zürich und im Museum der Moderne Salzburg. Zürich: Zürcher Kunstgesellschaft, S. 16.
5 Wagner, Gerhard (1996): Die Weltgesellschaft. Zur Kritik und Überwindung einer soziologischen Fiktion. In: Leviathan, Heft 4, S. 549.
6 https://medium.com/the-long-now-foundation/earth-and-civilization-in-the-macroscope-82243cad20b (11. 02. 2020).
7 Poole (2008), a. a. O., S. 152.
8 Joseph Allan, zit. n.: Smith (2005), a. a. O., S. 89.
9 Poole, Robert (2008): a. a. O.
10 Darmstädter Gespräche, Staatstheater, 15. Dezember 2019.
11 www.brandeins.de/magazine/brand-eins-thema/consulting-2018/stewart-brand-fortsetzung-folgt (11. 02. 2020).
12 https://medium.com/the-long-now-foundation/earth-and-civilization-in-the-macroscope-82243cad20bd (11. 02. 2020).
13 Crutzen / Davis / Mastrandrea et al. (2011), a. a. O.; sowie Latour (2017), a. a. O.

14 Marsiske (2005), a. a. O., S. 8.
15 Collins (1998), a. a. O.

METEORITENEINSCHLAG IM DENKEN

 1 Kelly (2017), a. a. O., S. 84.
 2 In: Der Adler. Magazin des Baden-Württembergischen Luftsportverbandes e. V., Heft 8/2021, S. 26.
 3 Darmstädter Gespräche, Staatstheater, 15. Dezember 2019.
 4 Saint-Exupéry, Antoine de (1986): Wind, Sand und Sterne. In: ders.: Romane, Dokumente. Düsseldorf: Karl Rauch, S. 192 f.
 5 Darmstädter Gespräche, Staatstheater, 15. Dezember 2019.
 6 www.fragileoasis.org (20. 02. 2020).
 7 White (2014), a. a. O.
 8 Smith (2005), a. a. O.
 9 Russell Schweickart, zit. n.: White (2014), a. a. O., S. 37.
10 Ron Garan, zit. n.: White (2014), a. a. O., S. xiii.
11 Sandy Magnus, zit. n.: White (2014), a. a. O., S. 19.
12 Marc Gerneau, zit. n.: White (2014), a. a. O., S. 13.
13 Charles Walker, zit. n.: White (2014), a. a. O., S. 21.
14 White (2014), a. a. O., S. 2.
15 Michael Collins, zit. n.: White (2014), a. a. O., S. 37.
16 Ron Garan, zit. n.: White (2014), a. a. O., S. 41.
17 Edgar Mitchell, zit. n.: White (2014), a. a. O., S. 24, folgendes Zitat S. 81.
18 Zit. n.: Klotz, Heinrich (Hg.), Vision der Moderne. Das Prinzip Konstruktion. München: Prestel Verlag, S. 138.
19 Buckminster Fuller, zit. n.: White (2014), a. a. O., S. 84.
20 Sloterdijk, Peter (2011): Wie groß ist »groß«? In: Crutzen/Davis/Mastrandrea, a. a. O., S. 94, auch folgendes Zitat.
21 Joseph Hooker, zit. n.: Palin (2019), a. a. O., S. 118.
22 Cornelius Sullivan, zit. n.: Palin (2019), a. a. O., S. 140.
23 www.aphorismen.de/zitat/91 (08. 01. 2021).
24 www.businessinsider.com/stephen-hawking-fulfilled-dream-experiencing-zero-gravity-in-2007-2018-3?r=DE&IR=T (13. 02. 2020).
25 »Ich habe einen Traum«. In: ZEIT Magazin vom 27. 12. 2019, S. 34.
26 Herbert, Alan (2018): Something to Celebrate. In: Kapur, a. a. O., S. 138.
27 Zit. n.: White (2014), a. a. O., S. 65.
28 Brian Cox, zit. n.: White (2014), a. a. O., S. 63.
29 Darmstädter Gespräche, Staatstheater, 15. Dezember 2019.

POESIE DER HOFFNUNG – AUSBLICK AUF NEUE UTOPIEN

 1 www.handelsblatt.com/politik/international/raumfahrt-mission-hoffnung-die-emirate-wollen-den-mars-erobern/26891732.html?ticket=ST-2915995-XW9HJaQvbSfGZbBClUM9-ap2 (03. 03. 2021).
 2 www.mbrsc.ae/mars-2117 (03. 03. 2021).

3 Gibney, Elisabeth (2020): How a small Arab nation built a Mars mission from scratch in six years. In: Nature. 583(7815), S. 190 ff. Download: www.nature.com/immersive/d41586-020-01862-z/index.html (03. 03. 2021).

4 www.spiegel.de/wissenschaft/weltall/mars-mission-hope-der-vereinigten-arabischen-emirate-vor-dem-start-a-14125585-dcaf-4921-a5 68-012d1af220c1 (03. 03. 2021).

5 Aurobindo, Sri (1992): Savitri. Eine Legende und ein Geheimnis. Gladenbach: Hinder + Deelmann, S. 92.

6 Hamilton, Clive (2010): Requiem for a Species. Why we Resist the Truth about Climate Change. London: Earthscan.

7 Swift, Jonathan (2017): Gullivers Reisen. München: Manesse, S. 68.

8 Hulme, Keri (1996): Unter dem Tagmond. Frankfurt a. M.: Fischer.

ZWISCHEN UTOPIEMÜDIGKEIT UND UTOPIELUST

1 www.zeit.de/zeit-magazin/2020-04/hartmut-rosa-coronavirus-gesellschaft-wirtschaftssystem (05. 05. 2020).

2 Willemsen, Roger (2016): Wer wir waren. Zukunftsrede. Frankfurt a. M.: Fischer, S. 52 f.

3 Minois (2002), a. a. O., S. 551.

4 Freyer (2000), a. a. O., S. 32.

5 Gehlen, Arnold (1957): Die Seele im technischen Zeitalter. Sozialpsychologische Probleme in der industriellen Gesellschaft. Berlin: Rowohlt, S. 14.

6 Hans-Joachim Gögl, zit. n.: Lenzen, Manuela (2017): Die Rückkehr der Utopien. Psychologie heute, 4, S. 42.

7 Caparrós, Martín (2015): Der Hunger. Frankfurt a. M.: Suhrkamp.

8 Gespräch mit Markus Landgraf, Directorate of Human Spaceflight and Robotic Exploration Programmes, ESA/ESTEC, 31. Januar 2020.

9 Spreen, Dierk (2014): Weltraum, Körper und Moderne. Eine soziologische Annäherung an den astronautischen Menschen und die Cyborggesellschaft. In: Fischer/Spreen, a. a. O., S. 55.

10 Langrenus (1951), a. a. O.

11 Aldiss / Penrose (1999), a. a. O., S. 26, folgendes Zitat S. 25.

12 Hans-Joachim Gögl, zit. n.: Lenzen (2017), a. a. O., S. 42.

13 Thomas Macho, zit. n.: Lenzen (2017), a. a. O., S. 44.

14 Davis, Mike (2011): Wer wird die Arche bauen? In: Crutzen/Davis/Mastrandrea, a. a. O., S. 90.

15 Juri Gagarin, zit. n.: White (2014), a. a. O., S. 27.

16 Kelly (2017), a. a. O., S. 57.

17 Darmstädter Gespräche, Staatstheater, 15. Dezember 2019.

18 Puttkamer (2001), a. a. O., S. 309, folgendes Zitat S. 81.

19 Puttkamer (2012), a. a. O., S. 238.

20 Darmstädter Gespräche, Staatstheater, 15. Dezember 2019.

21 Puttkamer (2012), a. a. O., S. 214.

22 Ehricke, Krafft (1971): Weltraumtechnik von morgen. In: Ehricke, a.a.O., S.42ff.
23 Puttkamer (2001), a.a.O., S.135 und S.393.
24 https://markkelly.com (11.07.2020).
25 Puttkamer (2001), a.a.O., S.400, folgendes Zitat S.309.

WISSENSSYNTHESEN FÜR EINE GROSSE TRANSFORMATION

1 Reichl (2017), a.a.O., S.97.
2 Sebastian von Hoerner, zit. n.: Marsiske (2005), a.a.O., S.118, ebenso folgendes Zitat.
3 Vortrag »Heimat Weltall« von Hans-Arthur Marsiske beim Studium Generale an der Hochschule Furtwangen am 19. November 2020.
4 Gespräch mit Dr. Oliver Angerer (DLR), 10. Januar 2018.
5 Beatrice Webb, zit. n.: Lepenies, Wolf (1985): Die drei Kulturen. Soziologie zwischen Literatur und Wissenschaft. München: Hanser, S.93.

UTOPISCHES KAPITAL ALS ZUKUNFTSINVESTITION

1 Philipps, Tom (2018): Humans. A Brief History of How We Fucked It All Up. London: Wildfire, S.5.
2 Görgen / Wendt, (2020), a.a.O.
3 Kunze, Iris (2020): Neue Gemeinschaften zwischen Utopie und gelebter Alternative. In: Görgen/Wendt, a.a.O., S.185 ff.
4 Bollmann (2017), a.a.O., S.158.
5 Graeber, David (2013): Direkte Aktion. Ein Handbuch. Hamburg: Nautilus, S.37.
6 Landmann (1983), a.a.O., S.75.
7 Graeber (2013), a.a.O., S.19.
8 Graeber (2013), a.a.O. Auch folgendes Zitat.
9 Andreae, Steffen / Grundmann, Matthias (2012): Gemeinsam! Eine reale Utopie. Wenningen 2025. Osnabrück: Packpapierverlag, S.4.
10 Claus Leggewie im Vorwort, zit. n.: Andreae/Grundmann (2012), a.a.O.
11 Andreae/Grundmann (2012), a.a.O., S.4.
12 DER SPIEGEL, Heft Nr.34, 14. August 2020, S.66.
13 www.einprozent.de/blog/gegenkultur/netzwerk-landraum-eine-zwischenbilanz/2237 (04.03.2021).
14 www.vaticannews.va/de/papst/news/2020-10/papst-franziskus-sozial-enzyklika-fratelli-tutti-wortlaut.html (22.12.2020).
15 Hans-Joachim Gögl, zit. n.: Lenzen (2017), a.a.O., S.42.
16 Minois (2002), a.a.O., S.112.
17 Manguel (2015), a.a.O., S.51.
18 Seibt, Ferdinand (2001): Utopica. Zukunftsvisionen aus der Vergangenheit. München: Orbis Verlag.
19 Minois (2002), a.a.O., S.111.

20 Manguel (2015), a. a. O., S. 5.
21 Quartier, Thomas (2019): Lebenslieder. Ein Soundtrack für Klosterspiritualität. München: Kösel, S. 204.
22 Manguel (2015), a. a. O., S. 100.
23 Willke, Helmut (2001): Atopia. Studien zur atopischen Gesellschaft. Frankfurt a. M.: Suhrkamp, S. 175.
24 Wagner (1996), a. a. O., S. 539–556.
25 Beck, Ulrich (2007): Weltrisikogesellschaft. Auf der Suche nach der verlorenen Sicherheit. Frankfurt a. M.: Suhrkamp, S. 325, folgendes Zitat S. 332.
26 Zhao (2020), a. a. O., S. 16.
27 www.clubofrome.org/impact-hubs/emerging-new-civilization/ (29. 12. 2020).
28 Marsiske (2005), a. a. O., S. 32.
29 Fuller (2008), a. a. O.
30 Biedenkopf, Gerhard (1983) (Hg.): Technik und Ingenieure in der Öffentlichkeit. Düsseldorf: VDI-Verlag.
31 Sommer, Bernd / Welzer, Harald (2014): Transformationsdesign. Wege in eine zukunftsfähige Moderne. München: oekom.
32 Beitrag von Martina Franzen im SozBlog der Deutschen Gesellschaft für Soziologie unter: https://blog.soziologie.de/2017/10/utopische-energien/ (25. 03. 2020).
33 Latour / Weibel (2020), a. a. O.
34 www.planetlyrik.de/gunter-kunert-der-ungebetene-gast/2013/01/ (22. 12. 2020).
35 Aldiss / Penrose (1999), a. a. O., S. 47.

EPILOG: DER TURM DER UTOPIE HAT WIEDER GEÖFFNET

1 Beckett, Samuel (1990): Worstward Ho. Aufs Schlimmste zu. Frankfurt a. M.: Suhrkamp.

»Selkes Porträt der Armut geht unter die Haut«

PSYCHOLOGIE HEUTE

»Wir leben im Schamland. Wir werden nun sprechen, alle zusammen. Wir sind die, die seit Jahren Almosen in Empfang nehmen. Wir sind die Stimmen und das schlechte Gewissen der neuen sozialen Frage in Deutschland. Wir sind viele.«

Früher konnten sich die Menschen auf den Sozialstaat verlassen – heute werden sie von Ämtern zu Tafeln und Suppenküchen geschickt. Stefan Selke zeichnet das Leben jener Menschen, die einst in der Mitte der Gesellschaft lebten und sich verzweifelt bemühen, ein Stück Normalität zu bewahren. Eine einzigartige Mischung aus berührender Sozialreportage und messerscharfer Gesellschaftsanalyse.

Stefan Selke
Schamland
Die Armut mitten unter uns

Taschenbuch
Auch als E-Book erhältlich
www.ullstein.de

ullstein

»Ein hellsichtiges Buch«

HANDELSBLATT

Menschen optimieren ihre Körper mit Hilfe von Apps, teilen ihre persönlichen Daten in der Cloud und laufen mit Google Glass durch die Straßen, um ihr Leben als Videoclip mitzuschneiden und für immer abzuspeichern. Sieht so unsere Zukunft aus? In seinem klugen Buch lotet Stefan Selke die Folgen einer Zeitenwende aus: Die als Innovationen gefeierten digitalen Lifestyle-Produkte werden nicht nur Wirtschaft und Gesellschaft, sondern auch die elementarsten Aspekte des Menschseins verändern. Wie können wir das Digitale mit dem Menschlichen versöhnen? Denn letztlich kann die Frage nach dem »guten« oder »richtigen« Leben nicht an digitale Systeme delegiert werden.

Stefan Selke
Lifelogging
Wie die digitale Selbstvermessung unsere
Gesellschaft verändert

Hardcover mit Schutzumschlag
Auch als E-Book erhältlich
www.ullstein.de

Econ

»Dieses Buch hat Suchtpotenzial!«

GERT SCOBEL

Sie ist über 3600 Jahre alt und die älteste konkrete Darstellung des Himmels, ihre Entdeckung war eine Sensation: Die Himmelsscheibe von Nebra stammt aus keiner Hochkultur des Altertums, sie wurde im Herzen Europas gefunden. Raubgräber entdeckten die Himmelsscheibe auf der Spitze des Mittelbergs in Sachsen-Anhalt, der Archäologe Harald Meller rettete sie für die Öffentlichkeit. Gemeinsam mit dem Historiker und Wissenschaftsjournalisten Kai Michel entwirft er das Panorama des sagenhaften Reichs von Nebra. Es war eine Zeit, in der die Vorstellungen von Göttern, Macht und Kosmos revolutioniert wurden. Die Himmelsscheibe liefert uns den Schlüssel zu einer verschollenen Welt, der wir die Grundlagen unserer modernen Gesellschaft verdanken.

Harald Meller und Kai Michel
Die Himmelsscheibe von Nebra
Der Schlüssel zu einer untergegangenen
Kultur im Herzen Europas

Hardcover mit Schutzumschlag
Auch als E-Book erhältlich
www.ullstein.de

Propyläen

»Dieses Buch ist ein dringend benötigter Befreiungsschlag.«

Maja Göpel

Eine starke Geschichte kann Leben retten, Wahlen entscheiden, Gesellschaften verändern. Aber sie kann auch Kriege auslösen und Menschen für immer verfeinden. Samira El Ouassil und Friedemann Karig verfolgen diese ambivalente Wirkmacht anhand wichtiger Narrative von der Antike bis zur Gegenwart: von Jesus bis Frodo, von Kassandra bis Greta. Sie zeigen, welche Erzählungen uns heute gefährden und warum wir dringend neue benötigen, um unsere Welt zu erhalten.

»Fucking hell. Dieses Buch schlägt mühelos Bögen von Facebook über die Sprache der Nazizeit bis zur Klimakrise. Unbedingte Lesempfehlung!«
Sascha Lobo

Samira El Ouassil und Friedemann Karig
Erzählende Affen
Mythen, Lügen, Utopien – wie Geschichten
unser Leben bestimmen

Hardcover mit Schutzumschlag
Auch als E-Book erhältlich
www.ullstein.de

ullstein

»FACTFULNESS ist ein Buch, das Hoffnung macht.«

BARACK OBAMA

Die Tests des genialen Statistikers und Wissenschaftlers Hans Rosling haben es vielfach belegt: Viel zu viele Menschen haben ein völlig verzerrtes, meist allzu düsteres Bild von der Welt. Diese Sichtweise beeinflusst nicht nur ihr Denken, sondern auch ihr Handeln – und zwar nachteilig. Doch Rosling zeigt: Fakten helfen. Wenn Sie dieses Buch gelesen haben, werden Sie ein sicheres, auf Tatsachen basierendes Gerüst zum Verständnis der Welt besitzen, bessere Entscheidungen treffen können und nur noch solche Ansichten teilen und Urteile fällen, die auf soliden Fakten basieren.

Anna Rosling Rönnlund, Hans Rosling und Ola Rosling
Factfulness
Wie wir lernen, die Welt so zu sehen, wie sie wirklich ist

Aus dem Englischen von Hans-Peter Remmler, Hans Freundl und Albrecht Schreiber
Klappenbroschur
Auch als E-Book erhältlich
www.ullstein.de

ullstein